JOURNAL

DES OBSERVATIONS

PHYSIQUES,

MATHEMATIQUES ET BOTANIQUES,

FAITES PAR ORDRE DU ROI SUR LES CÔTES ORIENTALES
de l'Amerique Méridionale, & aux Indes Occidentales.

Et dans un autre Voïage fait par le même ordre à la Nouvelle Espagne, & aux
Isles de l'Amerique.

*Par le R. P. Louis Feuille'e, Religieux Minime, Mathematicien & Botaniste de Sa Majesté,
& de l'Academie Roiale des Sciences.*

A PARIS,

Chez JEAN MARIETTE, ruë Saint Jacques, aux Colonnes d'Hercules.

M. DCC XXV.

Avec Approbation & Privilege du Roi.

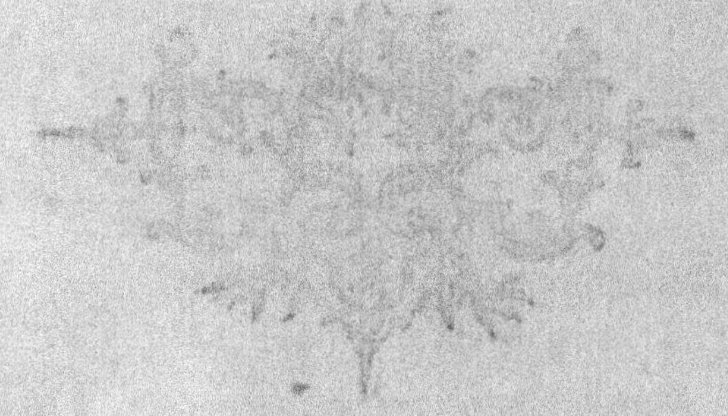

AU ROY.

IRE,

J'ai déja eu l'honneur de presenter au Roi votre très-glorieux Bisayeul, la Relation des Voïages que j'avois faits par ses Ordres dans les Indes Occidentales & dans le Bresil, où j'avois rapporté au naturel, tout ce que la Nature produit dans ce nouveau Monde. Les graces, SIRE, que j'ai reçûës de VOTRE MAJESTE' depuis son Avenement à la Couronne, ont excité mon zéle à donner la suite de mes Obser-

vations Physiques, Mathematiques & Botaniques,
qui n'avoient pû être comprises dans les premiers
Volumes, en y ajoûtant aussi celles que j'avois faites
auparavant aux Isles Antilles, & sur les Côtes de la
Nouvelle Espagne. Cet Ouvrage, à ce que j'espere,
pourra contribuer aux progrès de l'Histoire Naturelle, de la Géographie, de la Navigation, & de
l'Astronomie, qui sont des Sciences pour lesquelles
on sçait que VOTRE MAJESTE' a eu du goût dès
sa plus tendre enfance, & qui y ont été cultivées par
les soins de l'illustre Prélat qui a présidé à vos études.
J'ose donc esperer que VOTRE MAJESTE'
voudra bien recevoir cet Ouvrage avec un accueil
favorable, & m'honorer de la Protection qu'Elle
accorde si volontiers aux personnes de Lettres. Je
tâcherai, SIRE, de la meriter par le profond respect
avec lequel je suis & serai toute ma vie,

SIRE,

DE VOTRE MAJESTE',

Le très-humble, très-obéïssant, & fidelle
Sujet, Fr. Louis Feuille'e, Minime.

PREFACE

CONTENANT DES REFLEXIONS
critiques sur différentes Observations faites par M. FREZIER, *Ingenieur du Roi dans la Relation de son Voïage à la Mer du Sud.*

LA critique est utile, & l'on doit savoir gré aux écrivains qui l'exercent modestement : c'est le meilleur moïen d'empêcher que l'erreur d'un particulier n'infecte peu à peu le public. Nos lumieres sont trop bornées pour qu'un seul homme se charge de l'instruction des autres hommes. On n'arrive à la vérité que par degrez ; un auteur qui l'aime sincerement doit souhaiter des Censeurs, & le public gagne toujours quand un habile Critique entreprend l'examen d'un livre : c'est sur-tout à ceux qui publient des relations de Voïages & des Observations astronomiques , qu'un censeur est necessaire. Il est si difficile de porter les Observations jusqu'à une exactitude entiere , il est si ordinaire qu'un voïageur pour embellir ses narrations , laisse son imagination prêter à la memoire,que le public devroit païer des examinateurs severes des Voïages & des Observations : mais il peut s'épargner cette dépense. Le goût dominant de notre siecle est la critique , peu d'écrivains manquent de censeurs. M. Frezier à qui j'avois communiqué les desseins de mon Voïage de la Mer du Sud , m'a , par un nouveau genre de reconnoissance , critiqué fort durement dans la relation de son Voïage ; s'il avoit apporté à cette entreprise la capacité necessaire , je profiterois de ses censures loin de m'en plaindre ; je n'en puis profiter & dois m'en plaindre. M. Frezier, Pilote sans étude , Observateur sans instrumens , n'est pas sûrement propre à corriger des Observations faites par un homme à qui une longue experience & de bons instrumens donnoient un grand avantage. On verra dans le journal de mes Observations , que je n'ai déterminé la latitude d'aucun lieu , qu'après avoir verifié mon quart de cercle de la maniere que je l'y ai démontré , ni la lon-

ã

gitude des mêmes lieux, qu'après avoir verifié par des correspondances journalieres des hauteurs du soleil l'état de mon
horloge : j'en ai même rapporté quelques-unes, pour donner
lieu à ceux qui douteront de mon exactitude dans les Observations, de les calculer eux-mêmes. On sait, dit M. Cassini,
ce grand homme du siecle présent, de quelle conséquence il
est pour les observations astronomiques, d'avoir des horloges
justes & bien reglées. Ticho Brahé avoit essaié tous les moiens
qu'il avoit pû imaginer, pour mesurer exactement le tems,
soit par des clepsidres d'eau, de mercure, & de diverses autres
liqueurs, soit par d'autres manieres d'horloges qu'il avoit fait
faire sur différens principes ; mais après s'être epuisé sur ce
sujet, il fut obligé de revenir aux horloges ordinaires, quoiqu'il eut sensiblement reconnu leur peu de justesse, lorsqu'il
les comparoit avec le mouvement des astres. L'Academie aiant
resolu de chercher quelque maniere plus exacte de mesurer le
tems, un des Academiciens qui avoit déja trouvé la maniere
d'appliquer aux horloges le mouvement du pendule, s'étudia à
les regler & à les perfectionner ; en sorte qu'il les porta à un
tel point de perfection & de justesse par le moien de la cicloï-
de, que souvent elles ne varient que d'une seconde en plusieurs jours.

M. Frezier plus habile que tous ces grands hommes, n'a pas
besoin d'horloge pour regler le tems : son estime lui tient
lieu de pendule la mieux reglée, & c'est par elle qu'il a déterminé avec tant de justesse *& par le menu*, la longitude & la
latitude des côtes de la Mer du Sud, & de plusieurs autres lieux:
au lieu que si on l'en croit dans sa préface, je n'ai déterminé
dans mes observations, les longitudes & les latitudes des mêmes côtes, que *par le gros*. Je puis sans vanité & sans présomp-
tion assurer M. Frezier de mon exactitude, & il pensoit sans
doute de même, lorsque mes observations, comme il dit dans
la page 255. lui ont servi pour rectifier ses estimes.

Dans la page 6. de cette relation, on voit M. Frezier, quoiqu'il n'ait jamais été ni à l'école de marine, ni en mer, comme il l'assure au même endroit, devenu habile pilote. *Nous*
goûtâmes, dit-il, *après un temps orageux & sombre, la dou-*
ceur d'un beau climat & des jours clairs & serains, lorsque
nous eumes connoissance d'une terre sur le soir au Sud-Est-quart-
d'Est environ quinze lieües. Il nous fut une nouvelle satisfa-

tion de nous savoir auprès de l'île de Palme, & à moi particulierement, qui, par mon estime, m'en trouvai à une pareille distance. Agreable surprise qui étonna tous ceux du navire, peu accoutumez à de pareils miracles !

Peu de jours après M. Frezier s'apperçut qu'il se trouvoit toujours moins de l'avant que son estime. *Je crus alors* dit notre Pilote, *que cette erreur venoit de la ligne du Lok.* Admirable défaite qui conserva à M. Frezier la réputation qu'il s'étoit acquise par la justesse de son estime : Il falloit, afin que la chose arrivât comme il croïoit l'avoir prévuë, que la ligne du Lok se fut racourcie : cela alloit lui faire un extrême tort, la même ligne lui aïant servi dans ses estimes précédentes, ne devoit pas avoir la justesse dont il se flattoit.

Dans la page 48. M. Frezier doute de la détermination de la différence en longitude observée entre Paris & la ville de la Conception dans le roïaume du Chily ; détermination fondée sur plusieurs observations des éclipses du premier satellite de Jupiter, comparées avec les mêmes observations qu'on fit en correspondance à l'Observatoire roïal de Paris.

Je ne sai par quelle crainte notre nouveau Pilote n'ose dire ici, qu'il arrive à point nommé, comme il le dit ailleurs. Je prévois que les déterminations qu'on avoit déja faites de la longitude & de la latitude de la Conception, l'en empêcherent. Il se contente seulement de dire, parlant de la longitude. *Et peut-être par 75 degrez 32 minutes 30 secondes de longitude Occidentale, ou différence de Meridien de Paris, suivant l'observation du P. Feüillée.* Il auroit parlé plus juste s'il eut dit, suivant les observations du P. Feüillée, & non pas suivant l'observation.

On verra quelles furent à son retour du Perou ses déterminations en longitude & en latitude. Apparemment qu'on lui donna à Lima ou ailleurs, des regles plus sûres pour ses estimes, que celles dont il s'étoit servi jusqu'alors, & la crainte de faire ici un second naufrage, l'empêcha de dire : J'arrivai à point nommé.

J'avoüe que M. Frezier avoit de très-bonnes intentions, mais il les a mal suivies. Si avant son départ il eut consulté quelque habile homme & lû les instructions generales données par le savant M. Cassini aux Astronomes que Louis le Grand d'heureuse memoire envoïa dans presque tous les endroits de la terre, pour y faire des observations géographiques & astronomiques : il auroit vû quelles sont les difficultez de bien faire ces observations , & il ne se seroit pas avisé de dire *peut-être* & de rapporter dans son journal avec tant de hardiesse, la détermination de la longitude & de la latitude des lieux par son estime, & singulierement de ceux où l'on avoit déja fait des observations avec tant de soin.

Page 35. M. Frezier dit : *Un Jesuite de bonne foi , procureur des Missions que le roi d'Espagne entretient au Chily, m'assura que les Indiens Chiléens étoient de vrais athées, qu'ils n'adoroient rien du tout , & se mocquoient de tout ce qu'on pouvoit leur dire là-dessus ; qu'en un mot leurs Peres ne faisoient aucun progrès : ce qui ne convient pas avec les lettres édifiantes des Missionnaires. tom. 8. &c.*

Dans le roiaume de Chily j'eus l'honneur d'avoir plusieurs conférences tant en matiere de religion , qu'en matiere de physique , avec le R. P. que M. Frezier nous cite ici. Un jour je fis tomber notre conférence sur l'athéisme : je demandai au R. P. si dans ses missions il avoit trouvé de vrais athées. Surpris de cette demande , & informé que j'avois fait plusieurs voiages dans des païs étrangers & singulierement parmi les Sauvages , il me demanda la même chose. Nous nous trouvâmes l'un & l'autre du même sentiment, & nous conclûmes, contre le sentiment de notre auteur, qu'il n'y a point de vrais athées. Il a donc eu tort de dire , que le R. P. l'assura que les Chiléens étoient de vrais athées. Qu'est-ce que l'on entend par un vrai athée ? si ce n'est un homme qui ne croit point absolument de Dieu, ou un homme qui ignore Dieu si absolument, qu'il ne le croit, ni ne le nie , un homme qui n'y a jamais pensé , qui n'y pense point du tout. Or peut-il y avoir un tel homme ? La chose est telle , qu'on ne peut mettre en question la possibilité même.

Si par athée on entend un homme qui nie formellement un Dieu, sans reconnoître sous quelque nom que ce soit les attributs de ce Dieu, on peut dire qu'il n'y a point absolument d'athée. Enfin, si par athée on entend des hommes qui ont quelque sentiment de la Divinité, mais qui y font si peu d'attention, que la connoissance qu'ils en ont peut être regardée comme une ignorance grossiere des attributs d'un Dieu éternel ; en ce sens les Chiléens & d'autres barbares peuvent passer pour athées : mais M. Frezier ne devoit pas mettre ses idées dans la bouche d'un Jésuite, & cette fiction décredite la bonne foi du voïageur.

P. 71. M. Frezier m'accuse d'avoir changé le nom d'une plante que les Indiens nomment *Liutu*, & non pas *Lictu*, comme il dit que je l'ai nommé dans mon Histoire des Plantes p. 710. Il seroit à souhaiter que M. Frezier fut aussi scrupuleux ailleurs qu'il le paroit ici, sa relation en seroit plus exacte. Il prend ici un *c.* pour un *g.* si j'avois l'esprit aussi critique, j'aurois pû, au commencement de la même page, lui faire le même procès, & lui representer que l'arbrisseau auquel il donne le nom de *Palgli*, les Indiens l'appellent *Palqui*. Cet arbrisseau a les feüilles semblables à celles de l'*Adhatoda*, comme on verra dans la suite de mon Histoire des Plantes. La crainte que j'avois de faire quelque faute dans l'ortographe des noms des plantes, fit que je les fis écrire à un bon prêtre Creole, dont la langue Indienne étoit la langue naturelle.

Page 72. Je passe ici sous silence la maniere dont M. Frezier écrit le nom de la plante *Panke*, pour lui faire remarquer deux fautes plus essentielles, lorsqu'il dit : *Le noir est fait avec la racine de Panque, dont la feüille est ronde & tissuë comme celle de l'Achante ; elle a deux ou trois pieds de diamêtre, quoique le P. Feüillée, qui l'appelle Panke Anapodophylli folio la borne à dix pouces*, &c

Si M. Frezier se fut informé de quelles feüilles des plantes les Botanistes font ordinairement la description, on lui auroit appris, que c'est des moiennes feüilles, ordre que j'ai observé dans toute mon Histoire des Plantes. Ainsi je pouvois borner à 10 pouces la feüille de *Panke* dont je fis la description, premiere faute de notre nouveau Botaniste. Il dit que la feüille de *Panke* est ronde, seconde faute. Celle-ci est moins pardonnable que la premiere : car en qualité de Géometre, tel que doit être un Ingenieur & un Ingenieur habile comme lui, il ne devoit pas ignorer qu'un éventail n'est pas rond, mais un demi rond : la feüille de *Panke*, comme il a vû dans la description que j'en ai faite, & la figure que j'en ai donnée, est ouverte en éventail : donc elle n'est pas ronde, mais un demi rond.

Je lui fais encore grace du nom de *Poquell*, plante que les Indiens appellent *Poquill*. Il nous parle ensuite d'un arbre

ã iij

dont il ne fait pas le nom, appellé par les Indiens *Boigue*,
& à qui j'ai donné le nom dans mon Hiftoire des Plantes,
de *Boigue Cinnamomifera olivâ fructu*. Les Efpagnols l'appellent arbre à canelle, à caufe que fon écorce a le même
goût que la canelle qu'on nous apporte des Indes Orientales. Il a la feüille du volume & de la figure du laurier roïal.
Ses fleurs font blanches & à cinq petales ; fes fruits naiffent
en maniere de tête, ce font plufieurs olives pointillées &
d'égale groffeur. Virgile, dit M. Frezier, femble en avoir fait
la defcription dans fes Géorgiques liv. 2. En voici la cita-
tion.

> *Ipfa ingens arbos , faciemque fimillima Lauro ;*
>
> *Et , fi non alium latè jactaret odorem ,*
>
> *Laurus erat : folia haud ullis labentia ventis :*
>
> *Flos apprima tenax : animas & olentia Medi*
>
> *Ora fovent illo , & fenibus medicantur anhelis.*

Quelle apparence y a-t-il que Virgile ait fait dans ces cinq
vers la defcription du *Boigue* ? M. Frezier n'eft pas plus heureux en citations qu'en obfervations. Virgile après avoir parlé de l'abondance des citrons de Medie & de l'ufage qu'on
peut faire de leur fuc , dit feulement que les citroniers
font fort grands , & les compare aux lauriers ; & qu'on les
prendroit même pour des lauriers , s'ils ne rendoient une
odeur toute differente ; qu'ils confervent toujours leurs feüilles malgré l'impetuofité des vents ; que les fruits tiennent
fort aux branches ; que les Medes mangent du citron lorfqu'ils ont l'haleine forte , & en font prendre aux vieiflards
s'ils ont de la peine à refpirer. L'Amerique n'a été découverte que plufieurs fiecles après la naiffance de ce poëte , &
nous ne lifons dans aucun interprete que Virgile eût l'efprit
de prophetie. Dans la fuite de mon Hiftoire des Plantes ,
je décrirai l'ufage que les Indiens font du *Boigue* dans leurs
cultes fuperftitieux.

Pag. 74. M. Frezier parle de la chaffe dans les termes fui-
vans : *Le plaifir de la chaffe y eft interrompu par certains oi-*
feaux que nos gens appellent Criards , parce que dès qu'ils
voient un homme ils fe mettent à crier & à voltiger autour
de lui , en criant comme pour avertir les autres oifeaux , qui

s'envolent dès qu'ils les entendent. Ils ont au-deſſus de l'ar-
ticulation de chaque aîle, une pointe rouge longue d'un pouce,
qui eſt dure & aiguë comme un ergot, avec laquelle ils ſe battent
contre les autres oiſeaux.

J'ai eu en main des Criars de tout âge. Les Eſpagnols appellent ces oiſeaux *Frailes*, à cauſe de la diverſité de leur couleur, & les Indiens *Thegle - Thegle*, nom derivé de leur cris.
J'ai examiné de près, faiſant l'anatomie de quelques-uns, comme on verra dans la ſuite de mon journal, les pointes dont parle ici M. Frezier, ſans nous dire ſur quelle articulation des aîles
elles ſont poſées. La plus grande longueur de ces pointes depuis leur naiſſance, juſqu'à leur extrémité qui eſt fort pointuë, n'eſt que de ſix lignes, & non pas d'un pouce, & par
conſéquent leur longueur n'eſt que de la moitié de celle que
lui donne M. Frezier : ces pointes ſont poſées ſur la derniere
articulation de chaque aîle ; elles ſont de couleur de corail
& extrémement dures.

La courte deſcription que M. Frezier nous donne dans la
même page, des oiſeaux appellés *Pingoüins*, me perſuaderoit
qu'il n'en a point vû, & qu'il s'en eſt fié à quelque relation imaginaire. Voici comme il parle : *Nous prîmes un jour dans un*
marais un de ces ſortes d'amphibies qu'on appelle Pingoüins,
qui étoit plus gros qu'une oie : au lieu de plumes il étoit cou-
vert d'une eſpece de poil gris, ſemblable à celui des Loups ma-
rins : ſes aîles reſſemblent même beaucoup aux nageoires de ces
animaux ; pluſieurs relations en ont parlé, parce qu'ils ſont
fort communs au détroit de Magellan : en voici un deſſiné d'après
nature, &c.

Il pourroit bien ſe faire que M. Frezier n'eut vu que de
loin l'amphibie dont il nous parle. Comme cet oiſeau a les
plumes fort courtes gris-brun, mêlées de quelques autres
plumes noires, preſque de même volume, les unes & les autres couvrant un duvet extrémement fin, l'éloignement & le
mélange de ces couleurs pourroient lui avoir offuſqué la vûë :
car nous ne devons pas croire que tous les jugemens qui accompagnent la vûë des objets, ſoient également exacts : pluſieurs nous tromperoient, s'ils n'étoient aidés de la raiſon.
Cependant les termes de notre auteur ſont poſitifs ; il dit :
Nous prîmes. Par ces paroles nous devons croire qu'il a vû
cet amphibie de bien près. Je donnerai ailleurs une entiere

deſcription du *Pingoüin*. On voit déja par ce que je viens de dire, que ce n'eſt pas un poil ſemblable à celui des Loups marins, mais de veritables plumes qui le couvrent. On peut voir dans l'hiſtoire du nouveau Monde de Jean Laët liv. 13. chap. 8. la deſcription de cet amphibie, faite par Charles de l'Ecluſe qui confirme ce que j'ai dit ; conſulter Dampiere dans ſon premier voiage autour du monde tom. 1. chap. 5. & s'en informer d'une infinité de voïageurs qui vivent encore.

A la fin de la même page notre auteur tombe dans une autre mépriſe, lorſqu'il dit, parlant des Loups marins : *La nature a néanmoins conſervé au bout des nageoires quelque conformité avec les pattes : car on y remarque quatre ongles qui en terminent l'extrémité.*

Si notre auteur eut bien examiné la poſition des ongles des Loups marins, il ne nous diroit pas que ces quatre ongles terminent l'extrémité de leurs nageoires, mais qu'ils ſont poſés au-deſſous de leurs nageoires, à une certaine diſtance de leur extrémité. Je fis ces remarques ſur un de ces poiſſons dont la groſſeur me parut extraordinaire ; ſa longueur étoit de quinze pieds & ſa groſſeur à proportion ; nous étions alors moüillés dans la riviere de *la Plata* (car les marins appellent même les plus grands fleuves rivieres.) Un jour nous eſſuiâmes dans cette riviere un coup de vent ſi furieux & qui agita les eaux avec tant de vehemence, que la tempête paſſée, nous trouvâmes ſur ſes bords pluſieurs poiſſons de differentes eſpeces : je crus que ce Loup marin que je trouvai étendu & mort, dont la vieilleſſe devoit avoir diminué les forces, avoit été jetté ſur la côte durant cette tempête.

Page 76. L'étonnement des habitans de la Conception ne devoit pas être ſi grand, que le dit M. Frezier, lorſqu'ils les virent faire proviſion de charbon de pierre pour leurs forges, puiſque trois ans avant ſon arrivée à la mer du Sud, je vis dans une forge qu'un de mes amis avoit dans une de ſes maiſons de campagne, le forgeron ſe ſervir de charbon de pierre : ainſi la découverte & l'uſage de ce charbon étoit plus ancien dans le roïaume du Chily, que l'arrivée de M. Frezier.

Page 89. M. Frezier nous informe ici d'un voïage qu'il fit à *Santiago* à 20 lieuës de *Valparaiſo*, & non pas 28. comme il dit. Ce n'eſt pas pour avoir fait ce voïage, que j'ai

appris

appris la distance de ces deux villes ; mais pour l'avoir sçû
par plusieurs marchands du pais, qui vinrent à l'arrivée de nôtre vaisseau pour acheter des marchandises. Il rapporta de ce
voiage le plan de la ville de *Santiago*, soit qu'il l'eut levé, ou
non. Ce plan ne differoit pas de celui que feu M. Rosmin
Ingénieur général du Perou, eut de feu Dom Jean Raimond
prêtre de la chapelle du Roi, grand Mathematicien & fort de
mes amis : nous avons de lui un traité de la duplication du
Cube. Ce dernier m'avoit communiqué le même plan ; je ne
l'ai point mis dans mon Journal pour ne pas démentir ce que
j'ai dit, qu'on n'y trouveroit que ce que j'aurois vû, ou dont
j'aurois été témoin. A la mort de M. Rosmin avec qui j'avois
fait plusieurs voiages, le plan de *Santiago* & de plusieurs autres villes tomberent entre les mains du sieur Alexandre Durand, que M. Rosmin laissa en mourant son executeur te-
stamentaire. Nôtre Voiageur nous donne dans le plan de *Santiago*, la hauteur ou latitude de cette ville de 33. degrez 40.
minutes sans nous avertir de quelle maniere il l'a observé :
nous savons seulement par lui même, qu'il n'avoit aucun instrument, il auroit pourtant pû se servir de ceux dont se servent ordinairement les Pilotes, qu'il pourroit avoir trouvé
dans son navire, qui sont la fleche, & le quartier Anglois :
l'un & l'autre de ces instrumens supposent un horison sensible, parallele au lieu de l'observation, ou approchant du parallele ; car la hauteur, ou la bassesse de ce parallele, eû égard au
lieu observé, est une équation, qu'il faut ajoûter ou soustraire à la hauteur observée. Si M. Frezier avoit observé toutes ces
circonstances difficiles à trouver, il n'auroit pas manqué de
les rapporter comme des circonstances essentielles, lesquelles découvrent l'habileté d'un observateur, qui ne se fie pas à
une estime. On ne s'arrête pas ici à une infinité de minuties
rapportées par nôtre Auteur, sur lesquelles il auroit très-bien
fait de garder le silence.

On croiroit par ce que Mr. Frezier raconte dans la page 24. qu'il fit le voiage de *Santiago*, pour y aller étudier
en Théologie. On le concluroit de ce qui suit. *Les Moines
prétendent encore empiéter sur les fonctions curiales, que les
Jesuites croient avoir droit d'exercer par tout où bon leur semble,
sans parler d'une infinité d'autres priviléges, qu'ils ont dans
les Indes, & dont ils donnoient un traité particulier en Théolo-*

gie dans le tems que j'étois à Santiago. C'est ce qui fait que les Paroisses y sont si peu fréquentées, &c.

Si on demandoit à nôtre Voiageur à qui les Peres Jesuites enseignoient alors la Theologie ; il nous répondroit, que c'étoit à de jeunes ecclésiastiques, ou d'autres éleves, qui se destinent à cet état ; or quelle apparence que ces jeunes ecclésiastiques aillent publier à leur préjudice, ce qu'on leur aura enseigné, sçavoir que les Moines ont des priviléges au-dessus des leurs. D'ailleurs où seroit la politique des Jesuites, d'enseigner une doctrine à de jeunes gens qui deviendront un jour leurs parties.

Dans la page 106. M. Frezier nous parle du *Cachin Lagua*, mot dont il n'a pas sçû la signification. *Cachin* est le nom propre de la plante que nous appellons en France, *Centaurum minus flore purpureo. J. B.* en François, petite Centaurée, *Laguen* est le mot generique Indien, qui signifie en nôtre langue, plante ou herbe. C'est pour cela que les Indiens ajoutent à tous les noms de plantes *Laguen*, & non pas *Lagua*, comme dit nôtre Auteur, ce qui est la même chose, que si on disoit la plante ou l'herbe de la petite Centaurée. Après nous avoir parlé de *Cachen Laguen* & non pas *Cachin Lagua*, il dit : *on trouve aussi une espece de Sené qui ressemble tout-à-fait à celui qui nous vient de Seide en Levant, faute duquel les Apoticaires de Santiago se servent de celui-ci, que les Indiens appellent Onnoperquen, il est un peu plus petit que le Maiten arbre du païs.*

On peut donner deux sens à cette phrase, le premier qui est le plus naturel, est que l'*Onnoperquen* est un arbre un peu plus petit que le *Maiten* : le second que l'*Onnoperquen* a ses feüilles un peu plus petites que celles du *Maiten* ; cependant quelque sens qu'on lui donne, on découvre toûjours que M. Frezier n'a connu ni l'*Onnoperquen*, ni le *Maiten*.

Si on s'arrête au premier sens, on y trouve une étrange bévüe : car quelle proportion y a-t-il de *l'Onnoperquen*, qui est une petite plante à plusieurs tiges, qui ne s'élevent chacune qu'environ huit à dix pouces au-dessus du colet, & qui n'ont qu'environ deux lignes d'épaisseur, avec le *Maiten* qui est un arbre à plain vent.

Si on s'arrête au second sens, l'erreur est encore plus considerable ; car les plus grandes feüilles de *l'Onnoperquen*, qui ne sont sur chaque tige qu'au nombre environ de huit ou dix alternativement posées, n'ont que quatre lignes de longueur sur demi ligne de largeur, à contour regulier, & pointuës à leurs extrêmitez.

Les plus grandes feüilles du *Maiten* ont environ deux pouces de longueur sur un pouce de largeur, tantôt alternes, tantôt opposées, deux à deux ; leur côte est relevée au-dessus & au-dessous, & donne des deux côtez quelques nervûres arcuées. Leur contour est denticulé ; elles sont pointuës de chaque bout, & n'ont presque point de queüe. Cet arbre & cette plante sont representés au naturel dans un grand volume que je presentai en 1713. à Loüis le Grand d'heureuse memoire. Il y a dans les Indes Occidentales trois especes d'*Ounoperquen* qu'on verra dans la suite de mon Histoire des Plantes.

L'*Alvaquilla* dont parle ensuite M. Frezier, est le *Caïen arbor Indica foliis trifolii bituminosi siliquis Arobi. Breyn. prod.* page 20.

Dans la page 108. aïant oublié ce qu'il nous avoit déja dit du *Maiten*, il tombe ici dans une autre faute quand il parle de la construction des navires ; *Pour les courbes*, dit notre auteur, *on y trouve le Maiten qui a la feüille à peu près comme l'amandier.*

Quel rapport trouve-t-il entre les feüilles du *Maiten* & celles de l'amandier ? J'ai suffisamment expliqué dans le précedent article la composition & les dimensions des plus grandes feüilles du *Maiten* : voici celles des feüilles des amandiers, arbres assez connus en Europe, & dont chacun peut savoir par soi-même ce que je vai dire. Les plus grandes feüilles des amandiers ont une queüe environ d'un pouce de longueur, la largeur de ces feüilles est d'un pouce & une ligne, & la longueur de trois pouces un tiers : la côte qui les traverse d'un bout à l'autre est relevée en arc au-dessous, & creusée en goutiere au-dessus : elles sont alternativement disposées sur leurs rameaux, & jamais deux à deux, & terminées par une pointe fort aiguë. Si donc l'on compare la description de la feüille du *Maiten* que je viens de donner dans le précedent article, avec celle que je donne ici des feüilles des amandiers, on verra qu'elles sont entierement opposées.

Les feüilles du *Molle* que notre Botaniste dit dans la page 109. *être à peu près comme celle de l'Acacia* different plus

de celles de l'*Acacia*, que celles de l'*Amandier* & du *Maiten.*
Les rameaux du *Molle* sont garnis de côtes feüillées, fort
longues, sur lesquelles les feüilles sont alternes, terminées en pointes de chaque bout, sans queuë, & dentelées à
leur contour. Je vis ce *Molle* à Lima dans le jardin d'un Abbé
de mes amis : je l'appellai, *Molle foliis serratis*, c'est celui
dont Garsillasso de la Vega liv. 8. chap. 12. & François Xi-
menez nous ont donné la description & l'usage que les Indiens font de son fruit : à 17. degrez de latitude meridionale, je trouvai les mêmes Arbres; j'appellai ceux-ci *Molle foliis non serratis*, parce que les feüilles ne sont pas dentelées
à leur contour, comme le précedent.

Les fruits du *Molle* sont des grappes composées de grains
presque ronds, dont le diamétre est de trois lignes & leur
hauteur de quatre. Ces grains renferment à leur centre, deux
petits noïaux qui ont le goût du poivre. La substance qui
les environne, est un peu gomeuse & couverte d'une peau fort
mince & d'un beau rouge, lorsque ces fruits, & grappes sont
mûres. Je sçai que cette substance est douce, mais je ne me suis
pas apperçû qu'elle eût le goût de geniévre, comme dit M. Frezier. Les Indiens en font une boisson fort délicate ; pour cela,
ils mettent en infusion dans de l'eau commune, ces petits
grains séparés de leur grappe, qu'ils pressent dans la même
eau pour leur faire rendre leur suc, lequel se mêlant avec l'eau,
font ensemble une belle couleur de vin. Les gens du Païs se
servent de cette liqueur pour se rafraîchir.

Ces arbres sont encore fort communs dans tout le Roïaume
de Chily.

Les feüilles de l'*Acacia* sont des côtes feüillées, qui naissent en bouquets, aux aisselles d'un ou plusieurs piquans ; les
feüilles sur ces côtes sont opposées deux à deux, dentelées sur
leur contour, & leurs dentelures sont taillées jusques à la petite côte qui les traverse d'un bout à l'autre. Par la description
de ces feüilles, on conçoit aisément, quelle est la difference
qui se trouve entre celles du *Molle* & de l'*Acacia*, & le tort
que M. Frezier auroit de les comparer ensemble, s'il ne commençoit son apprentissage en Botanique.

Dans la page 118. Je ne sçaurois approuver la hardiesse de
M. Frezier, dans la détermination de la latitude de la Baie de
Coquimbo, & encore moins de celle de la ville. Il a cru, à cau-

se du peu de distance de l'une à l'autre, qu'elles devoient être
dans un même point de latitude : si on lui demandoit de quelle maniere il a observé cette latitude, & à la Baie de *Coquim-*
bo, & à la ville, il ne pourroit que nous répondre, qu'il l'a
observée, ou par la fléche, ou par le quartier Anglois, il n'a-
voit pas d'autres instrumens, ou peut-être par estime. S'il a
observé par l'un ou par l'autre instrument, on lui a déja fait
voir que ces Observations lui étoient impossibles, par la raison qu'on a dit, que l'un & l'autre de ces instrumens supposent, qu'on voit l'horison de la Mer par où passe le Meridien, ou l'horison de la Terre, sensiblement parallele au lieu
observé. Cependant par les mêmes plans que l'Auteur nous
donne de *Coquimbo* & de la Baie : on voit qu'il est impossible
de découvrir l'horison de la mer par où passe le Meridien
de l'un & de l'autre lieu : il pourroit répondre, qu'il est monté sur quelque haute montagne, du sommet de laquelle il a
découvert l'horison par où passe le Meridien de deux lieux ob-
servez. Quand cela seroit, ce que je sçai ne pouvoir être à
cause de la disposition des deux lieux, il n'auroit pas manqué
de rapporter les sçavantes opérations, qu'il lui auroit fallu
faire pour réduire ses Observations, opérations assez difficil-
les. Que si elles lui eussent été connuës, il ne se seroit pas
hasardé de corriger la latitude, que j'ai observé avec tant de
soin & d'exactitude ; premierement après avoir verifié plusieurs fois mon quart de cercle, pour connoître si dans le
transport d'un lieu à un autre, la lunette qui sert de pinnules fixes, n'auroit pas changé de situation.

Secondement, après m'être assûré de la justesse de mon
horloge par des hauteurs correspondantes du soleil, pour
avoir le vrai midi, heure absolument necessaire pour déterminer la latitude, ce que n'a pû connoître nôtre Auteur ; il
n'avoit pas d'horloge.

Troisiémement, après avoir observé quel étoit le diamétre
apparent du soleil, en tems pour le trouver en minutes de
degrez, & plusieurs autres élemens absolument necessaires,
comme sont les réfractions ; élemens qui entrent tous dans
la détermination des latitudes, indépendamment de l'estime
de M. Frezier. On conclurra de tout ce que je viens de dire,
qu'il nous auroit marqué sa bonne foi, s'il n'eut pas changé
la latitude observée si scrupuleusement.

Autre raiſon qui nous prouve invinciblement que M. Frezier n'entend pas bien ce que c'eſt que latitude. Il nous donne
dans ſa relation, la latitude de la ville de *Coquimbo* égale à
celle du moüillage. Dans le plan de la Baïe la latitude eſt de
29. degrez 55. minutes & dans celui de la ville, pareille latitude 29. degrez 55. minutes : s'il l'entendoit, il auroit examiné
la ſituation des plans qu'il rapporte dans ſa relation, & voïant
par ces ſituations, que la ville eſt environ 2. minutes 10. ſecondes plus proche de la ligne équinoxiale, ou équateur que
n'eſt le moüillage ; il auroit donc dû trouver par ſes Obſervations, la latitude Meridionalle de la ville de *Coquimbo*, moindre de 2. minutes 10. ſecondes que celle du moüillage, &
par conſéquent de 29. degrez 52. minutes 50. ſecondes.

Pluſieurs particularitez, que M. Frezier dit dans la page 121.
avoir apriſes du gardien des Cordeliers, nous avoient été
racontées par le même ; comme je ne le ſçavois pas par moi-
même, & que je voïois beaucoup de contradiction à ces particularitez, & qu'elles ne m'étoient pas néceſſaires pour
remplir mon journal, je ne daignai pas les rapporter, j'a-
vois à traiter aſſez d'autres matieres utiles aux ſçiences & aux
beaux arts.

Dans la page 123. nôtre geographe devient encore bota-
niſte, & pour le perſuader à ceux qui liront ſa relation,
il dit : *On commence à voir dans ces climats* (parlant de *Coquimbo*) *un arbre qui ne croît point dans tout le reſte du Chily, & qui eſt particulier au Perou. On l'appelle Lucuma. Sa feüille reſſemble un peu à celle de l'oranger & du Floripondio.* S'il
eût dit point du tout, il auroit accuſé juſte. Il continuë :
*ſon fruit reſſemble auſſi fort à la poire, qui renferme la grai-
ne de ce denier. Quand il eſt mûr, l'écorce eſt un peu
jaunâtre, & la chair fort jaune, & à peu près du goût & de la
conſiſtance du fromage fraîchement fait. Au milieu eſt un noïau
tout-à-fait ſemblable à une chataigne pour la couleur, la pelu-
re, & la conſiſtance.*

Ce ſeul article renferme quatre differentes erreurs. 1°. les
feüilles du *Lucuma* n'ont aucune reſſemblance n'y à la feüille de l'Oranger, n'y à celle du *Floripondio.* 2°. les fruits du
Lucuma ſont tout-à-fait differents de la poire du *Floripondio.*
3°. la chair du fruit du *Lucuma* dans ſa maturité, eſt d'un
blanc ſale, & non pas fort jaune, & enfin le fruit du *Lucu-*

ma ne renferme pas au milieu, un feul noïau, mais deux &
quelquefois trois.

Que les feüilles du *Lucuma* ne reffemblent pas à celles du
Floripondio, cela eft conftant par la defcription faite à Lima
des unes & des autres. On a déja vû au commencement de
mon hiftoire des Plantes folio 761. la defcription des feüilles du *Floripondio*, ce qui me difpenfe de la rapporter ici :
celles des feüilles du *Lucuma*, font alternativement pofées fur
leurs rameaux, les moïennes ont de longueur jufqu'environ
cinq pouces, & deux pouces un fixiéme de largeur. La côte
qui les traverfe eft arondie au-deffus & au-deffous, & elle
donne de chaque côté des nervûres qui vont fe terminer
en arc vers le contour des feüilles ; ces nervûres font foûs-
divifées en plus petites, qui s'étendent en tout fens. Les
queuës qui foûtiennent ces feüilles, n'ont guéres plus de huit
lignes de longueur, fur deux d'épaiffeur. Elles font rondes &
d'un verd foncé, de même que les feüilles, qui ont leur contour ondé.

Que le fruit du *Lucuma* ne reffemble pas à la poire du
Floripondio, on en jugera par leur defcription. La poire du
Floripondio eft plus longue que large, & le fruit du *Lucuma*
eft plus large que long. Les moïennes poires du *Floripondio*
ont deux pouces & demi de longueur, & leur diamétre en largeur, n'eft qu'environ de deux pouces un quart ; elles font couvertes d'une peau grifâtre, qui renferme un corps compofé de
plufieurs graines où fe trouve dans chacune une amande blanche. Ce fruit partagé par fon milieu eft divifé en dedans, en
deux parties, dont chacune eft foûs-divifée en fix loges par des
cloifons qui donnent autant de *Placenta*, & ces *Placenta* font
chargez de graines.

Le fruit du *Lucuma* a la figure d'un cœur applati par les
deux bouts. Il eft rond, fon diamétre dans fa largeur, eft de
trois pouces, & celui de fa longueur, de deux pouces & un fixiéme. La peau qui le couvre eft fort mince. Sa chair eft mo-
laffe dans fa maturité, fade, douçâtre, & d'un blanc fale.
Elle renferme dans fon centre deux & quelquefois trois
noïaux, de la figure & couleur de nos châtaignes, lorfque le
fruit eft mûr ; car auparavant leur pelûre eft blanche. On
voit donc par ces defcriptions, quelles font les erreurs de
M. Frezier. Nicolas Monard de Seville, qui a décrit le fruit du

Lucuma, n'en avoit vû selon sa description, que le noïau, en quoi il s'est trompé. Clusius qui l'a traduit en Latin a été dans la même erreur, & ceux qui portérent les noïaux en Espagne, n'en avertirent pas Monard, qui crût ces noïaux être les fruits du *Lucuma.*

Dans la page 124. M. Frezier marque son départ de *Coquimbo*, & dit dans la même page : *que les marées ne sont pas connuës pour régulieres. Je n'en pense pas de même pour le dedans de la baie. J'ai cru remarquer que le retardement n'étoit pas celui du passage de la lune au Meridien ; mais peut-être d'un tiers ou d'un quart d'heure.*

On diroit que M. Frezier doute, si la lune qu'on voit au Sud de la ligne, est la même que celle que nous voions au Nord de la même ligne. Ce fut un jour la dispute de deux de nos matelots, à plusieurs degrez au-delà de la ligne. L'un d'eux s'appercevant que les grandes taches de la lune ausquelles on a donné le nom de Mers, avoient une autre situation sur ce corps, que celle qu'il avoit remarqué en Europe, il voïoit vers la partie inferieure de la Lune, ce qu'il avoit vû en Europe à la superieure ; & à la superieure, ce qu'il avoit vû à l'inferieure ; ce changement troubla si fort son imagination, qu'on ne pouvoit le convaincre que ce fut la même lune. Si ce matelot eût pensé vrai, il pourroit se faire que les marées ne fussent pas encore connuës pour régulieres à *Coquimbo*, ou du côté du Sud de la ligne ; car cette nouvelle lune pourroit avoir un mouvement contraire à celui de la lune que nous observons depuis tant de siécles. Pour moi, j'ai trouvé en observant une éclipse de lune à *Ylo* au-delà de la ligne, & peu éloigné de *Coquimbo*, que les taches de cette lune ont les mêmes positions que celles que nous observons en Europe, ou du côté du Nord de la ligne. Reprenons l'observation nouvelle de M. Frezier.

S'il ne nous avoit pas prévenu dans sa préface, qu'il n'avoit point d'instrument, je croirois par ce qu'il nous dit ici, que son horloge étoit déreglée, puisqu'il a cru que le retardement des marées à la baie de *Coquimbo*, ne suivoit pas celui du passage de la lune au Meridien. Durant près d'un mois, j'ai observé les marées dans la même baie avec une horloge réglée tous les jours par des hauteurs correspondantes du soleil ; j'ai remarqué dans mes observations, que les marées

dans

dans la mer du Sud , fuivent les mêmes loix que dans la mer
du Nord ; cependant nous ferions obligez à M. Frezier de
nous donner des raifons , s'il n'a pas d'obfervations , pour
prouver ce qu'il a pû remarquer ; mais fi ce n'eft qu'une idée
imaginaire femblable à celle de nos matelots ; qu'il laiffe en
repos nôtre lune , & qu'il ne vienne pas déranger la machine du monde , & lui impofer de nouvelles loix.

M. Frezier dans la page 129. tourne en ridicule le capitaine qui le paffa fur fon bord à *Callao* , à l'occafion de fa
dévotion à la fainte Vierge. M. Frezier a fans doute plus étu-
dié le ftile d'Erafme , que l'aftronomie. Quand ce qu'il raconte feroit vrai , fied-t'il à un catholique d'expofer à la de-
rifion des proteftans l'heureufe fimplicité de la dévotion
d'un peuple que l'incrédulité n'a point entamé ; je dis fi
fon rapport eft vrai : car tant de voïageurs qui ont paffé fur
des vaiffeaux Efpagnols , ne nous ont appris rien de femblable
ble , un moine apoftat eft le feul auteur qui confirme le conte que debite ici M. Frezier.

Dans la page 134. M. Frezier nous parle d'un grand morne , qui termine la ville d'*Arica* du côté du Sud , *il eft fitué* (dit-il) *par les* 18. *degrez* 20. *minutes de latitude :* dans
le même endroit , il donne un plan de la ville & de la rade , on lit au haut de ce plan ; *Plan de la rade d'Arica fitué
à la côte du Perou par* 18. *degrez* 29. *minutes de latitude auf-
trale* , donc felon nôtre geographe , la différence en latitude entre le morne & la ville d'*Arica* eft de 9. minutes de
degrez ; une minute de degré de grand cercle de la fphere , tels
que font les cercles de latitude , vaut felon la mefure de
Meffieurs de l'Academie roïalle des Sçiences 951. toifes. Les
9. minutes de diftance de la ville d'*Arica* au morne , en vau-
dront 8559. qui font près de trois lieuës , & fi pour la réduction de ces 9. minutes en lieuës , nous nous fervons de
la lieuë marine de M. Frezier , laquelle felon lui , dans la
page 6. de fa relation , eft compofée de 2853. toifes , nous
trouverons 3. lieuës juftes , du morne à *Arica.* Pour vérifier fes
obfervations , & les comparer avec le plan , on n'a qu'à ouvrir
le compas à l'ouverture d'une lieuë , fur l'échelle qui eft au
bas du plan de la rade , & porter une des pointes du compas
ainfi ouvert au morne , & l'autre pointe fur la ville , & on trouvera fur ce plan , que du morne à la ville , il n'y a pas un demi

quart de lieuë de diſtance ; en effet, je l'ai déja dit, le morne termine la ville, comme on le voit par le plan rapporté dans ſa relation, & comme on peut voir auſſi par la vüe de
la ville & le plan de la rade que j'ai donné dans le ſecond
tome de mon journal.

Autre erreur qui prouve encore mieux que M. Frezier ne
ſçait pas ce que c'eſt que latitude ; il m'oblige ici à revenir
aux premiers principes de geographie, pour lui apprendre que
la latitude d'un lieu eſt la diſtance du même lieu à la ligne
équinoxiale, ou equateur, qui eſt égale à la hauteur du pole ſur l'horizon ; par ſa détermination la latitude ou la hauteur du pole du morne eſt de 18. degrez 20. minutes, donc
le morne eſt éloigné de la ligne, de pareille diſtance.

Nous avons déja dit que la latitude de la ville, ſelon M.
Frezier eſt de 18. degrez 29. minutes. Par cette latitude, il
faut neceſſairement que la ville d'*Arica* ſoit au Sud du morne ;
car puiſque ſelon les premiers principes de Geographie, la
latitude d'un lieu eſt la diſtance du même lieu, à la ligne équinoxiale ; ſi la latitude d'*Arica* eſt plus grande de 9. minutes,
que la latitude du morne, *Arica* doit donc être plus éloigné de
la ligne de 9. minutes que le morne, donc *Arica* doit être au
Sud du morne, ce qui eſt abſolument faux, & cette fauſſeté
conſte même par le plan qu'il rapporte.

Dans la page 136. M. Frezier dit, *la vallée d'Arica eſt
large au bord de la Mer d'environ une lieuë*, ce ſeroit une nouvelle contradiction de nôtre geographe, puiſque ſelon lui,
(comme on vient de voir ci-deſſus) la diſtance du morne qui
termine la vallée du côté du Sud à la ville, eſt de trois lieuës,
je viens de le démontrer dans ſes principes : de plus, la vallée
du côté du Nord, s'étend encore bien loin au-delà de la ville.

Il dit encore dans la même page ; *une lieuë au-dedans eſt le
village de S. Michel de Sapa, où l'on commence à cultiver l'Agi,
c'eſt-à-dire le Piment, dont tout le reſte de la vallée eſt cultivée &
ſemée de métairies occupées à ce légume.*

J'ai eü tant de peine à me réſoudre d'expliquer à M. Frezier
quelques principes de Geographie, qu'il m'auroit fait plaiſir
de me diſpenſer de lui apprendre ceux de Botanique ; il faut
pourtant lui montrer quelles ſont les plantes légumineuſes,
afin qu'il ne ſe trompe pas une autrefois, & qu'il ne confonde
pas l'*Agi*, ou *Capſicum vulgare C. B. Pin.* 102. avec les plantes
légumineuſes.

Les plantes légumineuses ont trois sortes de fruits, sçavoir à gousse simple, à gousse double & à gousse composée ; la gousse simple est formée de deux lames convexes en dehors & plates dans quelque especes, colées sur les bords l'une contre l'autre ; ces lames sont ordinairement appellées Cosses.

La gousse double, se forme aussi par deux lames, qui ne sont pas colées par les bords, comme celles de la gousse simple, ces deux lames se replient chacune en dedans & forment une cloison mitoïenne, qui divise la gousse dans sa longueur, en deux loges remplies de semence.

La troisieme espece de gousse est composée de quelques piéces attachées bout à bout ; on trouve dans chacune de ces piéces, une semence : on voit aussi quelques gousses de plantes légumineuses, qu'on prendroit d'abord pour simples à cause qu'elles sont à deux cosses ; les cosses de celles-ci sont divisées en cellules par des cloisons posées en travers, ces cellules sont remplies par des semences : Voilà quelle est la composition des plantes légumineuses ; voïons maintenant ce que c'est que l'*Agi* ou *Piment*.

L'*Agi* ou *Piment*, ou *Capsicum vulgare ; Piper Indicum vulgatissimum. C. B. Pin.* 102. nom qui dérive du grec κάπτω qui signifie en latin *Mordeo*, à cause de son goût piquant, est un genre de plante dont la fleur est une rosette à cinq pointes, & son fruit, une Capsule composée d'une seule peau charnuë, partagée dans sa longueur en trois loges & quelquefois en deux, lesquelles renferment des semences plattes.

Les plantes légumineuses different encore de l'*Agi* ; en ce que les fleurs de celles-là sont composées de quatre à cinq feüilles, qui sortent du fond d'un calice à cornet évasé ; la feüille supérieure de ces fleurs est pliée en dos d'ane, appellée en latin *Vexillum*, l'inférieure est repliée en bâteau & souvent divisée en deux piéces ; on lui donne le nom de *Carina* : on voit donc par la difference qui se trouve entre l'*Agi*, & les plantes légumineuses, que M. Frezier est aussi bon Botaniste que Geographe.

M. Frezier a raison de se plaindre dans sa Préface, que la détermination en longitude d'*Arica*, qui est dans la table des différences de Meridien, n'est pas telle que je la rapporte ; s'il eut lû avec attention mon Journal, il auroit vû dans la page 559. ce qui suit, parlant d'*Arica*, *la longitude a été tirée des observations faites à Ylo vallée au Nord d'Arica.* M. Frezier ne doit donc pas imputer à mes observations, l'erreur qui peut se trouver à la longitude d'*Arica*, puisque je n'en ai pû faire aucune dans cette ville pour la déterminer ; j'ai même prévenu le lecteur, lorsque j'ai dit, *sa longitude a été tirée des observations faites à Ylo*; j'aurois pû la déterminer par mon estime ; mais comme je n'arrivai pas à point nommé, j'aurois crû être téméraire de conter sur cette estime, prévenu qu'étant fondée sur des principes incertains, comme je l'ai démontré dans le premier tome de mon Journal, il est impossible d'en tirer une conclusion certaine.

De plus, comment est-ce, que M. Frezier peut m'accuser d'avoir mal déterminé la longitude de la ville d'*Arica*, lui à qui il a fallu expliquer, comme on a vû ci-dessus, quelques principes de Geographie, pour lui apprendre ce que c'est que la latitude ? Je ne sçais comment il ose dire dans sa préface, parlant de la distance d'*Arica* à *Ylo*, *& je sçais pour l'avoir observé, que ces Ports qui sont éloignez d'environ 28. à 30. lieuës, gissent Sud-Est & Nord-Ouest, ce qui donne tout au moins un degré de différence.*

Ne diroit-on pas que la côte qui court d'*Arica* à *Ylo*, est tellement en ligne droite, qu'il l'a relevée avec son compas dans la longueur de 28. à 30. lieuës de distance ; on sçait qu'il est du tout impossible de relever une longueur de côtes de si grande étenduë, à cause de la spherisité de la terre dont on ne voit au plus de dessus le pont du vaisseau, que 8. à 10. lieuës, & que les côtes ne sont pas en droite ligne, comme les quais sur les rivieres.

Si ces deux rades sont Sud-Est & Nord-Ouest, comme le dit M. Frezier, & que leur différence en latitude, ne soit que de 50. minutes 23. secondes, comme cette différence a été très-exactement observée, ou 52. minutes selon l'estime de M. Frezier ; en suivant sa détermination de la latitude d'*Arica* & le gissement d'*Ylo* & d'*Arica* Sud-Est & Nord-Ouest, leur distance ne devroit être que de 24. à 25. lieuës & non pas de 28. à 30. cependant par mes observations, selon sa route ou gissement, cette distance n'est que de 23. lieuës deux tiers : comment est-ce que deux rades peuvent différer d'un degré en longitude, & être éloignées l'une de l'autre de 28. à 30. lieuës. On le prie de nous le démontrer, s'il en vient à bout , les plus habiles marins pourront aller à son école.

Dans la page 139. il raconte la maniere dont les Indiens font la chasse des *Vigonnas* ; après cette digression , il dit , *les Guanacos sont plus gros & plus materiels , on les appelle aussi Viscachos.* Il paroit par ce peu de mots , que M. Frezier n'a vû ni les *Guanacos* , ni les *Viscachos* ; car les *Guanacos* sont des animaux presques semblables aux *Llamos* ou moutons de la terre , comme les appellent les Espagnols , & les *Viscachos* sont des especes de lapins & sont de la même grosseur , comme je parlerai dans la suite de ce volume , de l'un & de l'autre de ces animaux. Dans les remarques que j'ai faites sur la composition des organes destinées à la digestion des *Huanacos* & non pas *Guanacos* , le lecteur pourra voir dans le même endroit la figure de l'un & de l'autre de ces animaux.

Après nous avoir parlé dans la page 157. de la construction d'un moulin à sucre , qu'il vit à *Ilo* & en avoir donné toutes les proportions dans une longue description , comme si les moulins à sucre étoient de nouvelles machines en France , où elles sont connuës depuis si long-tems ; comme on peut voir dans l'histoire des Antilles du R. P. du Tertre imprimée à Paris en 1671. & dans plusieurs autres auteurs ; il décrit la maniere de rafiner & blanchir le sucre ; voici comme il parle ; *Pour rafiner & blanchir le sucre , on ne fait que le couvrir de quatre à cinq pouces de terre détrempée d'eau , & qu'on entretient fraîche en l'arrosant tous les jours , cette humidité fait couler le sucre le plus fin qui degoutte peu à peu & se congele en pain blanc.*

Ce que M. Frezier vient de nous dire de la rafinerie & de la maniere de blanchir le sucre , nous oblige de le rappeller encore aux principes & lui enseigner de quelle maniere on rafine , & on blanchit le sucre , & quelles sont les régles que les rafineurs observent , afin que s'il venoit à écrire sur la même matiere , il ne tomba pas dans les mêmes mécomptes.

On suppose , pour ne pas ennuïer le lecteur , que le sirop est en état d'être mis dans les formes , qu'il a été soigneusement purifié durant sa cuitte par les differentes lessives que demande le jus des cannes , lequel n'est pas toûjours égal ; car il y a des cannes les unes meilleures que les autres.

Avant que de remplir les formes de ce sirop (les formes

font des pots de terre de figure de cone tronqué) on a
foin de les mettre tremper dans de l'eau bien nette , durant l'efpace de 24. heures , enfuite on bouche le trou qui
eft à leur partie inférieure , & les aïant bien plantées , (on dit
bien planter une forme , lorfqu'on met l'axe du cone tronqué , bien perpendiculaire à l'horifon) on les remplit du fucre fortant de la bâterie. Lorfque le fucre eft glacé de l'e-
paiffeur d'un écu ou à peu près, on le meut avec un couteau de
bois , obfervant de bien paffer le couteau de fon plat par toute
la forme ; car là où il n'auroit pas paffé , il refteroit fur le
pain de fucre des taches, qui ne blanchiroient jamais , & ren-
droient le pain défectueux.

Si les cannes dont on s'eft fervi pour faire le firop ne font
pas bonnes, comme il arrive le plus fouvent , & qu'on s'ap-
perçoive que le fucre n'a pas de corps , on le meut une feconde fois pour faciliter la condenfation : vingt-quatre heures
après , lorfqu'on croit le fucre être affez condenfé , on dé-
bouche le trou de la partie inférieure des formes , & du même
endroit , on enfonce dans le pain de fucre un poinçon de la
profondeur environ de cinq à fix pouces pour donner un libre paffage au firop ; lorfque le pain eft percé, on met la forme
fur un pot de rafinerie , qui reçoit le gros firop , qui découle
par le trou de la forme ; le gros firop étant écoulé , on plante
les formes fur d'autres pots bien nets, pour recevoir le firop fin ;
lorfquelles font bien plantées , on fouille la fontaine pour
ôter le fucre gras mêlé de firop ; cela fait , il ne refte plus ,
avant que de terrer , que d'unir bien fes fonds & les mettre
bien de niveau.

La terre dont on fe fert pour blanchir le fucre , eft une terre
graffe qu'on a foin de faire tremper dans de l'eau bien nette
& claire , durant quinze jours ; on change cette eau le foir
& le matin , on bat après ce changement , autant de fois cette terre , on la difpofe felon la qualité du fucre , fi le fucre
eft fort de cuitte , on met la terre plus liquide que lorfqu'il
ne l'eft pas tant ; toutes ces circonftances aïant été bien obfervées, on met dans la forme fur la fuperficie de fon fucre , environ un travers de doigt de cette terre réduite alors en pâte ;
24. heures après on ftirque (on entend par ftirquer , rappro-
cher des bords de la forme, la terre, dont elle s'étoit retirée en
féchant) aïant eftirqué , on remet fur cette première terre ,

une seconde terre de la même consistance que la premiere, ce qu'on appelle rafraîchir. M. Frezier s'est donc trompé, lorsqu'il a dit qu'on arrosoit tous les jours cette terre pour l'entretenir fraîche, & qu'on en couvroit le sucre de deux à trois pouces, *Cette humidité* continuë nôtre raffineur, *fait couler le sucre le plus fin qui dégoute peu à peu & se congéle en sucre blanc* ; selon lui, c'est le sirop qui découle des formes, qui se congéle en sucre blanc ; il nous auroit obligé de nous dire ce que devenoit la matiere qui reste dans les formes, son sirop ou son sucre blanc étant écoulé, s'il ne le sçavoit pas, qu'avoit-il donc à faire de nous parler dans sa relation, de la maniere dont on blanchit le sucre ? Continuons de le lui apprendre.

D'abord que la terre qu'on avoit mise sur les formes est seche (appellée alors squive) & qu'on peut l'ôter de la forme avec la main sans la rompre, on la retire ; ensuite on n'étoie bien ses fonds, on les unit, & on les met de niveau pour reterrer comme auparavant, à moins que la premiere terre n'eût travaillé le sucre plus qu'à l'ordinaire ; ce qu'un habile rafineur doit observer. Si après avoir donné les deux terres & les deux rafraîchis, le sucre avoit baissé dans ses formes de plus de la distance de l'angle fait par le pouce, & le doigt indicateur, à l'extrémité de celui-ci : alors le rafineur seroit redevable à son bourgeois de cette diminution. C'est-là une des principales loix de la rafinerie.

La squive étant ôtée, on a soin de racler le dessous pour ôter la crasse que le sucre lui a laissée, on conserve ces squives pour s'en reservir dans une autre occasion ; cette terre ne perd rien de ses qualitez dans l'usage, & même elle est meilleure que la premiere fois, qu'on s'en est servie.

On fait sur le pain de sucre ce qu'on a déja fait au-dessous de la squive, on le racle pour en ôter les salletez ; après cela, on loche sa forme, on en retire le pain ; si on lui trouve quelque tache, elle provient ou de la forme qui n'étoit pas bien nette lorsqu'on la remplie de sirop, ou qu'en la mouvant, on n'a pas passé la spatule où cette tache se rencontre ; il ne reste plus qu'à ôter la tête aux pains de sucre pour les mettre en état d'être placez dans l'étuve, comme ces têtes ne sont jamais bien égoutées, elles empêcheroient le sucre de blanchir & en gâteroient la qualité ; c'est la cause pourquoi on les separe du pain.

L'étuve est un endroit entierement séparé de la sucrerie ; toutes celles que j'ai vûës sont quarrées, & divisées en dedans en divers étages sur lesquels on range les pains de sucre, avec cette précaution, qu'on met toûjours aux plus bas étages les têtes ; on prépare l'étuve de la maniere qui suit, au commencement on lui donne un petit feu moderé, on l'augmente peu à peu jusqu'au huitiéme jour ; tout cela bien exécuté, on est assuré d'avoir un très-beau sucre ; si au contraire dans la préparation de l'étuve, on donnoit au commencement un feu violent, les pains de sucre se briseroient, il arriveroit aux têtes qui sont au-dessous, la même chose, & se mèlant ensemble, ils feroient un sucre gris, & d'une méchante qualité ; voilà de quelle maniere on blanchit le sucre, & quel est le sucre qu'on blanchit ; j'espere que M. Frezier me sçaura bon gré de le lui apprendre ; s'il veut sçavoir de quelle maniere on le rafine, il n'a qu'à le demander. On aura pour lui la même complaisance qu'on a eû à lui apprendre le blanchissage.

Les cent mille Mulles, qu'il dit dans la même page qu'on fait venir tous les ans du *Tocuman* & du *Chily*, pour remplacer celles qui meurent dans les hautes & rudes montagnes, qu'il faut traverser pour arriver aux Ports, où ces peuples sont obligez de transporter leurs pignes & leurs autres marchandises, se réduit à dix ou à douze milles au plus ; verité que j'ai apprise de ceux mêmes qui les font prendre par les Indiens dans les vastes campagnes du *Tocuman*, ou leur nombre est infinie, & les font conduire au *Perou* par ceux qui les ont prises ; ce commerce est extrêmement lucratif, & pour le moins autant que celui des vaches, dont il vient toutes les années douze à quinze mille.

Page 168. M. Frezier dit, qu'il se trouva à *Pisco* ville dans le *Perou* le 14. Juillet veille de la fête de nôtre-Dame du Mont-Carmel ; il paroît ici être scandalisé de la magnificence avec laquelle les Espagnols celebrent les fêtes & horent les Saints, *Ces pauvres gens*, dit nôtre Auteur, *comme tous les autres creoles Espagnols sont tellement infatuez de mille apparitions ou vraïes ou prétenduës, qu'ils en font le principal objet de leur dévotion*, &c.

Il cite le traité de M. de Launoy. *De visione Simonis Stokii & origine scapularii*, & se joint à ce dénicheur de saints, sobri-

sobriquet qu'on a donné à M. de Launoy ; comme lui , il
veut reformer ces dévotions qu'il appelle populaires ; il prétend avec lui que la bulle de Jean XXII. est supposée, & que
celle d'Urbain V. d'arrée de Rome est fausse. M. de Launoy
a tiré cette conséquence de ce qu'Urbain V. mourut à Flo-
rence , & que depuis son couronnement il n'avoit pas été
à Rome ; fausse conclusion, car Urbain V. durant son pon-
tificat demeura environ deux ans dans cette capitale du monde chrétien. Par les raisonnemens de ces deux auteurs , on
s'apperçoit facilement que leur intention seroit de détruire
cette dévotion & plusieurs autres ; il semble qu'elles les em-
barrassent ; la sainte Vierge n'a pas besoin de leurs suffrages ,
cette dévotion est assez bien établie par les bulles des sou-
verains pontifes, Jean XXII. Alexandre V. Clement VII.
Paul III. Gregoire XIII. Paul V. & par l'autorité d'une infinité de docteurs très-sçavans.

Dans la page 170. M. Frezier renouvelle le triste souvenir de la fête des Fous, qui dura en France 150. ans, depuis
le 12. jusqu'au 15. siecle. Fête scandaleuse qui des-honoroit
la religion : craint-il qu'on ne l'ait oublié dans le monde ?
veut-il la faire sortir du profond oubli , où les gens pieux
l'ont ensevelie ? mais à un mauvais auteur tout est bon , parce que tout lui sert pour grossir son ouvrage.

Je loue M. Frezier d'avoir marqué dans la page 180. tant
de zele pour les avantages de la Nation. Il prouve par de
bonnes raisons l'imprudence des marchands François , qui
ont envoié à la mer du Sud un trop grand nombre de vaisseaux , ce qui leur a causé des pertes très-considérables. Dans
les remarques qu'il fait au même endroit sur les 400000. piastres que le roiaume du Chily peut dépenser par an , il semble qu'il a calculé la somme contenuë dans les bourses de
tous les habitans.

Le commerce auroit été très-avantageux à la France , si
au commencement du siecle , que nos navires prirent le chemin de la mer du Sud , un homme aussi éclairé , & au fait
des affaires comme l'est M. Frezier , eût passé dans les premiers
navires qui allerent au Perou ; à son retour , il auroit donné des regles & des instructions aux négocians pour continuer leur commerce avec avantage , ils en auroient retiré des
sommes immenses.

Dans la page 181. M. Frezier nous avertit , qu'il partit
de *Callao* le 2. octobre 1713. & le même jour il arriva à
Lima , le lendemain veille de S. François il eut le bonheur
d'y voir la procession des Reverends Peres de l'ordre de S.
Dominique : il en donne la description , & de celle que les
Reverends Peres de S. François firent le même jour , pour
aller remercier ces Reverends Peres. Il n'approuve pas ces
processions , ni la grande estime que les gens du monde ont
de la vertu & des bons exemples des Religieux de ce S. ordre.
Pour diminuër cette estime, voici ce qu'il dit : *les Corde-*
liers envoient de leurs Moines dans les Eglises les plus fré-
quentées , donner la manche à baiser à ceux qui entendent la
Messe , & il n'est pas jusques aux moindres freres quêteurs
qui ne se mêlent d'interrompre les assistans , pour qu'on leur
rende honneur.

M. Frezier est digne de loüange par les grandes assidui-
tez qu'il nous marque avoir eu à *Lima* dans nos Eglises,
& par le long tems qu'il doit y avoir passé , pour y faire les remarques dont il vient de nous parler ; il partit de *Lima* le 9.
du même mois ; son séjour dans cette ville ne fût donc que
de six jours , & si nous croïons les rapports qu'il nous fait
des grandes occupations qu'il y eut durant ces six jours , comme on verra ci-après, on concluëra que nos Eglises auroient
été bien desertes , si personne ne les eut fréquentées que lui.

J'ai demeuré à *Lima* environ huit mois , appliqué fort souvent aux diverses fonctions de mon état. Durant tout ce tems-
là , je n'ai vû dans nôtre Eglise aucun des religieux dont parle
M. Frezier : s'il y vint quelqu'un de ces Peres pour y celebrer la messe & satisfaire à la dévotion du peuple , il n'y parut qu'à l'Autel.

Page 183. l'Auteur continuant de parler des cérémonies du
jour de la fête de S. François , nous fait remarquer par les paroles suivantes , que ces peuples sont extrêmement charita-
bles : *D'où l'on peut conjecturer combien ces Moines sont en*
crédit , puisque de leur seule besace , ils fournissent non-seu-
lement de quoi nourrir en quatre Convens plus de quinze cens
personnes tant Moines que domestiques , & à faire des bâtimens
somptueux pour le païs , &c. J'aurois souhaité qu'il y eut ajouté , comme une verité constante, *& à nourrir indifferemment*
tous ceux qui se presentent à leur porte , dequoi j'ai été té-

moin oculaire ; ainsi ils usent plus saintement des charitez
qu'ils reçoivent du public , que M. Frezier ne veut nous faire
entendre : il n'est pas ami des Moines , peut-être n'ont-ils
pas été liberaux envers lui.

Dans la page 185. il nous donne la latitude Meridionale
de *Lima* de 12. degrez 6. minutes 26. secondes, & il dit à la
marge : *selon Peralta & suivant le Pere Feuillée 12. degrez 1.
minute 15. secondes & la longitude Occidentale* , nouveau terme en Géographie , il la traite ici à contre sens , il revient
& continuë : *ou difference de Meridien de Paris 79. degrez
45. minutes 0. secondes,& suivant le Pere Feuillée 79. degrez 9.
minutes 30. secondes.* Il a déja dit dans sa préface , que ces observations furent faites par *Dom Pedro Peralta creole de Lima.*
M. Frezier nous permettra de douter de la réalité de ces
observations ; car lui qui raconte dans sa relation mille ba-
gatelles qui ne devroient pas voir le jour , n'auroit pas manqué de rapporter au long ces observations , & les manieres
dont *Peralta* les avoit faites, comme essentielles à son dessein ,
puisqu'elles devoient lui servir de fondement à toutes ses
estimes , qui , selon lui , ont rectifié les longitudes & les latitudes de toutes les côtes de la mer du Sud. Ce fut ainsi
qu'en usa *Dom Alexandre Durand* , lorsqu'il m'envoia ses
observations à *Ylo* ; on le peut voir dans le second tome
de mon Journal , page 657. où il ne manque que les hauteurs correspondantes du soleil , qu'il avoit prises le matin &
le soir pour verifier son horloge , & que j'ai crû inutiles de
rapporter. On va commencer ici à découvrir le sujet pourquoi
M. Frezier garde le silence sur les occupations du sieur *Alexandre* , ainsi que je l'ai fait remarquer ci-dessus. Les observations des immersions & des émersions du premier satellite
de Jupiter faites par celui-ci , comparées avec les mêmes observations qu'on fit à l'Observatoire roial de Paris , servirent
par leur difference en tems à déterminer la longitude de
Lima.

M. Frezier persuadé qu'il n'est pas de son honneur de citer ces observations , dit dans sa préface , que l'observation
de *Peralta , fût confrontée avec les tables de M. Cassini pour
le premier satellite de Jupiter.* Il parle ici une langue étrangere qu'on n'entend point en Astronomie ; il devoit expliquer
de quelle espece étoit cette observation , si c'étoit quelque

immersion, ou quelque emersion du premier satellite de Jupiter, ou quelque rencontre de ce satellite avec les autres, ou
enfin avec Jupiter; alors, il auroit pû dire, s'il eût voulu ou
sçû parler Astronome, non pas *confronter*, mais comparer avec
l'immersion ou l'emersion ou la rencontre, &c. que le calcul
fait par les tables de M. Cassini, donne. Je veux faire grace à
M. Frezier, & supposer avec lui que l'observation de *Peralta* ait été faite; la confrontation de cette observation avec le
tems que le calcul tiré des tables que M. Frezier cite, nous
découvre justement que *Peralta* n'y lui, ne sont pas au fait
de ces matieres, puisqu'ils ignorent l'un & l'autre, que le tems
observé ou le vrai tems des observations, dont je viens de parler, ne convient presque jamais avec le tems qui résulte du
calcul par les tables; mais c'est un secret d'Astronomie, qu'il
n'est pas obligé de sçavoir; il ne devroit donc pas écrire sur
pareilles matieres. Je ne lui reprocherai pas que les tables
des mouvemens des satellites n'ont pas passé jusqu'au *Perou*,
j'aurois grand tort, puisque j'en laissai une copie écrite à la
main avec leur usage au sieur *Alexandre*, & lui montrai durant mon séjour dans cette ville, la maniere de s'en servir; M.
Frezier peut les avoir vûes entre les mains du sieur *Alexandre*, & non pas entre les mains de *Peralta*.

Puisqu'il étoit dans le dessein de nous persuader que *Peralta*
avoit veritablement observé la latitude de *Lima*, il devoit nous
dire avec quel instrument il avoit observé cette latitude, & de
quelle maniere cette observation avoit été faite; alors il n'y
avoit dans tout le *Perou* & le *Chily*, autre instrument propre à
ces sortes d'observations, que le quart de cercle que je portai,
lequel étoit extrêmement juste; en partant de la *Conception*, je
le confiai à un de mes amis avec ordre de l'envoier à Dom *Alexandre*, à qui je l'avois promis à mon départ de *Lima*; j'ai appris du depuis qu'il ne le reçût qu'en 1713. Si la prétenduë
observation que nous cite M. Frezier a été faite par ce quart
de cercle (ce que la jalousie qui est entre *Peralta* & *Alexandre* à l'occasion des progrès que celui-ci avoit fait en Astronomie, ne me permet pas de croire) il est sûr qu'on n'a pas
sçû verifier l'instrument, & qu'on a pris les fausses hauteurs
pour les vraies.

Je ne sçais qui de nous deux, ou M. Frezier, ou moi a
manqué en levant le plan de *Lima*; cependant trois mois de

tems se passerent avant que j'eusse levé le plan intérieur de la ville, que je fis par ordre de son Excellence Monseigneur *Castel dos Rios* pour lors Viceroi du *Perou*. Nôtre vaisseau qui mit à la voile durant ce travail, ne me permit pas de le finir, comme on peut voir dans la page 498. du premier tome de mon Journal ; je ne traçai les dehors de cette ville que sur un dessein que feu le docteur *Dom Jean Ramond* avoit tracé lui-même en 1678. ce fut celui qu'il envoia au Roi d'Espagne, & sur lequel il eut ordre de fortifier Lima ; ce dessein ne consistoit qu'à l'enceinte de la ville, & il n'y avoit aucune ruë tracée ; je le conserve encore comme un précieux gage de ce cher ami.

Les difficultez que je rencontrai à lever ce plan jointes à celles que feu M. *Rosmin* ingénieur du Roi d'Espagne dans tout le *Perou*, m'assura avoir euës durant six mois qu'il emploia pour le même sujet, me persuadent que M. Frezier qui n'a demeuré dans *Lima* que six jours, y étant entré, comme il dit, le 2. Octobre 1713. & s'étant embarqué à *Callao* le 9. du même mois, que son plan est une copie de celui de M. Rosmin, ou de quelqu'autre ; il est ridicule de penser qu'on puisse executer un si vaste projet dans l'espace de six jours ; chacun sçait qu'on n'entreprend ces sortes d'ouvrages, non-seulement dans un païs étranger, mais même dans son propre païs, qu'après en avoir obtenu la permission expresse de celui qui commande dans la place, & qu'on ne l'accorde que difficilement. J'en ai fait l'experience à *Cartagene* dans la nouvelle Espagne, & à *Napoli de Romanie dans la Grece*. Celle-ci pensa me couter cher. D'ailleurs, les differens faits que l'Auteur raconte depuis la page 181. jusqu'à la page 252. dont il en est très-peu qui aient du rapport avec le plan de *Lima*, doivent lui avoir dérobé une partie des six jours qu'il passa dans cette ville, soit qu'il en eût été lui-même le témoin, soit qu'il les eut appris par le rapport des autres ; enfin les chaleurs excessives qui se font sentir dans ces climats & singulierement dans le mois d'Octobre, où le soleil, quoique voilé par de foibles nuages ne laisse pas de se faire sentir vivement, les raions étant alors presque perpendiculaires ; ces chaleurs dont on ne peut se garantir, quelque précaution qu'on prenne, ne permettent pas de s'exposer durant tout le jour à de si penibles ouvrages, & quoiqu'on soit jeune

& accoûtumé à la fatigue, on seroit assez heureux de pouvoir travailler quatre heures par jour.

Ces raisons qui nous convainquent que M. Frezier n'a pû emploïer que deux ou trois jours à ce grand ouvrage, eussent empêché tout autre moins hardi que lui, d'imposer aux ignorans en leur présentant comme son propre travail, le plan d'une ville aussi vaste que celle de Lima ; son enceinte qui forme une espece de triangle, a, selon le plan même de l'Auteur, & sur son échelle plus de 5900. toises, c'est-à-dire environ deux lieuës ; la longueur d'un des côtez de ce triangle, est environ de 2000. toises de l'Est à l'Oüest, & la perpendiculaire tirée de l'Angle opposé sur ce côté, est, suivant la même mesure, de 1200. toises, ce qui donneroit l'air de ce triangle de 120000. toises.

Si on levoit le plan d'une ville avec la même facilité qu'on arpente une plaine découverte, on accorderoit à l'Auteur que deux ou trois jours lui suffiroient pour le faire ; mais comme il s'agit ici de déterminer sur le papier la vraie position de toutes les ruës, le plan des Eglises, & les bâtimens considerables d'une ville, & de marquer leurs dimensions avec la justesse que la profession de M. Frezier demandoit, on voit évidemment que cela étoit impossible dans le peu de séjour qu'il a fait à *Lima* ; un seul coup d'œil ne nous donne pas d'abord la mesure & les proportions de tant de choses differentes ; il y a dans ce plan plusieurs opérations à faire, il faut déterminer tous les angles qui forment les ruës inégales en position, placer chacune dans la situation où elle se trouve, mesurer exactement les vuides, &c. cela demande du tems : on ne court pas la poste en mesurant un terrain divisé en tant de parties, dont il faut necessairement sçavoir la grandeur & les dimensions, & il faut malgré qu'on en ait, faire plusieurs stations avant qu'on ait déterminé une seule ruë ; cependant dans l'espace de six jours au plus dont il faut retrancher les nuits (car il ne levoit pas ce plan aux flambeaux) le sieur Frezier veut avoir perfectionné le plan de *Lima.* On laisse à juger aux connoisseurs, si dans si peu de tems il peut avoir parcouru plus de 50000. toises de terrein, c'est-à-dire 18. lieuës que contiennent seulement en longueur les ruës qu'il a tracées sur son plan, & les chemins ou sentiers qui aboutissent aux jardins qui sont autour des

murailles & dans l'enceinte de la ville, ou qui les séparent
les uns des autres.

Si au plan de l'intérieur de la ville, on y joint encore celui de ses remparts, la chose n'en paroîtra que plus incroïa-
ble. Nous avons déja remarqué qu'il donne à l'enceinte de
Lima environ deux lieuës ; en cela on n'a eû nul égard au
terrein que les bastions occupent ; quoiqu'il en soit, un homme tel que M. Frezier qui ne s'en rapporte qu'à lui-même,
doit indispensablement avoir mesuré toute cette enceinte de
deux lieuës avec les contours, l'espace de chaque bastion, &
les dimensions de toutes leurs parties, ce qui l'eût sans doute
occupé autant de tems qu'il en a eu de libre à *Lima*. Il est donc
permis de conclurre de toutes ces reflexions, qu'à moins que
l'Auteur n'ait eu le secret de se multiplier & d'être en plusieurs lieux tout à la fois dans le même moment, il n'a pû
nous donner dans six jours un plan de la ville de *Lima*, qu'il
ait lui-même levé sur les lieux ; je ne dirai rien du toisage
de la riviere qui sépare la ville du fauxbourg *Malambo*, ni
de la contradiction qui se trouve entre ce qu'il dit dans sa préface, & de ce que l'on voit dans le plan de ce fauxbourg, qu'il
suppose être plus d'une sixiéme de la ville, & qui, sur son plan,
fait à peine la neuviéme ; je passe encore sous silence le plan du
fauxbourg de *Malambo* qui demanderoit plusieurs jours.

L'autorité qu'il cite dans la page 185. pour anéantir le
sentiment de *Garcillasso de la Vega* sur le tems de la fondation de la ville de *Lima*, est bien foible ; il veut qu'on croïe
Francisco Antonio de Montalto, lequel écrivant la vie du bienheureux *Toribo* Evêque de *Lima*, mêle dans cette vie le tems
de la fondation de cette ville ; M. Frezier auroit agi avec
plus de prudence, s'il avoit dit dans sa relation que ni lui ni
moi n'étant pas du tems de la fondation de *Lima*, de quoi
nous ne devons pas être fâchez, nous n'avons pû ni l'un ni
l'autre nous assurer de ce tems-là ; cependant il y a plus de
vraïe semblance en ce que dit *Garcillasso de la Vega* dans le
chap. 17. liv. 2. des guerres civiles, où l'on peut voir ses raisons, qu'en ce qu'en a dit *Francisco de Montalto*.

Page 188. M. Frezier ne fut pas bien informé, comme il
peut encore ne l'avoir pas été dans plusieurs choses qu'il nous
rapporte dans sa relation, de la prediction du grand tremblement de terre qui arriva à *Lima* le 19. Octobre 1682. Ce bon

Religieux de la *Merci* dont il nous parle , étoit directeur
d'un saint homme François de nation , que le desir de vivre inconnu dans le monde , fit passer au *Perou.* Pour mieux
executer son dessein , il se retira dans les Montagnes en un
lieu fort desert qui n'étoit connu qu'à son directeur ; ce saint
homme qu'on a crû avoir l'esprit de prophetie , prédisoit de
tems en tems à son directeur certaines choses dont l'evene-
ment confirma le jugement qu'on faisoit de lui. Quelques
jours avant ce grand tremblement de terre , son directeur alla le visiter selon l'ordre qu'il en avoit reçû ; ce saint homme apparemment inspiré de Dieu , sur ce qui devoit arriver , apprit à son directeur dans cette visite cet epouvanta-
ble tremblement qui consterna tout le *Perou* & le *Chily* ; le
bon Pere qui sçavoit déja par experience que les predictions
de son penitent étoient infaillibles , ne fut pas plutôt de retour à la ville , que courant par les ruës , il crioit, *faites
penitence , car la machine du monde va se détruire.* En effet ce
tremblement fut si furieux , à ce que divers habitans de *Lima*
& du reste du *Perou* , témoins de ce funeste spectacle , m'assurerent , que depuis quatre heures du matin jusqu'à huit
heures , on ne put se tenir debout.

Dans la page 202. M. Frezier abandonne la Géographie ,
la Navigation , la Botanique , & l'Histoire , & devient tout
d'un coup Canoniste. Sans examiner la dépendance qui est
entre les quatre Curez & les quatre Vicaires , qu'il dit être
dans la Cathédrale , il conclud d'abord que la nomination des
quatre Curez & des quatre Vicaires est contre les loix canoniques. Il faut excuser son erreur sur le peu de tems qu'il
a demeuré à *Lima* , sur ses fatigues à en lever le plan en six
jours , & sur cet esprit critique qui le conduit par tout, ou
peut-être sur le peu de connoissance qu'il a du droit canon.
S'il eût demeuré plus long-tems à *Lima*, ou qu'il s'en fut mieux
informé , on lui auroit appris que cette Cathédrale a son dis-
trict divisé en quatre quartiers , chacun a son Curé , & son
Vicaire particulier ; il a donc grand tort de venir nous donner une idée désavantageuse des Prêtres qui composent le
chapitre de cette Cathédrale , par l'inobservance des loix
canoniques. J'ai connu plusieurs de ces Messieurs très-habi-
les en Droit canon , & en diverses autres sciences.

L'Auteur page 205. declame contre l'état monastique. As'il fait réflexion que cet état a produit une infinité de Saints, qu'il en est sorti de grands Papes, de grands Evêques & des Docteurs ; que c'est-là où se conservent les Vierges, & où on arrive à la perfection évangelique si préconisée par Jesus-Christ.

Page 213. M. Frezier a oublié le nom de la plante dont les Indiens se servent à connoître les inclinations naturelles de leurs enfans (supposant que la chose soit comme ils le croïent) le sieur *Alexandre Durand*, de qui M. Frezier tient le nom de la plante, l'avoit appris lui-même d'un medecin Flamand, homme de merite, qu'un esprit de curiosité avoit transporté dans ce païs, au retour d'un voiage de deux ans qu'il venoit de faire dans les Montagnes du *Perou* d'où il apporta cette plante ; heureusement je me trouvai à l'arrivée de ce Medecin dans la maison du sieur *Alexandre* où il logeoit ordinairement ; j'appris de lui mille particularitez ; mais rappellant toûjours la résolution que j'avois faite en écrivant mon Journal, & appréhendant de tomber dans les deffauts des faiseurs de relations, je m'observai & je n'ai rapporté aucune de ces particularitez, n'en aïant pas été témoins oculaire : il sembloit que je prévoiois dès-lors la relation de M. Frezier, qui nous avertit à la fin de sa préface qu'il s'est appliqué à ce qui manque à mon Journal, afin que nos ouvrages n'aïent presque rien de commun, & que le public ne soit pas ennuié par des redites ; je reviens à mon Flamand.

Le même jour, il me fit présent de deux épis de la *Carapoucha*, non pas *Carapulla*, comme la nomme M. Frezier : il m'apprit en même-tems l'usage que font les Indiens de cette plante. Je n'eus pas plûtôt les deux épis en main, lesquels je conserve encore, que je lui demandai s'il n'auroit pas par hasard apporté la souche avec les épis, il me répondit, que cette plante étoit de trop grande importance à un Medecin pour ne pas l'emporter toute entiere ; à l'instant même il l'envoïa prendre par un Indien qui l'avoit servi dans son voiage, auquel cette plante n'étoit pas inconnuë, & me la remit. Cette plante étoit déja séche, elle me parut presque semblable au *Gramen Bromoïdes Catharticum. Histoire des Plantes du Pere Feüillée page 706.* Je fis en même-tems la description de cette plante sur ce que j'en voiois, & sur ce que le Medecin Flamand m'en dit,

ii

Il part de sa souche plusieurs tuïaux au miliéu de plusieurs feüilles semblables à celles du *Gramen Bromoïdés*, chacun de ces tuïaux est chargé d'un épi environ de demi pied de longueur, composé de plusieurs paquets en tout sens sur tous les cotez de la rappe ; chaque paquet à trois ou quatre balles, renferme un petit grain rond rempli d'une farine blanche.

Le Medecin Flamand nous assura avoir vû l'experience & l'usage que font les Indiens de cette plante ; M. Frezier qui la rapporte & qui l'a décrite, selon le rapport que M. *Alezandre* lui en fit, me dispense d'en dire davantage.

Dans la page 216. M. Frezier paroit tout effraïé de la dévotion du Rosaire : il n'a pas eu honte de dire, que c'est *une pieuse invention de S. Dominique Gusman, laquelle ils croïent (c'est des Créoles qu'il parle) descendre du Ciel, & si forte, qu'ils fondent là-dessus leur salut, & n'attendent rien moins que des miracles, amusez qu'ils sont par le recit fabuleux qu'on leur en fait tous les jours, & par l'idée des bons succès que chacun d'eux attache à cette dévotion dans le cours de ses affaires, mais ce qu'on auroit peine à croire (* il devoit ajoûter, & il n'y aura que des gens sans religion & des impies qui le croiront) *j'ai souvent remarqué qu'ils y comptent aussi pour la réussite de leurs intrigues amoureuses.*

M. Frezier, en copiant une calomnie si grossiere d'après quelque mauvais libelle protestant, a-t-il prétendu qu'on croiroit sur sa parole que des Chrétiens sans perdre la raison, pussent tomber dans des égaremens si contraires aux lumieres de l'Evangile les plus communes ? a-t'il crû que les honnêtes-gens de quelque secte qu'ils soient, liront sans indignation cet endroit de son livre ? n'a-t'il écrit que pour des libertins sans pudeur & sans réflexion, c'est à lui de nous éclaircir ?

Dans la page 226. Nôtre Auteur se plaint du refroidissement des peuples en ces termes : *Nous trouvons aujourd'hui que les Créoles sont déchus de ces bonnes qualitez, que nos premiers François leur avoient trouvé & dont tout le monde se loüoit ; peut-être que l'antipatie naturelle qu'ils ont pour nêtre Nation, s'est accrue avec le mauvais succès du commerce qu'ils ont fait avec nous, &c.*

Je demanderois volontiers à M. Frezier, quelle estime on

feroit en France d'un etranger, qui aïant voïagé dans ce Roïaume, & de retour dans fa Patrie, donneroit au public une relation de la France auffi defavantageufe qu'il la donne du *Perou* & du *Chilly*, ou, pour mieux dire, de toute l'*Amerique* ; trouveroit-il étrange qu'un homme auffi imprudent, & ceux de fa nation fuffent mal reçûs dans le Roïaume, & même ignominieufement chaffez du commerce des honnêtes-gens ? Qu'il fe reconnoiffe donc coupable du mauvais accüeil qu'on lui a fait dans les Indes ; les François y feront bien plus mal reçûs, lorfque ces peuples feront informez de fes calomnies ; je ne doute pas que cette relation ne nous fît un tort infini en Efpagne & aux Indes, fi elle étoit portée jufques dans ce païs-là.

La *Carachoupe* que l'Auteur dit dans la page 251. être reprefentée à l'orifice d'une bouteille, eft le *Manicu* de nos îles de l'*Amerique*, nom qu'on lui donne dans tout le golphe de Mexique, & non pas de *Rat fauvage*, il n'eft pas femblable à un finge, comme il dit ; mais c'eft un compofé *du Renard, du Singe, du Rat, & du Elerean* : fa queüe n'eft pas pelée comme il la décrit, elle eft longue environ de dix pouces, ronde comme celle des Rats, de l'épaiffeur du petit doigt, toute écaillée & parfemée d'un petit poil ras, qui fort d'entre les écailles, excepté à fa naiffance, où elle eft toute velüe & couverte de poil, comme tout le refte du corps.

Ce qui eft admirable dans cet animal, eft de voir le ventre de la femelle couvert d'une peau fendüe en long, comme une poche couverte de petit poil roux & mollet, dans laquelle elle renferme fes petits de même que dans une bourfe, où elle les porte par tout, fans qu'aucun d'eux en forte, jufqu'à ce qu'elle les veüille fevrer : on verra une plus ample defcription de cet animal dans la fuite de mon Journal.

Dans la page 252. Il recommence à nous parler de fa navigation, il avertit qu'ils mirent à la voile le 10. Octobre 1713. & qu'après avoir navigué 14. jours fans prendre hauteur, il ne fe trouva qu'un degré plus Nord que fon eftime ; faute qu'il n'attribuë plus à la ligne du Lôk pour l'avoir corrigée, mais aux courans. Défaite ordinaire des Pilotes : car on trouve rarement des courans au milieu des grandes Mers, & là, les erreurs n'ont d'autres caufes qu'une méchante eftime.

Dans la page 253. il veut que les vents dans la Zone torride soient toûjours à l'Est : s'il eût rapporté ses routes dans son Journal, qu'il eut marqué jour par jour les vents qui régnoient, il auroit trouvé à son arrivée que les vents ne sont pas si bien réglez, comme l'étoient ses estimes ; il arrive à l'*Abapie* à point nommé, & il ne dit rien des courans qu'on sçait par expérience être auprès des terres quelquefois assez rapides ; on doit donc ici loüer l'habilité extraordinaire de M. Frezier dans ses estimes ; car dans les Parages où il arriva alors *à point nommé*, les plus expérimentés Pilotes se trouvent toûjours plus de soixante lieuës de l'avant, étant partis du même endroit que M. Frezier.

Dans la page 254. Il vient encore nous citer *Dom Pedro Peralta* sur la longitude de *Lima* ; on peut voir dans mon Journal, que je détermine la longitude de Lima sur quatre observations differentes du premier satellite de Jupiter, faites par le sieur *Alexandre*, dont deux de ces observations furent faites aussi à l'Observatoire roïal de Paris, & les deux autres furent réduites par le calcul corrigé, (cette maniere de parler est étrangere à M. Frezier) & non pas sur une simple observation, comme il veut nous dire ; l'observation qu'il dit au même endroit avoir été faite, & qui donne la difference en longitude plus à l'Oüest de 30. minutes *suivant les tables de M. Cassini* ; (c'est ainsi qu'il s'explique) nous donne à connoître qu'il ne dit que ce qu'on lui a fait dire, sans avoir conçu la force des termes, comme j'ai déja fait remarquer ailleurs ; car pour nous convaincre qu'il entendoit ce qu'il écrivoit, il devoit dire, *suivant le résultat du calcul fait par les tables de M. Cassini.* J'ai déja dit ailleurs, que le calcul ne convient jamais avec le vrai tems des observations ; feu M. *Cassini* l'avoit remarqué de son vivant, comme on peut voir dans le 6. *Tom. de l'histoire de l'Académie roïale des Sciences*, où il dit parlant *du Reverend Pere Laval* sçavant Jésuite, Professeur roïal de Mathématique ; *il admira* dit M. Cassini, ce fameux homme du siécle passé, *la conformité des tables aux calculs inserés dans le livre de la connoissance des tems, qu'on a pris soin de faire en y emploïant les corrections que j'ai données il y a huit ans, lesquelles consistent à ôter 4. minutes de tems à l'époque, à ôter aussi une seconde à 25. revolutions du premier satellite, &*

augmenter la premiere inégalité de la trentiéme partie ; ces cor-
rections réduisent très-souvent leurs calculs à la même minute
que les observations le donnent , ce qui est une grande confir-
mation des élemens sur lesquels les calculs sont fondés ; comment est-ce donc qu'on peut se servir d'une observation pour
déterminer la longitude d'un lieu , dans laquelle on n'a pas
eu égard aux corrections dont M. *Cassni* vient de nous avertir : je parle sûr , car dans les tables de ce grand homme
que je laissai à *Lima* , comme j'ai déja dit , j'oubliai de rapporter les corrections qu'il y falloit faire ; on voit donc qu'on
suppose une observation imaginaire.

Page 255. dans le dessein où étoit Mr. Frezier , de critiquer la carte du sçavant M. *Hallay* (cet Illustre Anglois si
connu dans la république des lettres , par les excellens ouvrages qu'il donne si souvent au public) il devoit nous donner quelques raisons convainquantes , pourquoi ceux qui
s'étoient servis de la Carte de ce sçavant homme , avoient
navigué sur les terres plus de 110. lieuës : je vais lui enseigner ce que son estime toute ingénieuse qu'elle est , ne lui
a pas encore découvert.

Lorsque M. *Hallay* traça la Carte dont nôtre Pilote fait
mention , on n'avoit pas encore des observations sûres , faites sur les côtes de la Mer du Sud , ni des Pilotes qui arrivassent à point nommé , comme nôtre Auteur , pour se fier
à leurs estimes : il fallut donc qu'il s'en tint aux mémoires
qu'on avoit alors de ces côtes , ces mémoires étoient les jour-
naux des plus habiles Pilotes qui eussent passé dans ces
Mers , lesquels n'aïant pas atterré à point nommé , comme
nôtre Auteur , avoient fait de grandes erreurs sur la détermination des longitudes ; on voit donc par ce que je viens
de dire que M. *Hallay* n'est pas l'Auteur de ces erreurs qui
se trouvent dans la Carte , pour les côtes de la Mer du Sud.
On ne trouve pas dans ces mêmes Cartes , de pareilles erreurs pour la côte du *Brezil* , où M. *Hallay* avoit fait des
observations.

Dans la même page , il compare la longitude de la *Con-*
ception trouvée par son estime , avec celle que je déterminai
par tant d'observations qu'on peut voir dans l'histoire de
l'Académie roiale des sciences , des années 1711. & 1714.
& dans mon Journal où l'on trouvera quelles sont les dif-

ficultez, & de quelle exactitude on doit être dans les obſervations dont on doit ſe ſervir dans la détermination des longitudes. M. Frezier applanit & affranchit toutes ces difficultez. Il dit hardiment parlant de ſa longitude eſtimée, je l'ai trouvée rectifiée par l'obſervation du *Pere Feuillée* ; qui met la *Conception* par 65. degrez 32. minutes, il a oublié les 30. ſecondes dont je lui fais grace, mais non pas des dix degrez qui manquent ; car dans mon Journal il doit y avoir lû 75. degrez 32. minutes 30. ſecondes ; on peut remarquer ici par ſa maniere de parler (*par l'obſervation*) que je ne me ſuis pas trompé ailleurs, lorſque j'ai dit, qu'il n'eſt pas au fait de ces matieres ; car il auroit dû dire *par les obſervations*, puiſqu'elles ſont en aſſez grand nombre, & non pas *par l'obſervation* ; il nous auroit peut-être convaincu de la juſteſſe de ſes eſtimes, s'il eut rapporté tous les cas de ſa rectification, tels que ſont les routes, les vents qui régnoient durant ſa navigation, & le chemin que le navire faiſoit toutes les 24. heures ; mais il faut lui paſſer bien des choſes qui ne ſont pas de ſa portée à cauſe des réductions ennuieuſes qu'il lui auroit fallu faire, qui ſont apparemment au-deſſus de ſa connoiſſance.

Voici dans la page 256. le chef-d'œuvre de M. Frezier. La Geographie qu'on cultive depuis pluſieurs ſiécles, n'avoit encore pû nous aſſurer de la longitude de l'île de l'Aſcenſion, quoiqu'une infinité d'habiles Pilotes euſſent emploïé tout leur ſçavoir, & toutes leurs connoiſſances pour arriver par leurs eſtimes à point nommé à cette île ; voici comme il parle ; *le Dimanche 8. Avril nous eûmes connoiſſance de l'île de l'Aſcenſion, lorſque par mon eſtime je devois la voir à point nommé* ; il trouva donc par ſon eſtime que la longitude de cette île étoit de 346. degrez 15. minutes. Il confond ici l'île de Fer, avec celle de Tenerif, & il marque ne ſçavoir ni la poſition de l'*île de Fer* ni celle de l'île de *Tenerif* ; il eſt vrai qu'on n'a eu juſqu'aujourd'hui aucune obſervation qui détermine immédiatement la diſtance à *Paris*, ni de l'une ni de l'autre.

Je n'eus pas le même bonheur que M. Frezier dans le voïage que je fis à la Mer du Sud. Après nôtre départ de France, nous allâmes moüiller à l'île de *Tenerif* ; cela me donna occaſion de prendre pour premier Meridien dans le cours de nôtre navigation, la même île; arrivant à l'île de *l'Ascension*, je réduisis toutes mes routes à une seule; celle-ci donne la longitude de cette île de 349. degrez 21. minutes: je n'assure pas ni ici, ni dans mon Journal que ce soit la vraie & précise longitude de cette île, puisque ce n'est que par mon estime que je la déterminai telle, & non par mes observations: si je l'avois déterminée par celles-ci, je parlerois avec sûreté; mais je puis assurer que je ne m'écarte pas de beaucoup. Je parle avec circonspection, parce que les fondemens sur lesquels l'estime est appuiée, ne sont pas sûrs; ainsi toutes les connoissances qu'on peut acquerir par elles, ne sont point sûres aussi; je l'ai prouvé dans quelques endroits de mon Journal, & je suis prêt à le prouver quand on le voudra.

Un Pilote habile qui connoît bien son navire, c'est-à-dire combien il dérive au plus près vent largue, ou vent arriere, qui sçait d'ailleurs bien son métier, & qui réflechit sur les diverses routes, s'y trompera moins qu'un autre; mais il ne se flatera pas d'avoir à point nommé connoissance d'une terre qu'il n'a pas fréquentée; il n'y a au monde que M. Frezier qui puisse se flater de pareils bonheurs. Il rendroit un service signalé à tous les Marins, s'il vouloit bien leur communiquer son secret dans une nouvelle édition de son livre qui la mérite sans doute, comme on le voit par le peu de réflexions qu'on vient de faire sur cet ouvrage. Au reste, on n'a pas touché dans ces réflexions, ce qui regarde la Physique & les diverses autres matieres; M. Frezier me pardonnera sans doute si, occupé à des choses plus sérieuses, je ne redresse pas tous ses mécomptes, s'il le souhaite pourtant, je le ferai quand il lui plaira.

SUITE

SUITE DU JOURNAL

DES OBSERVATIONS

PHYSIQUES, MATHEMATIQUES

ET BOTANIQUES,

Faites en 1708. 1709. 1710. 1711.

XI. Août.

ENDANT la nuit qui préceda le onzième Août, les vents se rangerent à l'Oüest Nord-Oüest, l'air s'épaissit de nuages qui se condenserent insensiblement ; & leur pésanteur étant devenuë plus grande que celle de l'air qui les soûtenoit, ils se convertirent en une petite pluie, qui fut très-favorable aux plantes. Nous le reconnûmes à la verdure que nous apperçûmes sur les montagnes voisines. Quelque petite que fut cette pluie, elle ne laissa pas, par sa durée, de pénetrer dans ma tente : dans la crainte que mes instrumens ne fussent moüillez, & que la roüille qui s'engendre pour lors sur l'acier, ne dérèglât mon horloge & ne gâtât mes autres instrumens, je les remis dans leur caisse. Chacun sçait de quelle importance est une horloge bien reglée dans les Observations astronomiques ;

A

la moindre irregularité rend la meilleure Observation inutile, & un Astronome vigilant ne peut se donner trop de
soin pour les conserver en bon état.

Dans l'opposition de la Lune arrivée le neuviéme au matin, il y eut une Eclipse dont je ne pus observer que l'Immersion & l'Emersion de quelques taches, comme on peut
voir dans mon second volume, p. 653. La mer ne fut pas si
affreuse dans cette opposition, qu'elle l'avoit été dans les précedentes : cependant les perilleuses experiences qu'on avoit
déja faites, ne laisserent pas d'interrompre entierement le
commerce que les gens de nos Vaisseaux avoient avec ceux de
terre. Le bruit des hautes lames qui se succedoient les unes
aux autres, & qui venoient du vaste Ocean se briser avec impetuosité sur la Côte, imprimoit de la terreur dans l'ame des
plus intrepides.

Le soir, un jeune Irlandois qui s'ennuïoit à bord, demanda au second Capitaine de lui permettre de venir à terre, sans
examiner le peril auquel il alloit s'exposer. Quoique le Capitaine homme d'experience, ne lui eut accordé qu'avec peine
sa demande, & qu'il n'eût trouvé aucun de ses camarades assez
hardi pour l'accompagner ; il ne laissa pas de descendre, seul
qu'il étoit, dans un petit canot qu'on avoit acheté aux Isles Canaries, après que la lame eut brisé celui qu'on avoit apporté
d'Europe. Il entra ainsi dans l'Ance où nos chaloupes moüil-
loient ordinairement : mais il n'y fut pas plûtôt arrivé, qu'une
lame prit le canot par son travers, & le jetta sur la pointe d'un
rocher qui le perça vers la quille. Notre Irlandois bon nageur
prévoïant l'accident dont il étoit menacé, crut qu'il l'éviteroit
s'il se jettoit à la mer ; il s'efforçoit de gagner terre en nageant,
& il en étoit déja près, lorsqu'une autre lame reprit le canot, le mit à flot, & le porta précisément à l'endroit où étoit
cet infortuné Matelot : investi du canot, & sa tête se trouvant malheureusement engagée dans le trou que la pointe du
rocher y venoit de faire, il plongea dans le moment, & s'en
dégagea par un bonheur inesperé. Une troisiéme lame qui
suivoit de près, jetta le canot & le Matelot sur le sable : ce
coup le délivra du danger qu'il avoit couru ; mais la peur l'a-
voit si fort saisi, & il en étoit tellement troublé, que nous,
qui avions été spectateurs de cet accident, ne pouvions le
rassurer.

XIII. *Août.*

Le jour précedent les vents se rangerent à l'Est-Sud-Est, & nous amenerent des nuages qui nous cacherent entierement le ciel les deux jours suivans. La petite pluïe qui tomba le onziéme, le Soleil qui ne paroissoit plus, & les vents d'Est-Sud-Est qui passoient sur les hautes montagnes de la Cordeliere, éternellement couvertes de neiges, rafraîchirent si fort l'air, que nous ressentimes vivement le froid, quoique nous fussions dans la Zone torride : je fus même obligé, aussi-bien que quelques autres, de me chauffer, ce que les Européens auront peut-être peine à croire.

XV. *Août.*

Les vents se tirerent à l'Oüest quart Nord-Oüest, les nuages des jours passez se dissiperent, & à huit heures du matin je remontai mes instrumens : j'esperois que nous verrions le Soleil le reste du jour, j'emploiai ce temps à prendre quelques hauteurs correspondantes du Soleil, pour m'assurer de l'état de mon horloge, & pour observer la bassesse de l'horison de la mer, lequel paroissoit bien terminé. Je trouvai cette bassesse de   0ᵈ. 5′. 0″.

Après cette Observation qui fut faite à midi, je fis l'experience du Barometre : je trouvai le Mercure constamment suspendu à la hauteur de   28p. 0′. 0″.

Après midi il se leva du côté de la mer, c'est-à-dire, à l'Oüest une brume si épaisse, qu'à peine pouvoit-on découvrir un homme à quinze pas de distance : elle nous cachat entierement le Soleil, & je ne pûs prendre aucune correspondance aux hauteurs du Soleil que j'avois prises le matin.

XVI. *Août.*

La brume qui s'étoit levée le jour précedent, fut poussée par le vent d'Oüest quart Nord-Oüest vers la Cordeliere, & arrêtée par le grand froid qui y dure toute l'année. Mais comment est-ce que le froid put arrêter cette brume ? Un Physicien le conçoit aisément, parce qu'il est prévenu que le froid n'est qu'une privation de mouvement aux corps qui le causent : ces corps arrêterent cette brume, parce que le mouvement des corps qui la composoient, n'eut pas assez de force pour ébranler les nitres répandus dans l'air sur ces montagnes, & les mettre en mouvement ; cette brume enfin s'accumula, & , devenuë plus pesante que l'air, elle se convertit en petite bruine ; ce qui me fit craindre pour mes instrumens que j'avois remontés le 15. Je ne perdis pourtant pas l'esperance qu'avant notre départ il se presenteroit quelque autre belle nuit, dans laquelle j'aurois occasion de faire quelqu'autre Observation du premier Satellite de Jupiter , pour confirmer celle que j'avois déja faite la nuit du 24 au 25 Juillet , qui fut la plus favorable que nous eussions eu depuis le quatriéme Juin , auquel je commençai à mettre mon horloge en mouvement, & à rectifier mon quart de cercle , pour m'assûrer des Observations que je devois faire à *Tlo*.

A midi la brume fut entierement dissipée , l'horison de la mer parut bien terminé ; ce qui me donna lieu d'observer sa bassesse que je trouvai de   0ᵈ. 4′. 40″.

A la même heure , le Mercure, dans l'experience que j'en fis au Barometre , se soûtint constamment à la hauteur de   28p. 0ˡ. 0″.

Sur les quatre heures du soir le Ciel se couvrit. Je ne pûs observer l'Emersion du premier Satellite de Jupiter , qui arriva la nuit suivante.

XVII. *Août.*

Le Soleil parut beau à son horison , mais des broüillards qui se leverent du côté de la mer, & qui se convertirent bien-tôt en nuages épais , nous le cacherent. Le soir ces broüillards s'étant dissipés du côté du Nord , un peu avant que la Luisante de la *Lire* passât par le Meridien , je me servis très-utilement du passage de cette étoile pour verifier la hauteur du Pole d'*Tlo* , hauteur que je n'avois jusqu'alors déterminé que par les hauteurs meridiennes du bord superieur du Soleil. Comme ces hauteurs doivent être réduites au centre du Soleil , & qu'il est difficile d'ajuster avec toute la précision possible, le bord du *Soleil* sur le fil horisontal de la Lunette du quart de cercle ; je fus ravi d'avoir cette occasion pour comparer l'Observation que j'esperois faire de la hauteur de la Luisante de la *Lire* , de laquelle Observation je devois conclure la hauteur du Pole d'*Tlo* , après avoir emploié les élemens qui entrent dans ces operations.

J'avois verifié le même jour mon quart de cercle, dans l'appréhension qu'en le ferrant dans la caiffe ou en l'en retirant, la Lunette qui lui fert de pinnules n'eût été démarée ; je la trouvai dans le même etat qu'elle étoit durant les Obfervations precedentes ; c'eft-à-dire , que le quart de cercle continuoit de donner les hauteurs trop grandes de deux minutes , aufquelles il falloit avoir égard.

Hauteur meridienne apparente de la

Luifante de la Lire	33ᵈ.	54′.	20″.
Excès du quart de cercle		2	0
Premiere correction	33	52	20
Réfraction à ôter		1	27
Hauteur corrigée	33	50	53
Déclinaifon feptentrionale	38	32	53
Hauteur de l'Equinoxial	72	23	46
Complement ou hauteur du Pole d'*Ylo*	17	36	14

Cette hauteur ne differe de celle que j'avois déja déterminée par plufieurs hauteurs du bord fuperieur du Soleil , que d'une feconde ; cette difference qu'on compte pour rien, prouve la juftefle des obfervations precedentes.

XVIII. *Août.*

Les vents qui s'étoient rangé au Sud le dix-feptiéme , fouffloient encore : ces vents , comme j'ai dit ailleurs , ont dans ces climats les mêmes qualitez que ceux du Nord dans les nôtres ; ils chafferent entierement les nuages , & nous firent voir le Soleil durant tout le jour , ce qui ne nous étoit pas arrivé depuis quelque temps.

Je revis le foir la Luifante de la *Lire* à fon paffage par le Meridien : j'obfervai fa hauteur meridienne apparente de   33ᵈ. 54′. 25″.

Après les corrections ordinaires , je trouvai que la hauteur du Pole que donnoit cette Obfervation , ne differoit de celle du 17ᵉ que de   5″.

Puifque la hauteur du Pole obfervée le 17ᵉ fut de   17ᵈ. 36′. 14″.

21. *Août.*

Depuis le 18 les vents varierent du Sud à l'Oüeft : le 21

nous eûmes une brume semblable à celle du 15 & du 16 précedens. Elle se convertit en bruine, qui dura jusques à midi, & rafraîchit l'air, s'étant jointe à un petit vent qui prenoit du Sud. Je me servis de ce tems qui facilitoit mon dessein, pour aller courir la côte, & chercher sur les bords de la mer quelque chose qui m'occupât le reste de la journée, & qui, en satisfaisant ma propre curiosité, pût être de quelque utilité pour les sciences : car dans ce voiage, comme dans les autres, je n'ai jamais eu d'autre vûe. A environ deux cens pas de ma tente je trouvai un Herisson qui me parut assez singulier.

DESCRIPTION

D'un Animal appellé *Echinus scutiformis & perforatus.*

LA nature n'est pas moins admirable dans la construction de la coque ou squelet de cet Oursin ou Herisson, qu'elle l'est dans celle de l'animal auquel elle sert de demeure. La coque est sur-tout fort singuliere ; elle ressemble parfaitement par sa partie convexe à un petit bouclier d'environ deux pouces de diametre, rond dans son contour, mince sur ses bords, applati par-dessous, & convexe pointu sur le dos, à peu près comme on nous réprésente les anciens boucliers militaires : elle est toute herissée, presque comme du velours, de petites pointes vertes très-courtes & très-fragiles, qui s'en détachent facilement. Lorsque l'Herisson reste à sec exposé aux excessives ardeurs du Soleil après avoir été roulé sur le sable par les lames, sa coque devient aussi blanche que le plus beau marbre blanc : on voit alors son épaisseur percée à jour par six petites mortoises taillées quarrément, également larges par tout, & situées justement sur les diametres, un peu plus près de la circonference que du centre : cinq de ces mortoises sont également distantes les unes des autres ; mais la sixiéme qui est toujours la plus petite, est située entre deux grandes, vis-à-vis de la partie la moins convexe de la circonference, qui est entaillée par six petites échancrures, répondant chacune à sa mortoise. La bouche de cet Herisson est située dans le centre de la partie inferieure ; elle est ronde & large presque comme

le tiers d'une lentille, & garnie de cinq petites dents dures
& fort pointuës : tout auprés entre cette bouche & la sixiéme mortoise, est une petite ouverture par où les intestins se
déchargent. La construction de la coque, dépoüillée de ses petites épines, est encore bien remarquable : elle est composée
de plusieurs petites pieces trapezes, jointes par suture harmonique, qui forment par leur disposition tant sur le dos que
sous le ventre, la figure de deux fleurs composées de cinq feüilles également distantes les unes des autres, & comme attachées autour d'un petit pentagone.

Je découvris cet Herisson dans une plaine sablonneuse, ex-
trèmement séche & aride, posée au pied d'une montagne qui
paroit avoir autrefois terminé le bord de la mer par la grande quantité de coquillages qui s'y trouvent. Cette plaine est
remplie de tombeaux assez semblables à ceux dont j'ai déja parlé, mais qui ne sont pas creusez si profondément. Environ à
deux lieuës delà je rencontrai un autre Herisson presque de
la même grosseur que le premier, les lames l'avoient jetté sur
le rivage, j'en examinai soigneusement la structure.

1710.
Août.

DESCRIPTION

D'un autre Herisson appellé *Echinus nigerrimus, aculeis
longissimis.*

CEt Herisson est rond dans son contour, un peu plat &
concave par-dessous, & tout herissé de piquans fort noirs
& fort fragiles, quoique durs, longs presque de demi pied &
épais vers leurs bases d'environ une ligne ; ils sont tous aussi
pointus que nos plus fines aiguilles, ce qui fait qu'ils piquent
aussi subtilement que les Orties de *Chily*, plante dont j'ai
donné la description à la fin du second volume page 757. sous
le nom de *Ortiga Chiliensis urens, Acanthi folio.* Leur dedans
est fistuleux en façon d'un tuïau, & leur dehors est sillonné
& distingué par de petits cercles annulaires rudes au manier,
de même que la *Presle* ou *Equisetum majus aquaticum I. B. 3.*
729. dont se servent les Tourneurs pour polir leurs ouvrages ;
les pieds ou bases de ces piquans sont élargis en talus, en façon
d'une petite base godronnée ; on voit sous cette base un col

avec sa tête très-semblable à un *Trochanter*, attaché sur la coque par une membrane noire & molasse, qui lui sert comme
de ligament, & lui donne lieu de s'élever contre ceux qui
veulent s'aprocher de l'animal pour le prendre.

J'avois déja vû de ces Herissons dans nos Isles de l'Amerique,
mais n'ayant pas alors du goût pour l'histoire naturelle, je ne
m'attachois qu'à l'Astronomie & à la Navigation : je me ressouviens qu'un jour en aïant pris un, j'en fus piqué en plusieurs endroits de la main, & que ces piquûres y laisserent des
marques noires semblables à des grains de poudre, ou à des
points faits avec le bec d'une plume.

Aïant par hazard creusé dans le sable auprès du bord de
la mer, à l'endroit même où j'avois trouvé cet Herisson, j'y
découvris une espece d'Ecrevisse, qui y fait sa demeure, comme je m'en assurai les jours suivans.

Je n'avois pû me persuader à la premiere découverte, que
dans un corps aussi solide que la terre, des animaux y pussent vivre, assûré que l'air est absolument necessaire à la respiration pour donner le mouvement aux parties qui composent
les animaux, & conserver leur espece. Je ne doutois pourtant
pas que les corps dont la terre est composée, fussent si étroitement unis, qu'il ne restât entr'eux quelques petits vuides ;
en effet comment est-ce que les êtres les plus durs & les plus
solides se détruiroient, si les corps exterieurs ne pouvoient
par leurs chocs souvent réiterez, désunir leurs parties : car
cette désunion se fait par l'inégalité de la force du mouvement de ceux-là, appliquée au repos de celles-ci : je n'entend
par la destruction, qu'une simple séparation des parties de chaque composé : les premiers corps ne peuvent être détruits.

DESCRIPTION

D'une Ecrevisse appellée *Cancer Testudinis in arena
delitescens.*

CEtte Ecrevisse est semblable à une petite Tortuë, dont
le diametre est environ d'un pouce, lorsqu'elle a ses cornes & ses jambes pliées sous le ventre ; sa coque est fort mince, fort unie, noirâtre, & mêlée de quelques petites tâches
blanches ;

blanches ; elle a au bout de sa tête deux petites cornes, &
quatre jambes à chaque côté du ventre ; les plus longues jambes sont celles de devant, elles n'ont qu'environ trois lignes de longueur, & se terminent en pointe ; en quoi ces
Ecrevisses different des autres, dont l'extrémité des jambes
est émoussée : elle a encore deux petites nageoires, ensuite
des jambes, faites en pagaïe, bordées de poil, elles lui servent pour s'enfoüir dans le sable.

1710.
Août.

XXII. Août.

Depuis l'arrivée du Soleil au Tropique du Cancer, nous
étions en hiver dans ces climats ; les pluïes peu sensibles
dans les plaines, étoient frequentes sur le sommet des montagnes : de brûlées qu'elles étoient par les violentes ardeurs
du Soleil, elles commencerent à redevenir couvertes de verdure. L'inclination que j'avois pour la Botanique m'engagea à
y faire quelques voïages pour y herboriser ; je pris donc ce même
jour le chemin de la montagne au pied de laquelle j'arrivai
en deux heures de temps. J'esperois y trouver quelques plantes qui satisferoient ma curiosité ; mon esperance fut de peu
de durée : les bestiaux & singulierement les vaches, qui se
nourrissent sur ces montagnes, les avoient foulées aux pieds
& les avoient tellement maltraitées, que je ne pûs reconnoître la figure des feüilles, encore moins celle des fleurs. Comme elles ne faisoient que d'éclore, les organes qui servent à
leur generation & dont je parlerai dans l'histoire des plantes, étoient détruits, & n'aiant par consequent pû atteindre à leur maturité, je ne trouvai de semence à aucune de ces
plantes, j'en fus sensiblement mortifié. A mesure que j'a-
vançois sur la montagne, ma douleur augmentoit, voïant les
plantes dans un plus triste état : je ne laissai pourtant pas de
poursuivre mon chemin, dans l'esperance que peut-être il se
rencontreroit quelque endroit inaccessible à ces animaux, ce
qui arriva en effet comme je l'avois pensé.

Sur les deux heures du soir j'apperçus vers le sommet de la
montagne une élevation bordée de rochers, qui en defen-
doient l'entrée aux bestiaux. Je m'y rendis & fus assez heureux
pour y trouver plusieurs plantes qui n'avoient point été en-
dommagées. La premiere qui tomba sous ma main, fut la

B

Portulaca Sedi folio Ylonenfis, *flore albo*, & plufieurs autres,
dont je donnerai la defcription & la figure dans la continua-
tion de l'Hiftoire des Plantes.

Après que j'eus ramaffé les plantes qui me parurent les plus
curieufes, comme le Soleil s'approchoit de l'horifon, je def-
cendis de la montagne & repris le chemin de ma tente. Je n'y
arrivai que fur les dix heures du foir : cette nuit fut fort obfcu-
re, ce qui joint à la violente foif que j'avois foufferte durant
toute la journée, n'aïant pas trouvé dans tout le païs que je
parcourus, une feule goutte d'eau pour l'appaifer, me donna beaucoup d'inquietude : le gardien de ma tente en avoit
déja pris l'alarme, il apprehendoit que dans la nuit je n'euffe
fervi de proïe à quelque animal féroce, ou que quelque défaillance de cœur ne m'eut faifi en chemin, comme il m'étoit
arrivé quelques jours auparavant.

XXIII. *Août.*

Je demeurai tout ce jour-là dans ma tente, occupé à deffi-
ner les plantes que j'avois apportées de la montagne le jour
précedent, dans la crainte qu'elles ne féchaffent, & que je
n'en puffe plus reconnoître les traits. Après le diner, le jeune homme dont j'ai parlé ailleurs, qui avoit foin de mes affaires, me demanda d'aller fe promener à la campagne. Je le
lui permis d'autant plus volontiers, que je favois par experience qu'il retournoit rarement fans apporter quelque chofe
pour fervir le lendemain d'occupation à l'un & à l'autre : il
revint en effet le foir chargé d'une Aigle roïale, qui paroif-
foit à la vivacité de fes yeux, n'être nullement bleffée ; il
la pofa à terre fans que cet animal parut vouloir fe vanger
de la fervitude où il fe voïoit réduit : car il lui avoit lié les
deux jambes : fatisfait de fa chaffe, je m'informai de quelle
maniere il s'en étoit rendu maître : il me répondit que l'aïant
vû fur un Goyavier, il avoit tâché de l'approcher, mais que
dans la crainte qu'elle ne lui derobât l'adieu, il l'avoit tiré de
fort loin ; que l'aïant vû tomber à terre, il avoit couru fur le
champ pour s'en faifir, la croïant dangereufement bleffée.
Il ne fut pas peu furpris de ce qu'elle fe laiffa approcher
fans faire de défenfe, & encore plus de ce que s'étant laiffée
vifiter, il ne trouva fur tout fon corps aucune bleffure. Il

ne sçavoit à quoi attribuer la docilité de cet animal d'ailleurs si feroce. Pour moi je m'imaginai que le bruit du coup de fusil l'avoit étourdie, étant peut-être le premier qu'elle avoit entendu, ou qu'elle étoit un de ces jeunes Aiglons dont parle Horace dans l'Ode 4 de son quatriéme Livre.

Olim juventas & patrius vigor
Nido laborum propulit insciam :
Vernique jam nimbis remotis ,
Insolitos docuêre nisus
Venti paventem.

XXIV *Août.*

Je ne fus pas plûtôt éveillé le matin, que j'allai visiter notre Aigle : elle étoit revenuë de son étourdissement, & si le soir nous n'eussions pas eu la prévoïance de l'attacher à un pieu, elle se seroit indubitablement envolée. On tua le matin une vache pour l'équipage, j'en demandai quelques tripes au boucher, & le priai de m'en conserver pour le jour suivant ; j'en présentai à notre Aigle, elle les trouva de son goût : je continuai plusieurs jours à la traiter de même, elle s'y accoutuma & devint si familiere, qu'elle venoit bequeter le bout de ma robe, lorsque la longueur de sa corde le lui permettoit. Cette familiarité jointe à la bonne chere que je lui faisois faire, me persuaderent qu'en la détachant & la laissant libre, elle demeureroit avec nous, ce qu'elle fit ; cependant pour me délivrer des soins que je me donnois chaque jour pour penser à sa nourriture, je la portai à la cuisine peu distante de ma tente : après qu'elle y eut passé quelques jours, elle partit sans prendre congé de personne.

XXVI. *Août.*

Tout le temps qui se passa depuis le 24, je l'emploïai aux desseins des plantes que j'avois apportées de la montagne le 22, & que je conservois dans l'eau. Le vingt-sixiéme au matin me promenant sur le rivage, j'apperçus un Goilan posé sur un rocher, je le tirai, & le representai ensuite au naturel dans mon histoire des animaux.

DESCRIPTION

D'un Goilan ou *Larus clamide Leucopheâ, alis brevioribus.*

CE Goiland est de la grosseur d'une poule. Son bec a trois pouces & demi de longueur, la racine en est d'un beau jaune & le reste noirâtre : la partie superieure est fort pointuë, & se recourbe en dessous, & l'inferieure pointuë de même, est droite : il a le fond des ieux noirs, bordez d'un cercle brun, la tête petite, dont le couronnement est gris, & le col fort délié, dont la longueur depuis le zigoma ou os jugal jusques aux clavicules ou commencement de l'os *sternum*, est de six pouces : la partie posterieure du col & tout le manteau, est gris mêlé de blanc, l'anterieure, gris-clair, de même que tout le parement : cette couleur diminuë à mesure qu'elle s'approche de l'articulation de l'os des iles avec la cuisse, où elle commence d'être tout-à-fait blanche, & continuë de même jusqu'à l'anus : les pennes ou grandes plumes des ailes, sont minime-obscur, bordées de jaune foncé ; celles de la queuë, qui sont fort courtes, sont de même couleur & bordées de même ; les plumes qui couvrent les cuisses sont gris-clair mêlé de blanc. Le *tibia* a un pouce & demi de longueur, couvert d'une peau jaunâtre, ridée ; les pieds sont composez de quatre serres, trois desquelles sont sur le devant, & la quatriéme sur le derriere ; elles sont jointes par des membranes de même couleur que celles des jambes, & se terminent à la naissance des ongles : la serre exterieure dans cette espece, est toûjours la plus longue, elle a trois pouces de longueur & quatre articulations ; celle du milieu a deux pouces & trois articulations, l'interieure un pouce & demi & deux articulations, & la serre posterieure trois quarts de pouces & une seule articulation ; chaque serre est terminée par un ongle recourbé & pointu.

XXVII. *Août.*

Le Soleil ne parut pas, & ne voïant aucune disposition à pouvoir l'observer, j'allai à la découverte le long de la côte,

1710.
Août.

pour ne pas laisser cette journée vuide. Cette côte est extrê-mement sterile, on ne voit sur ses bords que quelques ro-chers fort secs, battus par les ondes, servans de retraite à une infinité d'oiseaux qui y goûtent à loisir la tranquillité d'une éternelle solitude. Sur le haut d'un de ces rochers je trouvai une plante assez singuliere; j'admirai dans cette production comment un corps brûlé depuis tant de siecles par les violen-tes ardeurs du Soleil, put fournir un suc nourricier pour vi-vifier cette plante, & que les parties de ce suc trouvassent dans ce corps solide, assez de vuide pour y conserver son mou-vement, absolument necessaire pour s'introduire à la naissan-ce des racines de cette plante, & passer de-là jusques aux ex-trémitez des branches & des rameaux; ce qui prouve que dans les corps les plus durs, il faut necessairement qu'il y ait des interstices dans lesquels se fait le mouvement; car s'il n'y en avoit aucun, non-seulement toutes choses seroient dans l'ina-ction; mais même il eut été impossible qu'elles eussent été en-gendrées: parce que la matiere sans le secours des interstices étant compacte, n'auroit pû agir, & auroit resté dans un per-petuel repos. On peut donc conclure de cette production, que la solidité apparente des corps n'empêche pas la raréfaction & le mouvement dans ses parties. Je donnai à la plante le nom de *Licopersicum Pinpinellæ Sanguisorbæ folio*. On la trouvera dans la suite de l'Histoire des Plantes.

Après avoir arraché cette plante, je passai derriere le rocher. J'y trouvai une petite anse dont les deux pointes qui la for-moient, gissoient Nord & Sud: au fond de cette anse, je dé-couvris une petite plaine sablonneuse couverte d'oiseaux ma-rins de differentes especes, que la grosse mer des jours passez avoit obligez d'y venir chercher leur vie. Comme il n'y a per-sonne dans ces vastes deserts, ils s'y croioient en sureté: quel-ques-uns s'étoient même éloignez du bord de la mer, mais d'a-bord qu'ils m'apperçurent, ils prirent l'epouvante. Ceux dont les aîles étoient assez grandes, prirent leur volée, & les autres ne pouvans les imiter aïans leurs aîles fort courtes, coururent pour se jetter dans la mer: un d'eux plus paresseux, ou moins vîte que les autres, resta en arriere: je tombai sur lui avant qu'il arrivât au bord de l'eau. Il ne differoit de celui dont j'ai donné la description ci-dessus, qu'en ses seules couleurs.

DESCRIPTION

D'un Goiland ou *Larus Torquatus, clamide nigrâ & pedibus cinereis.*

LE bec de ce Goiland est gris-clair, sa figure & sa longueur sont les mêmes que de celui que j'ai déja décrit : ses yeux sont noirs entourez d'un cercle jaune, la partie postérieure du col est noir-luisant, l'antérieure est blanche de même que tout le parement, excepté son colier, qui est d'un beau noir : tout son manteau est minime-obscur, & les pennes qui sont de même couleur, sont bordées d'un jaune obscur ; la queuë est fort courte, & les plumes qui la composent sont de même couleur que les pennes : les jambes sont cendrées & ont les mêmes dimensions que celles du *Larus clamide Leucophæâ, alis brevioribus.* Je retournai le soir à ma tente, chargé de plusieurs curiositez.

XXVIII. *Août.*

Le matin après avoir fait tous mes exercices, les grandes chaleurs m'ayant obligé de quitter ma tente, je m'occupai dehors & à l'air à dessiner ce que j'avois apporté le jour précedent, mais ne m'appercevant pas de quelques corbeaux qui étoient autour de moi, un d'eux m'enleva un petit oiseau que je n'avois pas encore dessiné, & que j'avois posé sur une pierre. Il m'en étoit arrivé autant quelques jours auparavant : pour éviter une pareille surprise, j'avois mis à mes pieds un fusil ; dès que j'eus découvert le corbeau au bruit de ses ailes, je le tirai, il tomba avec sa prise & païa cherement sa voracité. J'en fis la description suivante.

DESCRIPTION

D'un Corbeau ou *Corvus Torquatus, rostro arcuato, pedibus cinereis.*

CEs Corbeaux sont un peu plus gros que nos poules ordinaires, leur bec est d'un pouce trois quarts de longueur, renforcé à sa racine, & bossu sur le nez : l'extrémité de la partie supérieure est recourbée, crochuë en dessous, & plus lon-

que que n'est l'intérieure : ce bec est noir depuis sa racine
& l'extrêmité est couleur de cendre : leurs ieux sont noirs,
bordez d'un cercle brun : le colier est de même couleur que
l'extrêmité du bec : toute la tête, le parement & le manteau
sont noirs : les aîles ont cinq pieds d'ouverture, les pennes
sont noires au-dessus, gris-luisant au-dessous, bordées de gris
obscur : les plumes de la queuë sont à peu près de la même
couleur : les jambes ont deux pouces de longueur & sont couvertes d'une peau cendrée de même que les pieds , dont chacun est composé de quatre serres , trois anterieures & une
posterieure, chacune de ces serres terminée par un ongle noir,
arcué & fort pointu ; la serre du milieu a trois articulations
& deux pouces huit lignes de longueur, & l'ongle qui la termine a neuf lignes & demie : la serre exterieure a un pouce
huit lignes , quatre articulations , & est terminée par un ongle de cinq lignes ; la serre interieure qui a deux articulations,
a un pouce & demi de longueur , & son ongle onze lignes ; la
serre posterieure a neuf lignes & son ongle cinq.

Les plumes des aîles de ce Corbeau me semblerent de meilleur usage pour le dessein , que les nôtres, elles tracent une
ligne fort nette & aussi déliée qu'on peut le souhaiter. Cela
me donna occasion d'en tirer un autre pour faire provision
de plumes : il ne differoit du premier que par la tête qu'il
avoit pelée & couverte d'une peau ridée couleur de rose ,
couleur qui regnoit jusqu'à l'extrêmité du bec.

XXIX. *Août.*

La quantité de curiositez que j'avois trouvé le 27 au Sud
de nos tentes, m'engagea à y faire un second voiage. Quoique la côte soit extrêmement sterile , la nature ne laisse pas
d'y produire quelques plantes , dont la rareté fait le merite.
J'en vis une sur la surface occidentale d'un rocher escarpé ,
laquelle tomboit directement dans la mer : j'eus assez de peine d'y atteindre, mais ma curiosité l'emportant sur le danger, je grimpai sur le rocher , & arrachai la plante avec presque toute sa racine : on la verra dans la suite de l'Histoire
des Plantes sous le nom de *Soldanella facie , flore infundibili
formâ.*

J'arrivai sur les deux heures du soir à une petite plaine sablonneuse, où l'on ne voit que quelques rochers d'espace en espace : j'avois alors l'esprit rempli de mille differentes idées, me flattant de rencontrer dans ces lieux deserts quelque nouveauté. Dans le même moment j'apperçus un petit lezard, qui n'étant pas accoûtumé à voir des hommes, & des hommes faits comme moi, se mit à fuir : il alloit se cacher dans la fente d'un rocher, lorsqu'un coup de fusil l'arrêta à l'entrée : mais l'aiant tiré de trop près, j'eus le déplaisir de le trouver dans un état à ne pouvoir satisfaire entierement ma curiosité, qui étoit d'en examiner toutes les parties.

DESCRIPTION

D'un petit Cameleon ou *Lacertus Cameleontides.*

LA maniere dont se nourrissent les Cameleons, leurs changemens de couleur, la structure & le mouvement de leurs ieux, tant d'autres singularitez ont exercé l'attention des Naturalistes, & les ont engagé à bien des recherches curieuses qu'ils n'ont pourtant pas entierement épuisées ; ainsi en faveur de la matiere qui est assez interressante, l'on voudra bien me pardonner si je m'étend sur ce sujet plus qu'il ne convient à un voïageur.

Le Cameleon est du genre des animaux à quatre pieds. C'est une espece de lezard : il en differe par deux éminences, l'une sur la partie superieure de la tête, l'autre sur le dos : le lezard au contraire a le dessus de la tête fort plat, ainsi que le dos. Les ieux qui terminent les deux branches du nerf optique ont encore dans le Cameleon leur structure & leur mouvement bien differens de ceux du lezard ; car ceux du Cameleon s'avancent hors de la tête de plus de la moitié de leur globe, & cet animal les tourne si obliquement, qu'il découvre tout-à-fait derriere lui : la nature lui aiant donné cet avantage sur les autres animaux pour le dédommager de ce que ses jambes beaucoup plus longues que celles du lezard, n'ont qu'un mouvement fort lent, & ne lui servent d'aucune défense, pas même à éviter ses ennemis par la fuite. Mais ce qui est encore plus extraordinaire dans le mouvement des ieux du Cameleon, est qu'on en voit remuer un lorsque l'autre demeure immobile,

un s'élever vers le Ciel , lorsque l'autre s'abaisse vers la terre.
Il est surprenant qu'Aristote qui a décrit le Cameleon plus
exactement qu'aucun autre animal , ait oublié ces mouvemens
qui lui sont si particuliers.

Les anciens auteurs, dont plusieurs se sont copiez les uns les
autres, avoient cru que les Cameleons ne vivoient que de l'air;
cette opinion n'est plus reçuë aujourd'hui que l'on sçait par
experience qu'ils se nourrissent de differens insectes, comme
de mouches , qui viennent se reposer sur leur langue pour suc-
cer la matiere visqueuse qui y est attachée : le Cameleon a l'a-
dresse de la sortir hors du palais pour les y attirer, & de la retirer avec vîtesse lorsqu'il s'apperçoit , ou par le sens du toucher,
ou par celui de la vûë, qu'elle est chargée de ces insectes. J'en
ai fait moi-même l'experience.

L'on a voulu aussi nous persuader que les Cameleons ne se
tenoient si volontiers sur les arbres , que pour éviter les serpens dont ils n'auroient pû se garentir sur terre par la fuite ;
c'est une fable. Il y a plus de serpens sur les arbres , qu'il n'y
en a à terre , je l'ai experimenté très-souvent dans les bois en
Amerique ; ainsi les Cameleons s'y trouveroient plus expo-
sez que sur terre. Il n'est pas plus vrai que les Cameleons
épient de-là le moment que les serpens passent ou se lovent au-
dessous des arbres sur lesquels ils sont montez , pour laisser
tomber sur eux leur bave qui est un subtil poison pour ces rep-
tiles , & que par cette ingenieuse adresse ils se défassent d'un
ennemi pour lequel ils ont une antipatie naturelle.

Je croirois plûtôt que les Cameleons ne montent sur les arbres , que pour y aller chercher leur nourriture : j'en fus convaincu par une experience que je fis dans un voïage en Asie mi-
neure. Je trouvai deux Cameleons dans des ruines : j'en mis un
sur un Pêcher , je l'y laissai un jour entier , & après l'en avoir
retiré , je l'ouvris pour sçavoir si dans le temps qu'il y avoit demeuré , il avoit pris quelque nourriture : je trouvai dans son
ventre des feüilles de Pêcher qu'il n'avoit pas encore digerées;
il ne s'étoit donc pas entierement nourri de l'air. La digestion
est aussi lente dans ces animaux , que leur mouvement est pro-
gressif, c'est pourquoi ils prennent si peu de nourriture.

La longueur des Cameleons n'excede pas douze pouces ;
leur grosseur est proportionnée à cette longueur : Pline a eu
tort de dire que le Cameleon est aussi grand que le Crocodile,

C

Ces animaux sont extrémement maigres dans toutes les saisons de l'année, leur peau semble être colée sur les apophi-
sises épineuses & obliques des vertebres. Tertullien dit que
le Cameleon n'est qu'une peau vivante. Les éminences causées par ces apophises tromperent Gesner & *Panarolus* : le
premier crut que l'épine du dos étoit faite en maniere de scie :
& le second que les apophises des vertebres étoient des épines.

Dans les Observations que je fis sur les changemens de
couleur des Cameleons, je m'apperçus que la variation de
certaines couleurs qui paroissent sur la peau de ces animaux
lorsqu'on les pose sur des draps de differentes couleurs, est
peu sensible, & que restant dans une même situation, on ne
vôioit presque aucun changement : ce qui me confirma de
plus en plus dans le sentiment où j'étois, que ces apparences sont déterminées par les modifications des organes de nos
sens, quelles que soient les causes de ces modifications.

Je reviens à notre petit Cameleon, il avoit la même figure & la même proportion que cette grande espece de lezard
que les Espagnols appellent *Iguana*, & Marcgrave *Senembi*.
On en voit dans plusieurs Isles de l'Amerique, & j'en donnerai la description & la figure dans la suite de mon Journal.
Celui-ci étoit beaucoup plus petit, puisqu'il n'étoit pas plus
épais que le pouce : je l'appellai *Cameleontides*, parce que
semblable aux Cameleons dont je viens de parler, il changeoit de couleur lorsqu'on changeoit de situation à son égard.
Dans l'une je le vis couleur de minime, dans une autre il me
parut de couleur verte, dans une troisiéme varié de verd, d'a-
zur, de jaune & d'aurore : ce sont ces changemens de couleur qui m'ont donné occasion de le rapporter ici, & d'établir
une quatriéme espece de Cameleon, en l'ajoutant aux deux especes de Belon, dont l'une se trouve en Arabie, & l'autre en Egyp-
te, & à celle rapportée par *Faber Linceus*, qui se rencontre dans
le Mexique.

XXX. Août.

Ce jour-là je pris une route differente de celle que j'avois
tenu les jours passez : j'allai dans la vallée jusques à quelques
maisons de campagne, éloignées de nos tentes environ de
deux licuës : cette vallée est couverte d'arbres, on y voit en
quelques endroits plusieurs jardins plantez d'orangers, citron-

niers, figuiers, cassiers, goyaviers, oliviers & autres arbres
fruitiers ; les oliviers y sont disposez par allées, & donnent
dans la saison de très-belles olives, beaucoup plus grosses que
celles de l'Europe, on en fait de très-bonne huile. La grande sécheresse qui regne dans ce climat, fait qu'on a soin de
les arroser tous les jours : l'on pratique pour cela de petits
canaux qui conduisent au pied de l'arbre les eaux de la riviere qui serpente dans la vallée. Je vis dans un de ces jardins
le fameux olivier qui donne des olives aussi grosses que des
œufs de poule : on m'en avoit parlé avec tant d'éloge dans le
Perou & dans le roiaume de Chily, que je desirois ardemment
de verifier ce que j'en avois appris ; mais la sterilité qui re-
gna cette année-là, selon que le maitre du jardin me le dit,
pensa m'empêcher de satisfaire ma curiosité : je ne laissai pas
d'aller visiter l'olivier, la saison de ses fruits étoit déja passée : j'y
trouvai cependant encore deux olives, l'excès de leur maturité
les avoit rendu noires de vertes qu'elles étoient, ainsi qu'il arrive
aux nôtres, lorsqu'elles sont parvenuës à une trop grande maturité. Quoique ces olives fussent fort grosses, elles ne l'étoient
pourtant pas autant qu'on me les avoit figurées ; je m'informai du maitre du jardin, pourquoi on n'avoit point jusqu'a-
lors multiplié un arbre d'une telle importance, étant le seul
de son espece dans le monde, qui donna un si beau fruit :
il me répondit qu'on avoit mis tout en usage, mais qu'on
n'avoit pù y réüssir, ni là ni ailleurs, soit qu'on en eût gref-
fé les meilleurs oliviers ou les oliviers sauvages, soit qu'on en
eût planté dans la terre des branches considérables, ainsi qu'on
le pratique ordinairement dans toute l'Amerique à l'égard des
oliviers communs & de tous les autres arbres dont les branches
jettent des racines peu de temps après qu'on les a couvertes
de terre : ce Jardinier ne fit que confirmer ce que j'avois déja appris ailleurs.

Je vis dans le même endroit un moulin à sucre de la même structure & composition que ceux des Isles de l'Amerique,
mais comme ces machines sont très-communes & connuës depuis long-temps en Europe, ce seroit perdre du temps & amuser inutilement le lecteur, que d'en faire la description, &
en donner le dessein.

Je retournai le soir à ma tente beaucoup plus riche que je
n'étois le matin : je revins en effet chargé de plusieurs plantes

1710.
Août.

& de quelques oiseaux que j'avois tirés dans la vallée. Le plus singulier étoit celui-ci.

DESCRIPTION

D'un Perroquet ou *Psittacus flammeus, viridis & cinereus, rostro serrato.*

CEt oiseau est un des plus beaux que j'aie vû dans toute l'Amerique, tant par la varieté des couleurs, que par l'éclat de son plumage : il est de la grosseur d'une Perruche. Il lui ressembleroit tout-à-fait, si son bec étoit un peu plus crochu & sa queue plus pointuë : il en a le port, les jambes fort courtes, & les pieds disposez de même ; sçavoir deux serres ou doigts sur le devant & deux sur le derriere. Son bec est un peu plus long que celui d'une Perruche, plus droit, jaune & dentelé en façon d'une petite scie ; ses yeux sont eclatans comme de l'or, entremêlez d'une belle couleur jaune, la prunelle en est brillante & d'un bleu-noir : ses jambes sont extrémement courtes, le *femur* n'a gueres plus de quatre lignes de longueur & s'articule à la partie superieure avec l'*ischium* par *enarthrose* : le *tibia* n'a que deux lignes & demie de longueur, & sa partie superieure s'articule avec la partie inferieure du *femur* par *ginglyme* Ses jambes sont grises de même que les serres, terminées par un ongle noir pointu & un peu crochu.

Tout son plumage est diversifié de prés de dix couleurs : sa tête est coeffée d'un très-beau verd, tirant sur le noir, & ses joües couvertes d'une moustache très-noire, son parement est cendré-clair ; mais les cuisses & le ventre sont teints d'un beau couleur de feu, qu'il est très-difficile d'imiter avec les couleurs : son manteau est d'un très - beau verd entremêlé d'un peu d'or qu'on voit reluire selon les divers aspects qu'on lui donne, ou les diverses positions de l'œil ; les plumes des ailes sont aussi variées de differente maniere : celles du milieu ont le fond d'un très-beau verd, traversé par de petites barres ondées & cendrées, & les pennes sont noires & barrées de même par d'autres tâches quarrées & cendrées tout le long de leur partie inferieure. Le dessus des ailes est tout gris & la queue semblable à celle de nos pies, presque aussi

longue & composée de deux rangs de plumes ; les plus longues
sont d'un très-beau verd , terminées les unes par une grande
tâche bleuë , & les autres par une tâche blanche ; celles du
second rang sont noires, mêlées de verd , & terminées aussi
par une tâche très-blanche.

Toute cette partie de la vallée d'Ylo que je parcourus dans
ce petit voiage, est d'une grande fertilité : elle y est entrete-
nuë par la riviere qui la traverse dans sa longueur , & le soin
que quelques habitans ont d'arroser les terres. Mais dans le
tems des grandes chaleurs , lorsque les pluies cessent dans les
montagnes, & que cette riviere tarit , les terres se dessechent, le
sejour d'Ylo perd tout son agrément , l'air y devient très-mau-
vais , & les fiévres d'accès y sont frequentes & fort difficiles à guérir.

XXXI. *Août.*

Les hautes lames que nous eûmes dans cette quadrature me
firent esperer que la mer auroit jetté sur le rivage quelque
chose qui meriteroit d'être observé ; j'y trouvai en effet la côte
d'un poisson. Sa longueur étoit de neuf pieds deux pouces ;
si cette côte étoit une des deux premieres qui touchent au *sternum* , comme sa courbure l'indiquoit , le poisson devoit avoir
environ quarante pieds de longueur : on peut juger de-là quelle
en devoit être la grosseur. Comme je n'avois pas vû dans ces
mers d'autres poissons plus gros que des Balénes , je me persuadai aisément que c'en étoit une côte. Je rencontrai au même endroit deux vertebres, qui, selon toute apparence , étoient
du même poisson : deux Matelots qui m'avoient suivi , les emporterent au Navire ; ils en firent deux sieges pour se mettre
à table.

Sur les trois heures du soir nous apperçûmes plusieurs moutons qui descendoient la montagne sous la conduite de deux
ou trois Indiens : je jugeai par la route qu'ils tenoient , qu'ils
passeroient près de ma tente ; j'y retournai promptement , desirant les voir de près pour les bien examiner. Je sçavois par
le rapport qu'on m'en avoit fait , que leur figure étoit tout-
à-fait extraordinaire , & je souhaitois en faire un dessein : celui que M. Frezier a donné dans la relation de son voiage de
la mer du Sud , est très-fidele.

Avant que les Espagnols eussent fait la conquête du Pe-

rou, les Moutons y étoient les seuls animaux dont on se servit pour porter les fardeaux : long-temps après l'on n'y connoissoit pas même d'autres bêtes de charge : mais lorsque l'on
eût transporté dans l'Amérique des chevaux, des mules & des
ânes, ces animaux y multiplierent en grande quantité, principalement dans le Paraguaï & le Tocuman, dont les campagnes désertes abondent en excellens pâturages, & le commerce qu'en firent les Espagnols devint très-considerable &
très-lucratif. L'on amene de ces endroits-là tous les ans dix
à douze mille mules au Perou ; des Indiens les y conduisent
à petites journées, ce qui ne se fait pas sans beaucoup de peines & de risques : car outre la longueur du chemin, il faut
traverser de hautes montagnes éternellement couvertes de ne-
ge, & où il gele toûjours, quoique dans la Zone torride.
L'on n'y marche qu'avec beaucoup de précaution. Quelques-
uns des premiers conquerans de cette partie du nouveau monde firent autrefois la funeste experience du danger que l'on
y coure : eux & leurs mules y resterent gelez par le froid ex-
cessif dont ils furent saisis : ils étoient encore dans la même
situation lorsqu'on les trouva depuis, le froid les avoit conservé dans leur entier, mais il avoit extrêmement reserré leurs
chairs : desorte que ceux qui les apperçûtent les premiers,
s'imaginerent de loin que les mules qui leur présentoient un
ratelier de dents fort blanches, rioient en effet de la folie
qu'il y avoit à s'exposer dans des endroits si perilleux, jusqu'à
ce que s'étant approché de plus près, ils reconnurent leur erreur avec autant de surprise que de fraïeur.

Les Indiens appellent les Moutons dont je viens de parler *Llamas*, ce qui signifie en notre langue bête. Ces peuples se sont acquis sous le gouvernement des Incas, une philosophie naturelle, qui leur a apprise que tous les animaux
qui croissent & qui ont du sentiment, ont deux ames, l'u-
ne végetative & l'autre sensitive ; & que l'homme, que la
raison distingue des autres animaux, a une ame beaucoup plus
noble que ces deux premieres. Ils appellent l'union de cette
ame avec le corps *Runa*, c'est-à-dire un homme doüé d'enten-
dement & de raison. Ils donnent encore à ce même composé le nom d'*Alpacamasca* : c'est comme si l'on disoit, terre ani-
mée. Ils croient veritablement qu'après la désunion du corps
& de l'ame, l'ame devient immortelle, & que le corps, qui

lui avoit servi de demeure, & qui avoit été pétri de boüe, est une autrefois réduit à la même matiere.

On se sert presentement des *Llamas*, que les Espagnols appellent *Carneros de la tierra*, pour transporter le *Guana* ou fiente des oiseaux, dont j'ai parlé ailleurs, qui fait en partie les richesses d'Arica, & de plusieurs autres lieux qui sont sur la côte. Les Llamas en portent cent livres pesant dans une espece de besace que les Creoles appellent *Sforcas*. Dès qu'on les a chargez, ils marchent de bonne grace, la tête levée, d'un pas reglé, & d'un air grave & majestueux. Les battre pour les faire hâter, ce seroit s'exposer à perdre & le mouton & la charge, tant ils sont capricieux; aux seules menaces ils se couchent par terre, & ne se releveroient plus, si on ne les caressoit, tout autre moïen deviendroit inutile: d'autrefois ils prennent la fuite & grimpent jusques sur le haut des plus affreux précipices, dans des endroits inaccessibles, le plus court alors est de leur tirer un coup de fusil.

Je demandai aux conducteurs pourquoi ils ne se servoient pas de mules préferablement aux Llamas, & ils me répondirent que c'étoit par un principe d'œconomie, car il ne faut à ces animaux ni fer, ni bride, ni bats, il n'est point besoin d'avoine pour les nourrir, on n'a d'autre soin à prendre que de les décharger le soir lorsqu'on arrive au lieu où on doit coucher: ils vont paître dans les campagnes; le matin ils se rendent tous au même lieu, on remet à chacun leurs *Sforcas*, & ils continuent ainsi leur route, qui est chaque jour d'environ quatre lieuës.

La laine des Llamas est fort longue & de diverses couleurs: les Indiens en font du fil qu'ils ont le secret de teindre avec certaines plantes dont les teintures sont si vives & si permanentes, que l'air ne sçauroit les ternir: quand même on laveroit tous les jours les étofes qui sont faites de ces laines, elles ne perdroient rien de leur premier lustre.

Avant la conquête de la province de Collao par l'Ynca Lloque Yopanqui troisiéme roi du Perou, on y adoroit generalement un Mouton ou Llame blanc, ce qui n'empêchoit pas que chaque particulier ne se fit un Dieu selon son caprice. Les Collas au rapport de Garcillasso de la Vega, étoient differens peuples qui se vantoient d'être descendus de diverses choses: les uns prétendoient que leurs premiers peres étoient sortis du grand marécage de Titicaca, au milieu duquel on avoit bâti dans une petite isle un temple dedié au Soleil, où on faisoit le même sacrifice qu'en celui de Cusco, dont on a parlé : & le R. Pere Blas Valera assure que l'or & l'argent qu'on y offroit tous les ans, auroit pû suffir pour bâtir de ces-mêmes metaux un autre temple depuis les fondemens jusques au toit. D'autres Collas non moins extravagans que les premiers, attribuoient leur origine à une fontaine, s'imaginans que leurs aïeux en étoient sortis : quelques-uns vouloient que leurs prédecesseurs eussent pris naissance dans de certains creux & fentes de rochers d'une grandeur extraordinaire : ils regardoient tous ces endroits comme des lieux sacrez, & leur offroient des sacrifices en reconnoissance de ce qu'ils devoient à leurs peres. Cependant, comme j'ai dit ci-dessus, ils se réünissoient tous à adorer un Mouton blanc, comme le chef de tous leurs Dieux, & ils croioient que le premier Mouton qu'il y avoit au plus haut du monde, ou *Hanan Pacha*, c'est ainsi qu'ils appelloient le Ciel, avoit pour eux plus de tendresse, que pour les autres Indiens, parce qu'il faisoit multiplier les animaux dans leur païs plus que dans tous les autres, sans faire attention que la seule cause étoit dans les plantes, qui ont beaucoup plus de substance qu'ailleurs dans le Perou : mais ces peuples n'aians aucuns principes de philosophie, ni connoissance des productions naturelles, & de l'Etre éternel & infini qui les a creez, attribuoient à leurs fausses Divinitez la multiplication de leurs troupeaux. Ce défaut de connoissance les entretenoit dans des excès surprenans : le vice passoit chez eux pour une vertu austere. Leurs détestables coutumes furent abolies par les Yncas, de même que le culte de leurs Dieux : on leur persuada qu'il n'y avoit que le Soleil qui meritât leur adoration, à cause de sa beauté, & que toutes les autres Divinitez lui devoient l'être & leur subsistance.

La description des Moutons du Perou ou *Carneros de la tierra*, que M. Frezier a donnée dans la relation de son voïage à la mer du Sud, m'empêche de m'arrêter plus long-temps sur leur sujet : si toute sa relation étoit écrite dans ce goût de verité, il m'auroit dispensé de faire sur sa relation des reflexions que je n'ai pû éviter.

Premier

Premier *Septembre*.

Le changement du mois n'en apporta aucun à la disposition du temps; le Ciel demeuroit toujours couvert, & le vent de Sud souffloit, mais fort doucement. On avoit fait present à notre Capitaine de deux *Huanacos*, l'un mâle & l'autre femelle, qu'il avoit dessein de porter en France : il eut le déplaisir d'en voir mourir un le matin, nous en ouvrimes le cadavre, j'esperois y trouver quelque pierre de Bezoard, mais je n'en trouvai aucune dans les endroits où je jugeai qu'elles pouvoient être : apparemment que cet *Huanacos* étant encore fort jeune, la pierre de Bezoard n'avoit pas eu le temps de se former, ou que n'aïant pas été dans les montagnes où paissent ces sortes d'animaux, il n'avoit pas encore goûté des plantes qui ne se trouvent que là, & dont le suc, au sentiment des Indiens, se convertit en pierre de Bezoard : il ne falloit donc pas être surpris, si on ne lui en trouvoit point dans le corps.

Je le fus bien davantage lorsque les Indiens m'assurerent que les plantes qui servent de matiere à la composition du Bezoard, sont un subtil poison : car comment le poison peut-il servir de nourriture à des animaux, & former un si precieux remede ? mais comme je sçavois que les plantes qui servent de nourriture à certains animaux sont nuisibles à d'autres, je ne m'opposai pas à leur sentiment.

Nunc aliis alius cur sit cibus, ut videamus,
Expediam ; quare-ve, aliis quod triste & amarum est,
Hoc tamen esse aliis possit prædulce videri.
Tantaque in his rebus distantia, differitasque est,
Ut, quod aliis cibus est, aliis fiat acre venenum.

Lucréce nous répresente dans ces vers ce qu'on experimente tous les jours à l'égard des Chevres & des Cailles : elles trouvent dans l'hellebore l'agrément du goût & la bonté de la nourriture, elles s'en engraissent, & cependant cette herbe renferme un poison dangereux pour les hommes.

D

1710.
Septem-
bre.

REMARQUES

Sur la composition des Organes destinées à la digestion dans les Huanacos.

LE sistême de la fermentation expliqueroit à peu près la digestion dans les *Huanacos* : car le mouvement interieur des parties integrantes des corps durs, causé par les parties d'une liqueur qui entrant dans les pores ou petits vuides de ces corps, accompagnées du seul premier element, nous démontreroit la desunion des parties integrantes de ces mêmes corps durs. Cependant j'ai cru que le sistême de la trituration nous démontreroit avec plus de certitude la cause de la digestion dans les animaux ruminans, tels que sont les *Huanacos* ; à quoi m'ont conduit les remarques que je fis sur la composition des Organes destinées à la digestion, quand j'ouvris cet *Huanacos*.

Quoique l'Anatomie n'ait pas été l'objet de mon voïage, elle y a pourtant trouvé sa place de tems en tems selon les occasions, comme on l'a deja vû : sa mechanique admirable, qui se fait par les ressorts des parties solides du corps, est le principe de tous les mouvemens. Si la contraction & le relâchement des fibres passent au de-là des regles ou des loix que la nature leur a prescrites, on en voit naitre aussi-tôt les maladies qui font perir l'animal.

La premiere partie dont j'examinai la composition dans l'*Huanacos*, qui fait le sujet de ces Remarques, fut l'œsophage, & ensuite les ventricules : je découvris que ces parties etoient dans ces animaux, comme dans les autres, composées de quatre tuniques.

La premiere de l'œsophage est une production de la pleve, & la premiere de l'estomach, est un allongement de la poitrine.

La seconde est un muscle creux, qui donne à ces parties la force & la facilité de se mouvoir, ou le jeu qu'elles exercent ; ce muscle est composé de deux differens plans de fibres charnuës, dont l'un est exterieur, & l'autre interieur ; celui-ci est plus considerable dans les ventricules, que celui-là, parce qu'il agit avec plus de véhémence.

La troisième tunique ou membrane, est d'une épaisseur 1716.
Septem-
bre.
médiocre, mais d'un tissu assez serré; un nombre infini de
fibres de la tunique charnuë de l'estomach, qui est placé par-
dessus, vont s'y insérer comme à un tendon aponeurotique :
c'est cette membrane qui soutient presque toutes les ramifi-
cations des vaisseaux sanguins, qui, par l'union mutuelle de
leurs branches, forment un réseau : cette union fait qu'on le
regarde comme un tissu serré, composé de fibres tendineu-
ses, entrelassées d'une infinité de fibres nerveuses de la huitiéme paire, & d'une infinité de vaisseaux sanguins.

La quatriéme membrane appellée Velouté, tapisse la cavité
interne de toutes ces parties. Les Anatomistes ne conviennent
pas entr'eux de sa structure; néanmoins par l'examen que je
fis du Velouté de l'estomach, des intestins & de la vessie du
fiel de notre *Huanacos*, il est constant que cette membrane
est composée d'une infinité de vaisseaux sanguins d'une extrême delicatesse; ils sont differemment entortillez, la plûpart ne peuvent être apperçu qu'à la faveur du microscope
il y a quelque apparence que dans leur état naturel, leur petitesse infinie ne permet au sang d'y passer, que sous la forme d'une lymphe très-pure. Je me suis apperçû non-seulement
dans cette occasion, mais dans d'autres, que plusieurs vaisseaux lymphatiques accompagnans les sanguins, puisent la lymphe, singulierement dans la troisiéme membrane : revenons
à l'œsophage.

Les deux bandes ou plans de l'œsophage sont composez de
fibres charnuës qui partent du même endroit, & descendent
spiralement en deux sens opposez : après que ces plans ont
fait un demi tour vers le côté opposé, ils se rencontrent. Dans
cette rencontre les fibres qui composent ces plans s'entrecroisent, celles qui avant de s'entrecroiser, étoient exterieures,
deviennent alors interieures, & celles qui étoient interieures deviennent exterieures : demi tour après, suivant toujours
leur même direction, je veux dire leur mouvement peristaltique & spiral, ces fibres s'entrecroisent une autre fois; celles qui étoient devenuës interieures dans le premier entrecroi-
sement, deviennent encore exterieures, &c. Cette Mécanique continuë la même jusqu'à ce qu'elle arrive à la partie
inferieure ou base de l'œsophage, qui s'ouvre dans l'entré-

1710.
Septem-
bre.

tre-deux du premier & du second ventricule.

Ces fibres dont le reſſort eſt excité par la preſence actuelle des alimens, reſſerrent ſucceſſivement la cavité de l'œſophage; ce mouvement eſt tantôt periſtaltique pour obliger les alimens à deſcendre dans l'eſtomach, tantôt antiperiſtaltique pour obliger les mêmes alimens à remonter de l'eſtomach dans la bouche : celui-ci, qui dans la plûpart des animaux n'eſt qu'un effort par lequel la nature tâche de ſe délivrer d'un poids importun, ou d'un corps ennemi, devient dans les animaux ruminans un moïen neceſſaire dont la nature ſe ſert, pour expoſer une ſeconde fois les alimens groſſierement diviſez, non ſeulement à l'action des dents & aux diſſolvans qui accompagnent cette action, mais encore à l'effort & à la preſſion de l'œſophage; ce muſcle par la force de ſon mouvement ſucceſſif, acheve de briſer & broïer entierement les alimens, qui n'avoient ſouffert dans la premiere action des dents, qu'une legere atteinte, pour être une autrefois précipitez dans l'eſtomach.

Après l'examen de l'œſophage, j'examinai fort ſoigneuſement le premier ventricule, appellé la pance : elle eſt dans ces animaux d'une groſſeur étonnante ; j'avois apris des Indiens, que c'étoit dans cet endroit où ſe formoit ordinairement le Bezoard, mais après une exacte recherche, je n'y trouvai qu'une grande quantité d'alimens très-mal digerés.

Deux ſillons exterieurs auſquels répondent interieurement autant d'avances, ou élevations fortes, épaiſſes & heriſſées de pointes, diviſent groſſierement ce ventricule en trois portions de ſphere, & une troiſiéme avance, ſemblable aux deux autres, ſepare ce premier ventricule du ſecond : au fond de ces ſillons il y a un nombre infini de fibres charnuës, qui forment des muſcles conſiderables; c'eſt de-là que la plûpart des fibres de l'eſtomach tirent leur origine.

Les fibres charnuës qui compoſent les deux plans de la ſeconde tunique, ſont orbiculaires, & non pas ſpirales, comme Payer l'a cru : il eſt vrai que quelques-unes qui s'entrecroiſent en certains endroits, devenans reciproquement d'exterieures interieures, & d'interieures exterieures, approchent de la figure ſpirale, c'eſt ce qui a trompé Payer.

La ſurface interne de ce ventricule eſt toute couverte de pointes ou éminences aſſez ſolides, de differentes grandeurs

& de differentes figures. La plûpart representent les differentes limes, dont les Serruriers se servent pour limer le fer, ou
raper le bois ; ces mêmes éminences sont autant de productions de la troisiéme tunique, lesquelles productions sont comme cuirassées, pour ainsi dire, de la membrane Velouté, qui
les reçoit dans un pareil nombre de guaines.

Le second ventricule appellé reseau ou bonet, cede en
grandeur au premier, quoiqu'il soit en general d'une tissu-
re à peu près semblable ; ce second ventricule est muni en dedans de plusieurs lames, comme autant de petits murs, dont
le plan est perpendiculaire à la surface de ce ventricule ; ces
murs forment dans leur concours, un reseau, dont les mailles
sont relevées, disposées comme sont les alveoles des mouches
à miel, mais moins regulieres : les unes sont quarrées, les
autres pentagones, d'autres exagones, &c. Ces lames sont cre-
nelées, semblables à de petites scies, & surmontées de quantité de pointes inferieures en longueur à celles qui sont dans
les espaces ou alveoles du reseau ; ces mêmes lames, comme
celles du troisiéme ventricule, sont des duplications de la
troisiéme tunique entretissuë de fibres motrices & charnuës,
recouvertes du Velouté ou quatriéme membrane.

Deux éminences ou lévres longitudinales très-fortes & fort
élevées, situées paralellement, forment entr'elles un canal
mutilé & imparfait, lorsque les deux lévres ne sont pas jointes ensemble ; ce canal regne le long de la portion du second
ventricule qui répond au diaphragme, il s'etend depuis le bas
de l'œsophage, où la cavité se trouve par-là comme prolongée
jusques dans le troisiéme ventricule dans lequel ce canal s'ouvre avec le second ventricule, par une ouverture assez étroite, garnie de quantité de pointes qui en défendent l'entrée
commune au canal & au second ventricule ; ces lévres renferment dans la duplication des membranes qui le forment,
un faisceau de fibres, ou plûtôt un vrai muscle qui suit la direction des lévres, lequel embrasse circulairement par une extrêmité, l'endroit qui tient le milieu entre l'œsophage & l'e-
stomach, & par l'autre la portion du second ventricule, con-
tiguë à l'entrée du troisiéme, où l'on voit que les deux rebords
se continuent : cette structure qui commence seulement à se
développer, donne lieu à une mécanique singuliere, qui renferme de grands usages.

1 7 1 0.
Septem-
bre.

1 7 1 o.
Septem-
bre.

Le bas de l'œsophage ou partie inferieure, & l'entrée du troisiéme ventricule, & par consequent les deux extrêmitez de ce muscle ovale sont assez fixes, afin que le racourcissement de ce muscle ne puisse gueres les aprocher ; il n'y a que les portions laterales qui devenant plus tenduës, décrivent une ligne droite, & font par consequent coler les deux lévres pour former un canal parfait, en fermant la partie inferieure de l'œsophage, & en empêchant la communication du second ventricule avec le troisiéme, durant que la cavité de l'œsopha- ge se trouve par-là extrêmement prolongée jusques au troisié- me ventricule : les alimens qui ont quelque liquidité, comme le lait & les autres fluides qu'on prend, coulent avec liberté dans ce troisiéme ventricule à la faveur de ce canal ; quelques parties ne laissent pas de s'échaper à travers les lévres pour tom- ber dans les deux premiers ventricules, au lieu que la quan- tité prodigieuse de nourriture que ces animaux prennent avec tant de précipitation, qu'elle n'a pas le tems d'être assez mâ- chée, force d'abord la résistance du muscle dont j'ai parlé, pour tomber dans le premier & le second ventricule, jusqu'à ce qu'ils soient en repos pour ruminer en liberté ; alors par une action semblable à celle dont nous nous servons pour chasser les vents de l'estomach, ils opposent le diaphragme bandé, à l'ef- fort des muscles du bas ventre : la pression diminuant la capa- cité de l'estomach, oblige la portion la plus travaillée des ali- mens, contenus singulierement dans le second ventricule, de couler dans le troisiéme, dont l'entrée assez reserrée & ar- mée de pointes, rapporte tout ce qui seroit encore trop gros- sier, pendant que la nourriture qui n'a souffert jusqu'alors que peu de changement, contenuë abondamment dans la pan- ce, & en partie dans le reseau, enfile avec liberté la route de l'œsophage pour souffrir les préparations dont on a déja parlé.

On se persuade facilement par ce qu'on vient de dire, que la pance & le reseau ne sont pas bornés à servir uniquement de reservoir à la nourriture, & que leur action doit aller plus loin. En effet ce sont autant de muscles creux, dont les fibres excitées par la presence des alimens, & mises en bran- le, se meuvent successivement en differens sens, roulent, mê- lent & attenuent ce qui y est renfermé.

Que penser d'une infinité d'éminences de differente natu-

re, inclinées en differens sens, d'avances extrêmement fortes
& solides, chargées, comme autant de limes, d'un nombre
infini de dents, soutenuës par des muscles forts & épais,
d'une quantité considerable de plis & replis que le mouvement peristaltique de l'estomach produit & efface ? Ces lames musculeuses munies de dents en forme de scie, ne sont-
elles pas autant d'instrumens, lesquels agitez en differens sens
& mus vigoureusement, mais regulierement, coupent, broient
& divisent les alimens, dont les parties grossieres, embarassées
parmi les pointes ou les mailles du reseau, se presentent comme d'elles mêmes à l'action de ces parties.

D'ailleurs l'estomach est continuellement battu & agité par
le diaphragme, & les muscles du bas ventre cedant aux efforts
de celui-là, ses parois se raprochent de haut en bas, & pres-
sés par ceux-ci, ils s'aprochent de devant en arriere ; voilà
donc une alternation de mouvement très - propre à méler &
broïer une matiere.

Mais tandis que la nourriture est broïée par les solides, elle est aussi penetrée par les liquides qui concourent & aident à la digestion ; le suc salivaire, celui qui exsude des
membranes de l'œsophage & de l'estomach, quoique dépour-
vus de glandes, armé de parties penetrantes, ramolit, rompt
& penetre les alimens ; les fluides même que l'animal boit,
achevent de ramolir cette pâte, qui cede par-là beaucoup plus
aisement aux coups portés par les solides, tandis que ceux-
ci broïent & bouleversent les matieres, aident la penetration
des liquides, & afin que la quantité de ceux-ci repondent à
celle des alimens solides, outre l'action du muscle orbiculai-
re, dont le canal imparfait, duquel on a parlé, est muni,
l'estomach étant plus ou moins rempli en écarte plus ou moins
les levres pour faire tomber les liquides plus ou moins abondamment dans la pance & dans le reseau.

La nourriture ainsi travaillée, passe dans le troisième ventricule appellé le millet, où le livre, à cause qu'il est rempli de
plusieurs feüillets ou lames, qui representent autant de crois-
sans attachez par leur circonference à la surface interne de ce
ventricule cuisant. Ils sont disposez à peu près comme les lames qui occupent le dedans des têtes de pavot, lorsque la
semence en est ôtée ; j'en comptai jusqu'à trente-six grands &
mediocres, disposez alternativement, les premiers avoient en-

1710.
Septem-
bre.

viron vingt & une lignes de largeur, les seconds seize, les petits étoient placez dans tous les espaces des premiers par des distances égales : je m'apperçus encore de plusieurs autres feüillets extrêmement petits, placés dans l'entre-deux des autres.

Ces feüillets & singulierement ceux des trois premieres especes, sont fortifiez interieurement par differens plans de fibres charnuës, & entierement couverts d'une infinité d'éminences assez fortes, les unes pointuës, les autres émoussées, & si la vûë ne me trompa pas, il me parut que les fibres charnuës alloient s'inserer à la base de ces pointes, aussi-bien qu'aux bases des pointes de celles des autres ventricules, pour les agiter, comme les herissons remuent les leurs.

La nuit qui survint m'empêcha de pousser plus loin ces Observations anatomiques ; j'esperois de les poursuivre le lendemain, mais les grandes chaleurs ordinaires dans ces climats, corrompirent le corps de l'animal, & la puanteur horrible qui en exhaloit, ne me permit plus d'en approcher.

Si je me suis un peu trop étendu sur ces Remarques, ce n'a été que pour donner aux Anatomistes une idée juste de la composition des organes qui servent à la digestion dans les *Huanacos*. Comme on ne voit point de ces animaux en Europe, l'on ne peut comparer autrement la composition de leurs organes, avec celles des autres animaux ruminans que nous y avons.

La representation que M. Frezier a donné des *Huanacos*, dans la relation de son voïage à la mer du Sud, est assez fidele, mais l'on ne peut assez s'étonner comment il a pû se méprendre jusqu'au point de changer le nom de ces animaux en les appellant *Viscachos*; apparemment qu'il n'en a parlé que sur le rapport qu'on lui en a fait. De semblables méprises ne sont pas pardonnables dans un voïageur exact, & celle-ci l'est d'autant moins, qu'il est question d'animaux fort connus dans le Perou, & bien differens l'un de l'autre. Les *Viscachos* sont une espece de Lapins sauvages, qui gitent ordinairement dans les lieux froids. J'en vis dans des maisons de Lima qu'on avoit familiarisez ; leur poil gris de souris, est fort doux : ils ont la queue assez longue, retroussée par-dessus, les oreilles & la barbe comme celles de nos Lapins, ils s'accroupissent comme eux, & n'en different pas en grosseur. Durant le regne des Incas on se servoit du poil des *Visca-*
chos

thos pour diversifier les couleurs des laines les plus fines : les Indiens en faisoient alors un si grand cas, qu'ils ne les em- ployoient qu'aux étofes dont les gens de la premiere qualité s'habilloient.

11. *Septembre.*

Les nuages nous cacherent le Ciel, le matin le temps fut à la pluie à la montagne, mais elle n'arriva pas dans la plaine, elle nous laissa fort tranquilles dans nos tentes ; de petites Hirondelles dont la demeure ordinaire est sur les montagnes , en descendirent pour venir chercher sur le bord de la mer , un tems plus temperé : comme elles passoient & repassoient devant ma tente, & fort près de nous , j'en tuai deux dans leur passage.

DESCRIPTION

D'une Hirondelle ou *Hirundo minima Peruviana , caudâ bicorni.*

CEtte Hirondelle est beaucoup plus petite que celles que nous avons en Europe : elle a le bec fort court , presque droit : depuis son couronnement jusqu'à son vol, elle est d'un beau noir luisant. Ses ieux sont noirs , entourez d'un cercle brun , son parement est cendré , & cette couleur regne jusqu'à sa queue ; ses pennes sont minime-obscur , bordées d'un gris jaunâtre ; sa queue est fourchée , & les plumes qui la composent sont de même couleur que les pennes.

DESCRIPTION

D'une autre Hirondelle ou *Hirundo maxima Peruviana , avis predatoris calcaribus instructa.*

CEtte espece est entierement differente de celle que je viens de décrire ; son bec est noir , pointu & un peu crochu à son extrêmité , large à sa naissance & long de trois lignes : depuis le commencement jusqu'à la naissance du manteau , c'est un gris clair , & tout le parement est blanc de

E

neige , le manteau est noir , les ailes minime-clair au-dessus ,
verd-gris au-dessous , & toutes les plumes qui les composent ,
sont bordées d'une ligne gris-jaunâtre : le dessous du ventre
est ceint d'une bande minime-clair , & le reste du corps jusqu'à la naissance de la queue , est d'une couleur semblable à
celle du parement. La queuë est fourchée minime-clair , &
les plumes bordées d'une couleur , comme est celle de la bordure des ailes. Les jambes sont courtes , les serres terminées
par des ongles fort noirs & de la même figure que ceux des
oiseaux de proie , je veux dire fort pointus , recourbez en
dessous & proportionnez à la grosseur du corps.

Les vents du Nord continuoient , l'instrument dont je me
servois dans les Observations de l'Inclinaison de l'Aiguille aimantée , étoit encore en experience ce
jour-là ; je trouvai à midi (heure ordinaire de ces Observations) l'Inclinai-
son de l'aiman   27ˡ. 35ʹ. 0ʺ.

XII. *Septembre.*

Le Capitaine fit avertir tous ceux qui étoient à terre , de
déloger , & de se retirer à bord : il avoit dessein de mettre à la
voile au premier vent favorable. Le lendemain 13ᵉ j'enfermai
mes instrumens dans leur caisse. Je démontai l'autel que j'a-
vois dressé à mon arrivée dans ma tente : sur les quatre heures
du soir les Matelots embarquerent dans la chaloupe tout mon
attirail , & j'allai avec eux au Vaisseau reprendre possession
de ma petite cabane , je m'y trouvai beaucoup plus tranquille
qu'à terre.

XIV. *Septembre.*

On renvoïa le matin la chaloupe à terre , je me rembar-
quai pour aller prendre deux pierres des mines du Potosi fort
curieuses , assez chargées d'argent : je les avois oubliées le jour
précedent au pied du rocher où j'avois dressé ma tente ; mais je
ne les y trouvai plus , & quelques perquisitions que je fis , personne ne m'en put donner des nouvelles.

Les chaleurs commencerent à se faire sentir vivement. En
moins de six jours la riviere qui serpente dans la vallée d'Ylo
diminua environ de cinq sixièmes ; ce qui fit craindre qu'elle
ne restât bien-tôt entierement à sec. Il regne alors dans cette

vallée des maladies fort dangereuses, & comme chacun se retire
ailleurs pour s'en garantir, la ville d'Ylo devient un affreux dé-
sert, brûlé par les ardeurs du Soleil. Je m'embarquai le soir, pour
retourner à bord, sur le canot du Navire le Philipeau, commandé par M. Noail du Parc. La quadrature de la Lune avec le Soleil s'approchoit, la mer commençoit à la sentir, elle grossissoit
à vûë d'œil. Dans le tems que nous démarions, celui qui étoit
au gouvernail ne s'appercevant pas d'une lame qui venoit de
l'avant, elle nous prit par le côté, & remplit le canot d'eau ; j'en
fus quitte pour être mouillé jusqu'à la ceinture, les autres qui
étoient embarqués avec moi ne le furent pas moins : nos Matelots, jeunes gens qui n'avoient aucune envie de se noier,
mirent bien-tôt le canot en état d'éviter la lame qui suivoit
celle-ci, laquelle ne laissa pas de nous faire peur : ce jour-là
fut assez malheureux, un autre accident qui ne fut pas moins
fâcheux que ce premier, nous arriva tout près du Vaisseau ; une
Baleine qui passa près de nous, donna sur la surface de la mer
un grand coup de queue qui remplit presque entierement d'eau
notre canot, ensorte que si nous n'eussions pas eu un prompt
secours, il auroit coulé à fonds.

XXII Septembre.

La nuit du 21 au 22 nous appareillâmes, au grand conten-
tement de tout l'équipage, qui étoit fort ennuié de demeurer si long-tems dans un pais si sec, & où il n'étoit retenu
par aucune affaire. Les vents de terre nous mirent avant le
jour hors de la rade ; au lever du Soleil les vents se rangerent au Sud-Sud-Est ; nous portâmes le cap au Sud-Oüest.
On commença ce jour-là le matin à retrancher à l'équipage
une partie du déjeûner, dans la crainte que les provisions ne
manquassent, avant que de pouvoir arriver à la Conception ;
comme elles étoient fort diminuées, il étoit du bon sens de
les menager pour conserver l'équipage.

A neuf heures du matin nous étions selon l'estime à environ deux lieuës de la rade, & nous découvrions fort distinctement les montagnes & le païsage de la vallée d'Ylo, à la
faveur du Ciel serain & de la terre sans brume. Je profitai de
ce beau tems pour en dessiner la vûë, que j'ai rapporté à la
fin de mon second volume, avec le plan de la rade.

E ij

1710.
Septem-
bre.

Lorsque nôtre Capitaine partit d'Ylo , son dessein étoit d'aller moüiller à Arica. J'avois déja fait ce même voïage, mais je n'en avois rapporté dans mon Journal , ni les routes ni le chemin , dans la certitude où j'étois que nous retournerions bien-tôt à Arica. N'aïant pû y faire la premiere fois aucune Observation pour en déterminer la longitude , je comptois le faire à mon retour ; mais le sejour que nous fimes à Ylo fut plus long que je ne me l'étois imaginé : Jupiter s'approchoit du Soleil , ainsi dans la crainte de ne pouvoir l'obsserver , je tins un compte exact des routes & du chemin que nous fimes dans ce dernier voïage , afin que si je ne pouvois sçavoir par observation la difference d'Ylo à Arica , je la sçusse au moins à peu près par l'estime. Je dis à peu près , parce qu'elle est toujours fort incertaine.

XXIV. *Septembre.*

Les vents devinrent encore moins favorables que les jours précedens ; ils varierent du Sud au Sud-est. Ils étoient si foibles , qu'ils n'avoient pas la force de refouler la marée ; le lendemain 25 les vents cesserent entierement , le calme & les excessives chaleurs étoient insuportables , sur-tout pour des gens qui retournoient à leur patrie , & qui desiroient passionnément de la revoir. A dix heures du matin nos Pilotes ne s'étoient pas encore apperçu que les courans nous avoient fait dériver au large : ils crurent avoir approché Arica , & ils s'aviserent de dire qu'ils voïoient le grand rocher au Sud de cette Ville , mais nos lunettes de longue vûë nous assurerent bien-tôt que ces Pilotes se trompoient.

XXVL. *Septembre.*

Nous eûmes des vents mous , qui varierent du Sud-Sud-Oüest à l'Est-Sud-Est : ces foibles vents ne laisserent pas de nous avancer , mais à l'entrée de la nuit le calme nous reprit : les courans nous jetterent au large , & nous perdimes plus durant la nuit , que le peu de vent que nous avions eu le jour, ne nous avoit avancé.

Notre gouvernail qu'on avoit negligé de reparer à Coquimbo , lorsqu'on carena le Navire , continuoit à nous donner

beaucoup d'inquietude, les gons du haut du gouvernail avoient
leurs mammelons trop petits , & nullement proportionez
aux trous des pentures posées sur l'étembord : notre Vaisseau étoit grand rouleur , dans ses balancemens les mammelons des gonds avoient trop de jeu, ce qui empêchoit le gouvernail de faire son mouvement sur son axe : alors l'axe sur
lequel le mouvement du gouvernail devoit se faire, changeant de situation dans tous les balancemens du Navire, décrivoit un angle sur la premiere penture du bas du gouvernail : sa base étoit la difference qui se rencontroit entre le
trou de la derniere penture du haut du gouvernail , & le dia-
mettre du mammelon du gond qui entroit dans la même penture : desorte que le mouvement du gouvernail étoit d'autant plus sensible, que cette difference étoit grande : le frot-
tement augmentoit tous les jours l'angle que décrivoit l'axe ,
& par consequent sa baze. Dans les balancemens du Navire,
l'axe du mouvement du gouvernail qui parcouroit rapidement
cette base , emportoit avec lui la partie superieure du gouvernail , & cette partie qui tomboit tantôt à bas bord tantôt à
tribord , ébranloit l'étembord avec tant de violence , & ces
chûtes étoient si frequentes, que nous étions continuellement
dans la crainte que des coups si souvent réiterez n'enfonçassent
l'étembord, principale piece d'un Navire , qui est mise en sail-
lie sur le bout de la quille à l'arriere du Vaisseau , pour soutenir la poupe & le gouvernail , & qui termine la longueur du
Vaisseau par derriere. Le 27 nous eûmes le même tems que le
jour précedent , le calme nous reprit au Soleil couchant.

1710.
Septem-
bre.

XXVIII. *Septembre*.

Les vents se rangerent au Sud , & nous dépassâmes le Cap
appellé par les Espagnols *Morro del Diablo* ; la difficulté qu'ont
les Navires à le doubler , lui a fait donner ce nom. J'appris
à Arica que plusieurs Navires avoient demeuré quarante jours
à le doubler : pour ne pas tomber dans le même inconvenient,
on n'a qu'à tenir le large lorsqu'on vient du côté du Nord,
& ne faire route à terre , que lorsqu'on est à deux degrez au
Sud d'Arica ; arrivant à une distance raisonnable de terre,
il faut mettre le cap vers la ville. Les vents dans ces passages
prennent toujours du Sud, & l'on repare bientôt le tems per-

du. A sept heures du soir le calme revint, nous n'étions plus qu'à quatre lieuës d'Arica : apprehendant de dériver durant la nuit, nous moüillâmes à 45 brasses, fonds de sable.

XXIX. *Septembre.*

A cinq heures du matin on appareilla avec un petit vent du Sud, qui refouloit à peine la marée : elle fut si vive ce jour-là, que si la brise qui commença de souffler sur les dix heures du matin, ne fut arrivée, elle alloit nous faire dépasser une autre fois le *Morro del Diablo.* A deux heures après midi nous moüillâmes au Nord-Nord-Oüest du grand rocher, à la distance environ d'un cable & demi. On nous vint pour lors annoncer deux fâcheuses nouvelles, la premiere que l'argent que nous venions chercher & qu'on croïoit être arrivé à Arica depuis plusieurs jours, n'avoit pas encore paru ; la seconde, qu'une Dame Espagnole, son mari & leurs domestiques, devoient s'embarquer sur notre Navire, pour passer avec nous en Europe. De tels passagers dans un voïage aussi long que celui du Perou en Europe, sont toujours fort incommodes : le sexe naturellement craintif, jette l'épouvante dans le moindre danger, & encore plus dans les tempêtes ausquelles on est exposé dans des voïages de long cours.

XXX. *Septembre.*

Je demeurai tout ce jour-là à bord, occupé à differentes choses, sur-tout à réduire toutes les differentes routes que nous avions faites à une seule, qui fut le Sud-Est deux degrez quinze minutes vers l'Est : elle donna en chemin 22 lieuës $\frac{1}{4}$.

Par la connoissance qu'on eut des angles & de trois côtés du triangle, on conclut par la moïenne parallele entre la hauteur d'Arica & celle d'Ylo, qu'Ylo étoit plus occidental qu'Arica de 0^{d}. 48'. 58". & que la difference en tems étoit de 0^{h}. 3'. 16".

PREMIER *Octobre.*

Je descendis à terre le matin pour y chercher quelque endroit propre à monter mes instrumens. Le Corregidor avec qui j'avois fait societé à Ylo, vint m'offrir sa maison : je l'en

temerciai , perfuadé que je ferois beaucoup plus tranquille
dans le Convent de S. François où j'avois déja demeuré. J'y
trouvai le Superieur mon ancien hôte , attaqué de la fièvre.
L'intemperie de l'air corrompu par les grandes chaleurs qui fe
faifoient fentir depuis peu de jours & par les autres caufes que
j'ai rapportées ci-devant, la lui avoient procuré. Je n'eus pas
befoin de lui prefenter la moitié de l'Aftragale, ainfi qu'il étoit
en ufage parmi les anciens Grecs, pour lui faire connoitre que
j'avois autrefois été fon hôte. Les Religieux de fon Ordre fe
font un devoir effentiel de l'hofpitalité , & ne la refufent à aucun étranger, quel qu'il foit. Après avoir marqué à ce bon pere le deplaifir que je fentois de le voir malade , je m'informai
de lui fi je ferois plus heureux dans ce voiage que je ne l'avois
été dans le précedent , & fi les nuits y feroient alors plus claires : il me répondit que les jours étoient fort beaux , mais que
d'abord que le Soleil étoit couché , de foibles nuages fe répan-
doient dans l'air, au travers defquels on ne pouvoit découvrir aucune étoile. Je compris par ce difcours que je defcen-
drois inutilement mes inftrumens à terre , puifque je ne pouvois faire aucune Obfervation : je me déterminai donc à chercher quelque autre occupation.

11. *Octobre.*

Je partis le matin pour la campagne toujours dans le même
efprit qui m'accompagnoit par-tout.

Je trouvai dans la vallée plufieurs tombeaux de differentes figures. J'ai dit ailleurs le fujet qui obligea les Indiens de les
conftruire fur le bord de la mer, il eft inutil de le repeter ici :
il y en avoit de ronds , d'autres quarrez , & d'autres en quarré
long ; je n'en vis qu'un feul de vouté, les autres étoient couverts
de canes que l'on avoit recouvert de terre, de facon qu'elles n'é-
toient apparentes qu'en dedans. Ls corps renfermez dans ces
tombeaux étoient diverfement pofez : les uns étoient debout
appuiez contre les murailles, les autres affis vers le fonds fur
des pierres, d'autres couchez tout de leur long fur des claies
compofées de rofeaux ; dans quelques-uns on y voioit des familles entieres, & des gens de tout âge , & dans d'autres le feul
mari & fon époufe : tous ces corps étoient revêtus de robes
fans manches d'une étofe de laine fine , raiées de differentes

couleurs, ce qui me fit juger que c'étoient les cadavres de quelques Gentilshommes ou Officiers des Incas. L'usage de ces étofes étoit reservé pour eux au raport de Garcillasso de la Vega, *Hist. des Incas*, liv. 5. chap. 6. Ils avoient tous leurs mains liées avec une espece de courroïe, que le tems avoit à moitié detruit. Je ne pûs distinguer si elle étoit faite de l'écorce de la racine de quelque arbre, ou de la peau de quelque animal : lorsqu'on la touchoit elle tomboit en poussiere. Je remarquai que les corps qui étoient assis, avoient la tête appuïée sur leurs genoux, qui paroissoient avoir été rongés, & leurs poings le paroissoient aussi : cela confirme ce que j'ai dit ailleurs, qu'après la mort d'Atabalipa les Indiens voulant fuir la persecution des Espagnols, marcherent vers l'Occident, & que rencontrant le bord de la mer qui les arrêta dans leur fuite, ils resolurent d'y bâtir leurs sepulchres, & de s'y enterrer tous vivans, plûtôt que de tomber entre les mains de leurs ennemis. Nous vîmes encore dans ces tombeaux de petits pots remplis d'une poudre couleur de cinabre ou vermillon, & d'autres qui étoient pleins de farine de Mays, qui s'étoit conservée & qui avoit presque encore tout son gout. Peu de gens en France ignorent ce que c'est que le Mays ; cependant comme on n'en a pas l'usage dans les roïaumes du Nord, & que ce Journal pourroit y être transporté, j'ai cru que pour l'intelligence de ceux qui le liroient, il ne seroit pas hors de propos de donner en peu de mots la description de cette plante qu'on appelle en Provence bled de Barbarie, parce qu'elle y a été apportée de cette partie de l'Affrique.

DESCRIPTION DU MAYS.

LE Mays est un genre de plante dont la fleur a plusieurs étamines qui sortent du fond du calice ; ces fleurs ne laissent aucune graine après elles, mais ces graines viennent dans des épis envelopez de feüilles roulées en guaine. Au tems de la naissance de ces épis, lorsqu'on ôte ces feüilles, on trouve au-dessous plusieurs embrions entassez en épis, terminez chacun par un filet : chaque embrion devient une graine presque ronde, farineuse en dedans, enchassée dans un des châtons du poinçon qui soûtient l'épi.

Les

Les Indiens se servent du Mays à divers usages ; on en trouvera le détail dans l'Histoire des Incas de Garsillaco de la Vega liv. 8. chap. 9. & dans la description des Indes Occidentales de Jean Laët liv. 7. chap. 3.

DESCRIPTION

D'un petit Lezard ou *Lacertus minimus variegatus.*

CE même jour en herborisant je rencontrai un petit Lezard assez singulier : il étoit très-petit, n'aïant pas plus
d'un pouce & demi de long ; sa figure étoit la même que celle des autres Lezards, mais sa tête étoit un peu plus pointuë.
Ses ieux étoient rouges & éminens, & les extrémitez des doigts
larges & arrondies, comme de petites paletes ; tout son corps
étoit rond, peint de trois differentes couleurs depuis le museau jusqu'au bout de la queue ; toute sa tête étoit bleu-azu-
rée, tout le corps vert, & toute la queue rouge : toutes ces
parties étoient entrecoupées de plusieurs bandes annulaires &
noires.

J'avois déja vû des Lezards presques semblables à celui-ci
dans mon voiage de la nouvelle Espagne au Sud de l'Isle de
S. Domingue : j'y en avois encore remarqué une autre espece plus grande, mais d'une couleur rousâtre & toute tachetée de plusieurs petites marques rondes, & d'un roux un peu
pâle.

X I I. Octobre.

REMARQUES

Sur l'équilibre des Eaux d'une source.

A nôtre retour à Arica je m'apperçûs d'une source au pied
du grand rocher qui est au Sud de cette ville, où les
Indiens faisoient leurs sacrifices, ainsi que je l'ai déja remarqué ci-devant.

Cette source est sur le bord du rivage, que la mer moüille

dans son flux ; dans son reflux la source demeure découverte.

Je me servis de ce tems-ci pour observer l'équilibre de ses Eaux,
j'en remplis un vase dans lequel je plongeai l'Areometre, &
je remarquai que sa pointe rasoit parfaitement la surface de
l'eau du vase, l'Areometre étant chargé
du poids de   2 onces. 3 drag. 19 gr.

J'avois observé qu'à deux lieuës au large d'Arica un volume d'eau de mer égal à la grosseur de l'A-
reometre, répondoit à   2 onces. 3 drag. 51 gr.

Je sçavois d'ailleurs qu'un volume de
pure eau de source ou de riviere égal à
l'Areometre, pesoit, selon les Observa-
tions que j'en avois faites   2 onces. 3 drag. 17 gr.

D'où je conclus que l'eau dela source d'Arica étoit mêlée
avec une soixantiéme partie & demie & un peu plus d'eau de
la mer.

XIV. Octobre.

Départ d'Arica.

On appareilla à deux heures du matin, & nous fûmes sous voile à quatre heures, fort rejoüis de ce que la Dame & sa suite ne
se trouverent pas encore en état de partir pour l'Europe. Heureuse décharge ! Le Navire n'étoit déja que trop rempli : il y
avoit dessus tout l'équipage d'un Vaisseau qu'on avoit vendu
sur la côte du Perou, & plusieurs autres passagers Espagnols,
sans ceux qui nous attendoient à la Conception. Au lever du
Soleil, le vent de Sud-Est $\frac{1}{4}$ Oüest avec lequel nous avions
appareillé, calma ; nous moüillâmes un ancre par les 18 brasses fonds vase noire, apprehendant que la marée ne nous aba-
tit : dans cette situation nous attendimes le retour de la brise : elle revint à neuf heures, du côté du Sud. On leva l'ancre, & nous fimes route à l'Oüest-Sud-Oüest, jusqu'à six heures du soir que le vent calma.

Dans ces parages, la brise est un petit vent, qui varie du
Sud-Sud-Est au Sud, & du Sud au Sud-Oüest.

AVERTISSEMENT.

J'ai dit dans mon second tome, que je n'avois pû faire aucune Observation à Arica au premier voïage que j'y fis ; apprehendant que dans celui-ci je n'y trouvasse les mêmes difficultez , je tachai de les prévenir , en tenant un compte fort exact des differentes routes qu'on fut obligé de faire , & du chemin que faisoit le Vaisseau , afin d'avoir par estime (comme on vient de voir ci-dessus) la difference en longitude , entre Ylo & Arica : quoique les déterminations des differences connuës de cette maniere me parussent fort incertaines. Je n'avois pas la même habileté que l'auteur de la rélation du voïage de la mer du Sud , pour arriver , comme lui , *à point nommé* , je ne laissai pourtant pas de me servir de l'estime.

A notre départ d'Arica je pris pour point fixe le Meridien qui passe par cette ville , d'où je commençai à comter allant vers l'Oüest , les dégrez de longitude , & je les décomtois lorsque nous commençames de changer de route , & que les vents furent favorables pour revirer de bord vers l'Est ; de sorte que les longitudes qu'on a marquées ici , depuis le départ d'Arica , jusqu'à l'arrivée à la Conception de Chily , sont toujours vers l'Oüest du Meridien d'Arica , parce que cette ville est plus Orientale de 2^d. $1'$. $30''$. que la Conception.

X V I. *Octobre.*

Les vents se rangerent au Sud par notre estime , n'aïant pû voir le Soleil à midi ; nous crûmes avoir avancé à l'Oüest d'Arica environ un dégré. Le 17 les nuages nous cacherent encore le Soleil.

X V I I I. *Octobre.*

Le Soleil parut à son lever. J'observai son amplitude orientale , & par les regles ordinaires qu'on ne repete pas ici (aïant déja montré ailleurs quelles sont ces regles & les analogies dont on doit se servir) je trouvai la variation de l'aiguille aimantée à l'Est de 8^d. $2'$. $0''$.

La journée fut belle ; les vents varierent du Sud au Sud-Est où ils s'étoient rangez le soir du dix-septiéme. Les chaleurs se faisoient sentir vivement , le Soleil étant alors assez près de notre Zenit , puisqu'à midi le complement de la hauteur de son centre fut observé de   9ᵈ. 18ʹ. 0ʺ.

Sa déclinaison meridionale fut trouvée par le calcul de   9. 39. 32.

D'où l'on conclut la hauteur du Pole Antartique de   18. 37. 32.

Après avoir fait les corrections de differentes routes que
nous avions parcouruës depuis notre départ d'Arica, nous crûmes avoir avancé vers l'Oüest de cette vil-
le en longitude   5ᵈ. 1ʹ. 30ʺ.
A la même heure de midi j'observai l'inclinaison de l'Aiguille aimantée vers le
Sud de   30ᵈ. 0ʹ. 0ʺ.

XIX. *Octobre.*

Plus nous nous éloignions de la terre, plus les jours devenoient beaux; dès le matin les vents de Sud-Sud-Est frechî-
rent: la route corrigée valut le Sud-Oüest ¼ Oüest; le complement de la hauteur du Soleil observé
à midi donna la hauteur du Pole de   19ᵈ. 48ʹ. 0ʺ.
    La longitude fut estimée de   3. 24. 30.
    Sur le soir nous vîmes plusieurs oiseaux, le plus singulier
fut un *Pail-en-cu*, je n'en avois pas encore vû dans ces mers:
ils sont fort communs dans la mer du Nord & singulierement
dans les Isles de l'Amerique, où on leur donne encore le nom
d'oiseaux du Tropique; c'est-là où l'on commence d'en voir,
lorsqu'on vient de l'Europe aux Isles de l'Amerique. J'en donnerai la description dans sa suite de mon Journal.
    Le soir j'observai l'amplitude Occidentale du Soleil, elle
donna la variation de l'Aiguille aiman-
tée vers le Nord-Est de   10ᵈ. 0ʹ.

XX. *Octobre.*

Le Soleil parut beau à son lever, j'observai son amplitude
Orientale, elle donna la déclinaison de
l'aiman de   10ᵈ. 15ʹ.
    Les vents varierent du Sud-Sud-Est au Sud-Est, belle mer,
& tems agreable: la route valut le Sud-Oüest; le complement

de la hauteur meridienne du Soleil donna
la hauteur du Pole Antartique de   21ᵈ. 12′. 30″.
La longitude fut estimée toujours vers
l'Oüest de   3. 44. 30.

XXI. *Octobre.*

Les vents ne changerent pas , nous vîmes un plus grand nombre d'oiseaux que le jour précedent, mais si niais, qu'ils venoient se reposer indifferemment sur tous les endroits du Navire : nos Matelots toujours alertes , ne les voioient pas plûtôt posez , qu'ils étoient à leurs trousses , & il y en eut peu qui échaperent de leurs mains. Rien ne me surprit davantage que de voir ces oiseaux pris une & deux fois , & heureusement échapez des mains de leurs ravisseurs, s'y jetter un moment après. J'aurois eu peine à le croire, si je n'en avois été le témoin : car enfin quelle bête va se remettre à la chaîne, après l'avoir brisée ?

——— *Quae bellua ruptis ,*
Cùm semel effugit , reddit se prava catenis.

A neuf heures du matin j'observai l'inclinaison de l'aiguille aimantée de   35ᵈ. 0′. 0″.
A midi le complement de la hauteur
du Soleil fut de   11. 30.
Sa déclinaison meridionale étoit alors
de   10. 45.
____
D'où je conclus la hauteur du Pole de   22. 15.
La longitude selon la route du Sud-
Oüest ¼ Oüest qu'on avoit tenu , fut de   5. 33. 30.

XXII. *Octobre.*

Point de hauteur à midi ; les nuages nous cacherent le Soleil ; les vents varierent du Sud-Sud-Est à l'Est-Sud-Est, & nous continuâmes la même route que les jours
passez. La latitude fut estimée de   22ᵈ. 50′. 25″.
Et la longitude vers l'Oüest depuis le
meridien d'Arica de   6. 2.

OBSERVATION

Sur l'équilibre des Eaux de la mer.

JE repris ce jour-là les experiences de l'équilibre des Eaux
de la mer, que j'avois un peu négligées; je trouvai dans
ces parages qu'un volume d'Eau de mer, égal à la grosseur
de l'Areometre dont je me servois à ces ex-
periences, pésoit   2 onc. 3 drag. 52 grains.

Le soir nous fûmes pris de calme, qui continua tout le
lendemain.

XXIII. *Octobre.*

Le Ciel qui nous avoit été caché le jour précedent, se découvrit; nous observâmes durant le calme
la hauteur du Pole de   23ᵈ. 14′ 0″

Nous estimâmes la longitude de   6. 59. 30.

L'amplitude occidentale que j'observai
le soir, donna la varieté de l'aiman Nord-
Est de   10. 0. 0.

L'Inclinaison de l'aiguille aimantée fut
observée de   36. 15.

XXIV. *Octobre.*

Depuis le midi du vingt-troisiéme les vents varierent du
Oüest au Sud; à deux heures du matin, le vent vint tout
d'un coup au Sud: il fut fort frais, nous obligea de serrer nos
huniers & de courir sur nos basses voiles; à la même heure nous eûmes un grain fort pésant; à trois heures le vent se
rangea au Sud-Sud-Est.

A midi le Ciel se découvrit, j'observai le
complement de la hauteur meridienne du
Soleil: elle fut de   12ᵈ. 8′. 0″.

La déclinaison meridionale étoit alors
de   11. 48.

D'où je conclus la hauteur du Pole an-
tartique de   23. 56.

La longitude fut estimée, les réductions
faites, de   7. 24.

A sept heures du soir nous vîmes l'étoile *Antares*, ou cœur
du Scorpion, éloignée du bord éclairé de la Lune, environ
un tiers du diametre de celle-ci, sur une ligne, qui passant
par le centre de la Lune, étoit à peu près perpendiculaire à
une ligne tirée d'une corne de la Lune à l'autre.

XXV. *Octobre.*

Depuis le midi du vingt-quatrième, les vents varierent du
Sud au Sud-Est, & devenans forcés, ils nous obligerent de
tems en tems à serrer nos huniers; la mer sentoit encore le
coup de vent d'Oüest que nous eûmes la nuit du 23 au 24 :
nous portions le cap vers le même endroit. La mer nous venoit donc de l'avant; ce mouvement opposé à celui du Navire, le faisoit tanguer : nos passagers qui n'étoient pas accoutumez à la mer, en étoient fort incommodez; pour nous nous
avions à craindre la perte de quelques-uns de nos mats, & ce
danger nous donnoit une inquietude qui n'étoit pas compa-
rable à tout ce qu'ils souffroient : car quoique le mal de la
mer soit douloureux, l'on ne sçache pas qu'il ait donné la
mort à personne. Depuis deux jours nous voïions beaucoup
de poissons volans que l'avant du Navire faisoit sortir par troupes de la mer.

J'observai le complement de la hauteur
meridienne du centre du Soleil de $11^d. 50'.$
Sa déclinaison étoit alors de $12. 10.$

D'où je conclus la hauteur du Pole au-
stral de $24. 0.$
La longitude fut estimée de $8. 26.$
L'inclinaison de l'aiguille aimantée fut
observée de $37. 20.$

XXVI. *Octobre.*

Les vents se modererent, on largua les plits des huniers,
notre route fut l'Oüest ½ Sud-Oüest, la lame fort vive venoit
du Sud-Sud-Oüest, desorte que prenant le Navire par le côté,
elle augmentoit son roulis, qui causoit encore à nos passagers
de plus vives douleurs que celles qu'ils avoient ressenties jusqu'alors : quelques-uns d'eux ne pouvans les suporter, resolurent de débarquer à leur arrivée à la Conception, ne croïant

———— pas pouvoir aller jusqu'en Europe en souffrant de la sorte.

Ce jour-là le Soleil n'aïant pas paru, la latitude ne fut estimée que selon la réduction des routes & le chemin que nous avions fait, je crus que la latitude devoit

être de   24ᵈ. 16ʹ.
& la longitude de   9. 43.

XXVII. *Octobre*.

Les vents varierent du Sud-Est au Sud-Sud-Oüest, ils molirent, la lame venoit toujours du même côté; cela nous persuada que les vents qui la poussoient, souffloient à quelque distance de là au Sud-Sud-Oüest, & que nous n'étions pas encore assez avancés pour les sentir. Nous ne fûmes pas plus heureux ce jour-là que le précedent; le Soleil demeura caché, & nous ne pûmes avoir la latitude que par

l'estime, qui est assez incertaine, je la trouvai de   24ᵈ. 27ʹ. 0ʺ.
& la longitude de   10 24. 0.

XXVIII. *Octobre*.

Depuis midi du 27 les vents varierent du Sud au Sud-Est; les lames n'avoient pas changé de route, & nous esperions de rencontrer dans peu les vents qui les excitoient; le Soleil ne paroissoit plus, nos Pilotes suivoient dans leurs estimes, leur routine ordinaire. Comme ils n'avoient aucune connoissance de l'Astronomie, leurs points à midi étoient si éloignez les uns des autres, qu'on ne sçavoit à quel de ces points on devoit s'arrêter.

Je crus par mon estime, toujours fort incertaine, que la latitude devoit être de   24ᵈ. 48ʹ. 30ʺ.
Et la longitude de   11. 5. 0.
L'Observation de l'aiguille aimantée indépendante de l'apparition du Soleil, donna l'inclinaison de

la même aiguille toujours vers le Sud de   40ᵈ. 55ʹ. 0ʺ.

XXIX. *Octobre*.

A la pointe du jour nous eûmes un petit grain, qui nous fit prendre les ris dans nos huniers; il fut de peu de durée, & d'une grande utilité: il dissipa les nuages qui depuis plusieurs jours nous cachoient le soleil, & nous donna le moïen de

corriger,

corriger nos estimes par la hauteur que nous observâmes à
midi ; les vents varierent depuis le jour precedent du Sud-
Sud-Est, au Sud-Est.

Le complement de la hauteur meridien-
ne du Soleil fut observé de $12^d. 10'. 0''.$

Sa déclinaison australe fut alors de $13. 30.$

D'où je conclus la hauteur du Pole au-
stral de $25. 40.$

Et la longitude de $12. 6.$

XXX. *Octobre.*

Les vents varierent du Sud-Est à l'Est ¼ Sud-Est ; la route valut le Sud-Ouest ¼ de Sud ; la mer avoit grossi, les nuages nous cacherent le Soleil ; à midi j'es-
timai la latitude de $27^d. 7'.$

& la longitude de $13. 1.$

XXXI. *Octobre.*

Les vents n'eurent aucune stabilité ; ce jour-là ils varierent
de Sud-Sud-Est à l'Est-Sud-Est. La nuit precedente nous eûmes des éclairs : les vents contraires & les mauvais tems nous
causoient à tous des inquietudes mortelles ; rien de plus naturel à des gens qui desirent passionément de revoir leur patrie, & qui bien loin d'en approcher, s'en voient encore plus
éloignez.

A midi le complement de la hauteur du
Soleil fut observé de $14^d. 8'. 0''.$

Sa déclinaison australe calculée, fut
trouvée de $14. 10.$

D'où nous conclûmes la hauteur du Po-
le ou latitude de $28. 18.$

Sa longitude fut estimée de $14. 9. 0.$

J'observai à la même heure l'inclinaison
de l'aiguille aimantée de $46. 0. 0.$

PREMIER *Novembre.*

Nous fûmes pris de calme la nuit precedente ; au jour naissant il se leva un petit vent qui varia de Sud-Sud-Est à l'Est-
Sud-Est. Les gros nuages qui nous cacherent le Ciel, & les

grands éclairs que nous eûmes durant la nuit sembloient nous promettre quelque changement au tems, nous flattans d'être aussi heureux que nous le fûmes dans le précedent voïage, dans lequel nous rencontrâmes aux mêmes parages les vents de Oüest, mais c'étoit dans une autre saison; ainsi nos esperances étoient mal fondées.

Les routes reduites valurent le Sud-Sud-Oüest.

La latitude que nous n'eûmes que par
l'estime, n'aïant pû à midi voir le Soleil, fut de　　　　　　　　　　　28ᵈ. 50ᵃ.
Et la longitude de　　　　　　　　14　23

II. *Novembre.*

Depuis midi du premier Novembre la varieté des vents fut plus grande que nous ne l'avions encore trouvée: du Nord, le vent vint à l'Oüest, & de-là il passa au Sud-Est. A huit heures du matin il se forma au Sud-Est un grain qui nous donna une grosse pluïe & un vent fort frais, qui nous obligea à prendre les ris dans nos huniers, & à revirer de bord au Sud-Oüest; d'abord que le grain eut passé, la mer revint encore au Sud-Oüest où elle étoit auparavant, le Ciel ne nous fut pas plus favorable que les deux jours précedens; il fallut déterminer la latitude par l'estime, reglée par les réductions faites des differentes routes que nous avions parcouruës, lesquelles réduites à une seule, valurent le Sud plus un
degré vers le Sud-Est; d'où l'on conclut la
latitude de　　　　　　　　　　　29ᵈ. 28ᵃ.
La longitude ne changea pas sensiblement, elle fut presque la même que le jour précedent.

III. *Novembre.*

Les vents varierent encore du Sud-Est à l'Est-Sud-Est, nous fîmes route au Sud-Oüest, les lames fort hautes qui venoient de Sud-Sud-Oüest, venant presque de l'avant, travailloient extrêmement le Navire; son tangage nous donnoit de cruelles allarmes, apprehendant à tout moment de perdre notre mat de beaupré. Le tems fut le même que celui qui regnoit depuis le 31 Octobre, plus de Soleil, nous fûmes forcez de nous ser-

vir de l'estime pour déterminer la latitude
que je trouvai de   30ᵈ. 12′.
   Et la longitude de   15.   4.
   L'inclinaison de l'aiguille aimantée tou-
      jours Sud , fut observée de   50.   30.

1710.
Novem-
bre.

I V. *Novembre.*

Les navigations qui ne se font pas en droite ligne , sont
bien ennuieuses à ceux qui n'ont aucun emploi dans un Navire. Depuis Arica notre route qui devoit se faire vers le Sud ,
ne fut jusqu'alors que vers le Sud-Oüest , ou à peu près , aïant
toujours été contrariée par des vents opposez. L'experience
que j'en avois déja faite dans mon précedent voïage , me fit
resoudre en partant d'Arica , à mettre à l'encre plusieurs desseins que je n'avois tracés qu'au craïon : cette occupation me
fit trouver les jours fort courts , & notre navigation nullement ennuïeuse. Le tems que j'y emploïai n'empêcha pas mes
occupations ordinaires ; à midi , lorsque le tems le permettoit ,
j'observois les hauteurs du Soleil avec toute l'exactitude dont je
suis capable , l'inclinaison de l'aiguille aimantée , & à d'autres
heures du jour , sa variation.

Ce jour-là le Soleil aïant paru fort beau , j'observai le complement de sa hauteur meridienne , je la
trouvai de   15ᵈ. 29′.
   Par le calcul, le lieu du Soleil étant don-
né , je trouvai que sa déclinaison australe
   dut être de   15.   28.
____

   D'où je conclus la latitude australe ou
      hauteur du Pole antartique de   30.   57.
   La longitude fut estimée de   15.   21.
   Et l'inclinaison de l'aiguille aimantée de   51.   0.

v. *Novembre.*

Enfin dans la nuit qui avoit précedé , les bons vents tant
souhaitez , arriverent. Ils varierent du Nord à l'Oüest-Sud-
Oüest : ils ne pouvoient être plus favorables , on mit le Cap
au Sud-Est ½ de Sud : d'abord que le Soleil parut sur l'horison

les nuages qui durant la nuit nous avoient caché le Ciel, se dissiperent, le jour fut un des plus beaux que nous eussions eu depuis notre depart.

A midi j'observai le complement de la hauteur du centre du Soleil de   16ᵈ. 26ˡ.

Sa déclinaison australe étoit alors de   15. 45.

D'où je tirai la hauteur du Pole ou latitude de   32. 11.

La longitude fut estimée de   14. 55.

VI. *Novembre.*

Les vents se rangerent à l'Oüest-Nord-Oüest; notre vaisseau eut trois mers à combattre, celle du Sud-Sud-Oüest, laquelle nous avoit contrarié depuis plusieurs jours, celle du Sud-Sud-Est, & la mer du vent; tout cela n'empêcha pas notre Vaisseau quoique fort sale (étant toujours également bon voilier & grand rouleur) que nous ne fissions depuis midi du cinquiéme, selon l'estime, 51 lieuës.

La latitude observée fut de   34ˡ. 3ˡ. 30ᵖ.

Et la longitude estimée de   13. 43. 0.

VII. *Novembre.*

Le grand roulis interdit entierement la cuisine, on ne put pas même y faire de feu; les balancemens d'un Navire rouleur étant plus sensibles vent arriere, comme nous l'avions alors, qu'avec tout autre vent, firent ressentir à nos passagers Espagnols Créoles du Perou, combien les voïages de long cours sur mer, sont differens des voïages de terre; ici on est fort tranquille, l'appetit va toujours son train, mais là tout y est en mouvement, & un beau jour est souvent la veille d'une tempête; ce qui fit entierement resoudre quelques-uns à débarquer à leur arrivée à la Conception, & retourner à Lima leur patrie. A quatre heures du matin nous eûmes de la pluie: on mit le cap à l'Est-Sud-Est à dessein d'approcher la terre; les vents ne changerent pas, mais à midi n'aïant pû voir le Soleil à cause des nuages, nous ne pûmes observer sa hauteur meridienne, & nous n'eûmes la latitude que par l'estime qui fut trouvée de   35 . 50'.

    Et la longitude de   11. 39.

    L'inclinaison de l'aiman fut observée de   52. 20.

VIII. *Novembre.*

Les vents varièrent de l'Oüest à l'Oüest-Nord-Oüest, à huit heures du matin nous eûmes un grain fort pésant; heureusement il fut de peu de durée, le Ciel demeura couvert, nous ne vîmes pas le Soleil, & l'estime donna
la latitude de 36^d 20'. 30".

    Et la longitude de   9.   8.

IX. *Novembre.*

Les vents calmèrent le soir du huitiéme, & laissèrent le Navire en proie aux hautes lames de trois différentes mers; le grand roulis du Navire & le mugissement des trois mers, nous firent passer une affreuse nuit : notre gouvernail, comme j'ai dit ailleurs, ébranloit dans ses chûtes, alors très-frequentes, tout le Vaisseau, l'étembord étoit fort foible, le Navire vieux, nous avions tout sujet de craindre quelque fâcheux accident; car si l'étembord n'eut heureusement résisté aux violentes chûtes du gouvernail, nous aurions peri misérablement.

    Selon la route corrigée de l'Est-Sud-Est que nous fîmes, j'estimai la latitude de 36^d 5'.

    Et la longitude de   8.   0.

    Le soir nos bons vents revinrent.

X. *Novembre.*

Le retour du bon vent rejoüit tout notre équipage, qui ne s'appercevoit pas que les biens & les maux sont si étroitement unis ensemble, qu'on les voit rarement séparez; nous eûmes de tems en tems de la pluïe, toute la matinée se passa de même; à midi étant à table, l'air s'obscurcit, le vent se tira à l'Oüest, peu de tems après au Sud : nos Pilotes se laissèrent surprendre, ce vent de Sud soussla avec tant de vehemence, qu'il renversa la table, emporta une partie de nos voiles, & mit le Navire sur le côté; il demeura quelque tems dans ce triste état, les plus intrepides pâlirent, chacun pensoit à sa conscience : lors-

qu'on se disposoit à couper les mats, un coup de mer re-
dressa le Vaisseau, & nous tira du peril éminent qui nous
menaçoit : cette horrible tempête fut de peu de durée,
mais elle nous laissa une mer affreuse. Sur les quatre heures
du soir les vents se rangerent au Sud-Sud-Oüest, nous fimes
route à l'Est ⅛ Sud-Est.

Ce jour-là la latitude à midi fut estimée
de   37ᵈ. 12′. 30″.
Et la longitude de   5. 28.

XI. *Novembre.*

Le matin la mer commença à s'applanir, le grand roulis du
Navire cessa, les vents vinrent au Sud, ils passerent de-là au
Sud-Oüest, ils devinrent fort frais & nous obligerent de tems
en tems à amener nos huniers : les nuages qui depuis quelques
jours nous avoient cachez le Soleil, se dissiperent, & à midi
j'observai la hauteur de son centre, qui
donna la latitude de   37ᵈ. 6′.
La longitude fut estimée de   4. 58

XII. *Novembre.*

Au jour naissant nous vîmes autour de nôtre Vaisseau plusieurs Baleines qui sembloient venir nous annoncer que nous
n'étions pas loin de terre ; le changement de couleur des eaux
de la mer qui paroissoit blanchâtre, nous indiquoit la même
chose ; nous forçâmes de voiles à dessein de reconnoitre la
terre avant la nuit : à midi la vigie du grand mat nous avertit qu'il croïoit voir la terre à environ quatorze lieües de distance ; on mit le cap à l'Est, & nous continuâmes la même
route le reste du jour. Depuis midi du onzième les vents varierent du Sud-Sud-Oüest au Sud-Sud-Est.

J'observai à midi le complement de la
hauteur du Soleil de   19ᵈ. 28′. 0″.
Sa déclinaison australe étoit de   17. 45. 40.
                                                   ──────────────
D'où l'on conclut la hauteur du Pole de   37. 13. 40.
La longitude fut estimée de   3. 42.   0.
A quatre heures du soir nous eûmes la connoissance de
l'Isle Sainte Marie, elle nous restoit à l'Est ⅛ Nord-Est envi-

ron cinq lieües. J'ai remarqué ailleurs que lorsqu'on veut
moüiller dans quelque port depuis Panama jusques au détroit
de Magellan , il faut s'élever environ un degré & demi , &
même deux degrez de plus que le lieu du moüillage : comme
les vents sur la côte de ces mers sont toujours Sud , si on restoit sous le vent , il faudroit recommencer la navigation &
faire route au large pour aller chercher des vents , qui pussent
vous élever vers le Sud & vous mettre en état d'arriver au port
que l'on souhaite.

A sept heures du soir on ferla toutes les voiles , nous capâmes sous la grande voile l'amare à stribord & le cap à l'Est-
Sud-Est , de crainte de ne trop approcher la terre dans la
nuit.

XIII. *Novembre.*

A trois heures du matin on fit servir , & à six heures nous
nous trouvâmes à l'entrée de la baïe de la Conception , d'où
nous apperçûmes un Navire avec Pavillon blanc ; quelques-
uns le crurent François , d'autres dirent qu'il étoit Espagnol ,
on paria , & ceux-ci perdirent la gageure. A trois heures du
soir nous moüillâmes dans la baïe environ à deux lieües de la
ville de la Conception. Je passai le reste du jour à bord , le
lendemain 14 du mois , je descendis à terre. La première visite que je rendis fut à mon ancien hôte Dom Joseph d'Arias
Commissaire general des Troupes de tout le Roïaume de
Chily : il m'attendoit depuis plusieurs jours : je reçûs dans
sa maison les complimens de tous ses parens & des principaux de la ville ; quelques-uns témoignerent un peu de jalousie , de ce que je preferois la maison de Dom Joseph à la leur,
marque du bon cœur de ces peuples. Quelques jours après
mon arrivée j'appris avec plaisir que Dom Joseph devoit aller
passer tout le tems de la moisson dans une de ses maisons de
campagne , appellée *Leltomé* , près de laquelle il faisoit construire un Vaisseau pour envoïer sur les côtes du Perou & du
Chily où il avoit un grand commerce : le séjour de la campagne me plaisoit beaucoup mieux que celui de la ville , je priai
Dom Joseph de vouloir me permettre de l'y accompagner , j'é-
tois d'ailleurs persuadé que ma demande ne pouvoit lui faire
que plaisir , car on n'entretient ordinairement dans les maisons de campagne , que des esclaves ou quelques Indiens, pour

1710.
Novem-
bre.

cultiver les terres : gens avec qui on a fort peu de commerce & encore moins de conversation. Je passai pourtant à la ville le reste du mois pour satisfaire aux desirs de plusieurs de mes amis, qui m'y auroient souhaité plus long-tems ; je fis descendre durant ce tems-là mes instrumens à terre , dans le dessein de les transporter à la campagne , croïant demeurer plus long-tems dans ce roiaume, que je ne fis.

PREMIER *Decembre*.

Jupiter ne pouvant plus être observé (étant alors fort près de sa conjonction avec le Soleil) je m'occupai plus particulierement à la recherche des Plantes. Je trouvai dans les montagnes qui sont à l'Est de la ville de la Conception , un grand nombre de celles que nous avons en Europe : tout n'est pas nouveau dans ce nouveau monde : à l'égard des autres Plantes singulieres que j'y découvris , j'en donnerai une description exacte à la fin de mon journal.

IV. *Decembre.*

Le jour que j'avois tant desiré arriva enfin , nous partîmes le matin Dom Joseph & moi pour la campagne , l'on y avoit déja commencé la moisson lorsque nous y arrivâmes ; les saisons sont tout-à-fait opposées aux notres dans le Chily , l'Eté y répond à l'Hyver de l'Europe , & le Printems à l'Automne : la maison de campagne de Dom Joseph , appellée *Leltomé*, est sur le bord de la mer , elle a au Nord une petite riviere assez poissonneuse , & une autre au Sud beaucoup plus considerable , celle-ci me fournit du poisson presque pendant tout le tems que je demeurai dans cette maison , & singulierement de l'espece dont je donne ici une courte description.

DESCRIPTION

D'un Poisson appellé Cephalus fluviatilis aureus.

CE Poisson ne differe ni en grandeur ni en grosseur , des Mulets que nous avons en Europe , c'est ce qui me le fit

nommer

nommer *Cobitis fluviatilis aureus*; sa tête n'est qu'un peu
plus émoussée, mais ses couleurs sont entierement differentes; les écailles depuis le dos jusqu'aux flancs sont dorées,
bordées d'une petite bordure jaune-foncée, & mêlées d'un
peu de noir-clair: les écailles du ventre sont toutes argentées
& font un effet merveilleux: ses ieux sont jaunes, ils ont leur
prunelle grande, bleuë & entourée d'un petit cercle de pourpre; l'aileron ou nageoires qui est sur le dos, prend sa naissance à l'*occiput* & va se terminer à la naissance de la queue,
sa couleur est d'un jaune d'ocre, il est traversé par des arêtes
fort pointuës: les deux ailerons près des oüies sont de la même couleur que celui-ci; mais les arêtes qui les traversent, ne
débordent pas comme font celles de l'aileron du dos; le cinquiéme aileron qui prend naissance à l'*anus* & s'étend vers la
queue, est d'un jaune-obscur.

Un jour que je me promenois sur les bords de la même riviere, je vis un Heron assez singulier: je sortois rarement
de la maison sans fusil, craignant de rencontrer quelque animal feroce dans ces campagnes remplies de bois fort toufus,
ou esperant d'en trouver quelque autre que je pusse rapporter
dans mon Journal, pour servir à l'histoire naturelle; j'approchai ce Heron à la portée du fusil, & le tirai: j'en fis la description suivante à mon retour à la maison.

1710.
Novem-
bre.

DESCRIPTION

D'un Heron ou *Ardea varia major Chiliensis.*

CEtte espece de Heron est de la grosseur d'un de nos
poulets, & ne differe de ceux de l'Europe que par la varieté de ses couleurs. Les plumes du *vertex* ou dessus de la tête sont d'un beau bleu; celles de l'*occiput* jusqu'au manteau,
sont tannées & mêlées de feüille-morte; celles du parement
sont blanches & mêlées de même couleur que celles de l'*occiput*; celles du manteau font entr'elles un mélange fort
agreable de bleu-cendré, de verd-brun & detant soit peu de
jaune; toutes celles du parement & du dessous du ventre
sont tout-à-fait cendrées & claires; les plumes des ailes sont
aussi fort variées; celles depuis l'épaule jusques au milieu du

H

hh

J'y vis quelques cases d'Indiens , qui ne sont pas mieux or-
nées que celles des Negres des Isles : elles sont construites
de pieux fichez dans terre les uns contre les autres , & couvertes d'une espece de roseaux qui croît dans les marais ap-
pellez par les gens du païs *Totora*. En passant près d'une case à moitié ruinée , j'entendis miauler comme font nos chats;
je m'arrêtai d'abord , j'apperçus sur le faîte de cette case l'a-
nimal qui faisoit ce cri : je le tirai , & j'en fis la description
suivante.

1710.
Decem-
bre.

DESCRIPTION

D'un Hibou ou *Bubo ocro-cinereus , pectore maculoso.*

CEt Hibou me parut tout d'un coup d'un aspect fort hi-
deux , je n'en avois pas vû de cette espece ; mais je ne
l'eus pas plûtôt entre les mains , que la varieté de son plumage effaça l'idée de laideur que je m'en étois formé. Toute
sa tête & son manteau sont teints d'un cendré un peu foncé , son parement & ses cuisses sont jaunes d'ocre ; les pennes , les autres plumes des aîles , & celles de la queue , ont
leurs fonds de même couleur , mais elles sont traversées par
de grandes bandes grisâtres plus foncées que celles des plumes de son manteau , & tant soit peu mélangées d'un blanc
un peu morne ; une partie de son parement & tout le dessous du ventre jusqu'à la queue , sont d'un blanc de lait , &
moucheté de noir , de la maniere qu'on peint les hermines.

Le bec de cet oiseau est court , mais il est fort dur , large en sa naissance , pointu à son extrémité , un peu crochu &
taillant comme des ciseaux , il est jaune de même que ses
ieux , qui sont grands , ronds , bordez d'un plumage grisâtre fin comme un duvet , & garnis d'une prunelle éclatante
jaune comme de l'or, que cet Hibou couvre d'une membrane
fort blanche de même que les autres Hibous que nous avons
en Europe ; les deux pennaches qu'il porte comme deux manieres de cornes immédiatement sur les ieux , le rendent encore agréable , & diminuent en quelque façon l'horreur
qu'on a de son aspect ; ces deux pennaches sont composées
de plusieurs plumes pointuës très-déliées , jaunes & arran-

gées en faucille, dont la base regarde les ïeux, & le taillant de la faucille les deux ailes.

Lorsque cet animal est posé à quelque endroit, on le voit se haussler & se baisser sur ses jambes, comme pour faire la reverence ; ses jambes sont courtes & jaunes de même que les pieds qui sont divisez en quatre serres, garnies à leur extrémité d'ongles crochus & noirs.

Les Indiens s'allarment lorsqu'ils entendent miauler cet Hibou pendant la nuit autour de leurs cases : comme ils sont extrêmement superstitieux, ils croient que c'est un présage de quelque funeste disgrace : c'est pourquoi ils tâchent de les éloigner à coups de fléches ou à coups de pierres ; lorsque j'eus tiré celui-ci, les Indiens qui se trouverent presens m'en témoignerent autant de joie & de reconnoissance, comme si j'eusse tué leur plus redoutable ennemi.

X I I. *Decembre.*

A huit heures du matin, étant sur la porte de la maison du côté de la mer, j'apperçus sur la surface de l'eau, comme plusieurs têtes qui tantôt paroissoient, & tantôt disparoissoient. Je crus d'abord que c'étoit quelque poisson particulier : j'allai donc sur le bord de la mer pour être plus à portée de les mieux découvrir. Je trouvai sur le rivage de distance en distance, plusieurs petits amas de poissons & de coquillages, & peu de tems après je vis sortir de l'eau un homme ceint d'un tablier en reseau, fait de petites racines d'arbre, plein de coquillages qu'il venoit de pêcher du fond de la mer, il me les offrit fort honnétement, je les acceptai, & après l'avoir remercié je lui demandai, si ce que je voïois de tems en tems sur la surface de la mer étoient des hommes comme lui : il me fit réponse que c'étoit non seulement des hommes de tout âge, mais qu'il y avoit même des femmes, & s'étant déchargé de ses coquillages sans me dire autre chose, il rentra dans la mer, & alla continuer sa pêche. Dès que je fus de retour à la maison, je racontai à mon hôte l'avanture qui venoit de m'arriver, il n'en parut pas surpris ; cela m'étonna, jusqu'à ce qu'il m'eut appris que les Indiens descendoient des montagnes dans cette saison pour venir pêcher, & que dorénavant il ne se passeroit point de jour que je n'en viſſe pluſieurs, comme il arriva.

XIV. *Decembre.*

Le matin j'appris par un exprès qu'un de mes amis me de-
pêcha, que le retardement du Navire le *Philipeau* commandé par M. Noail, avec qui nous devions retourner de compagnie en Europe, avoit fait reſoudre notre Capitaine à
mettre à la voile, dans la crainte de ſe trouver ſur le cap
de *Horn* dans la mauvaiſe ſaiſon, s'il differoit d'avantage:
je remerciai mon ami par le même exprès, & j'ecrivis à notre Capitaine pour le prier de m'avertir quelques jours avant
ſon départ, afin de me rendre à la Conception & m'y diſpoſer à notre traverſée en Europe.
Le lendemain quinziéme notre Capitaine répondit à ma
lettre; il me marquoit de me rendre à bord le vingtiéme,
aïant déterminé de faire voile pour l'Europe au plûtard le 21
ou le 22 du mois. Je me diſpoſai auſſi-tôt pour retourner à
la Conception, mon hôte s'en apperçût, il m'en témoigna
du regret, je ne pus lui diſſimuler mon deſſein; cependant je
l'aſſurai que ce ne ſeroit pas ſur ce Vaiſſeau que je m'embarquerois pour retourner en Europe, & cela pour des raiſons
que je le priai de me diſpenſer de lui dire.

XVII. *Decembre.*

A trois heures du ſoir j'arrivai à la ville, j'allai voir notre Capitaine, qui me confirma ce qu'il m'avoit écrit; je lui
demandai ſi les choſes reſteroient dans le même état auquel
je les avois laiſſées, & il me répondit qu'il ne pouvoit les
diſpoſer autrement, qu'il y avoit apparence qu'elles ſe-
roient encore pires, & qu'il étoit bien embaraſſé, puiſqu'il
ſe préſentoit pluſieurs nouveaux paſſagers auſquels il ne s'é-
toit pas attendu, non plus qu'à embarquer tout l'équipage
d'un Navire de Saint Malo qu'on avoit vendu au Perou. Cette diſpoſition me fit enfin prendre le parti d'attendre le Navire le *Philipeau*, eſperant d'y trouver & plus d'agrément &
plus de tranquillité: je connoiſſois l'humeur honnête du Capitaine & des principaux Officiers, & lorſque je pris congé
d'eux à Ylo, où nous nous ſéparâmes; ils m'avoient aſſuré

que quand ils retourneroient en Europe , ils n'embarque-
roient aucuns paſſagers pour n'avoir aucun embaras dans leur
traverſée.

XVIII. *Decembre.*

Je revis le matin notre Capitaine , après l'avoir remercié
des honnêtetez que j'en avois reçu durant le tems que nous
avions demeuré enſemble , je le priai d'ordonner qu'on dé-
barquât mes hardes : j'envoiai pour cela mon valet à bord ;
pluſieurs de l'équipage apprenant ma réſolution , en témoignerent leur déplaiſir & virent deſcendre avec regret mes
hardes dans le canot, mon valet les conduiſit avec les ſien-
nes à la Ville ; j'y demeurai pour ſatisfaire mes amis , juſques au départ du Navire , occupé à écrire pluſieurs lettres &
à faire une copie de mes Obſervations. Je l'envoiai à Monſieur le Comte de Pontchartrain pour lors Miniſtre & Secré-
taire d'Etat , afin que ſi nous avions le malheur de perir ou
de tomber à notre retour entre les mains des ennemis , &
que mon original fut perdu , la copie y ſuppléat.

XXIII. *Decembre.*

Le Navire appareilla , à midi il fut ſous voile , & à deux
heures du ſoir entierement hors de la baie de la Conception ; ſon départ ne me laiſſa pas ſans regret , mais je fus bien-
tôt conſolé quand je conſiderois que le Vaiſſeau que j'attendois étoit & meilleur volier & de plus de deffenſe , & que
j'y ſerois plus en ſureté & plus tranquile : les proviſions du
Saint Jean-Baptiſte , nom du Vaiſſeau , conſiſtoient en vingt-
deux bœufs , quatre-vingt moutons, quinze cens poules , pluſieurs cochons ; on peut juger quelle étoit la proviſion d'eau
puiſqu'on comptoit ſur quatre bariques de diminution par
jour.

XXIV. *Decembre.*

Je retournai à la maiſon de campagne , je vis du haut de
la montagne le Vaiſſeau au milieu des eaux le cap à l'Oüeſt
cette vûë me fit renaître dans l'ame quelque petit regret qui
penſa me faire jetter quelques ſoupirs , mais la raiſon prévalut
à la foibleſſe, & je pourſuivis fort tranquillement mon chemin

Premier *Janvier*.

OBSERVATION

De l'Etoile au bras oriental du Cruzero.

J'Observai le soir la hauteur meridienne apparente de l'E-
toile au bras oriental du *Cruzero*,
je la trouvai de   68ᵈ. 34'. 20ᵉ.

Le quart de cercle donnoit les hau-			
teurs trop grandes de		2.	0.
Premiere correction.		32.	20.
Réfraction à ôter			24.
Seconde correction	68.	31.	56.
Complement de la déclinaison de			
l'Etoile	31.	56.	43.
Donc hauteur du Pole	36.	35.	13.

J'avois déja observé dans mon précedent voïage à la Conception la hauteur du Pole de cette Vil-
le, de   36ᵈ. 42'. 53ᵉ.

Donc la difference en latitude entre
la Ville & Leltomé est de   7. 40.

11 *Janvier*.

Mon horloge étant alors parfaitement bien reglée par des
hauteurs correspondantes du Soleil que je prenois tous les
jours, j'observai au vrai midi la hauteur meridienne apparente du bord superieur du Soleil de   76ᵈ. 41'. 0ᵉ.

Le quart de cercle continuoit de donner			
les hauteurs trop grandes environ de		2.	0.
Premiere correction	76.	39.	0.
Excès de la réfraction sur la Parallaxe			11.
Seconde correction	76.	38.	49.
Demi-diametre du Soleil.		16.	21.
Hauteur du centre	76.	22.	28.
Declinaison australe	22.	57.	40.
Donc hauteur de l'Equateur	53.	24.	48.
Et hauteur du Pole	36.	35.	12.

Hauteur du Pole de la Conception　　　36ᵈ. 42′. 53′.
Donc difference entre cette Ville & Lel-
　temé　　　　　　　　　　　　　　　7. 41.
　La difference entre ces deux Observations
fut de

　Elle differoit de peu de celle que j'avois trouvé par la mesure des triangles : les deux points où j'avois observé, étoient
presque sous le même meridien.

III. *Janvier.*

Quoique nous fussions en Eté & que les chaleurs se fissent
ressentir, je ne laissai pas d'aller herboriser, & je fus assez
heureux pour trouver quelques Plantes curieuses, comme on
verra dans leur Histoire. Le cruel accident de notre jument
que j'ai rapporté, me fit prendre des mesures : je ne m'aban-
donnai plus seul dans les bois, comme j'avois fait jusqu'a-
lors ; je m'y fis accompagner par un de nos Indiens pour me
deffendre en cas que je fusse attaqué par quelqu'une des bêtes feroces qui desoloient notre campagne : elles avoient
mangé un bon nombre de brebis de Dom Joseph chez qui
je demeurois, ainsi que les Indiens qui en avoient la garde
le raporterent. Parmi les curiositez que je rencontrai ce jour-
là, faisant abstraction des Plantes, je n'en vis aucune qui me
ritat mon attention & de trouver place dans mon Journal, que
le seul *Lumace* dont je donne ici la description, sa coquille
m'aïant paru assez singuliere.

DESCRIPTION

D'un *Lumace* ou *Coclea turbinata terrestris.*

LA coquille de ce Limaçon est un peu plus grande qu'un
œuf de poule d'Inde, elle est toute sillonnée en long par
plusieurs petites raies, & taillée en façon d'un cone spiral de
couleur gris-blanchâtre, tirant un peu sur la couleur de la
terre ; la lévre assez relevée est rouge, presque comme du corail un peu morne, & son fond lisse & poli, teint de tant soit
peu de jaune d'ocre.

L

Le Lumace qui est enfermé dans cette coquille, est grand
à proportion & tout-à-fait semblable à nos Lumaces d'Europe; sa couleur est gris-cendré, & il est tout écaillé, comme un serpent nouvellement dépoüillé de sa peau; sa tête
est ronde & garnie de quatre cornes tétuës, dont deux grandes
sont situees sur le sommet, & deux petites plantées entre la racine & une bordure avancée en façon de deux grandes oreilles plissées comme un fraize, de même que les deux côtez
qui sont aussi plissés & sillonnés jusques vers les côtez de la
queue. La chair de ce Lumace est fort visqueuse & baveuse,
& sa dureté si grande, qu'on ne sçauroit la manger.

Le Navire le *Philipeau* que j'attendois avec impatience, arriva peu de jours après; je ne pus dissimuler ma joïe, mon
hôte s'en apperçut; comme il se ressouvint que je lui avois
dit que ce ne seroit point sur le *Saint Jean-Baptiste* que je
passerois en Europe, il se persuada d'abord que ce seroit sur
celui-ci.

Je partis le lendemain de la maison de campagne pour aller saluer notre Capitaine, & lui témoigner la joie que j'a-
vois ressentie à son arrivée; nous convinmes du départ. Du
depuis je ne pensai plus qu'à me préparer pour notre traversée en Europe.

M. Noail du Parc Capitaine du *Philipean*, étoit un homme
rempli de mille belles qualitez : à une prudence consommée il
joignoit une merveilleuse intrepidité dans les combats, beaucoup de vertu, & une grande habileté dans la science marine.
J'avois conçû pour lui tant d'estime lorsque j'étois à Ylo, que
dès-lors je me déterminai d'abandonner le *S. Jean-Baptiste* qui
devoit me reporter en Europe, pour joüir à ce retour de
la compagnie d'un Capitaine rempli de tant de merite. Ses
actions confirmerent encore mieux le jugement que j'en avois
porté. Depuis notre départ des Isles de l'Amerique, nous le
vimes plusieurs fois aux prises sur les plus importantes matieres de notre religion, avec deux Lutheriens, qui aïant eté
pris par un Corsaire Anglois, passerent en Europe sur son
Navire; ils avoüerent à leur arrivée à Brest, que les raisonnemens de M. Noail les avoit plus ébranlez, que les frequentes
disputes qu'ils avoienteuës avec trois sçavans Religieux de l'ordre de S. Dominique, dont deux étoient Créoles du Perou, &
le troisiéme Irlandois, Aumônier du Navire, habile contro-
versiste.

Voici une autre preuve de la vertu de M. Noail. Dès le premier jour que nous nous embarquâmes, il nous dit en présence de tous ses Officiers, qu'il prétendoit que durant toute la traversée nous fussions les maîtres absolus de la chambre, depuis le matin jusqu'à midi, afin que nous pussions reciter tranquillement nos offices, & celebrer la sainte messe : & ce que nous admirâmes de plus en lui, c'est que quand les affaires ne le demandoient pas ailleurs, il entendoit à genoux avec une modestie exemplaire les quatre messes qu'on disoit.

PREMIER *Février.*

Dom Joseph d'Arias commença d'ordonner chez lui qu'on travaillât aux provisions necessaires pour mon voiage, ses ordres furent executez d'abord : on fit une grande quantité de biscuit au sucre, environ quatre-vingt livres de chocolat, &c. & on envoia le tout à bord à mon insçû. Cette generosité m'auroit surpris, si je n'eusse connu le bon cœur de mon hôte & de toute sa nombreuse famille, & l'humeur bienfaisante de la nation.

VII. *Février.*

Le matin je pris congé de tous mes amis, qui me virent partir avec peine : je laissai mon quart de cercle à Dom Joseph, & le priai de l'envoier à Lima à Dom Alexandre Durand à qui je l'avois promis avant mon départ de cette ville ; j'esperois que l'usage qu'il en feroit ne seroit pas indifferent à la Géographie & à l'Astronomie : j'en étois déja convaincu par les Observations que je reçûs de lui à Ylo, & que j'ai rapportées dans mon second volume : elles déterminoient immediatement la longitude de Lima, ce qu'on avoit ignoré jusqu'alors.

VIII. *Février.*

A dix heures du matin nous appareillâmes en compagnie de deux autres Vaisseaux de notre nation qui retournoient en Europe, l'un appellé le *Saint Antoine*, commandé par M. Frondac, qui venoit de finir sa traite sur les côtes du Perou après son retour de la Chine. Il arriva à ce Commandant le lendemain qu'il eut moüillé, une étrange catastrophe, l'Oi-

dor ou chef de Justice averti que M. Frondac avoit violé les
Ordonnances du Roi d'Espagne, qui deffendent sous des peines très rigoureuses de vendre dans le Perou & dans le Chi-
li, des Marchandises de la Chine, mit des gens en campagne pour le saisir en cas qu'il descendît à terre : ce Capitaine
ignorant ce qui se passoit, vint à la ville avec un de ses Officiers ; il ne fut pas plutôt débarqué qu'on l'arrêta, on les con-
duisit en prison sous la garde de près de deux cens hommes.
Les François qui se trouverent à la Conception, outrez de
l'enlevement de M. Frondac, chercherent des expedi ns pour
le délivrer : dans le conseil qu'ils tinrent entr'eux, les uns
furent du sentiment d'approcher leurs Navires, de les mettre en travers, & de canoner la ville ; d'autres plus prudens
& plus pacifiques, representerent qu'il n'en falloit pas venir
à des voies de fait, parce qu'on exposeroit le Capitaine &
son Officier à être assassinez dans la prison, mais qu'il falloit en ouvrir les portes avec une clef d'argent : cet expedient
parut fort judicieux, il fut approuvé d'un chacun, on ecri-
vit d'abord au Gouverneur du Roiaume, qui fait sa residence
à Santiago, il repondit favorablement, & cette clef coûta à
M. Frondac quatorze mille piastres, bienheureux encore
d'en être sorti à si bon marché.

L'autre Navire appellé l'*Aurore* de l'Escadre de M. Benac,
dont j'ai parlé ailleurs, étoit commandé par M. Legriel ; celui-ci nous obligea de mettre côté en travers à la sortie de la
baïe pour l'attendre ; il n'arriva que sur les six heures du soir.
On fit servir, nous dimes adieu au Chily, & nous fimes route par un petit vent de Sud $\frac{1}{4}$ Sud-Oüest. Le lendemain neu-
vième du mois, nous trouvâmes de grosses mers, les vents
furent les mêmes que le jour précedent, nous continuâmes
la même route.

x. Février.

Les vents se rangerent au Sud-Sud-Est ; on mit le cap au
Sud-Oüest $\frac{1}{4}$ Oüest ; par la hauteur meridienne du Soleil
on se trouva encore à la hauteur de la Conception, & on
crut avoir avancé en longitude vers l'Oüest environ 70 lieues.

J'observai le même jour l'inclinaison de
l'aiguille aimantée de	55^l. 30^r.

AVERTISSEMENT.

*Je dois avertir ici que les Observations de l'Inclinaison d[e]
l'Aiguille aimantée sont très-delicates , à cause du fer qui [se]
trouvant dans tous les lieux d'un Navire , peut causer quel[que]
que variation à l'Aiman. Ces Observations seroient d'une uti[-]
lité très-grande dans la Navigation , si on pouvoit se bien a[s-]
surer de leur exactitude : on en connoîtra les consequences [si]
on examine les Observations que j'ai faites de l'Inclinaison dan[s]
le voïage du Perou en Europe. Lorsque j'observois , je preno[is]
toutes les précautions necessaires , & si dans mes Observation[s]
de l'inclinaison de l'Aiman (c'est de celles-ci seules que je parl[e]
car des Observations qui regardent le Ciel , j'en ai quelque cer[-]
titude) il se rencontre quelques défauts , on doit les imputer [à]
d'autres causes qu'aux attentions que je leur donnois.*

XI. Février.

Les vents changerent , ils varierent du Sud-Sud-Oüest [à]
l'Oüest-Sud-Oüest ; la route fut le Sud Est. Sur les dix he[u-]
res du matin , nous eûmes un petit grain fort pesant , poi[nt]
de hauteur à midi , les nuages nous cacherent le Soleil.

Par l'observation de l'Inclinaison indépendante des nuages , je trouvai cette
Inclinaison de   54ˡ. 50ʹ.

XV. Février.

Les vents ne changerent que le matin , ils se rangere[nt]
au Sud ¼ Sud-Oüest : depuis le onze nous fimes presque [la]
même route.

La hauteur du Pole , selon nos Pilo-
tes , fut de   37ˡ. 40ʹ.
J'observai l'Inclinaison de l'aiguille ai-
mantée de   54   30

Cette observation est douteuse , car le grand roulis [du]
Vaisseau empêcha que l'aiguille ne demeura un moment fix[e,]
& je déterminai cette Inclinaison comme au hasard.

Au Soleil couchant on serra nos deux huniers , pour a[t-]
tendre le *Saint Antoine* qui restoit beaucoup de l'arriere ,

urant la nuit nous ne portâmes que nos deux basses voiles,
sperant que le *S. Antoine* qui connoissoit la route que nous
tenions, pourroit nous approcher.

XVI. *Février.*

Le matin, à peine pûmes-nous découvrir le *S. Antoine* ; à
midi, nous le perdîmes entierement de vûë, quoique nous
fussions prévenus que ce vaisseau étoit un très-méchant voilier,
nous ne laissâmes pas de douter, qu'il ne lui fût arrivé quelque
incommodité ; en effet, nous apprîmes aux Isles de l'*Amerique*,
où ce vaisseau arriva quelque tems après nous, qu'il fût obligé
de relâcher à *la Conception*, pour se radouber, n'osant continuer sa route ; il apprehendoit de couler à fonds.

XVII. *Février.*

Les vents varierent du Sud au Sud-Est ; toujours grosse mer,
& le ciel couvert ; la route valut l'Oüest ¼ Sud-Oüest. Le 18.
les vents calmerent, & la mer venant toujours du Sud-Oüest,
augmentoit. Le 19. les vents se firent Sud directement opposés
à notre route, ce qui nous obligea de lovoïer ; mais nous per-
dions sur un bord ce que nous avions gagné sur un autre.

XX. *Février.*

La mer de Sud-Oüest devint épouvantable, tantôt nous nous
voïions ensevelis au milieu de deux lames, profondeur creusée
en abime, tantôt sur leur sommet ; ensuite précipités une seconde fois dans les mêmes abimes ; nous aurions souffert patiemment tous ces maux, si la cuisine n'eût pas été interdite.
Le soir du vingt-uniéme le vent se rangea au Sud, nous fimes
route à l'Oüest pour nous éloigner de la terre, d'où nous
croïions n'être pas fort éloignés.

XXII. *Février.*

Les vents calmerent, nous crûmes que le calme nous ame-
neroit quelque changement : selon nô-
tre estime la latitude dût être de   41ᵈ.   20ʹ.

J'observai l'inclinaison de l'aiman de   59ᵈ. 0'.
Et l'équilibre des eaux de la mer de   2ᵖᵒᵘᶜᵉˢ 3ˡⁱᵍ. 518.

XXIII. *Février.*

Le soir précedent, le vent se leva à l'Oüest, nous portâmes le cap au Sud, la pluie qui dura toute la nuit, ne cessa que sur les neuf heures du matin, que les vents se tirerent à l'Oüest ¼ Sud-Oüest; ce jour-là nous desagreâmes nos mats de perroquet, apprehendant que dans les mers où nous allions entrer, il ne nous arriva quelque fâcheux accident; l'*Aurore* qui nous suivoit, mais avec peine, fit la même manœuvre, on auroit souhaité qu'il eut pû augmenter ses voiles, au lieu de les diminuer; il marchoit si peu, qu'il nous obligeoit tous les soirs de serrer nos huniers, & bien souvent de mettre côté en travers, pour l'attendre. Le vingt-quatre les vents varierent du Sud-Sud-Est, au Sud-Oüest, il étoient si changeans, que nous les vîmes très-rarement tenir vingt-quatre heures au même endroit.

XXV. *Février.*

Les vents se rangerent au Nord, nous mîmes le cap directement au Sud; à midi selon les routes corrigées depuis notre départ de la Conception, nous crûmes avoir avancé à l'Oüest du meridien de cette ville environ 18. dégrés, lesquels étant ôtés de la longitude de 305ᵈ. 58'. qui est celle de la Conception, supposant le premier méridien passer par l'Isle de Fer, la plus occidentale des Isles Canaries, la longitude du point où nous nous trouvâmes alors
dût être de   297ᵈ. 58'. 0.
J'observai la latitude ou hauteur du
Pole Antartique de   46. 0. 0.
Et l'inclinaison de l'éguille aiman-
tée de   64. 30. 0.

XXVI. *Février.*

Le Ciel demeura couvert tout le jour, la mer devint furieuse; malheureusement pour nous, elle venoit de l'avant, le vent venoit du même côté, deux ennemis à combattre, que nous ne pûmes vaincre; le grand roulis du Vaisseau en étoit on troisieme , qui nous ôta entierement la liberté de nous promener sur le tillac.

XXVII. *Février.*

Les vents varierent de l'Oüest-Nord-Oüest à l'Oüest, le Soleil parut à son lever ; j'observai son amplitude orientale, malgré la grosse mer, qui pouvoit rendre l'observation douteuse ; cette amplitude donna la variation de l'é-
guille aimantée au Nord-Est de   14ˡ. 30'. 0".

Comme on se flatte sur ce qu'on desire le plus , nous crû-mes que les vents qui nous étoient alors favorables , conti-nueroient d'être les mêmes , & que nous avions passé au-delà les parages où les vents nous étoient opposés. Persuadés de leur durée , & de leur flateuse apparence , quelques malades, qui depuis notre départ , étoient ensevelis dans leurs grabats, en sortirent pour venir respirer l'air sur le pont , & ceux, qui étoient atteints du mal de mer ressentirent du soulage-ment & reprirent courage ; ils ignoroient qu'un beau jour à la mer est souvent la veille d'une tempête ; l'appetit qu'on avoit perdu , revint , & on n'entendoit plus d'autres plain-tes dans le Navire , que celles du retardement de notre ar-rivée en Europe , que le Vaisseau l'*Aurore* alloit nous cau-ser ; tous les soirs , il falloit mettre côté à travers pour l'at-tendre , & le reste de la journée , prendre des ris aux hu-niers pour ne pas le perdre de vûë.

Ce jour-là , le Soleil ne parut pas à midi , la latitude fut estimée de   49ˡ. 17'. 0".
Et la longitude de   298. 58.

XXVIII. *Février.*

Les vents varierent de même que le jour précedent ; les lames n'étoient plus si hautes , durant le jour le Soleil parut à diverses reprises ; à son lever , j'observai son amplitude orien-tale , elle donna la déclinaison de l'aiman de   12ˡ. 55'.

Depuis midi du 27e , la route valut le Sud , plus un degré vers l'Est & en chemin   47 lieues.

J'observai le complement de la hau-

teur meridienne du Soleil de   43. 30′.
Déclinaison meridionale du Soleil   8.   0.
Donc la hauteur du Pole Antartique
fut de   51. 30.
La longitude fut estimée de   299. 4.
J'observai l'inclinaison de l'éguille
aimantée toujours vers le Sud de   70. 0.

PREMIER *Mars*.

Nôtre bon vent nous quitta dans la nuit ; celui qui lui succeda fut le vent de Sud ; il nous obligea de mettre le cap à l'Est-Sud-Est ; peu de tems après, dans la crainte d'approcher la terre de trop près, nous revirâmes de bord au large : nous étions assurés par la route de l'Oüest-Sud-Est, que nous ne pouvions doubler le cap de Horn. La nuit fut très-belle, les vents de Sud avoient entierement chassé les nuages du haut du Ciel, & ceux qui occupoient l'horizon, ne s'elevoient pas à plus de dix dégrez, & n'empêcherent pas d'observer à midi le Soleil.

La hauteur que je pris à midi fut
très-bonne ; elle donna la hauteur du
Pole de   52ᵈ. 57′ 0°.
J'estimai la longitude de   299. 40. 0.
Par l'observation, l'inclinaison de
l'aiman fut trouvée de   71. 0.

A une heure & demie du soir, il parut du côté du Sud un Arc-en-ciel, le milieu de l'arc étoit elevé sur l'horison environ de sept à huit degrez : ses couleurs étoient également vives par tout, & les deux extrémités de l'arc qui s'appuïoient sur l'horison, n'occupoient environ que vingt degrez du même horizon, ce qui me parut assès singulier ; la vûë de ce nouveau Phénomene, fit dire à nos Matelots, que les vents alors contraires à notre route, changeroient bien-tôt.

II. *Mars*.

Nos Matelots ne se tromperent pas dans leur jugement, le tems changea en effet ; nous eûmes tout le jour la pluïe, & les vents varierent de l'Oüest-Nord-Oüest, au Sud. Le

tems

tems moderé que nous trouvâmes, nous fit perdre la mauvaise
idée que nous nous étions faite du grand froid que nous nous
attendions de ressentir en doublant le cap de Horn, d'où nous
crûmes n'être pas trop éloignés.

Le Soleil n'ayant pas paru à midi,
j'estimai la latitude être de   54ˡ. 24ʹ.
Et la longitude, être de   300.   44.

III. *Mars.*

Les vents s'arrêterent à l'Oüest, la journée fut très-belle,
le Soleil parut dès les sept heures du matin, mais nous ne
vîmes pas notre conserve : notre Vaisseau alloit toujours mieux,
& secondoit fort bien l'envie que nous avions d'arriver bien-
tôt en Europe.

Le Ciel se couvrit à midi, & nous
n'eûmes la latitude que par l'estime
qui fut de   56ˡ. 50ʹ. 0ʺ.
Et la longitude de   303. 12.
J'observai l'inclinaison Sud de l'ai-
guille aimantée de   72. 30.

IV. *Mars.*

Les vents peu stables au même endroit, se rangerent à
l'Oüest-Nord-Oüest. Nous revîmes l'*Aurore* que nous avions
perdu dans la nuit du deux au trois ; à cette vûe nous cargâmes nos basses voiles, & nous l'attendîmes avec notre petit
hunier au vent. La Compagnie est necessaire dans les voïages
de long cours, dans un accident on peut se secourir ; nous
continuâmes ensemble notre route, & l'equipage de ce Vaisseau ne fut pas moins content que nous, de ce qu'il nous
avoit retrouvé.

La latitude fut ce jour-là de   58ˡ. 36ʹ.
Et la longitude de   304. 41.

Sur les quatre heures du soir, nous eûmes un épouvantable coup de vent de Nord : nos Matelots attentifs à tout,
de peur d'être surpris, serrerent toutes les voiles & ne laisserent au vent que la grande, dans laquelle on prit les ris,
mais ne pouvant resister à la tempête, on mit à la cape un
moment après.

K

V. *Mars.*

Nous passâmes une triste nuit; à quatre heures du matin les vents aïant un peu diminué leur furie de même que la mer, nous mîmes en route avec nos deux basses voiles, dans lesquelles on prit les ris; ce coup de vent nous fit perdre une seconde fois l'*Aurore*; ce Vaisseau ne pouvoit porter le cap en route, de même que nous, il s'égara, & nous ne le vîmes qu'à la Martinique, où il arriva plusieurs jours après nous.

A midi la mer calma, le Soleil parut, je fus assez heureux d'avoir observé sa hauteur meridienne, nous n'avions pû le faire depuis quelques jours; elle donna la latitude de   59^d.   5'.
La longitude fut estimée de   308.   18.
J'observai l'inclinaison de l'aiman
de   74.   30.

VI. *Mars.*

Le soir du cinquiéme les vents se rangerent au Nord-Oüest; le lendemain le tems s'éclaircit, le Soleil parut beau. Le complement de sa hauteur fut ob-
servé de   52^d. 55'. 0^s.
Alors sa déclinaison meridionale
étoit de   5.   43.
D'où je conclus la hauteur du Pole
de   58.   38.
Et j'estimai la longitude de   311.   32.
A la même heure, j'observai l'in-
clinaison de l'aiman de   72.   30.
Et par l'experience de l'équilibre des eaux de la mer, je trouvai l'extre-
mité de l'aréometre, raser la surface
de l'eau, chargé du poids de   2^{onces} 3$^{dr.}$ 52$^{gr.}$ $\frac{5}{8}$
Par l'amplitude occidentale observée du Soleil, je trouvai la déclinaison de l'aiman de 25^d. 0'. Nord-Est.

VII. *Mars.*

Les vents ne changerent pas, ils souffloient encore au Nord-

Oüeſt; le Soleil parut à ſon lever, je profitai de cette apparition pour obſerver ſon amplitude orientale; elle donna la variation de l'aiman toujours Nord-Eſt de .... 25^d. 5'.

A midi, calme tout plat, la mer s'applanit, nous eûmes une très-bonne hauteur du Soleil, laquelle donna la latitude de .... 57. 18.

La longitude fut eſtimée de .... 314. 51.

L'inclinaiſon de l'aiman obſervée dans le calme, fut de .... 70. 15.

Et l'aréometre fut en équilibre avec l'eau de la mer, chargé du poids de .... 2^{onces} 3$^{dr.}$ 52$^{gr.}$ ½

VIIIe *Mars.*

Les vents ſe rangerent au Sud, les jours devenoient toujours plus beaux, le Ciel fut fort clair & ſerain, & la mer unie.

J'obſervai la latitude ou hauteur du Pole Antartique de .... 57^d. 0'.

Et j'eſtimai la longitude de .... 317. 26.

Au Soleil couchant, j'obſervai l'amplitude occidentale du Soleil de .... 36. 0.

Par le calcul, l'amplitude fut trouvée de .... 9. 4.

D'où je conclus la variation de l'aiman toujours Nord-Eſt, de .... 26. 56.

IX. *Mars.*

Depuis midi du jour précedent les vents varierent de l'Oüeſt au Nord-Oüeſt; ſi le rems eût été à notre diſpoſition, nous n'aurions pû le faire plus favorable. A neuf heures du matin, il ſe leva ſur les eaux une brume fort épaiſſe; elle ne ſe diſſipa que ſur le midi; nous commençâmes de voir dans ces parages pluſieurs oiſeaux; d'où nous conjecturâmes que nous n'étions pas fort éloignés de quelque terre.

La hauteur meridienne du Soleil donna la latitude de .... 55^d. 44'.

La longitude fut estimée de　　　321ᵈ.　8ˢ.

x. *Mars.*

Le jour commença par un tems assés obscur, causé par des nuages épais, qui nous cacherent presque tout le Ciel ; nous trouvâmes dans ces parages, le froid plus piquant que nous ne l'avions senti, quoique moins élevés en latitude : nous n'avions pour nous échauffer qu'une tasse de chocolat, que nous prenions le matin, quelques Officiers & moi. Cette boisson est plus d'usage à la mer, qu'à terre ; on y trouve de-quoi s'indemniser d'un méchant repas ; à la mer les repas ne different guéres les uns des autres, on tâche de les reparer de son mieux. Les vents s'étoient rangés à l'Oüest ; la route corrigée valut le Nord-Est, plus 4ᵈ. vers l'Est. Notre Navire marchoit toujours également, l'équipage ne songeoit plus qu'à se divertir, nous n'avions eu jusqu'alors aucune maladie, & on esperoit, si le tems continuoit le même, arriver bien-tôt en Europe.

Par la hauteur du Soleil observée à midi, je conclus la latitude de　　　　　54ᵈ. 10ˢ.
　J'estimai la longitude de　　　　　324. 35.
　L'inclinaison observée de l'aiman,
fut de　　　　　63. 30.

x i. *Mars.*

La quantité de rats que nous avions dans notre Navire, étoit devenuë presqu'aussi grande qu'elle la fut autrefois dans l'Isle Jura, Isle dans la Mer Egée, d'où les habitans furent obligés de déloger à leur occasion, notre Capitaine trouva le moien d'en diminuer le grand nombre, en donnant à chaque Matelot un sol de chaque rat qu'on lui presentoit.

　Les vents varierent de l'Oüest-Nord-Oüest, à l'Oüest ; à midi le Soleil ne parut pas, la latitude fut estimée de　　　　52ᵈ. 39ˢ.
　Et la longitude de　　　　328. 10.

x i i. *Mars.*

Les vents se rangerent au Nord-Nord-Est ; nous ressenti-

mes de grands froids, & quelques Creoles du Perou qui paſ-
ſoient en Europe, & qui n'y étoient pas accoutumés, ſe re-
pentirent d'avoir entrepris ce voïage. Le Ciel demeura couvert toute la journée, nous n'eûmes

la latitude que par l'eſtime, elle fut de   52ᵈ. 29′.
Et la longitude de   329. 32.

XIII. *Mars.*

Les vents varierent du Nord, à l'Eſt ; la mer étoit devenuë
fort groſſe, le roulis nous incommodoit : on n'eut point de
hauteur, du Soleil, on ne laiſſa pas de chercher la latitude,
qu'on tira des differentes routes réduites à une, qui fut au
Nord ¼ Nord-Oüeſt ; cette latitude

fut trouvée de   51ᵈ. 31′.
Et la longitude fut eſtimée de   329.   9.

XIV. *Mars.*

Nous roulâmes furieuſement ; les vents varierent de l'Eſt,
au Sud ; la mer venoit directement de l'Eſt, elle eſtoit extrêmement groſſe, nous eûmes toute la
journée de la pluïe.

La latitude fut eſtimée de   49ᵈ. 27′.
Et la longitude de   331. 40.
L'inclinaiſon de l'éguille aimantée,
toujours vers le Sud, fut obſervée de   55. 30.

XV. *Mars.*

Les mêmes vents du jour précedent, continuerent ; nous
eûmes un beau jour, le Ciel clair &
ſerain, j'obſervai le complement de la
hauteur meridienne du Soleil de   43ᵈ. 45′.
Sa déclinaiſon étoit alors de   2. 12.
D'où je conclus la hauteur du Pole
ou la latitude de   45. 57.
J'eſtimai la longitude de   333. 30.
L'inclinaiſon obſervée de l'aiman,
fut de   52. 30.

Et la déclinaison observée par l'Azi-

muth de   20.   38.

Les Observations de cette maniere, quelques exactes qu'elles puissent être, ne sont pas assurées, parce qu'on ne peut prendre hauteur en mer qu'avec des instrumens qui la donnent ou trop grande, ou trop petite. Ces hauteurs sont un des principaux élemens qui entrent dans ces calculs; si elles ne sont pas justes, les calculs sont faux, & par conséquent, ce qui en resulte, je veux dire, les déclinaisons.

XVI *Mars.*

La nuit qui préceda le seize, le vent molit, il étoit toûjours Sud-Est, & sur les huit heures du matin, il revint le même & souffla avec la même véhemence que le jour d'auparavant, le Soleil se leva dans de gros broüillards, qui se dissiperent peu de tems après.

Le complement de la hauteur meridienne du Soleil fut observée de   42d.   10′.   0″.
            Sa déclinaison australe étoit de   1.   49.   6.
D'où je conclus la hauteur du Pole de   43.   59.
            La longitude fut estimée de   335.   47. 0.
J'observai l'inclinaison de l'aiman de   51.   30.
Les eaux de la mer furent en équilibre avec l'aréometre chargé du poids
de   2 onces 3 dr. 52 gr.

A la même heure le Soleil parut au centre d'un cercle dont le diametre étoit environ de 30. degrez.

XVII. *Mars.*

Dans la nuit la mer devint grosse & fort agitée, le roulis étoit extraordinaire, & nos meilleurs Marins se trouverent incommodés; les vents varierent de Sud-Sud-Est au Nord-Nord-Oüest; nos Pilotes attribuerent cette variation & le mauvais tems que nous ressentimes au cercle ou couronne que nous vimes le jour précedent autour du Soleil; cette experience m'auroit bien-tôt convaincu de la connoissance que nos Pilotes avoient acquise dans leurs longues navigations.

Ce jour-là, n'aïant point eu à mi-
di de hauteur, j'estimai la latitude de .... 42ᵈ. 50′.
Et la longitude de .... 337. 14.

XVIII. *Mars.*

La mer du Nord-Oüest qui nous avoit incommodé le jour précedent, regnoit encore ; comme elle nous prenoit par le travers, elle augmentoit le roulis. A midi nous vimes des oiseaux semblables à ceux que nous avions vû à huit heures du matin le dix-septiéme, ce qui nous persuada que nous n'étions pas éloignés de la terre : selon l'apparence, il fallut plus de tems à ces oiseaux partant le matin de terre, & allant chercher leur vie sur les eaux, pour arriver aux parages où nous étions, qu'il ne leur en falloit le jour précedent ; les vents varierent du Nord-Nord-Oüest, au Sud.

La latitude fut estimée de .... 41ᵈ. 7′.
Et la longitude de .... 339. 36.
J'observai l'inclinaison de l'aiman de .... 48. 30.

XIX. *Mars.*

Depuis midi du dix-huitiéme, les vents varierent du Sud-Est, au Sud-Oüest ; le Soleil parut à son lever, il nous promettoit par sa lumiere éclatante une belle journée ; j'observai son amplitude orientale, elle donna la variation de l'aiman de .... 14′. 0′.
Sur les neuf heures du matin, nous rencontrâmes sur la surface de la mer, une couche d'œufs de poisson, qui tenoit environ une lieüe, & comme nous en avions vû une autre couche le jour précedent, nous jugeâmes que c'étoit ce qui attiroit les oiseaux, que nous voïons depuis deux ou trois jours.

Le complement de la hauteur meri-
dienne du Soleil fut observée de .... 39′. 10′.
Sa declinaison australe calculée,
fut trouvée de .... 0. 38. 42.

D'où l'on tira la hauteur du Pole
austral, qu'on trouva de .... 39. 48. 42.

J'estimai la longitude de   341 . 4'.

L'inclinaison de l'aiman fut observée avec le roulis (tems auquel on ne peut pas se bien assurer du repos de l'eguille, ce qui rend les Observations douteuses) de   44. 30.

XX. *Mars.*

Nous passâmes une triste nuit, les coffres alloient à flot entre deux ponts, la mer étoit furieusement agitée, nous n'en fûmes pas tout-à-fait surpris, car nos anciens Marins qui dans plusieurs voiages avoient passé par les mêmes endroits, nous avoient avertis auparavant, qu'à la hauteur de la riviere ou fleuve de la Plate, il y regnoit ordinairement de tems semblables à celui-ci ; nous fimes cependant avec ce horrible tems, bon chemin, & nous comptâmes depuis midi du dix-neuf, après avoir corrigé les routes réduites à une que nous avions fait cinquante-sept lieües : les vents varierent du Sud au Sud-Oüest.

Avec tout le mauvais tems, je ne laissai pas d'observer l'hauteur meridienne du Soleil, mais non sans peine. Comme j'étois sur l'avant du Navire, j'étois investi de tems en tems par les grandes lames qui venoient se

briser sur ses flancs, la latitude fut de   37'. 20'.

La longitude fut estimée de   342. 52.

Par l'observation, l'inclinaison de l'aiman fut trouvée au Sud de   41. 30.

Et l'amplitude orientale donna la déclinaison Nord-Est de   13. 30.

XXI. *Mars.*

Depuis notre départ de la Conception de Chily, nous n'avions pas encore eu un si beau jour ; depuis midi du vingtiéme les vents s'étoient rangés au Nord-Oüest ½ Oüest, il ne parut de tout le jour, aucun nuage ; au lever du Soleil nous eûmes la consolation de le voir clair & d'observer exactement son amplitude orientale, qui donna la variation de l'aiman de   13ᵈ. 0'.

J'observai le complement de la hauteur meridienne du Soleil de   35. 28.

Sa declinaison septentrionale etoit
lors de   0ᵈ. 9′.
D'où je conclus la latitude être de   35. 19.
La longitude fut estimée de   343. 44.
Je trouvai par l'observation l'incli-
naison de l'aiman de   39. 30.
Et par l'expérience de l'équilibre des
eaux de la mer, qu'un volume d'eau
pareil à l'aréomêtre, pésoit   2 onces 3 dr. 51 gr. ¼

1711.
Mars.

XXII. Mars.

Les vents se rangerent au Nord-Nord-Oüest, la journée fut
differente de celle du vingt-uniéme, le
Soleil ne parut qu'à midi, j'observai le
complement de sa hauteur de   55ᵈ. 0′.
Selon le calcul, sa déclinaison sep-
tentrionale dût être de   0. 32.
D'où je conclus la latitude de   54. 28.
J'estimai la longitude   345. 42.

XXIII. Mars.

Le calme nous prit, & nous laissa une grosse mer. Nous
eûmes durant la nuit, de la pluie qui ne cessa que le matin;
elle devoit avoir applani la mer, mais les lames etant toujours
fort hautes, nous crumes qu'elles venoient de loin, & qu'elles
etoient poussées par des vents qui n'étoient pas encore arrivés
jusqu'à nous; comme le Soleil ne parut
pas, on n'eut la latitude que par l'estime
qu'on trouva de   34ᵈ. 16′.
Et la longitude de   346. 44.

XXIV. Mars.

Point de vent, la mer avoit beaucoup diminué; les chaleurs
commencerent à se faire sentir, & nous firent quitter les habits d'hiver; les rats moins importuns que les nuits precedentes, nous laisserent reposer à notre aise.

Le complément de la hauteur meridienne du Soleil fut observé de   35ᵈ. 20ᶦ.

Sa declinaison septentrionale étoit de   1. 20.

D'où je conclus la latitude de   34. 0.

La longitude fut estimée de   347. 0.

Par l'amplitude occidentale du Soleil observée par le Compas ordinaire, la variation de l'aiman fut trouvée au Nord-Est de   8. 56.

Par la Boussole qui me servoit à terre pour les mêmes Observations, je trouvai la variation de   9. 10.

La difference entre ces deux Observations étoit de   14.

Dont la moitié   7.

estant ajoutée à la moindre variation observée, donnoit la moïenne variation sur laquelle on pouvoit compter de   9. 3.

J'observai fort scrupuleusement, le calme étant un tems fort propre, l'inclinaison de l'aiguille aimantée vers le Sud de   36. 0.

X X V. *Mars.*

Après un calme, environ de deux jours, les vents commencerent à souffler au Nord-Nord-Oüest, par consequent opposés à notre route. Comme il falloit aller debout au vent, nous fûmes extrémement tourmentés, la mer mugissoit épouvantablement, le Vaisseau rouloit, & tangeoit en même tems : il n'étoit pas possible de se tenir debout dans aucun endroit du Navire, à peine pouvoit-on porter un morceau à la bouche, & pour boire il falloit prendre son tems, & avaler bien vite ; les promenades sur le pont furent interdites, & la cuisine, qui n'est pas le pire endroit du Vaisseau, manquoit de feu ; les grands coups de mer, qui choquoient les flancs du Navire, chassoient du lit ceux qui y avoient recours, pour être à l'abri du mauvais tems ; un Passager Genois de nation, en fit une rude experience, un lame qui vint se rompre au côté du

Navire, & dont le coup fut si violent, qu'on le sentit vivement dans la Sainte Barbe, renversa son lit tout amarré
qu'il étoit, les cordes casserent, & ce coup lui fut si funeste,
qu'il en eût un bras rompu, la pluie dura tout le jour. Tant
de maux joints ensemble, nous firent faire du mauvais sang,
les reflexions qu'on faisoit alors n'étoient plus de saison, il
falloit malgré soi supporter l'incons-
tance d'une mer orageuse.

1 7 11.
Mars.

La latitude fut estimée de   33^d.   39^t.
Et la longitude fut estimée de   347.   33.

XXVI. *Mars.*

La mer ne diminua rien de sa furie, les vents varierent du
Nord-Nord-Oüest, à l'Oüest, la pluie ne cessa que le matin,
le Ciel commença de se découvrir ; je tâchai d'observer la hauteur meridienne du Soleil, mais le roulis ne m'aiant laissé aucun moment de repos, j'aimai mieux
m'en tenir à l'estime qu'à mon Obser-
vation, l'estime donna la latitude de   32^d.   41^t.
Et la longitude de   348.   42.
J'observai l'inclinaison de l'aiman
de   35.   30.

XXVII. *Mars.*

Les vents se rangerent au Sud-Est, on ne pouvoit les souhaiter plus favorables, la mer calma ; le matin le Maitre Ca-
nonier ouvrit les sabords de la Sainte Barbe, posés sur l'arriere du Vaisseau, le mauvais tems avoit obligé de les fermer. D'abord qu'on les eût ouverts, je m'assis sur un coffre
posé en face, j'avois à côté le Maitre Chirurgien, qui se réjoüissoit avec tous les autres, de voir que le beau tems succe-
doit à une furieuse tempête ; durant ce tems-la, la mer n'étant
pas encore entierement applanie, une lame nous prit par l'arriere, & elle entra à plein sabord, le Chirurgien me pata, &
reçut tout le coup ; j'en fus quitte pour être mouillé jusqu'à
la ceinture. Dans le même tems, il arriva un accident plus
funeste ; notre Aumônier de l'Ordre de S. Dominique, & un
Religieux du même Ordre, dont j'ai parlé ailleurs se promenant sur le pont, le roulis les fit glisser ; l'Aumônier tom-

ba fur l'affût d'un Canon, il fut bleffé à la tête, & en penfa

perdre la vie : pour l'autre Religieux
il ne reçut aucun mal.

J'obfervai la latitude de   30ᵈ. 15'.

Et la longitude fut eftimée de   349. 23.

Dans l'Obfervation que je fis de l'inclinaifon de l'aiman, je la trouvai de   31. 0.

XXVIII. *Mars.*

Les vents devinrent toujours plus favorables, le matin ils fe
rangerent au Sud-Eft, & à midi à l'Eft-Sud-Eft, notre Vaiffeau
navigeoit toujours mieux , & faifoit
beaucoup de chemin ; nous n'eûmes
point de hauteur du Soleil, à midi,
j'eftimai fa latitude de   27ᵈ. 11'.

Et la longitude de   349. 17.

J'obfervai l'inclinaifon de l'aiman
vers le Sud de   27. 30.

XXIX. *Mars.*

Les lames qui venoient du Sud , de même que les jours paf-
fés, poufloient notre Navire vers le Nord, elles furent plu
conftantes que les vents , ceux-ci, qui depuis deux jours étoien
fort favorables , changerent tout d'un coup , & fe tirerent au
Nord ; le Soleil fe fit voir à midi, j'ob-
fervai le complement de fa hauteur
meridienne de   29ᵈ. 20'.

La déclinaifon feptentrionale
étoit alors de   3. 14.

D'où l'on conclud la hauteur du
Pole antartique de   26. 6.

La longitude fut eftimée de   349. 56.

Et l'inclinaifon de l'aiman obfervée de   24. 0.

Au Soleil levant j'avois obfervé l'amplitude du Soleil , elle donna la decli-
naifon de l'aiman au Nord-Eft de   6. 30.

XXX. *Mars.*

Les vents varierent du Nord-Est au
Nord, ils étoient fort mouls, aussi
allions-nous fort doucement; la lati-
tude fut observée de   36ᵈ. 0ᵐ.
   La longitude estimée de   349. 20.
   Par l'observation de l'inclinaison
de l'aiman, je la trouvai de   22. 30.

XXXI. *Mars.*

Nous eûmes un beau jour, presque
point de nuages, ce qui nous assura
le complement observé de la hauteur
meridienne du Soleil qui fut de   27ᵈ. 50ᵐ.
   Déclinaison septentrionale   4. 4.
____
Donc la hauteur du Pole dût être de   23. 46.
   J'estimai la longitude de   348. 41.
   J'observai l'inclinaison de l'aiguille
aimantée de   22. 0.
   Par l'experience de l'areométre, je le
trouvai en équilibre avec les eaux de la
mer, chargé du poids de   2 onces 3ᵈʳ. 50ᵍʳ. ⅞

PREMIER *Avril.*

La journée ne differa pas de la précedente ; le Ciel fut clair,
les chaleurs se firent sentir ; ce jour-là, nous laissâmes derriere
nous le Tropique du *Capricorne*. A mi-
di le complement de la hauteur du So-
leil fut de   27ᵈ. 31.
   Sa déclinaison septentrionale de   4. 27.
____
Donc la hauteur du Pole fut de   23. 4.
   La longitude fut estimée de   349. 8.

II. *Avril.*

Nous passâmes en calme la nuit précedente, le Soleil parut beau à son lever, j'observai son amplitude orientale par ma boussole de   9^l. 30^l.

Par le calcul, je trouvai que la même amplitude devoit être de   5. 11.

La différence entre l'amplitude observée & l'amplitude calculée, étoit de   4. 19.

Veritable variation de l'aiman, toujours Nord-Est.

III. *Avril.*

Les Vents varierent encore au Nord, cette variation affligeoit tout l'équipage, puisqu'elle retardoit notre arrivée en Europe, le vent du Nord étoit opposé à notre route ; les chaleurs, quoique nous fussions dans la Zone torride, n'étoient pas excessives, & au de-là de cette Zone nous en avions déja ressenti de fort violentes.

Par l'observation de l'amplitude orientale du Soleil, je trouvai la déclinaison de l'aiman de   3^l. 15^l.

Par le complement de la hauteur meridienne de Soleil, je déterminai la hauteur du Pole de   22. 14.

Et par les routes corrigées & réduites à une seule, je trouvai que la longitude dût être de   348. 10.

L'inclinaison Sud de l'aiguille aimantée fut observée de   19. 15.

IV. *Avril.*

Le matin les vents se rangerent au Nord-Est, nous nous flattions qu'ils changeroient, & qu'ils deviendroient plus favorables, puisqu'au sentiment d'un Astronome moderne, les vents dans la Zone torride au Sud de la Ligne, doivent varier du Sud à l'Est ; mais cela n'est pas constamment vrai, se-

on les Observations exactes que j'ai faites, pour verifier si
opinion de cet Astronome étoit vraie ou fausse. Il y a bien
oin des sublimes spéculations aux experiences, elles ne con-
iennent pas toujours ensemble ; pour en avoir une certitude
hysique, il faut avoir experimenté ; cet Astronome tombe
ci dans le même inconvenient, qu'un sçavant Anglois, qui
rétend que mes Observations faites avec tant d'exactitude
ur la longueur du pendule, conviennent avec ses hipotheses
maginées, faites dans un cabinet, à l'abri des tempêtes &
u mauvais tems qu'il faut essuier dans les voiages qu'on ne
ait que pour perfectionner les Sciences & les Arts. Mais
uand mes Observations ne s'accordent pas avec les hipotheses
e ce Philosophe, comme elles l'incommodent, il hasarde de
es blâmer. Ainsi quand il parle de l'Observation que je fis à
orto-Bello, pour déterminer la longueur des Pendules isochro-
es, il dit ces mots, *errante observatione P. Feuillerii*, mais en
çauroit-il donner des preuves ? On admirera ce grand Geo-
metre, lorsqu'il se tiendra dans les bornes de la Geométrie,
mais lorsqu'il en sortira, nous ne ferons pas plus de cas de ses
ipotheses, qu'il en fait lui-même de mes Observations. On
'auroit excusé s'il eût prévenu le Lecteur, que l'air n'est pas
oujours également condensé, ni rarefié, & singulierement à
orto-Bello ; car dans certaines saisons de l'année les pluies y
ont continuelles, & par consequent, on ne sçauroit réduire
à des regles de geometrie, une variation de longueur des
Pendules variables, suivant la saison.

A midi j'observai la latitude de   21^d. 24′.

  Et j'estimai la longitude de   347. 26.

  L'inclinaison Sud de l'aiman fut ob-

ervée de   18. 15.

V. Avril.

Nous attendions avec empressement le S. jour de Pâques,
nous chantâmes avec plaisir *Alleluia*. L'exacte observance du
jeûne est en mer bien difficile, & quelque bonne intention
qu'on ait de l'observer, il est presqu'impossible de pouvoir
le faire ; le grand roulis d'un Vaisseau, les lames qui le battent en flanc, lorsqu'elles le prenent par son travers, les vents
opposés à la route, une infinité d'autres accidens imprevus,
comme sont les tempêtes &c. rendent le cœur fade & affoi-

blissent si fort l'estomac, qu'il est absolument necessaire de l[e]
fortifier, lorsqu'on n'a pas envie de rester en ôtage ou sous l[a]
Ligne ou en quelqu'autre endroit de la mer.

A la pointe du jour nous decouvrîmes l'Isle de l'*Ascension*, c[e]
fut pour nous une grande consolation; quoique nous fussion[s]
la hauteur de cette Isle, & que même notre dessein fût de l[a]
reconnoître par la route que nous tenions, aucun de nous n'e[u]
la temerité de dire en la voiant : *Je devois la voir à point nom-*
mé ; il falloit pour cela avoir autant de connoissance de l[a]
Navigation, que Mr. Frezier en a ; aussi sont-ce là les term[es]
dont il se sert dans la page 226. de la relation de son voïag[e]
de la mer du Sud.

Le même Auteur a grand tort de dire dans la page suivante, en des termes peu convenables au respect qu'on doi[t]
aux grands hommes : *C'est mal-à-propos qu'Edmond Halley a sup-*
primé dans sa grande Carte l'Isle de la Trinité, & qu'il a appellé d[e]
ce nom celle de l'Ascension. Il me semble qu'on devroit ajoute[r]
plus de foi à un sçavant, tel qu'est M. Edmond Halley qui dan[s]
le dessein de verifier si l'Isle de *la Trinité* n'étoit pas la mêm[e]
que l'Isle de *l'Ascension*, courut sur un même parallele, depuis les Isles de Martin Vas, & ne rencontra dans cette cours[e]
qu'une seule Isle, dont la figure & la situation des Islots n[e]
different pas de celles sous lesquelles tous nos Marins ont toujours representé l'Isle & les Islots de l'Ascension. Le Voïage d[e]
Mr. Halley ne tendoit qu'à perfectionner les Sciences, & singulierement la Géographie & l'Astronomie, & à se détromper
des faux préjugés ; celui de notre Auteur n'étoit que pour l[e]
Commerce, les Vaisseaux dont il parle n'avoient en vûë qu[e]
de continuer leur route, & ce fut un pur hasard, quand il[s]
rencontrerent l'Isle de *l'Ascension* qu'ils crurent être l'Isle d[e]
la Trinité.

A dix heures du matin la grande Isle nous resta à l'Oüest ¼
Sud-Oüest, à sept lieuës environ de distance, & le milieu d[e]
l'Islot, qui de loin paroit être separé des deux autres, nou[s]
restoit à l'Est ¼ Nord-Est environ à une lieuë ; nous conclûmes de-là, que la distance, qui est entre la grande Isle & le[s]
Islots, étoit environ de huit à neuf lieuës. Mr. Frezier s'e[st]
encore trompé dans la page 267. lorsque parlant de l'Isl[e]
de l'*Ascension*, il dit, *on peut encore la reconnoître par trois Islots.*
Si notre Auteur avoit eu de bonnes lunettes & un vrai desi[r]

de

de perfectionner les Sciences, au lieu d'avoir un esprit critique, il auroit dit, *deux Islots* & non pas trois; car l'Islot du
milieu, selon lui, qui paroît le plus grand & qui l'est en effet,
n'en compose qu'un seul avec celui, qui lui est au Nord. Ces
deux Islots sont de grands rochers fort escarpés, battus de la
mer depuis leur création; il n'y paroît aucune verdure, pas
même de la terre, il est vrai qu'à une lieuë de distance où nous
passâmes, on auroit eu peine à distinguer une plante, suposé
qu'il y en eût.

1711
Avril.

Le matin nous observâmes l'amplitude
orientale du Soleil de . . . . 13ᵈ. 50′.
    Retranchant l'amplitude calculée,
qu'on trouva de . . . . 6. 16.

La soustraction faite, il resta pour la
variation de l'aiman au Nord-d'Est . . . . . . 7. 34.
    J'observai à midi le complement de la
hauteur du Soleil de . . . . 26. 15.
    Sa déclinaison septentrionale étoit
alors de . . . . 5. 59.

D'où je conclus la hauteur du Pole antartique de . . . . 20. 16.
    La longitude fut estimée de . . . . 346. 30.
Et l'inclinaison de l'aiguille aimantée
fut observée de . . . . 16. 30.
    L'amplitude occidentale que j'eus occa-
sion d'observer, donna la variation de
l'aiman de . . . . 6. 0.
    Prenant un milieu entre l'observation
faite le matin & celle-ci, la moïenne variation fut de . . . . 6. 47.

VI. *Avril.*

Nous commençâmes à nous ressentir de l'approche de la
Ligne, les chaleurs augmentoient tous les jours, & dans la
nuit nous eûmes plusieurs grains, assez frequents dans la Zone
torride; ces grains nous amenerent de petits vents, qui varierent du Nord-Est, à l'Est; la route valut le Nord; le ma-

cin il s'éleva une grosse mer venant du Sud-Oüest, elle empêcha le vaisseau de deriver, ainsi nous n'eûmes dans la reduction des routes, que la variation de l'aiman à corriger.

Le complement de la hauteur meridienne du Soleil fut observé de   25ᵈ. 10′.

Par l'analogie ordinaire, sa déclinaison septentrionale fut trouvée de   6. 22.

D'où l'on conclut la hauteur du Pole antartique de   18. 48.

Je trouvai l'inclinaison Sud de l'aiman de   14. 15.

VII. *Avril.*

La mer changea de route, le jour précedent elle venoit du Sud-Oüest, elle vint alors de l'Est, le vent s'étoit rangé au même endroit, l'un & l'autre nous étoient très-favorables; nous vîmes quelques Dorades & plusieurs poissons volans; mais quelque habileté qu'eussent nos Matelots, il leur fut impossible d'en prendre ni des uns ni des autres.

Le complement de la hauteur meridiendienne du Soleil fut observé de   23ᵈ. 50′.

Sa declinaison qu'on trouva (après avoir cherché par le calcul le vrai lieu du Soleil) étoit de   6. 44.

Ce qui donna a la soustraction faite pour la hauteur du Pole de   17. 6.

La longitude fut estimée de   346. 30.

Et l'inclinaison Sud de l'aiman fut observée de   12. 0.

VIII. *Avril.*

Depuis quelques jours nous voüions des poissons volans; ce jour-là nous les vîmes sortir des eaux par troupes lorsque l'avant du Navire venoit à les rencontrer. Depuis le 5ᵉ nous n'avions pû voir le Soleil ni à son orient ni à son occident pour observer son amplitude & chercher par elle la variation de l'aiman; comme elle est un des principaux élemens de la navigation, je tâchai de la trouver par les Azimuts; à deux diffe-

rentes heures ; je pris avec le quartier Anglois la hauteur du
Soleil, durant qu'un de nos Pilotes obfervoit l'endroit où le fil
qui traverfe le compas & paffe par le centre de l'horifon , cou-
poit le même horifon ; ces deux Obfervations faites , je cherchai par une analogie, quelle devoit être la variation. Par la premiere Obfervation que je fis le matin vers
les 9. heures, la variation fut trouvée de   1ᵈ. 30′.

Par la feconde qui fut faite vers les deux
heures du foir , elle fut trouvée de   1.   56.

Prenant un milieu entre les deux Ob-
fervations , la variation dût être de   1.   43.

Les variations trouvées de cette maniere ne font pas affu-
rées, j'ai dit en divers endroits de mon Journal, que les inftrumens dont on fe fert en mer pour obferver la hauteur des Af-
tres, donnent ces hauteurs fort incertaines. Qui eft-ce qui pourroit divifer la fléche ou le quartier Anglois avec tant de jufteffe,
qu'il pût s'affurer en obfervant de la minute? Perfonne n'ignore
que le bois fe déjette , & un inftrument qui dans un tems fec
donnera une telle hauteur, dans un tems humide, ce ne fera
plus la même hauteur , mais elle fera ou moindre ou plus grande. Autre inconvenient , fuppofé qu'un inftrument demeure
dans fa premiere perfection, quel fera l'Obfervateur, qui déter-
minera à la minute la pofition du matteau fur la fléche ? Je veux
encore paffer cette difficulté ; mais on ne pourra répondre à
la fuivante, la voici : un Navire n'eft pas un rocher , il eft continuellement dans le mouvement, battu des eaux , & un Obfervateur ne fçauroit trouver ce moment phyfique , quelque
habileté qu'il ait , qui l'affure que la hauteur eft telle. Je ne
parle pas ici d'une infinité d'autres difficultés, comme de la den-
fité ou rareté de l'atmofphere , qui differe felon les differentes
faifons & les differens climats ; c'eft ce qui fait dire aux habiles
Pilotes, qu'ils comptent pour rien dix à douze minutes de différence dans leurs hauteurs , & on ne leur entend jamais dire,
j'arrivai à point nommé , comme Mr. Frezier, qui peut être un
bon Ingenieur , mais fort mauvais Pilote.

A midi j'obfervai le complement de la
hauteur du Soleil de   22ᵈ. 2′.

La déclinaifon fut trouvée de   7.   4.
____

D'où je conclus la hauteur du Pole de   14. 58.

La longitude fut estimée de   346 . 30'.

Je trouvai par l'Observation l'inclinaison Sud de l'aiman de   8. 30.

IX. Avril.

Dans la nuit qui préceda le neuviéme, nous vîmes sur notre Zenit un feu, qui ne dépendoit nullement de la compoſition des nuës, comme prétend un Philoſophe moderne ; car
le haut du Ciel où ce feu ſe forma tout d'un coup, étoit ſerain : il y avoit à l'horiſon tant de vapeurs dans l'air, qu'on
ne voioit même pas à ſept ou huit degrez de hauteur les étoiles
de la premiere grandeur, à travers cette vapeur ; l'embraſe-
ment de ce feu ne dépendoit donc pas de la compoſition des
nuës, puiſqu'il n'en paroiſſoit aucune vers le Zenit où ce feu
prit naiſſance; il ne ſuivit pas non plus la direction des vents, qui
ſouffloient alors de l'Eſt ; il auroit dû être pouſſé vers l'Oüeſt.
A ſon commencement on le vit comme un aſtre enflammé de
la grandeur du Soleil, dans cet état ſa durée fut environ de
quinze ſecondes de tems, enſuite il s'étendit horizontalement,
il éclaira toute la ſurface de la mer, & ſa lumiere fut ſi extraordinaire qu'on auroit pû découvrir de fort loin un Navire ; cette clarté dura à peu près vingt ſecondes, de maniere
que la durée totale de ce Phenomene fut environ de trente-
cinq ſecondes de tems.

La mer avoit oublié toute ſa furie, elle étoit devenuë fort
belle ; les vents varierent de l'Eſt, à l'Eſt-Nord-Eſt, il ne nous
reſtoit plus qu'à deſirer, qu'ils continuaſſent de même pour
paſſer dans peu de jours la Ligne équinoxiale.

Le complement de la hauteur meridienne du Soleil fut obſervée de   20ᵈ. 43'.
Sa déclinaiſon étoit alors de   7. 28.

Donc la hauteur du Pole antartique fut
de   13. 15.
J'eſtimai la longitude de   343. 35.
J'obſervai l'inclinaiſon de l'aiguille aimantée vers le Sud de   4. 30.
Les eaux de la mer furent en équilibre
avec l'areometre chargé du poids de 2 onces 3 dr. 50 gr. ¼

x. *Avril.*

Durant la nuit nous eûmes quelques grains assez pésans, ils ne changerent ni la mer ni les vents, & ne diminuerent que les chaleurs que nous sentions vivement depuis quelques jours.

A midy le complement de la hauteur ob-
servée du Soleil fut de   19ᵈ. 25′.
   Sa déclinaison septentrionale étoit de   7. 51.

Donc la hauteur du Pole antartique
fut être de   11. 34.
      La longitude fut estimée de   346. 35.
   La route corrigée valut le Nord, il n'y eut par consequent, aucune différence entre la longitude du jour précedent & celle qu'on trouva à midi.

      Le Soleil n'aïant paru ni à son lever ni à son coucher, je ne pûs observer la variation de l'aiman que par l'Azimut, Observations incertaines, comme j'ai deja dit;
à trois heures du soir je la trouvai de   1ᵈ. 50′.
      L'inclinaison Sud par l'instrument,
fut observée de   1. 45.

x I. *Avril.*

Les vents varierent de l'Est-Sud-Est, à l'Est; à neuf heures du matin nous eûmes deux petits grains, qui diminuerent un peu nos bons vents.

   A la même heure j'observai l'inclinaison de l'aiman, je trouvai l'aiguille aimantée entierement parallele à l'horison; je conclus de cette Observation, que dans ces parages l'aiguille aimantée n'avoit aucune inclinaison, & que selon les apparences, l'inclinaison que j'avois observee jusqu'alors, vers le Sud, alloit changer & devenir Nord, je veux dire que l'aiguille aimantée qui jusqu'alors baissoit au dessous de l'horison vers le Sud, alloit s'élever du même côté & baisser du côté du Nord.

   Le complement de la hauteur meridien-
ne du Soleil fut de   17ᵈ. 50′.
   Déclinaison septentrionale   8. 13.

Donc hauteur du Pole antartique   9ᵈ. 37ᵐ.

1711. Même longitude que celle du jour précedent.
Avril.

XII. *Avril.*

Je réduisis toutes les differentes routes, que nous avions faites depuis l'Isle de l'*Ascension*; je trouvai après la réduction que la route n'avoit vallu que le Nord; les chaleurs qui avoient diminué par les frequentes pluïes, revinrent; elles ne nous incommodoient que la nuit, en nous empêchant de dormir; le jour elles ne nous paroissoient pas si rudes, nous le passions ordinairement sur le pont, où l'air y étoit rafraîchi par les petits vents qui regnent dans la Zone torride; nous ne commençâmes de voir le Soleil qu'à onze heures du matin, les nuages qui nous l'avoient caché se dissiperent & le reste de la journée fut très-beau, les vents souffloient à l'Est.

J'observai le complement de la hauteur
meridienne du Soleil de   16ᵈ. 30ᵐ.
 Déclinaison septentrionale   8. 35.

 Donc hauteur du Pole antartique   7. 55.
 La longitude fut estimée de   346. 45.

L'inclinaison de l'aiguille aimantée que j'avois trouvée depuis mon départ de Lima vers le Sud jusqu'au 11ᵉ Avril être entierement parallele à l'horison, avoit changé & estoit devenuë Nord; je trouvai à midi cette in-clinaison Nord de   4ᵈ. 30ᵐ.

XIII. *Avril.*

La nuit fut si claire, que sa clarté me convia de la passer sur le pont, j'y vis avec regret baisser les étoiles du Sud; j'allois bien-tôt les perdre de vuë, peut-être pour toujours, & élever celles du Nord; un tel changement ne m'étoit pas autant agréable, qu'on pourroit croire; il falloit quitter la Zone torride, revenir en Europe, ressentir les froids violens de l'hiver, que je regardois comme mes grands ennemis; les guerres étoient un autre motif pour ne desirer pas si-tôt mon retour, je craignois d'être dépoüillé par les ennemis à l'approche de ma patrie; mais dequoi être dépoüillé? de mes pasiers, c'étoit là toutes mes richesses, & je les estimois beaucoup plus que tout l'or & l'argent du Perou.

Nos Matelots prirent le matin une Becune, que nous mangeâmes sans répugnance, après l'avoir examiné & lui avoir trouvé les dents fort blanches ; ce poisson est fort commun dans les Isles de l'Amerique & dans tout le golfe du Mexique; mais on ne le mange qu'avec précaution ; car lorsqu'il s'est nourri du fruit d'un arbre appellé Massunilier, sa substance qui est d'ailleurs fort bonne, se change en un cruel poison ; ce qu'on connoît, à ce qu'il a pour lors les dents noires ; je l'appris des Phibustiers en 1705. revenant de la nouvelle Espagne aux Isles de l'Amerique : nous prîmes plusieurs Becunes dans cette traversée ; nos Phibustiers examinoient d'abord la couleur de leurs dents ; lorsqu'ils leur découvroient la moindre noirceur, ils les rejettoient à la mer ; quand elles étoient sans taches & entierement blanches, on les remettoit au cuisinier, & nous les mangions sans crainte.

A neuf heures du matin j'observai l'inclinaison de l'aiguille aimantée, je la trouvai Nord de   7ᵈ. 0′.
A midi j'observai la hauteur du complement du Soleil de   15. 20.
Sa déclinaison septentrionale étoit de   8. 57.

Donc la hauteur du Pole dût être de   6. 23.
La longitude fut estimée de   346. 45.
Par l'amplitude occidentale du Soleil observée, je trouvai la déclinaison Nord-Est de l'aiman de   2. 5.

X I V. Avril.

Les vents s'étoient rangés dans la nuit à l'Est-Sud-Est : n'aïant point d'ennemis à craindre dans les mers que nous avions parcourues depuis le Roïaume de Chily, nous avions laissé à fonds-de-cale nos Canons fort tranquilles, où on les descendit en partant, pour débarasser le pont & placer à leur lieu, les bœufs & autres animaux pour la provision de l'équipage ; mais craignant de rencontrer quelques Navires Anglois ou Hollandois, nations avec qui nous avions alors la guerre; on commença dès le matin, de monter les Canons sur leurs affuts, & les mettre aux fabords.

Le complément de la hauteur meridienne du Soleil fut obfervé de	13ᵈ. 51′.
Déclinaifon feptentrionale	9. 19.
Donc la hauteur du Pole de	4. 32.
La longitude fut eftimée de	347. 15.
L'inclinaifon Nord feptentrionale de l'aiguille aimantée fut obfervée de	12. 0.

xv. *Avril.*

Le foir du jour précedent nous vîmes plufieurs oifeaux qu'on appelle *Fols* à caufe de leur naïveté : ces oifeaux nous firent juger, qu'il falloit que nous ne fuffions pas éloignés de quelque terre; notre Capitaine avoit deffein de reconnoître l'Ifle de *Fernandes Norogna*, efperant d'y faire de l'eau ; notre provifion étoit déja fort diminuée; comme il apprehendoit de paffer cette Ifle à minuit, il fit mettre le Vaiffeau à la cape fous la grande voile, nous paffâmes jufqu'au jour dans cette fituation ; le jour fait, il fit monter fur la hune du grand hunier une vigie pour découvrir fi autour de nous, il n'y auroit pas quelque terre ; après que la vigie eut bien examiné de tous côtés, il répondit qu'il ne voioit rien ; felon les Cartes nous fçavions que l'Ifle de *Fernandes Norogna* étoit entre le troifiéme & le quatriéme degré de latitude Sud ; nous étions à peu près par fon parallele, & comme affurés que fi elle nous reftoit fur l'avant ou à l'Oüeft, faifant cette route, nous la verrions infailliblement ; notre Capitaine ordonna qu'on y mît le cap, nous courûmes jufqu'à huit heures du foir fur le même parallele ; mais n'aïant rien découvert, nos Pilotes crûrent que nous avions dépaffé, & craignant qu'en continuant dans la nuit la même route, nous ne tombaffions fur les *Abrojos* rochers à l'Oüeft de l'Ifle, on remit à la cape ; les vents étoient au Sud, ils avoient fraîchi & nous faifions bon chemin.

A midi la hauteur meridienne du Soleil fut obfervée de	13ᵈ. 20′.
Sa déclinaifon étoit de	9. 41.

De ces élemens je conclus la hauteur

du

du Pole antartique de   3 . 39′.

    J'estimai la longitude de   546 . 35 .

L'inclinaison septentrionale de l'aiguille aimantée fut trouvée par l'Observation de   15 . 0 .

Depuis midi jusqu'au soir, nous ne vimes plus le Soleil & nous eûmes des grains de tems en tems.

XVI. *Avril.*

Le jour précedent nos Pilotes se flattoient de voir avant la nuit, l'Isle que nous cherchions, ils n'en eurent aucune connoissance; ils en furent assez surpris, & conclurent qu'il falloit que l'Isle de *Fernandes Norogna* fût mal posée sur leurs cartes; ils assurerent même qu'on l'avoit depassée. D'abord qu'il fut jour, on remit à la voile, nous fimes la même route que le jour précedent; à neuf heures du matin nous vimes quelques Fregates & plusieurs Fols venant de l'Ouest; ces oiseaux sembloient par là nous annoncer que nous étions encore à l'Est de l'Isle de *Fernandes Norogna.*

    Le complement de la hauteur meridienne du Soleil fut de   13¹ . 40′.

    Sa déclinaison septentrionale de   10 . 2 .

    D'où je conclus la hauteur du Pole antartique de   3 . 38 .

    La longitude estimée fut de   345 . 45 .

    L'inclinaison de l'aiman toujours septentrionale fut observée de   15 . 0 .

    Par l'experience du poids des eaux de la mer, je les trouvai en équilibre avec l'areometre chargé de   2 onces 3 dr. 49 gr.

On fit le soir la même manœuvre que le jour précedent, la vigie qu'on fit monter sur la hune du grand hunier, cria au Soleil couchant qu'il ne découvroit rien, nous continuâmes notre route jusques vers les neuf heures du soir; ensuite nous capâmes jusqu'au lendemain. La nuit surprit quelques Fols, ces pauvres oiseaux crurent être en sureté sur les vergues, mais les Matelots, qui sont toujours alertes ne les laisserent pas reposer long-tems, ils s'en servirent le lendemain matin pour déjeûner; je priai un des Matelots de m'en donner un, il me l'offrit très-agréablement.

N

XVII. *Avril.*

Nous n'avions pas encore eu une si belle mer, ni un Ciel si clair & serain ; le vent qui avoit varié le jour précedent du Sud-Est, à l'Est-Sud-Est, s'arrêta à l'Est-Sud-Est ; au jour naissant, on mit le cap à l'Oüest toujours dans la même esperance de voir avant la nuit, l'Isle de *Fernandes Norogna.*

DESCRIPTION

D'un Fol ou *Fiber marinus rostro acutissimo adunco serrato.*

JE commençai la journée par la Description de l'Oiseau appellé Fol, dont le Matelot m'avoit fait present le soir du seiziéme.

Cet oiseau n'est pas tout-à-fait si gros qu'un chapon , il a le port & la posture d'une de nos petites Oyes domestiques , puisqu'il a les jambes fort courtes & les pieds de même.

Son bec est environ de quatre pouces de longueur , épais à sa racine , droit , terminé en pointe un peu recourbée , semblable à ces instrumens de chirurgie qu'on appelle bec de corbin ; ses bords sont taillans & dentellés à rebours de même qu'une scie bien fine ; c'est pourquoi il mord vigoureusement , & ne pique jamais sans enlever quelque piece ; les côtés de la partie superieure sont tant soit peu sillonnés en long par une petite fossette , dans le long de laquelle les narines sont situées ; mais elles sont si peu ouvertes , qu'on ne peut les discerner qu'avec peine ; ces narines aboutissent dans le fonds du pallais , par deux longues ouvertures. Je ne déterminai pas la couleur de ce bec ; car aïant eu plusieurs de ces oiseaux en main dans les voïages que j'avois faits aux Isles de l'Amerique, & à la nouvelle Espagne , j'en avois vû qui étoient noirâtres ardoisés, d'autres bleuâtres, & d'autres mêlés de tant soit peu de bleu confondu avec un très-beau vermeil , excepté près de la racine où ils étoient entierement bleuâtres.

Ses yeux étoient situés tout joignant cette même racine, dans un champ aussi bleuâtre, ils étoient presque ronds & n'étoient pas trop grands eu égard à la grosseur de l'oiseau ;

on n'en peut guéres fixer la couleur; les uns les ont blancs, les
autres bleus, & d'autres mêlés de roux & de tant soit peu de
couleur isabelle.

Sa tête étoit proportionnée à la grosseur du corps, elle
étoit un peu plus longue que large; le dessus étoit tant soit
peu surbaissé, & les joües un peu applaties; son col étoit
fort court; ses aîles fort longues; je trouvai d'une extremité à l'autre quatre pieds six pouces, elles se ferment par trois
grands plis formés par les jointures des os & par la longueur
du *Carpe* & du *Metacarpe*, qui sont beaucoup plus longs que
dans plusieurs autres oiseaux de ce genre.

Sa queue étoit moïennement longue, excedant pourtant
de beaucoup l'extremité des aîles & finissant par une pointe
arrondie que formoient les bouts de ses plumes; ses jambes
étoient fort courtes; mais les pieds étoient fort larges, composés chacun de cinq doigts, armés chacun d'un petit ongle
noir, dont quelques uns sont dentelés; tous ces doigts ou
serres étoient joints par un cartilage épais, comme celui des
Oyes & des Cignes.

Tout le plumage de cet oiseau, singulierement celui du col,
de son parement & du ventre étoit un duvet fort épais & fort
doux; depuis le commencement de la tête jusqu'à l'extremité
de la queue, je veux dire tout son manteau, le plumage étoit
tout uniforme; car il étoit gris fauve, tantôt plus ou moins
foncé, mais uni & luisant; j'ai pourtant observé, quoique
rarement, qu'il s'en rencontre quelqu'uns de tout-à-fait blancs
comme du coton, & d'autres moitié blancs, moitié fauves;
j'estime que ces blancs sont quelques jeunes nouvellement
sortis de leur aire, & que dans la suite des tems, ils changent
de blanc en fauve; ce qui me confirme dans ce jugement,
c'est qu'étant aux Isles de l'Amerique, j'en pris un dans son
aire, qui étoit tout blanc & qui étoit assez fort pour voler;
puisqu'en effet son pair s'envola & se jetta dans la mer dans
le tems que je m'approchai pour le prendre: j'ai encore observé
que leurs pieds & leurs jambes sont de differentes couleurs,
quelques fois gris, d'autres fois bleuâtres, ou ardoisés, ou bien
couleur de chair ou de rose.

Ces oiseaux ne vivent que de la pêche, s'éloignant pour cet
effet fort au large dans la mer; on en voit quelque fois à près
de cinq cens lieuës écartés de la terre; on leur a donné le

nom de Fol à cause de leur grande stupidité , leur regard niais & l'habitude de secoüer continuellement la tête , & de trembler lorsqu'ils sont posés sur les vergues d'un Navire, ou ailleurs, où ils se laissent aisément prendre avec la main. J'ai eu plusieurs fois le plaisir de voir certains autres oiseaux, (appellés Fregattes à cause de la legereté de leur vol) leur donner la chasse, lorsqu'ils se retirent par bandes, au retour de leur pêche , ce qui est ordinairement le soir : les Fregattes viennent pour lors les attendre au passage, & fondans sur eux, les obligent tous à crier comme à l'aide ; & en criant à vomir quelqu'uns des poissons qu'ils portent à leurs petits ; ainsi les Fregattes profitent de la pêche de ces oiseaux, ausquels ils laissent ensuite poursuivre leur route.

Ce même jour j'eus la curiosité d'en anatomiser un , je ne lui observai rien de singulier, si ce n'est que la peau d'entre l'*occiput* & les *omoplattes* étoit entierement separée des chairs en façon d'une bourse ou d'un linge appliqué simplement sur quelque membre ; que les muscles pectoraux étoient aussi tout-à-fait separés du *sternum* ; & qu'enfin les nerfs qui passent de la poitrine , le long des os des ailes , les veines axillaires , & même la souclaviere , étoient entierement nuës , détachées les unes des autres ; la langue de celui-ci étoit extremement petite & courte , terminée par un petit mammelon rond , & fourchuë à l'endroit où elle étoit attachée à l'*os higoïde* ou à l'endroit qui tourne du côté du *larinx* , d'où il pousse une voix extremement rauque.

J'observai à midi le complement de la
hauteur meridienne du Soleil de   14ᵈ. 10′.
    Sa déclinaison étoit de   10. 24.

Donc la hauteur du Pole dût être de   3. 46.
    La longitude fut estimée de   344. 45.
A trois heures du soir la vigie postée sur la vergue du perroquet pour découvrir avec plus d'avantage , cria , terre. On lui demanda à quel air de vent elle lui restoit , il répondit à l'Oüest ; nous ne pûmes la voir de dessus le pont qu'au Soleil couchant, & comme on ne voïoit distinctement que le rocher qui est vers le milieu de l'Isle *Fernandes Norogna*, plusieurs prirent ce rocher, pour les voiles d'un navire , se flattant toujours que nous avions dépassé l'Isle ; quelque tems après , la même

vigie qui n'avoit encore vû que le rocher, découvrit vers le
Sud de ce rocher, un terrain plus bas : alors nos incredules ne
douterent plus que ce ne fût là l'Isle que nous allions chercher; nous estimâmes être éloignés de ce rocher environ huit
lieuës ; à cette distance le rocher a la figure d'une Tour, &
on se le persuaderoit, si on n'estoit assuré que cette Isle est in-
habitée. A huit heures du soir on remit à la cape ; nous passâmes cette nuit fort tranquillement dans l'esperance de moüiller le lendemain & de boire de l'eau fraîche & de meilleur
goût que celle que nous bûvions depuis quelques jours.

1711.
Avril.

XVIII. *Avril.*

D'abord que le jour parut on fit servir, nous ne nous trouvâmes alors qu'environ à quatre lieuës de distance de l'Isle;
cette distance eu égard à celle du soir précedent, nous assura que nous avions dérivé durant la nuit environ quatre
lieuës à l'Oüest & par consequent que les courans portoient
dans ces mers au même endroit, ou à peu près.

A midi nous moüillâmes à l'Est du grand rocher, à dix
brasses fonds de sable blanc.

J'observai au moüillage l'inclinaison
Nord de l'aiman de   14ᵈ. 30ᶜ.

XIX. *Avril.*

Jour de Dimanche, aprés que l'équipage eût entendu la
sainte Messe, & qu'il eût déjeûné, le Capitaine fit armer le
canot & l'envoia à terre sous la conduite d'un Officier, pour
chercher quelque endroit à pouvoir y moüiller la Chaloupe
& y rouler les barriques en cas qu'on trouvât de l'eau dans
l'Isle ; l'Officier raporta à son retour, qu'ils avoient trouvé
de l'eau en deux endroits, mais que le moüillage y étoit
extremement difficile & dangereux, à cause des hautes lames,
qui viennent du large, se briser contre les rochers avec un
bruit épouvantable. Pour nous convaincre de ce qu'il disoit,
il avoit chargé le canot de plusieurs débris de differens Bâtimens, & singulierement de l'écusson ou arriere d'une chaloupe ; on connoissoit qu'il n'y avoit pas long-tems, qu'elle
y avoit peri & fait naufrage ; ces affreux spectacles donnerent à
penser à nos Marins pour prendre les mesures necessaires, afin
de ne pas tomber dans le même malheur.

XX. *Avril.*

A l'entrée de la nuit, les vents calment ordinairement &
ne reviennent que le lendemain matin ; celui de Sud-Est , qui
souffla le vingtiéme , fraîchit au lever du Soleil ; nous vîmes venir de loin les lames de cette vaste mer , égales à des montagnes,
nos Matelots accoûtumés à ces sortes de tems , ne s'en épou-
vanterent pas , après avoir embarqué leur futaille , ils descendirent dans la chaloupe & nagerent vers le lieu qu'on avoit
choisi le jour précedent comme le plus commode à faire de
l'eau ; mais aïant approché la terre de trop près , avant que de
moüiller leur fer , la lame prit la chaloupe par le travers , la
jetta sur le rivage , & dans sa chûte elle brisa son arriere , dans
le même moment la chaloupe fut remplie , la lame qui suivoit la mit à flot ; nos Matelots au nombre de vingt-six se
voïant exposés au peril , ne penserent qu'à se sauver : les uns se
jetterent dans la mer , se saisirent des debris de la chaloupe & se
sauverent , les autres y furent jettés par la lame , quelqu'uns
de ceux-ci ne pouvant resister à son impetuosité , cederent à sa
violence , & furent ensevelis dans les eaux. Un de ceux qui
s'étoit jetté dans la mer , se fiant sur ce qu'il étoit bon nageur , & apprehendant d'être saisi par quelqu'un de ses camarades , nagea au large , jugeant bien qu'aucun ne prendroit le
même parti , mais sa temerité reçut bien-tôt sa recompense ;
une lame le prit , l'emporta , le jetta avec furie sur un rocher;
ce pauvre malheureux y finit ses jours , sa tête y aïant été toute
brisée : une autre lame jetta ce cadavre avec quatre autres sur
le sable , ceux qui furent délivrés du danger , les mirent en
terre , & les laisserent en ôtage à l'Isle *Fernandes Norogna.*

Après ce funeste accident , les Matelots qui s'étoient sau-
vés du naufrage , firent des signaux pour demander du secours;
on envoia d'abord le canot , sans sçavoir ce qui se passoit à
terre ; comme la nuit s'approchoit , le vent avoit calmé , la
mer s'étoit applanie , les lames avoient diminué leurs forces ;
les gens du canot approcherent la chaloupe à la faveur du
calme ; dès que quelques-uns des Matelots qui avoient évité
le peril , s'apperçurent que la mer perdoit , ils allerent en nageant au devant du canot , on leur donna un grelin , ils en
amarrerent (on parle ici marine) le reste des débris de la

chaloupe & le remorquerent à bord du Navire. A leur arrivée
ceux du vaisseau appercevant ce funeste spectacle furent tout
déconcertés, comme on ne voïoit sur les débris de la chaloupe
que quelques Matelots de ceux qui s'étoient embarqués le
matin, on crut d'abord que tous ceux qui manquoient s'é-
toient noïés.

X X I. *Avril.*

Le matin on renvoïa le canot à terre, on ne pût aborder
l'endroit où la chaloupe avoit fait naufrage, on chercha autour de l'Isle quelque ance qui fût à l'abri des vents & des
lames, on en trouva une entre deux rochers assez à couvert des uns & des autres, où s'étoient rendus ceux qui ne
pûrent s'embarquer le soir précedent.

Cette Isle comme toutes les autres de l'Amerique n'est
garnie que d'arbrisseaux; ce qui me persuade qu'elle avoit été
autrefois habitée, & qu'on ne l'abandonna que lorsqu'elle
fut entierement dégradée & que le bois commença à y manquer; les tourterelles y sont en grand nombre, elles y sont
si familieres, que pour se laisser approcher de trop près, on
les tuë à coups de bâtons; nous vîmes sur le sable l'impression
des pieds de quelques cochons, mais nous n'en vîmes aucun.

Il est vrai qu'après le naufrage de notre chaloupe, nous fûmes tous si étourdis, qu'aucun de nous n'eut la curiosité de
parcourir l'Isle, ni de sçavoir quelles sont ses productions;
je vis quelques Mediciniers sur le bord de l'eau, où nos gens
faisoient leur aigade, les feüilles de ces arbres qui tomboient
dans cette eau, me firent craindre qu'elles ne lui communi-
quassent leurs mauvaises qualités, comme il arriva en effet;
elle excita des vomissemens dangereux à tous ceux qui en bû-
rent, & même des défaillances de cœur dont ils eurent peine
de guérir: les legumes, mets les plus ordinaires dans les longues navigations, bien loin de se ramolir en bouillant dans
dans ces eaux, devenoient toujours plus dures, ce qui nous
fit conclure que c'étoit ici une très-méchante relâche pour les
Navires qui ont besoin de faire de l'eau. De plus, on ne trouve dans l'Isle ni source ni riviere, toutes les eaux qui se ramassent dans certains creux, ne viennent que de la pluie que
donnent les grains qui passent de tems en tems. Cette Isle s'é-
tend du Nord au Sud, son circuit est environ de 3. ou 4. lieuës.

Les Vaisseaux marchands qui retournerent du Perou avant
nous, après avoir fait leur traite, s'étant trouvés dans la même
necessité que nous, mouillerent à la même Isle ; ils étoient encore sous voile, lorsqu'ils apperçurent de la fumée, ils crurent
d'abord que cette Isle étoit habitée ; arrivant au mouillage, ils
virent courir sur le rivage deux hommes tous nuds, qui leur faisoient des signaux avec des branches d'arbres ; alors ils changerent de sentiment, & conclurent qu'il falloit plûtôt que
ces deux hommes fussent quelques Matelots mutins, que leurs
Capitaines avoient dégradé dans cette Isle ; pour mieux s'en
assurer on envoïa un canot à terre ; à l'approche du canot,
ces deux infortunés pleins de joie de voir dans peu finir leurs
miseres, prierent avec larmes ceux du canot de vouloir les
embarquer ; on les reçut agréablement, & on leur demanda
de quelle maniére ils avoient resté dans une Isle si deserte,
dans laquelle ils ne devoient attendre aucun secours ; ils répondirent „ qu'un Convoi de plusieurs navires Anglois qui
„ venoient des grandes Indes, aïant tous leurs équipages sai-
„ sis du scorbut, furent obligés de mouiller à l'Isle *Fernandes
„ Norogna*, ils se flattoient d'y remettre leurs gens ; durant le
„ séjour qu'ils y firent, il parut au vent, plusieurs Vaisseaux qui
„ faisoient mine d'y venir les reconnoître ; à cette découverte
„ les Anglois furent tous épouvantés, ils crurent ces Navires
„ François, & se voïans hors d'état de pouvoir se deffendre
„ si malheureusement ils étoient attaqués, ils resolurent sur
„ le champ de mettre à la voile ; on tira un coup de canon
„ pour avertir ceux qui étoient dans l'Isle, de se rendre à
„ bord ; mes deux camarades & moi étions alors de l'autre cô-
„ té de l'Isle à pêcher quelques coquillages, le bruit de la mer
„ nous empêcha d'entendre celui du canon ; notre pêche finie,
„ retournans tranquillement à nos tentes, nous vîmes du haut
„ d'une petite montagne, des Vaisseaux au large singlans vers
„ le Nord, & nous ne vîmes plus personne au mouillage ;
„ chacun peut penser dans quel mortel chagrin nous fumes
„ plongés, nous l'aurions peut-être poussé jusqu'au désespoir,
„ si le Seigneur ne nous eût arrêté ; nous versâmes durant plu-
„ sieurs jours des torrens de larmes ; après plusieurs reflexions,
„ nous tâchâmes de nous consoler les uns les autres ; le mal
„ étant sans remede, nous resolumes de vivre dans ce desert,
„ comme vivoient les anciens anachoretes. Du depuis, notre
principale

principale nourriture a été des tortuës, pour les prendre, nous «
obfervions le moment qu'elles venoient à terre pour pondre; «
comme ces animaux vont fort lentement, nous leur tombions «
deffus, avant qu'ils pûffent rattraper la mer, alors nous les «
tournions fur leur dos & elles étoient à nous; outre les tor- «
tuës, nous nous fommes encore nourris de certains oifeaux «
niais, qu'on appelle Fols, des Fregattes (ceux-ci nous ne «
pouvions les prendre que dans la nuit, obfervant au retour «
de leur pêche, l'endroit où ils gitent) mais les plus ordi- «
naires étoient les tourterelles dont l'Ifle étoit remplie. «
Nous vous avons déja dit, que nous étions trois; depuis «
peu de jours le troifiéme eft mort de foibleffe & fi le Sei- «
gneur ne vous eût envoié, notre vie n'auroit pas été longue; «
car mon compagnon & moi fommes tombés plufieurs fois «
en défaillance.

Ce que je viens de raporter me fut confirmé par nos Officiers & par plufieurs Matelots qui étoient embarqués dans
le Navire qui paffa ces deux infortunés en Europe.

XXV. *Avril.*

Depuis le vingtiéme, on ne s'emploïa qu'à la provifion
d'eau; nous paffâmes dans cette Ifle de très-méchantes nuits,
les chaleurs y étoient exceffives, & fi la multitude des grains
qui paffoient de tems en tems n'euffent rafraîchi l'air, elles
auroient été infuportables.

On apareilla le même jour; avant que d'être fous voile,
j'obfervai l'inclinaifon de l'aiguille aimantée, je la trouvai vers
le Nord (de même que je l'avois trouvée
en arrivant) de   14ˡ. 30ˡ.
Je trouvai par l'experience de l'areometre que le volume de
l'eau, dont on avoit fait provifion dans
l'Ifle *Fernandes Norogna*, étoit en équili-
bre avec cet inftrument chargé du poids de   2 onces; dr. 18 gr.

A midi on mit en route; cependant notre capitaine qui voïoit
le Vaiffeau extremement fale, & qui ne marchoit plus fi bien,
que lorfque nous fortîmes de la mer du Sud, ne fe détermina pas fur la route que nous tiendrions, pour paffer
en droiture en France. Nous aprîmes avant de partir de la
mer du Sud, par les Officiers des Vaiffeaux qui venoient de

l'Europe, que les Côtes de France étoient remplies de Corsaires ; cette nouvelle demandoit qu'on y fît attention ; car nous avions sujet de craindre, que si malheureusement nous rencontrions quelques Pirates, ils ne nous enlevassent fort aisément ; cela fit resoudre notre Capitaine à carener son vaisseau, sans déterminer l'endroit.

XXVI. *Avril.*

Depuis midi du vingt-cinquiéme les vents varierent de l'Est, au Sud-Est, belles mers ; mais nous eûmes dans la nuit, un maître grain qui nous donna beaucoup d'eau ; enfin on resolut d'aller en droiture en France, où l'on esperoit arriver au commencement du mois de Juin ; cette nouvelle ne plût pas à tout l'équipage, ceux qui avoient quelque argent pensant à le sauver, & voïant la mauvaise disposition du vaisseau, souhaitoient qu'on le carenât, & ils avoient raison ; mais leur sentiment ne fut pas écouté.

J'observai le complement de la hauteur
meridienne du Soleil de ... 14ᵈ. 56'.
Sa déclinaison septentrionale étoit de ... 13. 26.

Donc nous étions encore distans de la
Ligne du côté du Sud de ... 1. 30.

AVERTISSEMENT.

On suposa ici l'Isle *Fernandes Norogna* tenir lieu de premier meridien, je commençai donc dès cette Isle, de compter les degrez de longitude vers l'Oüest, elle
fut estimée à midi de ... 0ᵈ. 7'. 0″.
L'inclinaison Nord de l'aiguille aimantée fut observée de ... 16. 0.
Et l'équilibre des eaux de la mer de ... 2 onces 3 dr. 49 gr.

XXVII. *Avril.*

Les habitans de l'Isle *Fernandes Norogna*, (je veux dire les Fregattes) ne nous quitterent pas de tout le jour précedent ; à l'entrée de la nuit, quelques-unes se croiant bien en sureté,

vintrent se reposer sur nos vergues pour y passer tranquillement la nuit ; nos Matelots toujours les yeux ouverts ne les
laisserent pas long-tems en repos, ils s'en saisirent, & le lendemain matin vingt-septiéme, elles leur servirent à déjeûner: je
demandai par grace un de ces oiseaux, on me le donna fort
agréablement, à condition toutefois que je le rendrois, lorsqu-
que j'en aurois fait la Description. Je leur tins parole.

DESCRIPTION

D'une Fregatte ou *Vultur marinus Leucocephalos.*

LES Fregattes sont des oiseaux de la grosseur de nos poules,
les Marins leur ont donné ce nom à cause de leur legereté
& de leur vitesse. Leurs aîles ont 7. pieds& demi d'ouverture;
leur tête a presque deux pouces de grosseur, elle est ronde,
mais un peu platte pardessus ; ces oiseaux sont ordinairement
noirs, excepté leur parement qui est d'un beau blanc, le dessous du ventre est de la même couleur, elle va se terminer
à la queue ; leur bec a environ cinq pouces de longueur, il
est bleuâtre vers son milieu, crochu à son extremité, & comme articulé à l'endroit ou le croc commence ; leurs yeux sont
grands, noirs & luisans comme du jaiet bien poli & entourés
d'une paupiere bleuâtre.

Tout leur manteau est fauve obscur, les plumes qui composent les aîles sont de differentes couleurs, les moindres sont
fauves, mais bordées de blanc; les pennes sont noires de même que celles de la queue, laquelle est assez longue, fourchuë,
comme celle des hirondelles & composée de douze plumes,
dont les deux plus longues ont un pied ; leurs jambes sont
fort courtes & toutes couvertes de plumes, comme sont celles
des aigles & de la plûpart des oiseaux de rapine ; leurs pieds
sont composés de quatre serres bleuâtres assez longues, jointes dans leur partie anterieure par un cartilage rougeâtre, armées à leur extremité d'ongles forts & pointus.

Ces oiseaux sont assez communs dans toutes les Isles de
l'Amerique ; ils sont les premiers à annoncer aux navigateurs,
qu'ils s'approchent de quelque terre ; la graisse de leurs petits

sert avec succès à toutes les maladies nerveuses.

On pourroit mettre ces oiseaux dans le genre des aigles, non-seulement à cause de leur figure, mais parce qu'ils ne vivent proprement que de rapine, comme j'ai dit ailleurs en parlant des Fols.

Ce jour-là, nous esperions de passer la Ligne ; mais dans la nuit nous eûmes un grain qui nous amena le calme.

A midi le complement de la hauteur
du Soleil fut de | 13^d. 59^l.
Sa déclinaison septentrionale étoit de | 13. 45.

Donc nous étions encore au Sud de la Ligne, & la hauteur du Pole australe étoit de | 0. 14.
La longitude vers l'Oüest depuis l'Isle *Fernandes Norogna* fut estimée de | 1. 17.
J'observai l'inclinaison de Nord de l'aiguille aimantée de | 20. 45.

Nos Pilotes n'oublierent pas la ceremonie du Bâteme, nous avions des Passagers créoles du Perou qui n'avoient jamais passé la Ligne, on leur apprit cette ceremonie ; (on ne s'arrêtera pas ici à la produire, pour en avoir déja parlé ailleurs ;) ces créoles en conserveront long-tems le souvenir ; chacun d'eux, selon qu'ils se taxerent eux-mêmes, donna six piastres, qui furent remises à un Boursier particulier pour en regaler les Matelots, à la premiere terre qu'on toucheroit.

XXVIII. *Avril.*

On commença de ressentir les méchantes qualités de la provision d'eau qu'on avoit faite a l'Isle *Fernandes Norogna* ; plusieurs Matelots eurent de grands dévoiemens par haut & par bas ; j'esperois qu'on y feroit attention, & qu'on relâcheroit à quelque bon endroit pour les remettre ; mais on ne changea point de sentiment, & on se tint toujours au premier, qui étoit d'aller en droiture en France ; nous eûmes un fort petit vent, qui varia de l'Est-Nord-Est, au Nord ; les chaleurs étoient grandes, nous les sentimes vivement ; nous crumes, selon l'estime, avoir passé à minuit la ligne entre le 343. & le 344. degrez de longitude.

Le complement de la hauteur meridienne du Soleil observée fut de   13ᵈ. 21′.

Sa déclinaison septentrionale de   14.   4.

Donc la distance septentrionale à la Li-
gne, ou la hauteur du Pole arctique fut de   0. 43.

La longitude estimée, toujours vers
l'Oüest du premier meridien supposé de   1. 42.

Le soir on vendit à l'enchere les hardes des Matelots, qui
s'étoient noiés à l'Isle *Fernandes Norogna* : à la même heure,
il parut sur les eaux, un grand nombre de Souffleurs, poisson
du genre des Baleines, qui vinrent nous donner la recréation.

XXIX. *Avril.*

Le matin, calme tout plat, les Requiems qui ne paroissent
qu'alors, nous vinrent sentir, esperant de trouver autour
du Vaisseau quelque chose à se repaître ; ils sont si avides,
que notre cuisinier aïant laissé tomber par inadvertance une
serviette dans la mer, un Requiem l'avala, ce mets n'aïant
pû le rassasier, il courut à un hameçon qu'on avoit jetté en
mer pour le surprendre ; en effet il fut pris, & je fis sur cet
animal les remarques suivantes.

REMARQUES.

Sur l'origine du suc visqueux dont la peau du Requiem est enduite.

LE Requiem sur lequel je fis les Remarques suivantes,
avoit environ huit pieds de longueur, on n'eût pas plûtôt
jetté cet animal sur le pont, qu'on vit les Matelots les uns
avec des haches, les autres avec des coûtelas prêts à enlever
chacun sa portion, on eût d'abord de la peine à s'en rendre
maître, on n'osoit même s'en approcher ; car un coup de dent
ou de queue de ces animaux est très-dangereux ; comme tous
les Marins sçavent par de longues experiences, que toute leur
force est dans la queue, la premiere operation qu'on fit, fut
de la lui couper d'un coup de hache, de peur d'en recevoir quelque coup fâcheux ; on eût bien-tôt mis le reste du corps en
morceaux.

D'abord qu'on eût coupé la queue à ce Requiem, & que je pûs l'approcher, sans rien hazarder, je lui ouvris la tête, je trouvai dans la partie anterieure du crane, une grande cavité, environ de cinq pouces de diametre en tout sens; j'en découvris encore plusieurs autres de moindre consideration peu éloignées de la premiere, avec lesquelles quelques-unes communiquent.

Toutes ces cavités étoient remplies d'une humeur blanche fort transparente, & comme congelée, approchant de la consistance d'une gélée, ce suc étoit renfermé dans des sacs membraneux, blanchâtres & déliés, aroufés de quelques vaisseaux sanguins, qui tapissoient lesdites cavités.

Dans differens endroits de la circonference de ces mêmes cavités, la membrane qui contenoit l'humeur dont on a parlé, formoit des allongemens ou des tuiaux cilindriques & transparens de deux lignes de diametre, remplis de cette même humeur; ces tuiaux entroient bien-tôt dans la substance des parties solides, & après s'y être trainés pendant quelque tems, & être arrivés assez près de la peau, ils se retrecissoient, & pinçoient enfin la peau par des ouvertures capables de recevoir une grosse aiguille; ces ouvertures sont très-nombreuses & très-sensibles, principalement dans toute l'étenduë de la tête, & ce fut cette étenduë qui excita ma curiosité, à les suivre; en les pressant on en fait sortir une humeur, qui se forme en filets d'environ deux tiers de ligne de diametre, & qui sont entierement mous; la substance en est onctueuse & fort propre à donner de la viscosité à la superficie de la peau.

Je ramassai toute l'humeur que je trouvai dans la cavité du crane, je la mis secher sur un papier, où elle se petrifia, je renfermai cette petrification dans une caisse, esperant qu'à mon arrivée en Europe, j'en pourrois faire l'analise.

J'observai à midi le complement de la
hauteur du Soleil de   12⁴. 46'. 0".
    Déclinaison septentrionale   14. 23.

Donc distance à la ligne ou hauteur du
Pole arctique   1. 37. 0.
    La longitude depuis l'Isle *Fernandes*
Norogna vers l'Oüest fut estimée de   2. 5. 0.

L'inclinaison Nord de l'aiman fut ob-
servée de   22ᵈ. 30′. 0″.

X X X. *Avril.*

Depuis trois jours nous observions tous les soirs autour de la Lune une double couronne d'inegal diametre ; les vents commencerent à souffler, & varierent le reste du jour du Nord-Est à l'Est-Sud-Est ; d'abord que la mer sentit le vent, les Requiems décamperent, nous n'eûmes aucun regret de leur départ, & nous souhaitions même de n'en plus revoir de tout le voïage ; ces animaux ne paroissent que dans le calme, tems le plus ennuieux & le plus incommode pour les Marins ; tout leur divertissement consiste alors à la pêche des Requiems, on s'en passeroit aisément.

La latitude septentrionale fut observée de   2ᵈ. 42′. 0″.
La longitude vers l'Oüest fut estimée de   2.   30.
J'observai l'inclinaison Nord de l'aiman
de   25.   0.

PREMIER *May.*

Les Vents se rangerent au Nord-Est, la ligne étoit passée, & toutes nos conversations ne roulloient plus que sur les affaires de l'Europe ; les uns vouloient la paix, les autres disoient, que les guerres duroient encore, & que nous allions nous exposer, & nous jetter à la gorge du loup, si nous ne moüillions pas à quelque endroit, pour prendre langue, & pour carener le Vaisseau, peu propre alors, à cause de sa salleté, à nous faire éviter les Corsaires.

Tems couvert, à midi point de hauteur,
par l'estime la latitude dût être de   4ᵈ. 9′.
Et la longitude de   3. 28.
J'observai l'inclinaison Nord de l'aiman   27. 30.

11. *May.*

Depuis midi du premier du mois, nous eûmes de la pluïe; le matin du deuxiéme il passa quelques petits grains, qui ne laisserent pas de nous incommoder ; on renouvella le premier projet, qu'on avoit déja fait, d'aller en droiture en France ; les violens desirs que quelques-uns avoient de voir leur patrie,

leur fermoient les yeux aux dangers ausquels ils s'exposoient.
1711 Le Ciel demeura couvert tout le jour; point
May. d'Observation à midi, & on estima la latitude de   5ˡ. 27′
    Et la longitude de   4. 0.
L'inclinaison de l'aiman Nord indépendante du Ciel fut observée de   30. 30.

III. *May.*

Depuis le premier du mois, les vents étoient au Nord-Est; ces vents regnent le plus dans la partie du Nord de la Zone torride; on leur a donné le nom de vents *alizez*; ceux qui ont cru que ces vents étoient reglés dans cette Zone, se sont trompés, comme on peut le verifier par mon Journal; ce qui m'a donné en partie lieu d'écrire jour par jour, ce qui arrivoit de plus remarquable, esperant qu'il ne seroit pas tout-à-fait inutile au public, singulierement à ceux qui peuvent faire le même voiage dans la même saison; car dans une autre les vents peuvent être differens, ils y soufflent pourtant moderément, ce qui fait que ces mers n'y sont pas orageuses; l'air près de l'horison y est éternellement gras & rempli d'un petit broüillard fort rarefié qui cache les étoiles jusqu'à plusieurs degrez de hauteur, comme j'ay remarqué ailleurs; ainsi il nous avoit caché l'Etoile polaire, quoiqu'elle fusse déja fort élevée sur l'horison, nous n'avions pû la découvrir jusqu'alors; le matin l'air du côté du Nord s'étant trouvé plus pur qu'à son ordinaire, nous laissa voir cette étoile, ce qu'on souhaitoit depuis plusieurs jours.

A midi j'observai le complement de la hauteur du Soleil de   8ᵈ. 35′.
    Sa déclinaison calculée de   15. 36.

Donna la hauteur du Pole arctique de   7. 1.
    J'estimai la longitude toujours vers l'Oüest de   5. 7.
L'inclinaison Nord de l'aiguille aimantée fut de   32. 30.
Les eaux de la mer furent en équilibre avec l'areometre chargé du poids de   2ᵒⁿᶜᵉˢ 3ᵈʳ. 50ᵍʳ.

IV. *May.*

A mesure que nous nous éloignions de la Ligne, les chaleurs

leurs devenoient moins violentes ; depuis le troisiéme, j'avois
repris mon poste à la sainte Barbe, d'où les grandes chaleurs
m'avoient chassé depuis quelques jours ; elles avoient causé
des indispositions à plusieurs de nos gens ; notre Capitaine
se trouva ce jour-là beaucoup plus incommodé, qu'il n'avoit
été jusqu'alors, ce qui l'obligea d'assembler son conseil, auquel il representa, qu'il ne pouvoit aller en droiture en
France sans risquer sa vie ; il sentoit que ses forces diminuoient chaque jour ; plusieurs de l'équipage se trouverent
dans le même cas. Dans une situation si peu convenable à
une longue traversée, il proposa d'aller moüiller à la Martinique, representant à ses Officiers, qu'outre son interêt particulier, il y trouvoit encore l'interêt de tout l'équipage, parce
que dans cette Isle on trouveroit des rafraîchissemens pour se
reparer, qu'on y careneroit le Navire, pour le mettre en état
d'éviter les ennemis, en cas qu'on eût encore des guerres en
Europe, & qu'on pourroit aprendre ce qui s'y passoit ; sur
quoi on prendroit ses mesures ; lorsqu'on entendit ces propositions, comme on n'avoit pas crû jusqu'alors sa maladie si
dangereuse, tous verserent des larmes, & tout l'équipage fut
accablé de douleur ; notre Capitaine me demanda dans combien de jours nous pourrions arriver à la Martinique, je lui
répondis que dans dix jours nous pourrions peut-être la voir :
il ordonna d'abord qu'on y mit le cap, ce qui fut executé, au
grand regret de deux ou trois Officiers Maloüins, qui n'aïant
jamais été dans cette Isle, & sçachant d'ailleurs que la maladie de *Siam* y fait quelquefois de grands ravages, crai-
gnoient d'y perdre la vie.

J'observai le complement de la hauteur
meridienne du Soleil de   7ᵈ. 0ˢ.
Sa déclinaison septentrionale étoit de   15. 54.
____

Donc la latitude Nord étoit de   8. 54.
La longitude vers l'Oüest fut esti-
mée de   6. 21.
J'observai l'inclinaison de l'aiman tou-
jours vers le Septentrion de   35.   0.

v. May.

Les vents de Nord-Est fraîchirent ; on s'apperçût que le

P

Navire marchoit mieux qu'auparavant ; il sembloit qu'il desiroit, comme nous, de se reparer ; depuis plusieurs jours on n'avoit pas touché au fonds de cale que pour en retirer l'eau & les autres choses necessaires à la vie, ce qui avoit dérangé son arrimage, & rendu le Vaisseau negligent & paresseux, le quatriéme on l'avoit remis dans son assiette, cette disposition lui fit prendre son premier train ; nous connûmes alors que la saleté avoit de peu diminué sa marche.

Le complement de la hauteur meridienne du Soleil donna la latitude Nord de · · · 10ᵈ. 30ʹ.

La longitude fut estimée de · · · 9. 35.

Depuis midi du quatriéme la route nous valut en chemin 61. lieuës $\frac{1}{3}$

L'inclinaison Nord de l'aiguille aimantée fut observée de · · · 37. 30.

VI. *May.*

Les vents & la route furent les mêmes que le jour precedent; Nos Matelots informés du séjour que j'avois fait dans nos Isles & singulierement à la Martinique, craignant extremement la maladie de *Siam*, étoient continuellement après moi pour s'instruire de quelle maniere il falloit se conduire pour l'eviter & se conserver la santé ; je répondis à quelques-uns, pour me débarrasser de leurs importunités, que le meilleur preservatif étoit de s'abstenir du vin, & que s'ils vouloient en boire, il falloit le mêler avec deux tiers d'eau ; ma réponse ne leur plût pas, aussi ils ne m'interrogerent plus sur cette matiere.

Le complement de la hauteur meridienne du Soleil fut observé de · · · 4ᵈ. 50ʹ.

Sa déclinaison septentrionale trouvée à l'ordinaire, je veux dire par le calcul, fut de · · · 16. 28. 30ʺ.

Donc la hauteur du Pole arctique fut de · · · 11. 38. 30.

La longitude fut estimée de · · · 12. 26.

J'observai l'inclinaison Nord de l'aiguille aimantée de · · · 41 30.

Au coucher du Soleil j'observai son amplitude occidentale de · · · 16. 10.

Par le calcul sa vraïe amplitude fut
trouvée de   16ᵈ. 59′.

D'où je conclus la variation de l'aiman
vers le Nord-Est de   0. 49.

VII. *May.*

La constance des vents de Nord-Est réjoüissoit tout notre
équipage ; notre Capitaine , qui depuis deux jours desesperoit
de la vie , commença de sentir du soulagement ; sa personne
nous étoit chere , on pensoit à le conserver , dans l'apprehension où l'on etoit d'être obligé à soûtenir quelque combat avant
notre arrivée en Europe ; les gens de vertu sont beaucoup plus
intrepides dans une action que les autres , & la seule confiance
qu'on avoit en sa bravoure , le rendoit redoutable à nos ennemis : nous fimes la même route que les jours précedens.

J'observai à midi le complement de la
hauteur meridienne du Soleil de   3ᵈ. 45′.
Sa déclinaison septentrionale étoit de   16. 45.

Donc la hauteur du Pole arctique   13.   0.
L'inclinaison Nord de l'aiguille aiman-
tée fut observée de   42. 30.
La longitude toujours vers l'Oüest fut
estimée de   15. 54.

VIII. *May.*

Le Soleil sortit des eaux avec toute sa splendeur , j'observai son amplitude orientale non pas avec
le compas ordinaire , mais avec ma bousso-
le : je la trouvai de   18ᵈ. 30′.
Par le calcul la vraïe amplitude fut de   17. 24.
Donc l'inclinaison Nord-Est de l'ai-
guille aimantée fut de   1.   6.
Par l'Observation de la hauteur meri-
dienne du Soleil , je trouvai la hauteur
du Pole arctique de   13. 40.
Et par l'estime la longitude vers l'Oüest   18. 34.
A la même heure j'observai l'inclinaison
de l'aiguille aimantée de   42. 45.

Les eaux de la mer furent en équilibre
avec l'areometre chargé du poids de   2 onces 3 dr. 50 gr. ½
Par l'Observation de l'amplitude occi-
dentale du Soleil, je trouvai la déclinaison
Nord-Est de l'aiman de   2d. 2′.

IX. May.

Le soir du huitiéme, nous commençâmes de voir un *Paille-en-cul*, ou oiseau du Tropique. Ces oiseaux sont assez communs à la Martinique ; dans le premier voïage que je fis dans cette Isle, j'en avois fait la Description suivante.

DESCRIPTION

D'un Paille-en-cul ou Larus leucomelanos, cauda longissima bipenni.

CET oiseau est de la grosseur d'un de nos pigeons ; son bec a environ deux pouces trois lignes de longueur, il est roide, droit & pointu, de couleur de safran tirant sur l'ocre ou sur la cire jaune, avec une petite tâche noire un peu au-dessus des narines ; ses yeux sont grands, ronds, noirs, & luisans comme du jaïet bien poli ; une membrane bleuâtre appellée en latin *nictatoria membrana*, ou *Periophthalmiura* les couvre de tems en tems, de même qu'aux hiboux.

Sa tête est un peu plus grosse que celle d'un pigeon, un peu applatie en sa partie superieure, elle est blanche, excepté une bande noire, qui prend sa naissance aux yeux, & qui va se terminer au derriere de la tête ; son parement, son manteau & son train, si on en excepte quelques plumes de cette derniere partie, sont blancs ; l'étenduë des ailes est de trois pieds, & les cinq principales pennes ont leur partie interieure noire ; ses jambes sont courtes & blanches ; mais ses pieds sont noirs, & cartilagineux de même que ceux des Oyes & des Cignes.

La queue qui est la partie la plus remarquable de cet animal, est composée de douze plumes, dont deux qui en occupent le milieu, ont environ quinze pouces de longueur, elles sont d'un beau blanc, de même que les dix autres, qui sont beaucoup plus courtes ; ces deux longues plumes ont l'arète noire

& luisante; leur plus grande largeur est environ de 5. lignes;
cette largeur diminuë & se retraissit à mesure qu'elle approche de leur pointe, & elles sont si bien unies ensemble, que
lorsque cet oiseau vole, elles semblent n'en former qu'une;
c'est pour cela, que plusieurs ont cru que ce n'étoit qu'une
seule plume attachée à son derriere, en façon de féru; d'où
on a tiré le nom de *Paille-en-cul*, qu'on lui a donné aux Isles
françoises, & les Espagnols, celui de *Rabos di junco*; tout son
ramage consiste à *chirie*, qu'il crie de tems en tems: il ne vit
que de poissons, qu'il plonge fondant sur eux avec une vitesse
admirable, d'abord qu'il les a découverts; on appelle encore
cet oiseau *oiseau du Tropique*, parce que lorsqu'on va de l'Europe aux Isles de l'Amerique, on commence d'en voir vers le
Tropique: sa chair ne vaut rien, elle a un goût de marécage
très-désagréable & elle est fort noire.

Ces oiseaux nichent ordinairement dans les fentes & les
trous des Rochers fort escarpés, ils ne pondent jamais que
deux œufs de couleur bleuâtre, un peu plus gros que ceux de
nos pigeons.

D'abord qu'il fut jour notre Capitaine ne negligeant rien
de ses fonctions, quoique malade, ordonna qu'on mit en mer
le Canot pour nétoier les dehors du Navire, qu'on envergeât
les voiles neuves, & qu'on agreât nos perroquets, qu'on
avoit desagréés quelques jours après notre départ de la Conception de Chily, afin que le Vaisseau se maniât bien en cas
que nous fussions chassés par quelques Corsaires, nous étions
lors dans les parages où ils croisent ordinairement, attendant les Navires marchands, qui viennent de l'Europe.

Au lever du Soleil, j'observai son am-
plitude orientale qui fut de   20^d. 0'.

Par l'analogie, le lieu vrai du Soleil,
& sa declinaison connuë, on trouva l'am-
plitude de   17. 48.

D'où je conclus, la soustraction faite,
la declinaison de l'aiman être Nord-Est de   2. 12.

Cette Observation fut faite avec le
compas ordinaire du Navire.

Le complement de la hauteur du Soleil
observé à midi, fut de   2. 50.

Sa déclinaison étoit alors de   17ᵈ. 17′.

Donc la latitude, ou hauteur du Pole arctique dût être de   14. 27.

La longitude vers l'Oüest, supposant toujours pour premier meridien l'Isle *Fernandes Norogna*, fut estimée de   21. 21.

L'inclinaison de l'aiman fut observée de   43. 30.

La route depuis midi du jour précedent avoit valu l'Oüest ½ Nord-Oüest.

A quatre heures du soir nous vîmes quelques Fregattes, signe ordinaire qui nous marquoit que nous approchions des Isles de l'Amerique, où ces oiseaux se retirent la nuit.

Au Soleil couchant, j'observai avec ma boussole l'amplitude occidentale du Soleil de   16ᵈ. 0′.

Par le calcul, je trouvai cette amplitude de   18. 2.

La soustraction faite, il resta pour la déclinaison Nord-Est de l'aiman   2. 2.

Le soir les vents se tirerent à l'Est-Sud-Est, leur force étoit de beaucoup moindre, que celle des vents de Nord-Est que nous avions eu les jours passés.

X. *May.*

La nuit précedente j'observai la hauteur meridienne de l'Etoile double, qui est au pied du *Cruzero*, dont j'avois déterminé la déclinaison dans les Observations que je fis au Roïaume de Chily; je trouvai par mon Observation, le complement de la hauteur meridienne de cette Etoile de   76ᵈ. 15′.

Sa déclinaison australe étoit de   61. 28.

Donc la latitude dût être par cette Observation de   14. 57.

A midi j'observai le complement de la hauteur meridienne du Soleil de   2. 33.

Sa déclinaison étoit do   17 . 34'.
____

Donc la latitude dût être de   15 . 1.
La longitude fut estimée de   23 . 37.
La route avoit valu l'Oüest ¼ Nord-Oüest
lus 3'. 45', vers le Nord.
A la même heure l'inclinaison de l'ai-
quille aimantée toujours vers le Nord fut
observée de   44. 30.
Au coucher du Soleil, j'observai son
mplitude occidentale de   14. 10.
L'amplitude calculée fut trouvée de   18. 31.
____

Donc la déclinaison Nord-Est de
'aiman dût être de   4. 21.

X I I. *May.*

Au Soleil levant , j'observai avec ma
oussole, l'amplitude orientale du Soleil de   23. 10.
Je trouvai par le calcul que la vraïe
mplitude devoit être de   18. 39.
____

D'où je conclus la déclinaison Nord-Est
le l'aiman de   4. 31.

Le matin, l'air fut un peu brumeux ; sur les neuf heures,
a garde du grand mats avertit qu'il y avoit au Sud-Oüest un
Vaisseau que la brume nous cachoit, environ à deux lienës
& demi de distance ; nos Matelots qui dormoient tranquillement furent bien-tôt alertes , espérant de gagner quelque
chose , terme dont ils se servent pour ne pas dire piller ; nous
mîmes le cap sur lui : à dix heures voïant qu'il nous gagnoit
le vent , nous levâmes chasse, au grand déplaisir de notre équipage , qui desiroit de se dégourdir ; nous continuâmes notre
route vers la Martinique : ce Navire spalmé de frais , sortoit
apparemment de la Barbade , Isle aux Anglois , d'où nous
étions alors fort peu éloignés.

Le complement de la hauteur meri-
dienne du Soleil donna la latitude de   14ᵈ. 55'.
La longitude fut estimée de   25. 41.

XIII. *May.*

Huit jours s'étoient déja passés depuis notre départ de l'Isle de *Fernandes Norogna* ; le matin nous vîmes des Fregattes, des Fols, & des Paille-en-cul ; ces animaux venoient nous annoncer que nous approchions des Isles ; cependant selon le point de nos Pilotes, avec qui je ne convenois pas, nous devions être encore à plus de cent lieuës de la Martinique ; à dix heures, la garde du mats de mizaine cria terre. Cette nouvelle surprit nos Pilotes ; car ils ne s'attendoient pas de la voir si-tôt. A midi, selon mon estime, nous en étions encore éloignés de dix lieuës ; au compas, les pitons du carbet nous restoient à l'Oüest, toute l'Isle paroissant alors fort à clair, je dessinai la demonstration des terres ; nous fîmes route directement vers la montagne pelée avec dessein de passer le canal formé par la Martinique & la Dominique ; les vents regnerent tout ce jour-là, à l'Est-Sud-Est.

La latitude fut observée à midi de   14^d. 55′.

  Et la longitude estimée de   27. 30.

J'observai l'inclinaison de l'aiman du côté du Nord de   44. 45.

XIV. *May.*

Nous portâmes toute la nuit le cap à l'Oüest ; au jour naissant nous nous trouvâmes dans le canal : à six heures du matin nous fûmes pris de calme, peu de tems après les vents revinrent, mais ils sont si variables dans ce canal, qu'on n'a pas plûtôt reviré de bord pour suivre la direction d'un vent, qu'il faut revirer une autrefois pour suivre celle d'un autre. A 11. heures, la brize arriva, elle ne nous fut pas plus favorable ; nous fûmes obligés de louvoier toute la journée ; le soir le calme nous reprit, & nous força de moüiller, apprehendant de tomber à la dérive, & d'être emportés par les courans, qui sont fort rapides dans ce canal ; nous n'avions pas encore jetté l'ancre, que nous vîmes détacher de terre, un petit canot caraïbe avec quelques personnes, qui le conduisoient, faisant mine de venir nous reconnoître, nous n'étions éloignés des côtes de la Martinique qu'environ la portée d'un

canon

canon de quatre livres de bale ; ce canot arriva bien-tôt à bord : j'y vis un jeune homme qui ne m'étoit pas inconnu, qui m'aiant salué par mon nom, me demanda des nouvelles de l'Europe, croiant que nous venions de France ; je lui répondis, que tout étoit vieux chez nous, que depuis notre départ de France, qui fut en 1707. nous ne sçavions rien de ce qui s'y passoit, & que le sujet en partie de notre relâche en cette Isle, n'avoit été que pour nous informer si la guerre continuoit encore, & pour prendre de justes mesures selon les nouvelles qu'on nous donneroit pour éviter nos ennemis dans notre traversée. Ce jeune homme me dit que la guerre étoit encore fort vive, que depuis deux jours, un Navire marchand sorti de la rade S. Pierre, rencontra dans le même canal deux Vaisseaux corsaires de l'Isle Barbade, où il se donna un rude combat, & que ce Navire auroit été pris infailliblement, s'il n'eût pas reçu du secours de quelques Bâtimens phibustiers, qui se trouverent en rade, qui mirent à la voile au bruit du canon, & qui heureusement eurent le vent favorable, ce qui les porta dans peu de tems sur l'ennemi ; que depuis plusieurs jours ces Corsaires Anglois croisoient au même endroit, & que c'étoit un hasard que nous n'eussions pas eu leur rencontre.

x v. *May.*

D'abord que le jour parut nous appareillâmes ; à dix heures du matin nous arrivâmes à la rade S. Pierre ; notre Capitaine, qui n'avoit pas dessein d'y moüiller, demeura sous voile, fit mettre le canot à la mer, & me pria de descendre à terre, pour y aller chercher un medecin, il desiroit de le consulter sur sa maladie.

Ces Insulaires curieux, comme le reste des hommes, bordoient la Côte, pour sçavoir d'où venoit le Navire, & apprendre des nouvelles ; d'abord que je fus à terre, je rencontrai heureusement Mr. de Vaucresson Intendant general des Isles, & Terre-ferme de l'Amerique, que j'avois autrefois eu l'honneur de voir à Marseille, aiant l'emploi de Commissaire-Ordonnateur des Galeres de Sa Majesté. Surpris de me voir, me croiant alors en Europe, il s'informa du sujet de mon voïage, je lui répondis, que nous venions des Indes occidentales ; après que je l'eus salué, comme je m'interessois

fort à la maladie de notre Capitaine, & que je n'étois def-
cendu à terre, que pour y prendre un medecin, je ne formai
pas une longue converſation avec lui : ſur l'offre obligeante
qu'il me fit, d'aller manger la ſoupe chez lui, j'eſperois de
l'entretenir plus à loiſir de notre voïage, & de ce qui nous
avoit obligé de relâcher aux Iſles de l'Amerique ; heureuſement je trouvai le medecin ; je le priai de s'embarquer ſur notre canot, & je l'accompagnai au Navire ; après qu'il eût examiné la maladie de notre Capitaine, qui n'avoit beſoin que
de repos & de rafraîchiſſemens, il prit congé de lui ; la nuit
s'approchoit, le Capitaine ordonna qu'on moüillât un ancre ;
je deſcendis une ſeconde fois à terre, dans le deſſein d'aller
viſiter mes anciens amis ; j'allai aux Jeſuites, j'y trouvai le R.
P. Vanel bon vieillard, ſous la direction duquel j'avois fait
les Exercices ſpirituels en 1704. avant mon départ de la Martinique pour la nouvelle Eſpagne, & en 1706. après mon
retour, & avant mon départ des Iſles pour la France.

XVI. *May.*

A ſix heures du matin, nous appareillâmes, eſperant de
nous rendre au Fort Roïal avant la nuit. Quoique ces deux
moüillages ne ſoient diſtans l'un de l'autre qu'environ ſept
lieües, les courans qui vont quelquefois fort vîte, & la variation des vents, qui y regnent, retardent l'arrivée des Bâtimens, & rendent la navigation ennuïeuſe ; nous y arrivâmes à cinq heures du ſoir, & nous ne deſcendîmes à terre
que le lendemain dix-ſeptiéme. Je paſſai tout ce jour-là à
chercher une maiſon pour loger notre Capitaine, & ſes
principaux Officiers ; le même jour on commença de décharger le Navire pour le mettre en carene ; je fis tranſporter
mes hardes dans la maiſon d'un de mes amis, où je demeurai
juſques à l'arrivée d'un Negre que Mr. de la Chapelle mon
ancien hôte, m'envoïa du gros Morne, où eſt ſon habitation ;
je m'y rendis deux jours après m'être débarqué au Fort Roïal.

Durant le ſéjour que je fis à la Martinique, je donnai preſque tout mon tems à l'hiſtoire naturelle, & malgré le danger d'être piqué par quelque vipere, auquel on s'expoſe dans
les bois, je ne laiſſai pas d'y entrer ; mais avec precaution.
Un jour que j'arboriſois, déja fort avancé dans le bois, ne

pensant plus ni aux serpens, ni au peril; un chien domesti-
que qui me suivoit ordinairement, passa avec une précipitation extraordinaire entre mes jambes: j'en fus surpris, je le
fus encore plus, lorsqu'au même moment, je vis mon chien
se jetter sur un gros serpent lové au pied d'un arbre, tout
prêt à se lancer sur moi: à ma surprise succeda mon effroi,
d'autant plus que j'allois passer sur le serpent, & que je ne
pouvois eviter sa rencontre ni d'en être piqué: le combat de
ces deux animaux fut affreux; le chien prit d'abord le serpent par la tête, le serpent l'entoura, & le pressoit en se
repliant avec tant de violence, que le sang sortoit de la gueule
du chien; cependant il ne quitta prise que lorsqu'il l'eût
entierement déchiré & mis en pieces. Ce fidele & genereux
animal, à qui je devois la vie, ne sentit pas ses plaies durant le combat; mais un moment après sa tête, où le serpent
l'avoit piqué, devint extremement grosse, il se coucha par terre,
je le crus mort; heureusement je trouvai tout près de-là, un
Bananier, cet arbre est fort aqueux; j'en pris le cœur, j'ex-
primai son jus dans la gueule du chien; du marc j'en fis un
emplâtre, dont j'entourai toute sa tête que je bandai avec mon
mouchoir, je renouvellai de tems en tems ce remede, le chien
commença insensiblement à respirer, je le portai sur mes bras
à l'habitation, je lui fis avaler de la theriaque, & changeant
assez souvent l'emplâtre, il guérit entierement.

MEMOIRES

Sur la Vipere de la Martinique.

UN autre jour herborissant dans le bois, j'apperçus un
serpent, qui alla se lover à l'endroit où je devois passer,
le danger que j'avois couru depuis quelques jours, me faisoit
tenir sur mes gardes: d'abord que j'eus découvert la ruse de
cet animal, j'allai couper une grande houssine, je l'en fra-
pai si rudement au milieu du corps, que je lui rompis l'épine
du dos, de sorte que ne pouvant plus se lancer que de la longueur de l'endroit du corps où je l'avois frapé, il ne me fut
pas difficile de le tuer.

Je disséquai la trachée artere de ce serpent, la longueur de

cette trachée artere étoit envion de deux pieds, à commencer
depuis le *larinx*, situé immediatement un peu au-dessous de
la langue, c'est un conduit composé d'une double membrane,
& de plusieurs anneaux cartilagineux, arrangés de file l'un
après l'autre, répondant directement au-devant de la poitrine;
cette trachée artere finit immediatement au cœur, elle sert de
poumon au serpent, & sa membrane interieure est toute percée, en façon de crépine, sur laquelle on voit ramper six
vaisseaux sanguiferes, dont quatre vont directement du cœur
à la tête, & les deux autres vont directement de la tête au
foie. J'arrachai le cœur de cette vipere, j'observai ces mouvemens de dilatation, & de contraction ou de diastole & de sisto-
le, ils diminuerent insensiblement, & quatre heures après
il resta tout à-fait sans mouvement.

Peu de jours après, j'observai les dents d'une autre vipere
longue de quatre pieds ; les deux principaux crocs étoient
accompagnés chacun de six autres moindres, enfermés dans
une espece de fosse, qui étoit située directement sous chaque
grand croc principal, & dans laquelle chaque croc s'enchas-
soit en s'abaissant sur le pallais ; j'observai que tous ces crocs
tant les grands que les petits, étoient remplis de sang ; l'un
des principaux étoit entierement continu avec la machoire,
& l'autre y étoit attaché par une articulation de sisarcose,
il se détacha facilement de la gencive, qui est creusé dans
l'endroit où le croc s'enchasse, ce même croc étoit creusé en
long, comme le tuiau d'une plume, & percé aux deux extremités à sa partie superieure ; le croc continu avec la machoire n'avoit que le dessus de sa pointe percée.

Les moindres crocs étoient de differentes grandeurs, les
deux plus petits étoient fort blancs & fort tendres, les deux
principaux étoient attachés au bord de la gencive superieure,
& on voioit dans leurs entre-deux, au-dedans du pallais, deux
rangées d'autres petites dents fort pointues, au nombre de
neuf à chaque rangée, on voioit aussi deux autres rangs de
quatre à cinq autres petites dents au devant de la machoire
inferieure.

Un autre jour, je rencontrai un autre serpent, auquel je
rompis avec un coup de bâton, l'épine du dos. Comme il
n'étoit que blessé, il se lança deux fois pour me piquer ; mais
il ne pût me surprendre ; j'observai après l'avoir mis hors de

combat, les deux crocs principaux, je les trouvai remplis de
sang; cette découverte me confirma dans la pensée que j'avois
déja conçuë, que le venin de la vipere est assurément dans
les esprits irrités du sang, & non pas dans la salive, ou humeur jaune contenuë dans les gencives, comme prétend Mr.
Redi. Si le venin de la vipere consistoit dans ce suc ou humeur jaune, ce suc imprimeroit sur la plaïe quelque caractere de malignité, comme des ulceres, des rougeurs, ou de
la lividité, ou d'autres marques de pourriture, ce qu'on n'a
pas reconnu sur les plaïes de ceux qui ont eu le malheur d'a-
voir été piqués par ces animaux. Severinus & Charas dans les
Livres qu'ils ont composé de la vipere, sont du même sentiment: celui-ci raporte qu'un jour aïant frotté de ce suc jaune, les plaïes de plusieurs animaux, il ne s'ensuivit aucun mauvais accident, ce qui le confirma dans la pensée qu'il avoit
euë. Hodierna avoit cru que le venin des viperes étoit dans
ce suc jaune, mais il s'en détrompa, & suivit le sentiment
de Severinus. Baccius assure que le venin de la vipere n'est
dans aucun endroit determiné de son corps, mais dans les
seuls esprits, & qu'il en est des viperes comme des autres
animaux, dont les piqueures & les morsures ne sont venimeu-
ses que lorsqu'ils sont en furie; on en est convaincu par l'histoire d'un homme, qui piqué par un coq enragé, mourut trois
jours après la piqueure.

1711.
May.

DESCRIPTION

D'un Merle ou Cornicula Americana nigra aut fusca.

QUelques Merles, car c'est ainsi qu'on appelle ces oiseaux
dans nos Isles de l'Amerique, venoient assez familiere-
ment dans la cour audevant de notre habitation, chercher
dequoi se nourrir: un de nos chats s'en apperçût, il se cacha derriere une caisse de cacao; sa ruse lui réüssit, il en surprit plusieurs, aux premiers cris, je sortis de ma chambre, &
lui en aïant trouvé un sous sa pate, je m'en saisis pour en
faire la Description.

Ces oiseaux sont extremement avides de charognes, ce qui
les doit plûtôt faire regarder comme une espece de Corneille,

que comme une espece de Merle ; leur chair est fade, dure & noire, ils ont encore cela de commun avec nos Corneilles communes. Du reste ils ressemblent parfaitement à nos Merles d'Europe, ils en ont la grosseur, la figure & la couleur, avec cette seule difference qu'ils ont le bec & les jambes jaunes, au lieu que les Merles d'Europe les ont noires.

Les mâles different des femelles par leur couleur ; le mâle est entierement noir, & la femelle tout-à-fait grise ; la prunelle de l'un & de l'autre est fort noire, bordée d'un beau cercle jaune, un peu plus claire dans la femelle, que dans le mâle ; la tête, & le parement de celui-ci est d'un beau noir de jaïet mêlé de tant soit peu d'indigo ; ce mêlange lui donne une fort belle apparence, le reste n'a pas le même éclat ; l'extremité des ailes est un peu roussâtre.

Ces oiseaux marchent avec un air fier & assuré, ils sont fort communs dans les Isles, & causent de grands dommages aux habitans, parce qu'ils arrachent les jeunes plantes, lorsqu'elles commencent à naître.

J'avois vû aux Indes occidentales en 1710. à 30ᵈ. de hauteur Sud, une autre espece de Merle que les naturels du païs appellent *Tilli*. Ceux de cette espece sont de la grosseur de nos Grives ; leur bec a dix lignes de longueur, fort pointu, droit, épais à sa racine, & d'un noir grisâtre ; leurs yeux ont leur prunelle noire entourée d'un cercle brun rouge, leur tête, leur manteau, leur parement & tout le reste de leur plumage est d'un noir clair, si on en excepte les jambes, qui sont rouges, de même que leurs serres, qui sont terminées par un ongle noir fort crochu, quelques plumes du couronnement, bordées d'un beau blanc, de même que celles des ailes & de la queue, & celles qui sont sur la partie superieure de l'*humerus*, sont toutes d'un très-beau jaune.

En 1705. revenant de la nouvelle Espagne, je vis dans l'Isle de S. Thomas une autre espece de Merle beaucoup plus petit que celle-ci ; ces Merles ont les plumes de l'extremité superieure de l'*humerus* jaunes, & toutes les autres du reste du corps d'un beau noir éclatant, mais je ne pûs observer s'il y a quelque difference entre le mâle & la femelle.

Je manquois d'instrumens pour observer, les aïant laissés au Perou à un de mes amis, dans l'esperance qu'il en feroit un très-bon usage ; je donnai donc tout mon tems à l'histoire na-

turelle, pendant le séjour que je fis à la Martinique. J'allai un
jour au Fort Roïal à 3. heures de chemin de l'habitation de Mr.
de la Chapelle, je fûs assez heureux, dans ce petit voïage, de
trouver chez un de mes amis, une Tortuë assez grosse qu'il
venoit d'achetter pour satisfaire ma curiosité, & pour me
faire manger de la chair de ces animaux, qui purifie le sang,
& guérit de plusieurs maladies ; c'est à ce dessein que bien des
gens vont passer des quinze jours à l'Isle sainte Alousie, où
ils ne se nourrissent que de la chair de ces animaux qui y sont
en très-grand nombre, & reviennent après à la Martinique
frais & gaillards.

DESCRIPTION

Du cœur de la Tortuë de mer.

LE cœur de cette Tortuë avoit la figure d'une grosse poire
un peu applatie, sa grandeur est proportionnée à la tortuë ; ce cœur n'a point de pericarde, mais il est couvert d'une
membrane assez forte, qui lui est extremement adherente, qui
lui tient lieu de pericarde ; il a deux grandes oreilles d'une
substance membraneuse assez épaisse, l'une à la droite & l'autre à la gauche ; en dehors il est tout ridé, & en dedans il a
une infinité de cavités, qui laissent entr'elles une infinité de
faisseaux de fibres charnuës ; chaque oreille communique res-
pectivement avec les ventricules du cœur, mais d'une maniere
fort particuliere ; car au lieu que dans l'homme, le sang
entre premierement dans l'oreillette avant que d'entrer dans
le ventricule, ici au contraire le sang est porté par la direction
de son mouvement dans la cavité des ventricules, & les oreillettes ne semblent faites, que pour recevoir ce qui ne peut
pas entrer dans les ventricules.

Les cavités du cœur sont au nombre de trois, la droite
reçoit le sang de la veine cave, & de l'oreillette droite ;
la cavité gauche reçoit celui de la veine pulmonaire, &
de l'oreillette du même côté ; le sang passe de la cavité
gauche dans la droite par une espece de trou, qui en fait
la communication, & de-là tout ce sang passe dans deux arteres, qui naissent de cette cavité droite, & qui vont dans

les differentes parties du corps, si vous exceptés une portion
de ce sang qui passe par un trou dans la troisiéme cavité,
qui est anterieure, afin d'entrer dans l'artere du poumon,
qui prend son origine de cette troisiéme cavité ; de sorte
que la cavité gauche reçoit uniquement le sang de la veine
pulmonaire & de l'oreillette gauche : la cavité droite reçoit celui qui lui vient de la cavité gauche de l'oreillette droite &
de la cave & en même tems elle fournit aux deux arteres, qui
tiennent la place de l'aorte, & à la troisiéme petite cavité, d'où
ce sang entre dans l'artere pulmonaire.

REMARQUES

Sur quelques parties internes de la même Tortuë.

LA Tortuë qui a fait le sujet des Remarques precedentes,
étoit un mâle environ de 3. pieds de longueur. Après avoir
bien nétoié ses intestins, je mesurai leur longueur ; je trouvai
que depuis leur commencement jusqu'à l'*Anus*, cette longueur
étoit de quarante-cinq pieds ; l'œsophage étoit fort ample, j'y
passai même le poing jusqu'auprès du ventricule, où il étoit
fort étroit, sa longueur étoit de seize pouces, il étoit tout garni en dedans, depuis le commencement jusques vers son milieu, de quantité de pointes molasses, blanches & semblables
à ces petits flocons qu'on voit aux bords de quelques couvertures de laine, elles étoient toutes inclinées vers le ventricule ; tout le reste avoit bien quelques-unes des mêmes pointes ; mais elles étoient beaucoup plus rares, & beaucoup plus
courtes.

Le ventricule avoit environ deux pieds de longueur. A-
près de dix-huit pouces de longueur, il est étranglé, de maniere qu'il semble que ce soient deux ventricules joints ensemble bout-à-bout, tous les deux sont plissés en dedans, les
plis du second sont beaucoup plus épais que ceux du premier.

Le pilore a environ deux pouces de longueur, il est si étroit
qu'à peine on y peut introduire le petit doigt au travers, il est
aussi tout plissé en long par dedans, tout le reste des intestins,
depuis le pilore jusqu'à l'*Anus* ne sçauroit se diviser qu'en
deux boiaux ; l'un grele & l'autre gros ; celui-ci est beaucoup
plus ample au commencement qu'en tout le reste ; l'intestin
grele

grele a environ douze pieds de longueur, depuis le pilore
jusqu'au commencement du gros, ses membranes ou tuniques
sont beaucoup plus épaisses au commencement qu'à la fin ; au
dedans à environ quatre pieds de longueur, il est très-déchi-
queté par une infinité de petites ouvertures, ou de profondeurs
en façon de mailles de reseau ; le fonds de chaque espace est
encore distingué par d'autres mailles plus petites, & celles-ci
encore par d'autres moindres, de sorte qu'il semble qu'on voie
trois ou quatre reseaux posés les uns sur les autres, les mailles
les plus enfoncées étant beaucoup plus étroites & plus petites
que les superieures ; c'est peut-être par ces mailles ainsi relevées,
que le chile est arrêté, & par les ouvertures, ou ces espaces les
plus petites du reseau, qu'il passe dans les lactées ; le reste des
intestins est plissé jusqu'à l'Anus, à la maniere d'un surplis,
sans qu'il y paroisse aucune forme de reseau ; tout l'intestin
est induit au dedans d'une matiere grasse & visqueuse, & le
colidoche y a son entrée environ deux pieds au-dessous du
pilore. Je remarquai que tout le reste de ce boïau, sçavoir
depuis l'ouverture du colidoche jusqu'au commencement du
gros intestin, étoit tout humecté par une bile fort verte,
qui sortoit du même colidoche : la separation de l'intestin
grêle & de l'intestin gros, est un gros sphincter fort épais,
mais fort étroit en son passage.

L'intestin gros est fort ample durant l'espace d'un pied &
demi, tout le reste jusqu'à l'Anus est d'une même grosseur,
excepté un peu au devant de l'Anus, où il est un peu plus gros
qu'en tout le reste, à cause que les tuniques qui composent
tout l'intestin y sont beaucoup plus épaisses.

Tout l'intestin depuis l'œsophage jusqu'à l'Anus, est composé
de trois tuniques ou membranes, l'interieure, la moïenne &
l'exterieure ; l'interieure est fort menuë & toute tapissée de
quantité de rameaux, de veines & d'arteres ; la moïenne est
fort épaisse, fort blanche & composée principalement de fibres longitudinales, tendres & charnuës ; elle est traversée
d'espace en espace par plusieurs veines & par plusieurs arteres
qui vont distribuer plusieurs rameaux sur toute la membrane
interieure ; la membrane exterieure est extremement déliée,
elle provient du mesantere, lequel est attaché aux poumons
& au foie, & il est si délicat, qu'on le déchire fort aisément
pour peu de force qu'on fasse en le tirant ; il est tout tapissé

1711.
May.

R

de plusieurs grands rameaux de veines, composées d'une membrane fort épaisse ; tous ces rameaux de veines sont accompagnés d'autres rameaux d'arteres, dont les membranes sont beaucoup plus déliées que celles des veines ; on voit tout le long de ces rameaux tant des veines, que des arteres, une bande de graisse fort jaune, qui les accompagne par tout ; toutes les extremités de ces rameaux, viennent ramper sur les intestins, & distribuent plusieurs autres rameaux dans leur substance interieure.

J'observai que le cœur est immediatement posé sur le foie, & le foie sur les poumons ; le foie est fendu jusques vers le milieu de sa longueur, ce qui forme comme deux lobes, un grand & un petit, quoique ce n'en soit proprement qu'un ; le grand est à côté droit, & le petit à gauche ; les deux lobes du poumon sont joints par une membrane assez forte & assez épaisse , ils sont rougeâtres & spongieux ; la trachée-artere leur fournit à chacun une bronche qui les traverse entierement en toute leur longueur, & qui en distribuë plusieurs moindres, dans toute leur substance ; le cœur fournit aussi à chaque poumon deux grands vaisseaux, qui passent sur les bronches de la trachée-artere, entrent dans leur substance, & accompagnent par tout les bronches ; les deux autres coulans tout le long en dehors sous la partie posterieure, vont former les grands rameaux qui rampent par-dessus tout le mesantere ; mais un peu auparavant que de former les rameaux du mesantere , ils sont joints ensemble par un autre vaisseau à la façon d'un traversier ou échelon d'une échelle.

La langue de la Tortuë de mer est courte , émoussée & assez épaisse , elle est toute musculeuse , un peu dure & toute ridée par-dessus, aïant dans sa substance interieure un petit cartilage oblong , fait en façon d'une petite navette ; ce petit cartilage est attaché au-dessus de la pointe d'un os cartilagineux, semblable à un plastron de corps de cuirasse ; cet os est accompagné aux deux côtés par trois os , aussi cartaligineux , & disposés en maniere, qu'ils semblent composer le corps d'une grenoüille avec le plastron ; cet assemblage d'os tient la place de l'os hyoïde , & on peut l'appeller ainsi.

La langue est immediatement attachée à ce plastron & aux osselets qui l'accompagnent par des muscles fort épais , & on voit un peu après sa racine, une petite fosse un peu longue, au commencement de laquelle le larinx est situé.

La trachée-artere est composée de quarante anneaux ou environ, cartilagineux, ovales & joints l'un à l'autre bout-à-
bout, & sans s'emboîter, par une grosse membrane, elle se
fourche en deux grosses bronches qui penetrent toute la longueur du poumon ; ces anneaux en distribuent d'autres en rameaux plus minces, mais composés d'anneaux tous ondés &
divisés en plusieurs pièces.

1711.
May.

REMARQUES

Sur quelques particularités de l'œil de la même Tortuë.

LEs muscles qui couvrent l'œil du côté de l'orbite, sont
accompagnés d'une matiere glaireuse, & de plusieurs
glandes blanches, tachetées de noir au milieu, & attachées
ensemble à côté du grand angle : la membrane ou conjonctive
qui est immediatement sous ces muscles, & qui couvre entierement tout le globe de l'œil, est fort adherente à la cornée, elle est de couleur d'ardoise par tout, excepté au-devant
où elle est un peu blanche ; la cornée est épaisse comme un
sol marqué, sa capacité n'est pas tout-à-fait spherique, mais
un peu applatie en devant & en derriere, elle est composée de
deux pièces, de la posterieure ou sсleroïde, & de l'anterieure
ou cornée ; celle-ci est encore composée d'environ huit pièces
jointes les unes aux autres, comme en maniere de suture ; mais
ces sutures ne paroissent que dans la partie concave de cette
cornée ; cette cornée est aussi dentelée tout à l'entour, elle est
tout-à-fait noire en dedans, & toute tapissée d'une membrane
fort déliée & de couleur minime-obscur, cette membrane
envelope aussi une matiere glaireuse, qui est comme dans une
boîte ou vescie composée d'une membrane extremement déliée & pleine d'une eau très-claire, dans laquelle nage un
cristallin très-pur, très-transparent, & envelopé de l'arach-
noïde ; ce cristallin est beaucoup plus convexe par devant,
que par derriere : au devant de ce cristallin, il y a une autre
membrane aussi extremement déliée & percée comme l'uvée
dans l'homme, pour donner passage à la lumiere ; cette derniere membrane est attachée au fonds de la platine dentelée

1711.
May.

ou cornée, dont l'ouverture du milieu est encore formée par une membrane fort déliée, & tenduë comme le timpan dans l'oreille.

Pieces qui composent l'oreille de la Tortuë.

Après avoir fait les Remarques précedentes, j'anatomisai l'oreille de la Tortuë, & j'en dessinai les principales parties, dont les figures sont ici representées :

A. la tête de la Tortuë de mer vûë de profil.

B. l'endroit sous lequel l'oreille est situee.

C. D. E. F. ce qui paroit d'abord qu'on a ôté la peau de l'endroit B.

C. est le dessus ou la partie convexe du timpan.

D. est une matiere blanche, molle & friable, comme si c'étoit un mêlange de cire & de suif.

E. F. est une chair musculeuse, attachée immediatement à la peau; car il y a du vuide contre cette même peau, & ce qui est contenu dans D. peut donner du jeu à la peau B. de s'enfoncer & de se relever, lorsqu'elle est pressée par l'air poussé.

F. G. H. est la partie C. D. vûë par-dessus.

H. le timpan vû par sa partie concave, où on voit comment la partie membraneuse, ou plûtôt nerveuse du marteau est attachée dans toute sa convexité par l'expension de plusieurs petites fibres.

G. petite production osseuse, percée pour donner passage au pedicule du timpan.

I. P. K. le timpan accompagné de son pedicule & du stilet, separé de toute l'oreille, & vû par la partie concave.

O. P. tout le marteau entier separé du timpan.

L. le timpan nud, vû par sa partie convexe.

M. le timpan nud, vû par sa partie concave, où il est creux, comme une petite culiere relevée tout à l'entour par un bord arrondi.

R. S. T. V. la partie interieure de la caisse, vûë du dedans du cerveau.

S. production ou relais qui sépare ladite caisse, comme en deux compartimens, ou cavités.

X. l'endroit ou le stilet R. T. perce la caisse pour se joindre au pedicule du timpan.

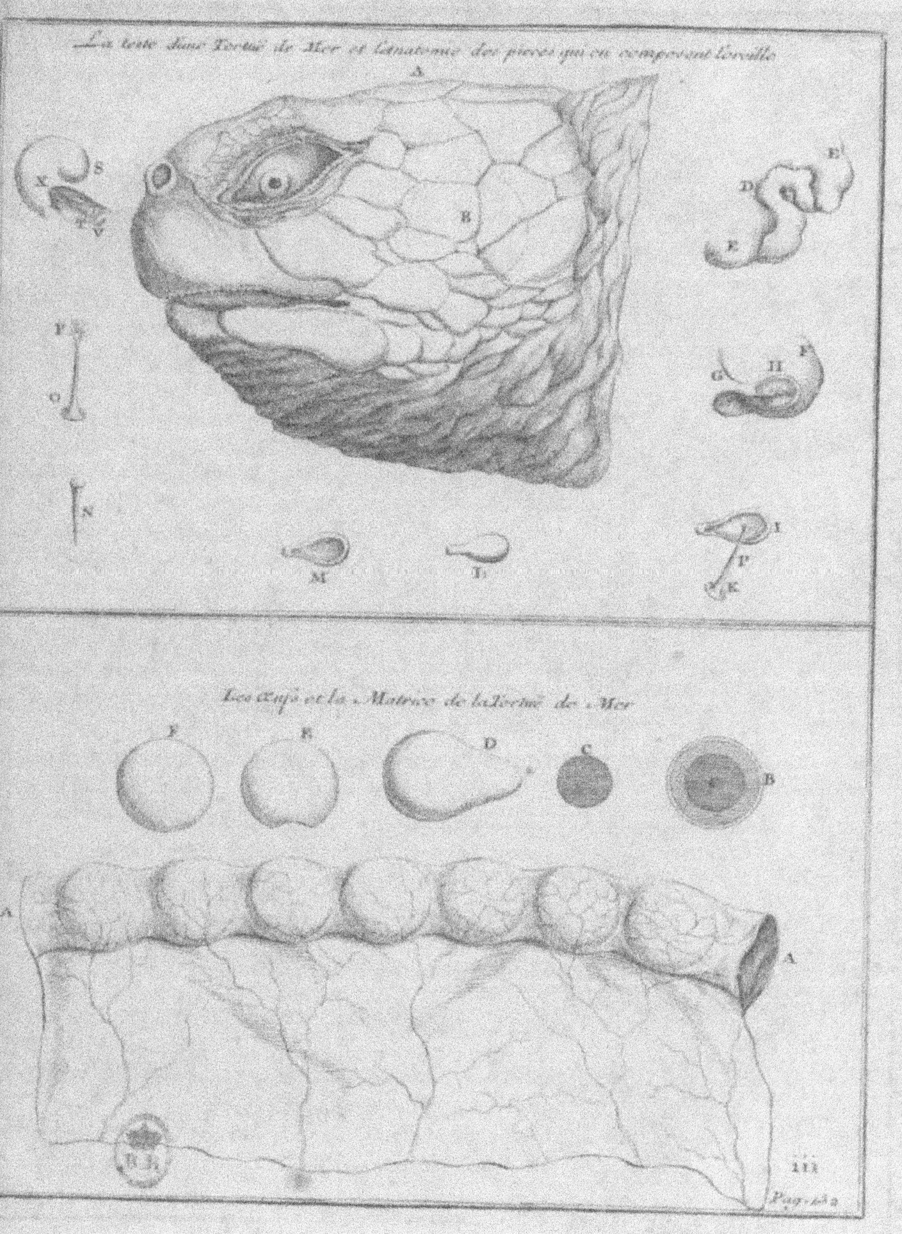

La teste d'une Tortüe de Mer et l'anatomie des pieces qui en composent l'oreille
Les œufs et la Matrice de la Tortüe de Mer
Pag. 162
III

T. tête du ſtilet R.

V. le trou ovalaire que forme la tête T.

Les figures ſuivantes repreſentent un œuf de Tortuë.

A. une partie des trombes ou matrice remplie d'œufs.

B. circonference de l'œuf, pour montrer comment le jaune.

C. eſt contenu dans la glaire.

D. figure du premier œuf qui doit ſortir, quand la Tortuë veut pondre, il eſt fait en poire, c'eſt la pointe qui
ſort la premiere.

F. groſſeur & figure des œufs.

E. on voit en chaque œuf un enfoncement, comme ſi on
avoit enfoncé le doigt dans de la cire molle ; mais ſi
on perce l'œuf avec la pointe d'une aiguille, cet enfon-
ment s'éleve, & l'œuf devient entierement rond, ſemblable à une boule de billard.

C. groſſeur du jaune & ſa figure.

La coque de l'œuf n'eſt pas dure, comme celle des œufs
des oiſeaux, ou des crocodiles, ce n'eſt qu'une membrane fort délicate, mais pourtant aſſez forte, & qui
ne ſe déchire pas aiſément.

Ces œufs ſont très-blancs, la Tortuë en pond juſqu'au nombre de 80. ou 100. dans une ſeule ponte.

x. Juin.

J'allai ce jour-là herboriſer, les dangers que j'avois déja
couru dans les bois d'être piqué de quelque ſerpent, où ils
ſont en grand nombre, m'avoient obligé de mener avec moi
un Négre ; le bruit que nous fîmes en marchant, éveilla, ſelon les apparences, un gros Lézard : d'abord qu'il nous eût
apperçû, il commença de fuir, & monta ſur un arbre ; le Négre le pourſuivit, monta après lui, le prit par le gros de la
queuë, & lui aïant enfoncé un petit bâton dans les narines,
(ſecret qu'ont les Négres pour tuer ces animaux) deſcendit
fort glorieux, chargé de ſa chaſſe ; à mon retour à l'habitation,
j'en fis la Deſcription ſuivante.

DESCRIPTION

D'un Lézard ou *Lacertus criftatus, cauda longiffima.*

CE Lézard avoit un afpect fort agréable, fa longueur, depuis le mufeau jufqu'à l'extremité de la queuë, étoit de 3. pieds & demi, & le contour du corps vers le ventre 12. pouces ; tout fon corps étoit couvert de petites mailles, à la difference de celles de la tête, des mains, des jambes & de la queuë, qui étoient beaucoup plus grandes.

La tête de ce Lézard avoit deux pouces & quatre lignes de longueur, fur un pouce quatre lignes d'épaiffeur ; l'extremité du mufeau étoit obtufe ; l'ouverture de la gueule, depuis l'extremité du mufeau, jufqu'à l'angle que forment les deux lèvres, l'inferieure & la fuperieure étoit d'un pouce quatre lignes ; les écailles qui bordoient les lèvres étoient triangulaires & affez petites, & celles qui étoient à leurs bafes étoient larges, & prefque paralellogrames ; le nez de cet animal compofé de deux narines rondes, relevées, étoit pofé vers l'extremité du mufeau ; fes yeux grands comme des poix, brillans, ronds, avoient leurs prunelles noires entourées d'un cercle blanc, bordés de fort petites écailles ; fes oreilles fort proche du col, étoient rondes, entourées d'écailles blanches de diverfes grandeurs.

Au-deffous du gofier, depuis le mufeau, jufqu'à l'extremité du col, pendoit un grand cartilage en demi-rond, tout couvert de fort petites écailles ; vers la naiffance de ce cartilage, du côté du mufeau, on voïoit neuf à dix pointes plattes fur les deux côtés, fort flexibles, mêlées de blanc, & de verd ; mais ce que je remarquai le plus dans cet animal, c'est une efpece de diadême pofé au-devant de fa tête, compofé de douze pointes, couleur d'azur, comme autant de pierres prétieufes, qui font un merveilleux effet.

Le col de ce Lézard étoit fort court & épais ; depuis la naiffance du col, jufqu'à l'extremité de la queuë, il regnoit fur le dos une efpece de crête, elle étoit en forme de fcie, dont les dents plattes de chaque côté étoient fort pointuës ; les plus grandes vis-à-vis des mains, avoient neuf lignes de

longueur , elles alloient en diminuant jufqu'à l'extremité de
la queuë , où elles étoient fi petites , qu'à peine pouvoit-on
les appercevoir.

Les mains de cet animal avoient environ trois pouces de
longueur , & un pouce d'épaiffeur , elles étoient divifées en
cinq doigts terminés chacun par un ongle noir , armé & fort
pointu ; les pieds étoient beaucoup plus grands , de même
que leurs doigts armés de même , & couverts d'écailles plus
grandes que celles du corps , comme j'ai dit.

Les œufs du Lézard qu'on eftime tant dans nos Ifles de
l'Amerique , font de la même groffeur & figure , que ceux
de nos pigeons , ils n'ont point de blanc , & leur coque qui eft
blanche & fouple , ne renferme qu'une matiere jaune , qui
ne durcit jamais , quelque tems qu'on la laiffe fur le feu ,
on fe fert ordinairement de ces œufs dans toute forte de
fauces , & fingulierement dans celles qu'on fait à la chair
du Lézard.

Lorfque les femelles du Lézard veulent pondre , elles font
un trou dans le fable , elles en couvrent leurs œufs après
leur ponte , & fans les couver , la chaleur du Soleil imprimée fur le fable , fuffit pour les faire éclore.

Ce feroit ici l'endroit , où l'on devroit faire la Defcription de la Martinique : mais aïant été faite par de meilleures
plumes que la mienne , ce feroit vouloir abufer de la patience
du Lecteur ; ceux qui auront la curiofité de fçavoir de quelle
maniere notre nation a conquis cette Ifle fur les Caraïbes ,
n'ont qu'à lire l'hiftoire du R. P. du Tertre , Religieux de l'Ordre de S. Dominique , où ils trouveront dequoi fatisfaire leur
curiofité ; je me fuis contenté d'en donner la Carte.

VIII. *Juillet.*

Notre Capitaine aïant entierement rétabli fa fanté , ne
penfa plus qu'à fe difpofer pour retourner en France ; on
avoit donné carene & agréé le Vaiffeau , nous n'avions plus
que quelques malades , qui étoient hors de danger , & aufquels la mer étoit plus favorable que le féjour & le retardement que nous aurions pû faire dans l'Ifle , c'étoient pré-
cifément ceux qui me confulterent fur la maniere dont ils devoient fe conduire à la Martinique , lorfqu'on refolut de faire

voile, vers cette Isle; la plûpart n'aïant pas suivi le conseil
que je leur avois donné, leur maladie dura beaucoup plus
long-tems, que celle des autres; car pour les maladies qui
avoient été contractées par les mauvais alimens, en venant
de la mer du Sud, elles cesserent bien-tôt; les Matelots ne
sçauroient s'en deffendre, leur mal-propreté fait même plus
de malades, que les mauvais alimens; mais quel moïen de
s'en garantir? Ils sont obligés d'essuïer entre les Tropiques,
des grains assez frequens, & n'aïant pas assez de linge pour en
changer, toutes les fois qu'ils sont moüillés, il se forme sur
leurs corps certaine pourriture qui ne peut que se communiquer au dedans & leur être fort nuisible, j'ai même vû très-
souvent, dans les mêmes endroits les hardes des Matelots
remplies de vers, lorsqu'ils n'avoient pas soin de les mettre
sécher au vent, ou au Soleil.

Le même jour notre Capitaine m'écrivit de me rendre à
bord, si j'étois dans le dessein de repasser en France; je lui
répondis qu'étant parti de Lima, où j'avois des engagemens,
puisque Monseigneur Castel dos Reos m'avoit donné la
Chaire de Mathématique, il y avoit toute apparence que je
ne m'arrêterois pas dans une Isle où j'avois autrefois demeuré malgré moi assez long-tems, esperant d'y trouver quelque embarquement, pour passer à la nouvelle Espagne.

I X. *Juillet.*

Le matin je pris congé de tous mes amis, ce ne fut pas
sans quelque regret; car durant le séjour que j'avois fait
dans cette Isle, j'en avois reçu tant d'honnêtetés, que j'aurois été fort ingrat, si je n'y eusse pas été sensible. A midi
j'arrivai au Lamentin, où je m'embarquai pour le Fort Roïal
sur une petite pirogue conduite par un seul Nègre; le tems
étoit couvert, un maître grain accompagné d'un grand vent
nous surprit au milieu du golfe; quand je me vis exposé au
péril, je dis au Nègre de revirer de bord, il me répondit
qu'il n'étoit plus tems; car en revirant, la lame auroit pris
la pirogue par le côte, & indubitablement l'auroit fait tourner, qu'il falloit tout hasarder, & que le jour précedent il
avoit été surpris de même, passant deux Messieurs au Fort
Roïal, qui crurent se garantir du danger en l'obligeant de
revire

revirer. La lame fit tourner la pirogue ; les deux passagers se
noïerent, & lui se sauva à la nage ; cette nouvelle n'étoit pas
fort agréable ; cependant je continuai mon chemin & je me
couchai au fond de la pirogue, pour lui servir de lest, durant
que le Négre pagaïoit de toutes ses forces, pour tâcher de
gagner terre ; heureusement le grain ne fut pas de longue durée, d'abord qu'il eût passé, la mer s'applanit, nous continuâmes notre route, j'en fus quitte pour la peur, & pour
changer de hardes de pied-en-cap. Tout le lendemain dixieme
se passa à embarquer, & nos hardes & nos provisions.

DÉPART DE LA MARTINIQUE.

✻ I. *Juillet.*

Nous appareillâmes ; environ à deux lieuës de distance du
Bourg, on tira du Fort deux coups de canon, nous les
primes pour quelque signal, on mit d'abord côte à travers,
pour attendre une pirogue que nous découvrimes avec des lunettes d'aproche qui sortoit du moüillage, portant le cap sur
nous ; à son arrivée, l'Officier qui la commandoit, nous raporta
qu'on voioit au tour de l'Isle quelques Corsaires qu'on croioit
être de la Barbade, lesquels aiant eu avis, qu'il devoit partir
de la Martinique trois Navires de retour depuis peu de la mer
du Sud, & richement chargés, étoient venus croiser, esperant
d'en surprendre quelqu'un : à cette nouvelle nous revirâmes de
bord, & nous allâmes remoüiller au Sud-Est du Fort Roial ;
nous demeurâmes sur nos ancres tout le douzième, attendant
l'arrivée des Courriers que Mr. le Lieutenant general des Isles
avoit envoiés pour s'assurer du bruit qui couroit ; ces Courriers
raporterent que les nouvelles du jour précedent n'étoient
qu'une fausse allarme, & qu'on ne voioit aucun Navire.

XIII. *Juillet.*

A neuf heures du matin nous appareillâmes en compagnie
de l'Aurore & du S. Antoine, qui sortirent avec nous du
Port de la Conception de Chily, comme j'ai dit ailleurs, &
qui n'arriverent à la Martinique, que plusieurs jours après
nous ; huit autres Navires marchands bien-aises de trouver une

escorte comme la notre, appareillerent à la même heure.

A la sortie du golfe, j'observai l'inclinaison Nord de l'aiguille aimantée, je la trouvai de   42ᵈ. 20ʹ.

Sur le soir notre Escadre aiant demeuré par notre arriere, nous mîmes côté à travers, pour l'attendre, apprehendant que quelqu'ùn des Navires ne s'écartât durant la nuit, & ne tombât entre les mains de quelque Corsaire ; d'abord que notre Escadre fut ralliée, on ferla nos basses voiles , & nous ne portâmes que nos deux huniers.

XIV. *Juillet.*

Le matin nous nous trouvâmes beaucoup de l'avant des Vaisseaux l'Aurore & le S. Antoine, & beaucoup plus d'un troisiéme appellé le Roi-de-Suede , le reste de l'Escadre ne parut plus , ce qui nous donna quelque inquiétude : nous crûmes que les Capitaines qui les commandoient n'aiant pas dessein de débouquer par l'endroit des Isles, dont on étoit convenu , ils avoient fait durant la nuit une fausse route, & étoient aller chercher un autre débouquement ; le matin nous ferlâmes notre grand hunier, & nous mîmes le petit sur le ton , pour ne pas nous separer de nos conserves , qui n'é-toient pas moins riches que nous , & n'avoient pas moins besoin de secours , en cas qu'elles rencontrassent quelque Corsaire.

A midi j'observai l'inclinaison de l'ai-man toujours Nord de   41ᵈ. 20ʹ.

La difference entre cette Observation , & celle du jour pré-cedent me surprit , comme nous étions alors plus éloignés de la Ligne, je croiois que l'inclinaison devoit avoir augmenté, & j'observai le contraire ; je rêvai long-tems pour chercher la cause de cette difference , après plusieurs resléxions aussi incertaines les unes que les autres , je m'apperçus que mon Observation avoit été faite par mégarde près de la culasse d'un canon , à quoi j'attribuai la difference que j'avois trouvée.

XV. *Juillet.*

Depuis nôtre départ de la Martinique , les vents que nous trouvâmes , varierent de l'Est au Nord-Est, les Malades qu'on y avoit embarqués, commencerent à se mieux porter, & plusieurs de ceux qui n'avoient pas craint le changement d'air, arrivant aux Isles, se ressentirent de la maladie ordinaire, ce qui nous faisoit desirer de passer bien-tôt le Tropique du Cancer, esperant qu'au-delà, les maladies cesseroient entierement, comme il arriva.

1711.
Juillet

A midi j'observai le complement de la
hauteur meridienne du Soleil de   4ˡ. 36ʹ. 0ʺ.

Sa déclinaison septentrionale calculée
pour le même endroit fut trouvée de   21. 37. 40.

Donc la hauteur du Pole arctique dût
être de   17.   1. 40.

Ce jour-là je réduisis à une, toutes les route que nous avions faites depuis la Martinique; après
cette réduction, je trouvai que la longitude devoit être de   315ᵈ. 10ʹ. 0ʺ.

Je supposai dans cette longitude estimée que le premier Meridien du monde passoit par l'Isle de Fer la plus occidentale des Canaries.

Sur les trois heures du soir, nous découvrîmes l'isle sainte Croix; depuis le quatorze à midi nous avions fait route au Nord-Nord-Oüest, à la découverte de cette Isle, on mit le Cap à l'Oüest.

Selon le point observé à midi, le romb de vent que nous avions parcouru, depuis midi jusqu'à l'heure que nous découvrîmes cette Isle, & l'estime de la distance de la côte du Sud de la même Isle, du point où nous
étions alors, nous conclûmes la hauteur
du Pole septentrional de sainte Croix de   17ᵈ. 32ʹ. 0ʺ.

Et la longitude du milieu de l'Isle de   315.   0.   0.

Le soir les mers étant fort belles, nos Navires s'approcherent pour parlementer, nos Capitaines qui n'étoient pas encore convenus du débouquement, conclurent de débouquer entre l'Isle S. Domingo, & l'Isle S. Jean Porto-Ric, comme le lieu le plus sûr, & le moins frequenté par les Corsaires; on auroit pû débouquer par les Isles les Vierges; mais apprehendant d'être vûs par ceux de l'Isle S. Thomas, où il y a toujours des Corsaires, on crut plus de sûreté au débouquement qu'on avoit proposé.

XVI. *Juillet.*

Au matin nous nous trouvâmes au Sud de l'Isle S. Jean Porto-Ric ; la côte de cette Isle court Est & Oüest, nous la rangeâmes environ de quatre lieuës de distance, n'osant nous approcher de plus près ; je sçavois par l'experience que j'avois faite dans un voyage, où je moüillai à la côte du Sud de cette Isle, (comme je raporterai ailleurs) que cette côte est remplie d'écueils fort dangereux, & que pour les éviter, il faut en passer à une distance raisonnable.

A midi étant environ au milieu de l'Isle,
j'observai la hauteur du Soleil, elle donna
la latitude septentrionale de   17ᵈ. 59′.
    La longitude estimée fut de   313. 40.
Le soir nous arrivâmes à l'entrée du canal formé par l'Islé S. Jean Porto-Ric, & l'Isle S. Domingo, j'observai au même endroit l'équilibre des eaux de la mer avec mon arcometre. Je trouvai leur égalité après avoir chargé
celui-ci du poids de   2 onces 3ᵈʳ. 49 ᵍ*.

XVII. *Juillet.*

Le soir précedent étant à l'entrée du canal (comme j'ai déja dit) aucun de nous n'y aïant jamais passé , nous n'osâmes donner dedans, nous apprehendions d'y faire naufrage ; nous loveïâmes toute la nuit devant cette entrée, attendant qu'il fit jour. A sept heures du matin , nous découvrimes au Nord ⅕ Nord-Oüest , environ à six lieuës de nous , une petite Isle appellée l'Isle Zachée ; à dix heures nous fûmes par son travers, je remarquai en passant, que la mer brisoit à l'Est, & à l'Oüest de cette Isle, ce qui me fit conjecturer : qu'il y avoit à ces deux endroits des brisans ; pour les eviter, nous en passâmes environ à une lieuë de distance vers l'Oüest. Cette Islé est élevée vers son milieu, presque ronde, selon que nous en pûmes juger, nous estimâmes son circuit environ d'une lieuë & demie.

A midi à quatre lieuës au Nord, selon
l'estime, j'observai la hauteur du Pole arctique de   19ᵈ. 10′.

J'estimai la longitude de   312 . 4'.

Au même endroit, j'observai l'inclinai-
son de l'aiguille aimantée de   44. 20.

Le soir nos trois Vaisseaux étant presque hors de vüe sur
notre arriere, nous revirâmes sur eux pour les joindre, aprehendant de les perdre entierement durant la nuit.

XXVIII. *Juillet.*

Nous fûmes pris de calme, les chaleurs se firent sentir , le
Ciel fut clair & serain ; nos conserves demeurant toujours de
l'arriere, nous donnoient de mortelles inquiétudes, dans la
crainte où nous étions qu'ils ne rencontrassent quelques Corsaires , & qu'ils ne devinssent leurs victimes.

La hauteur meridienne observée du So-
leil, donna la latitude Nord de   20ᵈ. 14'.

Et la longitude estimée fut de   312. 20.

Le matin au lever du Soleil, j'observai
son amplitude orientale, elle donna la va-
riation de l'aiguille aimantée Nord-Est de   5. 30.

A midi l'inclinaison Nord fut obser-
vée de   47. 0

XIX. *Juillet.*

Le calme dura toute la nuit, les vents ne se leverent que le
matin , & ce jour-la ils varierent de l'Est-Nord-Est, à l'Est-
Sud-Est. A dix heures ils commencerent à fraichir, nous approchions le Soleil , & à midi il passa par notre Zenit : alors
je n'esperois plus revoir mon ombre tourner vers la partie
australe de la terre ; quelque difficulté qu'on trouvât à déterminer dans cette position la hauteur meridienne du Soleil ,
je ne laissai pas de l'observer ; je trouvai par mon Observation que la hauteur du Pole arctique de-
voit être de   20ᵈ. 57'.

Et la longitude estimée de   312. 49.

J'observai l'inclinaison Nord de l'aiguil-
le aimantée de   48. 20.

XX. *Juillet.*

Les vents se rangerent à l'Est ⅓ Sud-Est bon frais ; si nos

camarades euſſent été plus diligens , nous aurions fait bon chemin , nos malades revenus de leurs infirmites , ſe plaignoient fort de la Martinique , ils croioient que l'air de cette Iſle avoit été la cauſe de leurs maladies.

Le complement de la hauteur meridienne du Soleil fut obſervée de   2^{d}. 2'.

Sa déclinaiſon fut trouvée par le calcul de   20. 46.

D'où l'on conclud la hauteur du Pole arctique de   22. 48.

La longitude, fut ſelon l'eſtime, de   313. 4.

L'inclinaiſon de l'aiman obſervée fut de   49. 30.

L'amplitude occidentale du Soleil donna la declinaiſon Nord-Eſt de l'aiman de   3. 40.

XXI. *Juillet.*

Les vents continuerent à l'Eſt $\frac{1}{4}$ Sud-Eſt , la journée fut belle , notre Vaiſſeau alloit toujours mieux , nous fumes même obligés de prendre les ris à nos huniers pour nous regler ſur la marche de nos Conſerves : la guerre étoit alors fort allumée en Europe ; dans cette ſituation , la compagnie eſt abſolument neceſſaire ; car ſi on eſt attaqué par quelque Corſaire , pluſieurs joints enſemble ſe deffendent mieux qu'un ſeul ; ces reflexions retarderent notre arrivée en France ; cependant il valloit beaucoup mieux penſer à notre ſureté , que de s'expoſer , arrivant quelques jours plûtôt en Europe , à être ſurpris par quelque Vaiſſeau ennemi.

A midi j'obſervai le complement de la hauteur du Soleil de   3^{d}. 50'.

Sa declinaiſon ſeptentrionale calculée fut alors de   20. 35.

D'où l'on conclud la latitude ſeptentrionale de   24. 25.

On eſtima la longitude de   313. 46.

On trouva par l'Obſervation, que l'inclinaiſon Nord de l'aiguille aimantée étoit de   53 30.

Par l'experience du poids des eaux de la mer qu'on fit,
n trouva qu'elles étoient en équilibre
vec le même areometre, dont on s'étoit
ervi jusqu'alors, chargé du poids de   1 onces 3 dt. 50 ß.

Au Soleil couchant, j'observai son am-
litude occidentale de   20 d.   0'.

Le calcul donnoit la même amplitude
e   22.   55.
____

D'où l'on conclud la déclinaison Nord-
ft de l'aiman de   2.   55.

1711.
Juillet.

XXII. *Juillet.*

Nous étions au Nord du Tropique du Cancer que nous
assâmes dans la nuit du vingt au vingt-un, le matin nous
ûmes un grain, qui nous donna du vent & de la pluie; les
ents varierent ce jour-là, de l'Est-Nord-Est à l'Est; les Ma-
elots du S. Antoine moins diligens que les notres, n'aïant
as prévenu le grain, ni par consequent, pris le soin de se
enir aux drisses & aux écoutes pour les larguer dans le besoin,
rent surpris; le grain arrivant sur leur Vaisseau le désem-
ara de son grand hunier; cet accident nous fit perdre toute
journée; nous mimes côté à travers pour attendre que le
Antoine eût appareillé un autre hunier à la place de ce-
i qu'il venoit de perdre.

Le complement observé de la hauteur
eridienne du Soleil fut de   5 d. 30'.
Sa déclinaison septentrionale étoit de   20.   24.
____

Donc la latitude septentrionale dût
tre de   25.   54.
L'inclinaison observée de l'aiguille ai-
antée fut de   55.   0.
La route corrigée n'aïant valu que le Nord, la longitude
e differa pas de celle du jour precedent.

XXIII. *Juillet.*

Les chaleurs qui nous avoient incommodé jusqu'alors,
ommencerent à diminuer, c'est dans la nuit qu'on les ressent

plus vivement ; nous les aurions paſſées fort agréablement,
le grand nombre de rats ne les eût troublées ; un de ces an
maux me mordit à la lévre ſuperieure , pendant mon ſor
meil ; cette malheureuſe morſure me rapella un pareil acc
dent arrivé dans un Navire moüillé dans le port de Pott
Bello ſur lequel je me trouvois pour lors ; le Medecin de
Navire fut mordu par un rat, durant la nuit , au petit doi
du pied gauche, il negligea la morſure ; cependant les dou
leurs augmenterent conſiderablement , la gangrene ſe n
à ſa jambe, & il en mourut ; la grande multitude de c
animaux nous obligea de paſſer les nuits ſur le pont ,
repoſer le jour , tems auquel les rats demeurent caché
A neuf heures du matin nous cûmes un grain de peu
durée.

Le complement de la hauteur meridien-
ne du Soleil fut obſervée de   7ᵈ. 30′.
     Sa déclinaiſon ſeptentrionale calculée
fut de   20. 11.

D'où je conclus la latitude Nord de   27. 41.
     La longitude fut eſtimée de   314.   9.
J'obſervai , devant midi , l'inclinaiſon
Nord de l'aiguille aimantée de   56. 10.

A deux heures après midi, le Ciel ſe couvrit, il ſe form
environ à demi lieuë, à l'Eſt , un Dragon, que les Mari
appellent *trombe de mer*, ce dragon étoit une eſpece de cili
dre,qui s'élargiſſoit des deux bouts, le bout inferieur s'appuic
ſur la ſurface de la mer ; l'autre bout ou le bout ſuperie
ſembloit ſoutenir la nuée , où ſe terminoit la partie ſup
rieure de ce Dragon , la mer au-deſſous de la baſe de ce cili
dre,boüillonnoit & paroiſſoit être agitée par un vent, qui tor
boit à pic ou pouſſé perpendiculairement ; ſon ſifflement qu
ſe faiſoit entendre juſqu'à nous, me fit concevoir que la n
ſuperieure à celle que le Dragon ſoutenoit , étant preciſ
ment tombée ſur celle-ci, l'air enfermé entre les deux nu
ſe fit une ouverture au centre de la nüe inferieure ; cet a
preſſé entre les deux nües, ſortant avec impetuoſité , por
par le trombe juſques ſur la ſurface de l'eau de la mer , il
trouva un corps liquide, l'excita & cauſa le boüillonnemen
dont nous nous aperçûmes ; l'air & la vapeur dürent form

ce cilindre ; car les parties qui le compofoient parurent affez refferrées.

Ceux qui auront la curiofité de fçavoir de quelles manieres fe forment ces meteores , n'ont qu'à lire le Livre intitulé , *Conjectures phyfiques fur quelques colomnes des nuës* , l'Auteur les a parfaitement bien expliquées, & on ne fçauroit rien ajou- ter à ce qu'il a dit.

A la vûë de ce *Dragon* tout notre équipage fut en allarme, d'abord on amena toutes les voiles ; le Navire étant entiere- ment à fec, on prépara le canon, efperant que le bruit ou l'air agité par le canon diffiperoit ce Dragon , mais avant qu'on eût fini tous ces préparatifs, ce Dragon paffa fur notre arriere , nous fûmes délivrés des maux dont nous étions me- nacés , & nous le vimes fe diffiper infenfiblement ; la jour- née fe termina par quelques grains, qui ne nous donnerent que de la pluïe.

XXIV. *Juillet.*

Les vents ne changerent pas , ils varierent toujours de l'Eft ½ Nord-Eft, à l'Eft ½ Sud-Eft.

L'inclinaifon Nord de l'aiguille aiman- tée fut obfervée de	57ᵈ.	30'.
Le complement obfervé de la hauteur meridienne du Soleil fut de	9.	15.
Alors fa déclinaifon feptentrionale étoit de	19.	59.
De ces élemens , on conclut la hau- teur du Pole arctique de	29.	14.
La longitude eftimée fut de	314.	59.

XXV. *Juillet.*

Nous eûmes une belle journée , nous nous trouvâmes dans un climat temperé bien different de celui d'où nous étions fortis depuis quelques jours, où les chaleurs fe faifoient fen- tir vivement.

L'inclinaifon obfervée de l'aiman fut de	59ᵈ.	30'.
J'obfervai la hauteur meridienne du Soleil de	10.	56.

T

Sa latitude septentrionale étoit de   19ᵈ. 46ʹ.

Donc la latitude septentrionale fut de   30. 41.
Et la longitude estimée de   315. 18.
Par l'Observation de l'amplitude occidentale du Soleil, la déclinaison de l'aiman
fut trouvée au Nord-Est de   2. 0.

XXVI. *Juillet.*

Au lever du Soleil, j'observai son amplitude orientale de   24. 0.
Par le calcul je trouvai que cette amplitude ne devoit être que de   23. 8.

La soustraction faite, il resta pour la
variation Nord-Est de l'aiman   0. 52.
A 8. heures du matin nous découvrîmes un Vaisseau; à neuf
heures la garde du mats d'avant cria, qu'il voioit la terre au
Nord de nous; selon le point du midi du jour précedent,
nous esperions de voir bien-tôt l'Isle Bermude; d'abord qu'on
l'eût reconnuë, le Capitaine ordonna d'arriver sur le S. Antoine, pour convenir avec Mr. Frondac, qui le commandoit, si on passeroit à l'Est de cette Isle; ce Vaisseau étant
extremement pesant & très-méchant bolinier, il y avoit à
craindre qu'il ne pût doubler la pointe, où les rochers avancent environ quatre lieuës au-delà; après que nos Capitaines
eurent examiné le danger, auquel on exposeroit ce Navire,
ils conclurent qu'il étoit plus sûr de passer à l'Oüest de cette Isle.

A midi nous étions au Sud du milieu de la Bermude,
environ à huit lieuës de distance.
J'observai au même endroit, le complement de la hauteur du Soleil de   12ᵈ. 20ʹ.
Sa déclinaison septentrionale étoit de   19. 33.

Donc la hauteur du Pole arctique dut
être de   31. 53.
La longitude estimée fut de   315. 56.
L'inclinaison Nord de l'aiguille aimantée fut par l'Observation de   60. 0.

Par l'experience de l'équilibre des eaux de la mer, je trouvai l'arcometre être en équilibre avec pareil volume d'eau de la mer chargé du poids de   2 onces 3 dr. 50 gr.

Au Nord de l'Isle, j'observai l'amplitude occidentale du Soleil, elle donna la variation Nord-Oüest de l'aiman de   1l. 40'.

La Bermude n'est celebre que par la quantité des naufrages qui sont arrivés sur ses côtes. En 1522. le Roi d'Espagne resolut d'y envoier une Colonie, ce dessein n'eut aucun succès. En 1593. un Navire François n'aiant pu se deffendre d'une tempête qui le surprit au Nord de cette Isle, il fut jetté sur la côte du Nord-Oüest, où il se brisa ; de ce naufrage il se sauva vingt-six hommes sur le débris du Vaisseau, parmi lesquels il se trouva un Anglois, qui donna à son arrivée en Angleterre une legere connoissance de la Bermude. En 1609. le Chevalier Georges Sommer aiant été porté par les courans, & par la violence des vents sur cette Isle, y perdit son Vaisseau; son équipage & lui se sauverent : à leur arrivée en Angleterre, ils firent une relation si avantageuse de la Bermude, qu'elle fit naître aux Anglois, le desir d'y établir une Colonie. En 1612. Richard Morcen obtint de Jacques I. Roi de la Grande-Bretagne un privilege, il partit d'Angleterre avec soixante habitans, & commença à fortifier l'Isle. En 1616. Daniel Fucher lui succeda, celui-ci emploia tous ses soins à faire cultiver les champs, & planter des arbres qu'il avoit apportées des Isles de l'Amerique, insensiblement cette Colonie est devenuë considerable.

La Bermude est traversée par quelques canaux, qui en font comme autant de petites Isles ; il n'y a ni riviere ni fontaine, on n'a pour boire & pour les autres necessités que de l'eau de puits, qu'on dit suivre les cours des marees : cette Isle est bordée d'écueïls, les mers qui l'environnent sont abondantes en bon poisson, les Tortuës y sont d'un goût merveilleux, les fruits que la terre y produit sont de même goût, l'air y est toujours serain, & on n'y meurt que de vieillesse ; enfin ceux qui ont demeuré dans cette Isle, la trouvent fort agréable, & disent qu'elle a la figure d'un fer-à-cheval.

XXVII. *Juillet.*

Nous eûmes une très-belle nuit, les mers furent les mêmes;

depuis midi du jour précedent, les vents varierent de l'Est-
Nord-Est à l'Est-Sud-Est ; on nous avoit fait une relation si
affreuse des aproches de la Bermude, que le beau tems que nous
y trouvâmes nous surprit ; dans la nuit nous doublâmes la
pointe de l'Oüest de cette Isle, & quoique nous eussions fait
peu de chemin, n'aïant eu que de petits vents, le matin nous
ne vimes plus l'Isle, parce qu'elle est extrémement basse.

A dix heures du matin j'observai l'in-
clinaison Nord de l'aiguille aimantée de   61^d.   0′.
Le complement de la hauteur meri-
dienne du Soleil fut observé de   14.   10.
La déclinaison septentrionale étoit de   19.   20.

Donc la latitude septentrionale dut
être de   33.   30.
Sa longitude fut estimée de   316.   34.

XXVIII. *Juillet.*

Les vents prirent une autre route, & varierent de l'Est-
Sud-Est au Sud-Sud-Est ; depuis notre départ de la Martinique les mers devenoient tous les jours plus belles, si les
vents nous eussent également servi, & eussent été aussi favorables que les mers, notre voïage n'auroit pas été si en-
nuïeux ; nos Marins ausquels les vents opposés engendroient
un certain air de mélancolie, & dont la plûpart n'ont guéres
de raison, n'auroient pas murmuré contre le tems.
L'inclinaison de l'aiman fut observée
de   62^d.   0′.
A midi la hauteur du Soleil donna
la latitude Nord de   34.   12.
La longitude estimée fut de   317.   32.

XXIX. *Juillet.*

Nous ressentîmes ce jour-là une chaleur extraordinaire ;
nous nous flattions que l'opposition de la Lune avec le Soleil
pourroit changer les vents, & les faire passer à une partie du
monde, où il nous fussent plus favorables; cependant nous n'eûmes aucun changement, & les vents tinrent au même endroit

Je trouvai l'inclinaison toujours Nord
de l'aiman de   62ᵈ. 30′.

Le complement de la hauteur meri-
dienne du Soleil fut de   16. 10.

Sa déclinaison septentrionale étoit de   18. 52.

____

Donc la hauteur du Pole septentrional
dut être de   35. 2.

Par l'estime on trouva la longitude de   318. 11.

x x x. *Juillet.*

Les vents qui depuis notre départ de la Martinique, nous furent opposés, cesserent entierement, & nous laisserent en calme
durant la nuit ; le matin ils commencerent à se ranger au Sud-
Oüest : dans le tems du calme, j'observai l'équilibre des eaux
de la mer avec mon aréometre, je trou-
vai cet équilibre après avoir chargé l'areo-
metre du poids de   2 onces 3 gr. 49 dr. ½

L'inclinaison Nord de l'aiman fut ob-
servée de   64ᵈ. 0′. 0″.

Au lever du Soleil, j'observai l'ampli-
tude orientale du Soleil de   21. 0.

L'amplitude calculée étoit de   23. 8.

____

Donc la déclinaison Nord-Oüest de
l'aiman fut de   2. 8.

A midi le complement de la hauteur du
Soleil donna la latitude Nord de   35. 24.

La longitude fut estimée de   319. 8.

x x x i. *Juillet.*

Le vent de Sud-Oüest que nous eûmes le jour precedent,
& qui calma le soir, revint le matin, il fut de peu de durée,
& varia ensuite de l'Oüest à l'Est-Sud-Oüest.

Le Soleil aiant paru beau à son lever,
j'observai son amplitude orientale de   20ᵈ. 0.

La vraie amplitude, selon le calcul,
étoit de   22. 52.

____

Donc la variation Nord-Oüest de l'ai—

————— man fut de   2. 52'.

Son inclinaison Nord observée fut de   64. 45.
Le complement de la hauteur meridien-
ne du Soleil donna la latitude de   35. 36.
La longitude estimée fut de   319. 50.

PREMIER *Aoust.*

Nos bons vents fraîchirent, si nos Conserves eussent pû
nous suivre, dans peu de jours nous aurions expedié le chemin
qui nous restoit à faire.

Après l'Observation de l'inclinaison
de l'aiman, on trouva cette inclinaison de   65^d. 30'.
A midi le complement de la hauteur du
Soleil fut observé de   18. 40.
Sa déclinaison étoit de   18. 24.

Donc la hauteur du Pole dut être de   37.   4.
La longitude estimée de   322. 15.

I I. *Aoust.*

Les vents varierent de l'Oüest, au Sud-Oüest, la mer commença de sentir le vent, & les lames devenuës fort hautes
renouvellerent à nos Passagers les maux qu'ils avoient déja
ressenti dans les mers du Sud ; notre Navire n'avoit rien perdu de ses anciennes coûtumes, il étoit toujours grand rouleur, peu nous importoit, pourvû qu'il marchât à son ordinaire, chacun en étoit content, quittes pour en dormir moins
le desir qu'on avoit d'arriver bien-tôt à terre, faisoit supporter patiemment ce roulis, il m'empêcha même ce jour-là
par sa violence, d'observer l'inclinaison de l'aiman ; nous eûmes durant toute cette journée la pluie ; sur le soir la mer devint furieuse, nous ne pûmes porter au vent que la mi-
saine & le petit hunier sur le ton, qu'un coup de vent nou
mangea.
Le Soleil ne parut pas de tout le jour,
la latitude fut estimée de   37^d. 57'.
Et la longitude de   325. 58.
Depuis midi du jour précedent, la route corrigée valut l'Est

Nord-Est plus 3'. 30'. vers l'Est, en chemin 62. lieües.

J'observai le même jour, qu'un volume d'eau de la mer égal en grosseur avec l'arcometre, étoit en equilibre avec celui-ci, chargé du poids de 2^{onces} 3^{dr.} 50^{gr.} ½

1711.
Aoust.

I I I. *Aoust.*

Les biens & les maux se suivent de si près, qu'on les voit rarement separés, le jour précedent les vents nous furent très-favorables, quoique violens, & ce jour-là ils varierent du Sud-Oüest au Nord.

L'inclinaison Nord de l'aiman fut observée de .... 66^d. 30'.

Le complement de la hauteur meridienne du Soleil de .... 21. 35.

Sa déclinaison septentrionale étoit de .... 17. 38.

D'où je conclus la hauteur du Pole arctique de .... 39. 13.

La longitude fut estimée de .... 328. 59.

Au coucher du Soleil, j'observai son amplitude occidentale de .... 30. 15.

Sa vraie amplitude trouvée par le calcul fut de .... 22. 59.

La soustraction faite donna la déclinaison Nord-Oüest de l'aiman. .... 7. 16.

I V. *Aoust.*

Les vents devinrent encore moins favorables, que les jours passés, ils varierent de Nord-Nord-Est au Nord; quoiqu'au milieu de l'Eté, nous ressentimes des froids fort sensibles, que nous attribuâmes aux vents, & à la difference des parages.

L'inclinaison Nord de l'aiguille aiman-
ée fut observée de .... 66^d. 30'.

Le complement de la hauteur meridienne observée du Soleil fut de .... 21. 48.

Sa déclinaison septentrionale étoit de .... 17. 23.

D'où je conclus la hauteur du Pole Nord .... 39. 11.

La longitude fut estimée de   330ˡ. 43ʹ.

V. *Aoust.*

Les vents varierent du Nord au Sud-Est, la mer avoit perdu, & elle estoit devenuë assez unie. L'inclinaison de l'aiman ne differa presque pas de celle qu'on avoit observé le jour précedent.

L'areometre fut en équilibre avec les eaux de la mer chargé de   2ᵒⁿᶜᵉˢ 3ᵈʳ. 50ᵍʳ. ½

A midi le complement de la hauteur du Soleil fut observé de   21ᵈ. 55ʹ.

Sa déclinaison septentrionale étoit de   17. 7.

Donc la hauteur du Pole étoit de   39. 52.

La longitude, selon l'estime, de   331. 3.

VI. *Aoust.*

A minuit les vents se rangerent au Sud ; au lever du Soleil, j'observai la variation Nord Oüest de l'aiguille aimantée de   6ᵈ. 35ʹ.

Ce jour-là, les vents varierent du Sud au Sud-Oüest, ils furent si petits, que le Vaisseau ne les sentoit presque pas. A midi les nuages nous cacherent le Soleil, la latitude fut estimée de   40ᵈ. 25ʹ.

Et la longitude de   333. 43.

VII. *Aoust.*

Les tems furent fort inconstans, le Ciel ne parut pas de toute la journée, nous eûmes plusieurs petits grains, qui nous donnerent de la pluïe, les vents varierent du Nord au Sud-Oüest.

A midi on estima la latitude septentrionale de   41ᵈ. 58ʹ

La longitude de   335. 29.

VIII. *Aoust.*

La mer commença de sentir l'approche du grand banc, elle grossissoit

grossissoit fort sensiblement , & devint si fort agitée , que
nous ne pûmes porter au vent que nos deux basses voiles.

J'observai l'amplitude orientale du So-
leil de   12^{d}. 0.

La vraïe amplitude trouvée par analo-
gie étoit de   22. 10.

De ces élemens on conclut la variation
Nord-Oüest de l'aiguille aimantée de   10. 10.

J'observai le complement de la hauteur
meridienne du Soleil de   25. 20.
Sa déclinaison septentrionale étoit de   16. 71.

Donc la hauteur du Pole dut être de   41. 37.
La longitude estimée fut de   337. 45.

Les vents se rangerent au Nord ; le matin nous avions découvert un Navire faisant route au plus près qui venoit en dé-
pendant pour nous reconnoître. A midi arrivant dans nos eaux,
il fit vent arriere , nos Officiers crurent à la premiere découverte , que c'étoit quelque Navire François , mais sa manœuvre nous fit connoître que c'étoit un Vaisseau ennemi , qui
croisoit dans ces parages , pour y surprendre quelque Vaisseau
marchand , à son retour des Isles de l'Amerique. D'abord
qu'on eût connu son dessein , on se prépara au combat , on mit
côté en travers pour attendre nos Conserves , qui demeuroient
toujours de l'arriere ; lorsqu'elles nous eurent joints , nos Capitaines reglerent l'ordre qu'on devoit observer durant le combat ; cependant le Vaisseau ennemi venoit à nous de fort bonne
grace ; lorsqu'il fut à la portée du canon , & qu'il nous vit bas-
tingués & prêts à le bien recevoir , il commença de louvoier
pour nous mieux reconnoître ; lorsqu'on eût mis les fausses
manœuvres , fait passer nos Conserves sur notre avant , &
carguë nos basses voiles , nous l'attendîmes de pied ferme ; mais
voiant notre resolution , & un navire beau de combat , il n'osa
ni mordre ni s'aprocher , il revira de bord , il fit route au Nord-
Nord-Oüest , & nous continuâmes la notre.

I X. *Aoust.*

Le Soleil parut à son lever , j'observai son amplitude orientale , elle donna la variation Nord-Oüest

—————— de l'aiguille aimantée de   10ᵈ. 45ʳ.

1711.   Nous esperions de rencontrer dans ces parages, quelques
Aoust.   Vaisseaux Malouïns de retour de la pêche de la Moruë, non
seulement pour aprendre quelques nouvelles de l'Europe, mais
encore pour leur demander quelques rafraîchissemens & singulierement quelques moruës, poisson que nous n'avions pas vû
depuis notre départ de France. A neuf heures du matin, le vent
de Nord calma, nous en augurâmes bien, croïant que le premier vent qui nous viendroit nous seroit favorable.

Le complement de la hauteur meridien-
ne du Soleil fut observé de   25ᵈ. 40ʳ.
Sa déclinaison septentrionale étoit de   16.   0.

D'où je conclus la hauteur du Pole Nord
de   41.   40.
L'estime donna la longitude de   339.   1.
L'inclinaison Nord de l'aiguille aiman-
tée fut observée de   68.   20.
A la même heure de midi, l'areometre
fut en equilibre avec un pareil volume d'eau
de la mer, chargé du poids de   2 onces 3 dr. 51 grs

Le vent commença à souffler Sud, de-là il passa au Sud-
Oüest, il ne pouvoit nous être plus favorable; mais nous eûmes
courte joïe, car peu de tems après il se rangea encore au Nord.

L'amplitude occidentale du Soleil don-
na la variation Nord-Oüest de l'aiman de   9ᵈ. 50ʳ.

x. Aoust.

Les vents ne changerent pas, nous eûmes de la pluïe durant toute la nuit, le matin le vent du Nord fraîchit, chassa
entierement les nuages, & rendit le Ciel clair & serain.

A midi le complement de la hauteur du
Soleil fut observé de   26ᵈ. 30ʳ.
Sa déclinaison septentrionale étoit de   15.   43.

D'où je conclus la hauteur du Pole de   42.   13.
La longitude fut estimée de   341.   50.

XI. Aoust.

L'obstination des vents opposés, obligea à retrancher le dé-

jeûné. La prévoïance dans les voïages de long cours , est absolument necessaire, plusieurs Navires ont peri, faute de vivres ; on aprehendoit que les vents de Nord ne durassent,
nos vivres étoient déja fort diminués, il étoit tems de penser
au malheur dont nous étions menacés ; dès le matin les vents
devinrent encore plus mauvais , ils se rangerent au Nord-
Nord-Est : le Soleil ne parut pas à midi &

nous estimâmes la latitude Nord de	42ᵈ. 11′.
La longitude de	343. 39.
L'inclinaison Nord de l'aiman fut de	68. 50.

X I I. *Aoust.*

Les vents varierent du Nord à l'Est-Sud-Est, ils ne pouvoient être pires , comme on ne voïoit aucune apparence de
changement , & que les vents devenoient toujours plus contraires , on pensa de retrancher le souper , & réduire l'équipage à un seul repas par jour, personne ne s'y opposa , chacun y trouvoit son interêt , & en cela on admiroit la prudence du Capitaine , qui pour ne pas voir périr miserable-
ment son équipage, cherchoit les moïens les plus sûrs pour
le conserver.   Dans les longs voïages on apprend bien des
choses, on devient sobre , paisible , patient , en un mot, on
deviendroit des saints , si on sçavoit faire un bon usage de
toutes les miseres où l'on est exposé.

L'inclinaison Nord de l'aiguille aiman- tée fut de	69ᵈ. 0′.
Le complement observé de la hauteur meridienne du Soleil de	28. 8.
Sa déclinaison septentrionale de	15. 8.
D'où l'on conclut la hauteur du Pole de	43. 16.
La longitude estimée fut de	342. 56.
L'amplitude occidentale du Soleil don- na la déclinaison Nord-Oüest de l'aiman de	9. 0.

X I I I. *Aoust.*

J'eus occasion le matin d'observer l'am- plitude orientale du Soleil , elle fut de	11. 30.

La vraie amplitude étoit de   214. 19ᵈ.

D'où reſultoit la variation Nord-Oüeſt
de l'aiman de   9. 49.

A dix heures du matin, le S. Antoine mit Pavillon Anglois
(ſignal de Navire) on y répondit d'abord ; notre garde du mats
devant, l'avoit déja decouvert, il avertit que ce Vaiſſeau étoit
au vent à nous, qu'apparemment il nous avoit aperçus, &
qu'il avoit changé de route, on le perdit bien-tôt de vüe, &
nous connûmes par ſa manœuvre qu'il n'avoit aucune mauvaiſe intention. Depuis le douze les vents varierent de l'Eſt
au Sud-Eſt, leur obſtination étoit ſemblable à celle de deux
Lutheriens, qu'on avoit embarqués à la Martinique, avec leſquels nôtre Aumônier ſçavant & grand controverſiſte étoit tous
les jours aux priſes, mais ni lui ni nous, nous ne pûmes râmo-
lir leurs cœurs endurcis ; aux difficultés qu'on leur propoſoit
ils ne répondoient autre choſe ; nous ne ſommes pas théolo-
giens, & nous ne pouvons diſputer avec vous, c'étoit-là toute
leur deffenſe.

Ces deux Lutheriens avoient été aſſez malheureux pour avoir
fait échoüer leur Vaiſſeau ſur les côtes de la Martinique, venant de Caïenne ; ils rencontrerent à l'Eſt de la Martinique,
une Patache Angloiſe, qui leur donna chaſſe, voiant qu'ils ne
pouvoient éviter d'être pris, ils reſolurent d'échoüer leur Navire, & ſe ſauver dans leur canot, ce qu'ils executerent.

L'inclinaiſon de l'aiguille aimantée fut
de   70ᵈ. 0'.
Le complement de la hauteur meridien-
ne du Soleil fut de   29. 55.
Sa déclinaiſon de   14. 58.

Donc la hauteur du Pole dut être de   44. 53.
La longitude eſtimée de   343. 35.
L'équilibre du poids des eaux de la mer
fut égal à celui du 9ᵉ d'Aouſt qui fut de   2 onces 3 dr. 51 gr.

XIV. *Aouſt.*

On eſperoit qu'à la nouvelle Lune, les vents changeroient;
en effet, ils ſe rangerent & varierent du Sud au Sud-Eſt, nous

commençâmes à faire bon chemin, & sans nos Conserves qui
devenoient tous les jours plus pesantes, nous aurions bien-tôt
vû finir nos miseres.

L'inclinaison Nord de l'aiman fut ob-
servée de   71^d. 30['].
Le complement de la hauteur meridien-
ne du Soleil fut de   31. 18.
Sa declinaison étoit de   14. 31.

D'où je conclus la hauteur du Pole être
de   45. 49.
La longitude fut estimée de   346. 46.

X V. *Aoust.*

Les vents s'arréterent au Sud, nous ressentîmes des froids
cuisans, qu'ils nous obligerent à prendre les habits d'hiver;
ce matin de gros nuages vinrent nous couvrir tout le Ciel,
heureusement il ne nous donnerent pas de la pluïe; c'est ce
que nous apprehendions, infailliblement après la pluïe nous
aurions eu les vents de Nord.

L'inclinaison de l'aiguille aimantée fut
observée de   72^d. 0['].
La latitude fut estimée de   46.   4.
La longitude de   350. 57.

X V I. *Aoust.*

Cinquante-sept lieuës tous les jours, comme nous avions
fait depuis midi du quinziéme, auroient satisfait notre équipage, & nous auroient bien-tôt fait voir les côtes de France;
les vents varierent du Sud au Sud-Oüest.

L'inclinaison Nord de l'aiguille aiman-
te fut de   72^d. 30['].
La hauteur du Pole fut estimée de   46 . 46.
La longitude de   354. 15.

X V I I. *Aoust.*

A trois heures du matin la pluïe commença, nos bons vents

nous dirent adieu, la mer s'applanit, elle venoit toujours de
l'arriere, ce qui nous faiſoit croire, que les vents y étoient encore, & qu'après la pluïe, ils revien-
droient du même endroit.

La latitude fut eſtimée de   47ᵈ. 52′.
La longitude de   356.   0.

XVIII. *Aouſt.*

La pluïe du jour précedent, calma entierement & la mer
& les vents; durant la nuit il s'éleva une groſſe brume, qui
fit égarer un de nos Vaiſſeaux, les gens du quart dirent qu'il
avoit fait des feux, & qu'il avoit reviré au Sud, ce qui nous
obligea pour ne le perdre d'y mettre le cap; la brume ſe diſſipa, ſur le midi nous retrouvâmes le Navire & continuâmes
notre route de compagnie.

L'inclinaiſon Nord obſervée fut de   73ᵈ. 10.
La latitude eſtimée, n'aïant pû voir
le Soleil à midi, de   48. 19.
La longitude de   356. 38.

XIX. *Aouſt.*

Les vents ſe rangerent au Sud-Sud-Eſt, nous eûmes une
très-belle journée, le tems froid, quoiqu'au mois d'Aouſt
ſaiſon dans laquelle les chaleurs ſe font ordinairement ſentir.

La latitude fut obſervée de   48ᵈ. 25′.
Nous eſtimâmes la longitude de   358.   8.
L'inclinaiſon Nord de l'aiguille ai-
mantée fut de   74.   0.

XX. *Aouſt.*

Les vents varierent du Sud-Sud-Eſt au Sud, le Soleil n'aïant
pas paru à midi, je ne pûs obſerver que
l'inclinaiſon de l'aiman qui fut de   74ᵈ. 30′.
Les eaux de la mer furent en équilibre
avec mon areometre chargé de   2 onces 3 dr. 52 gr.
Par l'eſtime nous trouvâmes que la lati-
tude Nord devoit être de   49.   7.
Et la longitude de   359. 36.

XXI. *Aouſt*.

Les vents continuerent de ſouffler toujours au même en-
roit, le froid augmentoit tous les jours, nous découvrîmes
ſous le vent un Vaiſſeau faiſant une route oppoſée à la nôtre,
cette route nous le fit bien-tôt perdre de vûë; le Ciel ne parut pas de tout le jour; nous eſtimâmes la
 latitude Nord de   50ᵈ. 5′.
   La longitude de   1. 59.
J'obſervai l'inclinaiſon Nord de l'aiguille aimantée de   75. 30.

XXII. *Aouſt*.

Le ſoir du vingt-unième nous eûmes une petite pluïe qui
nous amena le calme, il dura tout le vingt-deux; les vents
furent tout ce jour-là au conſeil, nous eſperions que leur
conclusion nous ſeroit peut-être favorable; nous découvrîmes
un Navire au Sud environ à trois lieuës de nous, nous le
crûmes le même que celui du jour précedent.

XXIII. *Aouſt*.

Le vent ſe fit Sud; le matin nous revimes le Vaiſſeau que
nous avions déja vû les jours paſſés; ce Vaiſſeau portoit le
cap vers l'Irlande, d'où nous croions alors être peu éloignes;
nos Conſerves devenoient toujours plus peſantes, leur dérive nous obligeoit tous les ſoirs d'arriver ſur elles, pour ne
pas les laiſſer en arriere, & nous expoſer à les perdre durant la nuit.
Le Soleil aïant paru beau à ſon lever,
J'obſervai ſon amplitude orientale de   9ᵈ. 45.
   L'amplitude calculée fut trouvée de   18. 36.

D'où l'on conclut la variation Nord-
Oüeſt de l'aiman de   8. 51.
   Le complement obſervé de la hauteur
meridiénne du Soleil fut de   38. 55.
   Sa déclinaiſon ſeptentrionale étoit
alors de   11. 38.

Donc la hauteur du Pole dut être de   50. 33.

La longitude fut eſtimée de   4ˡ. 15′.
L'inclinaiſon Nord de l'aiguille aiman-
tée fut obſervée de   74. 0.
Les eaux de la mer furent en équilibre
avec l'areometre chargé du poids de   2ᵒᵘᶜᵉˢ 3ᵈʳ 52ᵍʳ. ½

XXIV. *Aouſt.*

Les vents ſe rangerent au Sud-Sud-Oüeſt, nous portâmes le cap à l'Eſt ¼ Sud-Eſt, les eaux nous parurent fort changées, leur blancheur nous fit reſoudre de ſonder le ſoir ſuivant, eſperant de trouver fonds contre le ſentiment de nos Pilotes, qui ſe faiſoient alors, les uns à deux degrez de longitude, les autres à un degré trente minutes.

J'obſervai le complement de la hau-
teur meridienne du Soleil de   58ˡ. 50′.
Sa déclinaiſon ſeptentrionale étoit de   11. 18.

D'où l'on conclut la hauteur du Pole de   50. 8.
La longitude fut eſtimée de   6. 40.
L'inclinaiſon de l'aiguille aimantée
fut de   74. 30.

XXV. *Aouſt.*

Le ſoir du jour précedent on ſonda, comme on l'avoit reſolu le matin, on trouva fonds à quatre-vingt-ſeize braſſes, nos Conſerves ſonderent auſſi à la même heure, & trouverent même fonds ; nous nous flattâmes d'abord d'arriver dans deux jours à S. Malo où nos Officiers avoient deſſein d'aller moüiller, ſans faire reflexion que c'étoit tout riſquer, de vouloir entrer dans la Manche, dans un tems où les guerres étoient ſi fort allumées en Europe, & paſſer dans un endroit ordinairement rempli de Corſaires.

N'aiant pas vû le Soleil à midi, alors
caché par des nuages, nous eſtimâmes la
latitude ſeptentrionale de   49ˡ. 2′.
La longitude de   9. 1.

XXVI. *Aouſt.*

Après qu'on eût ſondé, on examina ſoigneuſement les dangers auſquels on alloit s'expoſer, entrant dans la Man-che ; ce qui fit changer la reſolution déja priſe, & on fit
                                                                            route

route pour Brest, étant le Port le plus proche & le plus assûré.
A sept heures du matin il parut un Vaisseau à notre avant,
d'abord on le crut Corsaire, on le considera attentivement;
aïant reconnu qu'il étoit petit, on arriva sur lui, pour le
reconnoître; d'abord que nous eûmes joint ce Navire, le Capitaine qui le commandoit mit son canot à la mer, & vint
à l'obéïssance : on lui demanda d'où il venoit, il répondit
qu'il étoit parti d'Angleterre avec Passeport de la Reine, &
retournoit à S. Sebastien, il nous assura qu'il n'y avoit aucun Corsaire sur les côtes de Bretagne & nous continuâmes
notre route.

1711.
Aoust.

A midi on crut de voir terre, la lati-
tude fut observée de   48ᵈ. 35′.
        La longitude estimée de   12.   28.

A deux heures du soir nous abordâmes deux petits Navires François, nous demandâmes aux Capitaines, si nous
étions encore fort éloignés de terre, ils nous répondirent,
que nous en étions environ à dix-huit lieuës, ce qui nous
fit conclure, que ceux qui disoient avoir vû terre à midi, s'é-
toient trompés.

Le soir nous découvrîmes la terre & un grand Navire, qui
croisoit à l'entrée de la rade de Brest; la nuit fut claire, la
Lune près de son plein nous favorisa, nous aprochâmes la
terre à petites voiles; avant la nuit nous eûmes une parfaite
reconnoissance de l'entrée de la rade; le matin 27. nous donnâ-
mes dedans, au milieu d'une brume qui nous cachoit même la
terre, quoique nous en fussions fort près : à 8. heures la brume
se dissipa insensiblement, & nous laissa voir 20. Vaisseaux de
guerre Anglois, qu'elle nous avoit cachés, à travers desquels
nous passâmes, sans les apercevoir ni en être aperçu; visi-
ble protection du Seigneur, qui après tant de perils que nous
avions courus durant notre long voiage, voulut encore par un
excès de bonté, nous cacher à la vûë de tant d'ennemis. Nous
moüillâmes sur les dix heures, je me débarquai le même jour;
la première visite que je fis, fut celle de Nôtre-Dame de Recou-
vrance, qui est une fort belle Eglise, bâtie dans le Fauxbourg
de Brest; quelqu'uns de nos Officiers & de nos Passagers Créoles du Perou m'accompagnerent; après avoir rendu graces au
Seigneur, nous ne pensâmes plus qu'à partir pour Paris, pour cela nous arrêtâmes les 8. places du premier carrosse qui partiroit.

X

JOURNAL
DES OBSERVATIONS
PHYSIQUES,
MATHEMATIQUES ET BOTANIQUES

Faites par l'Ordre de SA MAJESTÉ aux Isles Antilles,
& sur les Côtes de la nouvelle Espagne,

Par le R. P. Loüis Feüillée Religieux Minime, Mathématicien
& Botaniste de Sa Majesté, Corespondant de l'Academie
Roïale des Sciences.

ES grands avantages que les Sciences & les
Arts tirent des longs voïages, firent qu'après
le retour de mon voïage d'Orient; je méditai
d'en faire un second, aux Isles Antilles, &
sur les Côtes de la nouvelle Espagne, dans
les mêmes vûës que j'avois fait le premier; je
communiquai mon dessein à Monseigneur le
Comte de Pontchartrain, alors Secretaire d'Etat, & des
Commandemens de SA MAJESTÉ, aïant le Département

de la Marine , &c. Ce Seigneur répondit à ma lettre de la maniere qui suit.

Lettre de Monseigneur le Comte de Pontchartrain.
à Versailles le 17. Decembre 1702.

J'ai reçu votre lettre du 22. du mois passé , par laquelle «
vous m'informés du desir que vous avez de passer aux Isles «
de l'Amerique , pour y faire des Observations, qui pour- «
roient servir à perfectionner la Géographie, l'Astronomie «
& l'Hidrographie ; j'approuverois beaucoup votre projet , si «
nous étions dans un tems où ce travail pût se faire avec quel- «
que esperance de succès , mais la conjoncture d'une guerre «
très-vive dans laquelle nous sommes, ne permet point d'en «
esperer, & vous mettra certainement hors d'état de pren- «
dre toutes les connoissances necessaires pour rendre vos «
Observations utiles ; cependant si vous y êtes absolument «
déterminé , & que vos mesures soient assez justes, je vous «
envoierai les Ordres & les Lettres dont vous avez besoin , «
aussi-tôt que vous me les demanderés . . . . «

PONTCHARTRAIN.

D'abord que j'eus reçu cette réponse, j'allai la communiquer à Monsieur de Montmor Intendant general des Galeres
de Sa Majesté, lequel prenant beaucoup de part à tout ce qui
me regardoit, & s'interessant vivement pour l'avancement des
Sciences & des Arts, ne montra pas moins de zele pour
l'execution de ce nouveau Voïage, qu'il en avoit eu pour celui
que je venois de faire en Orient, il me pressa même d'écrire
une seconde lettre à Monseigneur de Pontchartrain , m'assurant d'une heureuse réüssite, nos mers étoient alors remplies
de Corsaires, c'étoit beaucoup risquer , que d'entreprendre
de longs voïages sur des Vaisseaux marchands, dont les équipages sont ordinairement foibles. Depuis quelques jours Mr.
de Montmor avoit reçu un Ordre du Roi, d'embarquer plusieurs Forçats, ausquels Sa Majesté avoit donné leur liberté,
à condition qu'ils iroient la servir un certain tems en qualité
de Soldats aux Isles, il me dit qu'il en embarqueroit trente,
sur le Vaisseau qui me devoit passer aux Isles, ce qu'il executa. Ce renfort mettant le Navire en état de se bien dé-
fendre contre tout Corsaire, me détermina à récrire à Mon-

X ij

seigneur le Comte de Pontchartrain, & à le prier de m'envoïer les Ordres dont j'avois besoin pour le voïage que je lui avois proposé ; dans le tems que j'attendois la réponse à ma lettre, le Vaisseau qu'on armoit pour les Isles, eut le malheur d'être brûlé par l'imprudence du second Capitaine ; heureusement le même Armateur faisoit armer un autre Vaisseau pour l'envoïer en Levant, ce qui fit que notre départ ne fut différé que de peu de jours, durant ce tems-là, les Ordres que j'attendois, & la réponse à ma seconde lettre arriverent, dont voici le contenu.

Lettre de Monseigneur le Comte de Pontchartrain.
A Versailles le 17ᵉ Janvier 1703.

,, J'ai reçu votre lettre du 3ᵉ de ce mois, & rendu compte
,, au Roi, de la vûë que vous avez de passer à l'Amerique,
,, pour y continuer les Observations que vous avez commen-
,, cé de faire, pour perfectionner l'Astronomie, la Géogra-
,, phie & l'Hidrographie ; Sa Majesté m'a permis de vous en-
,, voïer les Lettres dont vous avez besoin pour Mr. de Ma-
,, chault, & pour Mrs. Piniente & d'Avila, ausquels Elle
,, recommande de vous faire donner les secours & les facili-
,, tés dont vous avez besoin, pourvû qu'elles ne puissent dé-
,, ranger en rien son Service, ni celui du Roi d'Espagne, ce
,, que je vous observe par raport aux conjonctures, qui sont
,, peu favorables pour le voïage que vous entreprenés, vous
,, aurez soin de m'informer du succès qu'il aura, par toutes
,, les occasions qui se presenteront, & de m'envoïer vos Ob-
,, servations, lorsque vous en aurez de sûres.

PONTCHARTRAIN.

Je reçûs cette réponse, & les Ordres de Sa Majesté, le même jour que le Vaisseau qui me devoit passer à la Martinique, sortit du Port de Marseille, pour aller moüiller au Château-d'If, à une lieuë de la ville, où tous les Navires vont ordinairement pour y attendre les vents favorables ; le tems du départ étant fort court, j'emploïai le peu qui me restoit à embarquer tout ce qui m'étoit necessaire dans ce voïage.

V. *Février.*

Après avoir pris congé de Monsieur de Montmor, & de

mes meilleurs amis, sur les trois heures du soir, je me rendis
à bord, où je fus agréablement reçû par Mr. Ganteaume qui
commandoit le Navire, appellé le *grand S. Paul*. Ce Capitaine
étoit plein de merites, & recommandable dans la Marine,
tant par son habilleté, que par sa prudence.

VI. *Février.*

Tout ce jour-là, les vents furent au Nord-Est; dans la
nuit qui suivit, ils devinrent si frais, qu'ils nous obligerent
à amener nos mats de hune, & à mouiller de nouvelles ancres, aprehendant que le Vaisseau ne chassât, & qu'il n'al-
lât se briser sur les Côtes de l'Isle voisine entourée de rochers.

VII. *Février.*

Le matin les vents cesserent, la haute mer calma, elle s'applanit entierement, & le reste du jour, nous fûmes assez
tranquilles; ce changement nous faisoit esperer quelque vent
plus favorable que celui du jour precedent; mais on ne
sçauroit compter sur leur flatteuse inconstance.

VIII. *Février.*

Les vents commencerent à souffler au Nord-Ouest, c'étoit
le vent que nous souhaittions. On disposa toutes choses pour
appareiller la nuit suivante; mais le même vent devint si violent durant la nuit, que bien-loin de penser à mettre à la
voile, on ne travailla qu'à mettre le Navire en sureté; malheureusement au milieu de la tempête, un de nos cables
cassa, n'aïant pû resister au grand mouvement du Vaisseau,
agité par une mer orageuse, la perte de ce cable mit le Vaisseau en risque, & si nous n'eussions pas eu un Capitaine
aussi diligent, & un équipage toujours alerte, infailliblement
nous aurions péris; car le Vaisseau auroit été jetté par les
hautes lames sur la côte, où il se seroit brisé contre les rochers.

IX. *Février.*

La tempête cessa, le vent de Nord-Ouest diminua; il commença de souffler avec discretion, & on resolut d'appareiller, si le vent continuoit le même.

x. *Février.*

Enfin à trois heures du matin, on se disposa à appareiller, nous fûmes sous voile avant le jour, alors le Ciel clair & serain nous promettoit une belle journée ; chacun se rejoüissoit, sans faire reflexion que les biens & les maux sont étroitement unis ensemble ; on les voit rarement separés, & la plus grande prosperité est souvent suivie des malheurs les plus redoutables. A midi nos bons vents nous dirent adieu, le Ciel se couvrit, les vents contraires éleverent la mer, ses houlles devinrent si grosses, qu'en se brisant dans leurs rencontres les unes contre les autres, elles faisoient un bruit épouvantable.

Nos Forçats qui venoient de quitter leurs chaînes, gens accoûtumés aux fatigues de la mer, avoüerent qu'ils n'en avoient pas encore ressenti de si violentes ; notre Capitaine apprehendant que le tems ne devint plus mauvais, resolut de revirer de bord, dans le dessein de venir remoüiller aux Isles du Château d'If ; mais après qu'on eût reviré, les vents molirent, diminuerent insensiblement, & la mer perdit ; deux Vaisseaux qui sortirent du Port de Marseille le matin du même jour, tenant le vent, encouragerent notre Capitaine, il remit en route ; les vents se rangerent au Nord $\frac{1}{4}$ Nord-Oüest ; la mer du vent contraire nous fatigua toute la nuit, ceux qui n'étoient pas accoûtumés aux mouvemens du Vaisseau, que les lames qui le prenoient de l'avant faisoient tanguer, ressentirent de grands maux de cœur, aucun d'eux ne fut exempt de païer le tribut.

XVI. *Février.*

Depuis le dix, nous eûmes des vents assez opposés, le matin du seize on découvrit deux Vaisseaux qu'on avoit vû le jour précedent, qui chassoient sur nous ; on crut d'abord que c'étoient les mêmes que ceux qui étoient sortis du Port de Marseille le dixiéme ; ils s'étoient déja si près de nous, qu'à peine eûmes-nous le tems de nous bastinguer, & nous préparer au combat; ces deux Vaisseaux nous parurent d'inégales forces: le moindre, meilleur volier que sa conserve, vint nous sentir à la portée du canon; en tems de guerre on se défie de tout Bâtiment; la manœuvre de ces deux Vaisseaux nous fit connoître qu'ils vouloient en venir au combat, nous avions arboré Pavillon Anglois, les croiant Vaisseaux de la même nation; d'abord qu'il fut question de commencer le combat, on amena ce Pavillon, & on arbora Pavillon blanc; notre Capitaine avoit fait passer deux pieces de canon sur l'arriere, pour se battre en retraite; le petit Navire qui venoit de bonne grace sur nous, reçut un coup de canon dans son beau-pré, qui l'incommoda fort, selon que nous en jugeâmes; d'abord il revira de bord, & alla joindre sa conserve, ils parlementerent assez long-tems & firent ensuite route au Sud; le combat fini, nous découvrimes au Sud-Oüest de nous un Vaisseau à sec, manœuvre ordinaire des Corsaires, lorsqu'ils veulent surprendre quelque Vaisseau, nous mîmes le cap sur lui, à l'instant il laissa tomber toutes ses voiles, & nous montra son derriere.

1705.
Février.

XVII. *Février.*

Les vents se rangerent au Sud-Oüest; la nuit suivante les vents augmenterent, & comme il nous étoient entierement opposés, nous lovoïâmes, attendant le jour; le 18e la mer devint furieuse, nous fûmes obligés de mettre à la cape, nous passâmes les deux jours suivans dans la même situation; le vingt-un la mer perdit, les vents molirent, nous lovoïâmes jusqu'au vingt-deux; mais les vents soufflant toujours au Sud-Oüest, on resolut de relâcher à Cartagene, & attendre là le beau tems.

Premier *Mars.*

Le Soleil se leva fort clair, il nous promettoit une belle journée; je m'en servis utilement; avant midi je descendis à terre avec mon grand anneau astronomique de trente-deux livres de poids, & de dix-huit pouces de diametre, cet instrument m'avoit déja servi dans mon voiage d'Orient à déterminer la hauteur du Pole de plusieurs endroits, & à verifier par des hauteurs correspondantes du Soleil, mon horloge

OBSERVATION

Pour la hauteur du Pole de Cartagene.

VErs l'heure de midi je montai mon Anneau astronomique, & j'attendis fort tranquillement que le bord superieur de l'image du Soleil fût à sa plus grande élevation sur le cercle tracé, au milieu de limbe interieur de l'anneau ; cette hauteur fut observée de   44ᵈ. 57′. 53″.

Excès de la refraction sur la parallaxe			51.
Hauteur corrigée	44.	57.	2.
Demi-diametre du Soleil, y compris la moitié de l'ouverture du trou de l'anneau, par où passoit l'image du Soleil	0.	18.	6.
Hauteur corrigée du centre	44.	38.	56.
Déclinaison australe	7.	43.	56.
Hauteur de l'Equateur	52.	22.	52.
Donc hauteur du Pole de Cartagene	37.	37.	8.

III. *Mars.*

Le soir précedent, les vents se rangerent au Nord-Est ; à quatre heures du matin nous appareillâmes ; deux Barques de Marseille, que le mauvais tems avoit obligé de relâcher comme nous, dans le Port de Cartagene, appareillerent à la même heure, esperant que nous pourrions les convoier jusqu'au détroit de Gibraltar ; à quelques lieuës du port les vents fraîchirent considerablement, & ces deux Bâtimens n'aïant pû nous suivre, demeurerent de l'arriere.

IV. *Mars.*

A 4. heures du soir nous nous trouvâmes dans le détroit de Gibraltar, au Sud d'une Chapelle bâtie sur un cap avancé, appellée *nostra Signora de Europa* ; c'est une ancienne coûtume au passage du détroit, lorsqu'on se trouve Nord & Sud, avec

cette

cette Chapelle, de chanter les Litanies de la Sainte Vierge, &
lorsqu'elles sont finies, de s'embrasser les uns les autres, ou
de se souhaiter reciproquement un heureux voïage; l'on pra-
tiquoit autrefois dans ce Passage la même ceremonie qu'on
pratique encore lorsqu'on passe sous quelqu'un des Tropiques,
ou sous la Ligne Equinoxiale; mais depuis que nos Vaisseaux
ont pris le chemin des Indes, cette ceremonie s'est entierement abolie.

XII. *Mars.*

Depuis la sortie du détroit de Gibraltar, les vents nous
furent opposés. A midi nous eûmes reconnoissance de la petite Isle de *Porto Santo* découverte en 1428. par deux Gentilshommes Portugais Jean Zarco & Tristan Vaz; cette petite
Isle étoit alors deserte, mais d'abord qu'on eût connu la bonté
de son terrain, elle fut bien-tôt habitée. Ici nous trouvâmes
les vents à lize, qui nous conduisirent jusqu'à la Martinique.

XIX. *Mars.*

Nous passâmes le Tropique du Cancer, on n'oublia pas ici
la ceremonie qu'on appelle vulgairement, Baptême. J'ai dit
ailleurs passant sous la Ligne, en quoi consiste cette ceremonie; ce qui me dispense d'en parler ici.

XXII. *Mars.*

Quoique je n'aïe pas raporté dans ce Journal, les Observations des hauteurs meridiennes du Soleil pour tirer de ces
hauteurs, celles du Pole, je ne les avois pourtant pas negligées;
mais comme il n'arriva rien de particulier, & que la route
du détroit de Gibraltar à la Martinique, est assez connuë,
ç'auroit été abuser de la patience du Lecteur; je n'ai pas laissé
de raporter ici les Observations que je fis ce jour-là, les
croïant necessaires.

Le complement de la hauteur meridienne du Soleil donna la hauteur du Pole
arctique de

$$20^d. \quad 45'.$$

La longitude fut estimée de $\qquad$ 336. 47.

A la même heure, nous vîmes un Paille-en-cul; j'ai donné

Y

ailleurs la Description d'un pareil oiseau que j'avois eu entre
mes mains ; je fus surpris d'en trouver à une distance aussi
grande de la terre, que nous étions alors ; notre Capitaine,
qui avoit fait plusieurs voïages aux Isles de l'Amerique, voïant
ma surprise, m'assura que ces oiseaux partoient le matin des
Isles, pour venir chercher leur vie sur ces vastes mers, & le
soir retournoient à leur gîte ; de sorte que selon le point de
midi, il faut que ces animaux s'éloignent des Isles, environ
de cinq cens lieuës.

Le même jour un de nos Matelots harponna une Dorade
pesant quatorze livres ; ce poisson est assez connu, & peu de
navigateurs l'ont oublié dans leurs relations. Il est agréable à
la vûë, mais il est fort sec, il ne laissa pas dans sa sécheresse, de
nous faire faire un bon repas ; depuis le commencement du
Carême, & même depuis notre départ de Marseille, nous n'a-
vions vû sur table que de la moruë, & quelques légumes,
mets qui ne sont pas fort ragoutans en mer. Les vents se rangerent au Sud-Est.

XXIV. *Mars.*

A une heure du soir, nous découvrimes sur l'avant un Navire qui faisoit la même route que nous, notre Capitaine qui
ne souhaitoit que d'arriver heureusement à la Martinique &
nullement le bien d'autrui, dit, que si ce Navire changeoit de
route, il n'auroit pas la curiosité d'aller le reconnoître ; mais
que si malheureusement il tenoit la même route que celle que
nous faisions, il seroit forcé, s'il se trouvoit le plus fort, de
le conduire à la Martinique ; comme nous l'approchions à vûë
d'œil, on commença de se préparer au combat ; à quatre heures
du soir, nous fûmes bord-à-bord, nous vîmes alors une Flutte
sans canons, & un équipage qui ne marquoit aucune envie
de se battre, ce qui ne nous déplût pas ; avant que nous l'a-
bordassions, la peur avoit si fort saisi son équipage, qu'on
amena les huniers, & on cargua les basses voiles, nous avions
déja mis à sec, mais notre Vaisseau battu de la mer par l'arrieres
& poussé par le vent de Nord-Est, fort frais, dépassa la Flutte,
si son équipage eût sçu alors se servir de son avantage, il
échapoit de nos mains, conservoit le bien de ses Armateurs,
& de prisonnier, il devenoit entierement libre, quitte pour
avoir essuïé quelques volées de canon ; les vents & la mer

nous étoient contraires, nous ne pouvions reviter de bord, & la seule derive le sauvoit, mais bien-loin que cet équipage pensât à profiter de son avantage, les Matelots qui le composoient, donnerent eux-mêmes les mains aux gens de notre Canot, qu'on avoit mis en mer, lequel n'aborda la Flutte qu'avec beaucoup de peine, à cause de la haute mer, & les aiderent à monter à leur bord; comme la nuit s'approchoit, & qu'on n'avoit pas de tems à perdre, nos gens firent embarquer dans leur Canot les deux tiers de l'équipage de la Flutte, & nous les envoierent; ces pauvres malheureux nous firent compassion à leur arrivée, la mort étoit peinte sur leur visage, & leur cœur percé d'une vive douleur, leur arracha quelques larmes.

Cette Flutte, selon qu'ils nous apprirent, étoit partie de Dublin accompagnée d'une autre, toutes les deux destinées pour la Jamaïque, elles suivoient une Escadre de Vaisseaux de guerre Anglois, qu'heureusement nous ne rencontrâmes pas, ils devoient toucher en passant à la Barbade pour y prendre quelques rafraîchissemens.

X X X. Mars.

On s'apperçut que nos Forçats avoient dans la nuit de longues conferences avec nos Prisonniers, cela donna de l'ombrage à nos Matelots, ils en avertirent le Capitaine, apprehendant que ce ne fût pour quelque mauvais dessein; un de ces Forçats, enfant de famille, qui n'avoit été condamné aux Galeres, que pour s'être trouvé malheureusement dans une batterie, venoit regulierement à confesse tous les Dimanches, ses camarades ignorant qu'il sçut la langue Angloise, ne se défioient pas de lui, & parloient librement en sa presence de leur dessein; tout effraié, il me vint trouver en secret, pour me dire que ses camarades unis avec nos prisonniers, conspiroient contre nous; les uns & les autres alors libres, & leur nombre beaucoup superieur au notre, me donna à penser, cette affaire étoit de consequence & fort serieuse, je ne la negligeai pas, je priai ce Forçat de me bien détailler tout ce qu'il avoit entendu, j'appris que ces scelerats avoient juré notre perte, qu'ils avoient resolu de se rendre maîtres la nuit suivante, de la chambre où étoient enfermées les armes du

Y ij

1 7 0 5.
Mars.

Vaiſſeau, pour s'en ſervir à nous égorger ; j'allai ſur le champ trouver notre Capitaine dans ſa chambre, & en aiant fermé la porte après moi, je l'informai de ce que je venois d'entendre : un Matelot m'avoit déja prévenu, & l'avoit averti dès le matin, des conferences que nos Forçats avoient avec les priſonniers ; après avoir déliberé ſur la conduite qu'on avoit à garder, pour qu'ils ne s'apperçuſſent pas que nous étions informés de leur deſſein, le Capitaine envoïa chercher le Maitre-d'armes, & lui aiant communiqué l'affaire, lui ordonna qu'après le diné, durant que tout le monde repoſeroit, il paſſa par les fenêtres de la chambre, les armes qui y étoient enfermées, tandis qu'un autre les recevroit de ſa gallerie, ce qui fut ſecrettement executé : la nuit ſuivante fut fort claire, la Lune étoit près de ſon oppoſition avec le Soleil, elle ſembloit vouloir favoriſer le deſſein de nos aſſaſſins, ou plûtôt les faire tomber dans le piége qu'ils nous avoient préparé.

A onze heures du ſoir, tous nos gens étans dans le ſilence, déja avertis de ce qui devoit arriver, une troupe de ces ſcelerats, qui ne ſe doutoient de rien, & ne croioient pas qu'on fût prévenu de leur fourberie, vinrent en chantant, ſe preſenter, pour entrer dans la chambre, le Matelot qui étoit au gouvernail, leur demanda fort bruſquement, où ils alloient à une heure ſi indüë, ils lui répondirent inſolemment, & entrerent malgré lui dans la chambre, où ils ne trouverent que moi-ſeul couché ſur un matelat ; ce Matelot chargé des ordres du Capitaine, fit un grand bruit, l'équipage qui étoit au guet, fut à l'inſtant ſous les armes, on ſe ſaiſit de ces malheureux, qui n'aïant pas trouvé dans la chambre, ce qu'ils ſe ſlattoient d'y trouver, ne pûrent faire aucune reſiſtance, on les mit tous aux fers, juſques à notre arrivée à la Martinique, où ils furent mis dans les priſons.

PREMIER *Avril.*

On envoïa le Canot à la Flutte, pour en retirer quelques-uns de nos Matelots, qui y étoient inutiles, & y porter trois Anglois les fers aux pieds, afin de diminuer leur nombre ſur le Vaiſſeau, & fortifier notre équipage. Nous apprehendions quelque ſédition, ſi nous venions à rencontrer quelque Vaiſſeau ennemi, & qu'on fut obligé de donner quelque combat ; nous vimes ce jour-là quantité de Poiſſons volans,

dont deux traverſans le Navire, tomberent dans les hauts-
banes du mat de miſaine, leurs ailes aïant perdu leur humidité. Le matin ſur les huit heures nous eûmes un maître grain
accompagné d'un grand vent, qui nous obligea de mettre à ſec,
ou à mat, & à corde. A midi j'obſervai le
complement de la hauteur du Soleil, qui
donna la hauteur du Pole de   14ᵈ. 28ʹ.
    Et eſtimai la longitude de   315.   8.

1703.
Avril.

Pluſieurs oiſeaux vinrent nous annoncer que nous n'étions
pas éloignés des Iſles ; la Flutte retarda de pluſieurs jours, notre arrivée à la Martinique, elle étoit extrémement peſante ;
depuis le jour que nous la prîmes, nous n'eûmes au vent que
nôtre petit hunier, encore ne pouvoit-elle nous ſuivre, ce qui
donnoit beaucoup d'inquiétude à nos Officiers ; car ſi nous
euſſions rencontré près des Iſles quelque Corſaire, infailliblement elle nous auroit été enlevée.

11. *Avril.*

A deux heures après midi, nous découvrîmes la Martinique. Le 3ᵉ au jour naiſſant, nous nous trouvâmes dans le canal formé par l'Iſle Dominique & la Martinique ; nous étions
déja fort près des Côtes de la Martinique, lorſque la vigie du
mat de miſaine aperçût ſur l'arriere trois grands Vaiſſeaux,
que nous crûmes Anglois, ce qu'on nous confirma à notre
arrivée ; ces Vaiſſeaux croiſoient depuis quelques jous au vent
des Iſles, attendant quelque bonne fortune ; heureuſement
la terre nous mangeoit, ainſi ils ne pouvoient nous découvrir ; nous ne laiſſâmes pas cependant de nous préparer au
combat, & de faire paſſer la Flutte ſur l'avant, pour tâcher
de la conſerver, en cas de quelque tentative. A midi nous
moüillâmes à la Rade de S. Pierre ; à deux heures du ſoir je
deſcendis à terre avec notre Capitaine, pour aller viſiter Mr.
de Machault Lieutenant general des Iſles, & de la Terre-Ferme
de l'Amerique, auquel je remis la Lettre ſuivante.

*Lettre de Monseigneur le Comte de Pontchartrain Secretaire
d'Etat, & des Commandemens de Sa Majesté.*

A Monsieur de Machault Chevalier de l'Ordre Militaire
de Saint Loüis, Gouverneur & Lieutenant general des
Isles Françoises & Terre-Ferme de l'Amerique.

De Versailles le 17. Janvier 1703.

„ Le Pere Feüillée Minime passant à l'Amerique, pour y
„ continuer les Observations, qu'il a commencé de faire pour
„ l'Astronomie, la Géographie & l'Hidrographie, le Roi,
„ qui a approuvé ses Ouvrages, m'ordonne de vous dire que
„ son intention est que vous lui donniés toutes les facilités
„ & les secours qui dépendent de vous, pour le mettre en
„ état d'y travailler avec succès, pourvû qu'ils n'obligent point
„ à rien déranger de ce qui est essentiel pour le Service, &
„ que les facilités s'y trouvent, en les remplissant; vous char-
„ gerés les Gouverneurs des Isles où il passera d'en user de
„ de même.   Je suis

Vôtre très-humble & très-affectionné
serviteur
PONTCHARTRAIN.

Je rencontrai chez Mr. le General, Mr. de Robert Intendant des Isles, à qui je remis une Lettre du même Ministre,
conçuë dans les mêmes termes, que celle que je viens de
rapporter. On étoit pour lors dans une grande consternation
à la Martinique, & l'on y étoit entierement occupé à envoïer
du secours à la Guadaloupe, que les Anglois assiegeoient depuis plusieurs jours, ils la serroient même de si près, selon
les nouvelles qu'on venoit de recevoir, que les assiegés furent
forcés d'abandonner le Fort, de le faire sauter, pour empêcher que l'ennemi ne s'y logeât, & d'aller se fortifier aux
reduits. Après que Mr. de Machault & Mr. de Robert eurent
lû leurs Lettres, ils m'offrirent leur logis, je les remerciai fort
respectueusement, & aïant pris congé d'eux, j'allai chez les
RR. Dominicains où je demeurai le reste du tems que je
m'arrêtai au Fort Saint Pierre.

Quelques jours après notre arrivée, deux François prisonniers de guerre à la Barbade, trouverent le moïen de se sau-

ver dans une Pirogue , ils vinrent à la Martinique , & raporterent à Mr. le General qu'il couroit un bruit à la Barbade que Mr. de Poincy Chef d'Escadre étoit parti de France avec vingt Vaisseaux de guerre , envoiés du Roi pour venir secourir les Isles ; cette nouvelle fut bien-tôt répanduë dans toute la Martinique , & portée jusqu'à la Guadaloupe ; les Anglois ne l'eurent pas plûtôt apprise , que la peur les saisit & qu'ils leverent le siege.

Lorsque les Anglois commencerent à décamper , quelques personnes furent du sentiment de faire une sortie sur les ennemis ; l'art de la guerre n'étant pas du fait de ceux-ci , les Officiers generaux , qui n'avoient d'autres vûës que de remplir leur devoir , & de conserver les Colonies Françoises , bien-loin d'écouter ces propositions , condamnérent fort à propos la temerité & le peu d'experience de ces nouveaux guerriers ; car ils laisserent embarquer fort tranquïllement les ennemis , & se contenterent de la perte que les habitans venoient de faire , sans exposer leurs personnes , & rendre une autrefois par leur mort, la Guadaloupe deserte. Ceux qui auront la curiosité de voir le detail de ce Siege , le trouveront dans le sixiéme tome du voiage aux Isles de l'Amerique , du R. P. Labat , où ce R. P. ne s'est pas oublié.

IV. *Avril.*

J'allai visiter Mr. Maurellet , à qui appartenoit le Vaisseau qui m'avoit porté à la Martinique , & lui remis quelques Lettres dont Monsieur son frere m'avoit chargé , quand je partis de Marseille : il m'assura qu'il avoit passé de mauvais jours ; car il couroit un bruit dans l'Isle que son Vaisseau avoit été pris par les Anglois ; la vive guerre que nous avions avec cette nation , sembloit lui confirmer cette funeste nouvelle ; notre arrivée avoit déja dissipé tous ses chagrins , il n'y eut que la prise que nous lui amenâmes qui le rendit un peu rêveur : quoiqu'elle fût d'un grand secours aux habitans , l'Isle étant alors dépourvûe de tous vivres , il en témoigna du regret , & dit même en ma presence au Capitaine , que lui aiant toujours recommandé de ne courir jamais sur nos ennemis , il n'étoit pas content de ce qu'il n'avoit pas executé ses ordres , ce que confirma l'usage qu'il fit du

provenu de la Prise; il ordonna d'abord de la décharger; f
Cargaison confistoit en barils de Bœuf falé d'Irlande, en fa
rines, en beurre & en quelques draperies; on n'eut pas plû
tôt déchargé, qu'on expofât le tout en vente, au même pri
qu'on avoit toujours vendu les mêmes marchandifes, quoi
qu'on eût pû les vendre au double & au triple à caufe de l
grande neceffité, où l'on étoit de vivres, l'Ifle étant réduit
à la famine. Cette Cargaifon fut bien-tôt venduë, le provenu
monta à la fomme environ de quatre-vingt mille livres, M
Maurellet par une délicateffe de confcience, ne voulut pa
s'en prévaloir, il en donna une partie aux pauvres de l'Ifle
l'autre partie il l'envoia à Mr. fon frere à Marfeille, qui n'é
tant pas moins charitable que le refte de la famille, la diftri
bua aux pauvres de cette Ville; j'ai dit ailleurs que Mr. Gar
teaume Capitaine du Vaiffeau de Mr. Maurellet n'étoit nu
lement dans le deffein de faire des prifes, & que lorfqu'o
découvrit le Vaiffeau, il s'expliqua à fon équipage, je fus u
des témoins, il dit alors que fi ce Navire fe tiroit de fon che
min, il le laifferoit fort tranquille; mais que fi malheureu
fement il tenoit la même route, qu'il ne pourroit s'exemp
ter de le reconnoître, & s'il étoit le plus fort de le conduir
à la Martinique.

V. Avril.

Jeudy Saint, je fis mes dévotions chez les Peres Domi
nicains; après-diné, le R. P. Cabaffon Vicaire Apoftolique
fçavant Religieux, d'une vertu auftere, qu'on reveroit dan
toutes les Ifles, alla avec moi, vifiter les Eglifes, felon l
coutume, fçavoir celle des Jefuites, des Dames Religieufe
de la Charité, nous paffâmes le refte de la journée à vifite
quelques malades, & nous la terminâmes par l'Office de
Tenebres.

XII. Avril.

Je montai ma pendule, & difpofai mes autres inftrumen
pour les mettre en état de m'en fervir, lorfqu'il fe prefen
teroit quelque Obfervation à faire; Jupiter étoit alors for
près de fa conjonction avec le Soleil, on ne pouvoit plus ob
ferver fes fatellites, dont les immerfions & les emerfions de
voient me fervir pour déterminer la longitude, ou différenc

de

des meridiens, entre Paris & la Martinique ; je ne laissai pas
de prendre des hauteurs correspondantes du Soleil, lorsqu'il
paroissoit ; car les nuages qui sont fort frequens dans ces Isles,
de même que les pluies, rendent assez souvent inutiles toutes les diligences d'un Astronome.

L'instrument dont je me servois pour prendre les hauteurs
correspondantes, pour verifier mon horloge, pour prendre les
hauteurs meridiennes du Soleil, & pour déterminer la hauteur de ses bords ; cet instrument, dis-je, étoit un Anneau
astronomique du poids de 32. livres, & de dix huit pouces de
diametre : il demande une grande exactitude quand on observe les hauteurs du Soleil, qui doivent servir à regler la hauteur du Pole ; les differentes operations qu'il faut faire pour
la vraie détermination de ces hauteurs, sont des difficultés
dont un Observateur doit être instruit, s'il veut rendre ses
Observations utiles. Je parlerai de l'Anneau astronomique
dans la suite.

1°. L'Observateur doit connoître la grandeur du trou de
l'anneau, par où passe l'image du Soleil, qui va se peindre sur
la circonference de l'anneau, qu'il faut toujours ôter de la
grandeur de cette image, pour avoir le diametre apparent du
Soleil.

2°. La distance du trou de l'anneau aux degrez tracés sur
la circonference interieure, qui fait varier la grandeur de
cette image, outre les differentes variations, qui resultent
des differentes distances du Soleil à la Terre, & qui contri-
buent encore à la variation des grandeurs de la même image.

Tout cela étant bien connu par un Observateur, il ne lui
sera pas difficile de trouver le diametre apparent du Soleil, &
de réduire par la methode que j'ai démonstré dans la page 325.
de mon premier volume, ce diametre apparent, au vrai diametre du Soleil.

Or pour avoir la hauteur du centre du Soleil, on prend son
demi-diametre trouvé, qu'on ôte du bord superieur, qui est
l'inferieur sur le limbe, parce que l'image du Soleil est renversée ; la soustraction faite, on a la hauteur du centre : si on
a observé le bord inferieur sur le même limbe, qui est le
superieur, par la raison que je viens de dire, & qu'on ôte à
cette hauteur observée le demi-diametre, on a de même la
hauteur du centre.

On ne parle plus ici des autres élemens absolument necessaires pour déterminer les veritables hauteurs , comme sont
les refractions , les parallaxes , &c. je l'ai déja expliqué dans
mon premier volume.

XV. *Avril.*

Voulant monter ma lunette , je m'apperçus que la tête qui
porte l'objectif manquoit ; comme on ne sçauroit observer
les satellites de Jupiter , sans une bonne lunette d'environ
14. à 15. pieds , surtout si on prétend se servir de ses Observations pour déterminer les longitudes , ou differences des
meridiens ; j'allai sur le champ chercher du fer-blanc chez
un Chaudronnier que j'avois vû en passant dans la ruë , mais
je n'y en trouvai point ; heureusement je rencontrai sur la
porte d'un magasin , un marchand de mes amis , qui me demanda d'où je venois & ce que je souhaitois , je le lui dis , &
comme c'étoit de ces amis desinteressés , qui rendent volontiers
service , il m'offrit des fëuilles de cuivre jaune , en cas qu'elles
pûssent me servir au même usage , que celles de fer-blanc , je ne
balançai pas à accepter ses offres obligeantes , il me fit present d'une grande fëuille avec beaucoup de generosité , sans
jamais en avoir voulu recevoir le païement.

Après-diné , je me mis en état de travailler à la tête de ma
lunette ; dans mes voïages je me munissois de tout ce que je
croiois m'être necessaire , j'avois des instrumens à souder , de
l'étain , &c. Après que j'eus pris toutes mes mesures , je cou-
pai ma fëuille de cuivre jaune , je soudai de mon mieux ses
parties , & je fis une tête à ma lunette qui me servit durant
tout mon voïage de la nouvelle Espagne , & des Isles de
l'Amerique.

XVI. *Avril.*

J'allai le matin visiter les RR. PP. Jesuites , dans le dessein
de demeurer quelques jours chez eux pour y faire les exercices sous la direction du R. P. Vanel Religieux déja cassé des
fatigues des missions , & plus que septuagenaire ; je trouvai
dans cette maison les mêmes pratiques de vertu que j'avois déja vû en Orient , & partout ailleurs ; il ne restoit plus en
moi qu'une sainte envie de les imiter , à quoi je ne pouvois
pas atteindre. On nous servoit à diner un bassin de Crabes ,

especes d'ecrevisses, dont le R. P. du Tartre nous a donné
une histoire assez circonstantiée, dans le second tome de son
histoire des Antilles, & après lui le R. P. Labat Religieux du
même Ordre; comme je me suis fait une loi d'éviter les redites,
persuadé qu'elles ennuient plus les lecteurs, qu'elles ne lui
font de plaisir, j'ai tâchai, dans tout mon Journal de ne pas
sortir de cette même loi.

1703.
Avril.

Sur le soir, un Abbé appellé Bruno, que je crus Creole
des Isles, sçachant que j'étois chez les RR. PP. me vint voir,
j'étois alors dans leur Bibliotéque où je lisois le Journal des
Sçavans de 1701. il m'y fit remarquer quelques Observations
sur les Arcs-en-ciel faits par la Lune, sur des tremblémens de
terre, & d'une Eclipse totale de Soleil raportées dans une
Lettre, qu'il avoit écrite à Mr. de Begon ; après quelques
heures de conversation, cet Abbé prit congé de moi, & me
pria d'aller passer quelques jours à son habitation, (c'est ainsi
qu'on appelle dans toutes les Isles les maisons de campagne)
mais comme j'avois d'autres vûës, je l'en remerciai fort gra-
cieusement.

XXVI. Avril.

Le R. P. Cabasson vint le matin, & nous retournâmes de
compagnie au moüillage, où est le Convent des RR. PP. Dominicains j'y repris possession de la même chambre qu'il m'avoit
donnée à mon arrivée dans l'Isle, & je commençai le même jour
de mettre en mouvement mon horloge, que j'avois monté le
12. je pris même quelques hauteurs correspondantes pour la
regler ; je ne prévoiois pas ce qui m'arriva quelques jours
après.

XXVII. Avril.

Je continuai à prendre des hauteurs correspondantes du Soleil pour comparer le midi qu'elles me donneroient avec celui du jour précedent, je fus assez heureux pour avoir vû le
Soleil devant & après midi ; car les nuages sont si frequens
à la Martinique, qu'on ne peut se promettre de voir le Ciel
durant l'espace d'un demi-quart d'heure : je connus par ces
correspondances, l'état de mon horloge ; le lendemain je m'en
servis utilement.

Z ij

XXVIII. *Avril.*

Quelque tems avant l'heure de midi, je préparai mon Anneau astronomique, & attendis fort tranquillement que mon horloge marquât le vrai midi, deja trouvé par les hauteurs correspondances des jours précedens, & par les calculs qu'il falloit faire pour avoir l'équation qu'on doit ajoûter ou soustraire du midi trouvé par les correspondances.

Le bord occidental apparent de l'image du Soleil, commença de toucher le cercle du milieu du limbe interieur de l'anneau, une minute avant le vrai midi, alors je commençai à compter les vibrations de mon horloge, je ne finis de compter que lorsque le bord oriental apparent du Soleil se détacha du même cercle, j'eus par les mêmes Observations le tems que le diametre du Soleil demeura à passer par le cercle qui representoit le meridien, je mesurai ensuite fort exactement la distance du centre de l'image du Soleil peint dans le limbe interieur de l'anneau ou petit trou de l'anneau, & la grandeur du trou par où passoit cette image, circonstances necessaires pour avoir ensuite la hauteur du centre du Soleil.

Or pour connoître éxactement le diametre du Soleil, on suppose que ses raïons passent par un petit trou circulaire fait sur la circonference de l'anneau éloigné du suspensoire de 45. degrez, & sont reçus sur la surface du limbe interieur de l'anneau ; que chaque point de ce trou circulaire est le sommet de deux cones de lumieres, dont l'un a pour base le disque du Soleil, & l'autre un cercle lumineux peint sur la surface du limbe interieur de l'anneau ; mais le cercle qui a pour base le disque du Soleil, est moindre que le cercle lumineux peint sur la surface spherique du limbe interieur de l'anneau, & la difference des diametres de ces deux cercles est toujours égale au diametre du trou de l'anneau. Or pour avoir la hauteur du centre du Soleil, il faut ôter du cercle lumineux, ou de son diametre, le diametre du trou de l'anneau. On ne s'arrête pas ici à demonstrer cette supposition, ceux qui auront la curiosité de s'en instruire, la trouveront fort au long dans le Traité des Couleurs de Mr. Mariote de l'Academie Roiale des Sciences.

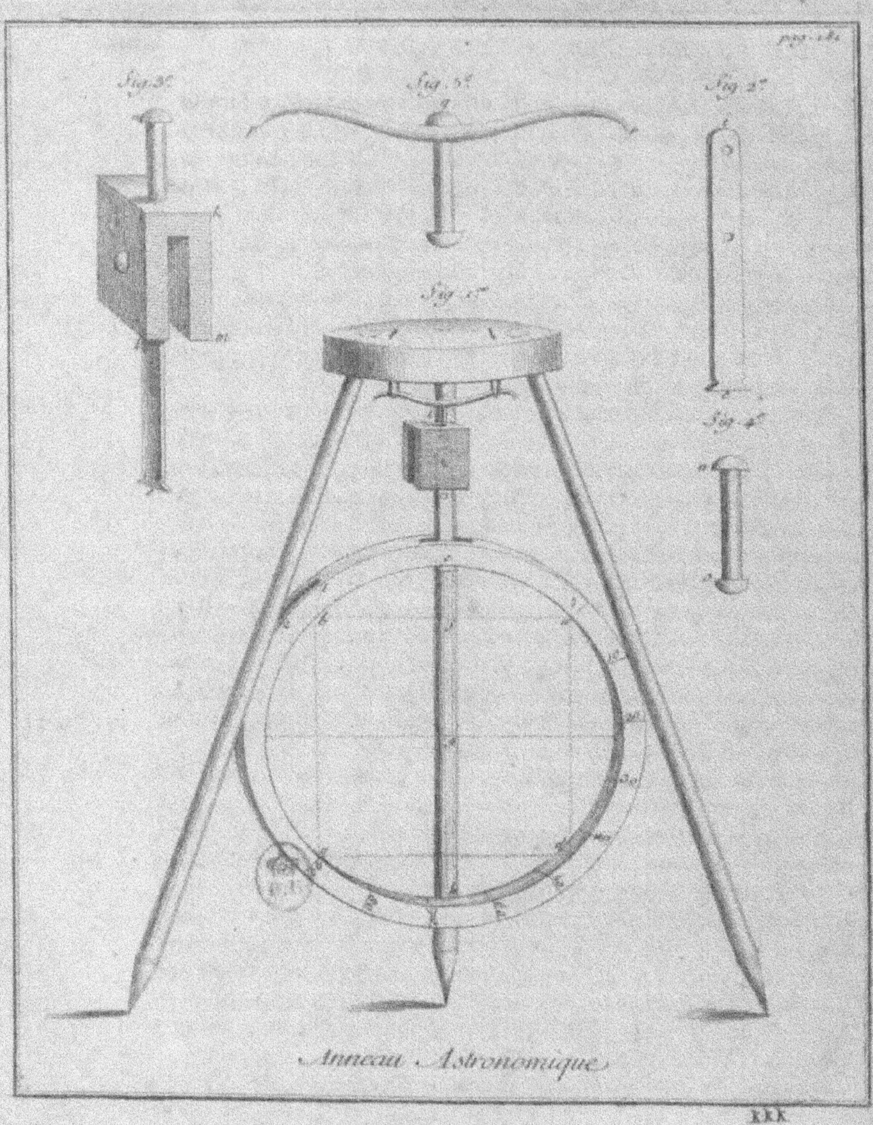

Anneau Astronomique

XXX

DE L'ANNEAU ASTRONOMIQUE.

L'Anneau Astronomique est un instrument assez simple & fort sûr, lorsqu'il est bien en équilibre, & que sa division est exacte ; je fis jetter en moule par un habile ouvrier celui qui me servit dans les Observations suivantes ; le même ouvrier bon tourneur donna à cet anneau la derniere perfection ; il en réduisit le poids à trente-deux livres , & son diametre interieur fut déterminé à dix-huit pouces.

Il ne falloit plus pour faire usage de cet instrument , que de le diviser & le mettre à plomb , ce qu'on ne put faire qu'après l'avoir percé en deux endroits, sçavoir où devoit passer le suspensoire, & les raions du Soleil.

Je divisai sa circonference interieure (fig. 1re) en 4. parties égales *a b c d*. Je tirai une corde du point *a*. au point *b*. & je la divisai en deux parties égales au point *f*. Je traçai de *f*. vers *h*. une ligne droite passant par le centre *g*. laquelle divisoit la circonference *a b c d* en deux hemispheres ; je pris sur la circonference interieure de *a*. vers *e*. 45. degrez ; je portai la même ouverture de compas de *e*. vers *b*, & j'eus l'arc *a b*. divisé par son milieu *e* , où je perçai l'anneau par où devoit passer le suspensoire *e i*. Ce suspensoire composé de 4. pieces étoit de même matiere que l'anneau ; la premiere piece sur laquelle l'anneau étoit suspendu , étoit une lame de cuivre *e i* (fig. 2.) de demi-pied de longueur, & de huit lignes de largeur sur une ligne & demi d'épaisseur. La seconde piéce étoit un quarré long *i k l m* (fig. 3.) fendu à sa partie inferieure *l m* , dans laquelle fente entroit la partie superieure de la lame *e i* , & elle y étoit arrêtée par un clou à deux têtes, qui ne gênoit en rien cette lame, elle avoit un mouvement fort libre dans cette fente de même que dans l'ouverture de l'anneau. La 3. piece *n o*. (fig. 4.) étoit un autre clou à deux têtes, dont la partie inferieure entroit librement dans la partie superieure du quarré long *i k l m*, & y pouvoit tourner en tout sens : la 4. piéce (fig. 5.) étoit un arc *p q r*. de 4. lignes d'épaisseur, long de huit pouces, surbaissé à ses deux extremités *p r* , & percé à son milieu *q*. par où passoit le clou à deux têtes, dont on vient de parler ci-dessus ; cette quatrième piece avoit

aussi un mouvement libre, en tout sens, & étoit suspenduë
à deux petites cordes qui passoient au travers du plan circulaire
du pied de l'anneau, fig. premiere.

Le pied de l'anneau (fig. 1ᵉʳᵉ) étoit composé de 4. pieces,
sçavoir de trois pieds, qui portoient un plan circulaire de deux
pouces d'épaisseur, percé sur son plan de trois trous en triangle, où entroient les trois pieds qui soutenoient ce plan :
ce même plan étoit encore percé de 4. petits trous par où passoient les petites cordes où étoit suspendu l'arc, *p q r*.

La seconde ouverture de l'anneau fut faite au point *b*. à
45. degrez du point de suspension *e* ; c'étoit par où devoient
passer les raions du Soleil. Les deux côtés *b* 1. *b* 2. de cette
ouverture faisoient dans leur rencontre un angle environ de
100. degrez, on perça à cet angle la circonference interieure
de l'anneau par un petit trou circulaire. On remit une seconde fois sur le tour l'anneau pour le remettre en parfait
équilibre ; car la matiere qu'on avoit ôté en le perçant, l'en
avoit tiré : pour cela on attacha avec de la cire un cheveu,
au bout duquel on avoit mis un petit plomb, au point de
suspension *e*. & l'anneau ne fut ôté du tour, que lorsqu'on
s'apperçut que le cheveu passoit directement sur le point *b*.
diametralement opposé au point *e* ; lorsqu'on eût trouvé l'é-
quilibre, on divisa la moitié de la circonference *a d b c*. en
90. degrez. On ne s'arrétera pas ici à démonstrer la raison
pourquoi on divisa la moitié de la circonference interieure
de l'anneau en 90. degrez & non pas en 180, cette division
est fondée sur la 20. proposition du 3. Liv. d'Euclide, où chacun peut voir la demonstration : il dit que l'angle du centre
est double d'un angle à la circonference d'un cercle, lorsque
ces deux angles ont un même arc pour base.

XXIX. *Avril.*

Sur les dix heures du matin, je sortois de dire la Sainte
Messe, un des Officiers du Vaisseau de Mr. Maurelet vint
m'avertir qu'un de ses camarades étoit tombé malade depuis
deux jours, qu'il desiroit passionnément que j'allasse le voir,
& qu'il ne doutoit pas qu'il n'eût la maladie de Siam, le R.
P. Cabasson avec qui je me trouvai alors, entendant parler
de la maladie de Siam, & sçachant par plusieurs experiences

que ceux qui viennent de l'Europe sont bien-tôt attaqués de
ce mal, s'ils n'ont pas soin de se conserver, répondit à cet
Officier, qu'il envoieroit un de ses Religieux, sans que je
m'exposasse à prendre le mal, comme il arriva; un moment
après je quittai ce bon Pere, & feignant avoir quelques
affaires, qui m'appelloient ailleurs, je pris le chemin de la
maison du malade; la compassion l'emporta sur le danger:
je le trouvai sur un matelas dans des convulsions extraordinaires, je l'exhortai à la patience, le consolai de mon mieux,
& l'aiant entendu à confession, je retournai au Convent,
où je trouvai qu'on alloit se mettre à table; je passai le reste
du jour dans mes exercices ordinaires; le peu de disposition
que je voiois au tems, pour satisfaire à ce que je m'étois proposé, me donnoit de grandes inquiétudes; car ou le tems étoit
à la pluie, ou le Ciel étoit couvert de nuages; ces inconveniens m'ôtoient la liberté de voir le Soleil durant le jour,
& les Etoiles démeuroient cachées durant la nuit; après quelques reflexions sur tant d'obstacles, je m'imaginai que peut-
être dans une autre saison, le Ciel pourroit être plus favorable; je resolus donc de passer à la nouvelle Espagne avec un
Religieux de la Mercy Creole du Perou qui devoit partir le
lendemain pour S. Domingue, où il esperoit de trouver bien-
tôt des embarquemens pour aller à Porto-Bello; depuis plusieurs jours il me pressoit pour ce voiage, je m'y disposai veritablement; sur les quatre heures du soir je convins de mon
passage avec le Capitaine, nous devions nous embarquer le
lendemain matin; mais l'accident qui me survint renversa tous
ces arrangemens; à l'heure ordinaire du souper, à sept heures
du soir je me rendis chez les Dominicains & leur appris
mon dessein, comme ils sçavoient que j'avois des Ordres du
Roi pour Panama, pour Mexique & pour Cartagene, ils ne
furent pas surpris de ma resolution, ils ne laisserent pourtant
pas de me dire que ce voiage étoit bien précipité, & qu'avec
un peu de patience, je trouverois à la Martinique des embarquemens, & pour Cartagene, & même pour toute la côte de
la nouvelle Espagne. Après le souper je ressentis un petit
frisson, que j'attribuai à un vent de Nort qui avoit commencé
de souffler sur les quatre heures du soir, & qui étoit frais &
même froid; comme le frisson augmentoit plutôt que de diminuer, je me promenai pour le dissiper; mais sentant une

——— heûre après qu'il y avoit quelque chose de plus, je me couchai, la fiévre vint tout de bon, & de ma vie je n'ai passé
une plus cruelle nuit que celle qui suivit.

XXX. *Avril.*

La fiévre que je ressentis le soir précedent, que j'attribuai
ou au froid de la nuit, ou au vent de Nord, devint si violente, que je sentis le matin la nature déja épuisée; d'abord
que le jour parut, un Negre passa heureusement devant la
porte de la chambre où j'étois logé, je lui demandai par charité de me donner un verre d'eau, la fiévre m'avoit causé une
alteration insupportable, il le fit, & alla sans me dire mot
avertir le Pere Cabasson de l'état où il m'avoit trouvé; à
l'instant le bon Pere courut à ma chambre, surpris d'un si prompt
changement dans un homme qu'il croioit être deja embarqué pour S. Domingue; il commença par me consoler, &
m'exhorter à la patience, je le remerciai & lui dis que durant
la nuit, je m'étois préparé à faire un plus long voiage, &
que j'étois tout prest à partir, si c'étoit la volonté du Seigneur.
Cette prompte disposition lui tira quelques larmes des yeux,
je le priai de m'entendre à confession, je craignois que la violence de la fiévre ne me fit tomber dans le délire, si je diffe-
rois plus long-tems; ma confession finie, je lui demandai s'il
trouvoit à propos de me porter le S. Viatique, ne me sentant
pas assez de force pour aller à l'Eglise; deux heures après
voiant augmenter le mal, & mon imagination deja égarée, il
satisfit à ma demande; tous ses Religieux s'assemblerent dans
l'Eglise, & accompagnerent processionnellement notre divin
Redempteur, je le reçûs à genoux dans ma chambre, revêtu
de mes habits, & après mon action de grace que le mal m'o-
bligea de terminer promptement, on me remit dans le lit,
mes forces étoient entierement épuisées; un habile Chirurgien que le Pere Cabasson envoïa prendre, vint me voir, après
m'avoir taté le poux, il me trouva une fiévre ardente, le Medecin que le Roi entretient dans l'Isle, le suivit, ils me te-
moignerent l'un & l'autre leurs déplaisirs, & m'assurerent qu'ils
emploieroient tout leur art pour me redonner la santé, je les
remerciai, & leur dis que je remettois ma guérison au grand
medecin, que cependant je ne laisserois pas de suivre leurs or-

donnances

donnances ; ils revinrent le soir, comme j'étois tombé dans
le délire ; un d'eux dit, se tournant vers les Religieux, je re-
mercie le Seigneur de ce que la fiévre n'a pas quitté notre malade, si elle avoit entierement cessé, ce que j'apprehendois,
vous l'auriez enterré demain ; il dit ces paroles assez haut,
pour que je pusse les entendre, & quoique mon imagination
fût troublée, je lui marquai par mon indifference, que je n'a-
vois pas plus de penchant pour la vie, que pour la mort.

1705.
May.

PREMIER *May.*

Les Medecins étant venus de grand matin, me trouverent
dans un état à ne pouvoir remuer ni bras ni jambes, la fiévre
ne m'aïant point quitté ; Mr. Tartonne en qui j'avois beaucoup
de confiance, loüa le Seigneur de ce que la fiévre n'avoit pas
discontinué, il me fit prendre quelque remede, dont il me cacha la composition, dans pareils cas on obéit aveuglement ; il
me trouva le soir dans le même état.

11. *May.*

Le matin Mr. Tartonne vint à son heure ordinaire, il me
tâta le poux, il trouva que la fiévre avoit beaucoup diminué,
il voulut m'ouvrir la veine, & me piqua au bras droit : quoique l'ouverture qu'il fit, fût assez grande, il ne pût avoir que
quelques goûtes de sang, cela l'effraïa, je le connus par l'alteration que je vis sur son visage ; ne vous allarmés pas, lui
dis-je, le peu de repos que j'ai pris cette nuit, a commencé
à calmer cette grande fermentation, je me trouve beaucoup
moins agité, & la tête plus libre, quoique cette diminution
de fermentation soit dangereuse, pourvû que les sels acides
continuënt d'agir sur les sels acres, & ne figent pas les soul-
fres dans lesquels ces sels sont engagés, il ne faut pas s'affli-
ger, ce soir Mr. vous serez plus heureux, & infailliblement
vous aurez du sang.

Les douleurs que j'avois ressenti aux jointures durant le
fort de la fiévre, ralentissoient le peu de dégagement des
bras & des jambes, je me persuadai que tous les esprits animaux ne s'étoient pas entierement évacués durant la fermentation extraordinaire des humeurs, & il y avoit toute appa-

A a

rence que cette substance vicieuse introduite dans le sang qui avoit mis toute la machine en desordre, avoit déja été dissipée en partie par cette grande fermentation.

A 4. heures du soir Mr. Tartonne revint, il me trouva beaucoup plus dégagé qu'il ne m'avoit laissé le matin, il rouvrit la veine, au commencement le sang coula doucement, mais insensiblement, il vint avec tant de précipitation que le Chirurgien tout serieux qu'il étoit, ne pouvant dissimuler sa joie, dit dans une espece de transport, mon pere vous êtes hors de danger, dès demain je commencerai de vous purger, & d'abord que vous aurez pris un peu de force, je vous conduirai dans mon habitation du gros Morne, qui est au vent de l'Isle, & j'espere que dans moins d'un mois, vous aurez recouvré votre embonpoint ; le lendemain troisiéme la siévre cessa entierement, elle me laissa un dégoût universel pour toutes choses, & des foiblesses à ne pouvoir me soûtenir sur mes jambes ; peu de jours après, le malade de qui j'avois pris le mal, étant déja sur pied, vint me voir, nous nous consolâmes l'un & l'autre, & ravis d'être échapés d'un mal, dont peu de gens revinrent cette année-là, nous resolûmes de repasser en France ; cette resolution ne dura que le tems de la convalescence ; car d'abord que j'eus repris ma premiere santé, je ne pensai plus qu'à executer les Ordres de Sa Majesté, & à chercher une occasion pour passer à la nouvelle Espagne.

Un Vaisseau appellé l'Oriflame, qui venoit de Siam, apporta dans les Isles de l'Amerique, la maladie que l'on y nomme la maladie de Siam ; arrivant sous la Ligne équinoxiale, il se trouva chargé d'un si grand nombre de malades, que le Capitaine obligé de chercher une retraite pour soulager son équipage ; resolut de relâcher aux Isles de l'Amerique ; d'abord qu'il y fut arrivé, il y fit mettre son équipage à terre dans des magazins, où il fut secouru & des Medecins & de tous les remedes qu'on crût pouvoir lui donner la santé ; mais peu de jours après, on s'apperçut que tous ceux qui avoient communiqué avec ces gens-là, étoient attaqués de la même maladie, que même peu de ceux-ci en échapoient, ce qui obligea les gens de l'Isle à prendre des précautions, sans pourtant rien refuser de ce qui estoit necessaire pour le soulagement de ce Vaisseau qui ne fit pas un long séjour à la Martinique ; car aussi-tôt que l'équipage fut en état de manœu-

vrer, il appareilla & fit voile pour France ; on n'a jamais sçû
si la maladie avoit repris à ces pauvres malheureux, ou si ce
Vaisseau avoit péri par quelque furieuse tempête ; car depuis
son départ de la Martinique, on n'en a plus entendu parler ni
en France, ni ailleurs. C'est ainsi que la Martinique hérita de
cette cruelle maladie ; depuis ce tems-là, elle n'y a pas cessé ;
elle n'agit pas toûjours d'une égale force, il y a des années,
qu'elle fait peu de progrès, & d'autres, que les Vaisseaux venus de l'Europe y laissent presque tous leurs équipages.

Cette maladie a tant de differens simptômes, que les Medecins n'ont encore pû trouver un remede specifique pour la
guérir ; car un remede dont un medecin se sera servi, & qui
aura donné la santé à un malade, sera un cruel poison pour
un autre affligé du même mal ; ce qui m'a fait conclure que
la maladie de Siam dans les Isles, est une espece de contagion,
presque semblable à celle dont un peuple infini fut la victime
en 1720. dans notre Province de Provence ; Marseille une des
Villes des plus peuplées du Roïaume, devint dans moins de
deux mois un desert affreux ; j'ai vû ce que je viens d'avancer,
les medecins emploïerent tout leur art pour soulager ce pauvre peuple ; mais le Seigneur n'aïant permis cette maladie que
pour punir nos infidelités, les experiences de tous ces medecins furent presque toutes inutiles.

OBSERVATIONS

MATHEMATIQUES, PHYSIQUES ET BOTANIQUES

Faites à la Martinique.

JE continuë mon Journal de même que je l'ai commencé,
je veux dire que je n'arrêterai pas le Lecteur à tous mes pas,
& à de longues & inutiles digressions, comme font quelques
auteurs, qui, dans la crainte que le public n'ignore leur sçavoir, embrassent avec un certain amour propre toutes les occasions où il s'agit de faire connoître leur intelligence dans
ce qui n'est nullement necessaire aux Sciences & aux beaux
Arts, & condamnent assez souvent ce qui n'est pas de leur

connoiſſance ; j'ai lû dans un de ces auteurs, parlant de la longitude. *A l'égard de la longitude, je ne rapporte celle de S. Domingo, que pour avertir le Lecteur, que rien n'eſt plus incertain,
& que tous les moïens dont on s'eſt ſervi juſqu'à preſent pour trouver les longitudes, n'ont encore rien produit de fixe & d'aſſuré.*

J'avoüe que ceux qui ne ſont point verſés dans les Mathematiques douteront du rapport que les Obſervations celeſtes
des Aſtres ont avec les longitudes de la terre ; c'eſt pour convaincre ces incrédules, qu'on tâcha dans la Preface des Ephe-
merides, qu'on publia l'an 1668. d'expliquer les fondemens
de la méthode de trouver les longitudes, par les Eclipſes des
Satellites de Jupiter, & ſingulierement par celles du premier
Satellite ; comme ſon mouvement eſt beaucop plus rapide que
celui des autres, il demeure auſſi moins de tems à ſe plonger
dans l'ombre de Jupiter, & à s'éclipſer entierement. Si l'auteur que j'ai cité ci-deſſus avoit penſé à ce qu'il alloit écrire,
il ſe ſeroit mieux obſervé, & n'auroit pas démenti ſans connoiſſance un des plus grands hommes du ſiécle paſſé, ni condamné ce fameux Corps, arbitre ſouverain des Sciences & des
beaux Arts, qui a approuvé avec toute l'Europe, la celebre
méthode de trouver les longitudes par les Eclipſes des Satellites de Jupiter.

Comme je n'ai jamais eu deſſein de critiquer les ouvrages
d'autrui, mais ſeulement de deffendre la verité attaquée mal-
à-propos, je ne me crois pas coupable d'inſtruire ceux, qui,
bien loin de ſoumettre leur peu de connoiſſance à la déciſion
de ceux qui ſont arbitres dans ces ſortes de matieres, veulent
par une critique hors de ſaiſon, ſe faire un nom qui ne leur
eſt pas avantageux.

Pour comprendre de quelle maniere les Eclipſes des Satellites de Jupiter doivent ſervir à trouver les longitudes, ou les
differences des meridiens ſur la terre, on ne doit pas ignorer
que la meſure immediate des longitudes des lieux de la terre,
ſont des arcs de l'Equateur, ou des paralelles de l'Equateur,
compris entre deux meridiens: or, ſi l'Equateur & ſes paralelles
coupent tous les meridiens, & que le Soleil par un mouvement propre, compoſé de l'univerſel & du particulier, par-
coure dans un jour tous ces meridiens, il eſt ſeur que le tems
que le Soleil met en un même jour à paſſer d'un meridien à
un autre meridien, ſert à trouver la difference de longitude

entre ces deux meridiens, ce tems aïant la même proportion
à vingt-quatre heures, que l'arc de l'Equateur compris entre
ces deux meridiens, a à tout l'Equateur.

Pour se rendre plus intelligible à ceux qui n'ont peut-être
pas compris la méthode de trouver les longitudes, on supose
que deux Observateurs aïent observé une même emersion en
differens lieux, comme par exemple l'emersion qu'on observa le 14. Decembre de l'année 1703. laquelle fut observée
à l'Observatoire Roïal de Paris, à 9^h. 1$'$. 44$''$. du soir, & à la
Martinique dans l'Amerique à 13^h.15$'$. 4$''$. où le 15e à 1^h. 15$'$.
4$''$. du matin, la difference entre ces deux Observations de
la même emersion fut trouvée de 4^h. 13$'$. 20$''$. en tems, lequel changé en degrez de l'Equateur, ou degrez des paralelles
des lieux, où les deux Observations furent faites, sçavoir à la
Martinique & à l'Observatoire Roïal de Paris, de la maniere
qui suit.

Pour	4^h.	60^l.
Pour	13$'$.	3. 15$'$. 15$''$.
Pour	20$''$.	5. 0

Ce tems donc reduit en
degrez, minutes & secon-
des donne	63^l. 20$'$. 15$''$. telle est
donc la difference entre la Martinique, & l'Observatoire
Roïal de Paris.

On doit encore remarquer ici, pour faciliter à bien comprendre cette méthode, que comme chaque Observateur a
commencé à compter ses heures au moment que le Soleil a
passé par son meridien; celui qui compte plus d'heures astronomiques, a eu le Soleil à son meridien plûtôt que celui qui
en compte moins, & que par consequent, il doit être d'autant plus oriental, que la difference est plus grande, & comme vingt-quatre heures sont à la difference entre les heures
comptées au même instant, en l'un & en l'autre, comme par
exemple à la Martinique, & à l'Observatoire Roïal de Paris;
ainsi 360. degrez sont à la difference des longitudes entre les
deux lieux.

X X I. *Juin.*

Depuis quelques jours, je me trouvois presque remis ; mais

les grandes pluïes que nous avions eu jusqu'alors, & le tems peu favorable aux Observations astronomiques, m'avoient fait differer à monter mes instrumens, je n'avois mis mon horloge en mouvement que le vingtiéme au soir ; le lendemain 21. je pris quelques hauteurs correspondantes, pour m'assurer de l'heure de mon horloge ; les vents furent Nord-Est , où ils soufflent presque toujours , le Soleil parut de tems en tems & je fus assez heureux pour l'avoir vû à l'heure de midi.

J'observai la hauteur septentrionale apparente de son bord superieur de ... 81ᵈ. 29′. 45″.
Excès de la refraction sur la parallaxe ... 7.
Hauteur corrigée ... 81. 29. 38.
Demi-diametre du Soleil ... 15. 50.
Hauteur septentrionale du centre ... 81. 13. 48.
Complement au Zenit ... 8. 46. 12.
Déclinaison septentrionale ... 23. 28. 55.

Donc hauteur du Pole de la Martinique ... 14. 42. 43.

Le matin j'avois calculé le lieu du Soleil, & cherché sa déclinaison, de la maniere que je le raporte ici ; je me servis pour ce calcul, des tables raportées dans mon second volume ; l'Epoque dont je me sers ici pour 1703. est réduit au meridien de la Martinique.

	Moien mouvemens.	*Apogée.*
1703.	9. 9. 35. 1.	3. 7. 29. 0.
21. Juin	5. 19. 31. 53.	29.
	2. 29. 6. 54.	3. 7. 29. 29.
	3. 7. 29. 29.	
	11. 21. 37. 25.	
	16. 45.	
	2. 29. 23. 39.	
	2.	

Le vrai lieu
du Soleil　　2. 29. 23. 41.

Lorsque que j'eus trouvé le vrai lieu du Soleil, je cherchai sa déclinaison ; car elle devoit servir pour déterminer la hauteur du Pole, comme on vient de voir.

Je trouvai le diametre du Soleil de la maniere que je l'ai démontré dans mon premier volume, page 325.

Comme le Sinus total est au Sinus de la
plus grande déclinaison du Soleil   96004090.

Ainsi le Sinus de la distance du Soleil
au plus proche Equinoxe   99999757.

est au Sinus de la déclinaison requise
23ᵈ. 28′. 55″.   96003847.

XXII. *Juin.*

Les vents furent au Nord-Est, c'est leur lieu ordinaire dans ces climats, on les voit rarement ailleurs ; les pluies dans cette saison y sont fort abondantes, & quoique le Soleil ne soit pas alors fort éloigné du Zenit, ces pluies rafraichissent l'air, & on y goute une espece de Printems semblable à celui dont on joüit en Provence.

La hauteur meridienne septentrionale du centre du Soleil corrigée par la parallaxe, & la refraction
fut observée de   81ᵈ. 13′. 43″.
Complement au Zenit   8.   46.   17.
Déclinaison septentrionale du Soleil   23.   28.   56.

Donc hauteur du Pole   14.   42.   39.

XXIV. *Juin.*

Je visitai ce jour-là, une caisse renfermant quelques Livres que je n'avois pas ouverte depuis mon départ du moüillage ; je craignois les tavets. Ces petits animaux (dont tant d'auteurs ont parlé, que ce seroit abuser du tems du Lecteur, que d'en vouloir faire une nouvelle Description,) rongent & détruisent toutes les hardes, & s'attachent plus particulierement aux Livres & aux papiers ; heureusement je n'en trouvai aucun dans la caisse, elle fermoit si exactement, qu'ils n'avoient pû s'y introduire ; il n'arriva pas de même dans la caisse d'un de mes amis : comme il ne l'avoit pas ouverte depuis long-tems, il trouva ses Livres dans un si mauvais état, que voulant en ouvrir un, les feüillets se détacherent, & ce

qui le surprit, les ravets s'y étoient tellement multipliés, que
la caisse en étoit remplie ; mes livres eurent un autre sort, je
trouvai sur leur couverture une petite barbe blanche ou moisissure causée par les grandes humidités & les frequentes pluïes,
qui conservent ces humidités, ce qu'on ne sçauroit empêcher,
quelque prévoiance qu'on ait ; la situation des habitations y
contribué beaucoup ; elles sont presque toutes à un seul éta-
ge, ordinairement occupé à tenir les provisions & les hardes, & les rez-de-chaussée à dresser les lits, ou les hamacs,
& où l'on tient toutes les ustanciles necessaires à un ménage ;
on auroit peine à croire combien grandes sont ces humidités, parce que les grandes chaleurs devroient entierement
chasser les parties aqueuses, mêlées avec les parties liquides de
l'air ; j'eus la curiosité de voir avec mon microscope, cette
moisissure, je découvris un champ émaillé de fleurs portées sur
des pedicules ronds, sortant du centre d'une plante, dont les
feüilles étoient de differentes figures ; parmi ce grand nombre de fleurs on y voioit aussi des boutons portés de même,
& des fleurs déja passées ; ces plantes étoient d'un blanc sale de
même que les feüilles des fleurs ; je ne doutai pas que dans
cette belle prairie, il n'y eut de petits animaux ; mais soit
que mon microscope ne fût pas assez fort pour les découvrir,
soit que je n'y fisse pas reflexion, je ne me ressouviens pas
si j'y avois vû autre chose que des plantes ; ce qui me donna la
curiosité dans une autre rencontre d'y avoir plus d'attention,
peu de tems après, je trouvai une moisissure presque semblable à la premiere, je l'observai de plus près que je n'avois fait
la premiere fois, je découvris de petits animaux de même couleur que les plantes, leurs yeux étoient posés à côté de la tête
leur dos étoit ovale, leurs pieds au nombre de six, trois
de chaque côté, étoient composés de trois articulations, leur
couleurs étoient les mêmes que celle du reste du corps, excepté leurs extremités, qui étoient noires de même que deu
petites cornes posées chacune à côté du devant de la tête
les deux pieds du devant étoient beaucoup plus courts qu
ceux du derriere.

Hauteur meridienne septentrionale ap-
parente du bord superieur du Soleil   81ᵈ. 30′. 22
   Excès de la refraction sur la parallaxe   7.
   Hauteur corrigée   81. 30. 15
                                            Demi

Demi-diametre du Soleil   15'. 50''. ————

Hauteur du centre du Soleil   81. 14. 25.   1703.

Complement de la hauteur du centre   Juin.

au Zenit   8. 45. 35.

Déclinaison septentrionale   23. 27. 50.

Donc hauteur du Pole   14. 42. 15.

XXVI. *Juin.*

Les vents furent au Nord-Est comme les jours précedens, les pluies à l'ordinaire à peine, pûs-je observer à midi la hauteur septentrionale du bord superieur du Soleil, qui fut de   81ᵈ. 33'. 17''.

Excès de la refraction sur la parallaxe   7.

Hauteur corrigée   81. 33. 10.

Demi-diametre   15. 49.

Hauteur veritable du centre   81. 17. 21.

Complement au Zenit   8. 42. 39.

Déclinaison septentrionale   23. 25. 5.

Donc hauteur du Pole   14. 42. 26.

XXVII. *Juin.*

Je pris ce jour-là plusieurs hauteurs correspondantes ; comme le Soleil ne paroissoit que de tems en tems, depuis huit heures du matin jusques à dix heures, je ne quittai pas mon Anneau astronomique, esperant que le Soleil paroîtroit peut-être le soir à l'heure également éloignée du midi de quelqu'une du grand nombre des correspondances que j'avois prises le matin ; j'avois besoin de tenir l'horloge bien reglée pour m'en servir à l'Observation de l'Eclipse de Lune qui devoit arriver le lendemain.

Le complement de la hauteur meridionale du centre du Soleil purgée de la refraction, & de la parallaxe fut observée de   8ᵈ. 40'. 48''.

La déclinaison du Soleil fut trouvée par le calcul de   23. 23. 4.
                                                    ————————

Donc hauteur du Pole   14. 42. 16.

XXVIII. *Juin.*

Depuis midi du jour précedent les vents varierent du Nord-

Est au Sud-Est; je fis la même manœuvre que le 27. De plusieurs hauteurs que je pris le matin, il n'y eût que les trois dernieres, dont j'eus les correspondances le soir; une heure après ces correspondances, le Ciel se couvrit de gros nuages, qui nous cacherent le Soleil pendant plus de deux heures; je craignois fort que tous les soins que j'avois pris pour regler mon horloge les jours passés, ne fussent inutiles; sur les six heures, le Ciel se découvrit, & demeura de même presque toute la nuit suivante.

Hauteurs correspondantes du Soleil pour l'Horloge.

Heures du matin.	Hauteurs	Heures du soir.
10ʰ. 23′. 35″.		0. 39. 33.
24. 54.	72.	38. 14.
26. 13.		0. 36. 55.

Par ces correspondances l'horloge marquoit à midi	11ʰ. 31′. 34″.
Hauteur meridienne apparente du bord superieur du Soleil	81. 27. 40.
Refraction	8.
Hauteur corrigée	81. 27. 32.
Demi-diametre du Soleil	15. 49.
Hauteur corrigée du centre	81. 11. 53.
Complement au Zenit	8. 48. 7.
Déclinaison septentrionale	23. 20. 41.
Donc hauteur du Pole	14. 42. 34.

OBSERVATION

De l'Eclipse de Lune arrivée le 28ᵉ Juin, faite au gros Morne à une heure de chemin vers l'Oüest du cul-de-sac Robert.

ENviron une heure avant que l'Eclipse commença, le Ciel se découvrit vers l'Orient, on vit la Lune fort confusément; car cette partie du Ciel est toujours en brume à plusieurs degrez au-dessus de l'horison.

A 7ʰ. 19′. 24″. on commença de voir sur le bord de la Lune une penombre legere.

26'. 52". L'Eclipse paroit commencée.
27. 47. L'ombre touche le bord de Grimaldy.
28. 16. Milieu de Grimaldy.
28. 46. Tout Grimaldy dans l'ombre.
31. 40. Gassendus touche le bord de l'ombre.
34. 32. Milieu de Capuanus.
36. 29. Bulliardus entre dans l'ombre.
41. 52. Galileus entre, & est presque à moitié dans l'ombre.
43. 56. Milieu de Ticho.
45. 46. Milieu de Copernic.
50. 41. Eratostenes sur le bord de l'ombre.
54. 50. Timocharis touche le bord de l'ombre.
8ʰ 0. 56. Milieu de Manilius.
3. 40. Menelaus touche le bord de l'ombre, foibles nuages.
12. 36. L'ombre à Possidonius, les nuages se sont dissipés.
15. 57. Proclus touche l'ombre.
17. 58. Le bord de l'ombre sur le premier bord de *Mare Crisium.*
19. 34. Milieu de *Mare Crisium.*
21. 30. Fin de *Mare Crisium*, ou *Mare Crisium* toute dans l'ombre.
24. 21 Immersion totale.

    Durant toute l'immersion, la Lune parut en feu; on voioit fort distinctement les tâches qui sont au-delà des mers; mais la couleur des mers paroissoit beaucoup plus obscure que le reste du corps de la Lune.

Phazes de l'émersion.

9ʰ 47'. 56". Commencement de l'émersion.
50. 36. Grimaldus commence à sortir de l'ombre.
52. 57. Milieu d'Aristarcus.
52. 43. Grimaldus tout hors de l'ombre.
54. 51. L'ombre passé par le milieu de Kepler.
55. 53. Le bord de l'ombre se détache d'Heraclides.
0. 50. Copernicus commence à sortir de l'ombre.

1703.
Juin

B b ij

—— 10h.	2'.	9'.	Helicon touche le bord de l'ombre.
	5.	41.	Le bord de l'ombre passe par le milieu de Gassendy.
	7o.	50.	Plato tout hors de l'ombre.
	10.	0.	Eratostenes tout hors de l'ombre.
	15.	41.	Ticho commence à sortir de l'ombre.
	18.	6.	Ticho tout hors de l'ombre.
	20.	12.	Manilius sort de l'ombre.
	21.	11.	Manilius hors de l'ombre.
	20.	2.	Possidonius tout hors de l'ombre, un nuage nous cacha la Lune.
	30.	50.	Diomedes sort, douteuse à cause d'un foible nuage qui est encore devant la Lune.
	32.	14.	L'ombre sur la pointe de *Promontorium acutum*.
	33.	2.	Tout Petavius hors de l'ombre.
	35.	39.	Le bord de l'ombre touche *Mare Crisium.*
	36.	11.	Tout Proclus hors de l'ombre.
	37.	19.	L'ombre quitte Taruntius.
	40.	3.	Fin de *Mare Crisium.*
	42.	0.	Langrenus hors de l'ombre.
	45.	24.	Fin de l'Eclipse.
10.	59.	46.	Fin de la Penombre.
3.	18.	32.	Durée totale de l'Eclipse.
1.	39.	16.	Moitié de la durée.
9.	6.	8.	Milieu de l'Eclipse.
8.	24.	21.	Immersion totale.
9.	47.	52.	Emersion.
1.	23.	35.	Demeure totale de la Lune dans l'ombre.
	41.	47.	Moitié de la durée.
9.	6.	8.	Milieu de l'Eclipse.

Cette Observation fut faite avec une lunette de cinq pieds, à deux verres convexes ; le vent de Nord-Est, qui ebranloit de tems en tems ma lunette, m'obligea de faire l'Observation dehors, n'aïant aucune fenêtre, ou pour mieux dire, tout étant fenêtre ; ce vent pourroit avoir devancé ou retardé de quelques secondes, la determination de l'entrée ou de la sortie de quelques tâches. Du reste l'on peut être assuré que dans cette Observation, de même que dans toutes celles que j'ai faites, & dans mes autres Experiences, j'y ai apporté toute l'exactitude dont je pouvois être capable. Comme je ne sçache pas de moien plus sûr pour perfectionner les Sciences, & que je n'ai jamais travaillé que dans cette intention, je me suis scrupuleusement attaché à l'exactitude, j'ai negligé tout le reste, & je me persuade qu'en faveur de cet amour de la précision, l'on voudra bien me pardonner la simplicité & même les negligences de stile qui regnent dans mon ouvrage.

XXIX. *Juin.*

L'habitation où je fis cette Observation, étoit celle où Mr. Tartonne me mena durant ma convalescence, pour me faire changer d'air; c'étoit une case à Négres, située sur le sommet d'un gros morne, d'où l'on découvroit les deux mers, celle d'Orient & celle d'Occident; les murailles de cette case étoient composées de plusieurs pieux fichés en terre les uns contre les autres, mais si mal posés qu'ils laissoient dans leurs entredeux une ouverture à y pouvoir passer les plus gros serpens. Il en étoit arrivé dans le quartier même où nous habitions, une infinité de fâcheux accidens, j'en étois instruit; le moindre bruit que j'entendois dans la nuit, me jettoit dans de cruelles allarmes. Ces Serpens sont très-dangereux & en si grand nombre, que si les Cochons marrons n'en mangeoient pas autant qu'ils en rencontrent, la Martinique seroit presque inhabitable. Autre sujet de crainte & qui mettoit encore un nouvel obstacle à mon repos, cette case étoit remplie de rats, qui y faisoient durant la nuit un tintamare étrange. Les serpens en sont très-friãs; dès qu'ils les aperçoivent, ils leur donnent la chasse: les Rats pour s'en garantir, vont se refugier dans les cases, & les serpens y les suivent, la volaille les y attire aussi, ils n'en sont pas moins avides. J'allai visiter un jour un de mes amis, à environ une lieuë de notre habitation, durant que nous étions en conversation, il entra dans le salon une Poule qui menoit ses poussins; il y avoit dans le coin du salon un baril, elle s'en approcha & nous vimes dans l'instant un de ses petits, qui, ne pouvant se soutenir sur ses jambes, se coucha sur le dos sans remuer, un moment après le même accident arriva à un autre, je fixai alors mes yeux sur cet endroit, & je vis se lancer de dessous ce baril un serpent, qui comme un trait d'arbaleste piqua un troisième poulet à la tête, & il arriva à celuici de même qu'aux deux précedens, nous appellâmes des Né-

gres, ils ôterent le baril de place, & trouverent deffous le
ferpent louvé, ils le tuerent, & l'aïant écorché, ils lui trouverent dans l'eftomac deux gros rats entiers dont la digeftion
n'étoit pas encore faite.

L'experience que nous fimes dans cette occafion favorife
l'opinion de ceux qui prétendent que la digeftion fe fait,
partie par la trituration, & partie par la fermentation; on ne
fçauroit nier qu'il n'y ait dans l'eftomac des acides, qui
agiffent fur les alimens aufquels ils fe mêlent, & que l'action de ces acides, ne foit aidée & fortifiée par le mouvement du fiftole & du diaftole, qu'ont nos vifceres, que l'action des acides, caufe la fermentation, & le mouvement des
vifceres la trituration, qu'ainfi la digeftion fe fait en même
tems & par la fermentation & par la trituration.

Les ferpens avant que d'avaler leur proie, l'attenuent, la
compriment, la brifent & la réduifent en état à pouvoir
paffer fans peine par l'œfophage dans l'eftomac où s'acheve la
digeftion. On a fouvent remarqué, que d'abord qu'un ferpent a rempli fon eftomac, il va fe louver dans le bois, ou
dans le creux de quelque arbre, là il dort jufqu'à ce que la
digeftion foit entierement faite.

11. Juillet.

Les Négres connoiffent parfaitement les lieux où il y a
des ferpens, par le moïen de l'odorat, ils l'ont extraordi-
nairement fin; cependant comme je doutois du raport qu'on
m'en avoit fait, je voulus m'en affurer par moi-même. J'allai
ce jour-là dans le bois, accompagné d'un Négre qu'on me
difoit être fort experimenté pour ces découvertes, nous rencontrâmes dans notre chemin plufieurs petits ferpens, que la
mere avoit mis bas depuis peu de tems à ce qu'il m'affura, à
trente pas de-là il me dit: ne fentez-vous pas une odeur douceâtre? je lui que oüi; c'eft, reprit-il, un ferpent qui eft affez
près de nous, & qui aïant l'eftomac rempli, digere en dor-
mant ce qu'il a mangé, & c'eft de cette putrefaction d'où
exhale cette méchante odeur. Le Négre plus courageux que
moi, s'avança, il découvrit à quelques pas de-là un gros ferpent, les yeux ouverts, faifant mine de vouloir fe jetter fur
nous; car de louvé qu'il étoit, il fe mit en la figure qu'ils
prennent ordinairement, lorfqu'ils veulent piquer quelqu'un,

le Negre ne lui en donna pas le tems ; car il lui déchargea sur
le champ un grand coup de bâton, lui rompit quelques vertebres, & le mit hors d'état de se lancer ; après l'avoir tué,
il l'écorcha, nous trouvâmes dans son estomac un poulet & un
rat plus qu'à moitié digerés, dont l'odeur douceâtre me saisit le
cœur, & faillit à me faire tomber en défaillance ; mais revenons à notre habitation.

Ce n'étoit pas sans raison que je témoignois tant de crainte
des serpens ; en moins de huit jours, nos Nègres en tuerent
deux dans une case, tout près de la mienne, qui lui servoit
de cuisine, & c'étoient apparemment ces deux animaux qui
tuoient leur volaille ; car tous les jours, ils en trouvoient de
mortes.

Le même jour le Pere Belon Religieux fort exemplaire,
aimé de tous ses Paroissiens, & uniquement attaché aux devoirs de son état, vint me rendre visite, & me voïant si misera-
blement logé, il me pria instamment d'aller passer quelques
jours chez lui. Je ne pûs le lui refuser, d'autant plus que je me
trouvois tout seul dans le bois, n'aïant pour toute compagnie que les Nègres de l'habitation, avec lesquels je n'avois
aucun entretien, & que je desesperois de revoir si-tôt Mr.
Tartonne. Il ne se plaisoit pas fort à la campagne, trois jours
après notre arrivée, il me dit qu'il venoit de recevoir des
lettres de S. Pierre, dans lesquelles on le pressoit d'y retourner pour des affaires de conséquence, soit que cela fut,
ou non, je le crus : mais son absence fut si longue, que je me
persuadai qu'il ne pensoit plus à revenir ; je me déterminai
donc à partir avec le Pere Belon, pour lors Curé du cul-de-sac-
Robert, je renfermai tous mes instrumens dans leurs caisses,
& les fis porter par des Nègres au Presbitere, où je demeurai
quelques jours, & y fis les Observations suivantes.

X V I. *Juillet.*

Depuis le troisiéme du mois que je montai mon horloge
dans le Presbitere, je ne vis que fort rarement le Soleil, les
vents furent presque toujours au Nord-Est, & leurs variations n'étoient que du Nord-Nord-Oüest, à l'Est-Nord-Est ;
je pris le seize au matin plusieurs hauteurs du Soleil ; mais
n'aïant pas paru le soir, elles furent inutiles.

1705.
Juillet.

XIX. *Juillet.*

OBSERVATION

Du premier Satellite de Jupiter.

LE matin du dix-neuviéme , j'obfervai l'immerfion du premier Satellitte de Jupiter ; cette immerfion arriva à l'horloge non-corrigée à   2ʰ. 11′. 55″.

L'horloge retardoit alors fur le vrai tems de   29. 19.

Donc vrai tems de cette immerfion   2. 41. 14.

Calcul pour la même immerfion.

Les Tables dont on fe fert ici font calculées pour le Méridien de Paris.

	j.	h.	′.	″.	‴.	nu. I.	m. II.	
1700.	1	1	13	12	0	1863	110	4
3.	0	13	2	59	14	619	168	2
Juillet	17	5	23	7	31	112	111	7
	18	19	39	18	45	2594	390	3
pr. Equat. ad.			15	29	0	2448	225	0
	18	19	54	47	45	146	165	3
fec. Equat. ad.			7	48	0			
	18	20	2	35	45			
moitié de la demeure.		1	3	52	0			
	18	18	58	43	45			
Eq. des jours fouft.			5	31	0			
imm. à Paris.	18	18	53	12	45			
à la Martiniq.	18	14	41	14	0			

4 11 58 45   *différence de Méridien entre Paris & la Martinique.*

On

On n'a raporté ici le calcul de cette immersion, que pour faire voir la justesse des Tables, puisqu'elles ne s'éloignent de l'Observation que de 24. secondes, comme il consté par l'Observation du vingt-unieme que Mr. Cassini fit à l'Observatoire de Paris, d'où il tira celle-ci, & selon cet illustre içavant, l'Observation du

19. dut arriver à Paris le matin à   6ʰ. 53ʹ. 57ʺ.

Elle fut donc observée au cul-de-sac-Robert à la Martinique, à   2. 41. 14.

Donc, difference des meridiens entre le cul-de-sac-Robert & Paris   4. 12. 43.

Nous n'avions pas encore eu une si belle journée, le Soleil parut presque tout le jour, nous n'eûmes que quelques petits grains, qui nous cacherent le Soleil fort peu de tems, & me donnerent occasion de prendre quelques hauteurs correspondantes pour connoître l'état de mon horloge.

Hauteurs correspondantes du Soleil pour verifier l'Horloge.

Heures du matin.			Hauteur.	Heures du soir.		
10ʰ.	9ʹ.	7ʺ. *bord sup.*		0ʰ.	50ʹ. 48ʺ.	*bord sup.*
*8.	13.	*centre.*	70ᵈ.	49.	40.	*centre.*
11.	27.	*bord inf.*		48.	24.	*bord inf.*

Par la premiere de ces hauteurs l'horloge marquoit midi à   11ʰ. 29ʹ. 54ʺ.

Par la seconde à   11. 29. 56.

Par la troisieme à   11. 29. 55.

Milieu   11. 29. 55.

Par les Observations des hauteurs correspondantes que je pris le lendemain, je trouvai que mon horloge retardoit au tems de l'immersion, comme on vient de voir de   29ʹ. 18ʺ.

XX. *Juillet.*

Dans la crainte d'être à charge au Pere Belon, je retournai le soir à mon ancienne habitation, qui n'étoit qu'à une heure de chemin du cul-de-sac-Robert; je m'arrêtai en passant chez Mr. de la Chapelle Gentilhomme d'une vertu austere, marié à une Dame du même caractere; son habitation n'étoit éloignée de celle de Mr. Tartonne que d'environ deux cens pas; j'avois déja eu avec lui differentes conversations, il sçavoit les Mathématiques. Après avoir fait ses études à Caën, il s'étoit engagé dans le Service, en qualité de Capitaine, mais aïant plus d'inclination pour les voïages que pour les armes, après quelques campagnes, il s'embarqua pour les Indes; je ne sçai par quel accident, son Vaisseau relâcha à la Martinique. Il étoit d'une grande droiture & avoit des manieres très-belles & fort engageantes; comme il sçavoit dans quel état étoit l'habitation de Mr. Tartonne, il m'offrit genereusement sa maison, en un mot, il me dit qu'il ne souffriroit pas que je demeurasse plus long-tems dans une case à Négre, il fit décharger chez lui les instrumens que j'avois fait raporter du cul-de-sac-Robert, & m'y fit préparer une chambre, où je demeurai jusqu'à mon départ pour la nouvelle Espagne.

XXI. *Juillet.*

J'allai le matin avec les Négres de Mr. de la Chapelle retirer le reste de mes hardes que j'avois laissées à l'habitation de Mr. Tartonne, nous eûmes ce jour-là quelques grains, qui nous cacherent presque tout le jour le Soleil, & les vents à leur trou ordinaire, je veux dire, au Nord-Oüest.

XXII. *Juillet.*

Je mis ce jour là en mouvement mon horloge, je la reglai par des hauteurs correspondantes du Soleil, pour n'être pas surpris, en cas qu'il se presenta quelque Observation à faire.

XXV. *Juillet.*

Les Observations suivantes furent faites dans l'habitation de Mr. de la Chapelle Cotar Gentilhomme, au gros Morne, qu'il faut distinguer d'un autre appellé simplement Mr. Chapelle habitant la pointe au Prêcheur.

Le Soleil ne parut que le soir, les vents toujours au Nord-Est: je me servis fort utilement du peu de tems que le Soleil parut, je pris quelques hauteurs, esperant que peut-être le lendemain matin, je pourrois prendre quelqu'une des correspondances; on doit se défier dans les Isles de la justesse de ses horloges, les grandes humidités peuvent leur causer quelque petit dérangement; un Astronome qui ne doit avoir en vûe que l'exactitude dans ses Observations, ne doit pas se negliger, ce que je tâchai de faire, sçachant de quelle consequence il est d'operer avec l'exactitude la plus scrupuleuse.

XXVI. Juillet.

OBSERVATION

Du premier Satellite de Jupiter.

A 4^h. 42'. 8''. du matin à l'horloge non-corrigée, immersion du premier Satellite dans l'ombre de Jupiter environ à un demi-diametre de cette Planette au-delà de son bord oriental apparent,

6. 47.   Tems que l'horloge avançoit.

4. 35. 21.   Donc tems vrai de cette immersion.

Calcul pour la même immersion.

	jo. h. '. ''. '''.	nu. I.	nu. II.
1700.	1 1 13 12 0	1863	110 4
ans. 3.	0 13 2 59 14	619	168 2
Juillet	24 7 17 31 23	116	115 5
	25 21 33 42 37	2598	394 1
Pr. Eq. ad.	15 52 0	2448	225
	25 21 49 34 37	150	169 1
sec. Equat. ad.	7 22 0		1 4
	25 21 56 56 37		167 5
moitié de la demeure soust.	1 3 51 0		
	25 20 53 5 37		
Equat. à ôter.	5 46 0		
Immersion.	25 20 47 19 37		
par l'Observ.	25 16 35 21 0		

4 11 58 37 *difference entre les Meridiens de Paris & le gros Morne, par les Tables.*

On voit par ce calcul & l'exactitude de l'Observateur, & l[a]
justesse des Tables de Mr. Cassini, quelle obligation ne lu[i]
a-t'on pas, de nous avoir laissé un si précieux monument d[e]
son sçavoir?

L'endroit où j'observai, m'étoit très-commode; je pos[ai]
ma lunette sur une fenêtre, qui donnoit à côté de mon hor[-]
loge, en sorte qu'observant, je pouvois compter les vibra[-]
tions, & même voir l'heure & la minute qu'elle marquoi[t.]

Cette immersion arriva de jour en France, elle ne put pa[r]
consequent y être observée, mais Mr. Cassini la tira comm[e]
la precedente de l'immersion suivante, celle-ci dût arriver [à]
Paris selon qu'elle est raportée dans les Memoires du 4 tom[e]
de l'Histoire de l'Academie Roïale
des Sciences, le vingt-six Juillet à 8^h. $47'$. $43''$. du mati[n]
          Elle arriva à la Martinique à   4. 35. 21.

Donc difference entre Paris & la
Martinique   4. 11. 21.
Les Tables donnant, comme on
vient de voir, cette immersion le 26. à 8^h. $47'$ $19'$. $37''$.

Donc difference entre les calculs.   0. 23. 23.
A l'immersion du 19 on trouva la difference entre le calc[ul]
& l'observation de $24'$. $0''$.
On ne peut apporter plus d'exactitude, puisqu'une second[e]
de tems, est toujours comptée presque pour rien dans des ope[-]
rations aussi délicates que le sont celles-ci.

XXVI. *Juillet.*

Je fus assez heureux le matin pour avoir vû le Soleil éloi[-]
gné du Zenit de même que je l'avois observé le soir du ving[t-]
cinquiéme; car j'eus par ces correspondances, l'heure qu[i]
marquoit mon horloge à minuit.

Hauteurs correspondantes du Soleil.

Heures du matin.	Hauteur.	Heures du soir.
9^h. $35'$. $46''$. bord sup.		2^h. $36'$. $17''$. bord sup.
36. 55. centre.	54^l.	2. 35. 7. centre.
38. 2. bord inf.		2. 34. 0. bord inf.

Par ces correspondances l'horloge mar-
quoit à midi   12ʰ. 6′. 1″. 1703.
                                                          Juillet.
Equation additive   3.

Donc midi vrai   12.   6.   4.
Elle avoit marqué le vrai minuit à   12.   7.   10.

Donc elle retardoit en 12. heures de   0.   1.   6.

L'on peut juger par cette Observation de la précision &
de l'exactitude avec laquelle j'ai déterminé toutes celles que
j'ai faites. Je suis persuadé que le R. P. Labat n'a pas apporté moins de soin dans la construction des Forts, & des Ca-
valiers pour mettre des Canons en batterie qu'il a fait élever
à la Guadaloupe : aussi, bien loin de douter de son habilleté
dans l'art de la Guerre, comme il doute de la découverte des
Longitudes, j'estime qu'il est fort loüable de s'estre trouvé
dans de si perilleux emplois, non parce qu'ils servent à détruire le genre humain, mais parce que ce sont des moiens
propres à soutenir les interêts de son Prince.

Le reste du mois fut fort pluvieux, ce tems fut fort opposé
aux Observations astronomiques. Apprehendant qu'il ne con-
tinuât, je resolus d'aller chercher quelque embarquement
pour la nouvelle Espagne ; je partis de l'habitation le 28ᵉ
sans communiquer mon dessein à personne ; le soir j'arrivai
au Bourg de la Trinité, je demeurai trois jours chez Mr. du
Buc ; cette famille est assez connuë dans l'Isle, & ailleurs,
inutilement m'arrêterai-je ici à en faire l'éloge, les occasions
où tous ceux de cette famille se sont rencontres, ont assez
fait connoître, & leur bravoure & leur merite ; de-là, je passai
à S. Pierre. Tous les habitans qui sont sur cette route me
firent mille honnestetés, j'allai revoir à S. Pierre mes anciens
hôtes ; le Pere Cabasson m'y reçut avec son bon cœur ordinaire, je lui communiquai mon dessein, & il m'assura que
dans peu de jours, il y auroit peut-être une occasion pour
passer à Cartagene, il en parla à un jeune Espagnol appellé
el Seignor Don Gaspar Martin, qui me vint voir le même
jour, & m'assura qu'au retour d'un voiage qu'il alloit faire,
il m'embarqueroit lui-même dans un Navire de soixante pieces
de canon, armé en course, mais il me pria de lui garder le
secret ; je le conjurai de son côté de se ressouvenir de sa
promesse ; il n'y manqua pas.

Après avoir paſſé quelques jours à S. Pierre , je retournai à l'habitation. Je paſſai par le Fort Roïal , où j'eus l'honneur de ſaluer Monſieur de Machault Lieutenant general des
Iſles & Terre-Ferme de l'Amerique , il m'arrêta deux jours
avec lui, Mr. la Touche dont l'habitation n'eſt qu'à une lieuë
du Fort Roïal , venoit le viſiter tous les jours, j'eus occaſion
de faire connoiſſance avec lui, comme il avoit appris par
Mr. de Machault le ſujet de mon voïage aux Iſles , il m'offrit
ſon habitation & ſes ſervices ; le Seignor Gaſpard Martin,
m'avoit dit en ſecret, que Mr. la Touche étoit un des inte-
reſſés du Vaiſſeau, dont il m'avoit parlé ; je fus ravi de cette
occaſion. En remerciant Mr. la Touche , je le priai, ſans
m'expliquer d'avantage, de ſe reſſouvenir des offres de ſer-
vice qu'il venoit de me faire. On verra dans la ſuite, que
Dom Gaſpar , & Mr. la Touche me tinrent parole.

PREMIER *Octobre*.

Depuis mon départ de l'habitation , il ne ſe paſſa rien ,
qui pût être avantageux aux Sciences & aux beaux Arts ; je vis
ſeulement entre les mains d'un Capitaine de barque qui venoit de la Grenade, un animal appellé Manicou, je l'examinai d'aſſez près , & j'en fis la Deſcription ſuivante.

DESCRIPTION

Du Manicou.

LE Manicou eſt un animal ſingulier , & de la nature des
monſtres, ainſi que j'ai remarqué dans mes reflexions ſur
le voïage de Mr. Frezier à la mer du Sud ; celui que je vis,
me parut comme un compoſé du Rat, du Renard , du Singe
& du Blereau ; il reſſemble à celui-ci par ſon poil ſauve mêlé
de noir, & auſſi mollet que de la laine fine : ſa tête eſt ſemblable à celle d'un renard , aïant le muſeau long & pointu,
& les dents fort aiguës ; ſa queuë & ſes oreilles different peu
de la queuë & des oreilles d'un rat, quoiqu'elles ſoient plus
grandes & plus étenduës ; ſes pattes ne different de celles
du ſinge , qu'en ce que leurs doigts ne ſont pas ſi longs, &
qu'ils ſont armés d'un ongle fort crochu.

La grandeur ordinaire de cet animal, est presque la même
que celle d'un de nos lapins, d'une mediocre grosseur, &
sa figure a un composé de rat & de renard ; car sa tête est
presque ronde, comme celui-ci, son museau long & pointu,
ses oreilles nuës, cartilagineuses, ovales & noirâtres, sont
assez grandes ; sa queuë a environ dix pouces de longueur,
elle est ronde comme celle d'un rat, épaisse à sa naissance,
environ de huit lignes, toute écaillée & parsemée d'un petit
poil ras, excepté à sa racine, où elle est toute veluë & couverte de poil, comme le reste de tout le corps.

Sa bouche est fort ouverte, sa machoire inferieure est plus
longue que la superieure, à cause que la chair du museau
est plus épaisse en cet endroit ; ses dents canines sont fort
pointuës, crochuës à leurs extremités, accompagnées d'autres dents plus petites ; mais pointuës de même ; ses narrines
sont larges, ses yeux ronds, élevés & d'un beau noir : ses
jambes sont courtes, mais renforcées, & chacun des pieds
divisé en cinq doigts charnus, arrondis sur leurs bords de
même, que ceux des singes, chacun de ces doigts est armé
d'un ongle court, fort & pointu, excepté les pouces des
pieds de derriere, qui sont nuds & sans ongle ; sa queuë est
à moitié grisâtre & à moitié noirâtre, toute entaillée par de
petites écailles barlongues.

Ce qui est de plus à remarquer dans cet animal, est le
ventre de la femelle, couvert d'une peau ouverte en long en
façon de gibeciere & couverte d'un petit poil roux & mollet, où elle enferme ses petits, de même que dans une bourse,
elle les y porte par tout, sans les laisser sortir, & presque
toujours attachés à ses mammelles.

Cet animal est l'ennemi mortel de la volaille, de même
que les renards ; mais il est si lent à marcher, qu'il n'en sçauroit prendre aucun, que par ruse ; cependant il est d'une
agilité surprenante ; car lorsqu'il est sur un arbre, il saute
avec tant de legereté, d'une branche à l'autre, qu'on ne
sçauroit l'avoir qu'en le tirant.

11. *Octobre.*

A mon arrivée chez Mr. de la Chapelle, je trouvai mon
horloge dans un assez bon état, durant mon absence il en

—— avoit eu un soin particulier, je ne laissai pas de la nétoïer; je trouvai même de la roüille sur l'axe des roües, provenant, comme j'ai dit ailleurs, des grandes humidités, causées par les frequentes pluïes.

Le Soleil avoit repassé au Zenit, & il étoit dans la partie meridionale du monde: je l'observai ce jour-là, & je trouvai la hauteur meridienne aparente de son bord superieur de   68ᵈ. 38ᵐ. 50ˢ.

Excès de la refraction sur la parallaxe   18.

Hauteur corrigée   64. 38. 32.

Demi-diametre du Soleil   16. 9.

Hauteur corrigée du centre   68. 22. 23.

Déclinaison meridionale   6. 55. 26.

Hauteur de l'Equinoxial   75. 17. 49.

Donc hauteur du Pole du cul-de-sac Robert   14. 42. 11.

XII. *Octobre.*

Jusqu'alors, je n'avois osé me plaindre d'une démangeaison extraordinaire que je sentois par tout le corps; mais plus particulierement à l'endroit de la ceinture & des jarretieres; j'apprehendois que ce ne fût quelque espece de gale interieure, inconnuë en Europe, causée par une limphe acre & salée, qui se jette ordinairement sur la surface de la peau & y produit des pustules accompagnées d'une démangeaison extraordinaire; mais ce qui me surprenoit le plus, c'étoit qu'aux endroits, où cette démangeaison se faisoit le plus sentir, je ne trouvai aucune pustule; je m'en plaignis, comme en secret à un Medecin de mes amis, qui me dévelopa le mystere; il me dit que cette grande démangeaison étoit causée par un petit animal qu'on appelle dans les Isles bêtes rouges à cause de leur couleur; que ces animaux sont si petits, qu'ils passent même au travers des bas les plus serrés, & se dispersent par tout le corps, s'arrêtant plus ordinairement aux jointures; le remede qu'il me donna, c'étoit de se laver avec de l'eau chaude, dans laquelle on avoit pressé quelques citrons, cette eau détachoit ces petits animaux du corps & les faisoit tomber. Je commençai le soir du même jour de me servir du remede. Je me trouvai durant la nuit beaucoup soulagé; mais le lendemain, la même incommodité recommenç

mença, & il fallut avoir recours au même remede ; on pourroit s'en garantir en ne sortant pas des maisons ; mais on
tomberoit dans un autre inconvenient ; on a dans les maisons d'autres petits animaux semblables à nos puces, & qui
sont beaucoup plus dangereux, que les bêtes rouges, on les
appelle Chiques ; ceux-ci passent de même que les bêtes rouges, au travers des bas & vont se loger entre les ongles des
pieds & la chair ; on les sent par une petite démangeaison
agréable ; mais il en coute cher à ceux qui sont negligens à
les ôter ; car ils nichent dans ces endroits, rongent la chair,
pour agrandir leur demeure, & faire place aux petits qui
viennent de leurs œufs : ces petits croissant insensiblement,
ils augmentent leur demeure, la chair qui est autour
pourrit, & si on n'a pas soin de les tirer, il se forme aux
mêmes endroits des ulceres très-dangereux, & quelquefois
la cangrêne. Les bêtes rouges se nourrissent sur les herbes,
les savanes en sont remplies, & on ne sçauroit sortir des
maisons, sans y revenir chargé de ces importuns animaux.

XXIII. *Octobre.*

La hauteur meridienne du centre du Soleil fut observée de	63^d.	57^m.	24^s.
Refraction moins la parallaxe			23.
Hauteur corrigée du centre	60.	57.	1.
Déclinaison meridionale	11.	20.	6.
Donc hauteur de l'Equinoxial	75.	17.	7.
Complement ou hauteur du Pole	14.	42.	53.
Le 24. hauteur corrigée du centre	63.	36.	12.
Le 26.	62.	55.	9.

PREMIER *Novembre.*

Nos Pêcheurs nous apporterent un Poisson d'une espece
assez particuliere, comme sa figure avoit quelque ressemblance à nos Soles, je la décrivis sous le nom suivant.

DESCRIPTION

D'une espece de Sole ou Passer oculatus.

CEtte espece de Sole, est platte comme celles que nous avons en Europe, mais elle est un peu plus ronde; sa couleur est minime-clair, & elle est agreablement tachetée par quantité de taches azurées; ce qui lui est particulier, c'est que son dos est marqué vers la queuë d'une grande tache noire, & dans toute son étenduë, de quantité de cercles azurés qui semblent former les yeux de la tête d'un Argus.

La chair de ce Poisson est fort blanche, délicate, d'un très-bon goût, mais remplie de petites arêtes fort déliées & fort subtiles, presque semblables à celles de nos Alauses de l'Europe; ce Poisson n'est pas fait pour les gloutons; car il le faut manger avec beaucoup de précaution.

On voit aux Isles de l'Amerique une autre espece de Sole beaucoup plus petite, que celle-ci, dont la couleur est grise & toute tachetée de petites taches blanches.

II. *Novembre.*

Hauteur meridienne corrigée du centre du Soleil	60^{d}.	36$^{'}$.	1$^{''}$.
Déclinaison meridionale	14.	41.	45.
Donc hauteur de l'Equinoxial	75.	17.	46.
Donc hauteur du Pole	14.	42.	14.

III. *Novembre.*

Hauteur meridienne apparente du bord inferieur du Soleil	60^{d}.	1$^{'}$.	5$^{''}$.
Refraction moins la parallaxe			29.
Hauteur corrigée	60.	0.	36.
Demi-diametre du Soleil		16	15.
Hauteur du centre	60.	16.	51.
Et déclinaison meridionale	15.	0.	51.
Donc hauteur de l'Equinoxial	75.	17.	42.
Donc hauteur du Pole	14.	42.	18.

IV. *Novembre.*

Hauteur meridienne apparente du bord inferieur du Soleil	59ᵈ.	42ᵐ.	10ˢ.
Refraction moins la parallaxe			29.
Hauteur corrigée	59.	41.	41.
Demi-diametre du Soleil		16.	15.
Hauteur du centre	59.	57.	56.
Déclinaison du Soleil	15.	19.	36.
Donc hauteur de l'Equinoxial	75.	17.	32.
Donc hauteur du Pole	14.	42.	28.

V. *Novembre.*

Hauteur meridienne apparente du bord superieur du Soleil	59ᵈ.	56ᵐ.	20ˢ.
Refraction moins la parallaxe			28.
Hauteur corrigée	59.	55.	52.
Demi-diametre		16.	15.
Hauteur du centre	59.	39.	37.
Déclinaison meridionale	15.	58.	16.
Donc hauteur de l'Equinoxial	75.	17.	53.
Donc hauteur du Pole	14.	42.	7.

VI. *Novembre.*

Hauteur meridienne apparente du bord superieur du Soleil	59ᵈ.	37ᵐ.	45ˢ.
Excès de la refraction sur la parallaxe			29.
Hauteur corrigée	59.	37.	16.
Demi-diametre du Soleil		16.	15.
Hauteur du centre	59.	21.	1.
Déclinaison meridionale	15.	56.	32.
Hauteur de l'Equinoxial	75.	17.	33.
Donc hauteur du Pole	14.	42.	27.

VII. *Novembre.*

J'étois fort exact à calculer le lieu du Soleil, d'abord que j'avois observé sa hauteur meridienne. Son lieu dans le Zodiaque doit être absolument connu de même que son dia-

D d ij

metre, pour déterminer immediatement la hauteur du Pole.
Ce jour-là je trouvai le lieu du Soleil à 7ˢ. 14'. 34'. 12".

Le tems que le diametre apparent du Soleil demeura à passer par le meridien, donna le diametre du Soleil de   0ˢ. 32'. 32".

Donc le diametre fut de   16. 16.

On ne donne plus ici le calcul pour trouver ce diametre, on l'a déja donné ailleurs.

Hauteur meridienne apparente du bord superieur du Soleil	59.	20.	2.
Excès de la refraction sur la parallaxe			29.
Hauteur corrigée	59.	19.	33.
Demi-diametre du Soleil		16.	16.
Hauteur du centre	59.	3.	17.
Déclinaison meridionale	16.	14.	20.
Hauteur de l'Equinoxial	75.	17.	37.
Donc hauteur du Pole	14.	42.	23.

VIII. Novembre.

Hauteur meridienne apparente du bord superieur du Soleil	59ˢ.	1'.	15".
Hauteur corrigée du centre	58.	44.	28.
D'où l'on conclut la hauteur de l'Equinoxial	75.	17.	4.
Et la hauteur du Pole de	14.	42.	56.

X. Novembre.

On a cru qu'on ne devoit plus raporter les calculs au long, pour montrer les élemens dont on s'est servi pour déterminer la hauteur du Pole d'un même lieu, on ne raportera plus que la hauteur observée du bord superieur, ceux qui sont un peu versés en Astronomie, pourront fort facilement trouver par la hauteur observée du bord superieur la hauteur du Pole, en suivant les élemens dont j'ai parlé ci-dessus.

Hauteurs meridiennes du bord superieur observé du Soleil.

Le 10.   58ˢ. 28'. 0".

Le 11.	58ˡ.	11′.	5″.
Le 12.	58.	54.	30.
Le 17.	56.	36.	30.
Le 18.	56.	22.	0.
Le 19.	56.	7.	50.
Le 20.	55.	53.	50.
Le 21.	55.	40.	10.
Le 22.	55.	26.	20.
Le 23.	55.	13.	50.
Le 24.	55.	1.	20.
Le 25.	54.	49.	15.
Le 26.	54.	37.	35.
Le 27.	54.	26.	30.
Le 28.	54.	15.	35.

Les deux jours suivans, le Soleil ne parut pas à midi ; je ne laissai pas de verifier tous les jours mon horloge, par des hauteurs correspondantes du Soleil, lorsqu'il paroissoit ; j'avois besoin dans ces Observations de toute la patience d'un Astronome ; car je prenois quelquefois le matin jusqu'à trente hauteurs du Soleil , à peine avois-je le plus souvent trois correspondances à ces trente hauteurs.

PREMIER *Decembre*.

Comme les vents ne varient dans cette saison , que du Nord-Nord-Est à l'Est Nord-Est , je n'ai pas rapporté ici jour par jour , les vents qui regnoient , à cause de leur peu de changement ou de variation.

Hauteurs meridiennes du bord superieur du Soleil.

Le 1ᵉʳ	53ˡ.	45′.	20″.
Le 2.	53.	36.	5.
Le 3.	53.	27.	20.
Le 4.	53.	18.	50.
Le 5.	53.	11.	0.
Le 6.	53.	3.	30.
Le 7.	52.	56.	35.
Le 9.	52.	43.	40.
Le 10	52.	38.	0.

Le 11.   52.   32.   35.
      Refraction moins la parallaxe   40.
      Donc hauteur veritable   52.   31.   55.
        Demi-diametre du Soleil   16.   21.
      Donc hauteur du centre   52.   15.   34.
      Déclinaison meridionale   23.   1.   43.
      Donc hauteur de l'Equinoxial   75.   17.   17.
   Et hauteur du Pole au gros
      Morne à la Martinique   14.   42.   43.

11. *Decembre.*

Par les calculs que j'avois fait au commencement du mois, pour trouver à une heure donnée le lieu des Satellites de Jupiter, je trouvai que le douze au soir, il devoit arriver une emersion du second Satellite, hors de l'ombre de Jupiter; quoique l'état de mon horloge me fût aſſez bien connu par les correspondances des hauteurs du Soleil que je prenois journellement, lorſque le tems me le permettoit; je ne laiſſai pas pour mieux m'en aſſurer, & n'être pas surpris, d'en prendre pluſieurs le onze, apprehendant que le douze le Soleil ne fût caché par quelques nuages, comme il arriva; je n'en rapporterai ici que trois, auſquelles les autres conviennent.

Hauteurs correſpondantes du Soleil pour verifier l'horloge.

Heures du matin.	Hauteur.	Heures du soir.
9ʰ. 40′. 27″.		1ʰ. 5′. 10″.
42. 51.	45ᵈ.	1. 2. 46.
45. 15		1. 0. 22.

Par ces correſpondances l'horloge marquoit à midi   11ʰ. 22′. 48″.
On n'a pas rapporté ici l'Equation du tems, parce qu'elle n'étoit preſque pas ſenſible.

XII. Decembre.

OBSERVATION

Du second Satellite de Jupiter.

Dans cette Observation, Jupiter passa près du Zenit, cette circonstance rendit l'Observation fort pénible; en effet, il falloit que l'Observateur tint la lunette presque perpendiculaire, & qu'il s'étendit sur son dos à terre, disposition gênante pour un homme qui a besoin d'être libre, obligé de se tourner de tems en tems pour suivre le mouvement de l'Astre qu'il observe; la drisse qui me servit pour hisser la vergue le long du mats, me servit encore pour amarrer ma lunette, sans quoi elle auroit couru un grand risque; car dans la situation qu'il falloit tenir, il étoit impossible qu'elle ne tombât, & que dans cette chûte, le verre ne se cassât & les tuiaux ne fussent réduits hors d'usage.

A 9ʰ. 24ʹ. 18ʺ. du soir l'horloge non-corrigée, émersion du second Satellite hors de l'ombre de Jupiter, environ à un tiers du diametre de Jupiter, au-delà du bord occidental apparent de cette Planette. Le premier Satellite à l'orient apparent de Jupiter dans la partie superieur de son orbite, étoit éloigné du bord oriental apparent, presque de la même distance que l'étoit le second du bord occidental; le troisiéme étoit dans la même partie de son orbite, que le premier, de même que le quatriéme.

0ʰ. 40ʹ. 42ʺ. tems que l'horloge retardoit.

10. 4. 50. le vrai tems de l'émersion.

Je crus cette Observation fort exacte, je fus extrémement mortifié d'apprendre par Mr. Cassini, qu'on n'avoit aucune Observation ni devant, ni après celle-ci, pour pouvoir les comparer ensemble.

La hauteur apparente du bord superieur du Soleil du 12ᵉ

fut observée de   52. 27′. 50″

    Hauteur corrigée du centre   52. 10. 48.

D'où l'on conclut la hauteur de l'E-
quinoxial de   75. 17. 19.

    Donc hauteur du Pole   14. 42. 41.

Le Soleil ne parut ce jour-là que vers le midi

XIII. *Decembre.*

Je fus assez heureux ce jour-là, d'avoir vû le Soleil le matin & le soir, même durant 44. 45. 46. 47. degrez de hauteur, ce que je regardai comme une chose extraordinaire

Hauteurs correspondantes du Soleil pour l'horloge.

Heures du matin.	Hauteur.	Heures du soir.
9ʰ. 36′. 34″.		0ʰ. 59′. 21″.
38. 58.	45ᵈ.	0. 56. 58.
41. 22.		0. 54. 34.

Par ces hauteurs correspondantes, l'hor-
loge marquoit à midi   11ʰ. 17′. 58″

    Le onze l'horloge marquoit midi à   11. 22. 47.

Donc l'horloge a retardé en 2. jours de   4. 49.

    en vingt-quatre heures de   2. 24.

Hauteur meridienne apparente du bord
superieur du Soleil   52. 23. 45.

    Hauteur corrigée du centre   52. 6. 42.

D'où l'on conclut la hauteur de l'Equi-
noxial de   75. 17. 33.

    Donc hauteur du Pole   14. 42. 27.

XIV. *Decembre.*

L'horloge étoit dans le même état que les jours precedens, comme il me constoit par les hauteurs correspondantes prises le quatorziéme; ainsi je crus qu'il étoit fort inutile de rapporter ces correspondances.

OBSERVATION

OBSERVATION

Du premier Satellite de Jupiter.

JE n'eus pas moins de peine dans cette Observation, que dãs la précedente ; Jupiter se trouva encore fort près du Zenit.

A 6ʰ. 45′.   environ du soir , le quatriéme Satellite , étant dans la partie superieure de son orbite, parut sur une ligne perpendiculaire aux bandes de Jupiter , laquelle passoit par le centre de cette Planette.

A 9ʰ. 1′. 44′. du soir , émersion du premier Satellite de l'ombre de Jupiter.

13. 15. 0.   émersion du 1ᵉʳ Satellite observée à Paris.

4. 13. 16.   difference des méridiens entre Paris & la Martinique.

Calcul pour la même émersion.

	jo.	h.	′.	″.	‴.	Nu I.	Nu II.
1700.	1	1	13	12	0	1863	110 4
ans. 3.	0	13	2	59	14	619	168 2
Decembre	12	21	25	28	10	196	195 6
	14	11	41	39	24	2678	474 2
Equ. ad.		2	3	26	0	2448	225
	14	12	5	5	24	230	249 2
Equ. ad.		1	1	19	0		24 2
							2 0
	14	12	6	24	24		22 2
		1	4	45	0		
	14	13	11	9	24		
			4	39	0		
	14	13	15	48	24		
	14	9	1	44	0		

4 14 4 24 *difference entre Paris & le gros Morne de la Martinique par le calcul.*

Ee

On voit par cette Observation que les Tables ne s'éloignent pas du vrai tems, d'une minute; marque de l'exactitude de l'Observateur & de la fidelité des Tables.

Hauteurs meridiennes apparentes du bord superieur du Soleil.

Le 14ᵉ.	52ᵈ.	20′.	0″.
Le 15.	52.	16.	20.
Le 16.	52.	13.	50.
Le 17.	52.	11.	0.
Le 18.	52.	8.	55.
Le 19.	52.	7.	25.

XX. *Decembre.*

OBSERVATION

Du second Satellite de Jupiter.

LE jour precedent je m'étois préparé à l'Observation du second Satellite de Jupiter, je fus assez heureux pour avoir vû le matin & le soir le Soleil, & avoir pris quelques hauteurs correspondantes pour me mieux assurer du mouvement de mon horloge; une heure avant l'Observation, le Ciel se couvrit, il demeura couvert jusqu'à 0ʰ. 20′. du matin du vingtiéme; alors les nuages s'étant rompus, nous laisserent à découvert Jupiter, je me rendis à la Lunette, je revis Jupiter, jusqu'à 0ʰ. 39′. un petit nuage vint nous cacher une seconde fois cette Planette, je quittai ma lunette, n'esperant plus revoir Jupiter avant l'émersion du second Satellite; le nuage passa assez vîte, je courus à la Lunette, je trouvai que le second Satellite sortoit de l'ombre; il étoit encor fort petit, ce qui me fit conclure qu'il y avoit fort peu de tems que le Satellite paroissoit. Comme on doit être extremement exact dans les Observations, quoique je n'aïe pas cru m'en éloigner d'une minute, je raporte ici celle-ci, comme douteuse.

X X. Decembre.

A 0^h. $41'$. $10''$. du matin émersion du second Satellite de l'ombre de Jupiter, cette émersion ne pût être observée à l'Observatoire Roïale de Paris, & on n'a pû la comparer, pour en tirer la difference des meridiens entre cette Ville & la Martinique.

Le matin le Ciel fut beau, les vents au Nord-Est.

Hauteurs apparentes du bord superieur du Soleil.

Le 20e	52^d.	$6'$.	$20''$.
Le 21.	52.	5.	35.
Le 22.	52.	5.	35.
Refraction moins la parallaxe			40.
Hauteur corrigée	52.	4.	55.
Demi-diametre du Soleil		16.	22.
Hauteur du centre	51.	48.	33.
Déclinaison meridionale	23.	29.	0.
Donc hauteur de l'Equinoxial	75.	17.	33.
Et hauteur du Pole	14.	42.	27.

Ces Observations me rappellerent celles que Mr. Richer fit dans son voïage de l'Isle de Caïenne raporté dans le Livre des voïages de l'Academie Roïale des Sciences ; comme les refractions étoient un des objets de ce voïage, je crus que je ne devois pas negliger de les observer dans les occasions, & verifier si on pourroit, sans erreur, suivre l'hypotése de Ticho sur les refractions.

Ce celebre Astronome fut le premier à découvrir que les raïons de lumiere, qui partent du corps lumineux & s'étendent jusqu'au corps illuminé, se rompent dans la surface de l'air, ou lorsqu'ils entrent dans l'Atmosphere : j'ai assez bien expliqué dans mon premier volume, ce que c'est que refrangibilité, ce qui me dispense d'en parler d'avantage ; je ne laisserai pourtant pas d'en donner ici une démonstration, & même le calcul tout-au-long, pour faciliter à ceux qui ne sont pas encore entierement versés aux Mathématiques, les moïens de trouver eux-mêmes par le calcul les refractions jusqu'au

Zenit , supposant qu'on a trouvé par Observation , les refractions qui conviennent à deux différens degrez de hauteurs.

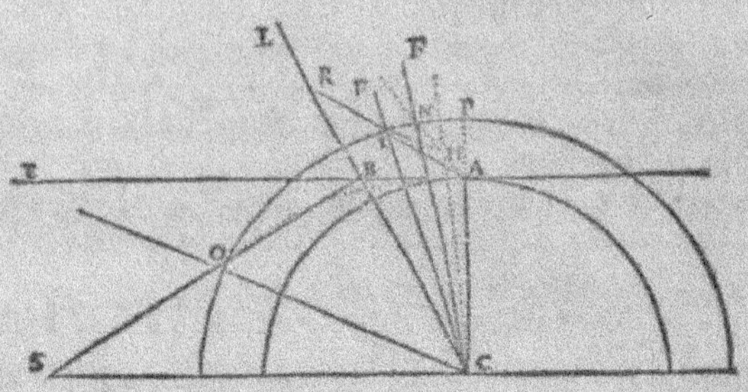

DEMONSTRATION.

Soit S. le lieu du Soleil , ou d'une Etoile qui rencontrant
la surface B H N. en B. se rompe , & vienne à notre œil , en
sorte que B A , soit perpendiculiere à A C ; l'objet S. sera vû
en E , & l'angle E B S, ou E A S, sera la refraction horisontale
que l'on suppose de 32′. 20″. telle qu'elle est marquée dans
dans la Connoissance des tems.

Soit un autre raïon I H , qui rencontrant en H. la surface refractive, vienne se rompre en A , en sorte que l'angle
B A H soit de 10. degrez ; l'angle E H I sera la refraction qui
convient à 10. degrez que l'on supose observée de 5. min.
28. second.

Par la regle de refraction reçuë , &c. les Sinus d'incidence
sont proportionels aux Sinus de refraction , & par conséquent,
le Sinus de l'angle L B S est au Sinus de l'angle C B A comme le Sinus de L H F, est au Sinus de C H A.

Le diametre de la terre C A , étant connu par les Observations de 3271600. toises ; soit suposé la hauteur A P de
la surface refractive de 2000. toises , ensorte que C B , C H,
C P , soient de 3273600. dans le triangle rectangle C A B,
les côtez C A , C B étant connus , on trouvera l'angle C B A
ou E B L de 87. degrez 59′. 49″. auquel si l'on ajoûte l'angle E B S , ou E A S de 32′. 20″. on aura l'angle L B S de
de 88ᵈ. 32′. 9″.

C A

C A. demi-diametre de la
terre, est de   3271600

A P. hauteur de la surface
refractive   2000

C P. sera de   3273600

Soit S. le Soleil, ou une Etoile dans le raïon, qui rencontrant la surface refractive B H N. & B. se rompe, & vienne à notre œil, B A. soit perpendiculaire à A C, l'objet S. sera vû en E. & l'angle E B S, ou E A S sera la refraction horisontale que l'on supose de 32′. 20″.

C P.	3273600	*Log.*	45150256120
S T.			10000000000
C A.	3271600	*Log.*	45147601995

145147601995
45150256120

Sinus de l'angle A B C.	87ᵈ	59′	49″	99997345875
E B S.		32	20	

L B S	88	32	9
Donc S B C	91	27	51

88ᵈ 32′ 9″
91 27 51
87 59 49

179 27 40
180 92 20

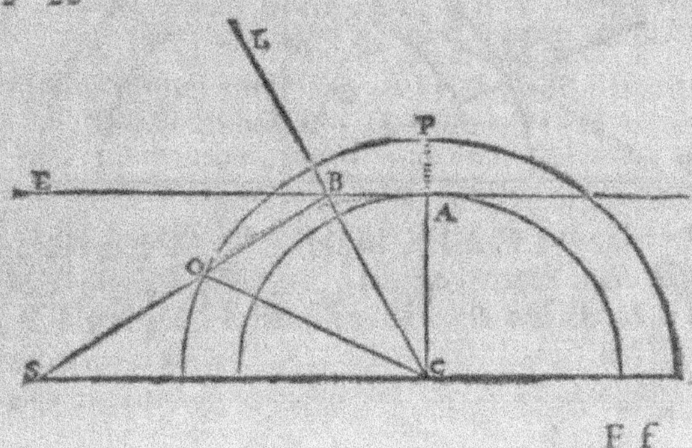

1703.
Decemb.

CH.	3273600	4515025612o
S. C. de l'ang. HAC		9993351458o
CA	3271600	4514760199o
		145081116584
		4515025612o

S. . . . . 99930860464 de 79ᵈ 48′ 12″

S. de l'ang.
　CBA 87ⁱ 59′ 49″ 99997345875
S. de l'ang.
　LBS 88 32   9   99998580169
S. de l'ang.
　CHA 79 48 12   99930859649

	199929439818
	99997345875

S. de l'ang.
　RHF 79 53 39 99932093943
　　　79 48 12

　　5 27   Donc refraction à la hauteur de 10ᵈ.

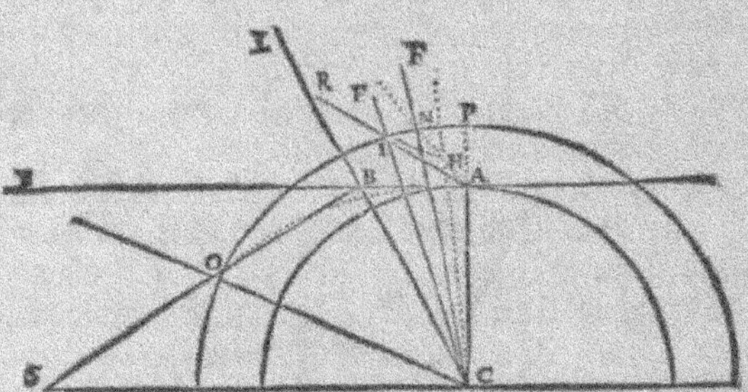

　　Dans le triangle C A H, l'angle C A H étant de 100. les
côtez A C. AH. étant connus , on aura l'angle CHA. de
79. 48. 12. & faisant comme le Sinus de l'angle C B A. de refraction est au Sinus de l'angle L B S. d'incidence ; ainsi le
Sinus de l'angle C H A. de refraction à la hauteur de 10ᵈ. est

à un quatriéme Sinus, l'on aura l'angle L H F. d'incidence
de 79ᵈ. 53′. 40″. plus grand de 5′. 27″. que l'angle C B A,
qui est precisément la refraction qui convient à la hauteur de
10ᵈ; revenons à Ticho.

Il s'apperçut par ses Observations, que les Astres paroissoient sur l'horison, lorsque par le calcul de ses Tables, ils
devoient être encore à 34. min. au-dessous. Cette découverte lui fit conclure que c'étoient les refractions qui élevoient ainsi les Astres, & que les refractions ne cessoient qu'à
45. degrez de hauteur, & qu'après elles devenoient nulles:
ce qui est un des principaux élemens, qui sert à établir la
théorie du Soleil, & de plus à déterminer l'élévation du
Pole, & l'obliquité de l'Ecliptique, autres élemens, qui
entrent dans les calculs des Observations astronomiques, lorsqu'on veut les réduire en usage.

Mr. Cassini, l'Astronome prédit par Apollonius, voulant
verifier l'hipothese de Ticho, trouva par ses Observations que
bien loin que les refractions cessassent à 45. degrez de hauteur,
elles étoient encore d'une minute, & qu'elles ne cessoient
entierement qu'au Zenit; ce fut sur cette hipothese, qu'il
composa ses tables du mouvement du Soleil: ce grand homme
toujours scrupuleux, & se défiant de ses belles lumieres, pour
verifier plus seurement cette hipothese, conçut le dessein d'envoïer quelques habiles Observateurs dans la Zone torride
proche de l'Equinoxial, où le Soleil au point de midi passe
par le Zenit deux fois dans l'année, il le proposa à l'Academie Roiale des Sciences, sa proposition fut reçuë avec
l'applaudissement de tout cet illustre corps; on choisit pour
cette execution Mr. Richer membre de l'Academie; & on resolut de l'envoïer à l'Isle de Caïene appartenant au Roi, qui
n'est éloignée de l'Equinoxial que de cinq degrez, vers le
Nord; ce voïage donna moïen à Mr. Cassini de verifier l'hipothese de Ticho, & de s'assurer de ses tables du mouvement
du Soleil & de celles des refractions, qu'il avoit déja composées.

Je fus assez heureux d'avoir eu quelque part à cette verification, à mon retour du voïage d'Orient; je temoignai à
Mr. Cassini, que j'étois dans le dessein de continuer à perfectionner la Géographie, l'Astronomie & la Navigation. Il
en parla à Mr. l'Abbé Bignon, qui toujours prest à favoriser les Sciences, en demanda la permission à Sa Majesté, re-

mit à Mr. Cassini les Lettres dont j'avois besoin ; & Mr. Cassini les accompagna de ses instructions , il m'envoia le tout à Marseille, où j'étois alors , & peu de jours après , je m'embarquai pour la Martinique , où je fis les Observations suivantes , qui ont servi à verifier les tables du mouvement du Soleil & celles des refractions.

La refrangibilité n'étoit pas le seul doute , qu'il falloit verifier ; la parallaxe étoit encore une difficulté à resoudre ; comme les refractions élevent les Astres , & que les parallaxes les abbaissent , il falloit avoir des Observations faites dans des lieux , où les unes & les autres cessassent, l'Isle de Caïene étoit tout-à-fait commode pour ces Observations ; car là , les refractions de même que les parallaxes , cessent lorsque le Soleil passe par son Zenit ; la Martinique étoit encore un lieu propre à faire ces Observations , le Soleil passe par le Zenit de cette Isle à l'heure de midi , deux fois dans l'année , je l'observai toutes les fois que le tems me le permit ; car les pluïes y sont si frequentes , qu'on passe quelquefois plusieurs jours sans voir le Soleil.

Selon l'hipothese de Ticho , qui ne donne point de refraction au Soleil au-delà de 45. degrez ; les hauteurs du Soleil en Caïene , & à la Martinique sont donc exemtes de refraction ; ce qu'on reconnut n'être pas , par les Observations faites dans l'une & dans l'autre Isle , quoique la hauteur du Soleil dans l'Isle de Caïene au Solstice d'hiver , soit de 61. degrez qui est la moindre hauteur , & à la Martinique de 51^d. 48$'$. & au-dessus par consequent de 45^d, ces mêmes Observations découvrirent l'erreur de l'hipothese de Ticho , puisqu'on trouva à ces hauteurs, de la refraction & de la parallaxe.

On ne rapporte ici que les Observations faites à la Martinique.

OBSERVATIONS

Des hauteurs solstitiales faites à la Martinique.

LE 21 , & le 22. les hauteurs meridiennes apparentes du bord superieur du Soleil ne differerent presque pas , elles furent les moindres qu'on eût observées;

on les trouva de   52^d.   5$'$. 35$''$.

Et la hauteur du centre du Soleil pur-
gée de la parallaxe & de la refraction de   51ᵈ. 48′. 33″.
Hauteur solstitiale du centre du Soleil,
dont le complement étoit la distance du
centre du Soleil au Zenit.   38. 11. 27.

Il nous reste à voir, si cette hauteur solstitiale s'accorde
avec les tables astronomiques, ce qu'on va verifier par le calcul du vrai lieu du Soleil.

Calcul dont on s'est servi pour trouver le vrai lieu du Soleil.

	Moïen mouvement				*Mouvemene de l'Apogée.*			
	s.	d.	′.	″.	s.	d.	′.	″.
1703.	9	9	24	39	3	7	29	0
21. Decemb.	11	19	54	17			1	0
22. heures	0	0	54	13				
46′.	0	0	1	53	3	7	30	0

9	0	15	2	longitude moïenne du Soleil.
3	7	30	0	
5	22	45	2	
		15	0	équation soustractive.
9	0	0	2	vrai lieu du Soleil au tems moïen.

    2 longitude soustractive, qui con-
vient à l'équation des jours
qui étoient de 1′. 1″.

  9 0 0 0 donc, vrai lieu du Soleil pour
le 21ᵉ Decembre à 22ʰ. 46′.
tems vrai, lequel réduit à la
Martinique, revient au 21ᵉ
16ʰ 34′.

On doit donc conclure de ce calcul, que la hauteur solstitiale fut telle que je l'avois observée, & que les tables conviennent avec les Observations, ce qui n'arriveroit pas, s'il
n'y avoit point de refraction au-dessus de 45. degrez, comme
le suppose Ticho.

Le 22 Juin j'observai la hauteur meridionale
apparente du bord superieur du Soleil de   81ᵈ. 29′. 40″.

C'est la moindre que j'observai dans tout l'Eté ; car le jour precedent, je l'avois observée de　　　　　　　　　　81ᵈ. 29′. 45″.

Excès de la refraction sur la parallaxe　　　7.

Hauteur du bord superieur corrigée　　81. 29. 33.

Le diametre du Soleil étoit alors de　　　　　　　　　　　　15. 50.

Donc la hauteur solstitiale du centre du Soleil étoit de　　　　　　　81. 13. 43.

Et son complement de　　　　8. 46. 17.

Distance des Tropiques.

La distance apparente des Tropiques à la Martinique, est égale à la somme ou aux complemens des deux distances solstitiales au Zenit.

La distance solstitiale meridionale au Zenit a été trouvée de　　　　　38ᵈ. 11′. 27″.

La distance septentrionale au Zenit a été trouvée de　　　　　　8. 46. 17.

La somme de ces deux distances, est la distance des Tropiques　　　46. 57. 44.

Obliquité de l'Ecliptique.

Si on divise la somme de ces deux distances en deux parties égales, & qu'on supose l'Equinoxial au milieu des deux Tropiques, l'obliquité de l'Ecliptique par les Observations faites à la Martinique, a été de　23. 28. 52.

Latitude de la Martinique tirée des Solstices.

La distance du Tropique d'Eté au Zenit　　　　　　　　　　8ᵈ. 46′. 17″.

Si on l'ôte de l'obliquité de l'Ecliptique　23. 28. 52.

Restera la distance du Zenit de la Martinique à l'Equinoxial　　14. 42. 35.

REFLEXIONS

Sur les Observations que firent à la Martinique Messieurs Varrin, des Hayes, & du Glos.

CEs trois Observateurs envoïez par Mrs. de l'Academie Roïale des Sciences, après que feu Mr. Cassini les eût exercés à l'Observatoire Roïal de Paris, selon l'Ordre de Sa Majesté, & qu'il leur eût remis ses instructions, que j'ai rapporté ailleurs, partirent pour l'Isle de Gorée, petite Isle, située environ à deux lieux du Cap-Verd, qui est la partie du continent le plus avancé dans l'Ocean occidental, & par où quelques Geographes ont fait passer leur premier meridien.

Après que ces Mrs. eurent fini leurs Observations dans cette petite Isle, ils trouverent heureusement un Vaisseau qui devoit faire voile pour l'Isle Guadaloupe, une des Antilles, n'aiant pas trouvé d'occasion pour passer à l'Isle de S. Thomas, comme ils avoient resolu en partant de Paris, ils s'embarquerent sur ce Vaisseau, & allerent à la Guadaloupe, où ils firent les Observations raportées dans le Livre des voïages de l'Academie, où chacun peut les voir.

Lorsque ces Observations furent finies, Mrs des Hayes & du Glos, partirent de la Guadaloupe & vinrent à la Martinique, autre Isle des Antilles, ils moüillerent à S. Pierre, où ils commencerent de regler leur horloge, par des hauteurs correspondantes du Soleil.

Après plusieurs Observations tant des hauteurs meridiennes du Soleil, que des Etoiles fixes, ils déterminerent la latitude ou hauteur du Pole du Fort S. Pierre, de   14ᵈ. 44′. 0″.

Ensuite ils déterminerent la longitude, par une seule Observation qu'ils firent d'une émersion du premier Satellite de Jupiter, hors de l'ombre de cette Planette. On ne pût observer à Paris la même émersion ; mais alors comme une revolution de ce Satellite se faisoit en un jour, 18. heures 27. minutes 55. secondes.

On ajoûta à l'Observation qu'on venoit de faire à la Martinique, cette revolution, & on eut par ce calcul, le tems de

l'émersion suivante, qui dût arriver à la
Martinique le 21 du mois de Novembre,
le soir à   11^h. 36'. 16".

Cette même émersion fut observée
à l'Observatoire Roïal de Paris à   15. 51. 1.

Donc la différence des méridiens entre
Paris & la Martinique fut de   4. 14. 45.

Comme les différences qui se trouvent entre les Observations de Mrs. des Hayes & du Glos, & les miennes faites dans
la même Isle, pourroient faire naître quelque doute de la
justesse des unes & des autres, à ceux qui les liront, j'ai crû
être obligé, pour dissiper leur doute, de leur faire remarquer,
que cette différence ne provenoit que de la situation des lieux,
où les Observations ont été faites; car les uns peuvent être
plus méridionaux, ou plus occidentaux que les autres, comme il arrive dans le cas présent.

Mrs. des Hayes & du Glos par leurs Observations déterminerent la latitude de S. Pierre situé à
l'Oüest de l'Isle de la Martinique de   14^d. 44'. 0".

Aprés un grand nombre d'Observations
qui s'éloignent fort peu les unes des autres,
je déterminai la latitude du gros Morne à
l'Est de l'Isle de la Martinique de   14. 42. 35.

Donc la différence en latitude en-
tre S. Pierre & le gros Morne, est de   1. 25.

Cette différence qui se trouve entre les Observations de
Mrs. des Hayes & du Glos, & les miennes, est confirmée par
les Observations qui ont été faites depuis.

Le R. P. Laval de la Compagnie de Jesus, connu par son
habilleté en Astronomie & Professeur Roïal d'Hydrographie
à Toulon, fut envoïé de la part du Roi à Missisipi, sur le
Vaisseau *le Henri*, accompagné *du Toulouse*, pour y déterminer la longitude, & la latitude, & pour faire plusieurs autres belles Observations qu'on verra dans le Journal de son
voïage; ce Pere passant par la Martinique, où moüillerent les
deux Vaisseaux pour y prendre quelques rafraichissemens,
eut, durant le séjour que ces Vaisseaux firent au Fort Roïal,
tout le tems qu'il lui falloit pour en déterminer la latitude,

il y defcendit fesinftrumens à terre, & a pès avoir obfervé
avec fon exactitude ordinaire, quelques hauteurs meridiennes, il détermina la hauteur du Pole du
Fort Roïal de $14^l.$ $34'.$ $17''.$

Si on compare cette latitude obfervée
avec celle que Mrs. des Hayes & du Glos
obferverent à S. Pierre   14. 44. 0.

On trouvera une difference entre ces
deux latitudes obfervées de   9. 43.

Si on compare enfuite la même latitu-
de obfervée par Mrs. des Hayes & du Glos   14. 44. 0.
Avec la latitude du gros Morne que j'ai
déterminai de   14. 42. 35.

Il en refultera une difference de   1. 25.
Il refte encore à comparer la latitude du
gros Morne   14. 42. 35.
Avec la latitude du Fort Roïal obfer-
vée par le R. P. Laval   14. 34. 17.

La difference entre ces deux latitudes
eft de   8. 18.
Otant cette difference de la difference
déja trouvée entre le Fort S. Pierre & le
Fort Roïal de   9. 43.

La difference entre ces deux differences
fera de   1. 25.
égale à la difference déja trouvée
Donc le Fort S. Pierre doit être plus
Nord, que le gros Morne de $1'.$ $25''.$

Ainfi lorfqu'on a dit dans l'hiftoire de l'Academie Roïale
des Sciences de 1704, que Mrs. des Hayes & du Glos avoient
obfervé la hauteur du Pole de la Martinique de $14^l.$ $44'.$
& qu'en 1682. on y avoit obfervé la même hauteur, &
qu'entre mes Obfervations & celles-ci, on y trouvoit environ
une minute & demie de difference, on n'a pas fait reflexion à
la fituation des lieux, où les Obfervations ont été faites; on
voit donc ici, une parfaite convenance entre des Obferva-

G g

teurs, dont les Observations ne se font pas par estime, &
qui ne sont pas prevenus de leur sçavoir, comme l'étoit le Na-
vigateur, dont j'ai parlé dans la Préface qui est à tête de ce
volume.

Les mêmes inconveniens reviennent encore dans la determination des differences en longitude observée entre Paris
& la Martinique.

Mrs. des Hayes & du Glos observerent
la difference en longitude entre le Fort
S. Pierre & Paris de $4^h.$ $14'.$ $45''.$

Mes Observations donnent cette difference, comme on verra dans la suite de
mon Journal de   4.   13.   15.

La difference entre ces Observations est
de   1.   30.

Le gros Morne, où j'observai, suivant le raport des gens
du païs, est à sept ou lieuës, à l'Orient de S. Pierre, distance
qui convient justement à la difference qui s'est trouvée entre
les Observations de ces Messieurs & les miennes.

La difficulté de traverser l'Isle de l'Est a l'Oüest à cause des
grands bois, des païs perdus qu'on rencontre & du danger auquel on s'exposeroit d'être piqué par des serpens, a fait qu'on
ignore encore la distance de S. Pierre au gros Morne, on
pourra dans la suite la mesurer geometriquement; & je sou-
haiterois que pour lors, on m'emploia à cette operation; mais
il y a toute apparence qu'on la fera bien sans moi.

XXII. *Decembre.*

Les vents furent au Nord-Est; la journée fut assez belle;
je pris plusieurs hauteurs correspondantes du Soleil pour verifier mon horloge, esperant d'observer l'Eclipse de Lune qui
devoit arriver le lendemain; on ne sçauroit prendre trop de
précaution & singulierement dans des païs, où l'on ne peut
pas s'assurer d'une heure de beau tems.

Sur les deux heures du soir un des habitans, éloigné de
près de deux lieuës de notre habitation, m'envoia un cheval
par un de ses Negres, pour aller chez lui confesser son Négre sucrier dangereusement malade; comme le Curé de la Pa-

roisse étoit presqu'aussi mal que le Négre & qu'il n'étoit pas
en état de pouvoir sortir de chez lui, je m'y rendis, peu de
tems après avoir confessé le Négre & l'avoir exhorté à la mort,
il rendit l'ame à son Créateur & je retournai le même soir à
l'habitation.

1793.
Decem-
bre.

XXIII. Decembre.

La journée ne fut pas si belle que la précédente, & si je
n'eusse pas prévenu le tems qu'il fit ce jour-là, j'aurois douté
de la justesse de l'Observation suivante ; car de passer trois
jours dans ces humides climats, sans regler ses horloges, c'est
se mettre en risque de faire des Observations peu exactes.

OBSERVATION

De l'Eclipse de Lune arrivée le matin du 23e.

h	'	''	
0	20	0	LA Lune qui avoit été cachée par de gros nuages, se découvre, & il paroit sur son bord une petite penombre qui me fait douter du commencement de l'Eclipse.
	24	6	Penombre plus épaisse ; quelques nuages s'approchent de la Lune.
	28	24	Commencement de l'Eclipse.
	30	56	Le bord de l'ombre touche celui de Grimaldus.
	32	14	Grimaldus tout dans l'ombre, les nuages nous cachent la Lune.
	37	22	Gassendus entre dans l'ombre, autres nuages qui ne font que passer.
	43	34	Helicon sur le bord de l'ombre.
	44	22	Reinoldus entre dans l'ombre.
	47	0	Copernicus entre dans l'ombre.
	50	58	Eratostenes commence d'entrer dans l'ombre, autres nuages.
	53	51	Foibles nuages & le bord de l'ombre paroît toucher Plato.
	54	42	Pitatus sur le bord de l'ombre.
	56	52	Timocharis sur le bord de l'ombre.

	57.′	54.″	Archimedes touche l'ombre.
1705. 1ʰ	0.	25.	L'ombre touche Ticho.
Decemb.	2.	7.	Tout Ticho dans l'ombre.
	3.	24.	L'ombre au milieu de Manilius.
	5.	38.	Aristarcus tout dans l'ombre.
	7.	13.	Menelaüs sur le bord de l'ombre.
	9.	28.	Plinius sur le bord de l'ombre.
	9.	41.	Tout Possidonius dans l'ombre, les nuages cachent entierement la Lune
	18.	21.	La Lune se découvre & le bord de l'ombre sur le bord de Fracastorius.
	23.	53.	*Mare Crisium* touche l'ombre.
	25.	46.	Snellius, & Furnerius entrent dans l'ombre.
1	26.	5.	Milieu de *Mare Crisium*.
	28.	32.	Fin de *Mare Crisium*.
	32.	58.	Immersion totale de la Lune.

Deux minutes après la totale immersion de la Lune, les nuages nous la couvrirent entierement ; durant son immersion, nous la vîmes à diverses reprises, elle nous parut d'un gris de fer fort clair ; on voioit à travers de l'ombre de la terre fort distinctement, les taches ; cette rarefraction rendit le tems de l'émersion douteuse ; on tâcha pourtant de la déterminer le plus exactement qu'on pût.

3ʰ	28.′	40.″	Commencement de l'émersion. Les nuages reviennent.
	47.	5.	Aratostenes sort de l'ombre. On ne le voit qu'à travers de foibles nuages.
4	17.	47.	Milieu de *Mare Crisium* vû à travers de foibles nuages.
	19.	0.	Fin de *Mare Crisium* vû de même.
	31.	32.	Fin de l'Eclipse fort douteuse.
4	3.	25.	Durée totale de l'Eclipse.
2	1.	42.	Moitié de la durée.
2	30.	6.	Milieu de l'Eclipse.
1	32.	58.	Totale immersion
3	28.	40.	Emersion.
1	55.	42.	Demeure dans l'ombre
	57.	51.	Moitié de la demeure.

2ʰ 30′. 49ˢ. Milieu de l'Eclipse.

     La demeure de la Lune dans l'ombre donne le milieu de l'Eclipse plus tard de 43ˢ. Cette difference provient de la détermination de l'émersion de la Lune ; le peu d'obscurité de l'ombre de la terre fut un obstacle à déterminer exactement la sortie de la Lune de l'ombre ; si on ajoute la moitié de cette différence qui est de 21ˢ. au milieu de l'Eclipse trouvé par son commencement & par sa fin , on aura le milieu de l'Eclipse à 2ʰ. 30′. 27ˢ.

x x v. *Decembre.*

Les vents toujours au Nord-Est , je celebrai à minuit la sainte Messe, & j'allai le matin la celebrer à la Paroisse du cul-de-sac-Robert, le Curé s'étant trouvé fort malade, ce qui lui arrivoit assez souvent ; son indisposition m'obligea d'y retourner les deux Fêtes suivantes, pour satisfaire à la devotion de ses Paroissiens : ce lieu n'étoit éloigné de notre habitation que d'environ une lieuë ; mais le chemin alors étoit fort mauvais , à cause des grandes pluies qui regnoient depuis plusieurs jours.

XXVIII. *Decembre.*

Nous vîmes le Soleil à diverses reprises ; comme on n'est jamais assuré de la justesse de ses horloges, à cause des grandes humidités , on ne laisse échaper aucune occasion , lorsqu'il s'en presente de les verifier, ce que je fis ce jour-là.

Hauteurs correspondantes du Soleil , pour verifier l'Horloge.

Heures du matin.	Hauteur	Heures du soir.
9ʰ 43′ 56ˢ *bord sup.*		1ʰ 33′ 29ˢ *bord sup.*
46 12 *centre.*	43ʰ 0′	31 12 *centre.*
48 28 *bord inf.*		28 56 *bord inf.*

Par ces hauteurs correspondantes l'horloge marquoit à midi   11ʰ 38′ 42ˢ

Cette verification de mon horloge me servit pour m'assurer du tems de l'Observation que j'esperois faire la nuit suivante.

XXIX. Decembre.

OBSERVATION

Du premier Satellite de Jupiter.

A 0ʰ 22′ 19ᵉ du matin à l'horloge non-corrigée. Emersion du premier Satellite de Jupiter ; le Ciel clair & serain.

22 25   tems que l'horloge retardoit.

0 44 54   le vrai tems de l'émersion.

4 58 4   tems auquel cette même émersion dût arriver (selon le calcul tiré de l Observation suivante) à l'Observatoire Roïal de Paris, raportée dans l'histoire de l'Academie Roïale des Sciences, de 1704.

4ʰ 13′ 10ᵉ difference de longitude entre Paris & le gros Morne.

Calcul pour trouver le tems de la même émersion par les Tables.

	jo.	h.	′.	″.	‴.	nu. I.	nu. II.	
Epoque 1700.	1	1	13	12	0	1863	110	4
Années 3.	0	13	2	59	14	619	168	2
Decembre	27	1	14	15	50	204	204	0
	28	15	30	27	4	2686	482	6
pr. Equat. ad.			24	9	0	2448	450	
	28	15	54	36	4	238	32	6
sec. Equat. addit.			2	26	0			
	28	15	57	2	4			
			1	3 38	0			
	28	17	0	40	4			
Eq. du tems soust.			2	56	0			
Donc tems vrai par le calcul	28	16	57	44	4			

On peut juger par le peu de difference qu'il y a entre le
calcul & l'Observation de la justesse des Tables & de l'exactitude de l'Observation.

Le même jour, on prit les correspondances suivantes pour
corriger l'Observation qu'on avoit faite le matin, & celle
qu'on fit le trentiéme.

XXIX. *Decembre.*

Hauteurs correspondantes du Soleil pour verifier l'horloge.

Heures du matin.	Hauteur.	Heures du soir.
9^h. 48$'$. 7$''$. bord sup.		1^h. 24$'$. 27$''$. bord sup.
50. 30. centre.	44^d.	22. 5. centre.
52. 5. bord inf.		1. 19. 45. bord inf.

Ces correspondances donnerent le vrai
midi à   11^h. 36$'$. 17$''$.

Les correspondances du jour precedent
avoient donné midi à   11. 38. 42.

Donc l'horloge retardoit en 24. heu-
res de   2. 25.

        en 12.   1. 17.

        en 6.   0. 39.

Hauteur meridienne apparente du bord
superieur du Soleil   52^d. 18$'$. 2$''$.

  Refraction moins la parallaxe   40.

  Donc hauteur veritable   52. 17. 22.

  Demi-diametre du Soleil   16. 22.

  Donc hauteur du centre   52. 1. 0.

  Déclinaison meridionale   23. 16. 38.

  Donc hauteur de l'Equinoxial   75. 17. 38.

  Hauteur du Pole   14. 42. 22.

XXX. *Decembre.*

Depuis le vingt-cinq les vents n'avoient pas changé, je
trouvai l'horloge dans le même état que le jour précedent,
par les hauteurs correspondantes du Soleil, ce qui me dispense de les rapporter.

OBSERVATION

Du premier Satellite de Jupiter.

A 7^h. 12′. 59″. du soir émersion du 1er Satellite de l'ombre de Jupiter. Cette Observation fut faite à travers de foibles nuages, j'ôtai du tems observé 5″. croïant que ces nuages pourroient m'avoir retardé de voir le Satellite, l'espace de ce tems.

A 11. 26. 40. La même émersion fut observée à Paris, à l'Observatoire Roïal, comme on peut voir dans l'histoire de l'Academie Roïale des Sciences de 1704.

4. 13. 41. difference des meridiens entre Paris & le gros Morne.

Calcul pour la même émersion par les Tables.

	jo.	h.	′.	″.	‴.	nu. I.	nu. II:
Epoque 1700.	1	1	13	12	0	1863	110 4
ans.　　　　3.	0	13	2	59	14	619	168 2
Decembre.	28	19	42	51	48	205	205 0
Decembre.	30	9	59	3	2	2787	483 6
Pr. Eq. addit.			24	14	0	2448	450
	30	10	23	17	2	339	33 6
sec. Equat. ad.			2	35	0		2 1
	30	10	25	52	2		31 5
moitié de la demeure dans l'ombre		1	3	38	0		
	30	11	29	30	2		
Equ. du tems soust.			3	10	0		
Donc tems vrai de l'émersion	30	11	26	20	2		
l'émersion arriva à la Martinique le	30	7	12	59	0		
Donc difference des meridiens par les Tables.	4	13	21	2			

Cette

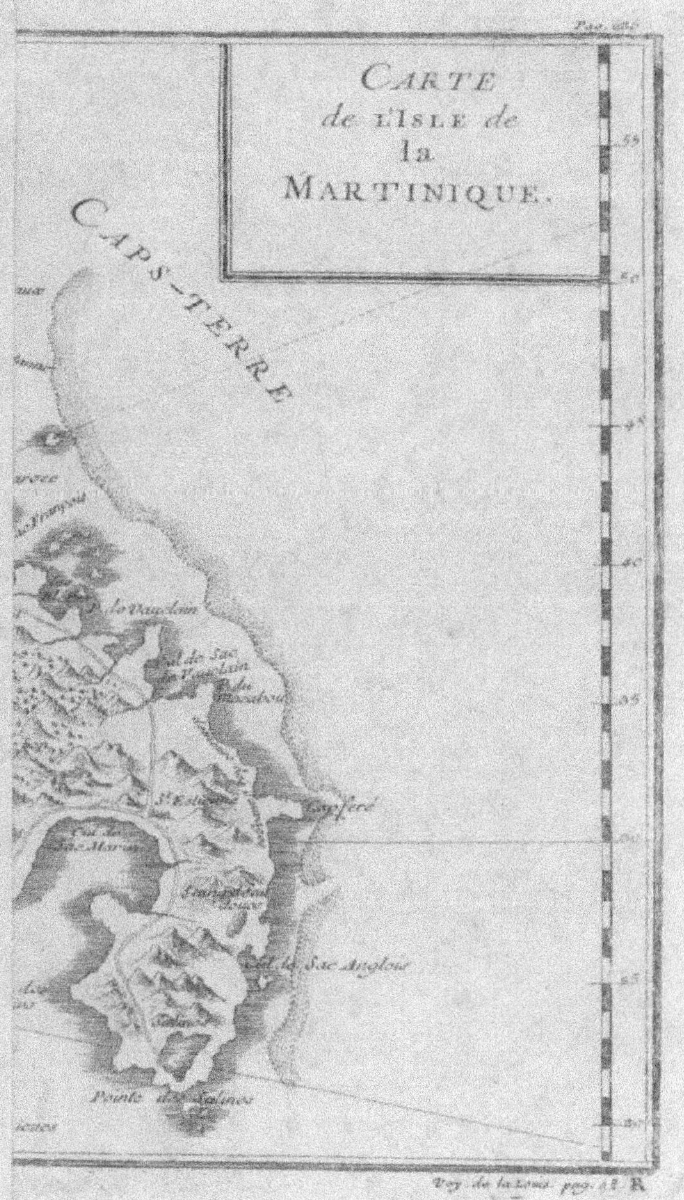
CARTE
de l'Isle de
la
MARTINIQUE.
CAPS-TERRE
P. de Vauclin
Cul de Sac
Vauclin
St. Estienne
Cul de Sac Marin
Cap feré
Cul de Sac Anglois
Pointe des Salines
Voy. de la tour. pag. 18. R.

Cette difference est moindre de 20'. que celle qu'on a
trouvée entre les deux Observations, ce qui continue à marquer la convenance des Tables avec les Observations.

DECRIPTION

D'un Crabe ou Cancer terrestris sanguineus.

ON ne donnera pas ici une longue Description de cet
animal, le Pere du Tertre l'a déja faite, & le Pere Labat
vient de la donner encore après lui.

Il y a fort peu d'endroits dans les Isles de l'Amerique,
où l'on ne voïe une très-grande quantité de ces sortes d'écrevisses, qu'on appelle ordinairement Crabes, qui servent
de nourriture à la plûpart des habitans les moins aisés, &
plus particulierement aux Négres ; dans une certaine saison
de l'année on en voit dans quelques Isles la terre presque
couverte ; alors elles descendent par grandes troupes à la
mer, pour y jetter leurs œufs, après quoi elles retournent
dans les terres, mais avec un si grand bruit, qu'on croiroit
qu'il pleût à verse ; ce qu'on remarque de particulier dans
ces animaux, est que de quelque endroit qu'ils viennent,
& quelques éloignés qu'ils soient de la mer, ils s'y rendent
directement, & ne s'égarent jamais de leur chemin ; j'eus
un jour le plaisir de les observer dans leur route ; je me
trouvai dans le bois, & j'y en rencontrai de tems en tems des
troupes si nombreuses, qu'il m'étoit presque impossible de
marcher, sans mettre le pied sur quelqu'un de ces animaux ;
heureusement j'avois de bonnes bottines qui me parerent de
leurs morsures.

Ces Crabes sont de differentes couleurs ; les unes sont
tout-à-fait gris blancheâtre, les autres rouges comme du sang
pourri, & les troisiémes sont violettes ; leur grandeur & leur
figure sont presque les mêmes, elles ne different que dans
leurs mordans, qui sont plus grands & beaucoup plus ouverts dans les unes que dans les autres.

Leur corps est plus gros que le poing ; leur dos est fort
surbaissé, & presque de figure ovale, un peu plus étendu &
plus arrondi du côté des jambes, que depuis la queuë jusqu'à

H h

la tête, j'entens par la tête, le côté où les yeux sont placés & par la queuë, la partie opposée où on voit effectivement la queuë, qui est proprement ce plastron semblable à un sternum couché & collé sur le ventre, sous lequel on peut remarquer l'anus, & tout l'intestin, qu'on appelle rectum; j'ai souvent observé que les mâles ont cette partie beaucoup plus petite & plus étroite que les femelles, ausquelles elle sert pour couvrir & conserver leurs œufs, avant que de les pouvoir éclore; pour la tête, on n'y voit point de partie distinguée du corps, si ce n'est les deux yeux qui sont faits en façon de deux petits corps oblongs, arrondis, mobiles & enchassés chacun dans son orbite, & séparés par une petite distance, sous laquelle on voit la bouche garnie de deux dents molaires fort grosses.

Les jambes sont attachées immédiatement sous le ventre à chaque côté du sternum, elles sont au nombre de quatre de chaque côté, sans y comprendre les mordans, qui sont proprement leurs bras & leurs mains, puisqu'ils leur servent à se deffendre, & à tenir ce qu'elles peuvent attraper; toutes ces jambes ont environ quatre pouces de longueur, si on en excepte les deux de derriere, qui sont un peu plus courtes; elles se plient toutes, par diverses articulations de differentes longueurs, dont il y en a trois rabotteuses par quelques petites pointes, & la derniere est terminée par une pointe fort dure.

Les mordans sont composés d'un bras assez épais, long environ de deux pouces, d'un carpe rond & épais & d'un metacarpe oblong, divisé par deux doigts longs, pointus & courbés, dont l'un est mobile, & l'autre continu avec le metacarpe; ces deux doigts sont dentelés, en maniere qu'une des dents répond toujours dans le vuide d'une autre, de même que les pointes de la suture du crane.

La chair des Crabes est fort blanche, assez tendre & d'un bon goût; mais elle donne peu de nourriture; je me suis trouvé dans plusieurs occasions, où n'aïant à manger que des Crabes, j'avois plus d'appetit, une heure après le repas, & je me sentois plus foible, que si je n'eusse rien mangé de tout le jour.

M. D C C I V.

Premier *Janvier.*

En celebrant la sainte Messe, je demandai au Seigneur, qu'il nous donna une année plus heureuse, que la précedente ; je ne pûs refuser à Mr. Varage un de mes amis & de la même patrie, d'aller manger la soupe avec lui, il est beaufrere de Mr. de la Chapelle, & comme toute la famille fut conviée, je me crus obligé de la suivre ; Mr. Varage que je ne connus que trop tard, est un homme qui a de la vertu, qui est plein de bon sens, d'un temperamment solitaire, qui se plait beaucoup aux Sciences, & qui avoit fait son cours de Medecine, avant qu'il passât aux Isles de l'Amerique : j'eus dans la suite plusieurs conversations avec lui, & comme il n'étoit éloigné de chez nous, qu'environ trois quarts de lieuë, nous nous voiions assez souvent.

Le soir je retournai à l'habitation, pour regler quelques affaires d'un de mes amis, qui devoit partir peu de jours après pour l'Europe.

I I I. *Janvier.*

Les vents varierent de tems en tems du Nord-Nord-Est, à l'Est-Nord-Est ; depuis le dernier jour de l'année, le Soleil n'avoit paru que rarement, & les grains alloient leur train ordinaire, ils étoient toujours plus frequens la nuit que le jour, & à quelque heure qu'ils vinsent, ils nous étoient incommodes.

Ce jour-là je vis le Soleil à midi, heureusement les nuages le laisserent decouvert, & j'observai sa hauteur meridienne.

Hauteur meridienne apparente du bord
superieur du Soleil   52ᵈ. 41′. 0″.
    Hauteur corrigée du centre   52. 24. 0.
D'où l'on conclut la hauteur de l'E-
quateur de   75. 17. 46.
    Et la hauteur du Pole de   14. 42. 14.

DESCRIPTION

De l'Oiseau appellé le musicien ou Erithacus è cinereo niger.

J'Avois entendu siffler assez souvent cet Oiseau, mais comme il fait sa demeure au long des ruisseaux & dans de grandes forêts, il est difficile de l'approcher ; au moindre bruit, il dérobe l'adieu, & on ne sçauroit le surprendre qu'avec une grande patience : j'allai un jour dans le bois, j'y en tuai un d'un coup de fusil, durant qu'il faisoit son ramage, & j'eus par-là le moien de satisfaire ma curiosité, d'abord que je l'eus, je le dessinai, & le representai dans sa couleur naturelle, dans mon histoire des Animaux.

Cet Oiseau est un peu plus gros qu'un de nos Rossignols de l'Europe : son bec est court, noir, pointu, crochu à son extremité, & large à sa racine ; ses yeux sont noirs-bleus & entourés d'un cercle doré ; tout son manteau est cendré-noir, le plumage de son parement, & tout le dessous du ventre, jusqu'à la queuë, est couleur de feüille-morte ; ses pennes sont noires & marquetées de quelques taches de couleur de cendre ; ses jambes & ses pieds sont jaunes, & ses serres sont terminées par des ongles gris & pointus ; sa queuë a trois pouces de longueur, elle est composée de douze plumes, les deux du milieu sont de même couleur que le manteau, mais un peu moins foncée ; les dix autres sont tout-à-fait noires, & les deux collaterales sont à moitié blanches.

Cet oiseau est appellé Musicien, à cause qu'en sifflant, il exprime les quatre notes de musique ut, re, mi, fa, & recommence ensuite sur le même ton, on le prendroit pour un maître de musique qui enseigne des Ecoliers.

IV. *Janvier.*

Le matin un de nos voisins appellé Mr. de Galon vint entendre la Messe chez nous, & nous pria à dîner pour le lendemain ; après la sainte Messe, nous eûmes avec ce gentilhomme une assez longue conference sur les matieres de Geographie, nous parlâmes premierement des Isles de l'Amerique & du Golfe du Mexique ; nous traversâmes l'Isthme de Panama & entrâmes de la mer du Nord, dans la mer du Sud ;

je sçavois que Mr. de Galon étoit bon Géographe, & grand
ami des Phibustiers, & comme j'étois curieux d'apprendre,
si la Californie étoit une Isle séparée entierement de la
Terre-Ferme, ou une Peninsule; je lui demandai, s'il n'a-
voit jamais interrogé les Phibustiers sur cette matiere, il me
répondit que quelques Phibustiers l'avoient assuré qu'étant
entrés dans le canal, qui est entre l'Isle Californie & la
Terre-Ferme de la nouvelle Espagne, ils sortirent de ce canal du côté du Nord de la Californie, & rentrerent dans
la mer du Sud; que d'autres Phibustiers lui avoient dit que
s'étant engagés dans le même canal, chassant sur un Bâtiment,
qui faisoit route au Nord-Ouest, & qu'ils perdirent durant
la nuit, il arriva que deux jours après leur Bâtiment toucha;
ils firent monter un Phibustier au haut du grand mats, pour
découvrir s'il ne verroit pas de terre sur l'avant; & celui-ci
répondit qu'il ne découvroit qu'un païs perdu, rempli de
grands marais, & qu'il n'y avoit nulle apparence qu'on pût
passer à travers, ce qui les obligea à revirer de bord. J'ajou-
terois plus de foi, (répondis-je à Mr. de Galon) à ceux-ci,
qu'aux autres, d'autant plus que leur relation est plus conforme à celle du R. P. Eusebe-François Kino de la Compagnie de Jesus, qui nous a donné une Carte de l'Isle Californie, dont il fit la découverte en 1701.

Lorsque les Espagnols conquirent le Mexique, quelques-
uns d'eux portés par curiosité, passerent jusques sur les bords
de la mer du Sud; là ils apprirent, qu'au-delà d'un grand
canal il y avoit une Isle, qu'on appelloit Californie, & dès-
lors ils conçurent le dessein d'y faire quelque établissement,
mais ils ne pûrent y réüssir. En 1683. ils y envoierent une
petite Colonie; mais elle n'y subsista pas long-tems. Deux
Jesuites (gens toujours en état de sacrifier leur vie, quand
il s'agit de convertir des peuples à la foi de Jesus-Christ) dont
l'un se nommoit de Salvaterra, & l'autre Picolo, traverserent
le canal & entrerent dans cette Isle. En 1697. & en 1701.
le P. Kino Allemand qui y avoit été pour la premiere fois en
1683. avec la petite colonie, & qui s'en étoit retiré en même
tems, fut reconduit par la divine Providence dans cette Isle,
non plus par mer, mais par une nouvelle route qu'il se fit
à travers des terres; car en continuant ses Missions sur la
Terre-Ferme en 1698. il s'avança du côté du Nord, le long

1704.
Janvier.

de la mer jusqu'à la montagne de sainte Claire ; là il quitta le bord de la mer, entra dans les terres, & aïant pris sa route du Sud-Oüest au Nord-Oüest, il découvrit en 1699. Rio-azul, ou riviere bleuë, dans laquelle se jette la riviere Hila, qui toutes deux courant d'orient en occident, vont mêler leurs eaux avec celles du fleuve Colorado : le R. P. Kino toujours plus zelé, passa le Rio-azul, il se trouva en 1700. proche du fleuve Colorado, & l'aïant heureusement traversé, il arriva en 1701. dans l'Isle Californie, qui n'est separée du nouveau Mexique, que par ce fleuve : c'est ce que nous en a appris ce Pere Jesuite, beaucoup plus digne de foi, que ne le sont les Phibustiers ; nous ne douterons donc plus que la Californie ne soit jointe à la Terre-Ferme, & qu'elle ne soit une Peninsule, ou presqu'Isle, & non pas la plus grande Isle du monde après le Japon, comme on avoit cru.

v. *Janvier.*

Les vents toujours Nord-Est, les pluies à leur ordinaire ; mais restant toujours quelque embeli entre les grains, j'eus occasion d'observer à midi la hauteur me-

ridienne apparente du bord superieur du

Soleil, qui fut de   52^h. 53'. 0".

Cette hauteur donnoit la hauteur du

Pole de   14. 42. 36.

On appelle, embeli, dans les Isles Françoises de l'Amerique le tems qui est entre deux grains, durant lequel le Ciel demeure ordinairement fort clair ; mais cela est bien souvent de peu de durée.

À quatre heures du soir, nous partîmes de l'habitation, & nous nous rendîmes chez Mr. de Galon, selon la parole que nous lui avions donnée le jour precedent.

v i. *Janvier.*

Tout le voisinage se rendit le matin, chez ce gentilhomme, c'étoit un jour de Dimanche, on avoit appris par ses Nègres, qu'on celebreroit ce jour-là la Messe chez lui : nous fûmes ravis d'être délivrés d'aller au Lamantin, les grandes pluies avoient rendus les chemins si impraticables, que c'étoit s'exposer à chaque pas à se casser le col, quelque bon que fut le cheval qu'on montoit : cependant quelques difficiles que fussent les chemins, je ne laissai pas de me rendre avant la nuit à l'habitation, pour y observer une émersion du premier Satellite de Jupiter, j'y avois laissé mon horloge en mouvement, & j'esperois de la verifier le lendemain, comme il arriva ; j'ai déja dit qu'un Astronome doit toujours être sur le qui vive, que les grandes humidités causent des irregularités aux mouvemens des horloges, & que si l'on n'avoit soin de les nétoier tous les mois, on feroit des Observations peu seures.

Le R. P. Labat n'ignore pas que l'irregularité dans les mouvemens d'une horloge, la rendroit inutile, & qu'elle seroit peu propre à observer les mouvemens du lambis, c'est dequoi il avertit les Astronomes, afin qu'ils ne se trompent pas dans une Observation, qui comme il le croit, est de si grande consequence.

Je m'étonne, dit ce R. P. dans la page 415. de son 6ᵉ tome *des nouveaux voïages aux Isles Françoises de l'Amerique, je m'étonne que de tant d'Astronomes qui sont venus en Amerique, il ne s'en soit pas trouvé quelqu'un, qui ait observé les mouvemens du lambis, & compté exactement combien il fait de chemin par secondes & par minutes ; il auroit peut-être trouvé du raport entre ce mouvement & ceux de quelque Etoile fixe, ou de quelque Planette, ou de quelque Satellite, découverte qui auroit été ou pourroit être très-utile à la perfection des Arts & des Sciences, ou du moins qui auroit fourni matiere aux entretiens des gens oisifs.*

Le Pere Labat en relevant de semblables minuties, fait bien voir qu'uniquement attaché à examiner si l'angle de la pointe d'un bastion est trop aigu ou trop obtus, il n'a nulle idée de l'Astronomie. Comme si le mouvement du lambis étoit un objet capable d'arrêter ceux qui s'y appliquent ? Ils laissent les Observations à ceux qui après en avoir fait la Description, ont besoin de quoi s'occuper dans leur oisiveté. Que si c'est par raillerie qu'il le dit, il a d'autant plus mauvaise grace, qu'il ignore absolument l'usage de l'Astronomie, il pourra l'apprendre, s'il veut lire la Préface que Mr. Cassini, un des plus grands hommes du siecle passé, a mis à la tête du Livre des voïages de l'Académie Roïale des Sciences faits par Ordre du Roi, il y verra de quelle consequence a été l'Astronomie dans tous les âges du monde, soit pour établir un certain ordre dans les affaires civiles, soit pour marquer les jours destinés aux exercices de la Religion, ainsi comme a re-

marqué feu Mr. Caffini, l'Agriculture, le Commerce, la Politique & la Religion même, ne peuvent fe paffer de l'Aftronomie, ny même le mouvement du lambis ; le Pere Labat
en convient.

Les vents de Nord-Eft furent fi frais le foir, que je doutai de l'exactitude de l'Obfervation fuivante, ils ebranloient
même avec violence ma Lunette, quoique deux Nègres la
tinfent ; mon Obfervation, comme j'ai dit ailleurs, étoit un
mât planté au milieu de la cour, expofé à tout vent ; comme je n'étois pas content de cette Obfervation, je ne l'envoïai pas, avec les autres, que j'eus l'honneur d'adreffer à Mr.
le Comte de Pontchartrain, alors Secretaire d'Etat & des
Commandemens de Sa Majefté, ainfi elle ne fut pas raportée dans l'hiftoire de l'Academie Roïale des Sciences, comme les autres le furent.

OBSERVATION

Du premier Satellite de Jupiter.

A 8ʰ. 20′. 15″. du foir à l'horloge non-corrigée. Emerfion
       du premier Satellite de l'ombre de Jupiter.

0. 44. 44.   Tems que l'horloge retardoit.

---

9. 4. 59.   Donc vrai tems de l'emerfion.

Calcul de la même Emerfion.

	jo.	h.	′	″	‴		
1700	1	1	13	11	0	1863	110 4
ans 4.	0	11	43	1	17	816	149 9
	4	11	17	11	0	2	1 1
	6	11	13	25	57	1691	161 4
		24	34	0		2443	221 0
	6	11	17	59	57	243	17 4
		3	11	0			2 1
	6	11	21	10	57		33 3
	1	3	38	0			
	6	13	24	48	17		
		6	17	17			
	6	13	18	11	30		
	9	4	57	0			

Donc difference des meridiens entre   4 13 11 30
Paris & le gros Morne.

Ces

Ces différences prouvent de plus en plus, la justesse des
Tables des mouvemens de ce Satellite.

VII. *Janvier.*

Hauteurs correspondantes du Soleil, pour verifier l'Horloge.

Heures du matin.			Hauteur.	Heures du soir.		
9ʰ. 21ʹ.	1ᵉ.	bord sup.		1ʰ. 6ʹ.	14ᵉ.	bord sup.
23.	17.	centre.	44ᵈ.	3.	58.	centre.
25.	33.	bord inf.		1.	44.	bord inf.

Ces hauteurs correspondantes donnerent midi à   11ʰ. 13ʹ. 38ᵉ.

L'équation étoit encore nulle, on
ne laissa pas de la calculer.

La hauteur meridienne apparente du
bord superieur du Soleil fut observée de   52ᵈ. 5ʹ. 50ᵉ.

Après avoir ôté l'excès de la refraction
sur la parallaxe & le demi-diametre du Soleil, on trouva la hauteur du centre de   52. 48. 50.

D'où l'on conclut la hauteur du Pole,
après y avoir ajouté la déclinaison, de   14. 42. 24.

Sur les quatre heures du soir, le Pere Belon revenu de
sa maladie, arriva à l'habitation, & vint me remercier d'avoir
desservi, durant les fêtes, sa Paroisse du cul-de-sac-Robert;
je le regalai de mon mieux, les rats ne le traiterent pas de
même durant la nuit. Ils lui emporterent un de ses bas, &
rongerent la moitié de l'autre; c'étoient des bas de cotton de
Siam qu'on estime beaucoup dans les Isles, & la premiere fois
qu'il les avoit mis : je laisse à penser, s'il eût du regret d'a-
voir fait sa visite, pour moi j'en fus quitte pour ma ceinture qu'ils emporterent, encore fus-je assez heureux pour en
recouvrer une autre ; mais le bon Pere n'eut pas le même
bonheur; car le lendemain il fut obligé de s'en retourner à
son Presbitere avec un de ses pieds nuds.

X. *Janvier.*

Les pluies continuoient, & les Vents de Nord-Est toujours fort frais.

La hauteur meridienne apparente du
bord superieur du Soleil fut de   58ᵈ. 31ʹ. 40ᵉ.

La refraction observée de   44.

               Et la parallaxe de   7ˢ.

               L'excès de la réfraction sur la paral-
laxe de   37.
       Tems que le diametre demeura à passer
par le meridien   2′. 21.

X I. Janvier.

Les vents & les pluïes avoient si fort rafraichi l'air, que nous fumes obligés durant la nuit de nous servir de couvertures, & cela durant plusieurs jours. Depuis quatre heures du soir jusques à huit heures du matin le froid se faisoit sentir, & il est d'autant plus sensible dans la Zone torride, que les chaleurs y sont grandes, lorsque les vents & les pluïes ne regnent pas.

       Hauteur meridienne apparente du bord
superieur du Soleil   53ˡ. 40′. 10″
       Le 13. hauteur meridienne apparente du
bord inferieur du Soleil   53. 26. 50.

X V I. Janvier.

Les vents furent tout ce jour-là fort frais au Nord Nord-Est, les froids devenoient tous les jours plus sensibles, & à l'approche de la nuit, nous étions obligé de nous chauffer.

       La hauteur meridienne apparente du
bord superieur du Soleil fut de   54ˡ. 32′. 20″
       Le 18. hauteur meridienne apparente
du bord superieur du Soleil   54. 54. 10.
       Le 19.   55.   7. 45.
       Le 21.   55. 33. 40.
       Tems que le diametre apparent demeura
à passer par le meridien   2. 20.
       Le 23. hauteur meridienne apparente
du bord inferieur   55. 27. 45.
       Le 26. hauteur du bord superieur   56. 44.   0.
       Le 28. même bord   57. 14. 30.
       Le 29. même bord   57. 31.   5.

PREMIER Février.

Depuis le premier jour de Janvier, ou le commencemen

de l'annnée, je remarquai que les vents varierent de l'Est-
Nord-Est, au Nord-Nord-Est, & le tems fut fort pluvieux.

vi. *Février.*

Le commencement du mois amena de plus beaux jours,
les pluïes ne furent plus si abondantes, & nous vîmes plus
souvent le Ciel à découvert. Comme le tems n'étoit plus
si humide, je ne trouvai presque plus de variation à
mon horloge, ce qui me faisoit plaisir, puisque j'étois par-là
dispensé de prendre cette grande quantité de hauteurs correspondantes du Soleil, qui me faisoient perdre la moitié de
mon tems, & commençoient à me devenir fort ennuïeuses.

OBSERVATION

Sur la variation de l'aiguille aimantée.

AVant mon départ de l'Europe, j'avois prévû que dans
les Isles de l'Amerique, ou dans les autres endroits, où
j'esperois aller, je ne trouverois peut-être pas de pierre assez
unie, pour tracer dessus, une ligne meridienne, ainsi je m'é-
tois muni fort à propos d'un marbre d'environ un pied en
carré qu'un Marbrier de ma connoissance m'avoit fourni, je
l'avois embarqué avec moi en partant de Marseille, & elle
me fut d'un très-grand usage.

Je plaçai de niveau, dans ma chambre, ce carré de marbre,
auprès de mon horloge. J'ai dit ailleurs, en parlant de l'Anneau astronomique, que j'en avois percé le couvert en trois
endroits differens, dont l'un me servoit pour prendre les
hauteurs meridiennes du Soleil; ce fut sous celui-ci, que je
posai de niveau mon marbre, je me servis pour cela d'un
niveau d'air, comme le plus exact & le moins embarassant.
Ce niveau étoit un cilindre de verre, de trois quarts de pied
de longueur, épais d'un demi-pouce, fermé hermetiquement
aux deux bouts, & presque rempli d'eau, on l'appelle ordinairement niveau d'air, à cause d'un peu d'air renfermé avec
cette eau; dans l'usage, on couche ce cilindre, lorsque cette
bule d'air s'arrête sur le milieu du cilindre, c'est une marque infaillible, que le plan sur lequel est posé ce cilindre,

est exactement de niveau ; c'est de cette maniere que je plaçai mon marbre, lorsque je voulus observer la variation de l'aiguille aimantée.

Depuis le commencement du mois, je prenois des hauteurs correspondantes du Soleil, pour connoître parfaitement l'état de mon horloge ; ce jour-là à la faveur de l'ombre d'un fil de pite, à l'extremité duquel étoit suspenduë une bale de plomb, à l'heure du vrai midi, je traçai sur mon marbre une ligne meridienne, j'appliquai dessus ma boussole, dont la boite étoit de bois, & la longueur de l'aiguille aimantée de 9. pouces 7. lignes ; je verifiai plusieurs fois que l'aiguille aimantée varioit du Nord à l'Est de 6. deg. 5′.

Ceux qui ont pensé que l'aiguille aimantée, gardoit à l'égard de l'horison, une inclinaison égale à la hauteur du Pole du lieu où on observoit cette inclinaison, se sont trompés ; car à mon retour des Indes occidentales, j'observai à la Martinique l'inclinaison Nord de l'aiguille aimantée de 44ᵈ. 45′.

Mr. Richer de l'Academie Roiale des Sciences avoit déja fait la même remarque dans son voïage de Caïene.

DESCRIPTION

D'un petit Epervier ou *Accipiter minor*, *Pulli-vorax*.

UN petit Epervier venoit depuis plusieurs jours tous les matins dans le poulalier de noître habitation, où il faisoit un horrible dégât, & je remarquai qu'il ne s'attaquoit qu'aux jeunes Poulets. Lassé de ses frequentes visites, je le tuai d'un coup de fusil & le representai au naturel dans mon histoire des animaux.

Cet Epervier étoit un peu plus gros que nos grives, son bec, comme celui de tous ceux de son espece, étoit court, épais & pointu ; la partie superieure plus longuë que l'inferieure, avoit son extremité fort crochuë, & la partie inferieure plus courte que la superieure, avoit son extremité émoussée & découpée en deux endroits par deux petites dents arrondies ; le dessus de la partie superieure du bec, où sont les narrines fenduës en long, étoit jaune ; cette couleur devenoit plus obscure vers l'extremité du bec, dont le bout étoit tout-à-fait noir ; les racines de l'une & de l'autre partie du

bec, que je pourrois appeller la bouche de l'oiseau, étoient
de même couleur que la partie superieure ; les yeux per-
çans de cet Epervier étoient noirs-bleus, bordés d'un
cercle jaune, couleur d'or ; son couronnement bleu obscur
azuré, parsemé de taches longues & étroites ; elles s'éten-
doient jusques sur les joües, où cette couleur azurée du couronnement descendoit, & perdoit insensiblement de son obscurité, de même que les taches diminuoient. Son manteau
feüille-morte, étoit tacheté par des taches en arc azurées, ses
ailes d'un beau bleu tachetées de même que le manteau, avoient
leurs quatre pennes d'un beau noir, bordées d'une ligne blanche, & les autres de pareille couleur, étoient bordées de
même, mais mouchetées de blanc ; son parement & tout le
dessous du ventre jusqu'à la queüe, étoient d'un beau blanc
moucheté par des taches bleu-obscures, tournant sur le noir ;
le tibia blanc-sale, ses pieds d'un beau jaune, de même que
ses serres, terminés par des ongles arcués, noirs & fort pointus ; sa queüe étoit feüille-morte, son extremité noire & bordée de blanc.

VII. *Février.*

OBSERVATION.

Du second Satellite de Jupiter.

LE soir j'observai l'émersion du second Satellite de Jupiter,
ce Satellite sortit de l'ombre environ à trois quarts du
diametre de Jupiter au-delà de son bord occidental apparent ;
le mouvement de mon horloge étoit alors très-bien connu,
& l'Observation étoit exacte ; l'air étant fort calme & le Ciel
serain, tout contribuoit à rendre mon Observation seure :
par malheur un jeune garçon entra dans ma chambre durant
que j'observois ; & je connus le lendemain à midi, qu'il avoit
touché à ma pendule ; car les jours precedens, elle n'accele-
roit en 24ʰ. sur le tems moien que de 31ˢ. & je trouvai ce
jour-là, que depuis midi du jour précedent, elle avoit acce-
leré de 2ᵐ. 28ˢ ; les Observations des hauteurs du 8ᵉ. me le
confirmerent de nouveau ; mais je ne pûs sçavoir, si ce jeune

garçon avoit avancé l'aiguille des minutes devant ou après
l'Observation ; car il ne voulut jamais l'avoüer, je n'ai pas
laissé de la raporter, esperant de la verifier, dans la suite.

A 6ʰ. 54′. 41″. du soir à l'horloge non-corrigée, émersion
du second Satellite de l'ombre de Jupiter.

26.   Tems que retardoit l'horloge selon les
hauteurs correspondantes du même jour
comparées à celles du huitiéme.

6. 55. 7.   Le vrai tems de l'émersion, suposé
que l'horloge n'ait pas été touchée avant
l'Observation.

Si la pendule avoit été touchée, comme il conste, & qu'on
eût avancé l'aiguille de deux minutes, avant l'Observation,
il faudroit ôter à 6ʰ. 55′. 7″. deux minutes, & on auroit
le tems de l'émersion de   6ʰ. 53′. 7.

J'avois verifié à midi la ligne meridienne, que je traçai
le six. Je la trouvai fort exacte ; car l'ombre de la soïe couvroit entierement à midi cette ligne ; je posai sur ma pierre,
ma boussole de bois, je trouvai que l'aiguille varioit du
Nord vers l'Est de 6ᵈ. 10′.

AUTRE OBSERVATION

De la variation de l'aiguille aimantée.

LA pierre que j'avois posée de niveau, de la maniere que
je l'ai déja dit, n'aiant pas changée de situation, je suspendis au-dessus une bale de mousquet, attachée à l'extremité d'un fil de pite, qui est preferable à la soïe ; car il demeure
stable, au lieu que la soïe tourne, lorsqu'elle est suspenduë,
& ce tournoyement peut causer des erreurs, puisque faisant
varier l'ombre de la soïe, il peut aussi faire varier la ligne
meridienne, lorsqu'on veut la tracer, & l'exactitude dans ces
operations ne sçauroit être trop scrupuleuse.

Je suspendis cette bale à un pouce de plus vers l'Est, qu'
n'étoit tracée la premiere meridienne : lorsqu'elle fut tout
à-fait tranquille & sans aucun mouvement, je marquai
sur la pierre au vrai midi, deux points sur l'ombre, sur les

quels j'appliquai une regle , & je tirai sur ces points une
ligne, que je trouvai exactement parallele à celle que j'avois
tracée. Je posai en divers tems ma boussole sur l'une &
l'autre ligne ; l'aiguille aimantée donna toujours la même
variation , & s'il y eût quelque difference , elle n'alloit pas
à plus de cinq minutes , selon que je pus le juger ; car il
seroit très-difficile de s'assurer de moins , à cause de la petitesse des degrez marqués sur la boussole , quelque bonne que
fût la lentille , dont on se sert pour juger de la quantité
de cette variation.

1704.
Février.

REFLEXIONS

Sur la matiere dont on doit se servir pour la composition
des Boussoles.

J'Ai connu par l'usage que j'ai fait de differentes Boussoles,
qu'il ne doit entrer aucun métail dans leur composition,
parce que tous les métaux , étant dans leur simplicité des
assemblages de differens principes , il s'y trouve des corps
ferragineux , qui ont une alliance toute particuliere avec
l'aiman, ce qui peut causer aux aiguilles aimantées quelque variation , & tromper un Observateur qui s'occupe à l'examiner.

J'en fis l'experience dans mon voïage d'Orient , voulant
observer la variation de l'aiguille aimantée à Thessalonique,
ancienne ville de Gréce. Après avoir placé de niveau, à ma
maniere ordinaire une pierre , & tracé sur son plan une
ligne meridienne à la faveur de mon horloge; je posai sur cette
meridienne une boussole carrée de cuivre , dont je me servois
dans ce voïage , pour observer la variation ; je trouvai dans
cette Observation , la variation Nord-Oüest de 12. degrez,
le lendemain voulant rectifier mon Observation , je tirai sur
la même pierre par deux points d'ombre tracés , comme j'ai
dit ci-dessus , une autre ligne parfaitement parallele à la premiere; j'appliquai sur cette ligne la même boussole : je ne
trouvai la variation que de 11. degrez , la difference entre
cette Observation & celle que j'avois faite le jour précedent,
me persuada que cette nouvelle meridienne n'etoit pas parallele à la premiere, je remis ma boussole sur celle-ci , je trou-

vai la même différence. Après avoir pensé quelque tems sur
le sujet de cette différence, je m'apperçus qu'au lieu de po-
ser sur les deux meridiennes le Nord & le Sud de ma
bouſſole, j'y avois poſé l'Eſt & l'Oüeſt & par conſéquent le
Nord & le Sud de la bouſſole répondoient à l'Eſt & l'Oüeſt. La
différence que je trouvai dans ces 2. poſitions me fit entrevoir
qu'il falloit que la pointe du pivot qui porte la chapelle, fût
au-delà du centre du cercle de la bouſſole diviſé en degrez,
ſur lequel on compte la variation ; j'examinai de fort près,
ſi cette pointe du pivot n'étoit pas excentrique au cercle diviſé en degrez ; je cherchai de même, ſi la pointe interieure
du cone de la chapelle repondoit directement à la ligne qui
va d'une pointe de l'aiguille à l'autre pointe, je n'y trouvai
aucune différence ; cependant celle que je venois de trouver
dans mes Obſervations, exiſtant, il falloit qu'elle procedât
de quelque choſe de réel ; j'imaginai donc que dans le cuivre dont la boite de ma bouſſole étoit compoſée, il y avoit
neceſſairement quelques corpuſcules ferragineux, ce que je
n'eus pas de peine à me perſuader, ſçachant la ſimpatie qu'il
y a entre le fer & le cuivre , & la difficulté qu'ont les
Artiſtes à ſeparer ces deux metaux l'un de l'autre.

Cette découverte me fit un extrême plaiſir ; je me déterminai alors à ne plus me ſervir de bouſſole de cuivre ; ce
que j'ai toujours executé depuis ; dès que j'arrivai en Europe , je fis une bouſſole de bois carré , dans la compoſition
de laquelle il n'entra ni cuivre , ni fer , ni tole ; auſſi de quelque ſens que je la tournaſſe ſur la meridienne, les deux pointes de l'aiguille répondoient directement aux deux o. de la
diviſion ; on doit donc conclure de ce que je viens de dire,
qu'un Aſtronome doit même ſe défier de ſes propres yeux ,
& ne ſçauroit être trop exact dans ſes Obſervations. C'eſt
ce qui m'a revolté le plus contre l'auteur du voiage de la mer
du Sud , qui comptoit ſi ſolidement ſur ſes eſtimes.

XII. Février.

Depuis le commencement du mois , les vents varierent du
Nord à l'Eſt , & les pluïes ne furent plus ſi abondantes ,
mais en échange les vents devinrent plus frais.

Le même jour , aïant obſervé à mon horloge une variation de quatre à cinq ſecondes , ſur le moïen mouvement,

je

je la démontai pour la nétoïer , & la tenir toujours en bon
état; j'ai remarqué assez souvent, que si on n'avoit pas soin
de la tenir propre, l'humidité la feroit roüiller, & la mettroit hors d'usage.

1704.
Février.

Le même jour douze, j'observai la hauteur meridienne apparente du bord supe-
rieur du Soleil de   61ᵈ. 43′. 50″.
     Le 13.   62.   3.   20.

L'Observation du 12. aïant été faite avec beaucoup d'exactitude, je m'en servis pour calculer la hauteur du Pole, &
examiner si elle convenoit avec mes dernieres Observations.

Le 12.	61ᵈ.	43′.	50″.
Refraction moins la parallaxe			26.
Donc hauteur veritable	61.	43.	24.
Demi-diametre du Soleil		16.	18.
Donc hauteur du centre du Soleil	61.	27.	6.
Déclinaison meridionale	13.	50.	14.
Donc hauteur de l'Equateur	75.	17.	20.
Complement, ou hauteur du Pole du gros Morne	14.	42.	40.
Le lieu du Soleil calculé par les Tables fut trouvé à midi au	23.	6.	49. ♒

XIV. Février.

Les jours devenus plus beaux, ne m'empêcherent pas d'observer exactement le mouvement de mon horloge, & singulierement lorsque je prevoiois quelque observation utile à la Geographie, & propre à rectifier les mouvemens des Astres.

Hauteurs correspondantes du Soleil pour verifier l'horloge.

Heures du matin.			Hauteur.	Heures du soir.		
A 10ʰ 42′ 13″ bord sup.				1ʰ 23′ 15″ bord sup.		
44 31 centre.			56ᵈ.	21 0 centre.		
46 48 bord inf.				18 42 bord inf.		

Par ces correspond. l'horloge marquoit à midi	12ʰ.	1′.	45ᵈ.
Equation soustractive			6.
Donc l'horloge marquoit au vrai midi	12.	2.	39.

K k

OBSERVATION

Du premier Satellite de Jupiter.

A 7ʰ. 33'. 32". du soir, à l'horloge non-corrigée. Emersion
du premier Satellite de Jupiter, le Ciel
clair & serain.

     2'. 41".   Tems que l'horloge avançoit.

   7. 30. 51. Vrai tems de l'émersion, à Paris par le
calcul corrigé.

       Donc difference des meridiens entre
Paris & le gros Morne.

Calcul pour l'émersion du premier Satellite de Jupiter.

	jo.	h.	'.	".	'".	Nu. I.	Nu. II.
1700.	1	1	13	12	0	1863	110 4
ans 4.	0	21	43	2	57	816	149 9
Bissextil	1	0	0	0	0		
Février.	11	11	26	33	0	24	24 9
	14	10	22	37	57	2713	285 2
1ᵉʳᵉ *Equa. addit.*			26	23	0	2448	225
	14	10	49	0	57	265	60 2
2ᵉ *Equat. addit.*			7	22	0		2 3
	14	10	56	22	57		57 9
Demi-demeure.		1		3 43	0		
	14	12	0	5	57		
Eq. du tems soust.			14	58	0		
Emersion à Paris	14	11	45	7	57		
Emersion au gros Morne	14	7	30	51			

Differ. des merid. entre   4 14 16   *le gros Morne & Paris.*

On voit par ce calcul & par les précedens, qu'ils conviennent toujours avec les Observations, à la minute.

XV. *Février.*

Hauteurs correspondantes du Soleil pour verifier l'horloge.

Heures du matin.		Hauteur.	Heures du soir.		
10ʰ. 15′. 49″. *bord sup.*			1ʰ. 50′. 26″. *bord sup.*		
17. 46. *centre.*	52ᵈ.		48. 27. *centre.*		
19. 41. *bord inf.*			46. 36. *bord inf.*		

Par ces correspondances, l'horloge marquoit à midi   12ʰ. 3′. 7″.

           Equation soustractive   6.

Donc l'horloge marquoit au vrai midi   12. 3. 1.
Le 13. elle marquoit le vrai midi à   12. 2. 34.

Donc l'horloge avançoit sur le vrai tems
en vingt-quatre heures de   27.
Lieu du Soleil le 15. à midi 26ᵈ. 8′. 28″. ♒
Le 17. hauteur meridienne apparente
du bord superieur du Soleil   63ᵈ. 25′. 55″.
Le 19.   64. 7. 40.
Le 21.   64. 53. 10.

XXI. *Février.*

OBSERVATION

Du premier Satellite de Jupiter.

A   9ʰ. 31′. 45″. du soir, à l'horloge non-corrigée, émer-
        sion du premier Satellite de l'ombre de
        Jupiter, le Ciel clair & serain, cette Ob-
        servation fut fort exacte.
  0. 5. 17.   Tems que l'horloge avançoit.

  9. 26. 28.   Donc tems vrai de l'emersion.
13. 39. 31.   A Paris par le calcul corrigé.

  4. 13. 3.   Donc difference des meridiens entre
        Paris & le gros Morne.

Calcul pour la même émersion.

	jo. h. ′ ″ ‴	Nu. I.	Nu. II
1700.	1 1 13 12 0	1863	110
ans. 4.	1 21 43 2 57	826	149
Février.	18 13 20 46 53	28	29
	21 12 17 1 50	2717	289
Pr. Equation addit.	26 44 0	2448	225
	21 12 43 45 50	269	64
Sec. Equation addit.	8 11 0		2
	21 12 51 56 50		62
Demi-demeure	1 3 46 0		
	21 13 55 42 50		
Eq. du tems souft.	14 20 0		
Vrai tems de l'émerſ.	21 13 41 22 50		
Emerſion obſervée au gros Morne	21 9 26 28 0		

Donc différence des meridiens   4 14 54 50   *entre Paris & le gros Morne.*

Le même jour les vents s'étoient rangés au Nord, ce qu[i] arrive peu souvent ; le 24. les vents se rangerent au Sud-Eſt[.] le même jour, j'obſervai la hauteur meri-dienne apparente du bord ſuperieur du Soleil de   65ᵈ. 56′. 40[″.]

XXV. *Février.*

Le matin le Curé du cul-de-ſac-Robert ne s'étant pas trouv[é] dans la Paroiſle, on vint m'avertir d'aller à une habitation ſ[ur] le bord de la mer, confeſſer un Negre qui ſe mouroit. Il s'[é-] toit caſſé les deux jambes dans une chûte, & ne s'étant p[as] trouvé d'artiſte pour les raccommoder ſur le champ, ſon m[al] étoit devenu ſi violent, qu'il l'emporta le lendemain. Apr[ès] que je l'eus confeſſé, & que je l'eus exhorté à ſouffrir p[a-] tiemment ſes grandes douleurs, & à n'attendre ſa guérif[on] que du grand Medecin, j'allai me promener ſur le rivag[e]

esperant d'y trouver que que chose que je pourrois rapporter dans mon Journal; en effet, j'y vis un oiseau qui me pa-
rût affez singulier; mais ne le pouvant avoir qu'en le tuant,
je retournai à l'habitation de mon malade, je priai le maitre
de me prêter un fusil. J'allai chercher ma proie, & l'aiant tirée,
j'en fis le lendemain la Description suivante.

DESCRIPTION

D'un Onocrotalus pedibus ceruleis & brevioribus, rostro cochleato.

LA figure extraordinaire du bec de cet oiseau m'engagea
surtout à le décrire; ce bec avoit un pied un pouce &
demi de longueur, depuis sa racine jusqu'à son extremité,
cette mesure fut prise sur sa partie superieure; car l'inferieure
étoit d'environ deux pouces plus longue; la partie superieure
est un peu retrécie, près de sa racine; ensuite elle s'élargit
en maniere de spatule, environ d'un pouce & demi de large
& se termine en rond par une grosse pointe crochue, semblable à un gros ongle creux, comme une petite culliere à
pointe émoussée; la partie inferieure reçoit dans son commencement la partie superieure, parce qu'elle est un peu plus
large; mais ensuite, elle devient de pareille largeur à la superieure, & se termine par une espece de bouton, qui s'enchasse dans le creux de cet ongle, qui termine la partie superieure, lorsque l'oiseau tient son bec fermé; la couleur de
ce bec est moitié verdâtre, & l'autre moitié d'ardoise, mêlé
d'un peu de rouge vers l'extremité, toutjoignant le croche t
du dessus & le bouton du dessous. Au dessous de la partie
superieure de ce bec, on voit un grand sac, composé d'une
membrane forte & épaisse & toute chamarée de traces ou fil-
lons, couleur d'ardoise: cette membrane est attachée, partie
le long de deux arrêtes de la partie inferieure du bec, & partie
le long de la moitié du devant du col; elle sert à l'oiseau comme d'une grand cuillier pour engloutir les poissons, lorsqu'il
pêche; on voit dans le fonds de ce sac le larinx assez ouvert
& fendu, & un peu au dessus du larinx, une langue si petite,
qu'on croiroit même que cet animal n'en a pas; car elle n'est
pas plus grosse, que la tête d'une grosse épingle, elle est at-

tachée à l'os hyoïde, enfoncée même dans la membrane.

Cet oiseau est de la grosseur d'une de nos Oyes; sa tête est plate au-dessus ou en son couronnement, ronde par le derriere, un peu rétrécie au-devant & rabatuë aux côtés par deux joués applaties, nuës & blanchâtres, dans le milie desquelles on voit deux yeux assez grands, un peu plus oblon g bleu-foncé, tirant un peu sur l'ardoise.

Son col avoit onze pouces de longueur, couvert d'un pe tit duvet, aussi fin & aussi délicat que la soie la plus fine les vieux ont leurs têtes toutes blanches, leur parement mi nime, & leur manteau noir, leurs pennes le sont aussi; mai elles sont bordées d'une petite bande blanche; leur queu est fort courte, de même couleur que les pennes, & bordée de même.

La largeur de ses aîles est de sept pieds, ses jambes f or courtes & ses pieds sont pattus & cartilagineux comme son ceux de nos Oyes & Cignes, & sont d'une couleur bleuâtre

Durant le mois de Fevrier les vents varierent du Nord l'Est; pendant deux jours, ils se rangerent au Sud-Est, ce qu n'est pas ordinaire; aussi ils ne durerent pas long-tems dan le même état.

PREMIER *Mars*.

Mr. de Machault Lieutenant general des Isles & Terre Ferme de l'Amerique, m'envoia son Aumônier, pour me pri de lui faire une Table de l'heure & minute du lever & d coucher du Soleil à la Martinique, pour tous les jours d l'année; je mis la main à l'œuvre, & comme cette Tabl ne marquoit le lever & le coucher du Soleil que de cin en cinq jours, elle fut bien-tôt finie. Dans la lettre que j'eu l'honneur de lui écrire, en la lui envoiant, je lui mar quai que lorsque le Soleil paroissoit sur l'horison, il étoi encore 32. minutes au-dessous de l'horison, que c'étoit-l un effet de la refraction qui éleve les Astres & nous les fai voir lorsqu'ils nous sont encore cachés.

Le 5 hauteur meridienne apparente du
bord superieur du Soleil   69ᵈ. 43′. 30″

VI. *Mars*.

Les vents depuis le premier du mois, s'étoient entierement

angés au Nord-Est ; comme les pluïes n'étoient plus si frequentes , les chaleurs commencerent à se faire sentir vivement , depuis huit heures du matin jusqu'à quatre heures du
soir ; que l'air devenoit si frais , que nous étions obligé de
nous couvrir durant la nuit d'une courte-pointe piquée ; le
même jour je reçus une lettre de Mr. de Machault , que j'ai
rapporté ici , pour faire connoître son caractere ; sa vertu
semblable à celle de Caton , pour avoir été pure & trop nette,
qui attira à la fin de son Gouvernement l'inimitié de quelques personnes qui n'étoient pas si bien intentionnées que
lui : cependant il étoit plein de pieté , attaché à la lecture
des bons Livres , & singulierement de l'Ecriture sainte, fre-
quentoit les Sacremens , aimoit la priere & n'avoit jamais
conservé un moment de haine , ni d'aversion , même contre
ceux qu'il sçavoit être ses ennemis ; en voici une preuve bien
convaincante : un jour sur les trois heures du soir , j'allai le
visiter , je le trouvai en prieres dans son oratoire , il me reçut à son ordinaire ; durant la conversation , comme il agis-
soit assez librement avec moi , il me dit , il faut que je vous
fasse confidence d'une chanson qu'on a fait contre moi dans
l'Isle , ce ne sont pas mes amis , comme vous pouvez penser,
qui l'ont composée ; il commença de la chanter avec un ton
aussi agréable , que s'il eût dit à son avantage les plus belles
choses du monde ; cependant l'on ne pouvoit rien de plus
insolent que cette chanson , j'en fus scandalisé , je n'aurois
jamais crû qu'il y eût dans l'Isle , des gens qui portassent la
malice si loin , & voici pourtant toute la vengeance qu'il en
fit. Lorsqu'on lui eût remis le paquet dans lequel il trouva cette chanson , il se mit à genoux , demanda grace au
Seigneur pour ses ennemis , & s'examina lui-même sur les
faits dont on l'accusoit , pour s'en corriger , s'il en étoit
coupable. Peut-on voir une action plus genereuse & plus
chretienne ? Revenons à sa lettre que je rapporte ici mot
pour mot.

" Je vois mon R. P. par la lettre que vous m'avez fait "
honneur de m'écrire, qu'on ne doit pas exiger de vous , "
ce qu'on exigeroit d'un autre homme qui iroit plus terre "
à terre que vous, quand vous êtes dans ces vastes corps, "
qui vous representent si bien l'immensité de Dieu, & qui "
vous font naître de violens desirs de vous élever au-dessus "

„ d'eux, pour entrer en converſation avec tous ces Eſpri
„ bienheureux, qui par une grace ſpeciale ont merité d'y fai
„ leur demeure ; vous avez peine à vous reſoudre à ven
„ ramper avec des ames terreſtres, qui contentes de ce qu
„ s'offre à leurs yeux, ne font aucun uſage de leur eſpri
„ pour s'elever à de plus hautes connoiſſances ; cependan
„ mon R.P. je vois par les découvertes que vous faites dans ce
„ corps lumineux, qui ſont ſeparés de nous par une diſtanc
„ preſqu'inconcevable, que vous devez avoir de la demeur
„ des Bienheureux, toute autre idée, que celle que nous e
„ avons, & que vous n'avez pas de peine à concevoir, qu
„ comme une Etoile diffère en lumiere d'une autre Etoile
„ il eſt de la grandeur de Dieu, que toutes les ames qui ſ
„ ront dans la gloire, aïent chacune un différent éclat,
„ c'eſt ce que le Sauveur de nos ames a voulu nous fai
„ entendre, quand il a dit, qu'il y avoit pluſieurs demeur
„ dans la Maiſon de ſon Pere, pour mettre le calme dan
„ l'eſprit de ceux, qui ne ſe voïant pas dans un état de v
„ ſi parfait que les autres, auroient pû deſeſperer de le
„ ſalut ; c'eſt là-deſſus, mon R. P. que je me raſſure, ſi
„ ne prens pas comme vous, le vol d'une aigle, pour m'
„ lever au-deſſus de la terre, & ſi content de la vie de Marth
„ je n'ai pas des diſpoſitions à un état plus relevé : jai en
„ core une reſſource, c'eſt qu'étant lié par les maximes de
„ Religion, avec les perſonnes les plus ſpirituelles, j'ai pa
„ à tous les biens qu'elles font, & quand je paroîtrai d
„ vant Dieu, je me trouverai plus riche que je ne penſe.
„ ſuis mon R. P, vôtre très-humble & très-obéïſſant Servite

De Machaul

VII. Mars.

Le 7ᵉ la hauteur meridienne apparente
du bord ſuperieur du Soleil fut obſervée de   70ˡ. 30ʹ.   c
    Refraction   21
      Parallaxe
    Excès de la refraction ſur la parallaxe   17
Donc hauteur corrigée du bord ſupe-
rieur du Soleil   70. 29. 4
    Demi-diametre du Soleil   16.
Donc hauteur du centre du Soleil   70. 13. 37

Le lieu du Soleil 11ˢ. 17 . 11′. 26″.

donnoit la déclinaison méridionale de   5′. 4′. 6″.

Donc hauteur de l'Equateur   75. 17. 43.

Et hauteur du Pole du gros Morne   14. 42. 19.

On doit donc conclure de cette Observation , que l'hipothese de feu Mr. Caſſini , eſt préférable à celle de Ticho, & qu'il eſt vrai qu'au-deſſus de 40. degrez , les raions des Aſtres entrant dans la ſurface de l'Athmoſphere s'y plient & ſouffrent une refraction telle qu'elle eſt marquée dans les Tables de ce grand homme , & que la parallaxe eſt encore à la même hauteur de 4″.

V I I I. *Mars.*

Le vent s'étoit rangé à l'Eſt Nord-Eſt , & depuis le commencement du mois , nous avions reguliérement ſur le ſoir , un grain de peu de durée & quelques nuages durant la journée.

Hauteurs correſpondantes du Soleil pour l'horloge.

Heures du matin.			Hauteur.	Heures du ſoir.		
10ʰ 20′	23″	bord ſup.		1ʰ 58′	48″	bord ſup.
21 57		centre.	57¹	57	14	centre.
23 31		bord inf.		55	39	bord inf.

Par ces hauteurs correſpondantes l'horloge marquoit à midi   12ʰ. 9′. 35″.

O B S E R V A T I O N

Du premier Satellite de Jupiter.

A 7ʰ. 58′. 40″. du ſoir à l'horloge non-corrigée, émerſion du premier Satellite de l'ombre de Jupiter. Cette Obſervation fût faite à travers de foibles nuages , ce qui me fit douter de ſon exactitude ; cependant comme les nuages étoient aſſez raréfiés , je crus que l'Obſervation ne s'éloignoit que de très-peu de ſecondes.

9. 34.   Tems que l'horloge avançoit.

7. 49. 6.   Donc vrai tems de l'émerſion

12.^h. 2.[']. 27.["]. à Paris par le calcul corrigé.

4   13   21   Donc difference des meridiens entre Paris & le gros Morne.

IX. *Mars.*

Les vents se rangerent au Sud-Sud-Est, cas assez extraordinaire; mais ils n'y demeurerent pas long-tems, car le lendemain ils revinrent à l'Est-Nord-Est.

Hauteur apparente du bord superieur
du Soleil   71^d. 17$'$. 10$''$.
   Le 10. hauteur du même bord   71. 40. 30.
   Le 12.   71. 28. 20.

Le même jour nous eûmes un grain fort pesant, qui commença sur les deux heures du matin, & ne finit que sur les neuf heures; les vents varierent ce jour-là du Sud-Oüest au au Nord-Oüest; le lendemain ils se rangerent au Nord, & ensuite au Nord-Est.

XVII. *Mars.*

Depuis le 12. les vents furent toujours au Nord, & les pluïes presque continuelles, l'hiver sembloit revenir; comme le Ciel demeuroit toujours couvert & que par consequent, la privation des raions du Soleil n'echauffoit plus la surface de la terre, que les vents du Nord regnoient, & que l'air & la terre se trouvoient humides à cause des pluïes, le froid nous fit avoir recours à nos habits d'hiver, il devint si sensible pendant la nuit, que nous fûmes obligés de nous couvrir d'une courte-pointe.

XVIII. *Mars.*

Les vents se rangerent au Sud-Est, le lendemain ils se tirerent au Nord-Nord-Est, & le vingtiéme ils vinrent à l'Est; j'allai le matin au cul-de-sac-Robert, aiant appris que le jour précedent, le Curé y étoit arrivé pour commencer à faire faire les Pàques à ses Paroissiens; mais quelques affaires l'appellerent le même jour au cul-de-sac-François, je ne laissai pas de confesser jusqu'à midi, de dire ensuite la sainte Messe & de communier ceux qui se presenterent.

XXIII. *Mars.*

Jour de la Refurrection de nôtre Seigneur ; les vents s'é-
toient rangés la veille au Nord. Nous vîmes le Soleil à midi,
ce qui ne nous étoit pas arrivé depuis le douzième.

XXIV. *Mars.*

J'obfervai la hauteur du bord fuperieur
apparent du Soleil de   77^{d}. 12$'$. 0$''$.
Le lendemain 25. les vents varierent du Nord à l'Eft &
de l'Eft au Sud. Cette variation ne s'accorde pas avec ce
qu'un Auteur a écrit fur les vents, il veut qu'entre les Tropiques les vents foient toujours ou au Nord, ou au Sud-Eft;
au Nord-Eft depuis l'Equinoxial jufqu'au Tropique de Cancer, & au Sud-Eft depuis l'Equinoxial jufqu'au Tropique
du Capricorne ; l'experience détruit cette opinion, on en a pû
voir des preuves dans les Obfervations que j'ai faites en allant
au Perou, & à mon retour du Perou en Europe.

XXVI. *Mars.*

Je reçus une lettre du Curé du cul-de-fac-Robert, dans laquelle il me prioit d'aller deffervir fa Paroiffe, n'aiant pû
quitter le cul-de-fac-François, pour certaines affaires particu-
lieres ; je m'étois déja propofé d'y aller ; j'y demeurai jufqu'au
28. Depuis le 26. les vents furent conftans à l'Eft, ces deux
jours le tems fut beau, le Soleil avoit repris fa premiere ar-
deur & les chaleurs commencerent à nous convaincre que
nous étions dans la Zone torride.
Ce même jour 28. la hauteur meridienne apparente du bord fuperieur du Soleil
fut obfervée de   78^{d}. 45$'$. 40$''$.

XXX. *Mars.*

Je partis le matin pour aller celebrer la fainte Meffe au cul-
de-fac-Robert ; il n'y avoit plus de Curé ; celui du cul-de-fac-
François avoit reçû ordre de Mr. de Machault, de deffervir
les deux Paroiffes, mais éloignées comme elles font, il n'é-

toit pas possible de pouvoir satisfaire à l'une & à l'autre. Les vents varierent depuis le 28. du Nord à l'Oüest, le soir ils se rangerent au Nord-Est.

DESCRIPTION

D'un Poisson appellé Turdus niger, maculis cæruleis oculatus.

CE Poisson ne devient pas plus gros qu'une de nos Carpes de moïenne grandeur ; il ressemble beaucoup à nos Tanches de l'Europe ; ses écailles sont aussi menuës ; le fonds du coloris en est noirâtre sur le dos, rougeâtre par les côtés, jusqu'au ventre, & le tout parsemé de petites taches azurées, rondes & entourées d'un petit cercle noir, en sorte que ces écailles ressemblent à autant de petits yeux.

Ses yeux sont fort grands, noirs comme du jaïet, entourés d'un grand cercle varié de blanc, de bleu & de rouge : le dedans de sa gorge, ou ithsme est rouge, comme du *minium*, & ses machoires sont armées d'une rangée de petites dents crochuës & fort pointuës.

C'est un très-bon Poisson, on n'en trouve qu'aux endroits où le fonds de la mer est pierreux, & où il y a quantité de cayes ; le Négre qui me le presenta, l'avoit pris le Samedi vingt-neuviéme, c'étoit un vrai present pour un Minime.

Le grand nombre de Maringoins, (insectes que nous appellons des Cousins en Europe) m'obligerent de déloger, & de retourner à l'habitation où nous en étions exempts ; il n'étoit pas possible d'y tenir, nous fumes même contraints un jour de quitter la table ; d'abord qu'on sortoit les mains ou pour boire, ou pour manger, elles en étoient aussi-tôt couvertes, & ces moucherons nous piquoient si vivement, que nous aimâmes mieux ne point dîner, que d'être si cruellement tourmentés par des insectes qui semblent n'être nés, que pour nuir aux hommes.

Durant le mois de Mars, les vents furent fort variables: nous les vîmes au Sud, à l'Est, à l'Oüest, mais pour peu de tems, & ils venoient toujours se ranger au Nord-Est, leur trou ordinaire ; le tems ne varia pas moins que les vents : nous ressentîmes durant quelques jours de grandes chaleurs,

ensuite des froids même fort sensibles ; il est vrai qu'on ne
les sentoit que durant la nuit ; les pluies furent assez ordinaires, & il ne se passa aucun jour, qu'il ne tombât quelque grain.

x. Avril.

Dom Gaspard Martin que j'avois chargé, depuis quelque
tems, de me procurer un embarquement pour la nouvelle
Espagne, vint le matin à l'habitation, m'avertir en secret,
qu'il étoit parti de Provence depuis plus de deux mois un
Navire de soixante piéces de Canon, qu'on l'attendoit tous
les jours, mais que comme on l'avoit armé pour aller en
course, son retardement faisoit croire qu'il s'étoit arrêté
pour croiser à quelque endroit ; il me promit une place sur
ce vaisseau, Mr. la Touche un des principaux interessés,
m'avoit deja fait la même promesse ; ainsi je me flattois de
continuer le voiage que j'avois commencé, & qui avoit été
traversé jusqu'alors par tant d'accidens.

Le 11. hauteur meridienne apparente
du bord superieur du Soleil   84ᵈ. 3′. 45″.
Le 12 hauteur meridienne apparente
du bord superieur du Soleil   84. 25. 30.
   Excès de la refraction sur la parallaxe   5.
   Donc hauteur veritable du bord su-
perieur du Soleil   84. 25. 25.
   Demi-diametre du Soleil   16. 1.
   Donc veritable hauteur du centre   84. 9. 24.
   Déclinaison septentrionale   8. 51. 51.
   Donc hauteur de l'Equinoxial   75. 17. 33.
    Et hauteur du Pole   14. 42. 27.
Le lieu du Soleil fut trouvé ce jour-là au 22ᵈ. 44′. 45″. ♈

Ces Observations confirment de plus en plus l'hipothese
de feu Mr. Cassini, & montrent evidemment que les refractions ne finissent qu'au Zenit, & non pas à 40. degrés,
comme a dit Ticho.

XVI. *Avril.*

AUTRE EXPERIENCE

Sur la variation de l'aiman.

PLus les experiences font multipliées, & plus la verité se
découvre dans les Sciences, & fingulierement lorfque
les experiences ne fe contredifent pas, ou qu'elles ne fuivent pas une certaine égalité de proportion, qui leur fert
même de fondement; il n'eft rien dans la nature qui n'aïe
fon periode.

Lucre.liv.5.   *Omnia commutat natura, & vertere cogit.*

L'aiman n'eft pas moins un ouvrage de la nature, que les
autres êtres; ainfi elle a fur lui le même droit qu'elle a fur
les autres compofés.

Ce jour-là je verifiai les lignes meridiennes que j'avois
déja tracées dans le mois de Fevrier, je les trouvai fort juftes
& paralleles, & je fus sûr de cette experience; car l'ombre
du fil perpendiculaire couvrit la ligne précifement dans le
tems que la pendule battoit la feconde qui terminoit le jour.

L'aiguille de ma bouffole varia au Nord-
Eft de   6ᵈ. 10'. ou 5'.

On ne fçauroit s'affurer de 5. minutes dans ces Obfervations, les degrez font fort petits dans une bouffole, & le tems
qui s'étoit écoulé depuis ma derniere Obfervation, étoit auffi
trop court pour s'appercevoir s'il y auroit eu quelque changement dans la variation; Meffieurs de l'Académie Roïale des
Sciences, fondés fur les experiences qu'ils en ont faites,
croïent que cette variation eft chaque année de 11. minutes.

Le mois d'Avril ne differa pas du mois de Mars; les vents
varierent de même, & les pluies furent affez frequentes.

PREMIER *May.*

La conjonction de Jupiter avec le Soleil, qui devoit arriver le 25. du même mois, fufpendit mes Obfervations; Ju-

piter étoit trop proche du Soleil, pour pouvoir découvrir ses
Satellites ; je n'étois plus occupé que de la nouvelle que
Dom Gaspard Martin m'avoit donnée, & celle que je reçus
ce même jour-ci, par une lettre de Mr. la Touche, qui avoit
eu nouvelle du Navire qu'il attendoit de Provence, & sur
lequel je devois m'embarquer, me combla de joie : j'allai
le lendemain au Fort Roïal pour l'en remercier.

Tout le mois de May se passa dans l'attente du Vaisseau
de Mr. la Touche, & à visiter mes amis, je fis quelques petits voïages dans l'Isle, dont quelques-uns ne me furent pas
inutiles : car je rapportois presque toujours quelque chose,
qui pouvoit servir à l'histoire naturelle.

DESCRIPTION

D'une Hirondelle ou *Hirondo cantu Alaudam referens.*

J'Entendis un matin un oiseau, dont le ramage ne différoit pas de celui de nos Aloüettes ; comme il n'étoit pas
encore bien jour, je ne pûs le découvrir ; mais d'abord que
le jour parut, je fus assez surpris de voir une veritable Hirondelle posée sur un rocher, demeure ordinaire des oiseaux
de cette espece.

Cette Hirondelle est de la même grandeur, figure & couleur que celles de France, que nous nommons Martinets,
& les naturalistes *Apos*, à cause que leurs jambes sont fort
courtes, & qu'on croiroit qu'elles n'en ont point, lorsqu'on
les voit posées quelque part.

La tête, le manteau & presque tout le plumage est d'un
beau noir luisant, excepté le parement qui est blanc de lait
& tout le dessous du ventre jusqu'à la queuë, les pennes &
les plumes de la queuë sont d'une couleur fade & sans vivacité, le dessous des aîles, est gris foncé, de même que les
jambes & les pieds ; les serres, comme à tous les autres oiseaux
de ce genre, sont terminées par un petit ongle fort pointu
& crochu; on voit dans les mois de May, Juin & Juillet quantité de ces oiseaux dans les Isles de l'Amerique.

DESCRIPTION

D'un Goiland ou *Larus albo-niger Hirundinis cauda.*

LE corps de ce Goiland n'est pas tout-à-fait si gros que celui d'un nos Pigeons, son bec est noir, long d'un pouce & demi, droit, roide & pointu; son couronnement, son manteau, ses aîles & son patement sont d'un très-beau noir, si on en excepte une tache blanche, qui est au-devant de sa tête & les deux maîtresses ou principales plumes de sa queuë qui sont de même couleur; mais elles sont bordées de noir; ses aîles ont une envergure de deux pieds & demi; le dessous de leurs pennes sont gris mêlé de couleur de cendre, & le dessous du ventre est blanc de neige; sa queuë a six pouces de longueur, elle est fourchuë, comme celle des Hirondelles; ses jambes sont fort courtes & noires de même que ses pieds, composés chacun de quatre doigts ou serres, dont l'un qui est le plus petit, est situé au-dedans de la jambe & les trois grands sont situés en-devant, joints par des cartilages, comme les pattes des Oyes & armés de petits ongles pointus.

Ces oiseaux nichent sur la roche nuë, ils ne pondent ordinairement que deux œufs, le double plus gros que ceux de nos Pigeons, teints d'un blanc fort sale & marbrés par des taches couleur de sang pourri, les unes plus foncées que les autres.

Le même jour je tirai un autre Goiland qui ne différoit de celui-ci, que par le devant de sa tête, qui étoit blanc de coton, tirant sur la couleur de cendre, à mesure qu'il approchoit du couronnement; sa queuë n'étoit pas fourchuë, je l'appellai *Larus alter nigro cinereus.*

DESCRIPTION

D'un Heron ou *Ardea varia.*

JE trouvai cette espece d'Heron, le long d'une ravine près de la mer; sa grosseur est égale à celle d'un gros Poulet, il ne diffère des Herons de l'Europe, que par la variété de ses

ses plumes, celles de son couronnement sont bleu-cendrées, celles du haut de son manteau sont tannées & mêlées de feüille-morte, le reste du manteau est un mélange très-agréable de bleu-cendré, de verd-brun & de jaune; les plumes de son parement sont blanches & mêlées de quelquesplumes feüille-morte; les plumes des aîles sont variées, la moitié sont verd-brunes, bordées de jaune,& les autres sont noires,& les pennes sont de même couleur, entourées d'une petite bordure blanche; celles du ventre sont entierement cendrées, de même que celles du *tibia*, & celles de la queüe qui est fort courte, sont d'un noir clair ou noirâtre. Ses jambes sont d'un beau jaune, de même que ses pieds, dont les serres sont terminées par des ongles noirs; son bec noir est mêlé de jaune dans sa partie inferieure;ses yeux couleur d'or sont ornés d'une prunelle fort ronde, bleu-obscure & extremement luisante.

On ne trouve ces Herons que le long des ruisseaux; nos François l'appellent *Cra-cra*, parce qu'il crie ainsi en volant, & les Caraïbes l'appellent *Jaboüira*.

XIV. *Mai.*

A six heures du matin, nous ressentimes un tremblement de terre, dont les secousses furent si violentes, qu'elles auroient renversé la maison, si elle eût été bâtie d'autre matiere, que de bois bien lié ensemble. Nous en sortimes avec précipitation, pour éviter de nous voir accablés sous ses ruines; il arrive en pareille occasion tant de funestes accidens, & ce que l'on a à craindre alors dans des Isles, est si terrible, que l'idée seule en fait frémir, sur-tout lorsqu'on pense qu'il y en a eu d'entierement abîmées, & que l'on en a vû d'autres sortir de la mer.

DESCRIPTION

D'une Plante nommée *Dracontïcus triphyllus, laciniatus & perforatus, caule serpentem referente.*

LA beauté de cette Plante m'engagea à en faire la Description, quoiqu'à peine initié dans la Botanique. Sa racine est fort irreguliere; il y en a qui sont presque

rondes, de demi pied de diametre, & d'autres moindres, de
sorte qu'on ne peut rien établir sur leur grosseur, elle est charnuë & presque de même consistance, que celle du *Ciclamen*:
sa substance interieure est pâle, succulente; son goût est fade,
& sans acrimonie; sa partie convexe est couverte de plusieurs caïeux, semblables à des mammelons pointus, gris-
foncé, d'entre lesquels il sort plusieurs grosses fibres, longues,
branchuës, tendres, couvertes de plusieurs autres moindres fibres. Du milieu de ces mammelons, sort une belle tige, droite
ronde, épaisse environ de deux pouces, qui s'éleve à la hauteur environ de deux toises, variée & ondée par des lignes
des points, & des taches rouges, sur un fond argenté; outre cette varieté, elle est encore toute parsemée de plusieurs
apophyses noirâtres, semblables à de petits piquans émoussés
sa superficie quoique legerement sillonnée dans toute sa longueur par plusieurs petites raïes, paroit assez unie: toute s.
substance est fort tendre, à cause qu'elle n'est composée que
d'une matiere membraneuse & toute fistuleuse par quantité
de tuïaux de diverses grandeurs, fermés de distance en distanc
par de petites membranes étenduës, comme la peau d'un
tambour, ou comme le timpan de l'oreille.

Cette tige est fenduë & creusée vers sa racine, en façon
d'un étui, dont la lévre superieure reborde & couvre l'infe
rieure, qui s'ouvre en sa saison, & par cette ouverture produit une autre tige semblable à la premiere; toutes ces tige
sont terminées à leur extremité, par une seule feüille divisée
à sa naissance, en trois branches également distantes les une
des autres, en façon de triplé renversé; chaque branche es
encore soudivisée en sa longueur, en d'autres branches, &
celles-ci en d'autres plus courtes; toutes ces branches son
garnies de côté & d'autre, par des ailes qui occupent tout
leur longueur, en maniere de petits feüillets, & par de
feüilles refenduës; en sorte que la feüille en son entier,
un parfait raport aux feüilles & aux découpures de nos An
geliques, que nous appellons vulgairement Angeliques d
Bohême; car elles sont coupées de même, & recoupées pa
plusieurs lambeaux pointus aux deux bouts, comme les feüille
du Laurier: leur substance est aussi tendre que celle de no
Arum ou Serpentines vulgaires; ce qu'on remarque encor
de fort particulier en cette plante, est de voir ses feüille

toutes balafrées par des ouvertures assez grandes.

Je n'ai vû ni les fruits, ni les fleurs de cette plante, & quelques habitans me dirent que les Caraïbes font un mistere de cette plante, qu'ils n'ont jamais voulu découvrir à personne.

Premier *Juin.*

Nous entendîmes le matin des coups de canon, qui nous firent juger qu'il étoit arrivé au Fort Roïal quelque Vaisseau venant de l'Europe; sur le soir Mr. de Galon qui se trouvoit alors au Lamentin, m'envoïa un de ses Négres avec une lettre de Mr. la Touche, par laquelle il m'avertissoit que son Vaisseau venoit d'arriver, qu'il ne feroit pas un long séjour au Fort Roïal, & que je me tinsse prêt pour partir au premier signal. A cette nouvelle, ma joïe fut entiere; je la dissimulai pourtant, assuré que Mr. de la Chapelle, sa famille & tous les voisins seroient mortifiés, lorsqu'ils apprendroient que je devois m'embarquer.

Le lendemain après avoir celebré la sainte Messe, en action de graces, je feignis d'avoir quelques affaires au Fort Roïal, je priai Mr. de la Chapelle de me donner un cheval & un Négre pour m'accompagner, ce qu'il m'accorda avec sa generosité naturelle, il s'offrit même de venir avec moi; mais aïant des raisons pour ne lui pas découvrir tout-à-fait mon dessein, je l'en remerciai; & après avoir pris le chocolat, je montai à cheval, & me rendis chez Mr. la Touche à l'heure du diné. Je trouvai toute la maison en joïe; un grand nombre de ses amis étoit venu le feliciter sur l'arrivée de son Vaisseau; je lui en temoignai aussi ma joïe, j'y étois assez interessé.

Après le diné, Mr. la Touche me dit d'aller voir de sa part au Fort Roïal, Mr. de Sainte-Catherine qui commandoit son Vaisseau & l'avertir que je m'embarquerois avec lui pour faire le voïage de la nouvelle Espagne, je montai donc à cheval & m'y rendis dans moins de trois quarts d'heure, je trouvai Mr. de Sainte-Catherine dans la Savane qui est au-devant du Port, je lui fis mon compliment sur son arrivée, & je lui appris le dessein que j'avois de l'accompagner dans son voïage; il me parut en être fort content, & ordonna d'abord à son Maître-d'hôtel d'aller avertir le Maître du Na-

vire de faire construire une cabane dans la grand'chambre
pour m'y loger; je pris congé de lui le soir, & je retourna
chez Mr. la Touche, où je demeurai les deux jours suivans

v. *Juin.*

Je partis le matin avec un des fils de Mr. la Touche Lieu
tenant d'une Compagnie: un accident qui m'arriva en che
min, pensa faire échoüer tous mes projets; au passag
d'une riviere, dont le bord étoit à pic, mon cheval s'abba
tit; je tombai sur un pied, la cheville se déboîta, & j'en re
sentis une si vive douleur, que je ne pûs me soutenir, ain
quoique la riviere ne fut pas fort profonde, puisqu'elle n'
voit pas plus de quatre pieds je pensai m'y noïer; le fils d
Mr. la Touche eut la bonté de me secourir & de me prêter so
cheval, & il ordonna même à son Négre de m'accompagne
chez Mr. de la Chapelle. Dès que j'y fus arrivé, il envo
chercher un chirurgien qui me remit en sa place la chevill
du pied; je gardai quelques jours le lit, & graces au Seigne
& aux soins du chirurgien, je fus bien-tôt gueri.

Mr. de la Chapelle prévenu depuis long-tems, que je n'a
tendois qu'une occasion pour passer à la nouvelle Espagne
s'imagina aisément que je ne perdrois pas celle qui se preser
toit; je ne crus donc pas lui en devoir faire plus long-tem
un mistere, j'aimois mieux d'ailleurs qu'il le sçut par mo
même, que par d'autres, je lui avois trop d'obligations po
lui donner sujet de se plaindre.

xxx. *Juin.*

Le Capitaine m'envoïa un de ses Matelots pour m'avertir qu
le lendemain il seroit sous voile; je me rendis à bord le mêm
jour, après avoir pris congé de Mr. de la Chapelle & de tou
sa famille; ils me virent partir avec regret; la commodi
d'entendre tous les jours chez eux la Messe, leur étoit d'un
grande consolation & d'un grand secours, sans cela ils étoie
obligés d'aller à la Paroisse, les Dimanches & les Fêtes p
des chemins que les frequentes pluïes rendoient impratica
bles, & ils avoient trop de pieté pour manquer aux exer
cices de la Religion; mais enfin il fallut se separer.

Premier *Juillet*.

On appareilla à 8. heures du matin. La journée ne fut pas grande, nous n'allâmes ce jour-là qu'à S. Pierre, pour joindre deux Barques armées en course, qu'on avoit destinées à une expedition, sous les ordres de Mr. de Sainte-Catherine; c'est ce que j'ignorois; l'une des Barques étoit commandée par le Capitaine Baudrit Creole de la Martinique homme de main, hardi, & entreprenant; son équipage étoit composé de soixante Flibustiers; l'autre Barque étoit commandée par le Capitaine Martin aussi armée d'un même nombre de Flibustiers; on sçait assez quels hommes sont ces gens-là, tous les voïageurs de l'Amerique les ont fait connoître dans leurs relations: les redites sont toujours ennuïeuses.

D'abord que nous eûmes moüillé, j'allai visiter les RR. PP. Jesuites mes anciens hôtes; je demeurai chez eux jusques au départ de notre Navire qui ne fut que le quatriéme du mois; le R. P. Vanel, saint vieillard, sous qui j'avois fait autrefois les Exercices de dix jours, eût la charité de me remettre dans les mêmes voïes; comme rien n'est plus incertain que la durée de la vie, & sur-tout dans les voïages de mer, où l'on est continuellement exposé à la perdre, on ne peut trop prendre de sages & chrétiennes précautions, si on veut mourir dans la paix Seigneur.

VOIAGE
AUX INDES OCCIDENTALE[S]
OU
JOURNAL
DES OBSERVATION[S]
PHYSIQUES,
MATHEMATIQUES ET BOTANIQUE[S]

Faites par Ordre de Sa Majesté aux Côtes de la nouvelle Espagne.

Durant les années 1704. & 1705.

Par le Pere Loüis Feüillée Religieux Minime, Mathematicie[n] & Botaniste de Sa Majesté, & Correspondant de l'Academie Roïale des Sciences.

IV. Juillet.

LE matin après avoir celebré la sainte Messe & deman[dé] au Seigneur qu'il lui plût de nous conserver penda[nt] le voïage, je pris congé des RR. PP. Jesuites, q[ui] voulurent m'accompagner jusqu'au Canot, qui m'attendo[it] au bord de la mer.

Depuis plus d'un an, j'attendois à la Martinique quelqu[e]

occasion pour passer à la nouvelle Espagne ; le Vaisseau appellé l'*Ambitieux*, qui étoit à Mr la Touche, comme j'ai déja dit, monté de soixante canons, & de trois cens hommes d'équipage, commandé par Mr. le Marquis de Sainte-Catherine, leva l'ancre le sept Juillet à neuf heures du matin, & fut sous voile à midi, non pas pour aller surprendre l'Isle Monserrat, comme on avoit resolu : mais pour aller faire la course sur les Côtes de la nouvelle Espagne ; je ne sçûs le secret de la prétenduë entreprise, que lorsque je fus arrivé à bord ; des gens mal-intentionés, voiant un armement assez considerable, crurent que Mr. la Touche avoit quelque dessein ; enfin ils decouvrirent, qu'il en vouloit à l'Isle Monserrat, ils avertirent les Anglois, qui ne manquerent pas de mettre cette Isle en seureté ; & de se disposer à se bien deffendre, en cas qu'on vint les attaquer. Croiroit-on que des gens d'une même nation, qui devroient se maintenir les uns les autres contre les ennemis de l'Etat, oubliassent jusqu'à ce point, ce qu'ils doivent à leur patrie ? Mais que ne fait pas l'envie ?

Nusquam recta acies.

Nous lovoiâmes tout ce jour-là, pour attendre nos deux Barques & deux autres Bâtimens, un Espagnol & l'autre François, tous deux marchands, que nous convoiâmes jusqu'à la Goira.

VI. *Juillet.*

Le matin nos deux Barques parurent sous le vent, on leur fit les signaux, dont on étoit convenu, elles revirerent de bord sur nous, & nous fimes route de compagnie, entre le Sud-Oüest, & le Sud-Oüest ¼ Oüest par un petit vent d'Est-Nord-Est. Le six nous continuâmes la même route ; le Ciel ne parut pas de tout le jour, nous estimâmes la latitude 13^{d}. 17$'$.

VII. *Juillet.*

A 2^{h}. après midi nous découvrimes au Sud ¼ Sud-Est, l'Isle Orchile, à sept lieuës environ de distance : selon les Cartes dont je me servois, je pris cette Isle pour l'Isle Blanche. Cette erreur m'en découvrit beaucoup d'autres, qui sont repanduës dans toutes les côtes de la nouvelle Espagne ; sur les quatre

1704.
Juillet.

Ovide.

heures du soir, on apperçut un Vaisseau muré à bas bord, toutes ses voiles au vent, apparemment qu'il nous avoit deja découvert ; on mit d'abord le cap sur lui, esperant qu'on pourroit le joindre avant la nuit ; en effet, on s'apperçut une demie-heure après qu'on l'avoit fort approché , puisque sans lunette on reconnut son pavillon Hollandois ; peu de tems après, il arbora pavillon blanc ; nous arborâmes le notre, & on tira un coup de canon sans bale pour l'assurer, il ne laissa pas de continuer sa route, se défiant de nous (il n'avoit pas tort) comme la nuit s'approchoit, & qu'il fallut amener nos huniers pour attendre notre petite Escadre, qui restoit fort de l'arriere, on crut à l'approche de la nuit, qu'on agiroit plus prudemment de lever chasse, d'autant mieux, que ce Vaisseau Hollandois qui ne perdoit point de tems, faisoit route à l'Est, ce qui nous éloignoit de la nôtre ; nous sçavions d'ailleurs que l'Isle Orchile étoit entourée de plusieurs écuëils , & ne connoissant pas ces mers, nous aurions pû nous jetter sur quelqu'un , & perdre notre Navire. Dans le tems que nous chassions ce Vaisseau, nous découvrimes l'Isle Roca au Sud-Oüest ½ Oüest ; en levant chasse nous revirâmes au large ; on tira un autre coup de canon pour rassurer le Navire ; nous fismes fanal durant la nuit, il le fit aussi, ce qui nous fit croire qu'il viendroit nous joindre ; mais plus rusé que nous , il s'en donna bien de garde : nous suivimes la même route jusqu'à trois heures après minuit, les vents furent frais, & varierent de l'Est à l'Est-Sud-Est.

V I I I. *Juillet.*

Le matin nous ne vimes plus le Navire ; à huit heures l'Isle Roca nous restoit à l'Oüest ¼ Sud-Est environ à six lieuës : la terre de cette Isle nous paroissoit fort basse, aussi nous n'osâmes pas l'approcher de trop près , ces terres basses marquent ordinairement qu'à ces endroits , la mer a peu de fonds ; notre Capitaine voulut s'en assurer, il fit signal au Brigantin, un des Bâtimens de la Flotte, d'aller reconnoître, si nous pourrions monter la pointe du Nord-Oüest de cette Isle ; le Brigantin y mit le cap , deux heures après il fit route à l'Oüest-Nord-Oüest, ensuite au Nord-Oüest ¼ Oüest, courant le long de la côte de cette Isle , j'observai à midi la hauteur du Pole le, je la trouvai par le Cartier Anglois de   11ᵈ. 58ʹ.

Nous prolongions alors la terre de l'Isle, environ à une heure de distance, le cap à l'Oüest, pour parer une pointe à l'Oüest-Sud-Oüest ; d'abord que nous eûmes double cette pointe, on mit le cap au Sud ¼ Sud-Est ; les vents se rangerent à l'Est, au coucher du Soleil, les vents fraîchirent; le cap plus à l'Oüest de l'Isle Roca, nous restoit au Nord-Est ¼ d'Est environ à quatre lieuës de distance ; devant la nuit on prit les ris dans les huniers, après les avoir amenés tout-bas , apprehendant , comme il ventoit par raffales , de démâter , ou de sombrer sous voile. L'Isle Roca est un assemblage de petites Isles , entre lesquelles il y a de bons moüillages , où les vaisseaux peuvent carener fort commodément.

1 x. *Juillet.*

A deux heures du matin , dans la crainte où l'on étoit d'investir la terre durant la nuit , on revira & on mit l'amure à tribord , on tint cette route pendant deux heures , & lorsque le jour commença à paroître, on mit le cap à terre. Une brume fort épaisse nous cacha la terre jusqu'à sept heures; elle se dissipa insensiblement , & nous laissa voir au Sud de hautes montagnes ; nous nous rangeâmes au plus près du vent, qui alors s'étoit tiré à l'Est-Nord-Est ; à 8. heures nous découvrîmes la Guaira au Sud-Sud-Oüest, environ à trois lieuës & demie de distance ; comme notre petite Flotte étoit restée de l'arriere , nous mimes côté en travers pour l'attendre : durant ce tems-là , nous arborâmes pavillon & flamme Espagnole, pour rassurer les gens de la ville , qui ne laisserent pas de prendre l'épouvante. Lorsqu'ils nous eurent découvert , ils tirerent deux coups de canon, pour avertir ceux de la côte, & deux Vaisseaux François moüillés à l'Oüest de la Ville , n'aïant pas moins de peur que les habitans , filerent leurs cables, & mirent à la voile. Toute notre Flotte avoit mis, comme nous Pavillon Espagnol : d'abord qu'elle nous eut joint, les Capitaines des Bâtimens destinés pour la Guaira, prirent congé du notre, le Brigantin vint nous passer sous le vent, il nous salua de trois coups de canon, on lui rendit le salut, en criant comme lui trois fois, *vive le Roi.* Mr. de Sainte-Catherine ordonna au Capitaine d'une de nos Bar-

1764.
Juillet.

N n

ques, appellée la Diligente de convoïer jusqu'au moüillage, le
Vaisseau Espagnol & le Brigantin, & d'amener à son retour
deux bons Pilotes pratiques, n'aïant personne sur son bord,
qui eût navigé le long des Côtes de la nouvelle Espagne.

A deux heures du soir, la Diligente arriva; elle portoit
les deux Pilotes que le Capitaine Baudrit s'étoit chargé d'a-
mener. Lorsqu'ils arriverent à bord, & qu'ils sçurent que nos
Bâtimens alloient faire la course sur les cotes de la nouvelle Espagne, ils avertirent notre Capitaine, qu'il y avoit
dans une anse appellée *Choacha*, un Navire Hollandois, armé
de quatorze canons, lequel étoit en traite sur cette côte; il
nous apprirent aussi que les deux Vaisseaux qui avoient mis
à la voile, au signal du canon de la Ville, étoient deux Vaisseaux François, *le Dragon* & l'*Hermione*, qui portoient Mr
de Landes Directeur general de la Sierre, envoié pour faire
rendre comte à tous les Directeurs particuliers de cette Compagnie.

A la nouvelle que nous donnerent les deux Pilotes pratiques, on se disposa à surprendre ce Vaisseau Hollandois;
on ordonna à nos Flibustiers de ranger la terre, le vent étoit
à l'Est mediocrement frais. Comme nous avions mis côté en
travers, pour atttendre la Diligente, on fit servir, & on mit
le cap à l'Oüest-Sud-Oüest; au coucher du Soleil, l'anse de
Quiquerichi environ à six lieües de la Guaïra, nous restoit
au Sud-Sud-Oüest à trois lieües & demie; nous cotoïames la
terre, les deux Pilotes nous aïant assurés que ces côtes étoient
fort saines. La hauteur des montagnes dont ces côtes sont
bordés, nous avoient déja confirmé, ce que ces Pilotes venoient de nous dire. A neuf heures du soir, nous fûmes pris
du calme, à quoi nous nous attendions durant la nuit, à
cause des hautes montagnes.

x. *Juillet.*

Un petit vent de Nord-Est se leva le matin, mais nos
Barques étoient sur l'arriere, & si eloignées de nous, qu'o-
bligés de mettre côté en travers pour les attendre, nous perdimes beaucoup de chemin, & d'abord qu'elles nous eurent
joint, nous continuâmes notre route. A onze heures du matin nous nous trouvâmes par le travers de l'ance Choacha,

nos Flibustiers allerent la reconnoître , mais n'y aïant pas
trouvé le Navire qu'on avoit assuré y être moüillé, nous pour-
suivîmes notre route jusqu'à l'entrée de la nuit , qu'on mit
le cap à l'Oüest ½ Nord-Oüest , apprehendant qu'en suivant
la route de l'Oüest , que nous avions tenuë durant le jour ,
nous ne tombassions sur les Isles de *Porto-Cabillo.*

1 7 0 4.
Juillet.

X I. *Juillet.*

Le matin , les Islots *Burburata* éloignés de la Terre-Ferme,
environ une lieuë & demie, nous restoient à une lieuë, au
Sud ½ Sud-Est : on apperçût une Barque au même endroit ;
nos Flibustiers se trouverent malheureusement en calme sur
notre arriere, & ne purent aller l'aborder, ce qui obligea
Mr. de Sainte-Catherine d'armer la Chaloupe & le Canot
du Vaisseau. Les gens de la Barque s'étant apperçus de notre
manœuvre, mirent à la voile, comme ils estoient moüillés
près de terre, ils profiterent du vent qui en vient le matin ;
mais malheureusement pour eux, la Chaloupe armée de trente
bons Matelots, & le Canot de quinze, voguerent avec tant
de diligence, qu'ils la joignirent bien-tôt. Après avoir essuié
son feu, sans qu'aucun de nos gens fût blessé, ils l'abor-
derent & l'enleverent : à peine fut-elle remise, que les gens de
la Chaloupe apperçurent tout près de terre, une autre Barque,
que les Islots leur avoient caché. Comme elle avoit mis à la
voile, ils nagerent sur elle, mais l'équipage de cette Barque saisi
de peur, & voïant qu'ils ne pouvoient pas échaper des mains
de nos Matelots, jetterent leur fonds dans leur Canot, &
s'y étant embarqués au nombre de vingt-cinq, se sauverent
à terre, & abandonnerent leur Barque, où il ne demeura
que le seul Capitaine. Nos gens revinrent glorieux : ceux du
Canot conduisoient une des Prises, & la Chaloupe conduisoit l'autre. Durant cet intervalle de tems, le calme aïant
cessé, il sortit du même endroit, six autres Barques, & nos
Barques Flibustieres aïant commencé à sentir les vents, chas-
serent sur ces Barques, dont ils prirent deux : les autres
se servans du tems qui se passa durant le combat, qui ne fut
pourtant pas fort long, forcerent de voile, pour échaper :
& nos Flibustiers voïant qu'ils ne pouvoient les joindre devant
la nuit, amenerent leurs prises, & lorsqu'ils les eurent re-

1704.
Juillet.

mises au Capitaine, ils firent voile au large, esperant de rencontrer dans la nuit, les Barques qui étoient échapées. Sur ces entre faites, nous découvrîmes au large un Navire qui avoit le cap sur nous, nous le crûmes d'abord être la Conserve de ce Convoi de Barques & à l'instant nous revirâmes sur lui ; notre manœuvre ne lui plaisant pas, & apprehendant ce qui lui seroit arrivé, s'il eût tenu sa route, il revira au large.

A quatre heures du soir nous moüillâmes à *Porto-Cabille* ou *Golfo-Triste* ; à dix brasses fonds de vase, on s'afforcha Nord-Nord-Oüest, & Sud-Sud-Oüest ; on trouve la sonde à deux lieuës & demie au Nord-Oüest à trente brasses fond de sable vazar : lorsqu'on eût moüillé, on envoïa le Canot à terre, vers quelques hommes qu'on y apperçût, qui nous croïant ennemis, tirerent sur nos gens trois coups de fusils pour les empêcher d'aborder à terre ; les notres leur crierent de loin, que nous étions François & que le Vaisseau qui venoit de moüiller, étoit Navire de guerre. Sur leur parole ils laisserent approcher le canot, & après avoir parlementé ils leur permirent de mettre à terre ; ils trouverent à l'embouchure du Fleuve Cabillo, qui vient moüiller ses eaux dans ce golfe, avec celles de la mer, deux gros Batteaux Espagnols chargés de cacao & de quelques cuirs ; les Capitaines ou Patrons de ces Batteaux offrirent à nos gens des rafraîchissemens. La nuit s'approchoit, & comme il est dangereux de se trouver à terre dans ces contrées, à des heures induës les Sauvages qui y habitent, n'aïant encore rien perdu de la ferocité de leurs peres, ils revinrent à bord.

Christophle Colomb Genois de nation, fut le premier qui découvrit la Terre-Ferme de l'Amerique dans le premier voïage qu'il fit en 1492. & qu'il entreprit au hasard ; la premiere qu'il trouva fut l'Isle *Guanabani*, une des *Lucayes* ; après avoir reçu des habitans toute sorte de secours, il en partit quelques jours après : le lendemain de son départ il découvrit une autre Isle, qu'il appella *de la Conception*, parce que c'étoit le jour qu'on celebroit cette fête : il en découvrit encore une autre le jour suivant ; mais n'aïant rien trouvé de particulier dans toutes ces Isles, il continua ses decouvertes, & arriva à l'Isle de *Cuba*, où il moüilla quelques jours après. Comme il ne trouva pas ce qu'il desiroit, il mit à la voile, &

il rencontra une grande Isle qu'il nomma l'*Espagnola* (c'est
celle qu'on appelle aujourd'hui *San-Domingo*) il s'y arrêta, &
y fit bâtir un Fort qui fut achevé dans dix jours. Colomb
y laissa trente hommes, pour le garder, & il retourna en
Espagne. Il lui fallut dans ce voïage toute sa prudence pour
contenir dans le devoir ses équipages, & toute la fermeté,
pour s'opposer à leurs entreprises, ils étoient à tous momens
sur le point de se revolter : mais enfin il termina heureusement son voïage : & fut reçu en Espagne, d'une maniere
à contenter l'ambition du plus fier Courtisan. Le Roi & la
Reine lui firent l'honneur de le faire asséoir en leur presence,
la tête couverte, honneur qui n'est dû qu'aux Grands d'Espagne.

 Dans son second voïage en 1493. il découvrit les Isles
Antilles, de-là il passa à une grande Isle, qu'il appella S.
Jean-Baptiste, & qu'on connoit aujourd'hui sous le nom de
Porto-Rico. De-là il se rendit avec toute sa Flotte, à l'endroit de l'Isle Espagnola, où il avoit bâti un Fort dans son
premier voïage : il n'y trouva plus de fort, les Insulaires
l'avoient démoli : il n'y trouva plus aussi aucun de ceux qu'il
avoit laissé pour le garder, il y a apparence qu'ils avoient été
égorgés, ce qu'il lui fut impossible de découvrir. Ce malheur
imprevû fit changer à Colomb de resolution ; il abandonna
l'Isle Espagnola, & tira vers l'Est : il rencontra dans sa route une Isle fort agréable, où il débarqua tout son monde, &
y bâtit une petite ville ; dès qu'elle fût achevée, il établit
une Colonie, & renvoïa en Espagne, douze de ses Vaisseaux, gardant les cinq qui lui restoient pour s'en servir
dans l'occasion.

 En 1494. Colomb peu accoûtumé de demeurer si long-
tems tranquille, médita un voïage vers l'Oüest ; il arma pour
cette expedition un grand Vaisseau & deux Caravelles : aïant
fait route au Nord de l'Isle de Cuba, il y découvrit plusieurs
petites Isles ; mais arrivant au cap S. Antoine, les tempétes
& les orages qu'il venoit d'essüier au Nord de cette Isle, le
firent resoudre à faire route au Sud, & retourner ensuite à sa
petite ville, il découvrit en chemin la Jamaïque : de-là il tira
vers l'Espagnola, cotoïa toute cette Isle & se rendit à la ville,
dont il étoit Fondateur. Les Espagnols inquiets le traiterent
quelque tems après avec mépris, & ils écrivirent même en
Cour, contre lui ; cette conduite lui donna beaucoup de cha-

1704.
Juillet.

grin, le fit resoudre à passer en Europe, pour se justifier de
fausses accusations qu'on avoit intentées contre lui, & soûtenir son autorité & la dignité de Vice-roi des Païs qu'il
venoit de découvrir.

Colomb s'étant pleinement justifié, & étant rentré dans
les bonnes graces de leurs Majestés, qui le rétablirent dans
tous les droits & les prérogatives qu'on lui avoit accordées,
partit de *S. Lucar* avec six Vaisseaux en l'année 1498 ; ce fut
son troisiéme voïage, dans lequel il fit la découverte de la
Terre-Ferme de l'Amerique & des côtes de la nouvelle Espagne. Il toucha en passant aux Canaries, pour y prendre quelques provisions ; de-là, il envoïa trois de ses Vaisseaux à l'Isle
Espagnola, & pour lui il prit la route des Isles du Cap-verd
dans le dessein de tirer toujours vers le Sud jusqu'à l'Equinoxial ; mais il trouva les chaleurs si extraordinaires, à di-
degrez Nord de la Ligne, que l'équipage pensa mourir ; ce
la l'obligea de changer de route & il mit le cap à l'Oüest. Peu
de jours après il découvrit sur l'avant, une Isle qu'il nomma
la Trinité, & poursuivant sa navigation, il arriva sur les
côtes d'une grande Terre, qu'il prit pour une grande Isle.
Il la cotoïa, moüillant aux endroits où il trouvoit assez de
fonds pour son Navire. Les Sauvages de ces quartiers descendoient des montagnes, étonnés de voir des hommes vêtus
différemment d'eux, & qui parloient une langue inconnuë, cependant Colomb trafiquoit avec eux, & il amassa de
la sorte quantité d'or & de pierreries : jugeant ensuite que
sa presence étoit necessaire à l'Isle Espagnola, il mit à la
voile & s'y rendit.

Cette grande Terre que Colomb avoit si long-tems cotoïée
sans en trouver la fin, lui fit faire plusieurs reflexions, &
il lui échapa de dire, qu'il croïoit avoir découvert le continent du nouveau monde. Cette nouvelle se répandit bien-
tôt en Europe, & donna occasion à *Alonzo d'Ojada*, d'y aller
tenter fortune. En l'année 1499. il partit du Port Sainte-
Marie avec quatre Vaisseaux, il fit route au Sud-Oüest, 27
jours après il découvrit une terre, il la cotoïa jusqu'à un grand
golfe qu'il appella *Venesula* à cause de sa ressemblance avec
Venise : Ojada n'aïant trouvé sur toute la côte ni or, ni pierreries, comme il esperoit, poursuivit sa route jusqu'au cap
de Vela, mais il ne fut pas plus heureux, ce qui le déter-

na à reviter de bord, à retourner à l'Isle Marguerite, où
avoit deja passé, & d'où il partit pour l'Isle Espagnola.
olomb fut donc le premier, qui découvrit dans son troisiéme
oïage, le continent du nouveau Monde. Ojada continua
ette découverte depuis l'Isle Marguerite jusqu'au cap de
Vela ; mais reprenons la suite de mon voïage, dont cette
gression m'a fait sortir.

Avant la nuit on arma une des prises, qu'on envoïa chasser
ne Barque qu'on découvrit ; mais comme nos gens ne purent
joindre, avant nuit close, & qu'ils ne purent connoître
s forces pendant l'obscurité, ils la garderent jusqu'au jour.
eut-on dire après cela que les Flibustiers sont temeraires,
que leur bravoure ne leur permet pas d'agir avec prudence.

XII. *Juillet.*

La Barque qu'on arma le soir, arriva la matin avec la prise,
s Flibustiers nous dirent qu'ils ne l'avoient abordé qu'au
ur naissant, & qu'ils furent surpris de ne trouver pour tout
quipage que cinq pauvres Matelots chargés de quelques
ttres pour des Marchands de Curacao. A neuf heures du
atin la Vigie fit signal de quatre Batteaux ; nous crûmes
abord que nos Flibustiers auroient fait prise.

A dix heures du matin, je descendis à terre pour n'être pas
rpris : à l'heure de midi, je montai mon grand Anneau
stronomique, & je fis l'observation suivante.

OBSERVATION

Pour la hauteur du Pole de Golfo-Triste.

	d	′	″
Hauteur meridienne, Nord du bord superieur apparent du Soleil	78.	48.	55.
Refraction moins la parallaxe			9.
Donc hauteur veritable du bord superieur	78.	48.	46.
Demi-diametre du Soleil		15	50.
Donc hauteur veritable du centre	78.	32.	56.
Declinaison septentrionale du Soleil	21.	57.	52.
Donc suplement de la hauteur de l'Equateur	100.	30.	48.
Et hauteur du Pole	10.	30.	48.

A quatre heures du soir, les quatre Barques que la Vigie avoit vûës le matin, arriverent. Nos Flibustiers ne furent pas satisfaits des deux prises qu'ils amenerent, leur cargaison étoit de peu de valeur, & les dépoüilles des Matelots étoient si minces, qu'ils n'y voulurent pas même toucher.

XIII. *Juillet.*

Nous eûmes durant la nuit deux ou trois grains fort pesans ; la journée fut pourtant fort belle ; les vents furent tout le jour au Nord-Est, je descendis le matin à terre ; j'observai à midi la hauteur du bord inferieur du Soleil de 78ˡ. 25′. 5ˢ

   Refraction moins la parallaxe   9.

Donc veritable hauteur du bord inferieur   78. 24. 56.

Demi-diametre du Soleil   15. 50.

Donc hauteur du centre   78. 40. 46.

Déclinaison septentrionale   21. 49. 38.

Donc suplement de la hauteur de l'Equateur   100. 30. 24.

   Et hauteur du Pole   10. 30. 24.

Difference entre les deux Observations   24.

Moitié de cette difference   12.

Ajoûtés avec la moindre hauteur observée le 13. donne la hauteur veritable du Pole de   10. 30. 36.

La même Observation a été raportée dans les Memoires de l'Academie Roiale des Sciences, l'année 1708. page 6 ; mais il s'y est glissé un faute d'impression considerable ; car au lieu de bord inferieur du Soleil, on lit bord superieur, ce qui fait une erreur dans l'Observation de la hauteur du Pole, de tout le diametre du Soleil.

Le jour précedent nous avions entendu chanter dans le bois, des Poules sauvages ; comme l'histoire des animaux m'avoit toujours plû, je me munis le matin d'un fusil, en partant du bord, & après mon Observation, j'entrai dans le bois, & je n'y étois pas bien avant, lorsqu'une de ces Poules, sortit des broussailles, au bruit que je faisois : je la tirai, & content de ma chasse, je me retirai à bord où après avoir representé dans mon histoire cette Poule au naturel, j'en fis la Description suivante.

DESCRIPTION

DESCRIPTION

*D'une Poule sauvage ou Gallina silvestris cauâd longiori,
vulgò Katrakas-Katrakas.*

CEtte espece de Poule a tout le port de nos Faisans, elle est un peu plus petite, sa démarche est toute semblable à celle de nos Poules domestiques, & elle mene de même ses poussins.

Son bec est presque semblable à celui de nos Ramiers & n'en differe qu'en ce qu'il est un peu plus court & plus solide, sa couleur est bleuâtre, & il est ouvert vers le milieu par de grandes narines, fenduës en long : ses yeux sont fort amples, bleu-obscur, entourés d'un petit cercle rouge : son couronnement est gris-foncé, meslé jusqu'à son parement d'un gris d'ardoise, son parement est roux-châtain, ainsi que le dessous de ses ailes, son manteau, son col & tout le reste du corps est mélangé de gris, de roux & de verd confondus ensemble, si on en excepte le bout des pennes, qui est un peu moins chargé que le reste.

La queuë a environ 7. pouces & demi de longueur, ocmposée de 12. plumes ardoisées, meslangées d'un verd-foncé, dont on ne s'aperçoit selon que la position de l'œil, les 2. plumes du milieu sont d'une même teinture ; mais les collaterales ont leurs extremités teintes d'une bande couleur feüille-morte foncée.

Les jambes ne different de celles de nos Poules domestiques, qu'en ce qu'elles sont plus longues & d'un noir fort clair ; leurs serres ont leur partie superieure teinte de rouge, & sont terminées par un ongle long, pointu & crochu.

On ne sçauroit distinguer le mâle d'avec la femelle, ni par la grandeur du corps, ni par la diversité du plumage, ni enfin par aucune marque exterieure ; mais on les distingue par la trachée-artere du mâle ; car après qu'elle est descenduë jusques au-dessous du ventre, elle remonte vers le gosier pour s'aller s'inserer dans les poulmons, ce que j'examinai le lendemain sur six que je tirai ; c'est-là la seule difference que j'ai trouvé entre le mâle & la femelle de cette espece : le peu de tems que nous demeurâmes moüillés dans cette rade, ne nous permit pas de faire d'autres remarques.

Cet Oiseau est d'un goût excellent : on en voit à plusieurs endroits sur les côtes de la Terre-Ferme. Les Sauvages les appel-

—————— lent Katrakas-Katrakas, nom tiré du chant de ces animaux.

Le jour que nous moüillâmes, on tira un coup de canon, au bruit duquel les Sauvages descendirent des montagnes & sortirent des bois, dont tout le païs est couvert : ils vinrent sur le bord de la mer dans leurs équipages ordinaires, je veux dire tout nuds, n'aïant qu'une ceinture d'une petite & menuë racine, autour de laquelle, quelques-uns d'eux avoient quelques plumes, aussi bien qu'à leurs têtes : je ne sçaurois passer sous silence, une action d'un de ces Sauvages, qui nous donna sujet de rire. Un de nos Matelots avoit jetté dans la mer une vieille perruque, qu'un de ses camarades meilleur menager avoit retiré de l'eau, & mit sécher au Soleil ; un Sauvage la vit, il lui en prit envie, & aïant demandé par signes, s'il la vouloit vendre, il lui en offrit trois piastres, que celui-ci prit sans balancer ; & d'abord que le Sauvage fut maître de la perruque, il la mit sur sa tête, se promenant à grands pas sur le rivage, & regardant avec un air fier ses camarades, comme s'il fut paré des plus riches ornemens.

Je m'informai de ces Sauvages quelles étoient les productions de leurs terres & quels animaux elles nourrissoient, ils me répondirent que le Mays, qui leur sert de pain, y étoit fort commun, aussi bien que le Magnoc & le Cacao, & qu'ils avoient de toutes les racines que nous avons dans nos Isles, Patates, Ignames & autres : que ce païs nourrissoit grand nombre d'animaux fort dangereux, Tigres, Caïmans ou Crocodiles, Serpens d'une prodigieuse grosseur & aussi venimeux que ceux de la Martinique; ce qui me fut confirmé par un Religieux de l'Observance, dont la Cure n'étoit qu'à dix lieuës delà, & qui vint pour acheter quelques hardes sur les Vaisseaux.

Je demandai encore à ce R. P. quel étoit le temperament du Païs, il m'assura que l'air y étoit bon, excepté depuis le commencement du mois de Juillet, jusqu'au mois d'Octobre, que durant ce tems-là, le tonnere y gronde continuellement, & avec un bruit épouvantable, nous en fûmes temoins le peu de jours que nous demeurâmes moüillés dans ce golfe : les pluïes continuelles durant ces trois mois, rendent le païs fort humide & corrompent l'air, ce qui cause diverses maladies ; les vents varient alors de l'Oüest au Nord-Oüest : le reste de l'année, les vents ne varient que du Nord-Est à l'Est-Nord-Est, & ils purifient l'air, qui est très-sain durant les autres neuf mois de l'année.

XIV. *Juillet.*

Le matin nous descendîmes à terre, quelques Flibustiers & moi, dans le dessein d'aller laver quelques linges dans une riviere que nous avions vû le jour précedent à cent pas de l'endroit où nous étions moüillés ; nous fumes surpris de ne la plus trouver. Un des notres s'avisa de dire que les pluïes n'aïant pas discontinué de toute la nuit, & le rivage n'étant qu'un sable mouvant, l'abondance des eaux pourroit avoir changé son lit. A deux cens pas de-là nous apperçûmes deux Sauvages, nous allâmes à eux, & les aïant joints, nous leur demandâmes qu'étoit devenuë la riviere que nous avions vû les jours passés, ils nous répondirent qu'elle avoit changé son lit : en effet à quarante pas de-là, nous vîmes ses eaux se mêler avec celles de la mer : quoiqu'elles fussent extremement troubles, nous ne laissâmes pas d'y laver notre linge, dans la crainte de ne trouver de long-tems la même commodité ; cette riviere étoit peu profonde sur ses bords, je crus qu'elle l'étoit de même partout, ses eaux extrêmement troubles m'empêchoient d'en juger ; malheureusement le morceau de savon dont je me servois m'échapa des mains, je courus après pour le ratraper, je rencontrai un grand creux fort profond, j'y tombai, & quoique peu alteré, j'y bus tout mon saoul : par un bonheur singulier les Flibustiers s'en apperçûrent, ils se jetterent tous à l'instant dans la riviere & sans consulter le danger, ils ne penserent qu'à me retirer de l'endroit où j'étois prêt de perdre la vie : ils me remirent à terre, & j'achevai mon savonage, le Soleil extremement chaud, sécha bien-tôt & mon linge & mes habits. Durant ce tems-là je tirai l'Oiseau dont je fais ici la Description.

DESCRIPTION

D'un *Héron* ou *Calidris Leucophæa.*

CEtte espece de Héron ressemble beaucoup à celle que les Latins appellent *Ardea stellaris.* Sa queuë est courte, son bec, ses jambes & son col fort longs, ils vivent de même dans les païs marécageux & le long des rivieres.

Sa grosseur égale celle d'un de nos pigeons, son bec a deux pouces & demi de longueur, il est droit, son extremité émoussée est noire & tout le reste de ce bec, bleu-azuré, son couronnement, son manteau & son vol sont gris-clair, exceptés quelques plumes des aîles qui sont noires & les pennes moitié noires & moitié blanches : son parement & tout le dessous du ventre sont blancs, ses jambes & ses pieds composés de quatre doigts terminés par un petit ongle noir, sont de même couleur que le bec.

XV. *Juillet.*

On resolut de se débarasser des Prises ; car on n'avoit pas de provisions pour nourrir les équipages, & nous étions dans des parages, où il étoit impossible d'en trouver, on travailla à en retirer les marchandises : on en chargea la meilleure des Barques, & le lendemain elle fit voile pour la Martinique, sous le commandement de Mr. Jambon à qui on donna dix hommes pour la manœuvre, & on le fit convoïer par le Capitaine Martin qui commandoit une des Barques armées en course, montée par trente Flibustiers : les autres Prises furent venduës sur la côte, à l'exception d'une sur laquelle on embarqua tous les Prisonniers, qui ne servoient à bord qu'à diminuer nos provisions : ils firent voile le même jour pour l'Isle Curacao. Je pris ce jour-là, sur le bord d'un marais quelques Oiseaux particuliers.

DESCRIPTION

D'une *Poule* ou *Gallinula palustris.*

CEtte Poule est de la grosseur d'une de nos Perdrix ; son bec est semblable à celui de nos Poules ; depuis sa racine jusqu'au milieu des narrines, il est d'un beau jaune tant à sa partie superieure, qu'à l'inferieure, & le reste jusqu'à son extremité, est gris-jaunâtre, ses narrines fenduës en long, sont percées à jour ; cette Poule a au-devant de sa tête, un écusson qui couvre la naissance du bec, formé par une peau fort unie,

paisse & taillée en fer de pique ; ses yeux sont petits, la prunelle bleu-noir & luisante, entourée d'un cercle couleur d'or;
tout son couronnement est d'un beau noir-luisant , qui se
termine d'un côté à la naissance de son parement, & de l'autre à celle de son manteau : son parement, son manteau & son
vol sont teints, d'un très-beau bleu-d'indigo , mêlé d'un peu
d'azur, ses pennes sont bleu-obscur à leur partie superieure
& à l'inferieure gris-obscur ; sa queuë de même couleur , est
fort courte, & les plumes au tour de l'anus sont blanches.

La femelle ne differe du mâle, qu'en ce qu'elle a son couronnement fauve-foncé, son manteau de même couleur, son
parement blanc, son vol verdâtre, mêlé d'un peu de fauve,
ses pennes d'un bleu-celeste, mêlé d'un peu de verd.

Ces Oiseaux sont fort maigres ; ils ont un goût marécageux, assez desagréable ; nous ne laissâmes pas de profiter de
ceux que nous primes , je me serois même estimé fort heureux d'en trouver autant, les deux premiers jours de notre arrivée. Tout occupé de mes Observations, & n'aïant pas occasion d'aller à bord, après qu'elles furent finies , nous fûmes
obligé mon compagnon & moi de passer toute la journée à
terre, avec un pain fort petit, & de l'eau trouble de la riviere dont j'ai déja parlé.

Le même jour sur le soir , allant joindre le Canot qui
m'attendoit sur le bord de la mer ; je tirai un autre Oiseau
assez singulier, que je rencontrai par hasard sur le rivage.

DESCRIPTION

D'un Oiseau appellé *Hæmantopus marinus.*

CEt Oiseau est gros comme un de nos Pigeons , & ressemble fort à une beccasse : la longueur de son bec est de
quatre pouces six lignes, droit & rouge comme du corail,
tranchant à l'extremité, en maniere d'une petite cognée : ses
yeux sont jaunes, la prunelle en est bleu-foncé, & la paupiere
rouge de même que le bec, la membrane qui lui sert à couvrir les yeux , comme aux Chathuans & aux Chouëttes est
pâle, mince & déliée ; son couronnement est beau-noir ; son
parement jusqu'à la queuë, est d'un blanc agreable, son man-

teau & son vol sont brun-fauve , les plumes des aîles son
blanches , depuis leur milieu jusqu'au tuiau ; le reste jusqu'
l'extremité des plumes est de même couleur que le manteau ; l
queuë est moitié blanche & moitié grise , le tibia & les jam
bes fort longues , sont d'un blanc pâle , les pieds sont divisé
en trois doigts , armés de petits ongles noirs & émoussés.

On ne trouve ces Oiseaux que sur le rivage , ils ne viven
que de petits coquillages , qu'ils cassent avec leur bec , su
les rochers ; leur chair a un goût agréable & bien differen
de la Poule que j'ai décrit ci-dessus.

Le vent de Nord-Est qui avoit soufflé toute la journée
calma sur le soir ; le Ciel se couvrit , les tonneres commenceren
à l'entrée de la nuit , ils ne discontinuerent pas & leu
effroïable bruit jetta la terreur dans l'ame des plus intrépide
nous n'eûmes pas besoin de lumiere durant la nuit , les éclai
nous servoient de flambeaux , qui ne s'éteignirent qu'au jou
naissant ; la pluie dura toute la nuit ; enfin cette nuit fut
terrible , que nous crûmes voir un second déluge. Le jou
nous amena le beau tems.

XVI. *Juillet.*

Le Capitaine d'un des Bateaux chargés de Cacao & de Ma
moüillés dans le fleuve à l'Est du golfe , vint avertir notre Cap
taine , qu'on voïoit au large deux grosses Barques leur bor
à l'Oüest ¼ Nord-Oüest ; la Barque la Diligente appareill
d'abord , on renforça son équipage de vingt Flibustiers : ave
soixante qu'elle avoit déja , elle en eût quatre-vingt , tou
gens de prompte expedition.

A neuf heures du matin les vents se rangerent à l'Est
Nord-Est , à midi on commença à virer au Cabestan ; lor
qu'on fut à pic , le cable cassa ; de sorte qu'on fût oblig
de moüiller une autre ancre sur notre boüée , & d'attendr
le lendemain , esperant qu'à la faveur de l'orin (corde fr
pé par un bout à la boüée , & par l'autre à la croisée d
l'ancre ;) on pourroit trouver l'endroit , où la patte d
l'ancre s'étoit accrochée au rocher , la parer & la tirer p
les cheveux.

La nuit suivante fut belle , le vent de Nord-Est ne cal
ma pas , comme les nuits précedentes , la Lune dans so

lein favorisa nos Flibustiers, qui arriverent sur les dix heures
vec une petite prise, qui, pour leur échaper, avoit fait force
voile; mais comme le vent étoit frais, elle cassa sa grande
ergue & son mâts, & fut obligée de se rendre.

XVII. *Juillet.*

Nos gens se mirent au travail avant le jour, ils vouloient
solument se tirer de cet affreux desert, tout l'équipage fut
onc occupé à lever l'ancre, au cas qu'on la retrouvât. Sans
onger à l'embarras où l'on se trouvoit, je demandai au
apitaine quelque Matelot pour me descendre à terre; la
onversation que j'avois eu le jour précedent avec le Curé
e ces cantons, m'avoit fait concevoir que je pourrois en-
re apprendre de lui des particularités fort interressantes sur
istoire du païs; j'avois une extreme envie de le rejoindre:
r. de Sainte-Catherine, qui étoit de la derniere politesse,
donna sur le champ à un Matelot de me satisfaire. Je me
ndis à la Cabane des Capitaines Espagnols, dont j'ai déja
rlé, & j'y trouvai le Curé, qui me reçut fort honneste-
ent, & me presenta une tasse de chocolat, fait à sa ma-
iere, il étoit d'un goût plus délicat & beaucoup meilleur
e celui que nous prenions aux Isles. Mon but étoit d'aprendre, quels Dieux l'on adoroit dans cette partie du nou-
au monde; je fis tomber la conversation sur cette matiere;
Curé me fit un long dénombrement de tous ces Dieux,
il m'assura avoir vû quelques nations, qui faisoient des
othéoses, & mettoient au nombre de leurs Dieux, leurs
aciques & les personnes vertueuses, selon leur genre de vie;
ogme que Pythagore avoit pris chez les Caldéens, & dont
venal raille si agréablement les anciens Romains. Après
oir satisfait ma curiosité, je revins à bord; il étoit près de
idi; j'y trouvai notre Capitaine fort affligé.
Nos gens se flattoient que l'orion leur suffiroit pour dégager
ancre, ils firent quelque effort, il ne pût y resister, il cassa
e même que deux grélins qu'ils emploierent à la même ma-
œuvre; vöiant donc l'impossibilité de lever cette ancre, &
out leur travail perdu, ils resolurent de l'abandonner & de
ettre à la voile; nous fismes route l'amure à tribord pour
ater *Punta-Secca*, cap à l'Oüest de *Golfo-Triste*. Les vents

alors à l'Est-Nord-Est ; je m'apperçus que les courans po[r]toient au vent.

Le calme nous prit au Soleil couchant : *Punta-Secca* nou[s] restoit au Nord-Oüest ¼ Oüest environ à cinq lieuës de dis[-]tance & le moüillage de *Golfo-Triste* au Sud ¼ Sud-Est à tro[is] lieuës & demie ; nous continuâmes la route du Nord jusqu[']huit heures que nous mîmes le cap au Nord-Nord-Oüest.

XVIII. *Juillet.*

La barque que nos Flibustiers amenerent aïant fait forc[e] de voiles pour les éviter , n'avoit ni mâts ni vergues. Le[s] vents les avoient cassés. On fut obligé de la mettre à la traî[s]ne ; cependant le Vaisseau faisant chemin , on travailloit [à] radouber & le mâts & la vergue : d'abord qu'on eût fini c[e] travail , on alla mettre le mâts en place ; on envoïa les Pri[-]sonniers à cette barque , & on leur donna des provision[s] necessaires pour huit jours , & la liberté d'aller où ils vou[-]droient : depuis quatre heures du matin , nous faisions rout[e] au Nord-Oüest. Au lever du Soleil le vent mediocremen[t] frais , nous découvrimes l'Isle de Curracao , qui est la seul[e] de consequence que les Hollandois possedent dans les Inde[s] occidentales ; elle est distante du continent , environ de sep[t] à huit lieuës. Le circuit de Curracao est environ de trent[e] lieuës , il y a dans cette Isle liberté de religion.

A midi j'observai la hauteur du Pole de   11ᵈ.   56'.
Depuis le jour précedent , la route valut
le Nord-Oüest ¼ Nord plus un degré 45'.
Nord en chemin   33. *lieuës* ⅔

Depuis midi du jour précedent , les vents varierent de l'E[st] Nord-Est au Nord-Est.

Au Soleil couchant , j'observai aussi la
variation de l'aiguille aimantée au Nord-
Est de   6ᵈ. 15'.

A la même heure l'extremité la plus Sud de l'Isle d'Oruba nous restoit au Sud ¼ Sud-Oüest à trois lieuës , & l'extremit[é] du Nord-Est à l'Oüest.

Devant la nuit , comme les vents étoient fort frais , o[n] prit les rits dans les huniers, on apprehendoit quelque coup d[e] vent imprévû.

XIX. *Juillet.*

A huit heures du matin on fit signal à nos Flibuftiers de
s'accofter de nous ; on avoit appris par les gens des deux
Batteaux moüillés dans le fleuve qui fe jette dans Golfo-
Trifte, qu'une Barque Hollandoife montée de dix piéces de
canon & de quatre-vingt hommes d'équipage, qui étoit en
traite fur ces côtes, moüilloit dans le fleuve Hacha. Le
deffein de nos gens étoit de la furprendre ; on doubla l'équipage de nôtre barque, & on ordonna au capitaine, de fe tenir
de l'avant de nous.

L'Ifle d'Oruba que nous laifsâmes fur notre arriere, eft
peuplée de quelques Indiens, depuis que les Etats Generaux
des Provinces-Unies fe font rendus les maîtres de Curracao.
Vis-à-vis l'Ifle Oruba, on trouve le golfe de Venefulla, dont
le fonds depuis fon embouchure, eft environ de douze à quatorze lieües : on voit dans ce fonds deux petites Ifles, chacune d'une lieüé de tour, au milieu defquelles paffe le grand
lac de Maracaibo, qui vient fe décharger dans la mer ; fon
embouchure eft une gorge qui s'élargit, au raport des Flibuftiers qui entrerent dans ce lac, & qui pillerent Maracaibo & les Bourgs qui font fur fes bords ; fa largeur eft de
trente lieües & fa longueur de foixante ; plus de foixante & dix
rivieres y mêlent leurs eaux, dont quelques-unes font fi
confiderables, que des Vaiffeaux pourroient y naviger : la
terre à l'Eft de ce lac eft fort baffe. A vingt lieües de-là, il
y a un païs perdu, où les Indiens font obligés d'habiter fur
les arbres, à caufe des grandes innondations, ils ne s'occupent qu'à la pêche : on voit un Bourg nommé Gilbratar fur
le bord du lac, d'où l'on tire ce Tabac tant eftimé en Efpagne,
que l'on appelle Tabac de Maracaibo ; le Cacao qui y croît
eft le meilleur & le plus excellent de toutes les Indes : ce
Bourg eft en grand commerce avec les villes qui font au-delà
des hautes montagnes toujours remplies de neiges à leur fommet, qu'on appelle *los montes de Gilbratar* : les Efpagnols
n'ont pas encore pû decouvrir les terres au Sud-Eft de ce
lac, ils appellent les Indiens qui les habitent, *Indios bravos*,
ils font fi inhumains, qu'ils fe mangent les uns les autres,
& qu'ils furpaffent en férocité, les Caraïbes & les Canibales

P p

qui arrachoient les jeunes enfans du sein de leurs meres, parce qu'ils trouvoient plus de ragoût dans la chair tendre & nouvelle de ces innocens.

La ville de Maracaibo est bâtie sur le bord de l'eau, toutes les Barques du golfe y transportent les marchandises des environs, qu'on charge ensuite sur les Navires d'Espagne.

L'Olonois François de nation, natif des Sables d'Olone dont il portoit le nom, un de ces hardis Flibustiers qui croient

Qu'à vaincre sans peril, on triomphe sans gloire,

attaqua le Fort bâti sur une des deux petites Isles, & l'emporta malgré la resistance de deux cens cinquante Espagnols & quatorze pieces de canon qui le deffendoient. De-là il passa à un Fort qui n'est éloigné de la ville de Maracaibo que de six lieuës : les habitans de Maracaibo allarmés du bruit du canon, embarquerent leurs effets les plus précieux & se sauverent à Gilbratar, croïant y être en sureté, & ne pouvant pas s'imaginer que les Flibustiers les poursuivissent jusques-là, d'autant plus qu'ils laissoient à Maracaibo assez de marchandises dans les Magasins, pour satisfaire leur avidité. Cependant l'Olonois & ses gens aïant passé quinze jours à se délasser de leurs fatigues, & aïant été informés par ceux qui étoient restés dans Maracaibo, que les plus riches avoient transporté ce qu'ils avoient de plus précieux à Gilbratar, resolurent d'aller attaquer cette place, quoiqu'ils ne doutassent pas qu'on ne l'eût fortifiée & mise en état de se bien deffendre ; mais qui peut resister à des gens, qui vont au danger sans le connoître ? Ils partirent de Maracaibo, & trois jours après, ils arriverent à Gilbratar, ils y trouverent les Espagnols retranchés, cela ne les empêcha pas de fondre sur eux & de s'avancer jusqu'à portée du pistolet, étant enfoncés dans la vaze jusqu'au genoüil ; alors les Espagnols tirerent sur eux une batterie de vingt pieces de canon chargés à cartouche ; il tomba quelques Flibustiers, qui en mourant crioient à leurs camarades, *courage ne vous épouventés pas vous serez victorieux.*

Ils poursuivirent en effet toujours avec la même vigueur forcerent le premier retranchement, & repousserent les Espagnols jusques dans un autre, où ils les obligerent à de

mander quartier ; ces derniers étoient au nombre de six cens
hommes, dont il en resta quatre cens sur la place, & cent
urent blessés : les Flibustiers perdirent cent hommes à cette
attaque.

L'Olonois non-content des trésors qu'il trouva dans cette
ville, proposa à ses compagnons d'aller à Merida à quarante
lieuës de-là, mais ils ne furent pas de ce sentiment, & il ne
les pressa pas d'avantage ; il rançonna Gilbratar & Maracaïbo,
brûla celle-là à cause qu'on ne païa pas sa rançon le jour
qu'on la lui avoit promise, & après avoir chargé ses Vaisseaux, des richesses immenses qu'il trouva dans ces villes, il
mit à la voile & fit route à l'Isle Vache. Revenons à la route
que nous tenions.

A midi j'observai la hauteur du Pole de   12ᵈ. 56′.

Depuis le jour précedent, la route avoit valu l'Ouest-
Nord-Ouest plus 2ᵈ. Nord en chemin   29. *lieuës* ⅓

A midi on mit le cap au Sud-Sud-Ouest, les vents à l'Est-
Nord-Est, on vouloit reconnoître la terre, à quatre heures
du soir ne la voïant pas encore, on mit le cap au Sud ;
avant le coucher du Soleil, nous découvrimes à travers la
brume de hautes montagnes au Sud ¼ Sud-Est, & il nous parut au Sud-Est ¼ Sud une terre basse ; comme on apprehendoit d'être déja enfoncés dans le golfe de *Rio-Hacha*, on arriva : nous sçavions d'ailleurs, qu'il y a un banc, qui s'étend
huit à neuf lieuës au large. Les vents continuoient à l'Est-
Nord-Est assez frais, l'amure à tribord.

Au coucher du Soleil, je trouvai par son amplitude occidentale observée, la déclinaison Nord-Est
de l'aiguille aimantée de   7ᵈ. 20′.

Nous courûmes la même bordée jusqu'à minuit, après
avoir pris les ris dans nos huniers ; alors nous revirâmes de
bord, on mit l'amure à bas bord, le vent toujours Est-Nord-
Est à grandes raffales.

x x. *Juillet.*

Au lever du Soleil, nos Pilotes crurent voir la terre, leur
point, ou pour mieux dire, leur navigation les trompa ; car
bien-loin de n'être qu'au cap *Coquibecoa*, nous avions déja
doublé le cap *de la Vela*, les courans leur furent fort favo-

rables, & on ne pût leur difputer qu'ils portoient à l'Oüeft. Les peuples qui habitent ces contrées font extremement feroces. A neuf heures du matin, la brume que nous avions eu jufqu'alors s'étant entierement diffipée, nous laiffa voir les hautes montagnes de fainte Marthe, qui font à 25. lieuës du bord de la mer; alors nous crûmes être éloignés de 30. lieuës; on peut conclure de ce qu'on les voit de fi loin, combien ces montagnes doivent être élevées : nous fûmes furpris de les trouver couvertes de neiges; leur fommet eft cependant affez près de la Ligne, & l'on reffent de fi grandes chaleurs dans ce païs, que pour cela même, on les avoit cru inhabitables dans les fiecles paffes. Le Soleil n'étoit alors éloigé du Zenit de ces montagnes, du côté du Nord, que d'environ neuf degrez, & le cap *de la Vela* nous reftoit à l'Eft-Nord-Eft, environ à huit lieuës; nous fondâmes, & on trouva fonds à cinquante-cinq braffes, fonds fable rougeâtre, donnant fur le vert avec quelques petits monceaux de coquillages pourris & de fils de corail blanc. On ordonna au Capitaine de la Barque, d'aller à la riviere *Hacha*, chercher le Bâtiment Traiteur, qu'on nous avoit dit y être moüillé, & de fe bien tenir fur fes gardes; c'étoit un Bâtiment de force, monté d'un équipage prefque tout Flibuftiers; on l'avertit auffi que nous l'attenderions à fainte Marthe, où on avoit refolu d'aller moüiller; ces ordres donnés, nous fifmes route au Sud-Sud-Oüeft; peu d'heures après nous trouvâmes les eaux changées, il y a à ces endroits-là, une baffe terre, qui avance fort au large, & qu'on pourroit inveftir dans la nuit, on peut la trouver par la fonde, & on ne fçauroit l'éviter autrement. A deux heures après midi étant Eft & Oüeft, avec la riviere *Hacha* environ à dix lieuës, on trouva le fonds à douze braffes, fonds de corail blanc, nous étions alors éloignés de cette terre baffe environ de trois lieuës. A quatre heures nous trouvâmes même fonds, mais fable blanc, nous avions auffi au Sud les montagnes de fainte Marthe, elles nous paroiffoient fi proches, quoiqu'elles fuffent à plus de vingt-cinq lieuës, qu'il fembloit qu'on devoit les toucher avec la main. Durant la nuit nous portâmes le cap à l'Oüeft-Sud-Oüeft, & à l'Oüeft ½ Sud-Oüeft, à petites voiles, pour ne pas nous éloigner de la terre.

XXI. *Juillet.*

Le matin on força de voile le cap au Sud-Oüest, on découvrit un Bâtiment qui faisoit voile sur nous; d'abord on revira pour aller le reconnoitre. Sur les dix heures par les signaux qu'il nous fit, nous reconnûmes que c'étoit notre
barque, nous nous remîmes en route, mais il s'éleva sur le
champ une si furieuse tempête, que nous crûmes que notre
Vaisseau periroit. Que de reflexions ne fait-on pas dans ces
occasions? Mais ces reflexions ne durent pas plus que la tempête; il tonnoit épouventablement, & nous avions encore à
craindre la foudre, qui, conduite par le vent, pouvoit tomber
sur quelqu'un des mâts, ou sur le Navire, & nous couler à
fonds. J'ai dit ailleurs, qu'un jour étant moüillé dans la riviere de la *Plata*, le plus grand fleuve de l'Amerique, je fus
témoin d'un spectacle, qui épouventa les équipages des Vaisseaux qui étoient dans le même endroit. Nous eûmes sur ce
fleuve une espece d'Ouragan, qui commença par des tonnerés
épouventables, la foudre tomba sur un de nos Vaisseaux de
soixante-dix pieces de canon, & aïant donné sur le haut du
grand mât, elle le creusa jusqu'à la quille; le vent par sa furie
jetta à travers du Vaisseau le mât, qui dans sa chute écrasa
sept hommes, & les autres mâts en furent abbatus.

Durant la tempête, nous étions par le travers du cap des
Aiguilles, elle ne dura pas, les vents qui varierent de l'Est au
Sud & du Sud à l'Oüest, se rangerent au Nord-Est, nous mîmes le cap à parer les écüeils qui sont autour du cap. Depuis ce cap jusqu'à sainte Marthe la côte court Nord & Sud.

A trois heures du soir nous étions environ à trois lieuës de
deux Islots, qui sont au Nord de la baye de sainte Marthe;
on mit le canot à la mer où descendit le Capitaine en second, pour aller prévenir le Gouverneur de la ville, & lui
demander la permission de moüiller dans la baye; on delibera
dans le Navire par quelle passe on entreroit dans la baye.
Deux Islots dont j'ai parlé, forment deux differentes passes;
un Espagnol interessé sur le Navire, & fort ami de Mr. de la
Touche, dont le fils aîné étoit embarqué avec nous, avoit
conseillé de passer entre la Terre-Ferme & un petit Islot, où
il n'y avoit justement que la passe d'un Vaisseau, heureuse-

1794.
Juillet.

ment notre Vaisseau se manioit bien ; car naturellement nous devions échoüer dans cette passe ; elle n'avoit ni assez de largeur, ni assez de profondeur pour un Navire comme le nôtre. Lorsque nous fûmes au milieu de la passe, on auroit pû des bords du Navire sauter à terre & de bas-bord & de tribord : on conçoit de-là, qu'on risqua le Navire par cette méchante manœuvre. Il n'y avoit pas assez de fond, la quille du Navire toucha avec tant de force sur le rocher du fond de la mer, qu'elle fut percée, & par le plus grand hasard une piece du rocher se détacha & boucha l'ouverture très-exactement. A combien de dangers les navigateurs ne sont-ils pas exposés? On ne s'apperçut de cet accident, qu'à S. Domingue, cinq mois après qu'on fut arrivé ; comme le Vaisseau dans la traversée de Cartagene à S. Domingue faisoit plus d'eau qu'à son ordinaire, on resolut de le décharger. On ne vouloit pas s'exposer à passer en Europe, sans visiter auparavant le Vaisseau, & remedier à cette voie-d'eau, qui pouvoit dans un trajet aussi long que celui de S. Domingue en France, couler le Vaisseau à fonds. Après qu'on eût retiré toutes les marchandises, & mis le Vaisseau en carène, on trouva près de la quille, le morceau de roche qui s'étoit enfoncé dans le bois & avoit bouché le trou avec la même justesse, qu'auroit pû faire un ouvrier. On loüa le Seigneur d'avoir inspiré cette prévoiance ; car il auroit été impossible d'éviter le peril dans la mauvaise disposition, où le Navire étoit alors.

D'abord qu'on eût paré la pointe du cap, qui est à l'entrée, sur laquelle pointe, il y a une Vigie, on vint au lof à bas-bord pour ranger le cap, & lorsqu'on eût découvert le fonds de la baye, on moüilla ; on porta ensuite une amarre sur le cap, & un cable sur le rivage amarré à un arbre pour soutenir le derriere du Vaisseau. On n'apprehende, dans cette baye, que le vent de Nord-Est, qui tombe d'une haute montagne ; les raffales y sont grandes & très-dangereuses. Nous moüillâmes à quatre heures du soir par vingt brasses, fonds de vaze de bonne tenuë ; dès qu'on eût moüillé, on salua le Fort de neuf coups de canon, le Fort rendit le salut de sept coups, en deux tems, ils n'avoient que quatre pieces montées ; notre Barque arriva sur les six heures, elle avoit toujours rangé la terre, esperant de trouver dans quelque anse quelque Traiteur pour se dédommager du tems qu'on avoit perdu depuis les dernieres prises.

Cette Baye n'est découverte que de l'Oüest-Sud-Oüest ; de l'Oüest, & de l'Oüest-Nord-Oüest ; mais les vents soufflent rarement de ces côtés-là : on doit en entrant se donner de garde, d'un Banc à tribord, qui s'étend depuis le Fort à un demi greslin au large. La ville est au fonds du golfe environ à cent pas du bord de la mer , dans une plaine sablonneuse , où coulent deux petites rivieres, qui vont se décharger dans la mer : on trouve dans la ville une Eglise assez mal propre , & deux Convents de Religieux, l'un de S. François, & l'autre de S. Dominique. L'Evêque de Sainte Marthe est suffragant du Metropolitain du nouveau Roiaume de Grenade. L'air y est sain & le meilleur de toute la côte.

Rodrigues de Bastidas fut le premier qui découvrit ces côtes du nouveau Continent. En 1501. il arma deux Vaisseaux à Cadix , d'où il partit en Fevrier , & se servant du Journal de Colomb , il tint la même route, que celui-ci avoit faite dans son troisiéme voiage. Après avoir cotoié tout le pais que Colomb avoit découvert, il poussa plus loin, il tira vers l'Oüest trafiquant toujours avec les Sauvages , & découvrit enfin ce qu'on appelle aujourd'hui Sainte-Marthe, Cartagene & *Nombre de dios*. Il avoit dessein d'aller encore plus loin ; mais ses Vaisseaux se trouverent en si mauvais état , qu'il fut obligé de faire route pour S. Domingue , dans l'intention d'y radouber ses Vaisseaux pour repasser en Espagne. Il eut de si mauvais tems à essuier dans cette traversée , qu'à son arrivée à S. Domingue , il eut le chagrin de voir couler bas ses Navires, & il n'eut que le tems d'en retirer ce qu'il avoit de plus précieux ; pour surcroit de malheur, les habitans de S. Domingue le mirent en prison , d'où il se sauva, & par le secours d'un de ses amis , il repassa en Espagne avec ce qu'il avoit pû sauver du naufrage.

XXII. *Juillet.*

Nous dinâmes d'assez bonne heure, sans attendre la permission de l'Empereur de la Chine , nous n'étions ni Rois ni Princes, & c'est pour eux-seuls, qu'il fait publier, après qu'il est sorti de table, qu'ils peuvent aller dîner à leur tour. Après le repas nous descendîmes à terre, nous allâmes visiter le Gouverneur & les personnes les plus distinguées de cette ville ; je trouvai chez le Directeur de la Siente, un jeune homme qui exerçoit dans Sainte-Marthe l'art de Medecine, il avoit été chirurgien sur un Vaisseau commandé par Mr. Tourre, qui me passa de Smirne à Constantinople, je fus bien aise de le rencontrer, esperant que je trouverois chez lui, quelque endroit pour monter mon horloge & faire à Sainte-Marthe, quelque Observation, mais je connus à ses manieres qu'il apprehendoit de m'avoir pour hôte, & d'être obligé de me donner à dîner ; ainsi je ne le pressai pas davantage.

XXIV. *Juillet.*

Le jour précedent vingt-trois, nous eûmes de la pluïe & des tonnerres semblables à ceux qu'on entend sur toute la côte, ou pour mieux dire, dans presque toute l'Amerique: ce qui m'obligea de demeurer à bord ; le lendemain vingt-quatriéme dès le matin les nuages se dissiperent, & nous crûmes avoir une belle journée ; je descendis mes instrumens à terre, & je fis l'Observation suivante.

Hauteur meridienne apparente du bord supérieur du Soleil Nord   81^d. 46′. 5″.
     Refraction moins la Parallaxe   6.
   Donc hauteur du bord corrigée   81. 45. 59.
   Demi-diametre du Soleil   15. 51.
   Donc hauteur du centre du Soleil   81. 30. 8.
    Complement de la hauteur septentrionale du Soleil   8. 29. 52.
   Déclinaison septentrionale du Soleil   19. 50. 12.
   Donc hauteur du Pole de Ste Marthe   11. 20. 20.

XXVI. *Juillet.*

Je descendis le matin à terre pour lever le Plan de la baye, je ne pouvois le faire durant le jour, dans la crainte d'être apperçu des Espagnols, j'avois besoin de me ménager avec eux ; & l'on sçait jusqu'à quel point ils sont soupçonneux, après que je l'eus levé, j'allai celebrer la Messe à la Paroisse dediée à Sainte Anne, comme c'étoit le jour que l'Eglise

celebre

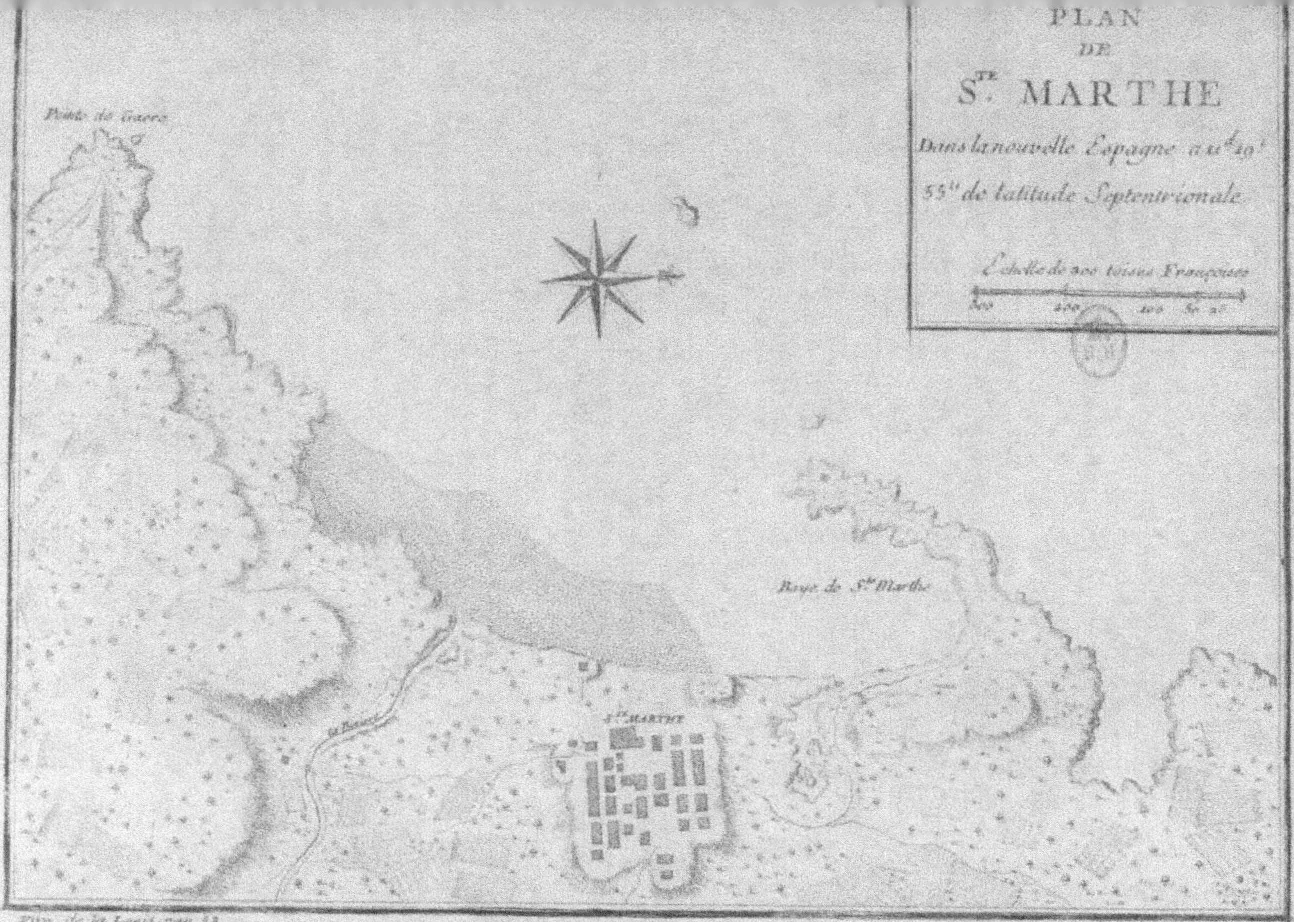

PLAN
DE
Ste. MARTHE
Dans la nouvelle Espagne au 74e 19'
55" de latitude Septentrionale
Echelle de 200 toises Françoises
Baye de Ste Marthe
Ste MARTHE
Pointe de Graces
Voy. de la Louis. pag. 53

celebre la fête de cette Sainte : je m'arrêtai pour entendre
le Sermon, & dès qu'il fut fini, je me retirai à bord, où je
paſſai le reſte du jour.

XXVII. *Juillet.*

Notre Capitaine traita Mr. le Gouverneur, quelques
Officiers, & le Curé de la Paroiſſe, ce fut dans la maiſon de
campagne de ce dernier, bâtie dans une fort agréable ſolitude
ſur le bord de la riviere, bordée de chaque côté d'arbres de
haute-futaye : la riviere contribuë ſurtout à en rendre le ſéjour délicieux, ſes eaux par leur doux murmure flattent
agréablement l'oreille, & les yeux ne ſont pas moins ſatis-
faits d'en voir la ſurface couverte de petites lames d'or très-
minces, & ſans conſiſtance, puiſqu'elles s'évanoüiſſent en les
maniant. L'on peut juger de-là que cette riviere eſt abondante en or, l'on m'aſſura même que pluſieurs perſonnes
avoient trouvé près de ſa ſource des monceaux d'or peſant
depuis une juſqu'à deux onces. Cette ſource eſt aux pieds des
hautes montagnes de Sainte-Marthe, où il y a des mines de
pluſieurs métaux ; mais les neiges qui y ſont éternelles, &
les froids extraordinaires qui y regnent, empêchent les Eſpagnols d'y travailler. Quoiqu'il en ſoit, cette riviere roule
avec elle quantité de poudre d'or, & l'on y en trouve au fond ;
ainſi les Eſpagnols de ces quartiers ne doivent s'en prendre qu'à leur feneantiſe, s'ils ſont auſſi miſerables. La pau-
vreté eſt ſi grande parmi eux, que le Curé qui nous prêta ſa maiſon, ne put pas nous fournir une nape pour couvrir la table, & comme nous n'y avions pas prévu, on fut
obligé de ſe ſervir de feüilles de bananiers. Il n'y avoit eu
que neuf perſonnes de conviées au repas que donnoit notre
Capitaine, cependant avant même qu'on ſe mît à table, il
y avoit déja tant de monde, que nos places ſe trouverent
priſes par des gens qui nous étoient tout-à-fait inconnus.
Comme les habitans de ces quartiers ne mangent que du
pain de mays & de caſſave, & qu'ils ne boivent que de
l'eau, c'eſt un grand regal pour eux, que de trouver du
vin & du pain de froment, ainſi ſans qu'on les priât, il
ſe trouva aſſez de gens qui s'inviterent eux-mêmes, & l'on
ne pût les refuſer, ſurtout étant dans un païs où l'on a beſoin de tout le monde.

Q q

A la fin du repas, j'allai me promener le long de la riviere, j'avois plus de plaisir de voir couler ses eaux dorées, que d'être avec des ivrognes. Peu de tems après j'entendis un grand bruit, je m'étois bien douté, qu'ils chercheroient querelle à nos gens avant que de se quitter ; je courus pour en sçavoir le sujet, & je trouvai quelques Espagnols l'épée & le poignard à la main qui se battoient contre nos gens ; sur le champ j'allai en avertir le Gouverneur, mais je le trouvai lui-même plongé dans l'yvresse, je l'éveillai & le conjurai de venir imposer silence à ses gens, il le fit de son mieux, & le bruit finit. Le calme ne dura pas long-tems, il s'éleva une seconde querelle si vive, que je crus qu'il y auroit quelqu'un de tué, enfin voiant que les esprits s'échauffoient de plus en plus, je priai le Capitaine de nous embarquer dans la Chaloupe qui étoit moüillée dans la riviere, & nous nous retirâmes à bord.

XXVIII. *Juillet.*

Le matin on tira au sort, auquel des Flibustiers, de ceux qui s'étoient revoltés le vingt-six, on donneroit la cale, il tomba sur le frere du Capitaine de la Barque ; je m'emploiai auprès de Mr. de Sainte-Catherine pour obtenir sa grace ; mais il ne voulut écouter personne : il sçavoit par experience, que si on ne punissoit les Flibustiers, lorsqu'ils sont coupables, mutins comme ils sont, on se trouveroit tous les jours exposé à de nouvelles revoltes ; ce jour-là nous cûmes de grandes pluïes, accompagnées de tonnerres, qui grondent presque toujours dans cette contrée.

XIX. *Juillet.*

Le matin j'allai celebrer la Messe chez les Peres Dominicains, l'Eglise est dediée à Sainte Marthe, dont on faisoit la fête ce jour-là, en memoire de ce que les Espagnols prirent cette ville à pareil jour sur les Indiens. Ces RR. PP. me prierent à diner, ce que je ne pus leur refuser, j'allai après-diner me promener dans des jardins, où je vis quelques Tamarins, arbre que je n'avois pas vu jusqu'alors, ce qui m'engagea à en faire la Description suivante.

DESCRIPTION

De l'Arbre appellé Tamarin.

LE Tamarin est un Arbre à plein vent, son tronc est revêtu d'une écorse épaisse , brune , toute gersée par plusieurs fentes entremelées ; ce tronc pousse quantité de branches écartées les unes des autres , & celles-ci en poussent plusieurs autres , subdivisées en plusieurs autres plus menuës , & toutes garnies en long par plusieurs brins alternes , longs de quatre à cinq pouces , & chargés d'un bout jusqu'à l'autre par quinze ou seize paires de feüilles arrangées fort près les unes des autres , & dans la même disposition que celles de nos casses ordinaires ; durant le jour elles sont toutes étenduës , mais à l'approche de la nuit elles se ferment ; chaque feüille se colle sur le devant de celle qui lui est opposée.

Ces feüilles sont arrondies par les deux bouts , & un peu échancrées vers leur extremite, elles sont presqu'également larges dans toute leur longueur , & cette largeur est de trois à quatre lignes , si on en excepte quelques-unes , qui ont comme une petite avance du côté d'en-haut , comme on voit dans les Lorchites communs , les plus longues de ces feüilles ne surpassent pas dix lignes , leur goût est acide , comme celui de nos ozeilles ou de nos jeunes bourgeons de vignes ; elles sont tant soit peu charnuës , verd-foncées , plus par-dessus que par-dessous , & unies ; le côté qui les traverse d'un bout à l'autre , est assez délié , & les autres qui en naissent & s'étendent en arc de chaque côté , sont fort déliées , & on ne s'en appercevroit pas , si leur couleur n'étoit pas un peu plus foncée , que celle de la feüille.

Les fleurs naissent comme par grappes tout le long d'autres brins , un peu plus longs & un peu plus épais que ceux des feüilles ; on les prendroit d'abord pour des fleurs de quelque espece d'Orchis , ou d'Elleborine ; car elles sont composées d'un calice tourné en bas , & fendu en quatre pieces pointuës , etroites , pâles & retroussées en dehors , semblables aux feüilles exterieures de nos Iris : du fonds de ce calice , il en sort trois autres feüilles pointuës , presque difposées en trefle ou en trident, & une étamine large & triple au commencement, & dirigée enfuite en trois étamines vertes, crochuës & furmontées chacune d'un petit fommet roufsâtre : celle du milieu de ces trois feüilles eft un peu plus petite, que les autres, elles font toutes de couleur de rofe, & toutes veinées de rouge-pourpré, leur contour eft ondé en façon d'une petite fraife.

Il fort du fein de ces trois feüilles difpofées en trident & de cette triple étamine, un petit piftile vert & crochu, prefque femblable à un hameçon ; ce piftile devient une filique fauve, épaiffe environ de dix lignes & longue de quatre pouces, prefque femblable aux gouffes de nos groffes fèves, fort peu applatie par les côtés ; la coffe de ces filiques, eft mince & fragile, elle enferme dans fa capacité, une chair tout-à-fait féparée, mais gluante, fort acide, roufsâtre & attachée au bout intérieur de la coffe, par trois filamens qui la parcourent tout le long du dos & du ventre ; elle fert comme d'indu¢tion à un fac membraneux, rempli de deux ou trois & tout au plus de quatre femences fort dures, liffes & tannées, femblables à la peau des châtaignes, ou à celle de la Caffe ordinaire, *Caffia fiftula Alexandrina* : ces femences font compofées de deux lobes blancs couverts de cette peau ; ces lobes renferment un germe placé fur le haut, environ d'une ligne de long. On connoît fa fituation en dehors, par une petite éminence.

Cet Arbre jette une humeur vifqueufe, roufsâtre & acide, qui devient dans la fuite du tems dure & blanchâtre.

L'ufage du Tamarin eft connu en Europe, ce qui me difpenfe d'en parler.

Premier *Août*.

Notre Capitaine avoit deffein de mettre le matin à la voile; mais le Gouverneur accompagné des plus qualifiez de la ville, vint de grand matin le prier de demeurer encore quelques jours, fur l'avis qu'il avoit eu le foir précédent par Mr. de Piniente, qui lui avoit écrit de Cartagene, que les Anglois & les Hollandois avoient armé quelques Bâtimens pour venir faire defcente à Sainte-Marthe & piller cette ville. Mr. de Sainte-Catherine ravi de trouver cette occafion de

retarder son retour en France, accorda aisément la demande
que lui faisoit Monsieur le Gouverneur.

Ce jour-là ne fut pas plus beau que les autres. Nous eûmes une pluie qui ne cessa point, des tonnerres continuels &
des éclairs à nous éblouïr, les vents varierent du Sud à l'Oüest.

III. *Aoust.*

Plus heureux que les jours passés, le Soleil parut fort clair
à midi, j'observai la hauteur meridienne

apparente du bord superieur du Soleil de	84ᵈ.	8ᵐ.	35ˢ.
Refraction moins la parallaxe			6.
Donc hauteur du bord superieur corrigée	84.	8.	29.
Demi-diametre du Soleil		15.	58.
Donc hauteur du centre	83.	52.	31.
Declinaison septentrionale du Soleil	17.	27.	6.
Donc suplement de la hauteur de l'Equateur	101.	19.	37.
Et hauteur du Pole	11.	19.	37.

IV. *Aoust.*

Je trouvai par le calcul, le lieu
du Soleil au   12ᵈ. 8ᵐ. 43ˢ. ♌

Le même jour, j'observai le complement de la hauteur
meridienne apparente du bord superieur
du Soleil du côté du Nord

	5ᵈ.	35ᵐ.	50ˢ.
Refraction moins la parallaxe			6.
Donc complement de la hauteur corrigée	5.	35.	56.
Demi-diametre du Soleil		15.	58.
Donc complement de la hauteur du centre corrigée.	5.	51.	54.
Declinaison septentrionale	17.	11.	22.
Donc hauteur du Pole	11.	19.	28.

La plus grande hauteur du Pole que je
trouvai par ces Observations, fut celle du
24. Juillet, qui fut de   11. 20. 20.

Difference entre la moindre & la plus grande		52.
Moitié de cette difference		26.

Laquelle ajoûtée à la moindre hauteur
obſervée   11ᵈ. 19ʹ. 28ʺ.
Il en reſultera une moïenne hauteur qui
ſera la veritable   11. 19. 54.

Cette derniere Obſervation fut faite à cent pas du bord de la mer, vers le Sud, dans le Palais de Mr. l'Evêque de Sainte Marthe , & les deux autres dans le Convent des Peres de Saint François.

V. *Aouſt.*

A deux heures après midi , nous appareillâmes , par un petit vent de Nord-Eſt ; la briſe , c'eſt ainſi qu'on appelle ces vents dans l'Amerique , ſe leva fort tard ce jour-là , le Gouverneur accompagné de quelqu'autres perſonnes , vint le matin prendre congé de nôtre Capitaine & le remercier de ce qu'à ſa priere il avoit demeuré quelques jours de plus, dans ce Port, qu'il ne s'étoit propoſé, & on les ſalua de cinq coups de canon. A la hauteur du grand Iſlot , au Nord de la baye , on mit côté en travers , pour attendre la chaloupe & le canot qu'on mit dans le Navire : enſuite on fit route à l'Oüeſt ¼ Nord-Oüeſt pour parer quelque bancs & quelques pointes qui avancent au Sud de *Gaira* , environ dix lieuës ; nos deux Barques avoient appareillé avec nous , comme elles ne pouvoient nous ſuivre , nous fiſmes petites voiles.

VI. *Aouſt.*

Le matin nos Pilotes ſe flattoient de voir la terre , ils ne faiſoient pas reflexion , que les eaux du fleuve de la Magdelaine que nous paſsâmes par ſon travers , nous avoient jettés au large ; on mit le cap au Sud-Oüeſt , à huit heures on le mit au Sud-Sud-Oüeſt , toujours dans le deſſein d'approcher la terre , les vents s'étoient rangés dès le matin à l'Eſt-Nord-Eſt.

A midi j'obſervai la hauteur du Pole   11ᵈ. 1ʹ.

La terre ne parut pas encore au coucher du Soleil, quoique nous euſſions continué nôtre route au Sud-Sud-Oüeſt ; avant la nuit nous revirâmes au large , nous apprehendions de tomber dans le golfe de *Darien* , où dans cette ſaiſon les vents d'Oüeſt regnent : les barques qui nous avoient ſuivis juſqu'alors , eurent ordre d'accôter la terre.

VII. *Aouſt.*

A cinq heures du matin , on mit le cap à l'Oüeſt-Sud-Oüeſt ; le vent ſe rangea au Nord ; nos barques ne parurent plus.

A midi la hauteur du Pole fut obſervée de   10ᵈ. 42ʹ.

Depuis notre départ de Sainte-Marthe , la route corrigée avoit valu l'Oüeſt ½ Sud-Oüeſt , plus cinq degrez Sud , en chemin quarante-ſix lieuës.

A la même heure de midi , les vents de Nord commencerent à diminuer. Nous avions mis le cap à l'Oüeſt toujours dans la crainte de n'approcher de trop près du golfe *Darien.* A huit heures du ſoir , le vent de Nord calma & ſe retira au Nord-Eſt.

VIII. *Aouſt.*

Les vents varierent de Nord-Nord-Eſt au Nord-Eſt.

A midi j'obſervai la latitude Nord de   10ᵈ. 35ʹ.

Depuis midi du ſeptiéme , la route corrigée valut l'Oüeſt , plus deux degrez Sud , en chemin   36. *lieuës.*

Le vent calma à midi , & au Soleil couchant il ſe leva un petit vent de Nord , qui nous fit mettre le cap à l'Oüeſt.

IX. *Aouſt.*

A 3ʰ du matin le calme nous reprit , nous eſperions voir la terre au jour naiſſant , mais elle étoit encore trop éloignée.

A midi j'obſervai la latitude Nord de   10ᵈ. 31ʹ.

La route depuis midi du jour précedent avoit valu l'Oueſt ¼ Sud-Oueſt , plus 2ᵈ. 30ʹ. Sud , en chemin   20. *lieuës.*

A deux heures du ſoir , nous découvrîmes au Nord-Oueſt deux Barques ; les vents s'étant rangés au Sud-Oueſt , oppoſés à notre route.

X. *Aouſt.*

Au lever du Soleil , les vents varierent du Sud-Oueſt , à l'Oüeſt. Les deux Barques que nous avions découvertes le jour précedent nous reſtoient à l'Oueſt. Nous revirâmes de bord , l'amure à tribord.

La latitude fut obſervée à midi de   10ᵈ. 50ʹ.

La route avoit valu depuis midi du neuviéme , le Nord-Oueſt ¼ Nord , en chemin.   11. *lieuës.*

Les vents se rangerent au Sud-Ouest, & insensiblement vinrent à l'Ouest, ils ne pouvoient nous être plus opposés. Deux Requiens, animaux toujours affamez, vinrent nous donner, à leurs dépens, le plaisir de la pêche. On mit une piece de bœuf salé de deux livres à un gros hameçon amarré à une corde; le Requiem vint y mordre, l'avala goulument & se trouva pris. On le tira à bord, nos Matelots l'eurent bien-tôt dépecé, & chacun emporta son morceau; un moment après, on prit son camarade, & comme le premier n'avoit pû suffire pour contenter tout l'équipage, ce nouveau secours ne lui fut pas inutile.

Nous chassâmes sur les deux Barques jusqu'à la nuit, que le calme nous prit.

XI. Aoust.

Au jour naissant, on découvrit sur l'avant, les deux barques que nous avions chassées le jour précedent. Le vent s'étoit rangé à l'Est & nous portions le cap au Sud-Sud-Est.

A midi, nous eûmes deux ou trois grains qui firent varier les vents, & nous empêcherent d'approcher les deux barques. On arbora Pavillon Anglois, & on tira, sous le vent un coup de canon à bâle. Elles arborerent alors leur Pavillon, elles prenoient notre Vaisseau, pour le Pontchartrain Corsaire de la Jamaïque.

A deux heures du soir, elles arriverent sur nous avec beaucoup de confiance, nos gens crûrent ces barques armées en Flibuste; pouvoit-on en avoir une autre idée? On les voioit venir sur nous, vent arriere; on s'étoit donc préparé à un rude combat, persuadés qu'elles venoient nous aborder; lorsqu'elles furent à demi-portée du boucanier, on amena le Pavillon Anglois, & arbora Pavillon blanc. Au même moment, le Capitaine fit faire feu sur les deux barques, on tira toute la bordée, & la mousqueterie sur deux pauvres bâtimens, dont tout l'équipage consistoit en cinq hommes chacun, qui nous croïant Anglois, avoient reviré sur nous pour nous demander du secours. Ils n'avoient plus ni pain ni eau; ces pauvres miserables tous épouvantés, mirent à travers d'une pluie de bâles, leur Canot à la mer, & vinrent à l'obéïssance. Heureusement aucun d'eux ne fut blessé, mais leurs voiles furent toutes criblées; il n'y eut qu'une bâle de canon qui porta dans

les

les œuvres mortes d'une des barques. Le combat fut bien-
tôt fini. Nos Officiers resterent confus d'avoir ordonné de tirer sur de pauvres gens, qui venoient pour nous demander
l'aumône. On leur donna du pain & de l'eau, & on les
renvoia à leur Pêche; c'estoient deux batteaux de la Jamaïque qui alloient pêcher dans le golfe de *Darien*. A quatre
heures & demie du soir, on découvrit la terre à Sud-Sud-
Est environ à douze lieuës, on la prit pour les montagnes
de Porto-Bello.

1794.
Aoust.

XII. *Aoust.*

Les vents varierent durant la nuit de l'Est-Sud-Est, au
Sud-Oüest; le matin les vents se rangerent au Sud-Oüest,
où ils demeurerent fort peu de tems.

A midi j'observai la hauteur du Pole de   10ᵈ. 14ʹ.
La route avoit valu le Sud-Oüest, en chemin   9. *lieuës.*

XIII. *Aoust.*

Les vents & les calmes nous furent opposés; le Soleil ne
parut pas de tout le jour. La route valut le Sud ¼ Sud-Oüest
plus 3ᵈ. à l'Oüest, en chemin   11. *lieuës.*

XIV. *Aoust.*

Les courans & le peu de vent nous approcherent de la
terre; car la pointe Saint Blaise dont nous étions le jour
précedent environ à onze lieuës au Sud-Est ¼ Est, nous
restoit au même rumb de vent à 8. lieuës de distance.

La route depuis midi du jour précedent valut le Sud ¼
Sud-Oüest, en chemin   11. *lieuës.*

XV. *Aoust.*

Au lever du Soleil, nous eûmes un petit vent d'Est, nous
fismes route à terre, pour la mieux reconnoître. A midi les
vents se rangerent au Sud-Sud-Oüest, & le Soleil parut, j'observai la hauteur du Pole de   9ᵈ. 32ʹ.

A quatre heures du soir, la Baye de *los Bastimentos* nous
restoit au Sud-Est, environ à trois lieuës; à l'entrée de la
nuit, nous revirâmes au large, nous aprehendions durant la
nuit, d'être affalés sur la côte.

R r

XVI. *Aouſt.*

Dans la nuit précedente, nous eûmes une furieuſe tempête , par bonheur au commencement de la nuit les vents
du Sud nous avoient éloignés de la terre ; le bruit du ton-
nerre fut épouventable , les éclairs penetroient juſqu'au fonds
du Navire , & les lames étoient ſi hautes , & battoient le Navire avec tant de violence , que nous étions menacés d'un
prochain naufrage ; la tempête ceſſa au jour naiſſant ; mais
elle nous laiſſa à la merci des houles , qu'une abondante pluïe
calma ; nous loyoiâmes toute la journée , en vûë de terre , les
vents au Sud , le 17ᵉ nous fiſmes la même manœuvre. Le 18.
les vents ſe rangerent au Sud-Eſt , nous portâmes le cap au
Sud-Oüeſt ¼ Sud.

XIX. *Aouſt.*

Au matin Porto-Bello nous reſtoit à l'Eſt ¼ Nord-Eſt ,
environ à cinq lieuës. Le vent ſe rangea au Nord ; à cinq
heures du ſoir, nous mouillâmes , entre l'Iſle *Sancta-Ventura*,
& le Château qui eſt à bas-bord de l'entrée du Port à 17.
braſſes, fonds de vaze de bonne tenuë ; on ſalua le Fort de
ſept coups de canon , & il nous en rendit cinq.

XX. *Aouſt.*

Le matin on appareilla pour aller moüiller dans le Port,
nous y trouvâmes un Navire du Roi , appellé le *Palmier* ,
commandé par Mr. du Cré, qui amena ſa flame d'abord qu'il
nous découvrit , il croioit que Mr. de Roquemador oncle
de notre Capitaine commandoit le Vaiſſeau. Lorſque nous
fûmes par ſon travers , on le ſalua de ſept coups de canon,
il rendit ſalut d'un pareil nombre de coups.

Le même jour je deſcendis à terre, j'allai viſiter Mr. le
Gouverneur , pour le prier de permettre que je deſcendiſſe
mes inſtrumens à terre : il me fit quelque difficulté , mais
d'abord que je lui eus montré les Ordres de Sa Ma-
jeſté , il me donna un de ſes domeſtiques , & me pria de
prendre logement chez lui ; je l'acceptai avec plaiſir. Pendant le ſéjour que je fis à Porto-Bello , je reçus de lui beau-

coup d'honnestetés , & il me donna tous les secours qui dépendoient de lui.

OBSERVATIONS

PHYSIQUES ET MATHEMATIQUES

Faites à Porto - Bello.

XXIV. *Aoust.*

LE matin je descendis à terre, je saluai Mr. le Gouverneur
& le priai de faire tenir à Mr. le President d'Avila,
la Lettre que Mr. le Comte de Pontchartrain, alors Secretaire
d'Etat & des Commandemens de Sa Majesté , lui écrivoit.

LETTRE

*De Monseigneur le Comte de Pontchartrain , à Son Excellence
Monseigneur le Marquis d'Avila , Vice-Roi du Mexique ,
Resident à Panama.*

MONSEIGNEUR,

" Le Pere Feuillée se proposant de passer aux Indes , pour "
y faire des Observations qui puissent servir à perfection- "
ner l'Astronomie , la Géographie & l'Hydrographie ; le "
Roi qui a approuvé ses ouvrages & son projet , m'a or- "
donné d'en écrire à Votre Excellence, & de la prier en son "
nom de donner à ce Religieux les facilités & le secours qu'il "
vous demandera pour réussir dans ce travail & dans son pas- "
sage , pourvû qu'il ne se rencontre rien de contraire aux "
Ordres & au Service du Roi d'Espagne. J'y satisferai,en vous "
assurant que je suis parfaitement ,,

DE VOTRE EXCELLENCE,

Le très-humble & très-affectionné
serviteur PONTCHARTRAIN.

De Versailles ,
le 17. Janvier 1703.

R r ij

XXV. *Aouſt.*

Je mis le matin mon horloge en mouvement, & je commençai de la regler, eſperant d'obſerver le matin 29ᵉ l'immerſion du premier Satellite de Jupiter.

Hauteurs correſpondantes du Soleil pour verifier l'horloge.

Heures du matin.			Hauteur.	Heures du ſoir.		
9ʰ.	43′.	7ˢ. *bord ſup.*		2ʰ.	21′. 21ˢ. *bord ſup.*
	44.	12. *centre.*	56ᵈ.		20. 15. *centre.*
	45.	15. *bord inf.*			19. 8. *bord inf.*

Par la 1ᵉʳᵉ hauteur l'horloge marquoit à midi 12ʰ. 2′. 14ˢ.
Par la ſeconde ,   12. 2. 13.
Par la troiſieme ,   12. 2. 13.

Les deux jours ſuivans, les vents furent à l'Oueſt, nous eûmes de grandes pluïes, nous ne vimes pas le Soleil, & les tonnerres continuerent à ſe faire entendre comme à Sainte Marthe.

XXVIII. *Aouſt.*

Hauteurs correſpondantes du Soleil , pour verifier l'Horloge.

Heures du matin.			Hauteur.	Heures du ſoir.		
9ʰ.	0′.	12″. *bord ſup.*		3ʰ.	8′. 17ˢ. *bord ſup.*
9.	1.	19. *centre.*	45ᵈ.	3.	7. 10. *centre.*
9.	2.	27. *bord inf.*		3.	6. 3. *bord inf.*

Par ces correſpondances , l'horloge
marquoit à midi   12ʰ. 4′. 14ˢ
Le 25. elle marquoit midi à   12. 2. 13.

Donc l'horloge avoit avancé en trois
jours de   2. 1.
Pour être au tems moïen , elle devoit
avoir retardé de   52.
Donc elle avançoit en trois jours ſur
le tems moïen de   2. 52.

XXIX. *Aouſt.*

OBSERVATION

Du premier Satellite de Jupiter.

QUelques minutes devant l'Obſervation, le Satellite n'é-
tant pas encore immergé dans l'ombre de Jupiter, je vis
aiguille des minutes au haut du Cadran de mon horloge ;
omme le Satellite paroiſſoit encore aſſez clair, & que je ſça-
ois que mon horloge étoit bien reglée, je ne penſai plus
la regarder devant mon Obſervation ; je repris ma lunette,
trouvai que la lumiere du Satellite avoit fort diminué. Je
e quittai la lunette qu'au moment que le Satellite diſparut
ntierement ; alors j'allai à l'horloge, mais je fus bien éton-
é de trouver l'aiguille des minutes dérangée, le tems qu'elle
narquoit ne convenoit pas avec celui que j'avois vû peu aupa-
vant, & il falloit qu'elle fut tombée du haut du Cadran
n bas, de plus de huit minutes : ce qui me mortiſia extre-
ement, veu qu'il eſt fort rare d'avoir dans ce climat une
uſſi belle nuit, que celle de ce jour-là ; par la comparaiſon
u tems que je crus s'être paſſé, depuis que je vis l'horloge
our la premiere fois juſqu'à la totale immerſion, je jugeai
ue l'horloge devoit marquer à l'heure
e l'immerſion $3^h\ 25'\ 0''$ *du matin.*

L'horloge devoit avancer au tems
e l'Obſervation de   2 27
                                       —————————————

Donc le vrai tems de l'immerſion
ût arriver à   3 22 33
Je ne raportai pas cette Obſervation avec les autres que
eus l'honneur d'adreſſer à Mgr le Comte de Pontchartrain
& qui ont été inſerées dans les Memoires de l'Academie
Roiale des Sciences, ne la croiant pas aſſurée, en effet elle
ne l'étoit pas ; cependant comme je préjuge qu'elle ne s'éloigne
as du vrai tems de plus de deux minutes, je n'ai pas cru
nutile de la rapporter, après en avoir averti le Lecteur.

L'Obſervation faite, je remis l'aiguille au haut du Cadran

un moment après, elle tomba en bas. Je n'eus plus lieu d
douter d'où venoit mon erreur. Le même jour, je démont
mon horloge, je serrai le tuïau qui porte l'aiguille des m
nutes, afin qu'il ne m'arrivât plus le même accident.

PREMIER *Septembre*.

Le Vaisseau le *Palmier* mouillé tout près de nous, app
reilla le matin, & fit voile vers Cartagene.

Le matin on vint avertir notre Capitaine qu'à Bocator, er
viron à six lieuës à l'Oüest de Porto-Bello, on avoit vû deu
Barques qui faisoient la traite sur ces côtes; le Capitaine de
cendit sur le champ à terre pour en avertir le Gouverneur,
convinrent ensemble d'y envoïer deux Barques, une Esp
gnole montée par des gens de la même nation, & une
nos prises, qu'on armeroit des gens du Vaisseau; nos Fl
bustiers étoient en campagne depuis le lendemain de not
arrivée; la chose concluë, on travailla à l'armement, qui f
prêt à sortir le soir du même jour. On arma aussi not
Chaloupe, & on mit à la voile à l'entrée de la nuit, ma
apprehendant que quelque Espagnol n'avertît les gens d
deux barques, on tint secret le dessein que l'on avoit fo
mé : c'étoit que nos deux barques mouilleroient à la Passe
l'Est de Bocator, pour surprendre les deux Traiteurs à le
passage, qu'au jour naissant la chaloupe feroit quelque bru
par la passe de l'Oüest de Bocator, & qu'aussi-tôt les deu
Barques feroient voile, & sortiroient par la passe de l'Est. L
chose se passa comme on l'avoit resolu; mais bien-loin
surprendre les deux Barques, nos gens furent eux-mêm
surpris, par la negligence & le peu de resolution
l'Officier qui les commandoit : les ennemis passerent au m
lieu de nous, & nous saluërent de leur mousqueterie &
leur canon; on courut alors aux armes, mais il n'étoit pl
tems, nous eûmes quatre hommes blessés; nos Barques r
vinrent le soir. Le Capitaine aïant appris la conduite
l'Officier, le destitua de son emploi, & donna le command
ment à un autre, qui partit le même jour pour aller che
cher des Barques le long de la côte.

11. *Septembre*.

Sur l'avis qu'on avoit vû quelques Traiteurs le long de

te, notre Capitaine mit à la voile ; au sortir du Port nous
mes deux Barques qui faisoient route à l'Est ; nous les
assâmes jusqu'à la pointe Saint-Blaise, & nous les appro-
ions à vûë d'œil, lorsque le calme nous saisit ; elles trou-
ient sur la côte un petit vent de terre ; la nuit qui se fai-
it nous les fit perdre de vûë, à la même heure nous enten-
mes le canon & la mousqueterie sur notre avant ; nous
prîmes le lendemain que nôtre Barque étoit aux prises
ec un Bâtiment Hollandois de douze pieces de canon & de
uatre-vingt hommes d'équipage ; la Barque Espagnole se
nt au loin, durant le combat, sans faire mine de donner
a secours à notre Barque ; le Capitaine qui vit sa mauvaise
anœuvre, tâcha de se tirer dessous, & nous raporta que si
le eût voulu donner, ils auroient immanquablement ame-
é la Barque Hollandoise.

1 7 0 4.
Septemb.

I I I. *Septembre.*

On lovoïa toute la nuit ; le matin on esperoit voir quel-
ue Bâtiment au lever du Soleil. Cependant il n'en parut
ucun, & on profita du vent d'Est-Nord-Est, qui nous
oussa jusqu'à l'entrée du Port, où nous mouillâmes sur les
x heures du soir, à dix-huit brasses fonds de vaze.

V I. *Septembre.*

Le matin Mr. de la Croix Capitaine en second du Naire qui partit avec nos Flibustiers à notre arrivée à Porto-
Bello, vint mouiller dans ce Port, il amenoit trente-neuf
ndiens, tant hommes que femmes ou enfans, qu'il avoit
ris à Moustiques dans le golfe de Darien.

V I I. *Septembre.*

Le Gouverneur averti dès le soir du sixiéme, que nos
Flibustiers avoient pris à Darien trente-neuf Indiens, vint
e matin à bord pour intimer à notre Capitaine la deffense
du Roi d'Espagne, qui ordonne sous de grièves peines de ne
vendre aucun Indien ; deffense à laquelle ces Messieurs ne se
soumettent pas toujours, mais qu'ils font observer reguliere-

ment aux Etrangers. Le Gouverneur obligea donc notre Capitaine à mettre à terre les Indiens , & il les fit enfermer dans le Fort Saint-Hierôme, bâti à l'entrée de la ville du côté de l'Oüeft ; mais la nuit suivante ils fauterent les murailles du Fort exceptez quelques petits enfans qui y demeurerent. On reprit feulement le matin trois femmes qui voulant imiter leurs camarades , s'étoient caffées les jambes ; on les remit dans le Fort & on n'entendit plus parler de ceux qui s'étoient fauvés.

J'obfervai à midi la hauteur meridionale apparente du bord fuperieur du Soleil , je la trouvai de

J'obfervai à midi la hauteur meridionale apparente du bord fuperieur du Soleil , je la trouvai de	86ᵈ.	38ᵐ.	20ˢ.
Refraction moins la parallaxe			3.
Donc hauteur du bord fuperieur corrigée	86.	38.	17.
Demi-diametre du Soleil		16.	9.
Donc hauteur corrigée du centre	86.	22.	8.
Lieu du Soleil 14ʰ. 58ᵐ. 57ˢ. ♍	5.	55.	35.
Déclinaifon feptentrionale	5.	55.	35.
Donc hauteur de l'Equateur	80.	26.	33.
Complement , ou hauteur du Pole	9.	33.	7.

VIII. Septembre.

Le foir on avertit notre Capitaine, qu'à Bocator , il étoit arrivé un petit Vaiffeau Hollandois en traite ; il ordonna à nos Flibuftiers de fe tenir prêts à minuit pour mettre à la voile, & aller furprendre ce Navire ; rien ne leur fait plus de plaifir , que lorfqu'on les emploie à de telles expeditions ; ils ne s'endormirent pas , comme ceux du Vaiffeau qu'on avoit envoié depuis quelques jours au même endroit pour y aller furprendre deux Barques en traite.

IX. Septembre.

A dix heures du matin nos deux Barques parurent à l'entrée du Port , convoiant le Vaiffeau que les Flibuftiers venoient de prendre ; d'abord qu'ils eurent moüillé , ils demanderent permiffion au Capitaine de refortir pour aller chercher , dirent-ils , quelque meilleure fortune fur la côte.

XII.

XII. *Septembre.*

J'observai la hauteur meridienne appa-
rente du bord superieur du Soleil de   84ˡ. 44ˡ. 50ˢ.
  Refraction moins la parallaxe   5.
  Donc hauteur corrigée   84. 44. 45.
  Demi-diametre du Soleil   16.   1.
  Donc hauteur du centre   84. 28. 44.
  Lieu du Soleil 19ˡ. 51ˡ. 15ˢ. np
  Déclinaison septentrionale   4.   1. 29.
  Donc hauteur de l'Equateur   80. 27. 15.
    Complement & hauteur du Pole   9. 32. 45.

XIII. *Septembre.*

Malgré toutes les deffenses du Roi d'Espagne, on ne lais-
soit pas en secret, de vendre des Indiens; je demandai à un
Espagnol que je voïois assez souvent, si j'en pourrois trouver quelqu'un d'environ douze à quinze ans : il fit mon
affaire, je me rendis chez lui à l'heure assignée, & il me
presenta un jeune Indien de douze ans que je trouvai fort
convenable au service que j'esperois en tirer; il m'en demanda
quatre-vingt piastres, je lui en offris soixante, & il les accepta : je retirai mon Indien, je l'envoïai à bord, & je priai
Mr. de Sainte-Catherine de permettre qu'il passât avec nous
à la Martinique, ce qu'il m'accorda de fort bonne grace.

A midi j'observai la hauteur meridienne
apparente du bord superieur du Soleil de   84ᵈ. 22ˡ. 0ˢ.
  Refraction moins la parallaxe   4.
  Donc hauteur corrigée   84. 21. 56.
  Demi-diametre du Soleil   16.   0.
  Donc hauteur de l'Equateur   84.   5. 56.
  Le lieu du Soleil 20ᵈ. 50ˡ. 9ˢ
  Déclinaison septentrionale   3. 38. 21.
  Donc hauteur de l'Equateur   80. 27. 35.
    Complement ou hauteur du Pole   9. 32. 25.

XIV. *Septembre.*

Le jour précedent je m'étois disposé pour observer l'immerſion du premier Satellite de Jupiter ; mais cette nuit ne fut pas plus favorable que les autres. Les pluies continuelles ne me laiſſerent voir Jupiter qu'un moment à une heure du matin ; le Ciel ſe recouvrit enſuite, & il ne parut plus.

Les vents varioient toujours de l'Eſt à l'Oüeſt ; le matin ils commençoient de ſouffler à l'Eſt juſqu'à midi, après midi ils ſe rangeoient à l'Oüeſt.

xv. *Septembre.*

Mr. le Gouverneur s'embarqua le matin pour venir à bord faire de grandes plaintes à notre Capitaine, ſur ce qui lui avoit été rapporté qu'on vendoit dans le Vaiſſeau diverſes marchandiſes : le Capitaine comprit aiſément ſon langage, & qu'il n'étoit pas venu pour s'en retourner les mains vuides, il le fit entrer dans ſa chambre, & lui fit quelque preſent ; cela fit ſon effet, le Gouverneur dit en ſortant aux Officiers qui l'avoient accompagné ; la médiſance eſt bien grande, pluſieurs perſonnes ſont venuës me faire des plaintes qu'on vendoit ici des marchandiſes, cependant je ne vois, dans ce Vaiſſeau, rien moins que ce qu'on a voulu me perſuader. Il diſoit vrai, on ne lui vendit rien ; car on lui donna. Il y a des abus par-tout, & l'argent eſt une clef, qui ouvre toute ſorte de portes. Nos Flibuſtiers arriverent le 17, mortifiés de ce qu'ils n'avoient rien trouvé ſur la côte.

Le reſte du mois fut extremement pluvieux, les vents toujours à l'Oüeſt & grands tonnerres ; je commençai de perdre eſperance de pouvoir faire quelque Obſervation avant mon départ, pour déterminer la longitude de Porto-Bello.

III. *Octobre.*

On eut des nouvelles que les Fourbans, dont le bruit avoit couru qu'ils devoient paſſer à la mer du Sud, étoient arrivés à Boca-del-Toro ; le Préſident de Panama, envoïa un ordre exprès au Gouverneur d'armer inceſſamment les deux Barques que le Roi d'Eſpagne entretient dans le Port de de Porto-Bello, & de faire enſorte qu'elles ſe trouvaſſent en même tems avec les Troupes qu'il envoïeroit par terre à Boca-del-Toro. Le Gouverneur crut que notre Capitaine ne lui

refuseroit pas ses deux Barques, & il vint les lui demander ;
nos Flibustiers dont la plûpart avoient fait la course avec les
Fourbans en question, firent quelque difficulté ; cependant
pour ne pas déplaire au Capitaine, ils se disposerent, & mirent à la voile en compagnie des deux Barques Espagnoles ;
ils nous apprirent à leur retour que le bruit qu'on avoit fait
courir, étoit faux, n'aiant trouvé personne à Boca-del-
Toro.

On n'avoit pas encore oublié à Porto-Bello les expeditions
de Morgan, cruel avanturier, natif de Galles en Angleterre,
& fils d'un Laboureur. Il avoit fui de la maison de son pere,
& passé à la Jamaïque, où après quelque séjour, il s'embarqua sur un Corsaire : y aiant fait quelque gain, il commença
à goûter cette vie libertine, & se rembarqua d'abord que le
même Bâtiment eut pris quelques rafraichissemens, & déchargé la prise qu'il avoit faite ; après quelques voïages, il s'asso-
cia avec quelques Flibustiers, pour acheter un bâtiment ;
Mansvelt vieux Flibustier, avec qui Morgan avoit fait la
course, le prit en amitié, & le fit son Vice-amiral ; après la
mort de Mansvelt, Morgan se voïant chef, assembla son conseil, & proposa d'aller à Panama, dans l'esperance qu'on
pourroit facilement le surprendre, durant la nuit ; mais le
plus grand nombre n'aprouva pas sa proposition à cause des
grandes difficultés qu'ils y trouverent ; on examina ensuite s'il
conviendroit mieux d'aller à la ville du Port-au-Prince. Cet
avis aiant été du goût de toute l'assemblée, ils allerent faire
le siege de cette ville. Morgan y fit des actions qui passent l'i-
magination, il se rendit maître de cette ville, qu'il pilla & il y
trouva de grandes richesses. L'armée de Morgan étoit composée d'Anglois & de François : comme il avoit prévû qu'il
seroit difficile de conserver l'union entre ces deux nations, il
avoit fait des loix pour la maintenir, & avoit établi de
grièves peines contre ceux qui les transgresseroient. Cette
bonne police n'empêcha pourtant pas que ce qu'il avoit
craint n'arrivât ; un Anglois qui se croioit extremement
brave, eut du bruit avec un François qui ne vouloit point lui
ceder sur ce point ; le François se rendit avec lui sur le lieu,
falloit passer par un petit défilé, où deux hommes ne pouvoient marcher de front, le François passa le premier ne se
défiant pas de son camarade, mais celui-ci profitant de cet

S s ij

avantage, eut la lâcheté de lui tirer un coup de fusil, dont il le tua; cette action mit la discorde entre les deux nations. Morgan qui n'avoit rien tant à cœur que de conserver la paix & l'union, en fut si outré, que sur le champ, il fit casser la tête à l'Anglois, & le murmure cessa; cependant plusieurs François prirent un autre parti & le quitterent. Morgan ne perdit point courage, constant dans ses desseins, il alla faire descente à Porto-Bello; il y trouva de grandes oppositions, il falloit d'abord réduire deux forts garnis de canons de fonte, & deffendus par des gens resolus à se faire hacher en pieces, avant que de se rendre; Morgan passa par-dessus toutes ces difficultés, attaqua avec intrepidité les deux Forts, les Flibustiers monterent à l'assaut le sabre & le pistolet à la main & taillerent en pieces les Espagnols qui composoient la garnison, & qui ne voulurent jamais se rendre. Les Forts étant réduits, le reste le fut sans beaucoup de peines, de sorte que le même jour à trois heures du soir Morgan se vit maître des deux Forts & de la Ville.

Il ordonna le lendemain à ceux qu'il avoit laissé à la garde des Navires de mettre à la voile, & d'entrer dans le Port il fit réparer les Forts & remettre les canons en état, pour pouvoir s'en servir en cas de besoin, ne doutant pas qu'on n'envoïa des troupes de Panama & de toute la côte, au secours de cette ville.

Les cruautés que Morgan exerça sur les Bourgeois, pour leur faire déclarer où ils avoient caché leurs trésors, sont au-delà de toute expression: Il étoit naturellement cruel, mais le besoin de décamper promptement, le faisoit agir avec encore plus de cruauté; les maladies se mettoient parmi ses gens, qui s'étoient abandonnés à toutes sortes de débauches, & l'air de cette ville qui est extrémement mauvais servoit à les augmenter.

Il apprehendoit d'ailleurs que les Espagnols ne vinssent l'attaquer avec des forces considerables. En effet, le President de Panama n'eût pas plûtôt appris la prise de Porto-Bello, qu'il se mit en campagne, à la tête de quinze cent hommes, pour venir délivrer cette ville, & en chasser les Flibustiers. Morgan en fut averti par ses espions, & dans la crainte d'avoir le dessous, s'il falloit en venir à une action il fit transporter sur ses Vaisseaux tout ce qu'il avoit pillé

Il assembla ensuite son conseil pour déliberer, s'il étoit plus
à propos d'attendre le Président, ou si on devoit mettre à
la voile : on conclut pour le premier de ces avis, & l'on con-
vint même d'aller à la rencontre des Espagnols. Pour cela,
on envoïa cent hommes d'élite, à un défilé par où il falloit
necessairement qu'ils passassent, & ils y auroient assurement
péri, sans qu'un seul homme en fut échapé, si le Président
n'en eût été averti : cependant n'osant approcher de ce défilé,
il envoïa dire à Morgan qu'il attendoit un renfort de deux
mille hommes, & qu'il n'avoit qu'à déloger, s'il ne vouloit
lui & ses gens être passé au fil de l'épée. Morgan répondit
fierement, qu'il n'abandonneroit Porto-Bello, que lorsqu'on lui envoïeroit deux cens mille piastres pour la rançon de la Ville & des deux Forts, & que si on tardoit de
satisfaire à sa demande, il alloit démolir les Forts, & mettre le feu à la Ville.

Deux jours après Morgan ne voïant venir personne de la
part du Président, lui députa deux Bourgeois de la ville pour
traiter de la rançon ; ceux-ci firent au Président, un si horrible portrait des Flibustiers, & exagererent si fort l'empire que
leur chef avoit sur eux, qu'il leur permit de traiter avec lui,
ils lui offrirent cent mille Piastres, qu'il accepta, à condition qu'on les lui conteroit dans quatre jours. Le Président
attendoit un renfort considerable de Cartagene, ainsi dans
l'esperance de surprendre les Flibustiers, il profitoit de tous
ces délais pour solliciter du secours ; mais afin qu'on s'en
apperçût moins, il tachoit d'amuser Morgan par des demon-
strations d'honnestetez ; il lui envoïa des rafraichissemens, &
lui fit demander de quelles armes il s'étoit servi pour se rendre maître en si peu de tems de la Ville & des deux Forts
deffendus par une aussi brave Garnison. Celui-ci lui envoïa un
de ses fusils, & le Président lui fit present d'une belle émeraude
montée en or, Morgan l'en remercia par celui qui la lui
avoit apporté, & le chargea de lui dire qu'il ne se contentoit
pas de lui avoir envoïé un de ses fusils, mais que dans peu de
jours, il iroit à Panama pour lui en apprendre l'usage. Cependant les habitans de Porto-Bello, voulans se délivrer au plûtôt
de Morgan & de ses compagnons n'attendirent pas le tems
dont il étoit convenu, ils lui porterent leur rançon, & dès qu'il
l'eut reçu, il ordonna à ses gens de s'embarquer, encloüa les

canons des Forts , & fit voile pour l'Isle de Cuba.

Morgan n'y fut pas plûtôt arrivé qu'il en partit pour Maracaïbo que l'Olonois dont j'ai déja parlé, avoit pillé depuis quelque tems ; il exerça dans cette expedition , des cruautés qu'on ne peut imaginer ; j'en raporterai seulement un exemple qui suffira pour en donner une idée. Un Portugais âgé de plus de soixante ans, aïant été fait prisonnier , fut accusé par un de ses Esclaves, d'avoir caché quelque argent, Morgan lui fit donner la question , pour lui faire déclarer l'endroit où il l'avoit mis , mais n'aïant rien avoüé, après lui avoir fait souffrir plusieurs genres de tourmens, il le fit attacher par les deux mains & les deux pieds aux quatre coins de la chambre (les Flibustiers appelloient cela nager à sec) on lui mit sur le milieu du corps, une pierre pesant cinq cens livres , & cependant quatre hommes touchoient avec des bâtons sur les cordes qui le tenoient suspendu ; on alluma ensuite du feu sous lui , & on le laissa dans cette cruelle situation , durant qu'on tourmentoit son camarade, qu'on suspendit par les parties , & qu'on jetta ensuite dans un fossé.

Morgan de retour de Maracaibo , ne manqua pas à la parole qu'il avoit donnée au Président de Panama : il fit avertir tous les Flibustiers des Isles Françoises & Angloises , qu'il avoit conçu un dessein, dont la réüssite devoit les rendre les uns & les autres fort riches , & les mettre en état de vivre tranquillement chez eux , sans plus risquer leur vie ; c'étoit assez pour exciter le courage de gens qui font leurs délices des entreprises les plus hasardeuses ; en peu de tems ils se rendirent auprès de lui au nombre de seize cens hommes ; il arma 24. Vaisseaux tant grands que petits , & fit voile pour l'Isle Sainte-Marguerite , dont il se rendit maître sans perdre un seul de ses gens. Ensuite il fit route pour Chagre dans le dessein d'y moüiller sa Flotte , & passer de-là à Panama ; ce qu'il executa d'une maniere si hardie , que lui-même doutoit de la réüssite de son entreprise ; cependant il parut avec ses Troupes devant Panama , & après plusieurs combats donnés dans la Savane, prairie qui est autour de cette ville : Il s'en empara, & montra par là au Président, comme il sçavoit se servir de ses armes. Cette Expedition fut terrible ; les tourmens dont il usa , pour faire déclarer aux prisonniers, l'endroit où ils avoient caché leurs tresors, sont incroïables, on peut juger de ses cruautés, parce que j'en ai deja raporté.

Après avoir enlevé tous les effets qui provenoient du pillage, & avoir retiré la rançon de la ville, qui se montoit à des sommes immenses, il se retira à la Jamaïque ; aiant soustrait plus de la moitié des tresors qu'on avoit trouvé dans Panama, les Flibustiers le sçurent, ainsi se voiant trompés, & peu satisfaits d'ailleurs de sa conduite, ils resolurent de l'assassiner. Revenons à Porto-Bello.

III. *Octobre.*

Le Vaisseau l'Hermione entra dans le Port de Porto-Bello ; ce Vaisseau étoit commandé par Mr. Marin, & portoit Mr. de Landes Commissaire ordonnateur à la côte de S. Domingue, & Directeur general de la *Siente*, envoïé pour faire rendre compte à tous les Directeurs particuliers que la Compagnie entretient sur les côtes de la nouvelle Espagne.

Le Soleil parut à midi. J'observai la hauteur apparente de son bord superieur de   76ᵈ. 33′. 25″.

Refraction moins la parallaxe		11.	
Donc hauteur du bord superieur corrigée	76.	33.	14.
Demi-diametre du Soleil		16.	6.
Donc hauteur du centre	76.	17.	8.
Vrai lieu du Soleil 10ᵈ. 27′. 58″. ♎			
Déclinaison meridionale	4.	9.	4.
Donc hauteur de l'Equateur	80.	26.	12.
Et hauteur du Pole	9.	33.	48.

IV. *Octobre.*

Les vents furent les mêmes que les jours passés, ils se rangeoient ordinairement le matin à l'Oüest, & après le coucher du Soleil, ils se tiroient au Nord-Est.

Je fus aussi heureux que le jour precedent, d'avoir vû le Soleil à midi.

La hauteur meridienne apparente de son bord superieur fut observée de	76ᵈ.	11′.	0″.
Excès de la refraction sur la parallaxe		11.	
Donc hauteur corrigée	76.	10.	49.

Demi-diametre	16'. 6".
Donc hauteur du centre	75. 54. 43.
Le vrai lieu du Soleil 11ˢ. 27'. 15".	
Déclinaison meridionale	4ˢ. 32'. 20.
Donc hauteur de l'Equateur	80. 27. 3.
Complement & hauteur du Pole	9. 32. 57.

V. *Octobre.*

Ce fut l'unique jour que nous n'eûmes pas de la pluïe ; j'eus occasion de prendre des hauteurs correspondantes du Soleil , pour me mieux assurer de mon horloge , j'esperois d'observer l'immersion du premier Satellite de Jupiter qui devoit arriver dans la nuit du septiéme au huit.

Hauteurs correspondantes du Soleil pour verifier l'horloge.

Heures du matin	Hauteur.	Heures du soir.
9ʰ 15' 56" *bord sup.*	50ᵈ	2ʰ 17' 46" *bord sup.*
17 12 *centre.*		2 16 39 *centre.*
36 0 *bord inf.*	54ᵈ	1 57 40 *bord inf.*

Par ces correspondances l'horloge marquoit à midi ... 11ʰ. 46ᵐ. 51ˢ.

Le 3ᵉ du mois elle marquoit midi à ... 11. 48. 7.

Donc l'horloge retardoit en deux jours sur le vrai tems , de ... 1. 16.

V I. *Octobre.*

De tout le jour , nous ne vimes pas le Soleil , le Ciel demeura couvert , & nous eûmes de grandes pluïes , toujours. accompagnées de grands tonneres.

V I I. *Octobre.*

O B S E R V A T I O N

Du premier Satellite de Jupiter.

A 1ʰ. 50'. 11". du matin à l'horloge non-corrigée , immersion du premier Satellite dans l'ombre de Jupiter , le Ciel clair & serain.

0. 14. 14. Tems que l'horloge retardoit.

2. 4. 25. Le vrai tems de l'immersion.

A

A 7^h. 33'. 5''. à Paris par le calcul corrigée

1704.
Octobre.

5. 28. 40. Difference des meridiens entre Paris &
Porto-Bello : donc Porto-Bello est plus
occidental en tems que Paris.

Reduction de ce tems en degrés de l'Equateur.

4^h . . . . . donnent 60. degrez.
28' . . . . 7.
40'' , . . 0. . 10'. 0''.

____

67. 10. 0.

La même Observation a été raportée dans les Memoires
de l'Academie Roïale des Sciences de 1 7 0 8. pag. 7, où il
y a à la ligne 23. une faute considerable d'impression ; car au
lieu de mettre *Occident* , on a mis *Orient* , à quoi auront
gard ceux qui liront cette Observation.

Calcul pour la même immersion.

	jo.	h.	'.	''.	Nu. I.	Nu. II.	
1700.	1	1	13	12	1863	110	4
ans. 4.	0	21	43	3	826	149	9
Octobre.	4	20	50	6	157	155	8
					2846	416	1
6 19 46 21							
Pr. Equation addit.			35	22	2448	225	
	6	20	21	43	398	191	1
Sec. Equation addit.			3	31		3	
	6	20	25	14		188	1
moitié de la demeure dans l'ombre.		1	4	36			
	6	19	20	38			
Equation des jours.			12	15			
Tems de l'immersion	6	19	32	53			
Observation	6	14	4	25			
donc difference		5	28	28			

T t

Cette Observation calma mes inquietudes ; je me voïois à la veille de mon départ, sans avoir satisfait au principal objet de mon voïage, qui étoit la détermination en longitude de Porto-Bello ; les pluies m'avoient dérobé plusieurs belles occasions, & elles devenoient tous les jours plus abondantes, ainsi j'avois lieu d'aprehender que mon voïage assez pénible de lui-même, ne fût d'aucune utilité, si malheureusement cette nuit eût été telle que toutes les precedentes.

XI. *Octobre.*

Depuis le sept, les vents furent toujours au Sud-Oüest, & nous ne vimes le Soleil que le onze ; je m'en servis assez utilement pour verifier mon horloge, dans l'esperance de faire quelqu'autre Observation, qui me serviroit à m'asseurer des precedentes.

Hauteurs correspondantes du Soleil pour verifier l'horloge.

Heures du matin.	Hauteur.	Heures du soir.
9^h 24′ 39″ *bord sup.*		2^h 1′ 2″ *bord sup.*
26 42 *centre.*	52^d	1 59 39 *centre.*
27 29 *bord inf.*		1 58 16 *bord inf.*

Par ces correspondances l'horloge marquoit à midi 11^h. 42′. 51″

Le 5e elle marquoit à midi   11. 46. 51.

Donc l'horloge retardoit sur le tems vrai en six jours de   4. 0.

Pour être au tems moïen, elle devoit retarder de   1. 38.

Donc elle retardoit sur le tems moïen en six jours de   2. 22.

OBSERVATION

De la longueur des Pendules.

Depuis plusieurs jours, je fis des Observations sur la longueur des Pendules à secondes ; les différences que je trouvois de tems en tems, quoique de très-peu de conse-

quence, ne laissoient pas de m'embarasser, j'en cherchai long-
tems la cause, sans la trouver; quelquefois je l'attribuai
aux grandes humidités, causées par les pluies, d'autrefois à
la variation des vents; enfin je pris une moïenne longueur
que je crus approcher de plus près de la veritable; je la déterminai de 3. pieds 5. lignes $\frac{7}{12}$.

Le pendule étoit composé d'une bâle suspenduë à un fil
de pite, qui ne s'allonge ni ne se racourcit point comme la
soïe; cependant comme l'humidité pouvoit agir sur le fil de
pite, je fis un autre pendule, je suspendis à un fil d'archal
fort délié une bâle de même poids que la premiere; après
plus de quinze jours d'Observation, je trouvai que ce pendule convenoit avec le moïen mouvement de mon horloge.
Sa longueur étoit égale à celle que j'avois déja trouvée de 3.
pieds 5. lignes $\frac{7}{12}$, d'où je conclus qu'un horloge, dont le pendule de 3. pieds 5. lignes $\frac{7}{12}$ de longueur, seroit mis en mouvement à Porto-Bello, seroit au moïen mouvement du Soleil.

X I I. *Octobre.*

Le Soleil fut beau à midi; mais peu de tems après les
nuages nous le cacherent, les vents toujours à l'Oüest.

O B S E R V A T I O N

De la variation de l'aiguille aïmantée.

CE jour-là le Soleil parut fort clair à midi, ce qui étoit
rare, je profitai de cette occasion pour observer la variation de l'aiman; après avoir mis une pierre de niveau, comme j'ai dit ci-dessus & tracé sur cette pierre une ligne meridienne: j'appliquai dessus la même boussole dont je m'étois
servi ailleurs, je trouvai que l'aiguille déclinoit du Nord
vers l'Est de   7ᵈ. 25′.

X X I I. *Octobre.*

Les vents varierent depuis le 12ᵉ du Sud-Oüest à l'Oüest.
J'observai la hauteur meridienne apparen-
te du bord superieur du Soleil de   69ᵈ. 27′. 50ˢ.
Refraction moins la parallaxe   18.

T t ij

Donc hauteur veritable du bord su-
perieur　　　　　　　　　　　　　　　　　69ᵈ. 27′. 32″.
Demi-diametre du Soleil　　　　　　　　　　16. 12.
Donc hauteur du centre　　　　　　　　69. 11. 20.
Lieu du Soleil ♎ 29ˡ. 20′. 38″.
Déclinaison meridionale　　　　　　　　　11. 15. 38.
Donc hauteur de l'Equateur　　　　　　80. 26. 58.
　　Complement & hauteur du Pole　　　9. 33. 2.

Tout le reste du mois d'Octobre, les vents furent à l'Oüest,
les pluïes commençoient ordinairement le matin, & ne fi-
nissoient que le soir.

VI. *Novembre.*

Les vents d'Oüest qui nous amenoient la pluïe, cefferent
ils auroient été très-favorables pour aller à S. Domingue
mais nos Capitaines se plaifoient à Porto-Bello, quoiqu
l'air y soit le plus mauvais de toute la côte.

Le commencement du mois & le renouvellement de l
Lune sembloient nous promettre quelque changement, no
Matelots l'avoient prédit, les vents s'étoient rangés à l'Es
les jours commençoient d'être plus beaux, on se disposa à partir

VII. *Novembre.*

Nos Matelots furent de faux prophetes, les vents revin
rent à l'Oüest, & les pluïes n'avoient pas encore été si abon
dantes; les vents & les pluïes continuerent jusqu'au dixiéme

XI. *Novembre.*

Le matin je fis porter mes instrumens au Vaisseau,
après diner, je pris congé de Mr. le Gouverneur, & le r
merciai de ses honnestetés; il me vit partir avec regret,
m'envoïa au Navire quelques provisions & un hamac
reseau que les Indiens travaillent avec de petites racines.

Philippes II. est Fondateur de Porto-Bello, ce fut par l
ordres qu'Antonelli en traça le Plan; mais à peine y avoit-
huit ou dix maisons de bâties, que François Draq la vi
piller; & Villiam Paker autre Anglois la saccagea enco

n 1591. dans le tems que cette ville commençoit à prendre
quelque forme.

Porto-Bello est ouvert de tous côtés & bâtie au fond d'un
Port de même nom ; l'air y est extrêmement mauvais à cause
des marécages & de la mauvaise qualité de ses eaux ; aussi la
maladie appellée Tabardilla y regne autant que dans tout le
nouveau Monde ; c'est une fiévre putride, qui consume les en-
trailles, & qui tuë bien-tôt ceux qui en sont attaquez, il s'exhale de leur corps une puanteur insuportable ; on gagne aisément cette maladie, lorsque l'on a les pieds humides ou
moüillés, & que l'on neglige de changer sur le champ de
chaussure ; l'on ne manque pas d'en avertir les nouveaux venus ; ceux qui méprisent ces conseils salutaires, sont bien-tôt
les victimes de leur temerité ; on a vû des Galions arrivés d'Espagne, dont les Equipages attaqués de cette horrible maladie, perirent en peu de tems, de sorte qu'on fut obligé
d'envoier prendre en Espagne, de nouveaux Equipages pour
y ramener ces Vaisseaux.

Le Port est un des meilleurs de la côte, on n'y est à
découvert que du vent d'Oüest ; il est deffendu par trois Forts
garnis de canons de fonte ; celui de l'entrée est à bas-bord ;
le second plus avancé, est à tribord, & le troisiéme est au
fond du Port, environé de la mer, il y a douze piéces de
canon qui battent l'entrée du Port.

Je remarquai que durant les trois mois de séjour, Aoust,
Septembre & Octobre, que nous demeurâmes moüillés dans ce
Port, les vents furent presque toujours à l'Oüest, & les pluies
continuelles.

XII. *Novembre.*

On embarqua la veille nos Malades & les provisions ; à la
pointe du jour on appareilla, en compagnie de l'Hermione
pour satisfaire à la promesse de notre Capitaine qui s'étoit
engagé à Mr. des Landes de le convoier jusqu'à S. Domingue ; la Barque de nos Flibustiers plus diligente que nous,
avoit doublé Salmedina ecuëil très-dangereux, lorsqu'on entre dans le Port, presque Est & Oüest avec le Fort de l'entrée du Port, environ à une lieuë & demie au large ; l'écuëil
doublé, nous demeurâmes sous voile jusques à midi pour

attendre nos Chaloupes qui étoient restées de l'arriere ; à midi on fit servir par un petit vent d'Est-Nord-Est l'ameure à tribord.

A quatre heures du soir , on découvrit une Barque , au vent à nous ; lorsqu'elle fut par notre travers , elle mit à la cape; on connut à sa manœuvre que c'étoit une des Barques traiteuses , qui avoient moüillé à *los Bastimentos* , dans le tems que nous étions moüillés à Porto-Bello , & qu'elle y retournoit pour finir sa traite.

X I I I. *Novembre.*

La nuit fut très-belle; mais les vents rangés à l'Est depuis le soir precedent , opposés à notre route , nous obligerent à mettre le cap au Nord-Nord-Est ; au lever du Soleil la montagne de Porto-Bello nous restoit au Sud-Oüest $\frac{1}{4}$ Sud environ à deux licuës. A deux heures du matin le vent se rangea à l'Est-Nord-Est , nous revirâmes de bord l'ameure à bas-bord ; le reste du jour , le vent varia du Nord au Nord-Nord-Est.

X I V *Novembre.*

La nuit précedente , les vents varierent du Nord au Nord-Nord-Oüest ; au Soleil levant ils se rangerent au Nord-Est, & calmerent sur les neuf heures du matin.

J'observai le complement de la hauteur
meridienne du Soleil de   28ᵈ. 40′.
Sa déclinaison meridionale étoit alors de   18. 25.
____
Donc hauteur du Pole   10. 15.

Après la réduction des routes , je trouvai que celles que nous avions faites depuis notre départ de Porto-Bello avoient valu le Nord-Est $\frac{1}{4}$ Est plus 5.degrez à l'Est,en chemin 32.*licuës.*

Dans ces parages , les courans suivent ordinairement la mê-me direction que les vents ; ainsi je crus que les courans nous avoient portés vers le Nord-Est , aïant eu plus long-tems les vents du côté du Sud-Oüest.

Sur les quatre heures du soir , les vents commencerent à souffler au Nord-Nord-Est , nous revirâmes & nous mîmes l'ameure à bas-bord; nous courûmes toute la nuit sur le même bord.

XV. *Novembre.*

Les vents continuerent au Nord-Nord-Est; mais ils avoient beaucoup diminué.

A midi j'observai la hauteur du Soleil de   60ᵈ. 48ᵐ.
   Déclinaison meridionale   18. 40.

Donc hauteur de l'Equateur   79. 28.
   Et hauteur du Pole   10. 32.

Depuis midi du quatorziéme la route avoit valu l'Est-Nord-Est plus 1. degré à l'Est, en chemin   17. *lieües.*

XVI. *Novembre.*

A la pointe du jour, il se leva un petit vent à l'Oüest, à 11. heures il se rangea au Sud-Oüest, & nous amena un petit grain, qui calma les grandes chaleurs que nous ressentions; le Soleil ne parut pas, par consequent point de hauteur à midi.

Après la réduction des routes depuis midi du jour precedent, je trouvai que celle que nous avions tenuë, avoit valu l'Est-Nord-Est, plus 5. degrez vers l'Est, en chemin   11. *lieües.*

Après midi les vents calmerent entierement; nous cargâmes nos basses voiles; la mer du Nord-Est etoit toujours vive.

XVII. *Novembre.*

A 7ʰ. du matin nous eûmes un grain, qui vint du Nord-Nord-Est, ce grain fit ranger le vent au Nord-Est.

La latitude observée à midi fut de   10ᵈ. 42ᵐ.

La route corrigée depuis midi du jour precedent, valut l'Est-Nord-Est plus 4. degrez Nord, en chemin   20. *lieües.*

Les vents accompagnés de plusieurs grains fraichirent. On prit les ris dans les huniers, & parce que le Vaisseau ne portoit pas bien la voile, on crut qu'en lui donnant plus de l'Est, il se tiendroit plus droit; pour cela on descendit à fond de cale quatre pieces de canon, qui étoient sur le Gaillard derriere, & les vents augmentant de plus en plus, on prit les bas ris & nous lovoïâmes toute la journée.

XVIII. *Novembre.*

Les vents varierent du Nord-Est à l'Est-Nord-Est; le matin nous ne vîmes plus nos deux Conserves.

J'observai la latitude à midi de   10ᵈ. 24ᵐ.

Depuis midi du dix-septiéme, les routes réduites à une, donnerent l'Est-Sud-Est en chemin   15. *lieües.*

XIX. *Novembre.*

On se flattoit de voir la terre au jour naissant, mais elle étoit un peu trop éloignée. On découvrit sous le vent à nous, un Vaisseau qu'on crut d'abord être l'Hermione ; ce qui nous confirma dans cette pensée, c'est qu'aïant reviré de bord & mis l'ameure à tribord, le Vaisseau fit la même manœuvre.

A midi j'observai la hauteur du Pole de   9ᵈ. 55′.

Depuis midi du dix-neuvième, les diverses routes valurent le Sud-Est ¼ Est plus 3. degrez vers l'Est, en chemin 19. *lieues.*

Les vents qui étoient le matin à l'Est, se rangerent au Nord-Est ; selon la hauteur observée à midi, nous devions voir la terre ; quoique le tems fut fort clair, nous ne la vimes pas ; ce qui me persuada que nous étions au Nord du golfe de Darien. A l'entrée de la nuit le vent fraîchit.

XX. *Novembre.*

Nous loyoiâmes toute la nuit précedente. A cinq heures du matin on prit les ris dans les huniers, le vent devint furieux, & la mer fort agitée. A 9. heures nous découvrimes l'Hermione, nous cargâmes nos basses voiles pour l'attendre ; ce grand vent calma peu à peu & à midi nous fumes en calme.

J'observai la latitude de   9ᵈ. 43′.

Les routes valurent depuis le dix-neuviéme l'Est-Sud-Est plus 3. degrez Est, en chemin   12. *lieues* ¼.

Les Pilotes côtiers ou pratiques qu'on avoit pris à la Guaira & à Porto-Bello étoient assez surpris de demeurer si long-tems sans voir les terres ; ils nous dirent qu'ils n'avoient jamais mis plus de trois jours de Porto-Bello à Cartagene, ils ne connoissoient pas que les courans nous avoient fait dériver tantôt vers l'Est, tantôt vers l'Oüest ; leur habileté ne nous fut pas d'un grand secours, & si nos connoissances n'eussent pas surpassé les leurs, nos Vaisseaux ne seroient plus retournés en France : les vents frais au Nord-Est des jours passés poussoient la mer à son côté opposé, la mer y poussoit aussi le Navire, & lorsque nous comptions avoir avancé dix lieuës, il y avoit toute apparence, que nous avions reculé d'autant.

XXI. *Novembre.*

Nous demeurâmes en calme, toute la nuit précedente ; l'Hermione que nous avions perduë, & que nous découvri-

mes

mes le soir précedent, étoit le matin dans nos eaux ; le premier vent que nous sentîmes, fut le Sud-Sud-Oüest. Nous
portâmes le cap à l'Est-Nord-Est.

J'observai à midi la latitude de   9ᵈ. 55ˡ.

A cinq heures du soir on découvrit les Isles de S. Ber-
nard, elles sont fort basses, on estima leur distance à l'Est
de nous, environ huit lieuës ; nous eûmes durant la nuit,
un grain fort pesant & le vent fort frais au Nord, qui
nous fit prendre les deux ris dans nos huniers.

XXII. *Novembre.*

A trois heures du matin on découvrit la terre au Nord-
Nord-Oüest : d'abord on mit côté en travers, attendant le
jour : durant ce tems-là, on sonda & on trouva 60. brasses
fonds de vaze.

Au lever du Soleil, nous nous trouvâmes à une lieuë &
demie au Nord-Nord-Est des Isles de Barou. L'on y découvrit deux Barques qui mirent à la voile, mais comme il
n'y avoit pas dans ces parages assez de fond pour nos Vaisseaux, & que nous craignions de nous jetter dans quelque
embarras, dont nous ne pourrions nous débarasser, nous
n'ôsâmes pas les chasser. Nous leur arborâmes Pavillon Anglois, nous mîmes côté en travers & nous tirâmes un coup
de canon d'assurance ; mais elles ne donnerent pas dans le
piége comme avoient fait les deux Barques qui se vinrent
livrer entre nos mains, allant à Porto-Bello ; elles firent
route vers un endroit, où il y avoit justement de l'eau pour
elles, assurées que nous n'irions pas nous y hasarder.
Comme nous étions assez près de l'Hermione, le Capitaine
nous cria, que n'aiant aucune affaire à Cartagene, il avoit
resolu de continuer sa route, & d'aller moüiller à Sainte
Marthe : notre Capitaine lui répondit, qu'il le suivroit, & lui
tiendroit parole.

A sept ou huit lieuës des Isles de Barou, on trouve le
fonds à 20. 30. & 40. brasses, & à une lieuë & demie, on le
trouve de 10. à 12. brasses. Des Isles de Barou à Bocha-Chica
premier Fort, au-devant duquel il faut passer pour aller à
Cartagene, on compte cinq lieuës.

A cinq heures du soir, nous n'étions qu'à trois quarts de

V u

lieuës de Cartagene. A la même heure, les vents se ran-
gerent au Nord ; nous revirâmes au large, au coucher du
Soleil, l'amure à tribord ; la ville nous restoit à l'Est-Sud-
Est à deux lieuës de distance & la pointe de Canoa entre le
Nord-Est $\frac{1}{4}$ Nord & Nord-Est, environ à huit lieuës.

XXIII. *Novembre.*

La nuit précedente le vent se rangea au Nord-Nord-Est,
il devint si violent, que nous ne pûmes porter que nos deux
huniers, les rits pris dedans ; le vent se tira au Nord-Est.
A six heures du matin, nous portâmes le cap à terre, elle
étoit fort embrumée. A midi la pointe de Canoa nous restoit
à l'Est $\frac{1}{4}$ Nord-Est environ à trois lieuës.

Au coucher du Soleil nous revirâmes au large l'amure à
tribord. A la même heure la pointe Canoa restoit au Nord-
Est $\frac{1}{4}$ d'Est, & Notre-Dame de *la Popa*, reconnoissance de Cartagene au Sud-Est à trois lieuës & demie, nous tirâmes la même bordée jusqu'à minuit.

XXIV. *Novembre.*

Après minuit nous revirâmes à terre l'amure à bas-bord,
les vents varierent du Nord-Est au Nord-Nord-Est. Au Soleil levant la pointe Canoa nous restoit au Sud-Est à trois
lieuës de distance, & Notre-Dame de la *Popa* au Sud-Est $\frac{1}{4}$
Sud à sept lieuës. Le vent s'étoit déja rangé à l'Est-Sud-Est,
où il tint ferme jusqu'à midi.

J'observai la latitude à midi de　　　　　10ᵈ. 56′. 20″.

Depuis midi jusqu'à la nuit le vent varia du Nord-Est au
Nord-Nord-Est. Au coucher du Soleil *Boia del gato*, nous
restoit au Sud-Est $\frac{1}{4}$ Est à quatre lieuës ; *nostra Signora de la
Popa* au Sud $\frac{1}{4}$ Sud-Est environ onze lieuës ; Samba au Sud-Est.

XXV. *Novembre.*

Les vents varierent du Sud-Est à l'Est-Nord-Est, & nous
obligerent à louvoier pour nous maintenir avec le moins de
dérive qu'il nous estoit possible, ne pouvant aller debout au
vent. A deux heures après midi, il nous passa sous le vent un

Banc d'herbe qu'on prit d'abord pour une petite Isle flottante.

Au coucher du Soleil, Arenos, petite Isle à moitié chemin, entre la pointe Canoa & la pointe à l'Oüest du fleuve Magdelaine, nous restoit au Sud ½ Sud-Est. On trouva dans cet endroit à l'Oüest de l'Isle, un bon moüillage de neuf à dix brasses fonds sable vasar, capable de mille Navires.

XXVI. *Novembre.*

Le matin les vents furent à l'Est-Nord-Est ; les montagnes de Sainte-Marthe nous restoient à l'Est ½ Nord-Est & la pointe du Oüest de *Rio grande*, au Sud ½ Sud-Est, environ à 4. lieües. Sur les onze heures, l'Hermione arbora Pavillon de Beaupré, signal pour parlementer ; on cargua d'abord les basses voiles, & on arriva dans ses eaux ; le Capitaine nous avertit qu'il ne falloit pas faire de grandes bordées, à cause des courans, qu'il falloit approcher la terre & louvoier à petites bordées. Ce qu'on executa.

A midi j'observai la latitude de   11ᵈ. 30′.

Les vents varierent du Nord-Est au Nord-Nord-Est, nous louvoïâmes toute la journée. Au coucher du Soleil, la pointe du Oüest de *Rio grande*, nous restoit à l'Est-Sud-Est environ à sept lieües de distance.

XXVIII. *Novembre.*

Nous louvoïâmes tout le vingt-septiéme ; le vent fut le matin à l'Est-Nord-Est fort frais, nous nous aperçumes que nous étions tombés sous le vent, environ de cinq lieües. A midi à peine découvrions-nous l'Hermione ; nous aperçumes une Barque faisant courir à terre le long de la côte au Sud-Oüest, elle nous fit les signaux de reconnoissance, ce qui nous assura que c'étoit la notre, que nous n'avions pas vûe depuis quelques jours ; la route qu'elle tenoit nous fit craindre qu'elle ne fut incommodée.

Au coucher du Soleil, nous étions environ à deux lieües de la terre ; la pointe plus à l'Oüest de *Rio grande* nous restoit entre l'Est & l'Est ½ Nord-Est environ quatre lieües, nous revirâmes de bord au large, on mit le cap au Nord & on tint durant toute la nuit, la même bordée ; les vents varierent du Nord-Est à l'Est-Nord-Est.

XXIX. *Novembre.*

Au lever du Soleil, les vents toujours Eſt-Nord-Eſt ; nous relevâmes les montagnes de Sainte-Marthe, elles nous reſtoient à l'Eſt-Sud-Eſt.

A midi j'obſervai la latitude de   11ᵈ. 51′.

La route corrigée valut le Nord-Nord-Oüeſt en chemin   11. *lieües.*

Nous vîmes de loin un grand arbre que nous prîmes d'abord pour un homme couché ſur ſon dos ; les vents varierent toujours de même. A cinq heures du ſoir nous revirâmes de bord, ameurés à bas-bord.

XXX. *Novembre.*

Nous tinſmes toute la nuit à bas-bord ; au Soleil levant les montagnes de Sainte-Marthe nous reſtoient à l'Eſt. A midi que nous les avions ſous le vent, elles nous parurent les mêmes que le jour précedent. Cette vûë nous convainquit que nous n'avions point avancé. Au coucher du Soleil, le vent Nord-Eſt, nous revirâmes au large l'ameure à ſtribord.

PREMIER *Decembre.*

Nous eûmes durant la nuit, des vents fort frais, ils varioient toujours du Nord-Eſt, à l'Eſt-Nord-Eſt. Au lever du Soleil les montagnes de Sainte-Marthe nous reſtoient à l'Eſt-Sud-Eſt.

La latitude obſervée à midi fut de   12ᵈ. 5′.

Depuis le ſoir du jour précedent, les routes valurent en donnant un air de vent pour les courans, le Nord-Oüeſt ¼ Nord en chemin   17. *lieües.*

II. *Decembre*

Le matin toujours ameurés à ſtribord, nous eûmes un coup de vent, à l'Eſt-Nord-Eſt, qui nous donna de la pluïe & nous fit ſerrer nos huniers.

La latitude obſervée à midi fut de   13ᵈ. 19′.

Depuis midi du jour précedent, aiant donné pour la dérive, un air de vent, & pour le courant, la variation; la route valut les corrections faites, le Nord ¼ Nord-Oüest, en chemin 27. *lieuës.*

Toutes nos bordées étant fort inutiles, nous nous voïions exposés à perdre quelqu'un de nos mâts, & de plus nos vivres se consommoient; dans la crainte d'en manquer on resolut d'aller à Cartagene si on ne pouvoit pas attaquer Sainte-Marthe.

I I I. *Decembre.*

Les vents ne changerent pas; j'observai à midi la latitude de   12ᵈ. 36ʹ.

A deux heures du soir on jetta à la mer, avec les ceremonies accoûtumées, un de nos Chirurgiens appellé Jean Bar, qui étoit mort le matin

Depuis midi du jour précedent, la route valut le Sud-Est, en chemin   19. *lieuës* ⅐

I V. *Decembre.*

Les vents fort frais au Nord-Est, & l'air extremement broüillé, nous menaçoient de quelque mauvais tems; point de hauteur à midi, nous estimâmes la route avoir value le Sud-Est plus 4. degrez à l'Est, en chemin   21. *lieuës.*

Les montagnes de Sainte-Marthe nous restoient à l'Est, ce qui nous assura que nous n'avancions pas; on commença ce jour-là, à nous retrancher le souper; l'équipage en murmura fortement, ce qui obligea le Capitaine de mettre côte en travers, pour attendre l'Hermione; le vent étoit pour lors au Nord, aussi-tôt qu'elle fut à portée de la voix, on dit au Capitaine que le manque de vivres nous obligeoit de songer à battre en retraite. Qu'on appréhendoit qu'en allant plus avant, on ne s'engageât, & qu'un tems contraire nous empêchât d'arriver, & d'aller chercher des vivres sur la côte; qu'enfin on avoit resolu de revirer, & d'en aller chercher à Cartagene; le Capitaine répondit, que ce n'étoit pas son affaire, & qu'il esperoit de monter à Saint Domingue. Après cette réponse, on mit le cap au Sud-Sud-Oüest, & on fit vent arriere; peu de tems après, l'Hermione fit la même manœuvre. Sur les six heures du soir, apprehendant de passer Cartatagene; on mit à la cape, sous la grande voile, durant la nuit nous fîmes fanal à l'Hermione, d'abord qu'elle fut dans nos eaux, elle capa de même que nous.

v. Decembre.

A minuit on deferla la mizaine, & le grand hunier, les deux rits pris dans celui-ci, & on fit route au Sud-Oüest ¼ Sud, après qu'on eût ôté le feu qui avoit servi de signal à l'Hermione.

Au lever du Soleil, la pointe Canoa nous restoit au Sud-Est, environ à trois lieuës; l'Hermione ne parut pas; nous découvrîmes sur l'avant, un Navire qui faisoit la même route que nous. A dix heures nous fûmes par le travers de Cartagene; on découvrit l'Hermione à une heure du soir, & à trois heures nous moüillâmes devant Boca-Chica, par les 25. brasses, fond de rocaille, environ à demie lieuë à l'Oüest du Fort; on ne craint là, que la brize, on s'afourche ordinairement Sud-Est & Nord-Oüest: le Navire que nous découvrîmes sur l'avant, étoit le Saint-Joseph de Marseille, sur lequel j'avois passé de Marseille à Smirne en 1699. Laigle ce Capitaine fameux, qui fit tant de bruit dans la mer mediterranée, durant les dernieres guerres, le commandoit. Ce Vaisseau vint moüiller près du notre; sa cargaison étoit de vin, dont il y avoit une extrême disette à Cartagene, mais Mr. de Piniente qui y étoit pour lors Resident, ne voulut jamais lui accorder la permission de le vendre, il le lui deffendit même, sous peine de faire brûler son Navire, s'il apprenoit qu'il y eût contrevenu, & lui ordonna de sortir: il mit à la voile le matin de notre arrivée, pour aller tenter ailleurs, s'il pourroit se défaire de sa cargaison. Notre Navire lui fit peur, il nous prit d'abord pour un Corsaire Anglois, & dans la crainte d'être pris, il revira de bord, pour aller se mettre sous le canon du Fort de Boca-Chica, où il se crut en seureté.

VIII. Decembre.

Je descendis à terre, en compagnie de Mr. de Landes. Mr. de la Rieu Directeur de la Compagnie de la Siente nous avoit envoié son carrosse que nous trouvâmes en débarquant, & nous allâmes descendre chez lui; la table étoit couverte,

il y avoit dequoi nous dédommager des mauvais repas que
nous avions fait depuis notre départ de Porto-Bello.
Après dîner Dom Jean de Herrera Ingenieur du Roi d'Espagne dans toute la nouvelle Espagne, m'honora de sa visite,
on lui avoit déja appris le sujet de mon voïage, je lui demandai s'il avoit chez lui quelques instrumens, & il me répondit qu'il avoit une très-bonne pendule avec un quart de cercle
de bois, dont il ne se servoit pas, nous passâmes la journée
ensemble, & le soir je me retirai chez Mr. de la Rieu, où je
passai la nuit plus tranquillement qu'au Vaisseau.

1704.
Decemb.

IX. *Decembre.*

Dom Gaspard Martin dont j'ai parlé ailleurs, vint m'a-
vertir qu'il falloit aller rendre visite à Mr. de Piniente, qui,
au sujet d'une fâcheuse maladie & par ordonnance des Medecins étoit allé changer d'air à *nostra Signora de la Popa.* Mr.
de la Rieu nous donna son carrosse, qui nous porra jusqu'au
pied de la montagne. Le cocher dételà deux mules, sur lesquelles nous montâmes jusqu'à la porte de *nostra Signora de la
Popa.* Les domestiques de Mr. de Piniente nous introduisirent
dans son appartement, je le salüai, & après lui avoir temoi-
gné le déplaisir que nous donnoit son infirmité, je lui presentai la Lettre qui suit.

> *Lettre de Monseigneur le Comte de Pontchartrain,
> à son Excellence Monsieur de Piniente Resident à
> Cartagene.*

MONSIEUR,

" Le Pere Feüillée Minime passant à l'Amerique pour y "
continuer les Observations, qu'il a commencées de faire "
pour perfectionner l'Astronomie, la Géographie, & l'Hy- "
drographie ; le Roi qui a approuvé ses ouvrages & son pro- "
jet, m'a ordonné d'en écrire à votre Excellence & de la "
prier en son Nom, de donner à ce Religieux, les facilités & "
le secours, qu'il vous demandera pour réüssir dans ce travail, "
& dans ses passages, pourvû qu'il ne se rencontre rien de "
contraire aux Ordres & au Service du Roi d'Espagne. J'y "

„ satisferai, en vous assurant , que je suis parfaitement,

DE VÔTRE EXCELLENCE

Le très-humble & très-obéïssant
Serviteur PONTCHARTRAIN.

*De Versailles
le 17. Janvier
1703.*

Son Excellence après avoir lû la Lettre , donna ordre à un de ses domestiques d'aller à la ville préparer un appartement en son Palais , où il me pria de loger , durant le séjour que je ferois à Cartagene ; nous eûmes une assez longue audience , dans laquelle nous lui apprîmes ce que nous sçavions des affaires de l'Europe ; nous prîmes ensuite congé de lui Dom Gaspard & moi , & aiant descendu la montagne , nous trouvâmes au pied, le carrosse qui nous attendoit.

OBSERVATIONS
PHYSIQUES ET MATHEMATIQUES
FAITES A CARTAGENE.

X. Decembre.

JE me rendis le matin chez Dom Jean de Herrera. Je montai son quart de cercle de bois , & m'en servis pour prendre les hauteurs suivantes-

Hauteurs correspondantes du Soleil pour verifier l'horloge.

Heures du matin.			Hauteur.	Heures du soir.		
10^h. 5′. 28″.	*bord sup.*			2^h. 10′. 37″.	*bord sup.*	
8. 23.	*centre.*		46^d.	7. 42.	*centre.*	
11. 20.	*bord inf.*			4. 48.	*bord inf.*	

Par les deux premieres hauteurs l'horloge marquoit á midi   0^h. 8′. 2″

Par la troisiéme   0. 8. 4.

Milieu   0. 8. 3.

Comm

Comme je n'étois seulement venu à Cartagene que pour saluer Mr. de Piniente, je m'étois promis de retourner le même jour à bord pour y prendre mes instrumens, mais n'aïant point trouvé de bateau qui me voulut conduire à Boca-chica où notre Vaisseau étoit moüillé, je fus encore obligé de me servir des instrumens de Dom Jean de Herrera pour l'Observation suivante.

1704.
Decemb.

OBSERVATION

De l'Eclipse de Lune faite à Cartagene, par Mr. Couplet le fils, de l'Academie Roïale des Sciences, & le P. Louis Feüillée Minime.

XI. Decembre.

LA nuit du dix au onze fut assez claire, ce qui favorisa notre Observation, nous la fismes chez Dom Jean de Herrera en presence de quelques-uns de ses amis & de ses parens qu'il avoit convié, & qui nous incommoderent fort. En attendant que l'Eclipse commença, on parla de plusieurs choses, & plus particulierement de ce que les Indiens pensent sur le sujet des Eclipses de Lune; Dom Jean qui avoit voïagé long-tems sur la Terre-Ferme de l'Amerique, & vû differens peuples de ce nouveau Continent, assura que les Indiens croïent que durant l'Eclipse, le Soleil & la Lune se querellent, que le Soleil plus vigoureux, terrasse la Lune; qui, se blessant dans sa chute, change de couleur, & que pour détourner ce combat, les Indiens, sur-tout les femmes, font des cris épouvantables, s'imaginant soulager la Lune par leurs cris. Les Romains avoient une coûtume à peu près semblable, & Juvenal y fait allusion, lorsqu'il dit

Una laboranti poterit succurrere Lunæ.

Phases de l'Immersion.

51ʹ.	47ˢ.	du matin, commencement de l'Eclipse, la penombre étoit déja au-là de Schircardus.
52.	36.	Schircardus entre dans l'ombre.
59.	31.	L'ombre touche à *Mare humarum.*
3.	29.	Commencement de Grimaldy.

X x

1704.
Decemb.

	4ʳ.	43ˢ.	Gaſſendus entre dans l'ombre.
	6.	45.	Fin de Grimaldy.
	9.	9.	Commencement de Ticho.
	12.	52.	Tout Ticho dans l'ombre.
	18.	16.	Galileus entre
	26.	53.	Milieu de Keplerus.
	42.	14.	L'ombre touche Fracaſtorius.
	44.	5.	Catharina à moitié dans l'ombre.
	45.	32.	Copernicus ſur le bord de l'ombre, où elle s'eſt arrêté aſſez long-tems, & n'a pas paſſé au-delà.
	55.	20.	Petavius entre dans l'ombre.
	59.	6.	Keplerus ſur le bord de l'ombre, où elle s'eſt arrêtée & n'a pas paſſé au-delà.

Phaſes de l'Emerſion.

2ʰ.	12.	20.	Gallileus commence à ſortir de l'ombre.
	14.	35.	Le bord de l'ombre touche *Promontorium acutum*, où elle s'arrête.
	20.	39.	Grimaldus commence à ſortir de l'ombre.
	24.	27.	Milieu de Grimaldy.
	24.	55.	Dioniſius ſort.
	26.	42.	Fin de Grimaldy.
	36.	34.	Lanſbergius ſort de l'ombre.
	39.	4.	L'ombre quitte *Promontorium acutum*, où elle s'étoit arrêtée.
	42.	41.	Gaſſendus ſort.
	47.	45.	Milieu de *Mare humorum*.
	55.	43.	Fin de *Mare humorum*.
	58.	35.	Capüanus preſque tout hors de l'ombre.
3.	7.	50.	Catharina commence à ſortir.
	9.	25.	Commencement de Ticho, douteux, à cauſe d'un petit nuage qui couvrit la Lune durant une minute.
	11.	4.	Milieu de Ticho.
	12.	24.	Fin de Ticho.
	16.	43.	Langrenus ſort de l'ombre.
	29.	53.	Petavius ſort.
3.	36.	32.	Fin de l'Eclipſe ; il reſta ſur la Lune une penombre, où elle parut plus de 3. min.

2ʰ. 44ʹ. 45ʺ. Durée totale de l'Eclipse.
1. 22. 22. Moitié de cette durée.
0. 51. 47. Commencement de l'Eclipse.
2. 14. 9. Milieu de l'Eclipse.

1704.
Decemb.

Hauteurs correspondantes du Soleil pour verifier l'Horloge.

Heures du matin.		Hauteur.	Heures du soir.		
10ʰ. 7ʹ 25ʺ *bord sup.*		46ᵈ.	2ʰ. 10ʹ. 56ʺ. *bord sup.*		
10 19 *centre.*			2 8 3 *centre.*		
13 13 *bord inf.*			2 5 11 *bord inf.*		

Par la premiere hauteur, l'horloge mar-
quoit à midi   0ʰ. 9ʹ. 10ʺ.
 Par la seconde   0. 9. 11.
 Par la troisiéme   0. 9. 12.
 Milieu   0. 9. 11.
 Le dixiéme elle marquoit à midi   0. 8. 3.

Donc l'horloge avançoit sur le vrai
tems, en 24. heures de   1. 8.
  11. heures de   34.
L'Observation fut corrigée sur cette acceleration.

COMPARAISON

De cette Observation de l'Eclipse de Lune , avec celles qu'on fit à l'Observatoire Roïal de Paris.

ON ne pût observer à Paris que le commencement de cette Eclipse, comme on l'a rapporté dans les Memoires de l'Academie Roïale des Sciences de 1708. page 9. Voici le Resultat de cette Comparaison.

A 0ʰ. 51ʹ. 47ʺ. du matin, commencement de l'Eclipse
         à Cartagene.

 6. 4. 40. A Paris, commencement avec une Lu-
         nette de trois pieds.

 5. 12. 53. Difference des meridiens entre Paris
         & Cartagene.

 0. 59. 21. A Cartagene *Mare humorum* entre dans
         l'ombre.

X x ij

1704.
Decemb.

6ʰ.	12′	0″.	A Paris l'ombre au bord de *Mare humorum.*
5.	12.	39.	Différence.
1.	3.	29.	A Cartagene, commencement de Grimaldi.
6.	14.	30.	A Paris par Mrs. de la Hire.
5.	11.	1.	Différence.
1.	6.	45.	A Cartagene fin de Grimaldi.
6.	17.	30.	A Paris par Mrs. de Hire.
5.	10.	45.	Différence.
1.	9.	9.	A Cartagene commencement de Ticho.
6.	21.	0.	A Paris par Mrs. de la Hire.
5.	11.	51.	Différence des meridiens entre Paris & Cartagene.

En prenant un milieu entre la différence des meridiens qui refulte de ces Observations ; l'on aura la différence des meridiens entre Paris & Cartagene de　　5ʰ. 11′. 50″.

XIII. *Decembre.*

Le matin j'allai à bord avec Dom Jean de Herrera, pour y prendre mes inftrumens, nous arrivâmes à l'heure du dîner, Mr de Sainte-Catherine reçût fort civilement cet habile Ingenieur, & lui fit toutes les honneftetés qui dépendoient de lui ; nous defcendimes enfuite à terre : Dom Jean voulut que je l'accompagnaffe au Fort de Boca-Chica, pour me faire faire connoiffance avec le Caftillan ; (les Efpagnols appellent Caftillans les Gouverneurs des Forts ;) celui-ci nous fit mille carreffes, il nous arrêta dans le Fort jufqu'au lendemain.

XIV. *Decembre.*

Dom Jean de Herrera partit le matin dans fon Canot, après m'avoir fort recommandé au Caftillan, qui me pria de demeurer avec lui, durant le tems que notre Navire refteroit mouillé devant le Château ; j'y confentis volontiers, & après avoir dit la Meffe dans la Chapelle, je pris le Bateau de fervice, & avec la permiffion du Gouverneur, j'allai à bord de noftre Vaiffeau qui n'étoit pas loin, pour y pren-

dre mes instrumens, afin de pouvoir observer le Soleil à midi, y aïant apparence d'une belle journée.

OBSERVATIONS

Faites dans le Fort de Boca-Chica.

XIV. *Decembre.*

Hauteur meridienne apparente du
bord inferieur du Soleil   56^d. 6^l. 10^s.
Refraction moins la parallaxe   34.
Donc hauteur corrigée   56.   5.   36.
Demi-diametre du Soleil   16.   22.
Donc hauteur du centre   56.   21.   58.
Lieu du Soleil 22^d. 52′ 18^s ♐
Declinaison meridionale   23.   17.   27.
Donc hauteur de l'Equateur   79.   39.   25.
     Et hauteur du Pole   10.   20.   35.

Pendant que je demeurai dans le Fort de Boca-Chica,
j'en levai le Plan aux heures que les Espagnols reposoient,
ce tems m'étoit plus que suffisant, puisque j'avois plus de
deux heures après midi, & par ce moïen j'évitois de leur
donner de l'ombrage. J'ai donné ce plan tel que je l'ai levé,
c'est-à-dire, dans le même état qu'estoit le Fort, après avoir
soutenu le dernier Siege que les François mirent devant;
on n'avoit pas encore réparé les ruines qu'y firent leur canon & leurs bombes.

   Hauteur meridienne apparente du bord
superieur du Soleil   56^d. 26^l. 20^s.
   Refraction moins la parallaxe   36.
Donc hauteur du bord superieur corrigée 56.   25.   44.
Demi-diametre du Soleil   16.   22.
Donc hauteur du centre   56.   9.   22.
   Lieu du Soleil 29^d. 0′. 17^s. ♐
Declinaison meridionale   23.   28.   46.
Donc hauteur de l'Equateur   79.   38.   8.
   Complement au Zenit ou hauteur du Pole 10. 21. 52.
   Sur les quatre heures du soir je pris congé du Gouver-

neur & des autres Officiers du Fort qui voulurent m'accompagner jusqu'au bord de la mer, & je me rendis au Navire.

En prenant un milieu entre les deux Observations que j'ai faites au Fort de Boca-Chica, on aura la hauteur du Pole de ce Fort de　　　　　　　　　　10ᵈ. 20′. 40″.

1704.
Decemb.

XXII. Decembre.

Nous appareillâmes à 7ʰ. du matin, avec un petit vent de Nord-Est ; l'Hermione & le Saint-Jacques commandé par Mr. de Laigle, appareillerent à la même heure ; après midi, les vents se rangerent au Nord ; au coucher du Soleil, nous relevâmes les terres : l'écuëil Salmedina très-dangereux, nous restoit au Nord-Oüest ¼ Oüest, & Boca-Chica au Sud-Est. Sur les 9ʰ. du soir les vents aïant fraîchis, on prit les ris dans les huniers, louvoiant à petites bordées entre Salmedina & la Terre-Ferme, dans l'apprehension d'aller nous briser contre l'écuëil : les deux autres Navires, l'Hermione & le Saint-Joseph, qui nous suivoient de près, faisoient la même manœuvre ; sur les dix heures, ce dernier ne se reglant plus sur nous, comme on en étoit convenu, en partant de Boca-Chica, commença de faire ses bordées trop longues ; il croïoit peut-être avoir dépassé Salmedina, & ne connoissant pas, que les courans nous portoient vers l'Oüest, il tomba sur la tête de cet écuëil ; lorsqu'il sentit toucher, il tira le canon pour nous demander du secours, il fut pourtant assez heureux pour se degager, sans être endommagé. L'Hermione eut le même malheur par l'entêtement de l'Officier du quart ; le Pilote l'avertit qu'il étoit tems de revirer de bord, puisque nous l'avions déja fait ; il répondit, qu'il sçavoit son métier, qu'il continua sa route, & que les gens du Vaisseau, qui étoit sur son avant, étoient des ignorans, qui ne connoissoient pas ces mers ; cependant peu de tems après, l'Hermione tomba vers le milieu de Salmedina & se brisa ; on tira d'abord le canon ; mais les vents étoient alors frais, & la mer fort haute, ce qui joint au grand bruit des lames, nous empêchoient de l'entendre, nous n'aurions pas songé à secourir les gens de ce malheureux Navire, si le feu du canon ne nous eût fait juger, qu'il lui étoit arrivé quelque fâcheuse catastrophe : on mit à tout

afard, côté en travers , attendant que le jour se fit ; d'a-
bord qu'il parut, nous vîmes un Vaiſſeau ſans mâts qui flot-
toit encore ſur les eaux, on mit le Canot & la Chaloupe
en mer , pour aller ſecourir des gens fort déſolés ; leurs cris
& leurs larmes auroient touché les cœurs les plus endurcis ;
Ils ſe jettoient indifferemment dans l'eau , eſperant de ſe ſauver , ou dans les Canots, ou dans les Chaloupes : elles étoient
remplies de monde, & ceux qui y étoient , en deffendoient
l'approche à coup d'épées ; Mr. Couplet mon ami , que
l'Academie Roiale des Sciences avoit envoïé faire des Obſervations , en reçut deux , mais il eut encore aſſez de force
pour monter dans un des Canots ; Mr. des Landes qui s'y
trouva, donna ſes ordres pour le ſauver , il vint à bord avec
lui dans un triſte état , il étoit en chemiſe & plein de ſang ;
je tachai de le conſoler & de le ſecourir ; j'appellai le Chirurgien pour viſiter ſes plaies , graces au Seigneur, elles n'é-
toient pas mortelles , & il guérit en peu de jours. Ce ſpecta-
cle fut pour moi le plus triſte que j'aie eu de ma vie.

X X I I I. *Decembre.*

Nous approchâmes de ce Navire autant que le tems & le
danger nous le permirent. Nous ſauvâmes une partie de
l'equipage & beaucoup d'effets. A l'entrée de la nuit , nous
allâmes moüiller devant Boca-Chica : le Saint-Joſeph nous
ſuivit ; Mr. de Laigle nous vint voir , d'abord qu'il eut moüillé ; il nous rapporta ce qu'il lui étoit arrivé la nuit precedente , qu'il avoit échoüé à la tête de Salmedina , où il y avoit
un banc de ſable , & que pour ſe dégager , il avoit jetté trois
pipes de vin & toute ſon eau.

Mr. Marin commandant l'Hermione demeura trois jours
ſur ce Vaiſſeau , & ne l'abandonna que lorſqu'il vit , qu'il
commençoit à ſe démembrer.

X X I X. *Decembre*

Le deſordre que je voiois dans notre Navire , me fit faire
pluſieurs reflexions. Dom Gaſpard qui m'avoit vû fort rêveur
pendant la journée , m'appella ſur les huit heures du ſoir ,
dans ſa petite chambre, pour m'en demander le ſujet, com-

——— me il étoit fort de mes amis, je lui ouvris entierement mon cœur, & il me dit que depuis deux ou trois jours, il cherchoit l'occasion de me parler en particulier, pour me demander, si je voudrois le suivre, en cas qu'il quittât le Navire; vous pouvez en être assuré, lui dis-je sans balancer; préparez-vous donc, me répondit-il, pour demain matin.

Nos Flibustiers étoient à Cartagene, où ils étoient montés avec leur Barque, quelques jours avant notre départ, pour la faire mâter, parce qu'elle avoit perdu ses deux mâts dans une tempête, au retour de Porto-Bello; le dessein de Dom Gaspard étoit de s'embarquer dans cette Barque; il s'y croïoit beaucoup plus en seureté que dans le Navire.

XXX. *Decembre.*

Aïant absolument pris notre resolution, nous crûmes qu'il seroit inutile de feindre plus long-tems; j'allai trouver Mr. de Sainte-Catherine, pour le remercier de ses honnestetés, & prendre congé de lui. Il me reçut assez mal, il me dit même qu'il écriroit au Ministre, que j'avois quitté son Vaisseau, où j'étois en seureté, pour m'embarquer sur un si méchant bâtiment, qu'il ne croïoit pas qu'il pût jamais arriver à la Martinique; tout cela ne fut pas capable de m'arrêter, ses plaintes ne firent pas sur moi plus d'impression que celles qu'il fit de moi à Mr. de Landes. Dom Gaspard pendant ce tems-là faisoit descendre par ses domestiques ses hardes & les miennes dans un Canot, & enfin après avoir pris congé de tous nos amis & de l'équipage, nous descendîmes à terre au Fort de Boca-Chica. Le Gouverneur nous y attendoit à dîner.

XXXI. *Decembre.*

Nous nous embarquâmes Dom Gaspard & moi, pour Cartagene. Nous y trouvâmes Mr. la Touche, un des principaux Interressés, qui, par le même motif que nous, s'étoit débarqué de nôtre Navire à Porto-Bello, pour s'embarquer avec le Flibustier, & surpris de nous voir, il nous railla fort agreablement, lorsqu'il sçut le sujet de notre voïage, & que nous étions-là, pour courir la même fortune que lui; il nous dit qu'on travailloit à mâter la Barque, qu'on y faisoit

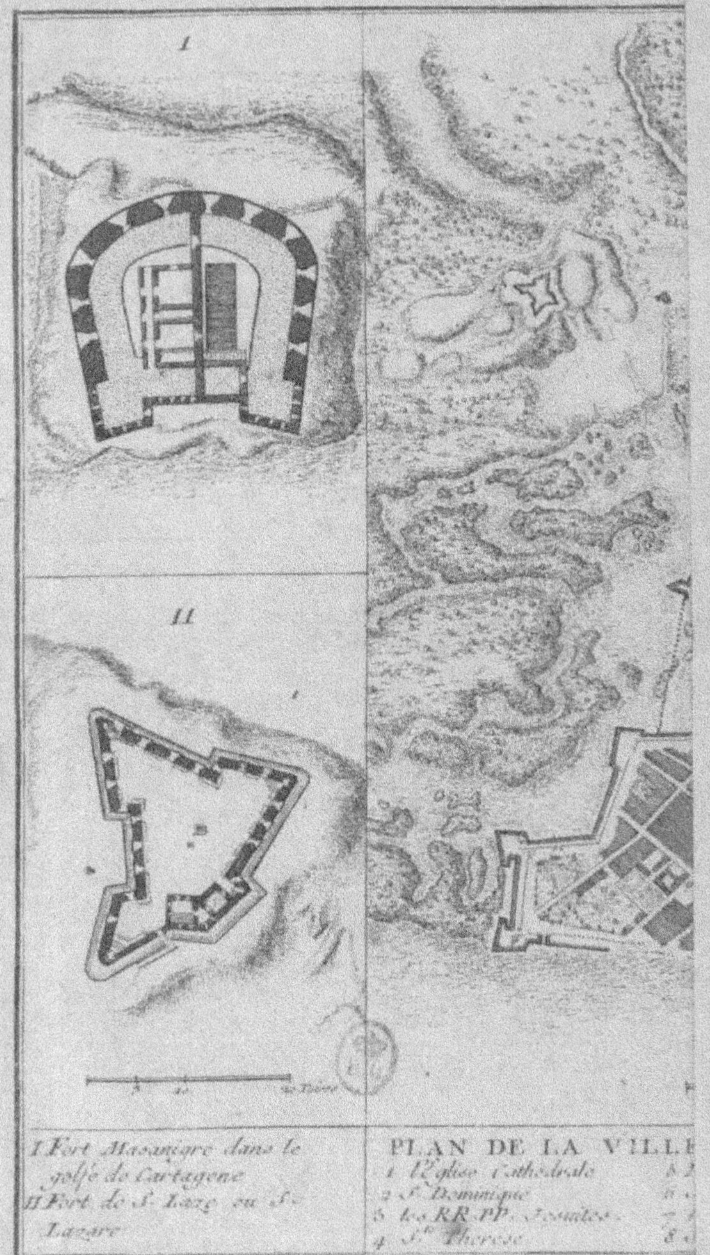

I
II
I. Fort Masangigre dans le golfe de Cartagene
II. Fort de S. Laze ou S. Lazare
PLAN DE LA VILLE
1. L'Eglise Cathedrale
2. S. Dominique
3. les RR. PP. Jesuites
4. Ste. Therese

…bit diligence, mais qu'il ne croioit pas que d'un mois elle
…ût en état de mettre à la voile. J'emploïai ce tems-là à le-
…er le plan de la ville; j'y aurois trouvé beaucoup d'obstacles;
…ais je me menageai avec tant de prudence, & je gardai un
…profond secret, que je les surmontai tous.

Premier *Janvier.*

M D C C V.

Après avoir celebré le matin la Messe à la Cathédrale. Je
…e rendis chez Dom Jean de Herrera, chez qui j'avois fait
…orter mes instrumens le jour precedent, j'observai le même
…ur le Soleil.

Hauteur meridienne apparente du bord			
…perieur du Soleil	56ᵈ.	46′.	20″.
Refraction moins la Parallaxe			33.
Donc hauteur corrigée	56.	45.	47.
Demi-diametre du Soleil		16.	23.
Donc hauteur du centre	56.	29.	24.
Lieu du Soleil 11ᵈ. 14′. 44″. ♑			
Déclinaison meridionale du Soleil	23.	0.	26.
Donc hauteur de l'Equateur	79.	29.	50.
Complement & hauteur du Pole	10.	30.	10.

11. *Janvier.*

Je pris plusieurs hauteurs correspondantes du Soleil pour
…rifier mon horloge que j'avois mise en mouvement le jour
…ecedent, dans la maison de Dom Jean de Herrera, la-
…elle est au Sud de la ville, vis-à-vis l'Eglise des Peres de
…Compagnie de Jesus.

Hauteur meridienne apparente du bord			
…erieur du Soleil	56ᵈ.	51′.	47″.
Refraction moins la parallaxe			33.
Donc hauteur veritable	56.	51.	14.
Demi-diametre du Soleil		16.	22.
Donc hauteur du centre	56.	34.	52.
Lieu du Soleil 12ᵈ. 15′. 56″. ♑			
Déclinaison meridionale	22.	54.	58.

——— Donc hauteur de l'Equateur   79.^{d} 29′. 50″.
     Et hauteur du Pole   10. 30. 8.

I V. *Janvier.*

J'allai me promener le matin sur le bord de la mer, au Nord de la ville, où la mer bat ; j'y cherchai des Coquillages & je trouvai une espece de *Lepas* assez semblable à celle d'Aldrouandi *Lib. Testac.* III. *cap.* LXXIX. *pag.* 546.

D E S C R I P T I O N

D'un Lepas Americana.

CEtte espece de *Lepas*, est de la grandeur d'un écu neuf ; elle n'est pas entierement ronde, mais un peu ovale ; elle est fort dure, & d'un beau blanc, platte d'un côté & convexe de l'autre ; elle s'attache aux rochers, & sur le ventre & le dos des Torruës par sa partie platte ou inferieure qui est toute raïée par de petits sillons qui vont du centre à la circonference. La partie convexe ou le dessus est divisée en six parties inégales par d'autres petites fosses disposées en maniere d'étoile ; son centre est percé par un trou de la même figure que le contour, environ de quatre lignes de diametre ; on voit dans le fond de ce trou, quatre dents attachées à une membrane blanche, comme dans une gencive : la bouche est située au milieu de ces quatre dents, & en s'ouvrant en façon de deux lèvres, elle donne lieu à l'animal attaché par derriere à la même membrane, où les dents sont attachées, de tirer sa nourriture par une autre petite bouche armée de quatre dents tendres & petites.

Ce petit animal ressemble fort à une petite écrevisse, ou à un petit poulpe (*Polipus*) il est garni de dix jambes, cinq de chaque côté, & chaque jambe est crochuë, articulée, fort menuë à la façon des cornes d'une écrevisse & garnie par-dessus d'un petit poil fin, qui rend toutes les jambes semblables à de petites faucilles dentelées ; j'en avois déja vû sur des Torruës, mais si adherantes à leur plastron, que je ne pûs les en détacher, sans les rompre.

Hauteur meridienne apparente du bord
superieur du Soleil   57^d.   3$'$.   5$''$.   1705.
  Refraction moins la parallaxe   32.   Janvier.
Donc hauteur veritable   57.   2.   33.
Demi-diametre du Soleil   16.   23.
Donc hauteur du centre   56.   46.   10.
  Lieu du Soleil 14^s. 18^d. 15$''$. ♐
Déclinaison meridionale   22.   42.   51.
Donc hauteur de l'Equateur   79.   29.   1.
  Et hauteur du Pole   10.   30.   59.

VIII. *Janvier.*

Depuis le deux du mois, lorsque le Soleil paroissoit, je continuai à prendre des hauteurs correspondantes pour bien verifier mon horloge, d'où dépendoit la justesse de mes Observations.

Hauteurs correspondantes du Soleil pour verifier l'horloge.

Heures du matin.	Hauteur.	Heures du soir.
10^h. 22$'$. 20$''$. *bord sup.*		1^h. 48$'$. 48$''$. *bord sup.*
24. 23. *centre.*	49^d. 1.	46. 44. *centre.*
26. 28. *bord inf.*		1. 44. 42. *bord inf.*

Par la premiere correspondance l'horloge marquoit à midi   0^d.   5$'$.   34$''$.
  Par la seconde   0.   5.   33.
  Par la troisième   0.   5.   35.
Milieu   0.   5.   34.

OBSERVATION

De la variation de l'aiguille aimantée.

APrès avoir posé une pierre de niveau, qui me servoit ordinairement pour ces Observations, je tirai sur cette pierre une ligne au vrai midi marqué par mon horloge ; j'appliquai sur cette ligne la boussole, dont je m'étois déja servi dans les Observations precedentes. Je trouvai la variation de l'aiguille aimantée de   7ᵈ. 15′. Nord-Est.

Je laissai la pierre dans la situation, où je l'avois mise ;
le lendemain à la même heure de midi, je tirai une autre
ligne meridienne à la faveur de l'ombre d'un fil de pite,
comme j'avois fait le jour précedent ; je trouvai cette ligne
parfaitement parallele à celle que j'avois déja tirée. Elle donna la même variation.

OBSERVATION

Du premier Satellite de Jupiter.

A. 11ʰ. 34′. 23ˢ. du soir à l'horloge non-corrigée, émer-
                    sion du premier Satellite de l'ombre de
                    Jupiter au-delà du bord de cette Planete
                    environ à un quart de son diametre.

     5.   38.   Tems que l'horloge avançoit.

    11. 28. 45.   Vrai tems de l'émersion.
    16. 39. 54.   A Paris par le calcul corrigé.

     5. 11.   9.   Difference des meridiens entre Paris &
                    Cartagene.

Un moment après l'Observation, le Ciel se couvrit &
nous ne le vîmes plus de tout le jour.

x. Janvier.

Nous eûmes une assez belle journée, dans laquelle je pris
des hauteurs correspondantes, ce qui me tira d'une grande
inquiétude ; car n'en aïant pû prendre le lendemain de l'Observation, & ne pouvant m'assurer autrement de la justesse
de mon horloge, d'où dépendoit celle de mon Observation,
j'avois à craindre qu'il ne fût arrivé quelqu'accident à mon
horloge, quoique j'eusse eu la précaution de la fermer à la clef.

Hauteurs correspondantes du Soleil pour verifier l'Horloge.

Heures du matin.				Hauteur	Heures du soir.			
10ʰ.	2′	40ˢ	*bord sup.*		2ʰ.	9′	3ˢ	*bord sup.*
10	4	36	*centre.*	46ᵈ.	2	7	12	*centre.*
10	6	33	*bord inf.*		2	5	20	*bord inf.*

Par la premiere correspondance l'horloge marquoit à midi   0ʰ. 5ˡ. 52ˢ.   1705.
Par la seconde   0. 5. 54.   Janvier.
Par la troisiéme   0. 5. 56.
   Prenant un milieu on eut midi à   0. 5. 54.
Le 8ᵉ l'horloge marquoit midi à   0. 5. 34.

Donc l'horloge avançoit en deux jours sur le vrai tems de   20.
En vingt-quatre heures de   10.
Hauteur meridienne apparente du bord superieur du Soleil   57ˡ. 51ˡ 30ˢ.
  Refraction moins la parallaxe   32.
Donc hauteur veritable   57. 50. 58.
Demi-diametre du Soleil   16. 22.
Donc hauteur du centre   57. 34. 36.
Vrai lieu du Soleil 20ᵈ. 25ˡ. 19ˢ. ♑
Donc declinaison meridionale   21. 55. 40.
Hauteur de l'Equateur   79. 30. 16.
Complement ou hauteur du Pole   10. 29. 44.

XI. *Janvier.*

Le vent qui depuis notre arrivée n'avoit varié que du Nord-Est au Nord-Nord-Est, se rangea au Nord-Oüest ; il plut toute la journée, ce qui surprit fort les habitans ; ils m'assurerent que cela n'étoit jamais arrivé dans cette saison.

Un Espagnol assez imprudent arrêta mon horloge, quoiqu'on l'eut averti de n'y pas toucher ; je la remis en mouvement ; mais il me fallut prendre les jours suivans des hauteurs correspondantes pour m'assurer de sa regularité, je ne pouvois être trop exact à des Observations qui devoient immediatement déterminer la longitude de Cartagene.

XV. *Janvier.*

Hauteurs correspondantes du Soleil pour verifier l'horloge.

Heures du matin.	Hauteur	Heures du soir.
9ʰ. 53ˡ 58ˢ bord sup.		2ʰ. 18ˡ 52ˢ bord sup.
9. 55 44 centre.	45ᵈ.	2. 17 6 centre.
9. 57 30 bord inf.		2. 15 20 bord inf.

Par ces correspondances l'horloge marquoit à midi 0ʰ. 6ˡ. 25ˢ.

XVI. *Janvier.*

OBSERVATION

Du premier Satellite de Jupiter.

A 1^h. 26'. 44". du matin à l'horloge non-corrigée, émersion du premier Satellite de l'ombre de
Jupiter, le Ciel clair & serain environ à
½ du diametre de cette Planete au-delà de
son bord occidental.

     6. 30. Tems qu'avançoit l'horloge.

  1. 20. 14. Le vrai tems de l'émersion.
  6. 31. 15. A Paris par le calcul corrigé.

  5. 11. 1. Difference des meridiens entre Paris &
           Cartagene.

Je dois avertir ici le lecteur, que dans la copie qui fut
faite de cette Observation raportée dans les Memoires de
l'Academie Roïale des Sciences, il y a une faute d'impression
dans la pag. 10. lig. 18. on y lit 5^h. 11'. 20". au lieu de
5^h. 11'. 1".

Cette même faute se trouve encore dans la même pag. lig. 23.

Les vents s'étoient rangés au Nord-Est; les jours étoient
devenus fort beaux, & je crus cette Observation fort exacte;
Dom Jean de Herrera bon Mathematicien étoit à l'horloge,
durant que j'observois; comme l'Observation ne put se faire
dans la maison, mais dans la ruë, j'avois besoin d'un homme intelligent pour compter les vibrations de mon horloge.

Hauteurs correspondantes du Soleil pour verifier l'horloge.

Heures du matin.	Hauteur.	Heures du soir.
9^h. 53' 30" *bord sup.*		2^h. 19' 41" *bord sup.*
55 12 *centre.*	45^d.	2 17 59 *centre.*
56 54 *bord inf.*		2 16 17 *bord inf.*

Ces correspondances donnerent midi à   0^h. 6' 35".
Le 15. l'horloge marquoit midi à   0. 6. 25.

Donc l'horloge avoit avancé en 24^h. de   10.
Hauteur meridienne apparente du bord

ſuperieur du Soleil	58.	53ʹ.	10ʺ.	
Refraction moins la parallaxe			29.	1705. Janvier.
Donc hauteur veritable	58.	52.	41.	
Demi-diametre du Soleil		16.	22.	
Donc hauteur du centre	58.	36.	19.	
Lieu du Soleil 26ᵈ. 31ʹ. 43ʺ. ⅒				
Declinaiſon meridionale	20.	53.	2.	
Donc hauteur de l'Equateur	79.	29.	21.	
Et hauteur du Pole	10.	30.	39.	

RESULTAT

Des Obſervations faites à Cartagene dans la nouvelle Eſpagne.

RIen n'étoit plus neceſſaire, pour la perfection de la Géographie, que les Obſervations faites en divers lieux de la terre; on ignoreroit encore la poſition de Pequin capitale de la Chine, de Lima capitale du Perou, de Cartagene, & d'une infinité d'autres lieux, ſi Loüis XIV. d'heureuſe memoire n'eût envoié ſes Aſtronômes pour obſerver ſur toute la ſurface de la terre, & déterminer la poſition de chaque lieu, en longitude & en la latitude : combien n'a-t'on pas évité de naufrages, par ces déterminations, & à qui en eſt-on redevable qu'à la magnificence de ce grand Roi !

Détermination de la latitude de Cartagene.

La plus grande latitude fut celle qu'on obſerva le 4. Janvier, qui fut de	10ᵈ.	30ʹ.	59ʺ.
La moindre fut celle du 10. Janvier qu'on trouva de	10.	29.	44.
Difference entre ces deux hauteurs		1	15.
Moitié de cette difference			37.
Cette moitié ajoutée à la moindre latitude, on aura pour la moienne latitude, la hauteur du Pole de Cartagene	10.	30.	21.

Détermination de la longitude.

Les premieres Obſervations que je fis à Cartagene pour

déterminer la différence en longitude entre cette ville & Paris, furent quelques immersions des taches de la Lune dans l'Eclipse observée, dans l'un & dans l'autre lieu, le onze Decembre 1704.

La plus grande différence entre ces deux villes fut de   5ʰ. 12′. 53″

La moindre de   5. 10. 45.

Difference   2. 8.

Moitié   1. 4.

Laquelle moitié ajoûtée à la moindre différence, donne la différence de Paris à Cartagene de   5ʰ. 11′. 49″

Les immersions ou les émersions des taches de la Lune ne sçauroient être déterminées avec autant de précision, que le sont les immersions & les émersions du premier Satellite de Jupiter : le bord de l'ombre de la terre n'est pas un cercle d'écrit au compas, il reste sur le bord de ce cercle une penombre ; je ne parle point ici de cette grande penombre, qui devance la vraie ombre au commencement de l'Eclipse, & qui ne disparoit que long-tems après que l'Eclipse est finie ; mais d'une petite penombre qui, quoique de peu de consequence, est un empêchement à déterminer physiquement l'arrivée de l'ombre de la terre, sur le bord d'une tache, de même que la sortie de la même tache du bord de l'ombre, & on ne sçauroit éviter quelques secondes de plus ou de moins, dans les déterminations des Observations de taches.

L'exactitude des Observations des Eclipses de Lune dépend encore de l'habilleté de l'Observateur, c'est ici son jugement qui agit sur un objet fort éloigné, & comme il est facile de se tromper en jugeant, si c'étoit de quelques secondes, il seroit fort excusable. De plus, les yeux ne sont pas tous égaux, les uns plus parfaits & plus subtiles apercevront un objet, lorsque d'autres yeux ne le verront pas encore.

Il ne faut donc pas s'étonner de la différence qui se rencontrera ici, entre la determination de la longitude de Cartagene par les immersions des taches de la Lune, & celle qui revient des émersions du premier Satellite de Jupiter, mais

parce

...arce que la détermination de la différence de longitude entre
...aris & Cartagene, observée par les émersions du premier Sa-
...ellite de Jupiter, doit être d'une plus grande précision que
...ar les émersions des taches de la Lune, ainsi que je viens
...e le faire remarquer ; il sera plus à propos & plus seur
...e s'y arrêter.

Nous venons de dire que par l'Eclipse de la Lune, la diffé-
...ence en longitude de Paris à Cartagene
...oit de   5^h. 11'. 49^s.

La différence observée par la premiere
...mersion du premier Satellite de Jupiter
...ut de   5. 11.   9.
La seconde fut de   5. 11.   1.
La différence entre ces deux Observa-
...ons est de   8.
Moitié de cette différence   4.
Ajoûtée à la moindre observée entre
...aris & Cartagene, donnera pour la veri-
...able longitude entre ces deux villes de   5. 11.   5.
Moindre que celle qui avoit déja été
...eterminée par l'Eclipse de Lune de   44.

Tems réduit en degrez de l'Equateur.

Pour	5^h.	75^d.	0'.	0^s.
Pour	0. 11'.	2.	45.	
Pour	0. 0. 5^s.	1.	15.	

    5. 11. 5.   75. 46. 15.

La réduction faite comme on voit ici, on trouve que
5^d. 46'. 15^s. répondent à 5^d. 11'. 5^s.
Donc Paris est plus oriental que Car-
...gene de   75^d. 46'. 15'.

XVII. *Janvier.*

Je vis entre les mains de Dom Jean de Herrera, une es-
...ece d'amande d'une merveilleuse vertu : voici ce qu'il m'en
...aconta. Une femme mécontente de son mari & resoluë de
...en défaire promptement, lui faisoit prendre tous les matins
...n breuvage empoisonné, qu'elle lui preparoit, sous prétexte

de le faire déjeûner, il alloit ensuite à son travail. La Providence qui vouloit le conserver, avoit permis qu'il se trouv.
sur son passage une plante qui portoit un fruit appellé *Avilla*
dont le goût lui plaisoit quoiqu'extremement amer, il e
cüeilloit en passant & mangeoit une ou deux amandes qu'
renfermoit. Cependant sa femme desesperée de voir le pe
d'effet du poison, & ne sçachant à quoi l'attribuer, commenç
à se repentir, elle pensa que cela ne pouvoit être arrivé san
un miracle, & que Dieu prenoit visiblement la protectio
de son mari. Penetrée de crainte & fondant en larmes, ell
se jetta à ses pieds, le priant de lui pardonner, si jusqu'alor
elle avoit vécu avec quelque sorte d'indifference, & ajoûtan
qu'elle étoit presentement si penetrée d'estime pour lui, &
qu'elle avoit des preuves si complettes de sa vertu, qu'ell
avoit resolüe de mener une vie toute differente & qui lu
seroit plus agréable. Un pareil entretien surprit extrememen
le mari, il sçavoit assez que sa femme ne l'aimoit point
mais il ne pouvoit deviner la cause de son changement,
l'interrogea & n'eut pas de peine à lui faire avoüer tout c
qu'elle avoit fait pour lui procurer la mort, sans y avoir p
réüssir; il le lui pardonna, & après lui avoir fait compren
dre l'énormité de son crime, il l'engagea à l'aller expier dan
le Tribunal de la Penitence, où il la suivit. Ils y déclareren
l'un & l'autre ce qui leur étoit arrivé, & le Confesseu
leur aïant persuadé combien il étoit important pour le Pu
blic que la qualité merveilleuse de ces amandes fut reconnu
obtint leur permission pour le publier au Prône.

Dom Jean aïant achevé ce récit, je lui demandai, s'il se
roit possible de trouver la plante qui porte ce fruit; on l
peut, me répondit-il; mais ce n'est pas sans s'exposer
beaucoup de dangers; car ces plantes ne naissent que dan
les bois chez les Indiens braves, où l'on ne peut entre
qu'avec beaucoup de circonspection: j'ai une maison d
campagne à quelques lieües d'ici, chez ces peuples, ave
qui je suis assez ami, nous y irons lorsqu'il vous plaira, &
vous pourrez contenter votre curiosité, allons y demain lu
dis-je; la resolution prise sur le champ, il ordonna à se
domestiques de préparer son canot pour le lendemain matin

XVIII. *Janvier.*

Nous nous embarquâmes le matin , & nous descendîmes à
terre, au fond du golfe, nous y trouvâmes des mules qui nous
porterent à la maison de campagne de Dom Jean, éloignée du
bord de la mer d'environ 5. lieuës ; nous traversâmes ensuite un
bourg de ces Indiens braves ; en sortant du bois nous en vîmes un grand nombre de tout âge, qui disparurent dans le
moment , & se cacherent dans leurs cases , ils nous regardoient passer à travers les fentes des pieux , dont elles sont
entourées , semblables à celles de nos Négres des Isles de
l'Amerique. Tous ces païs sont couverts de grands arbres ,
parmi lesquels il s'en trouve d'une taille si énorme , que le
seul pied étant creusé, pourroit servir pour faire tout le fond
de cale d'un Bâtiment de six pieces canon , & telle étoit une
grosse Barque de Joucatan qui vint à Porto-Bello , durant le
jour que nous y fismes. Nous vîmes fort peu de terres dé-
frichées , que les Indiens appellent plantations , où ils sement
du Mays, qui leur sert à faire du pain. Sur les cinq heures du
soir , nous arrivâmes à une grande place , autour de laquelle
on voïoit quelques cases bâties sans ordre , & construites de
même que celles dont j'ai parlé ; les Indiens qui s'y trouverent
peu accoûtumez à voir des hommes tels que nous , ne nous
eurent pas plûtôt apperçus qu'ils s'enfuïrent tout épouvantés.
C'étoit dans cette place qu'étoit située la maison de campagne de Dom Jean. Ses esclaves nous reçurent & firent
garde toute la nuit , dans la crainte que quelque troupe d'Indiens braves , ne vinssent nous enlever ; mais quelle fut cette
nuit ! la plus cruelle que j'aïe passé de mes jours ; outre l'inquiétude du danger où nous étions exposés, les Tiques , les
Maringoins & autres insectes étoient en si grand nombre,
que l'air étoit rempli des uns , & la terre couverte des autres:
je ressentis bien-tôt par-tout le corps une démangeaison extraordinaire , je ne pûs y tenir , je demandai à Dom Jean ,
si cet air étoit different de celui de Cartagene , il me dit, que
non ; les postures qu'il me voïoit faire , lui firent bien-tôt
connoitre le sujet de ma demande , mon pauvre pere (me
dit-il) vous êtes saisi des Tiques , mais dans un moment vous
en serez garanti ; en effet , un de ses Indiens m'apporta un

chauderon d'eau , dans laquelle on avoit fait boüillir d
feüilles de Tabac, je m'en lavai ; les Tiques, dont tout mo
corps étoit déja plein , tomberent , & je fus soulagé auffi-tô

X I X. *Janvier.*

Après que nous eûmes déjeûné, Dom Jean me donna so
Indien fidele , qui étoit connu de tous les Indiens de
canton ; nous allâmes dans le bois chercher la plante Avill
qui porte le fruit de même nom ; nous paſsâmes en chem
pluſieurs rivieres fort dangereuſes , & nous vîmes quelqu
Serpens d'une prodigieuſe groſſeur ; mais je ne ſçai quel ſ
cret ont les Indiens, pour les arrêter ſur leur love , pas u
ne fit ſeulement le ſemblant de ſe délover, pour nous do
ner chaſſe ; on rencontre ſouvent de ces Serpens ſur les côt
Je penſai un jour être dévoré par un , qui étoit d'une gro
ſeur extraordinaire ; mais l'épaiſſeur des bois , où je me tro
vai alors, me ſauva la vie, & il leva la chaſſe ne pouva
pas ſe débarraſſer auffi vîte que moi.

Enfin après avoir couru durant plus de quatre heure
nous trouvâmes un grand arbre ſec , au pied duquel ſort
une Liane rampante ſur le même arbre : ſa racine étoit fo
épaiſſe , fort longue , & extremement branchuë ; la tige
cette Liane ſe diviſoit en pluſieurs branches , & celles-ci
pluſieurs autres plus petites , garnies de feüilles oppoſée
taillées en cœur environ de trois pouces de largeur , &
deux de longueur, unies , d'un beau vert naiſſant par-deſ
& d'un vert clair par-deſſous ; traverſées d'un bout à l'a
tre, par une côte aſſez relevée, diviſée par pluſieurs pet
nerfs , qui s'étendent juſques ſur les bords des feüilles. A
bout de ces petites branches , on voit des fruits ſuſpend
par un pedicule, qui aparemment avoit ſervi à ſoûtenir
fleur ; ces fruits ſont ſemblables à ces oranges , que no
appellons en France, Oranges de Portugal, ils ſont ronds
comme elles , & ont la même couleur ; mais vers leur par
ſuperieure , a huit lignes au-delà de leur ſommet, ils ſo
entourés d'un cercle rouge : leur écorce a trois lignes d
paiſſeur ; elle renferme une ſubſtance blanche , diviſée
neuf loges par des cloiſons, qui donnent autant de placen
leſquels ſont chargés d'amandes plates d'un côté , convexes

l'autre, rondes, épaisses de trois lignes vers le milieu : l'écorce de ces amandes est solide, quoiqu'assez mince, & elle couvre une substance semblable à nos amandes, de même blancheur; mais d'une grande amertume; je ne vis pas des fleurs à cette Liane, la saison en étoit passée; mais j'emportai tous les fruits que j'y trouvai, heureux d'avoir été si bien indemnisé des fatigues du voiage.

1704.
Janvier.

xx. *Janvier.*

Nous partimes le matin; Dom Jean voulant me faire voir un autre peuple bien different de celui que nous venions de quitter, prit une autre route; j'ai déja dit que tout ce païs est rempli de bois, nous en traversâmes toute la journée; nos mules étoient fatiguées comme nous, de la quantité de rivieres, qu'il fallut traverser; nous en rencontrâmes une fort profonde, mais assez étroite, pour la passer, un Indien, de ceux qui nous conduisoient, coupa au pied un Palmiste fort haut, dont la longueur traversoit la riviere d'un bord à l'autre; ces arbres ont peu d'épaisseur, sont fort ronds & on ne peut se tenir dessus, si on n'a les pieds marins; l'envie de me voir bien-tôt à l'autre bord de la riviere, me poussa à passer le premier, & pour éviter de tomber, j'eus soin de mener par la bride mon cheval, qui nageoit le long de ce pont, en sorte que je pouvois m'appuier sur sa tête, en cas que j'eusse glissé; car quoique le cheval nageât, il m'auroit toujours soutenu : Dom Jean n'eut pas la même prévoïance, à peine avoit-il avancé six pas, qu'il glissa & tomba dans la riviere, mais les Indiens qui nous accompagnoient, s'y jetterent promptement & le porterent sur l'autre bord, sans quoi il se seroit noïé. Enfin nous arrivâmes à cette Peuplade que Dom Jean désiroit me faire voir; nous y saluâmes un bon Curé, qui prêta à Dom Jean, une de ses soutanes & du linge pour changer : en le voiant ainsi travesti, je ne pûs m'empêcher de rire, il paroissoit comme un de ces Pedagogues, qui dans l'automne descendent de nos montagnes pour venir à Marseille passer l'hyver qui n'est pas si rude, que chez eux. Ce Curé nous regala de son mieux, nous le remerciâmes de ses honnestetez, & nous arrivâmes de nuit à Cartagene. Dès que Dom

—— Jean parut en sa maison, son épouse fut frapée de cet étrange équipage, & ne pût soutenir son serieux, elle se mit à rire de tout son cœur. Je continuai de lever le plan, que j'avois commencé, esperant de partir d'abord que notre Barque seroit en état.

VIII. *Fevrier.*

Les Flibustiers m'avertirent que la Barque devoit descendre le même jour à Boca-Chica & qu'elle n'y demeureroit que peu de jours ; je leur remis les caisses, où, le jour précedent, j'avois enfermé mes instrumens, qu'ils porterent à bord.

Le Vaisseau l'Ambitieux avoit mis à la voile pour S. Domingue depuis huit jours, il risqua beaucoup dans cette traversée, ce que l'on reconnut depuis, lorsqu'étant arrivé à S. Domingue, & l'aiant déchargé, pour reconnoître par où il faisoit eau & y remedier, l'on trouva à fond de cale le morceau de rocher qui s'y étoit arrêté, lorsque ce Vaisseau toucha à l'entrée du Port de Sainte-Marthe, ainsi que je l'ai déja rapporté. Si malheureusement cette pierre s'étoit détachée, il n'y avoit pas moien de sauver ce Vaisseau, il couloit à fonds.

Pedro Heredia le premier Fondateur de Cartagene, y aborda en 1532. il eut besoin pour s'y établir, de toute sa valeur & de toute son adresse; les naturels du païs étoient vaillans, & parce qu'ils ne connoissoient point de peril, ils s'y jettoient d'une maniere inconsiderée, les Espagnols verserent beaucoup de sang dans les divers combats qu'ils soutinrent contre cette cruelle & barbare nation ; mais malgré tous ses efforts, ils fonderent enfin cette ville, qui est devenuë dans la suite par l'étenduë de son commerce, l'une des plus florissantes & des plus riches de la nouvelle Espagne.

François Drak qu'on a appellé le destructeur des nouvelles colonies, y fit descente, en 1585. & la pilla; il y trouva moins de resistance qu'à Quoquimbo, & après avoir brûlé la moitié de la ville, il l'abandonna, moïennant une rançon de six vingt mille ducats, que les habitans lui donnerent.

Mr. de Pointis y fit en 1697. une expedition aussi hardie qu'elle fut heureuse ; Cartagene pouvoit mettre alors quinze mille hommes sur pied, mais d'abord que Boca-Chica fut

ris , & que les Flibustiers de nos Isles commandés par Mr.
n Casse , se furent rendus maitres du Fort S. Lazare, qui
st à l'Est de la ville , sur une élevation qui la commande ,
a ville capitula sur le champ , je ne m'étendrai pas sur ce
qui se passa en cette occasion , la Relation en aïant été ren-
uë publique.

IX. *Février.*

Le matin je m'embarquai avec Dom Jean dans son canot ;
nous allâmes descendre au Fort St Croix, le Commandant nous
it mille honnestetez , nous y demeurâmes jusqu'au lendemain
u soir , que je me rendis à notre Barque qui étoit moüillée
devant Boca-Chica. Durant le séjour que je fis dans ce Fort
'eus assez de tems pour en lever le plan tel qu'on le voit ici.

XI. *Février.*

On appareilla à une heure du matin de Boca-Chica , avec
rois autres Barques, dont une alloit à la Vera-Crux , & les
deux autres alloient à l'Isle de Cuba ; d'abord que nous fûmes dehors , nous trouvâmes les vents fort frais au Nord-
Nord-Est , nous portâmes au plus près jusqu'à la pointe à
Canoa, où nous fumes obligés de moüiller. La tête de nô-
re grand mâts cassa en cet endroit : le fer qui la serroit &
qui soutenoit la grande voile, n'aïant plus de prise, tomba
avec la voile, & pensa nous faire sombrer : les deux Barques qui avoient mis à la voile avec nous, ne pûrent tenir
la mer , les lames étoient fort hautes ; le vent fort frais &
contraire , les obligea d'aller remoüiller à Boca-Chica. Nos
Flibustiers travaillerent avec assez de diligence , nous en
avions un extrême besoin , la mer nous mangeoit , & nous
faillimes vingt fois à couler à fonds. Pour soulager notre Barque , qui resista à la fureur des vents de la mer , nous jettâmes quelques barriques de sucre qu'on avoit débarqué de
nos Prises, & nous passâmes toute la nuit dans une triste
situation , attendant toujours le moment qui devoit terminer
notre course.

XII. *Février.*

Le matin notre fer fut placé tant bien que mal , nous es-

1705.
Fevrier.

perions de le mieux raccommoder à Sainte-Marthe, où nous avions resolu d'aller moüiller, pour y prendre ce qu'on y avoit laissé en allant à Porto-Bello. Dom Gaspard & moi y avions remis à un de ses amis, quatre-vingt boites de baume du Perou que j'avois acheté pour faire des presens à mes amis à mon retour en France. Sur les dix heures du matin, on fit voile avec le même vent que le jour précedent, nous côtoiâmes la terre du plus près que nous pûmes, & le soir nous nous trouvâmes à Samba.

XIII. *Fevrier.*

Le matin nous nous trouvâmes par le travers du cap du Oüest de Rio-Grande. A dix heures on découvrit un Vaisseau le cap sur nous, qu'on prit d'abord pour corsaire ; à cette découverte, deux jeunes étourdis, (dont l'un étoit Pilote sur l'Ambitieux, & l'autre Enseigne) proposerent de revirer de bord, & d'aller reconnoître ce Vaisseau. Nos Flibustiers ne furent pas d'abord de ce sentiment ; ils dirent que les vents s'étant tirés à terre, heureusement pour nous, on devoit en profiter ; que si on perdoit cette conjoncture, on ne trouveroit peut-être pas de six mois, une occasion si favorable ; cependant malgré l'opposition qu'ils trouverent, ils vinrent enfin à bout de persuader aux Flibustiers qu'il y alloit de leur avantage, & il n'en fallut pas d'avantage. On revira sur le Vaisseau, mais peu de tems après on découvrit sa Conserve, c'étoit une grosse Barque armée en course, qui venoient l'un & l'autre de croiser devant Carragene, où ils avoient fait plusieurs prises ; d'abord qu'on eut découvert cette Barque, nos deux jeunes gens qui étoient si braves auparavant, furent fort intrigués, & furent des premiers à se repentir de leur temerité, il n'étoit plus tems, on étoit engagé, il falloit vaincre ou perir ; nous étions à la portée du canon, & à l'entrée de la nuit ; le Capitaine qui par complaisance avoit donné dans le sentiment de revirer sur ce Vaisseau, connut la faute qu'il venoit de faire, & que la partie n'étoit pas égale, il crut échaper s'il reviroit au large ; son dessein lui réüssit, avant qu'on s'apperçût que nous avions changé de route, & qu'on eut reviré, la nuit nous favorisant, on nous perdit de vüe : depuis ce jour-là, les vents varierent du Nord à l'Est jusqu'au vingtiéme.

XX.

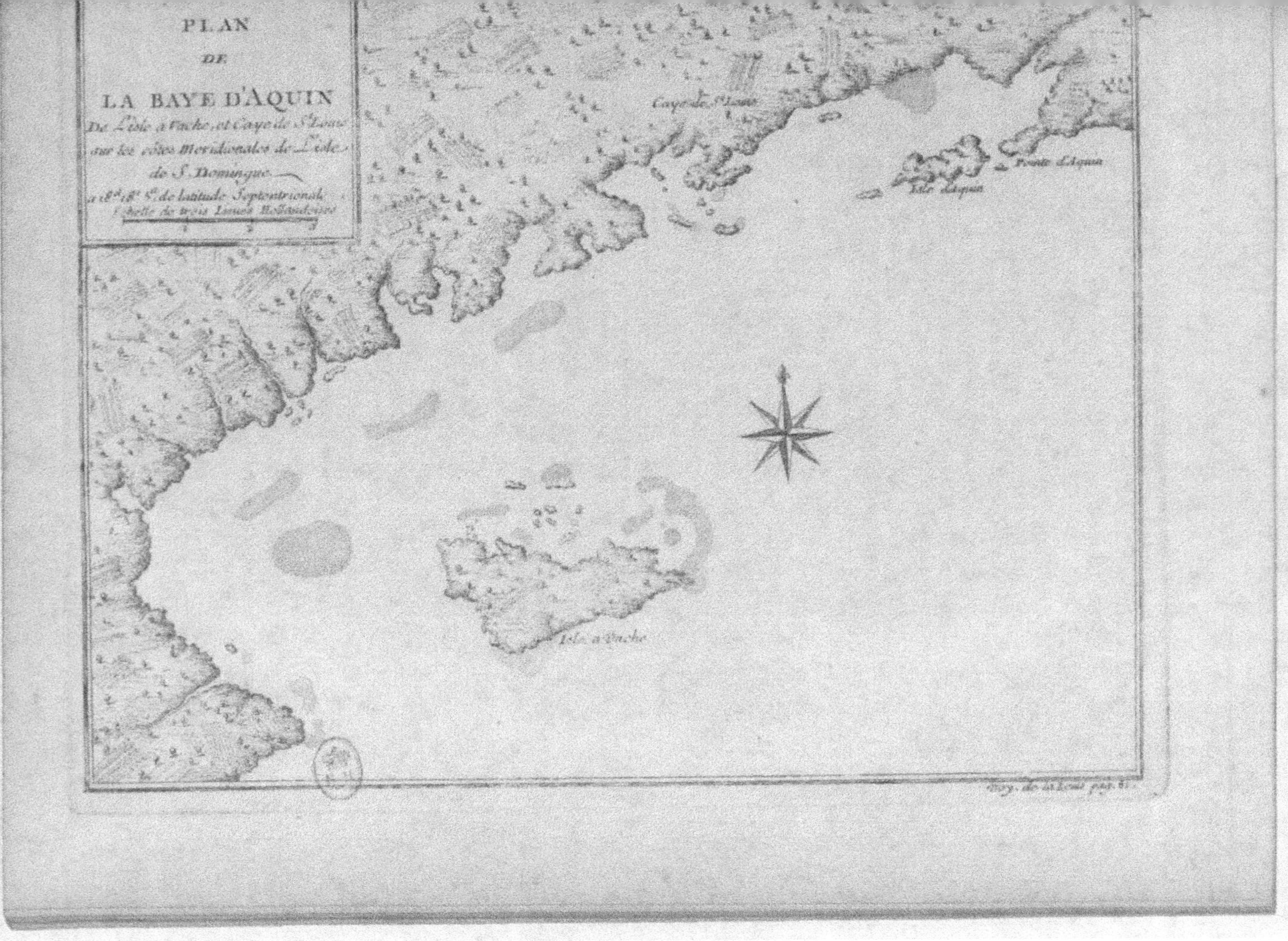

PLAN
DE
LA BAYE D'AQUIN
De L'isle à Vache, et Caye de S.t Louis
sur les côtes Meridionales de L'isle
de S. Domingue
a 8.d 18.s. de latitude Septentrionale
Echelle de trois Lieues Hollandoises
Caye de S.t Louis
Isle d'Aquin
Pointe d'Aquin
Isle à Vache

XX. *Février.*

Le matin l'air etoit brumeux, nous portions, comme les jours paſſez , le cap au Nord ¼ Nord-Eſt ; on decouvrit la terre de l'Iſle S. Domingue au Nord ¼ Nord-Oüeſt ; nous l'approchàmes ; les vents ſe rangerent à l'Eſt-Nord-Oüeſt, nous fiſmes route à l'Oüeſt ; nous étions ſeurs par les reconnoiſſances de l'Iſle, que nous étions à l'Eſt de la Caïe S. Loüis , où nous avions deſſein d'aller moüiller pour y raccommoder notre mâts ; le ſoir nous moüillàmes au Nord de la Caïe à ſix braſſes , nous ſaluàmes le Fort de cinq coups de canon, & il nous rendit le ſalut d'un ſeul coup.

XXI. *Février.*

D'abord qu'il fut jour on commença de mettre la main à l'œuvre. On porta le fer de la tête de notre grand mats à un Forgeron pour en faire un autre.

Je deſcendis le matin à terre , j'allai ſaluër Mr. l'Amirente Gouverneur du Fort ; après avoir celebré la ſainte Meſſe dans la Chapelle du Fort , Mr. le Gouverneur voulut nous donner à déjeûner ; je demeurai avec lui , juſques ſur les dix heures , que je retournai à la Barque , pour y prendre mes inſtrumens, & profiter du beau tems que nous eûmes ce jour-là.

OBSERVATION

Faite à la Caïe Saint Loüis au Sud de l'Iſle S. Domingue.

LE peu de tems que nous devions demeurer au Fort S. Loüis , ne me permit pas d'y mettre mon horloge en mouvement ; heureuſement le vingt-uniéme nous eûmes un très-beau jour ; les chaleurs ſe firent ſentir vivement , & me furent beaucoup plus favorables, qu'un tems de pluïe , qui auroit rafraïchi l'air, mais qui m'auroit caché le Soleil.

Hauteur meridienne apparente du
bord ſuperieur du Soleil $\qquad$ 61ᵈ. 32′. 15″.
Refraction moins la parallaxe $\qquad$ 29.

1705.
Fevrier.

Donc hauteur veritable $61^d.$ $31'.$ $46''.$
Demi-diametre du Soleil $16.$ $16.$
Donc hauteur du centre $61.$ $15.$ $30.$
  Lieu du Soleil $2^s.$ $58'.$ $41''.$
Déclinaison meridionale $10.$ $25.$ $50.$
Donc hauteur de l'Equateur $71.$ $41.$ $20.$
  Et hauteur du Pole $18.$ $18.$ $40.$

J'emploïai le reste du jour à lever le Plan de la Côte S. Loüis. Je pris pour cela une base sur l'Isle, dont les extremitez me servirent de deux stations ; je mesurai la distance de ces deux points ou stations, sur lesquels je plaçai mon demi-cercle, divisé en degrez & minutes par des transversales; il portoit sur le milieu de son plan, une boussole, dont le cercle étoit divisé en $360^d.$ & l'aiguille étoit de trois pouces de longueur, l'alhidade de ce demi-cercle portoit à ses deux extremitez des pinnules, qui servoient à bornoier les objets, de même qu'aux extremitez de son diametre.

Je plaçai sur ma premiere station mon demi-cercle, en sorte que je pûsse découvrir par les deux pinnules posées à l'extremité du diametre du demi-cercle, le piquet que j'avois fiché en terre sur ma seconde station ; mon instrument bien arrêté sur cette position, je pris les angles de tous les objets qui se presenterent, & les raportai sur un papier ; cela fait, je portai mon demi-cercle à ma seconde station, & refis la même operation qu'à la premiere, je veux dire qu'aïant placé mon demi-cercle sur cette seconde station je le dirigeai en façon que je découvris par les pinnules placées à l'extremité du diametre, le piquet que j'avois planté à la premiere station ; dans cette situation, je bornoïai le mêmes objets que j'avois déja bornoïés, & en traçai les angles sur mon papier ; les lignes tirées du centre de mon instrument à ces objets se coupoient dans cette seconde station avec les lignes de la premiere station & formoient dans leur rencontre un angle, qui terminoit un triangle, dont la baze des deux stations, étoit la baze du même angle ; or la baze étant connuë, ou pour mieux m'expliquer, un côté d'un triangle étant connu, avec les trois angles, on connoît par la trigonometrie les deux autres côtés ; c'est ainsi que je traçai le Plan de Sainte-Marthe & de plusieurs autres endroits.

L'Ingenieur actuel du Fort s'apperçut de mon operation

l en alla faire ses plaintes au Gouverneur , celui-ci me fit
appeller ; mon Plan levé , j'allai chez lui. Il me dit en presence de l'Ingenieur , qu'il ne pouvoit pas permettre de lever des Plans , qu'il ne sçavoit quel usage j'en voulois faire,
je lui appris le sujet de mon voïage , il ne dit plus mot , &
m'offrit alors ses services & son secours ; ces civilités n'é-
toient pas du goût de l'Ingenieur , il insistoit toujours , & la
meilleure raison qu'il avança , fut , que si j'étois pris par
malheur , les étrangers auroient le Plan de cette petite Isle;
je lui répondis , que n'aïant pas le sien , il ne devoit pas
tant s'allarmer , & que long-tems avant qu'il vint à la Caïe
S. Loüis , les ennemis avoient le plan de cette place. Un Flibustier qui m'avoit aidé , se chargea de mes instrumens , &
ce soir , après avoir pris congé du Commandant & des autres
Officiers du Fort , je retournai à bord.

XXII. Février.

On fut en état de mettre à la voile.   Le colier de la
grande drisse , où la poulie de la balancine est acrochée en ar-
iere , étant en place , on appareilla le matin avec les vents
de Nord-Nord-Est. A huit heures nous découvrîmes un Vaisseau & une Barque que nous crûmes Bâtimens corsaires ;
nous revirâmes de bord vers le Fort , pour aller nous mettre sous son canon ; nous en étions assez près , lorsque ces
Bâtimens passèrent par notre travers , alors nous ne doutâ-
mes plus que ce ne fussent deux Bâtimens François qui venoient moüiller à la Caïe S. Loüis , nous y envoïâmes notre canot , & l'Officier qui y alla , rapporta à son retour que
c'étoient les mêmes Bâtimens qui nous donnèrent chasse sur
les côtes de la nouvelle Espagne. En mer on ne connoit personne , & la voïe la plus sure , est de se défier de tout.

Les vents se rangèrent à l'Est-Sud-Est , il fraîchit considerablement , & nous venant de l'avant , nous obligea de lou-
voïer , mais avec peu d'avantage.

XXIII. Février.

La nuit fut extremement fâcheuse , les vents souffloient
toujours du même endroit , frais comme ils étoient , ils éle-

A a a ij

verent la mer : de tems en tems nous nous voïions ensevelis entre des lames aussi hautes que le Ciel, qui nous menaçoient d'un prochain naufrage ; le lendemain 24e même
tems , nous approchâmes la côte du Sud de l'Isle S. Domingue, croïant que la mer n'y seroit pas si rude, elle étoit
égale par-tout, & nos Flibustiers qui n'avoient pas encore
fait de si longue campagne , desirant avec passion d'arriver
bien-tôt à la Martinique , ne voulurent relâcher dans aucun
Port.

XXIV. *Février.*

Même tems. On apprehendoit que les lames n'enfonçassent les côtés de notre Barque : le lendemain étoit le premier jour de Carême ; mais le Carême & le Carnaval étoient
pour nous des objets indifferens ; car depuis que nous étions
en mer, nous n'avions pour toutes provisions que de la ca-
save ou farine de Magnoc pour notre pain , & de l'eau à boire.

XXVI. *Février.*

Enfin le mauvais tems nous obligea de chercher quelque
abri , nous allâmes moüiller au faux cap Marangon à dix
brasses de fonds.

XXVII. *Février.*

A deux heures du matin le vent se tira à terre , on appareilla, mais ce vent ne fut pas de longue durée, il se rangea au Sud-Est. Sur les cinq heures du soir nous passâmes
entre l'Isle Beata & le cap Marangon ; peu de tems après les
vents vinrent à l'Est-Nord-Est , plus furieux que ceux que
nous avions eu les jours passez, & la mer étant fort haute
nos Flibustiers ennuiés de ne rien faire , dirent au Capitaine
de mettre le cap au large, où ils pourroient peut-être rencontrer quelque Bâtiment & on soulageroit notre Barque ; car portant toujours au plus près notre mâture travailloit beaucoup
& nous nous exposions à la perdre ; nous courûmes cette bordée durant la nuit & le lendemain.

XXVIII. *Février.*

Plus la mer devenoit furieuse , plus le Capitaine étoi

ntêté, quelque representation qu'on lui fist, du peril évi-
ent, il ne vouloit pas amener les voiles : je veux voir, di-
oit-il, de quelle maniere la Barque porte la voile au mi-
eu de la tempête, pour prendre mes mesures, en cas que
ous soïons chassés ; son entêtement causa dans la Barque
ne espece de sedition, les Flibustiers crierent hautement,
u'ils n'avoient pas envie de perir, & que dans une occa-
on si preslante, si le Capitaine n'ordonnoit pas d'amener,
s iroient eux-mêmes couper les cordages, pour faire tom-
er les voiles ; ce discours plein de fermeté fit changer de
esolution au Capitaine : revenu de son entêtement, il fit
virer de bord pour aller chercher la terre ; l'air étoit fort
rumeux, & nous ne pouvions la voir que de fort près.

Sur les quatre heures du soir, nous découvrimes une terre
late, fort basse, au-dessus de laquelle il nous parut comme
extremité de deux mâts ; cette terre étoit une pointe qui
ous cachoit l'entrée d'une grande Baye, que nous ne dé-
ouvrimes que lorsque nous fûmes à l'entrée ; nous étions
éja dedans, lorsque nous vimes un Bâtiment son cap sur
ous, avec mine de venir nous attaquer ; nos Flibustiers
rpris de cette avanture, coururent aux armes, ils furent
en-tôt parés ; lorsque nous fûmes à la portée du pistolet,
s uns des autres, les Flibustiers tenant leurs boucaniers prêts
faire feu, n'attendoient que le commandement, les voiles
es deux Bâtimens étoient carguées, l'on disputoit à qui ar-
oreroit le premier son Pavillon (il est deffendu sous peine
e la corde, d'arborer Pavillon étranger dans le combat)
Vaisseau qui venoit à notre rencontre arbora Pavillon
spagnol, le notre étoit déja paré, d'abord qu'il parut, ce
rétendu grand combat fut terminé, par de grandes dé-
onstrations d'amitié ; nos Capitaines se visiterent, j'accom-
agnai le notre à bord, & nous soupâmes ensemble ; cette
arque étoit en Flibuste comme la notre, elle cherchoit
omme nous, quelque traiteur : son équipage étoit marchan-
ise mêlée. Il y avoit des gens de toutes nations, Espagnols,
rançois, Anglois, Hollandois, & quoique ces derniers
ous fussent alors ennemis, ils convenoient ensemble, lors-
u'il se presentoit quelque expedition à faire.

PREMIER *Mars.*

Nos gens passerent toute la nuit sous les armes, notre Capitaine apprehendoit, que quelqu'un de nos Flibustiers n'eut declaré aux Espagnols, que nous étions en traite & en flibuste : car telles sont les loix entr'eux, que lorsqu'un Flibustier est également en traite, il peut être pris par un autre qui n'est simplement qu'en flibuste. Ce jour-là, étoit jour de Dimanche, & je préparois un Autel pour celebrer la sainte Messe, lorsque notre Capitaine qui veilloit de près sur les mouvemens des Espagnols, crut qu'ils se disposoient pour venir nous attaquer une seconde fois. Ne voïez-vous pas mon pere, me dit-il, que ces gens-là veulent venir à une action ? Il faut songer à se deffendre, nous entendrons la Messe, un autre jour ; nous demeurâmes jusqu'à une heure après midi, dans cette perplexité. Un Chirurgien du côté des Espagnols vint alors à bord chercher le notre, pour le consulter sur une maladie dont son Capitaine se trouva attaqué pendant la nuit, cela nous rassura, nous descendîmes à terre, nos gens porterent leurs filets, & les jetterent à l'embouchure d'une petite riviere, où nous prîmes quelques petits poissons, nous allumâmes du feu pour les faire rotir. A peine avoient-ils vû le feu, qu'on les trouva d'un goût merveilleux, heureusement nous trouvâmes au long de cette riviere plusieurs Bananiers, & nous fismes provision de Bananes, on a dit ailleurs, ce que c'est que ce fruit, tant d'auteurs en ont fait la Description, & se sont copié les uns sur les autres, que ce seroit ennuier le lecteur, que de la repeter de nouveau. Nous vîmes le long de la riviere quelques Caïmans : dans le desir d'en voir de plus près, je demandai à nos Flibustiers s'ils pourroient satisfaire ma curiosité, ils me promirent que le lendemain, ils tâcheroient d'en tuer quelqu'un, ce qu'ils executerent.

II. *Mars.*

Dès le matin nous descendîmes à terre. Nos Flibustiers surprirent un Caïman, qu'ils tuerent, & durant que nous demeurâmes moüillés dans cette Baye, j'en fis le Description suivante.

MEMOIRES

Pour servir à l'histoire du Crocodile.

LE *Crocodile* ou *Caiman*, dont je donne ici la Description anatomique, avoit six pieds & demi de longueur, depuis le mufle ou museau jusqu'à l'extremité de la queuë; sçavoir un pied un pouce depuis le commencement du museau jusqu'au derriere de la tête; neuf pouces depuis le derriere de la tête jusqu'aux omoplates; un pied neuf lignes depuis les omoplates jusqu'au commencement de la queuë, c'est-à-dire, à la derniere vertebre de l'os sacrum; toute la queuë contenoit le reste de la longueur de l'animal, c'est-à-dire, environ trois pieds.

Le coup du fusil qui mit cet animal hors de défense, lui fracassa presque tout le crane & une partie de la machoire superieure, ce qui m'empêcha d'examiner attentivement la disposition des os de cette partie; la machoire inferieure, qui restoit toute entiere, étoit composée de deux os joints par suture à leur extremité, leur substance étoit fort solide & fort blanche, avec une cavité interieure, chacun de ces os étoit encore composé de trois pieces fortement ajustées ensemble; dans la partie superieure de cette machoire, on y voioit quinze ou seize alveoles creuses de chaque côté, qui recevoient les racines de pareil nombre de dents semblables aux dents canines des chiens, à l'exception que leurs côtés étoient relevés par deux petites crêtes tranchantes, leur racine estoit longue & creuse en forme de tuïau.

Les dents de la machoire superieure étoient au nombre de dix-sept de chaque côté; les deux quatriémes & les deux dixiémes de cette machoire, de même que les premieres & les deux quatriémes de l'inferieure, étoient beaucoup plus grosses & plus longues que toutes les autres : lorsque les deux machoires sont jointes ensemble, chaque dent de la machoire inferieure entre dans l'entre-deux des dents de la machoire superieure, & les dents de la machoire superieure, entrent aussi dans les mêmes vuides qui sont entre les dents de la machoire inferieure, elles avancent même dans des especes de petites loges creusées dans les gencives pour les recevoir.

Lorsque je fus absolument maître de cet animal, je séparai la tête du reste du corps, & la fis boüillir dans de l'eau, jusqu'à ce que les dents pûssent facilement sortir de leurs alveoles ; après les en avoir retiré, je trouvai d'autres nouvelles dents beaucoup plus petites & moins parfaites que les premieres ; il y a apparence que celles-ci chassent les autres pour sortir à leur tour, à peu près comme les Elephans perdent leurs deffenses, lorsqu'il leur en revient de nouvelles.

Quelques voïageurs qui n'avoient apparemment pas eu le loisir d'examiner attentivement toutes les parties de la tête du Crocodile, n'ont pas fait difficulté d'avancer, que cet animal n'avoit point de langue : curieux de découvrir la verité, j'ouvris la gueule de cet animal, & je crus au premier aspect que cela étoit vrai, mais après un soigneux examen de cette partie, je lui trouvai dans la gueule une langue attachée par une membrane assez longue à la machoire inferieure, elle avoit six pouces de longueur, sur un peu plus de deux de largeur à sa racine, où elle avoit environ un pouce d'épaisseur : sa figure est en fer de fleche un peu long, & un peu émoussé : elle étoit blanche & ferme, recouverte de deux membranes : la premiere assez épaisse, marbrée de jaune & d'un gris foncé, ridée par plusieurs sillons, en façon de raiseau, & l'on voioit dans les interstices de ces especes de mailles, plusieurs popilles peu éminentes sur le niveau de cette membrane ; la seconde tunique étoit musculeuse & plus épaisse que la premiere, elle étoit formée des extremités des fibres charnuës de la langue.

Les deux narrines étoient situées à l'extremité du museau, dans une grosse avance branchuë & dure : elles étoient taillées en croissant & se fermoient par le moïen d'un cartilage, en façon d'une paupiere. La cavité des narrines avoit deux principales directions, une en haut vers le crane, l'autre en bas vers le fonds du gosier, toutes ces cavités étoient tapissées d'une membrane blanche & molle.

Dans le voisinage de la machoire inferieure, il y avoit deux glandes ovales, qui étoient grosses comme le bout du doigt index, & enchassées dans la peau, elles étoient d'un blanc sale & tendres en dedans : il y avoit dans leur milieu une cavité, d'où il sortoit un excrement jaunâtre par une

ouverture

ouverture qu'elles avoient chacune sous les plis de la peau du
gosier.

L'oreille étoit située immediatement après l'œil, & presqu'en même ligne , elle commence d'abord après le petit
Canthus , & finit à l'extremité du crane, où *Occiput* : son
ouverture est un peu plus large vers l'*Occiput* , que vers le
petit *Canthus* , & elle est si bien fermée par un cartilage un
peu épais & semblable à une oreillette que l'animal tient
serrée contre, qu'on ne peut découvrir l'ouverture, que par
une petite fente oblique ; cependant l'animal ne laisse pas
de hausser & baisser cette oreillette, selon qu'il lui plait ;
au fonds du conduit exterieur de l'oreille , au lieu d'une
membrane du timpan , on en trouve deux , l'une grande ,
l'autre petite ; celle-ci est joignant le petit angle de l'œil ,
l'autre est plus avancée vers l'*Occiput*; la petite est épaisse & grisâtre , l'autre est blanche, mince & transparente , de figure ovale
& grande à peu près comme la moitié de l'ongle : le marteau
qui n'est proprement qu'un stillet mince , obscur & élargi
aux deux extremités en trompette , traverse toute la cavité
interieure de l'oreille,il est attaché par un bout à la partie interne du timpan & de l'autre à la fenêtre ovale , ensorte qu'il est
assez mobile : le même timpan est appuïé sur deux corps longs,
qui traversent la caisse du tambour , en maniere de corde.

L'œil du Crocodile ressemble en quelque maniere à celui
du cochon ; mais son regard est farouche, & dénote sa cruauté : cet œil avance considerablement hors de la tête , il est
assez grand , recouvert de deux grandes paupieres : l'inferieure se meut ordinairement , quand l'animal veut ouvrir ou
fermer l'œil, la superieure restant immobile : la partie de l'œil
qu'on appelle le blanc de l'œil, est extremement polie & luisante : le noir & le doré y sont mêlez avec tant d'art , qu'on ne
sauroit distinguer si son fonds est noir ou doré : on croiroit en le voiant, que c'est de la poudre d'or semée sur un
champ vernissé de noir. La prunelle est bleuâtre , assez ample & ronde , lorsqu'elle est dilatée , mais lorsqu'elle est
serrée , elle devient fort pointuë par les deux bouts , ressem-
blant à l'ouverture , que feroit une lancette. Le Crocodile
ouvre, lorsqu'il lui plait, le blanc de l'œil par une membrane
à la façon des Hibous , & quoique cette membrane soit assez
épaisse , elle est pourtant fort transparente & bordée par deux

1705.
Mars.

gros plis, qui traversent obliquement l'œil; lorsqu'elle se meut pour les couvrir, elle semble sortir du côté du grand *Canthus* , & elle avance, allant vers le petit ; elle revient ensuite du côté d'où elle étoit partie, lorsque l'animal veut découvrir l'œil. Ces Observations sur l'œil furent faites sur un autre Crocodile, que les Flibustiers avoient pris tout en vie, & attaché avec des cordes, en sorte qu'il n'avoit pas la liberté de leur nuire ; il étoit beaucoup plus petit que celui dont je continuë ici l'histoire anatomique.

Sa trachée artere tenoit une route assez particuliere, elle descendoit d'abord , & se portoit obliquement assez près du foye, tirant sur le côté gauche, elle remontoit ensuite, allant du côté droit, & près du milieu du *sternum* ; après elle se recourboit pour redescendre, & se diviser en deux branches, qui alloient se perdre dans les poûmons.

La substance des poûmons est toute spongieuse & composée de membranes percées comme le reseau d'une crépine; on y voioit plusieurs poches ou cavités qui communiquoient ensemble ; car en poussant du vent par la trachée-artere les lobes des poûmons s'enfloient, comme des bâlons : toute la substance des poûmons étoit d'une couleur vermeille, abreuvée de beaucoup d'humidité.

Le pericarde étoit composé d'une forte membrane blanche & unie, sa capacité pouvoit contenir un gros œuf d'oye; il étoit rempli presqu'à moitié d'eau fort claire , mais roussâtre ; il tenoit par sa base au mesantere & à la duplicature du peritoine, & par un côté au foye.

Le cœur étoit à peu près de la grosseur & de la figure d'un œuf de poule ; sa couleur étoit d'un rouge foncé & comme livide ; on voioit à sa base deux grandes oreillettes inégales en grosseur, la droite étoit la plus grande & d'un rouge de bois fort brun, la gauche étoit la plus petite & de même couleur que le cœur ; on découvroit dans l'interieur de l'une , & de l'autre, des éminences charnuës, qui formoient par leur entrelassement, une espece de reseau ; chacune de ces oreillettes recevoit ou donnoit origine à deux vaisseaux qui traversoient le pericarde, dont le cœur étoit envelopé.

Ce Crocodile avoit une espece de diaphragme, formé par un corps assez mince, tendu directement sous le milieu de la longueur du *sternum* , & un qui tapissoit par une production

1705.
Mars.

ut le dedans de ce même *sternum* : ce diaphragme étoit court d'un peu de graisse.

L'esophage avoit environ deux pieds quatre pouces de
ngueur, il étoit composé de plusieurs membranes dont l'in-
rieure blanche & unie, étoit toute plissée selon sa longueur,
mme le surplis d'un Prêtre ; je pouvois introduire aisément
poing dans sa capacité.

Le ventricule ne differoit presque pas d'une cornemuse, il
ouvoit contenir un grand pot & demi de liqueur, sans se
later, il étoit composé de trois tuniques assez épaisses partout;
tunique du milieu étoit chargée de quantité de graisse, l'in-
rieure étoit de couleur de chair, elle formoit plusieurs ri-
s, qui commençoient vers l'orifice superieur, ces rides pa-
issoient au dedans du ventricule.

A l'endroit du Pilore, il y avoit une valvule faite en fa-
on d'un anneau capable de recevoir facilement le doigt :
rès cette valvule, on voïoit comme un second ventricule
rt petit, & après cette cavité, il y avoit une autre valvule
nulaire, semblable à un second pilore, un peu plus étroit
e le premier : lorsque j'ouvris le ventricule, je trouvai
aucoup de plumes, que je reconnus être des plumes d'une
pece d'oiseau aquatique qu'on appelle dans les Isles Plon-
ur, & que nous appellons en latin *Mergus.*

Je trouvai encore dans le même ventricule, une Tortuë
tiere, avec quantité d'herbes d'une espece de *Potamogeton
liis pennatis C. B. Pin.* 141. avec quelques petits cailloux : il
oit déja vomi en mourant quantité de bave glaireuse, un
os peloton de plumes & quelques petites Tortuës de mer
utes entieres.

Tous les boiaux ensemble avoient quinze pieds un pouce
 demi de longueur à compter depuis le commencement de
sophage, jusqu'à l'*Anus*, ils étoient composés de trois tu-
ques : la tunique exterieure étoit fort mince & fibreuse :
seconde fort épaisse, celle-ci, après la longueur environ de
 pieds un pouce pris sur les intestins, commençoit à de-
nir mince, & continuoit de même jusqu'au *Rectum* où elle
 rendoit encore fort épaisse, singulierement vers l'*Anus* : la
nique interieure étoit parsemée de plusieurs petites glandes
rt tendres, qui formoient par leur arrangement, une es-

pece de reseau en ziguezague, elle étoit enduite d'une matiere musqueuse.

J'observai que le *Colon*, qui avoit deux pieds huit pouces de
longueur, étoit plus mince que le reste des boïaux. Le
Rectum étoit fort ample & tout ridé par plusieurs plis en
dedans, singulierement vers l'*Anus*; sa longueur étoit environ
de dix pouces & demi; il avoit à son extremité un *Sphincter*
charnu, qui scelloit tous les boïaux.

Les intestins étoient remplis d'un chyle fort blanc jus-
que vers le *Colon*; ensuite ce qui étoit contenu dans le
gros boïau, devenoit de plus en plus d'une couleur plus
brune, jusqu'à ce qu'il eût acquis dans le *Rectum* une couleur noirâtre, semblable à de la boüe noire, formée en
grumeaux, de la grosseur du pouce, qui remplissoit toute
la capacité de ce boïau.

Je trouvai aux deux parties laterales de l'interieur de l'*A-
nus*, deux glandes de couleur de cire jaune, de la grosseur
& de la figure d'une olive; ces glandes étoient creusées en
forme de poche, & leur cavité étoit remplie d'une humeur
épaisse & jaunâtre, qui, lorsqu'on pressoit un peu ces glandes sortoit par une petite ouverture, qui paroissoit alors
comme un petit *Sphincter* ridé; ce sont ces glandes qui contiennent l'humeur qui sent le musc.

Parmi les replis que faisoit le *duodenum* proche le ventricule, il y avoit un corps glanduleux & rougeâtre, qui ne
pouvoit être que le *Pancreas*: Le *Cholidoque* se déchargeoit
par deux endroits dans le *Jejunium*, environ à deux pieds &
un tiers de pouce de distance du ventricule, supposant les
intestins étendus, ce *Cholidoque* traversoit ce corps glanduleux, & ce même corps glanduleux avoit deux conduits
qui entroient dans le boïau, au-dessous du conduit *Cholidoque*.

Le foye étoit divisé en deux lobes inegaux, il étoit en dehors d'une couleur bleuâtre, approchant de celle de l'indigo,
l'interieur étoit couleur terre d'ombre, la substance en paroissoit glanduleuse & spongieuse, abreuvée d'une humeur
de même couleur; le bord inferieur des deux lobes, étoit
comme frangé d'une graisse renfermée dans une membrane
qui se continuoit avec le *Mesantere*: le foye étoit couvert
de deux membranes, l'une exterieure & commune avec le Peritoine & le Mesantere; l'autre propre, déliée & adherente.

1705.
Mars.

a substance du foye: au lobe droit du foye, à la vessicule du fiel
& à la ratte, il y avoit un corps paranchinateux ; ce corps
ressembloit à un second foye, il étoit divisé en deux lobes,
un grand & un petit ; sa partie superieure étoit unie, & l'inferieure avoit en toute sa longueur une grande avance en
forme de crête, qui la rendoit gibeuse ; ce corps étoit de
couleur de chair en dedans & en dehors, sa substance étoit
très-molle & toute composée de petites glandes de même
grandeur & figure, que celle de la ratte, sa membrane particuliere, je veux dire, celle qui couvroit immediatement
toutes les glandes, étoit fort déliée.

Le ventricule du fiel ressembloit à une poire oblongue, sa
longueur étoit de trois pouces, remplie d'une bile grasse &
verte-noire ; elle communiquoit avec les conduits hépatiques,
elle étoit composée de trois membranes & couverte de beaucoup de graisse.

La ratte ne differoit presque pas de la figure de la vessie du
fiel, elle avoit 4. lignes de longueur, elle étoit couverte d'une
membrane, qui lui venoit du *Peritoine*, laquelle étoit chargée d'un peu de graisse, sa membrane particuliere étoit très-
mince, fortement adherente à la substance de la ratte, qui
n'étoit composée que de petites glandes fort humides d'un rouge brun tirant sur le minime.

Les reins étoient deux corps oblongs, situés immediatement sur les vertebres des lombes, ils avoient trois pouces huit
lignes de longueur, sur un pouce huit lignes de largeur vers
le milieu ; leur substance étoit tendre, glanduleuse & couleur
de fer, tirant tant soit peu, sur le verd ; l'on y voïoit plusieurs éminences distinguées par plusieurs sinuosités à leur superficie, comme si c'étoient plusieurs vers pliés & repliés ; le
bassinet du rein étoit plein d'urine d'une forte odeur ; plusieurs conduits qui viennent du rein alloient se réünir pour
former l'uretere, qui se déchargeoit dans le *Rectum*, environ
trois doigts au-dessus de l'*Anus* : là on voïoit deux petits trous
formés par une espece de *Sphincter* annulaire & froncé.

En regardant un peu avant dans l'*Anus*, on découvroit
deux petites éminences pointuës, dont chacune a une ouverture qui se ferme par une maniere de valvule, annulaire &
& plissée, & cette ouverture conduisoit dans la capacité du
bas ventre ; un peu plus avant, on voïoit dans ce Crocodile

qui étoit femelle, les deux ouvertures ou extremités des trompes, lesquelles à les suivre en commençant du côté de l'*Anus*, alloient faisant plusieurs détours vers le foye, chacune vers un de ses lobes, ensuite descendoient imperceptiblement vers deux grands ovaires situés sur les vertebres des lombes un peu au-dessus des reins situé chacun d'un côté : les trompes étoient attachées tout le long d'une membrane en forme de mesantere, sur laquelle on voïoit ramper plusieurs vaisseaux ; elles étoient composées de deux rangs de fibres, les unes circulaires, & les autres longitudinales.

Les deux ovaires ressembloient à deux longues grapes, composées d'une infinité d'œufs, dont le plus gros n'excedoit pas la grosseur d'une graine de millet.

Le lendemain un autre Flibustier, qui crut me faire plaisir, comme il le fit en effet, m'apporta un autre Crocodile femelle, long environ de huit pieds ; les deux trompes de celui-ci étoient remplies d'œufs prêts à être pondus ; la trompe droite étoit remplie de neuf de ces œufs, & la gauche de dix ; outre ces œufs, l'ovaire étoit encore composé d'une grape d'œufs, partie blancs & gros comme la graine de petites raves, & environ de vingt autres œufs jaunes & gros chacun comme des noisettes.

Les œufs que le Crocodile alloit pondre, avoient environ trois pouces de longueur, sur un pouce deux tiers d'épaisseur, ils étoient tous blancs, oblongs, ovales, egalement épais & également arondis par leurs bouts ; ils étoient tous enduits d'une matiere glaireuse, qui en rend la sortie plus aisée ; leur coque étoit assez épaisse, mais fort fragile & facile à rompre pour peu qu'on la pressa ; cette coque avoit quelques petites cavités semblables à celles que laissent sur le visage, les pustules de la petite verole ; sans ces cavités, elle seroit assez bien unie : lorsqu'on les fait choquer, ils tintent comme du métail : le dedans de la coque étoit rapissé d'une membrane très-blanche, luisante & déliée ; le blanc de ces œufs étoit une glaire transparente, mais de la consistance d'une gelée, qu'on pouvoit même couper avec un coûteau : le jaune étoit liquide & un peu plus épais que du lait, il étoit renfermé dans une pelicule si déliée, qu'elle crevoit au moindre attouchement : leur goût est fade, & ils ne sont pas bons à manger : lorsqu'on les fait cuire, leur jaune durcit,

e devient pâle , le blanc se fige un peu moins que celui
es œufs de Poule.

Les Crocodiles ont la chair fort blanche & belle à la vûë,
mais si fade & si dégoutante, qu'on n'en sçauroit avaler un
morceau, quoiqu'elle soit bien cuite ; je l'ai appris par ma
propre experience : les Nègres qui n'ont pas la même delicatesse que les Blancs, en font de très-bons repas : ils vont
attendre les femelles quand elles viennent pour pondre leurs
œufs, elles s'écartent alors de la marine, & vont fort avant
dans les terres, à dessein de les cacher, & cela dans les
mois de Mars & d'Avril, selon que j'appris de nos Flibustiers, dont plusieurs avoient demeuré long-tems dans Saint-
Domingue, ils m'assurerent encore que dans leur ponte,
elles ne font pas plus de trente œufs, ils me dirent aussi
que les mâles se font entr'eux une cruelle guerre, & ne se
quittent, lorsqu'ils se rencontrent, que quelqu'un d'eux ne
reste sur le champ de bataille, ce qui fait que dans chaque
quartier, il n'y a jamais qu'un seul mâle.

REMARQUES

Sur les ossemens du Crocodile.

LE col étoit composé de sept vertebres : le dos de douze,
y comprenant seulement ce qui répond aux côtes : les
lombes de cinq : l'*os sacrum*, c'est-à-dire, les vertebres où les
os des hanches étoient attachés, de deux : la queuë ou le
coxix de trente-six, ainsi toute l'épine étoit composée de
soixante-deux vertebres.

L'atlas qui est le premier vertebre étoit composée de six
osselets, sçavoir un qui ressembloit à l'hausse-col d'un Officier de guerre, deux semblables à deux boulons à crochet, le
quatriéme fait en demie enclume, & les deux derniers en façon
d'une petite spatule un peu évuidée : les quatre premiers osselets étoient joints de telle maniere, qu'ils formoient une
grande ouverture, par où passoit la moëlle allongée pour entrer dans le long conduit des vertebres ; c'est sur cette premiere vertebre, que le crane étoit attaché par un fort ligament membraneux & sur laquelle, il faisoit son mouvement.

La seconde vertebre étoit un os composé de deux piè[ces]
jointes ensemble, par une forte suture ; la piece inferieu[re]
étoit presque semblable à une petite bobine, autour de [la]
quelle on arrange le fil ou la soye, excepté le dessus qui éto[it]
creusé en goutiere ; sur le devant elle avoit une grosse *E[pi]phise* , fort épaisse, faite en maniere d'écusson, & une gran[de]
dent ronde qui ressembloit à un demi globe ; cette dent s'e[m]
chassoit dans une grande cavité creusée dans la tête de [la]
troisiéme vertebre suivante ; la partie superieure étoit fai[te]
en façon d'un pont, qui, joint à la goutiere de la partie i[n]
ferieure , formoit un conduit ou tuiau entier ; ce pont éto[it]
surmonté dans toute sa longueur par une grande apophi[se]
large & mince, en façon de crête , il étoit encore fourc[hu]
aux deux extremités par quatre autres apophises, dont de[ux]
étoient sur le devant, & les deux autres sur le derriere ;
qui ressembloient à quatre dents ou palles rondes , plattes
étenduës en façon de quatre petits ailerons ; les deux [du]
devant étoient plus petites que les deux du derriere , & celle[s]
ci s'appuïoient justement sur les deux apophises interieure[s]
de la vertebre suivante , & les deux du devant soutenoie[nt]
les deux crochets de la premiere vertebre : cette secon[de]
vertebre avoit encore deux courtes apophises pointuës
à double tête , lesquelles s'attachoient par synchondrose [à]
cette grosse tête , qui étoit si fort attachée à son devan[t]
qu'on ne pouvoit la separer qu'avec peine : ces deux apoph[i]
ses étoient aussi couchées de biais , tournant leurs poin[n]
tes vers la queuë des vertebres, c'étoit sur elles que l[es]
deux spatules de la premiere vertebre étoient couchées & a[tta]
chées par synchondrose.

La troisiéme vertebre étoit aussi un corps composé de de[ux]
parties attachées ensemble par une suture , lesquelles ne diff[é]
roient de celles de la premiere , qu'en ce que la tête de [la]
partie inferieure étoit creusée par une grande cavité , & [la]
queuë relevée par une grosse tête ou dent demi ronde , sem[b]
blable à la tête d'un clou de carrosse : le dessus étoit au[ssi]
relevé par trois petites apophises , une à chaque côté & l'aut[re]
au milieu de deux ; la partie superieure l'étoit pareilleme[nt]
par une apophise en maniere de crête , mais beaucoup pl[us]
étroite que celle de la premiere ; les quatre apophises qu[e]
j'ai dit ressembler à ces palles arrondies & plattes , étoien[t]

n peu plus grandes & toutes quatre égales : cette vertere avoit des apophises qui resembloient à de petites enclu-
es à deux jambes tournées en haut, & le dessus qui étoit
n peu arrondi, étoit tourné en bas & couché le long des
ertebres, de même que les épiphyses des deux premieres
ertebres : les quatre vertebres suivantes étoient tout-à-fait
ontraires, comme la troisiéme, à la difference que leur apo-
hise superieure étoit un peu plus longue, plus étroite &
lus aiguisée.

Outre les vingt-six vertebres du col, du dos, des lombes
: de l'os *sacrum*, il restoit encore trente-six vertebres pour
oute la queuë : je trouvai donc que toute l'épine étoit com-
osée de soixante-deux vertebres, à compter depuis le crane
squ'au bout ou extremité de la queuë inclusivement, quoique
aus Borrichius, n'en ait trouvé que soixante dans celui qu'on
oit apporté des Indes Orientales à Copenhague, comme
remarque dans son *Hermetis Ægyptiorum sapientia* pag. 270.

Dans un autre petit Crocodile que nos Flibustiers m'ap-
orterent, je trouvai que les os des hanches tenoient à trois
ertebres ; mais cependant le nombre total étoit de soixante-
eux ; les dix-neuf vertebres qui composent le dos, les lom-
s, & l'os *sacrum* ne different guéres de celles, qui com-
osent le col ; leur difference ne consiste, qu'en ce que les
ophises superieures sont taillées presque quarrement, &
esque contiguës les unes aux autres ; en sorte qu'elles com-
osent toutes ensemble une longue crête, qui regne tout le
ng du dos, elles ont aussi deux grandes apophises laterales,
rpendiculaires aux vertebres, couchées de plat, & arran-
es comme les dents d'un peigne, à l'opposite les unes des
tres. Les six premieres de ces vertebres du dos, ont encore
e petite apophise par dessous, & outre celle-ci, les qua-
e premieres en ont une autre petite à côté, située imme-
atement au-dessous des grandes, là où s'attache une des ré-
s des quatre premieres côtes ; les autres quatorze suivan-
s sont par-dessous, sans aucune éminence, si ce n'est aux
tremites, qui rebordent tant soit peu, en façon de lévres,
qui rend le milieu de chaque vertebre enfoncé & creusé
maniere de poulie, & cela leur est commun avec toutes
s autres vertebres.

Je comptai dans cet animal douze paires de côtes, sçavoir

C c c

1705.
Mars.

douze de chaque côté, toutes ces côtes avoient deux têtes excepté les deux dernieres fausses ; celles-ci n'avoient qu'une simple tête : les quatre premieres paires avoient chacune leurs deux têtes attachées à deux apophises séparées l'une de l'autre mais les autres paires avoient les leurs attachées sur une même apophise, une à l'extremité de l'apophise, & l'autre dans une petite sinuosité taillée dans la tête anterieure de l'apophise même ; les deux premieres & les deux dernieres côtes de chaque côté, étoient entierement osseuses & sans aucun ajout de matiere cartilagineuse, au lieu que les autres côtes étoient toutes composées de trois parties, une extremement osseuse attachée à l'apophise de la vertebre, & les deux autres entierement cartilagineuses, dont l'une étoit attachée immediatement au *sternum* : toutes ces parties étoient plates, plus larges au milieu, qu'aux extremités, & toutes articulées c'est-à-dire, attachées bout à bout, l'une à l'autre par synchondrose, tant entre elles qu'au *sternum* & aux apophises des vertebres ; la partie osseuse n'avoit que fort peu de moëlle & les parties cartilagineuses étoient d'une matiere fort approchante de l'osseuse ; car elles étoient un peu dures, fort blanches, mais fort faciles à rompre ; je crois qu'à la longueur du tems, elles deviennent osseuses dans les vieux Crocodiles.

J'ai appellée les douze vertebres ausquelles les côtes sont attachées, vertebres du dos ; les cinq suivantes vers la queue lombaires, & les deux ou trois d'après, vertebres de l'*sacrum*, à cause que les os des hanches y sont attachées ; je trouvai dans ce Crocodile que les os des hanches ne tenoient qu'aux deux dernieres vertebres, & dans un autre, aux trois dernieres ; aussi les apophises laterales de ces deux dernieres vertebres, ausquelles l'Ischion étoit attaché, étoient beaucoup plus considerables dans ce Crocodile que dans l'autre.

Cet Ischion ressemble assez à l'oreille d'un homme, ou plutôt à l'oreille d'une huître ; car le dos est fort bossu & le devant enfoncé par une cavité fort large, mais peu profonde pour donner plus de jeu à la tête de l'os de la cuisse, qui peut se mouvoir, en maniere que la cuisse conjointement avec la jambe étendues en long, s'appliquent immediatement sur les flancs ou sur une partie des parties de la queuë, de même que les bras qui peuvent s'étendre & s'appliquer tout le long

ou du col, ou des côtés : de forte que quand l'animal tient
les bras & les cuisses conjointement avec les jambes appliquées
de cette maniere le long de son corps, on le prendroit plûtôt pour un veritable poisson, que pour un Crocodile.

1705.
Mars.

Le Pubis étoit fortement attaché à la partie inferieure de
l'Ischion par deux têtes, l'une grande & l'autre petite, il
ressembloit à deux omoplates attachées ensemble par synchondrose : outre ce premier Pubis, on en voioit une maniere de second, attaché aux petites têtes du premier : celui-
ci étoit mobile & pareillement semblable à deux omoplates
couronnées par un grand croissant composé de deux os, semblables à deux petits arcs joints par un bout l'un à l'autre:
le second Pubis & ce croissant étoient couchés de plat sur
l'*abdomen* & entre ce croissant & le cartilage xiphoïde, on
voioit une maniere de second *sternum* étendu tout le long du
milieu de l'*abdomen* : or ce second *sternum* étoit d'une matiere
entre l'osseuse & la cartilagineuse, & tenoit attachées de chaque
côté 5. paires de petites côtes composées chacune de 2. os minces, longuets & articulés par synchondrose, le bout de l'un
surmontant le bout de l'autre: le second Pubis, le croissant &
toutes ces petites côtes étoient couvertes & attachées ensemble, par une forte membrane étenduë immediatement sur les
muscles de l'*abdomen*.

Les vertebres qui composoient la queuë, étoient presque
conformes à celles du dos, mais leurs apophises étoient beaucoup plus petites & diminuoient à mesure qu'elles avan-
çoient, & s'approchoient vers l'extremité de la queuë : elles
avoient encore des épiphyses attachées de biais, entre les
jointures de la partie inferieure, disposées en maniere que
que toutes leurs pointes tournoient vers le bout de la queuë:
toutes ces épiphyses avoient une double tête, qui les rendoit fourchuës, comme des V à jambes étroites & la queuë
allongée; les premieres de ces épiphyses étoient les plus longues
& avoient presque toutes les pointes émoussées, mais les dernieres, qui diminuoient toujours, & devenoient plus petites, ressembloient à des omoplates.

On doit encore considerer que toutes les vertebres tant
du col, que du dos & de la queuë, étoient jointes par
arthrose, c'est-à-dire, qu'au-devant de chaque vertebre, il
avoit une cavité assez profonde, & qu'au derriere il y avoit

une tête assez saillante , qui s'emboîtoit dans cette cavité ,
de même qu'on voit en l'articulation de l'*Ischion* & de l'os
de la cuisse ; on doit pourtant excepter les vertebres qui
composoient l'os *sacrum* , c'est-à-dire , celles ausquelles les
os des hanches étoient attachés ; car elles étoient jointes
l'une à l'autre par symphise harmonique ; en sorte qu'elles
ne faisoient aucun mouvement. Il faut encore remarquer ,
que la premiere vertebre de la queuë avoit deux têtes rondes , l'une en devant , par laquelle elle s'emboîtoit dans la
cavité , qui est au derriere de la derniere vertebre de l'os
sacrum , & une en derriere , par laquelle elle s'emboîtoit
dans la cavité de la seconde vertebre de la queuë.

Je remarquai encore que les productions laterales de toutes les vertebres étoient toutes apophises de la partie superieure de chaque vertebre, excepté les productions laterales
des vertebres qui composoient l'os *sacrum*, celles-ci étoient
apophises de leur partie inferieure ; toutes les vertebres qui
composoient la queuë, n'étoient que d'une seule piéce , je
veux dire, d'un seul os ; je ne sçus y remarquer aucune suture ni aucune maniere de jointure au long des côtés , ni
dans aucun autre endroit , quelque diligence que j'y fis à
les faire boüillir & les avoir après bien raclées avec un
coûteau pour y découvrir quelque jointure ; toutes les vertebres avoient un peu de moëlle dans une substance spongieuse , mais dure.

Le Crocodile n'est pas si courageux ni si vigoureux , qu'on
avoit voulu me le persuader , lorsqu'on m'avoit asseuré que le
moindre étoit assez fort pour mettre bas, même pour entraîner
dans l'eau un bœuf, ou un cheval ; mais il est fort adroit pour
prendre le gibier dont les rivieres & les rivages de la mer sont
remplis dans presque toutes les saisons de l'année , comme
Canards, Sarcelles & autres oiseaux aquatiques ; lorsqu'il veut
en prendre quelqu'un , il avance dans l'eau & s'éloigne du
rivage ; il se dispose en maniere que le dessus du dos paroit
tout sur l'eau, il demeure dans cette posture immobile , &
on ne le voit point du tout remuer ; on s'apperçoit , qu'il
change de situation , mais d'une maniere presqu'imperceptï-
ble ; car son mouvement est extremement lent, & on le prendroit alors pour une piéce de bois flottante ; cela fait que
le gibier ne se méfiant de rien , s'approche de si près , qu'il

st avalé, avant qu'il ait étendu ou élevé ses aîles pour éviter
et ingenieux animal : lorsque le Crocodile s'approche de sa
roie, il a toujours les yeux élevés sur la surface de l'eau, on
es prendroit pour deux petites noix ; il a encore l'adresse
le tenir la machoire inferieure si basse qu'elle paroît com-
ne suspenduë à la superieure, & forme avec celle-ci presque
n angle droit ; lorsqu'il est à portée, il éleve la machoire
nferieure, en maniere d'une bascule, mais avec une vitesse
i étonnante que la proie ne lui manque jamais.

Il prend d'autres précautions, lorsqu'il est à terre, elles
e sont pas moins ingenieuses, il se cache dans les herbes,
ur les bords des lacs ou des rivieres, dans les endroits où
lles sont bien toufuës, en sorte qu'on ne sçauroit s'en apercevoir dans cette situation, il a l'adresse de disposer ses
eux en façon qu'il découvre tout ce qui l'approche, & rien
e lui échape.

DESCRIPTION

D'un Serpent ou *Serpens squammis splendentibus & nigerrimis.*

Dans le tems que je travaillois à terre aux Memoires
que je viens de raporter, je vis quelques Serpens que
'aurois pû prendre, à ce qu'on m'assura, sans craindre d'en
être piqué ; je ne voulus pourtant pas m'y hasarder, j'aimai
nieux en tuer un, dont je fis la Description qui suit.

Cette espece de Serpent n'est differente de ceux que nous
vons en Europe, qu'en ce qu'il est extremement long, à pro-
ortion de sa grosseur ; car sur l'épaisseur d'un pouce,
l est presque long de deux toises ; outre qu'il est noir &
uisant comme du jaiet bien poli, entremelé de tant soit
peu de bleu, tirant sur la couleur de l'ardoise, suivant la
osition de l'œil de celui qui le regarde : son dos est carené
tout en long par un double rang d'écailles pointuës & re-
evées par une petite crête taillante ; ses côtes sont aussi ca-
renées de même ; mais les écailles qui couvrent le reste du
corps sont oblongues, arrondies par le bout, & disposées
d'une maniere toute particuliere ; elles sont obliquement arrangées de cinq en cinq, ou de six en six depuis le dos jus-

1705.
Mars.

qu'au ventre , dont le deſſous eſt écaillé par de grandes écail
les larges, traverſieres, blanchâtres & polies comme une glace

Sa queuë eſt fort mince , ronde , pointuë, & les écaill
qui la couvrent , ſont un peu plus larges , plus courtes & plu
arrondies que les autres. Sa tête eſt un peu longue , platt
par-deſſus , étroite & émouſſée par le bout, garnie de den
yeux , aſſez grands , ronds , noirs & luiſans comme d
criſtal , entourés d'une paupiere membraneuſe & grisâtre.

Ce Serpent n'eſt point venimeux , quoique les Caraïbes e
aient grand peur , il n'a point de crocs, comme les Serpen
de la Martinique; mais il a une rangée de petites dents ſubtile
& pointués tout à l'entour de deux gencives, on voit de ce
mêmes Serpens dans d'autres Iſles & ſingulierement à l'Iſ
S. Vincent, où les Caraïbes l'appellent *Barra*, & les Françoi
Tête de chien, à cauſe de la figure de ſa tête.

DESCRIPTION

D'une eſpece de Moineau ou Paſſer maculoſus.

UN de nos gens qui crut me faire plaiſir , m'apport
un oiſeau aſſez ſingulier ; il étoit de la groſſeur & d
la grandeur d'un de nos Moineaux ; ſon bec étoit un peu
plus renforcé & pâle; ſes yeux rouges & la prunelle bleu
noire : tout ſon plumage étoit diverſement varié; ſon cou
ronnement juſqu'à la naiſſance de ſon manteau étoit roux
mêlé de gris , tout ſon manteau de même que ſa queuë
étoient gris ſans aucun mêlange, ſes pennes étoient de mê
me couleur , mais elles avoient une petite bordure verte
qui leur donnoit de l'agrément; ſon parement, tout le deſ
ſous du ventre & ſes cuiſſes étoient blancs-pâle , & le tou
moucheté de quelques taches noires-griſes de même que no
grives de France.

Je crois que ces oiſeaux ſont les mêmes que ceux qu'*Ovied*
appelle *Paſſeri che vivono inſiéme* , moineaux qui vivent en
ſemble par troupes, ils reſſemblent effectivement à de veri
tables Moineaux, tant par leur vol, que par leurs cris, ils
volent pluſieurs enſemble , & vivent dans un même nid,

1705.
Mars.

u'ils composent sur le haut des Palmistes, ils y emploient
ne grande quantité de brins de bois qu'ils amassent de tous
ôtes, & qu'ils entrelassent si bien les uns avec les autres,
u'ils se soutiennent, comme s'ils avoient été liés par artifice.

Je vis un autre Oiseau de la même espece que celui-ci,
avoit son couronnement roux traversé de deux bandes
oires, tout son manteau verd, son parement & le ventre
isqu'à la queuë, tout blanc, il n'avoit que son parement
oucheté de noir. Le bout de sa queuë étoit gris de même
ue le bord des plumes de ses aîles; ses pieds & ses jam-
es étoient blanc-pâle. Le bec étoit jaunâtre, ses yeux saffra-
es & leur prunelle bleu-noire : cette espece est fort rare,
n'en vis qu'à ce seul endroit.

DESCRIPTION

D'un Champignon ou *Boletus cancellatus totus purpureus.*

CE Champignon ne differe pas du *Fungus Cancellatus
Coralloïdes Clusii*, puisque son embrion est une boule
lanche, très-tendre, & de la grosseur d'une balle de ra-
uette : sa substance intérieure ressemble à de la gelée en-
elopée d'une membrane très-délicate, dans le milieu de
quelle on voit un germe presque de même substance que
jaune d'un œuf dur, dont la couleur & l'odeur sont
ouffrées. Dans le tems des pluies l'envelope s'ouvre, & ce
erme devient un Champignon d'une structure fort particu-
ere; il ressemble à une bourse ovale plus grande que le
oing, toute percée en façon d'un treillis ou reseau par de
rands trous ronds, relevés tout au tour par une bordure
issée dans sa largeur, & dentellée dans son contour en ma-
iere de scie fort fine : sa matiere est toute spongieuse, rou-
e comme du corail; mais si fragile & si tendre, qu'elle se
omp fort facilement pour peu qu'on la presse, alorsque le
Champignon commence à naître. Tous ces grands trous qui
e rendent treillissé, sont fermés en maniere de timpan, par
ne membrane très-déliée, glaireuse, couleur de souffre
oirâtre & attachée tout à l'entour de la denteleure des trous
n façon d'une petite toile d'araignée.

Ces Champignons sont d'une odeur sulphureuse assez forte

X. *Mars.*

Nous appareillâmes à quatre heures du soir ; le lendemain matin onzième nous nous trouvâmes par le travers de l'Isle Saona ; les vents étoient à l'Oüest & nous portions le cap à l'Est ; nous découvrimes une Barque qui faisoit la même route mais meilleure voilliere que la nôtre. nous l'eûmes bien tôt perduë de vüe.

XII. *Mars.*

Les vents toujours frais à l'Oüest portant toujours le cap à l'Est, nous passâmes entre les Isles Monos & Monique deux petites Isles que nos Flibustiers me dirent n'être habitées que par des Bœufs & des Chévres.

XV. *Mars.*

Les vents aïant continué au même endroit, je veux dire à l'Oüest, ce qui est assez extraordinaire dans ces parages nous nous trouvâmes le matin au Sud de l'Isle Crape, & le soir nous mouillâmes dans la Baïe de l'Isle *S. Thomas.*

XVI. *Mars.*

Je descendis le matin à terre ; le même jour un Bâtiment Flibustier qui venoit de donner un furieux combat contre un Vaisseau Anglois, entra dans la Baïe ; il emporta l'Anglois, mais il eut dans cette action 25. hommes hors de combat ; je les vis descendre à terre, les uns avoient les jambes emportées, les autres les bras, à ce spectacle je fus touché de compassion : jamais combat, me dirent les Flibustiers, ne fut si opiniâtre, nous avons abordé le Vaisseau, il a évité l'abordage, se servant pour cela de ses boutes-hors, nous l'avons abordé une seconde fois, coupé les haubans, par conséquent, mis les mâts à bas, il n'a pas voulu amener : enfin, aïant jetté nos grapins, nous nous sommes tous jettés dans le Navire, & à grands coups

d

de fabre, nous les avons obligés de fe rendre , vous ju-
gerez par le nombre des bleffés , que vous voïez, quel
doit être celui des ennemis, dont nous avons jetté en mer
la plus grande partie.

XVII. *Mars.*

OBSERVATION

Faite à Saint Thomas , Ifle aux Danois.

L'Ifle S. Thomas, une des Vierges , a environ fix lieuës
de circonference. La Baïe n'eft ouverte que vers le Sud ;
elle eft fort commode pour toute forte de Bâtimens ; nous
y en trouvâmes plufieurs & un Navire Hambourgeois de
foixante piéces de canons.

Le Bourg confifte en une feule ruë étenduë fur le rivage,
& il a la même figure que le fonds de la Baïe : à l'Eft du
Bourg, eft un Fort quarré, où il y a quelques canons qui
défendent l'entrée de la Baïe : l'Oüeft du Bourg eft terminé par un Comptoir de la Compagnie de Dannemarc.

On profeffe plufieurs Religions dans cette Ifle ; mais elles
n'y ont point de Temples , les principales font le Lutheranif-
me & la Calvinifme ; mais le Peuple y eft honnefte & fort
civilifé. Mr. Smith Marchand Hollandois , qui avoit autrefois demeuré à la Martinique , me pria de prendre le logement chez lui ; je l'acceptai volontiers, d'autant plus que je
ne connoiffois perfonne dans l'Ifle ; après le déjeuner , je retournai à bord pour prendre mon grand Anneau aftronomi-
que , afin d'obferver à midi la hauteur du Soleil.

Le 17. Mars hauteur meridienne appa-

rente du bord fuperieur du Soleil	70ᵈ.	41′.	0″
Refraction moins la parallaxe			16.
Donc veritable hauteur	70.	40.	44.
Demi-diametre du Soleil		16.	9.
Donc hauteur du centre	70.	24.	35.
Le vrai lieu du Soleil 26ᵈ. 55′. 32″. ♓			
Déclinaifon auftrale	13.	13.	29.
Donc hauteur de l'Equateur	71.	38.	4.
Complement ou hauteur du Pole	18.	21.	56.

D d d

Mr. Smith m'offrit, après mon Observation, sa maison de campagne, où il avoit une Sucrerie, m'ajoûtant que j'y serois beaucoup plus tranquille que dans le Bourg ; en effet il apprehendoit que les enfans qui ne font pas accoûtumez dans cette Isle à voir des Religieux, ne m'insultassent ; mais comme nous ne devions y demeurer que peu de jours, je l'en remerciai ; si j'eusse été absolument mon maître, j'aurois fort volontiers accepté son offre.

Le même jour un Marchand Catholique Romain, me dit en secret, qu'il y avoit au vent de l'Isle, un Catholique Romain, déja fort avancé en âge, qui l'avoit prié depuis fort long-tems, de l'avertir, si par hasard il venoit à S. Thomas quelque Prêtre ou Religieux : le lendemain il lui envoïa son valet, qui revint le même jour, & raporta que le bon vieillard me prioit instamment de me transporter chez lui.

XVIII. *Mars.*

Le matin un valet qui devoit m'accompagner, me vint prendre, je pris mon panier caraïbe, où toute ma Chapelle étoit enfermée, je le mis sur ma tête, & nous traversâmes ainsi toute l'Isle remplie de bois de haute-futaïe ; elle est, comme presque toutes celles du nouveau monde, fort montagneuse & incommode aux voïageurs. Nous arrivâmes à une maison de campagne assez agréable, où je trouvai un vieillard âgé, selon qu'il me dit, de quatre-vingt-onze ans, encore assez frais ; il me témoigna une joïe extraordinaire de mon arrivée ; il y avoit trente ans qu'il n'avoit point vû de Prêtre : comme nôtre Capitaine n'avoit dessein de s'arrêter que le moins qu'il pourroit à Saint-Thomas, & qu'il n'avoit dit en partant de retourner au plûtôt, je le disposai aussi-tôt que je fus arrivé, à commencer d'examiner sa conscience, il y emploïa le reste du jour & la nuit suivante : le lendemain matin dix-neuviéme je l'entendis en confession, je celebrai ensuite la sainte Messe, & il y reçût le saint Viatique avec une consolation extraordinaire : je passai avec lui jusqu'à deux heures du soir, & après une petite exhortation sur l'importance du salut, & sur la grace qu'il venoit de recevoir, je lui donnai quelques reglemens pour se conserver dans la paix du Seigneur, & vivre en parfait Chrétien dans sa solitude : j'arrivai le soir au Bourg.

XX. *Mars.*

Le hasard fit qu'un de nos gens découvrit tout près de notre Bâtiment, la tête d'un Plongeon, il lui tira un coup de fusil dans la tête, & l'aïant pris, il m'en fit present. J'en fis la Description suivante.

DESCRIPTION

D'une espece de Plongeon *ou* Mergus major Leucophæus.

CEtte espece de Plongeon est aussi grosse qu'une jeune Poule : son bec a un pouce de longueur, il est comme celui de nos Moineaux, pointu, droit, mais un peu crochu par le bout, ouvert par une narrine assez ample ; la moitié de ce bec du côté de la pointe, est blanc-sale, & l'autre moitié des narrines, jusqu'à sa racine, est noire. Ses yeux sont gris-roux, bordés de blanc & accompagnés d'une tache blanche située entre la racine du bec & du grand *Canthus.*

Tout le plumage de ce Plongeon est un duvet extremement fin, & ressemble mieux à du poil, qu'à des plumes ; il est fort luisant, gris-obscur, si on excepte son parement qui est blanc, au milieu duquel on voit une grande tache noire ; le dessous du ventre est blanc & marbré par des taches grises. Il n'a presque pas de queuë, & ses ailes qui sont très-petites & courtes, sont toutes blanches par-dessous, & roux-pâle sur les pennes.

Ses jambes sont assez longues, épaisses, toutes écaillées par des écailles noir-clair, & comme il ne sort jamais de l'eau, & qu'il ne fait que nager & plonger, la nature l'a pourvû de pieds assez larges, composés d'un seul cartilage, fendu en trois grands doigts en façon de trefle, & d'un quatriéme sur l'arriere fort petit, en façon d'un apendice ; ses pieds sont écaillés de même que les jambes, & garnis chacun d'un petit ongle fort tendre.

Les habitans appellent ces Plongeons, *Duc-Laart.*

Le même jour j'allai me promener le long d'un lac, en

——— viron à demi-lieuë à l'Est du Bourg, j'apportai à mon retour,
l'Oiseau, dont je donne ici la Description.

DESCRIPTION

D'une espece de Poule d'eau ou *Fulica varia Calyptrata.*

CEtte espece de Poule d'eau, est un des plus beaux Oiseaux que j'aïe vû dans mes voïages aux Isles de l'Amerique, & sur le bord de la Terre-Ferme de la nouvelle Espagne, tant par l'éclat de ses couleurs, que par la diversité de son plumage ; car l'azur, le blanc, l'aurore, le verd & le carmin lui forment une varieté la plus agréable du monde.

Elle a toute la forme d'une de nos Poules domestiques ; ses jambes sont un peu plus courtes, son col un peu plus allongé & elle est un peu plus petite : son bec est presque tout de couleur souffrée, teint vers la racine de couleur d'aurore & ouvert par deux narrines assez fenduës : son couronnement est couvert d'une calotte charnuë, rouge comme de l'écarlatte fort vive ; sur la racine du bec est un petit tubercule élevé, & sur le derriere de la tête sont deux grandes échancrures. Ses yeux sont grands, rouges, situés dans le milieu d'une grande jouë nuë & bleuâtre, ornés d'une belle prunelle noire & luisante ; on voit encore sous la racine de la partie inferieure du bec, une petite crête charnuë, pendante, semblable à deux petits mammelons, de même couleur que la calotte qui couvre son couronnement.

Ses jambes sont un peu plus courtes, que celles de nos Poules communes, comme j'ai déja dit ; ses pieds sont cartilagineux, de même que ceux de nos Canards & de nos Oyes ils sont jaunes-pâles, & armés de petits ongles noirs ; sa queuë excede de peu la longueur de ses ailes.

Son col est un peu plus long que celui de nos Poules son parement est bleu-cendré ; cette couleur descend jusqu'au vers le milieu du ventre, le reste jusqu'au-dessous de la queuë, est tout blanc de même que les plumes des cuisses Tout son manteau est verd, & la plus grande partie de son vol, dont les pennes sont à moitié bleu-cendrées d'azur & l'autre moitié tout-à-fait azurées. La queuë est teinte d'un beau jaune.

On voit entreluire à travers toutes ces couleurs, lorsqu'on les regarde au Soleil, un or fort éclatant, qui leur donne une grace admirable.

DESCRIPTION

D'un Canard ou *Anas varia criftata.*

CE Canard ne differe de ceux de l'Europe, que dans la varieté de fon plumage, & d'une houpe en maniere de crête, qui releve fon couronnement.

Son bec eft blanc, garni de deux narrines charnuës & noires, terminé par un écuffon noir & par un ongle crochu, de même couleur. Ses yeux font grands, azurés & entourés d'une paupiere bigarrée de blanc & de bleu, garnis d'une belle prunelle noire.

Son couronnement, fon manteau, fa queuë & une partie des plumes des aîles font teintes d'un beau verd-foncé, entremêlé d'un éclat d'or, qui reluit à travers le plumage : tout fon parement eft d'un beau blanc, de même que les plumes du milieu des aîles : les pennes font entierement noires & luifantes ; le refte des plumes des aîles, tout le deffous du ventre, & celles des cuiffes, font teintes d'un très-beau bleu de mer, toujours plus foncé, à mefure qu'il approche de la queuë.

DESCRIPTION

D'une Poule d'eau ou *Fulica Chloropos.*

JE tirai dans le même lac, une autre efpece d'Oifeau que j'appellai *Fulica Chloropos* ; cette efpece eft un peu plus groffe qu'un de nos Pigeons, & elle a prefque le même port & la même démarche que nos Poules.

Son bec eft pointu, roide & droit ; fa partie fuperieure eft plus longue que l'inferieure, fa pointe eft d'un beau jaune, & le refte de ce bec eft rouge comme du corail & terminé du côté de fa racine par un écuffon charnu, qui eft

pareillement rouge comme du corail , & qui s'avance jufqu'au fommet de la tête. Ses yeux font rouges-foncés, ornés
d'une belle prunelle azurée , accompagnés au-deffous par une
petite tache blanche.

Son couronnement , fon parement , fon ventre & fes
cuiffes font couverts de plumes teintes d'un très-beau cendré , avec cette difference , que celles du couronnement &
du commencement du manteau font un peu plus foncées , de
même que celles du deffous du ventre , qui font marbrées
par de petites taches blanches ; le commencement du manteau tire tant foit peu fur le verd, & le refte du même manteau eft tout roux-obfcur ; fon col eft de même couleur , fi
on excepte les pennes , qui font toutes gris-foncé.

Sa queuë eft un peu courte , quoiqu'elle excede la longueur des aîles ; les plumes du milieu font noires & les
collaterales font blanches ; fes jambes & fes pieds font verds-
fouffrés , excepté une grande tache rouge qu'on voit entre les
genoux & les cuiffes.

Cet Oifeau vit principalement dans les marais & les étangs,
les plumes de fon ventre font un excellent duvet ; fa chair
eft extremement dure , & fans beaucoup le marécage ; j'ai
vû quantité de ces Oifeaux dans l'Ifle de S. Thomas où ils
font appellés par les habitans *Vvater-Coude* , c'eft-à-dire ,
Poule aquatique.

Sur les cinq heures du foir , un de nos Officiers vint m'a-
vertir de me retirer à bord : on avertit de même tous les Flibuftiers, pas un ne manqua ; on avoit fçû qu'un de nos Flibuftiers étant en débauche avec les Flibuftiers d'un Bâtiment
Anglois , moüillé affez près de nous , leur avoit dit que nous
avions au pied de notre grand mâts cent mille piaftres : &
il étoit convenu avec eux de nous enlever dans la nuit, il fe
flattoit que tout notre équipage refteroit à terre comme les
nuits précedentes ; je fus des premiers à me rendre à bord ,
j'épiois la manœuvre qu'on faifoit dans le Bâtiment Anglois,
ils paroiffoient fe difpofer à faire voile durant la nuit ; le
Soleil n'étoit pas encore couché , que tous nos Flibuftiers fe
rendirent à bord , & preparerent tout ce qui étoit neceffaire
pour un combat, en cas qu'on nous attaquât ; les Anglois
n'oferent mordre ; notre manœuvre les perfuada que nous
étions avertis de leur deffein.

XXI. *Mars.*

On appareilla à huit heures du matin, mais d'abord qu'on nous vit à la voile, le Fort commença à tirer sur nous un boulet de canon, perça notre grande voile, ce qui nous obligea d'amener & de mettre notre Canot en mer ; le Capitaine s'embarqua pour aller s'informer du sujet qu'on avoit eu de tirer sur nous ; on lui répondit, lorsqu'il fut descendu à terre, que nos Flibustiers n'avoient pas païé leurs hôtes, il l'avoit prévû, il pria donc le Gouverneur du Château de faire venir tous les mécontens, ils les satisfit, revint en Bateau, & nous continuâmes notre route, après avoir donné un Loüis d'or pour chaque coup de canon.

Les vents varierent du Nord-Est au Sud-Est. J'observai à midi la latitude de　　　　　　　18ᵈ. 0ʹ. 10ʺ.

XXII. *Mars.*

Les vents varierent du Nord-Nord-Est à l'Est-Nord-Est ; notre route valut le Sud-Est.

A midi j'observai la latitude de　　　　16ᵈ. 32ʹ. 40ʺ.

XXIV. *Mars.*

Nous eûmes plusieurs grains, nous vîmes flotter sur les eaux, une espece de mâts, nous l'approchâmes de fort près, çachant par experience, que les Dorades suivent ordinairement les Bois pourris ; nous ne nous trompâmes pas, nos Flibustiers en prirent deux qui pesoient chacune trente livres : nous esperions le matin voir la terre, mais elle étoit encore trop éloignée.

XXV. *Mars.*

A huit heures du matin nous découvrîmes la Dominique à l'Est ¼ Nord-Est ; un moment après, nous vîmes la Guadaloupe.

A midi, la latitude qu'on n'avoit pû observer les jours passés, fut observée de　　　　　　15ᵈ. 24ʹ. 40ʺ.

XXVI. *Mars.*

Les vents se rangerent au Nord-Nord-Est. Le matin la

Dominique nous restoit à l'Est environ à six lieuës de distance;
nous découvrimes la Martinique; à cette vûë chacun se ré-
jouït, esperant d'y arriver devant la nuit; le calme nous saisit à midi, & à trois heures du soir les vents commencerent
à souffler à l'Est ¼ Sud-Est entierement opposés à notre route.
Au coucher du Soleil, le calme nous reprit; le vent revint
durant la nuit, il se rangea au Nord-Nord-Est & nous fîmes route à l'Est-Sud-Est.

XXVII. *Mars.*

A midi la Martinique nous restoit à l'Est environ à cinq
lieuës; nous fûmes pris de calme & les courans nous firent
dériver au large.

XXVIII. *Mars.*

Nous eûmes un petit vent d'Est, le matin; nous louvoïâmes jusqu'à midi, nous n'étions alors, selon notre estime,
qu'à deux lieuës du Fort Saint-Pierre; à la même heure le
calme nous prit.

XXIX. *Mars.*

Le vent se rangea dans la nuit au Nord ¼ Nord-Est; sur
les dix heures du matin, nous nous trouvâmes à deux lieuës
à l'Oüest de la pointe des Prêcheurs; nous mîmes le cap à l'Est
¼ Est; à midi calme tout-plat; les vents revinrent le soir;
à nuit close nous étions devant le Fort S. Pierre, nous
voïons dans les Boutiques de S. Pierre, les lampes allumées
sans pouvoir approcher; cela étoit assez mortifiant pour des
gens qui n'avoient cru faire qu'un voïage de quatre mois,
lorsqu'ils partirent de la Martinique; cependant neuf mois
s'étoient déja passés, & l'on nous croïoit perdus.

XXX. *Mars.*

Après avoir louvoïé toute la nuit, nous nous trouvâmes
le matin dans le Golfe du Fort Roïal; nous moüillâmes sur
les dix heures du matin; tous les gens du Bourg vinrent sur
le bord de la mer nous recevoir comme des gens, qui venoient de l'autre monde; d'abord qu'on eût moüillé, je me
fis mettre à terre & j'allai celebrer la sainte Messe à la Paroisse.

oisse en action de graces : comme c'étoit un jour de Diman-
he, nos Officiers que je priai de venir joindre leurs prieres
ux miennes, me suivirent : après quoi chacun prit par-
i. Je passai ce jour-là chez Mr. la Touche, & le lendemain
Mr. de la Chapelle qui avoit appris notre débarquement le
même jour de notre arrivée au Fort Roïal, m'envoïa un che-
al, & j'arrivai le soir chez lui.

O B S E R V A T I O N S
Faites a la Martinique.
VIII. *May.*

J'Avois mis depuis plusieurs jours mon horloge en mouvement ; quoique les tems commençassent à être fort in-
onstans, je ne laissai pas de la regler par des hauteurs cor-
espondantes du Soleil.

Je ne repeterai pas ici ce que j'ai déja dit ailleurs sur la
ifference qui se trouve entre les Observations de Messieurs
es Hayes & du Glos faites à la Martinique : le lieu où ces
Mrs. observerent étoit plus occidental ; ainsi la difference
ntre Paris & la Martinique devoit se trouver plus grande,
que celle qui resultoit de mes Observations, comme l'a
aporté Mr. Cassini dans les Memoires de l'Academie Roïale
es Sciences de 1708.

XXII. *May*
O B S E R V A T I O N
De l'Eclipse de Soleil.

J'Esperois pouvoir verifier par l'Observation de l'Eclipse
du Soleil qui devoit arriver le 22, la sçavante Méthode
rouvée par Mr. Cassini, pour pouvoir déterminer la diffe-
ence en longitude des lieux, où l'Observation de la même
Eclipse auroit été faite ; mais la saison des pluies commen-
ant alors à la Martinique ne me permit pas de verifier
i la difference en longitude, qui resultoit des Observations
es Eclipses du Soleil étoit semblable à celle que j'avois dé-

ja observée par les Immersions ou les Emersions des Satellites de Jupiter.

Le Ciel demeura presque tout ce jour-là couvert ; je ne
laissai pas de me préparer pour faire l'Observation de même
que si la journée eut été une des plus belles ; un Observateur ne doit se negliger en rien, s'il veut n'être pas surpris.
A 4ʰ. 35ʹ. 48ʺ. du soir, le Soleil parut, l'Eclipse avoit
commencé ; je jugeai par l'occultation de
la partie du corps du Soleil caché par la
Lune, qu'il y avoit environ une minute
que l'Eclipse étoit commencée ; de sorte
que je comptois que son commencement
avoit dû être à 4ʰ. 34ʹ. 48ʺ.

Les nuages vinrent cacher le Soleil &
je ne le vis qu'un moment.

A 4. 41. 27. Le Soleil reparut éclipsé selon mon estime environ d'un doigt ; un moment après
les pluies commencerent, & le reste du
jour le Soleil ne parut plus.

OBSERVATIONS

Des hauteurs du bord superieur aparent du Soleil.

JE dois avertir ici, que j'ai toujours observé les hauteurs
meridiennes aparentes du bord superieur du Soleil, tant
du côté du Nord, que du côté du Sud. Ceux qui vou-
dront avoir la hauteur corrigée & veritable du Soleil auront
recours à la Table des Refractions & des Parallaxes, rapportée dans la page 694. de mon second volume ; & lorsqu'on
voudra avoir la hauteur veritable du centre, on aura recours
aux demi diametres du Soleil raportés ci-après, pour tous les
jours de l'année : après qu'on aura corrigé la hauteur observée d'un des bords du Soleil ; s'il est le bord superieur, on
ôtera de la hauteur observée de ce bord, le demi-diametre
du Soleil ; si c'est le bord inferieur qu'on aura observé, on
ajoûtera le demi-diametre, & on aura la hauteur du centre.

On pourra encore avoir les demi-diametres du Soleil, par
le calcul qu'on trouvera vis-à-vis de son Anomalie moienne
dans la Table des Equations rapportées à la page 691. de
mon second volume.

Table du demi-diametre du Soleil.

Mois.	Jours	′	″	Mois.	Jours
Janvier	0	16	23		28
	14	16	22		11
Janvier	24	16	21	Decembre	1
Fevrier	1	16	20	Novembre	22
	6	16	19		17
	10	16	18		13
	14	16	17		9
	19	16	16	Novembre	4
	23	16	15	Octobre	31
Fevrier	27	16	14		27
Mars	3	16	13		23
	7	16	12		19
	11	16	11		15
	14	16	10		12
	17	16	9		9
	20	16	8		6
	23	16	7	Octobre	3
	27	16	6	Septembre	29
Mars	30	16	5		26
Avril	4	16	4		22
	8	16	3		18
	11	16	2		15
	15	16	1		11
	19	16	0		7
	23	15	59	Septembre	3
Avril	28	15	58	Aouft	29
Mai	1	15	57		25
	5	15	56		21
	10	15	55		16
	16	15	54		10
	22	15	53	Aouft	4
Mai	30	15	52	Juillet	27
Juin	9	15	51	Juillet	17
	28	15	50	Juin	28

Hauteurs meridiennes apparentes du bord superieur du Soleil.

LA premiere Observation du Soleil que je fis à la Martinique, au retour de mon voïage de la nouvelle Espagne, fut le 28. Juin 1705. auquel jour je trouvai le bord superieur & septentrional à la hauteur de   81^d. 39$'$. 10$''$.

Le 19. Aoust hauteur du même bord   88. 18. 37.

Septembre.

Le 2. hauteur meridionale du même bord   83. 26. 37.
Le 14. hauteur du même bord   78. 54. 30.
Le 16. hauteur du même bord   78. 8. 55.
Le 21. hauteur du même bord   76. 12. 42.
Le 22. hauteur du même bord   75. 48. 20.
Le 30. hauteur du même bord   72. 40. 47.

Octobre.

Le 1. hauteur meridienne du même bord   72. 17. 37.
Le 4. hauteur du même bord   71. 8. 16.
Le 6. hauteur du même bord   70. 21. 18.
Le 9. hauteur du même bord   69. 12. 5.
Le 20. hauteur du même bord   65. 6. 43.

Novembre.

Le 3. hauteur du même bord   60. 23. 30.
Le 14. hauteur du même bord   57. 13. 10.
Le 18. hauteur du même bord   56. 11. 48.
Le 21. hauteur du même bord   55. 32. 25.
Le 29. hauteur du même bord   53. 59. 15.

Decembre

Le 26. hauteur du même bord   52. 10. 14.
Le 31. hauteur du même bord   52. 28. 2.
Refraction moins la Parallaxe   40.

Donc hauteur corrigée	52ᵈ. 27′. 22″.
Demi-diametre du Soleil	16. 23.
Donc hauteur du centre	52. 10. 59.
Lieu du Soleil 9ᵈ 56′. 14″. ♐	
Déclinaison australe	23. 6. 37.
Donc hauteur de l'Equateur	75. 17. 36.
Et hauteur du Pole	14. 42. 24.

1705.
Aouſt.

XXX. *Aouſt.*

OBSERVATION

De l'Occultation de l'Etoile ſuivante du bras du Sagittaire de la cinquiéme grandeur, par la Lune, que Bayer marque X.

LE ſoir du 29. je m'apperçûs que la Lune s'approchoit ſenſiblement de l'Etoile ſuivante du bras du Sagittaire; j'attendis avec patience ſon occultation. Mon horloge étoit lors bien reglée.

Le 30 Août à 1ʰ 11′ 14″ du matin Immerſion de l'Etoile vis-à-vis *Promontorium acutum*, on ne put obſerver ſon Emerſion, la Lune étoit ſous l'horiſon.

OBSERVATIONS

Des Satellites de Jupiter.

Le 18 Oct. à 3ʰ 10′ 41″ du matin le Ciel clair & ſerain, Immerſion du ſecond Satellite dans l'ombre de Jupiter.

Le 19 Oct. à 2 56 47 du matin, Immerſion du premier Satellite dans l'ombre de Jupiter, le Ciel clair & ſerain,

     7 9 39 à Paris par le calcul corrigé.

     4 12 52 Difference des meridiens entre Paris & la Martinique.

Le 25 Oct. à 2 0 54 du matin, Immerſion du 3ᵉ Satellite dans l'ombre de Jupiter.

à 5^h 18' 46^s du matin, Emersion du 3e Satellite de l'ombre de Jupiter.

3 17 52 Demeure totale du 3e Satellite dans l'ombre de Jupiter.

Le 26 Oct. à 4 51 6 du matin, Immersion du 1er Satellite dans l'ombre de Jupiter, près du Zenith.

9 4 24 à Paris par le calcul corrigé

4 13 18 Donc différence des meridiens entre Paris & la Martinique.

Le 4 Nov. à 1 13 57 du matin, Immersion du 1er Satellite dans l'ombre de Jupiter,

5 26 51 à Paris par le calcul corrigé par une Observation du jour suivant,

4 12 54 Donc différence des meridiens entre Paris & la Martinique.

Le 27 Nov. à 1 19 36 du matin, Immersion du 1er Satellite dans l'ombre de Jupiter.
Le vent ébranloit la lunette.

5 32 38 Immersion observée à Paris,

4 13 2 Donc différence des meridiens entre Paris & la Martinique.

Le 27 Dec. à 3 10 14 du matin, Immersion du 1er Satellite dans l'ombre de Jupiter près du Zenith,

7 23 16 à Paris par le calcul corrigé.

4 13 2 Donc différence des meridiens entre Paris & la Martinique.

Le 28 Dec. à 4 3 29 du matin le premier & second Satellites allant par parties contraires se toucherent dans leur rencontre.

Le 28 Dec. à 4 27 42 du matin, Immersion du second Satellite dans l'ombre de Jupiter.

M D C C V I.

e 28 Fev. à 10ʰ 26′ 34ˢ du soir, Emersion du 1ᵉʳ Satellite de l'ombre de Jupiter, près du Zenith,

     14 39 18 à Paris par le calcul corrigé

     4 12 44 Donc difference des meridiens entre Paris & la Martinique.

e 23 Mars à 10 47 33 du soir, Emersion du 1ᵉʳ Satellite de l'ombre de Jupiter,

     14 59 28 à Paris par le calcul corrigé ;

     4 11 55 Donc difference des meridiens entre Paris & la Martinique.

e 15 Avril à 11 7 44 du soir, Emersion du 1ᵉʳ Satellite de l'ombre de Jupiter,

     15 20 44 à Paris par le calcul corrigé

     4 13 0

Si l'on prend un milieu entre ces Ob-
ervations, on aura la difference en lon-
itude entre Paris & la Martinique de   4ʰ. 12′. 16ˢ.

Par les Observations que j'avois faites avant mon voïage
e la nouvelle Espagne, dont deux des mêmes Observations
rent faites à l'Observatoire Roïal de Paris, comme on peut
oir dans les Memoires de l'Academie Roïale des Sciences
e 1704. page 341. par la comparaison de ces deux Ob-
ervations avec les miennes, on a trouvé que le gros Morne
l'Est de la Martinique environ à une lieuë de la mer, est
lus occidental de Paris de   4ʰ. 13′. 28ˢ.

Si on prenoit un milieu entre la dé-
ermination ci-dessus   4. 12. 16.

e celle qu'on vient de raporter ; on
uroit une difference en longitude qui
pprocheroit de plus près de la veritable
un seroit de   4. 12. 52.

Mais n'aïant pû faire à Paris aucune Observation en cor-
espondance de ces dernieres ; je crois qu'il seroit beaucoup
mieux de s'arrêter à la détermination de Mr. Cassini rapor-

1705. tée dans les Memoires de l'Academie Roïale des Sciences de 1708. page 14. qui est de　　4ʰ. 13′. 15ᵖ

OBSERVATION

De l'Eclipse du Soleil faite à la Martinique le 16. Novembre 1705

LEs Eclipses ont toujours été de grande consequence aux Astronomes, elles donnent immediatement des points déterminés du mouvement des Planetes, qui servent à verifier & à corriger leurs tables.

Je suivis dans cette Observation la même méthode que j'avois mis en usage en pareille rencontre ; je me servis d'un verre objectif de quatorze pieds de foïer, qui formoit une image du Soleil d'un pouce dix lignes de diametre ; cette image étoit reçuë sur une feüille de papier tenduë au foïer, au milieu de laquelle étoit tracé un cercle d'un pouce dix lignes de diametre, divisé en douze doigts, par d'autres cercles interieurs également éloignés & concentriques.

Je tâchai de conserver toujours l'image du Soleil dans le cercle tracé ; je ne pûs pourtant tenir le vertical bien à plomb, ni marquer à chaque phase, les points où se trouvoient les cornes éclipsées ; je n'avois personne qui m'aidât dans cette Observation, & il étoit impossible qu'un seul homme fit l'office de trois ; car tenir le vertical à plomb, conserver l'image du Soleil dans le cercle tracé, & marquer chaque phase, sont trois differentes occupations, ausquelles un seul homme ne peut satisfaire ; il fallut donc me contenter de déterminer de mon mieux, le tems de chaque phase.

Le 16. Novembre au matin, je vis le Soleil quelque tems après son lever, à 7ʰ. 53′. 21″. le Soleil se découvrit, lorsqu'il étoit déja éclipsé environ de 9. doigts.

à 7ʰ	53′	21″	le Soleil étoit éclipsé de	9. doigts.
8	1	5		8. doigts.
8	8	51		7. doigts.
8	17	0		6. doigts.
8	24	50		5. doigts.
8	33	0		4. doigts.

8ʰ	40′	13″	3. doigts.
8	47	9	2. doigts.
8	54	17	1. doigt.
9	1	55	fin de l'Eclipse.

OBSERVATION

De l'Eclipse de Lune du 27. Avril 1706.

ON peut facilement déterminer par les Eclipses de la Lune, la difference en longitude des lieux placés sous differens meridiens; parce que les Immersions des taches de la Lune dans l'ombre de la terre, & les Emersions de ces mêmes taches de la dite ombre, sont les mêmes pour tous ceux qui les voient : deux Observateurs sous differens meridiens aperçoivent ces Immersions & ces Emersions en differens tems, lesquels tems réduits en degrez de grand cercle, ou de l'Equateur, donnent la difference en degrez des deux lieux où on a observé.

Je fis durant cette Observation les mêmes remarques que j'avois déja faites : je vis fort distinctement à travers de l'ombre de la terre les taches de la Lune : sa partie éclipsée paroissoit de même couleur, que paroit dans une belle nuit, la partie obscure de la Lune, lorsqu'elle est dans son décours ou en croissant.

L'état de mon horloge que j'avois reglé par des hauteurs correspondantes du Soleil depuis le 20. étoit bien connu; le commencement & la fin de l'Eclipse, ne sont pas si précis, à cause de la penombre qui précede la veritable ombre au commencement de l'Eclipse, & au contraire, à la fin de l'Eclipse, l'ombre précede toujours la penombre; c'est ce qui empêche de déterminer immediatement la fin & le commencement des Eclipses.

Phases de l'Immersion.

8ʰ.	12′.	58″.	du soir, commencement de l'Eclipse, vis-à-vis de Schircardus.
	20.	6.	L'ombre à Capuanus.
	27.	41.	Au milieu de Ticho.

1706.

29′.	21″.	Tout Ticho dans l'ombre.
32.	21.	Gaſſendus entre dans l'ombre.
34.	30.	L'ombre à Pitatus.
54.	43.	L'ombre à Snellius & Furnerius.
9ʰ. 0.	36.	A Fracaſtorius.
6.	25.	A Meſſala.
9.	57.	Meſſala tout couvert.
13.	1.	A Catharina.
19.	11.	A Langrenus.
19.	16.	Le bord de l'ombre eſt éloigné de Grimaldi de tout le grand diametre de l'ovale de cette tache ; le même bord eſt éloigné de *Inſula Sinus medii* d'un quart du diametre de cette tache.
23.	5.	L'ombre à *Inſula Sinus medii*, elle n'eſt plus avancée.
42.	2.	*Promontorium acutum* tout couvert.

Phaſes de l'Emerſion.

43.	47.	Gaſſendus tout hors de l'ombre.
55.	26.	Milieu de Schircardus.
58.	35.	*Promontorium acutum* ſe découvre.
10 2.	59.	Capuanus hors de l'ombre.
5.	10.	Catharina.
10.	15.	Pitatus.
18.	42.	Ticho commence à ſortir de l'ombre.
21.	51.	Ticho tout découvert.
23.	16.	Fracaſtorius ſort.
31.	51.	Langrenus commence.
34.	48.	Langrenus tout découvert.
10. 49.	0.	Fin de l'Eclipſe.
54.	48.	La penombre paroît encore ſur le bord de la Lune.
2. 36.	2.	Durée totale.
1. 18.	1.	Moitié de la durée.
9. 30	59.	Milieu de l'Eclipſe.

COMPARAISON

De cette Observation avec la même faite à l'Observatoire Roïal de Paris.

ON ne pût observer à Paris le commencement de cette Eclipse ; on ne vit la Lune qu'à travers des nuages, qui empécherent de voir sa partie éclipsée : j'ai raporté ici, ce qui resulte de la comparaison d'une tache , qui dans le tems de son Immersion fut observée à Paris & à la Martinique , & la fin de l'Eclipse de même.

| à | 9^h | 42^l | 2^s | *Promontorium acutum* tout couvert. |
| | 13 | 55 | 0 | à Paris l'ombre est à *Promontorium acutum.* |

4	12	58	Difference des meridiens entre Paris & la Martinique
10	49	0	Fin de l'Eclipse.
15	2	30	à Paris par le micrometre.

| 4 | 13 | 30 | Difference des meridiens entre Paris & la Martinique. |
| 15 | 3 | 0 | à Paris par une lunette placée à la machine parallatique. |

| 4 | 14 | 0 | Donc difference des meridiens entre Paris & la Martinique. |

Si on prend un milieu entre les differences qui resulent des deux Observations faites par le micrometre, l'on aura la difference des meridiens entre Paris & la Martinique de   4^h. 13^l. 15^s. telle qu'elle a été déterminée par les Satellites de Jupiter.

OBSERVATIONS

De la longueur des Pendules.

JE me servis dans cette Observation d'un fil de pite, dont j'ai parlé ci-dessus , & d'un fil d'archal extremement delié ; je reïterai durant plusieurs jours la même Observation,

par ces deux différentes manieres ; les deux bâles suspen-
dûës à ces fils, étoient d'un même poids, je n'avois aucun
scrupule sur leur différence ; la mesure qui me servit, étoit
la même regle de cuivre, qui m'avoit déja servi à Porto-
Bello, pour pareille Observation. Je déterminai donc la longueur du Pendule, après plus de huit mois
d'Observations, de   3. *pieds* 5. *lig.* $\frac{10}{12}$

Je trouvai cette longueur plus grande, que celle que j'avois
trouvé à Porto-Bello d'un quart de ligne.
Celle de Porto-Bello ne fut que de   3. *pieds* 5. *lig.* $\frac{7}{12}$

OBSERVATION

De la variation de l'Aiman.

AU retour de mon voïage de la nouvelle Espagne, je
réïterai plusieurs fois les Observations que j'avois déja
faites à la Martinique : je trouvai peu de différence, entre
celles-ci, & celles de l'année précedente, puisque j'observa
cette variation de   6ᵈ. 10′. Nord-Est

Quoique l'Astronomie fut le principal objet de mon voïage, je ne laissai pas, pendant le sejour que je fis à la Martinique, de m'occuper à d'autres Sciences, je m'y appliqua
sur-tout à l'Histoire naturelle, pour laquelle j'avois toûjour
eu beaucoup de penchant ; les Descriptions suivantes en son
le fruit. Mes amis qui connoissoient mon inclination, m'en
voïoient assez souvent des animaux singuliers, & moi-mêm
je penetrois dans les bois, pour y en chercher d'autres, san
me mettre en peine des risques que je pouvois y courir ; ca
ces bois sont assez épais, & il y faut être continuellemen
sur ses gardes, pour ne pas être piqué des Serpens ou espec
de Viperes qui y sont en grand nombre & fort dangereux

DESCRIPTION

D'une *Perdrix de la Martinique* ou *Turtur rubeus cruribus & oculis corallinis.*

CEs Tourterelles sont appellées Perdrix par les Creoles d
la Martinique, à cause que leurs yeux sont bordés d'un
large paupiere rouge, & parce que la racine de leur bec

& le deſſus de leurs jambes & de leurs pieds, ſont teints d'un
rouge vermeil, comme les ont nos Perdrix rouges de l'Europe.

Leur couronnement, leur manteau, leur vol, & leur queuë
ſont teints d'un roux foncé, chargé de violet, il y regne la
même varieté & le même éclat de couleurs, que ſur le manteau de nos Pigeons domeſtiques de l'Europe. Leur parement eſt blanc-ſale, mêlé de tant ſoit peu de couleur de
roſe; leur ventre & leurs cuiſſes ſont tout-à-fait blancs; mais
marbrés de quelques plumes griſes.

Ces oiſeaux branchent rarement; ils font leurs nids ſur
les arbriſſeaux, & ne pondent jamais plus de deux œufs,
comme preſque tous les Oiſeaux des Iſles.

DESCRIPTION

D'une Pie ou *Pica Antillana.*

CEtte eſpéce de Pie a le corps un peu plus petit que celles de l'Europe, mais elle a preſque le même port & la
queuë de la même longueur. Son bec eſt plus grêle, ſon extremité eſt un peu crochuë, il eſt bleuâtre par-deſſous & noir
par-deſſus: ſes yeux ſont grands & bleus, bordés d'une large membrane rouge & rehauſſés au milieu par une belle prunelle bleu-noire.

Son plumage eſt preſque tout cendré, ſi on en excepte le
parement, qui eſt blanc, le deſſous du ventre & les cuiſſes
qui ſont roux-clair, & la moitié des pennes, qui eſt teinte
de couleur feüille-morte-foncé. Les extremités des plumes de
la queuë, ſont auſſi de differente couleur; les plus longues ſont
terminées en noir & les autres par une grande tache blanche.

Ses jambes ſont un peu plus courtes que celles de nos
Pies, leur couleur eſt bleu-ardoiſé, de même que les pieds,
dont les doigts ſont diſpoſés, comme ceux des Perroquets,
ſçavoir deux devant & deux derriere; les deux plus courts
ſont toujours oppoſés vis-à-vis l'un de l'autre & ſitués au-
dedans de la jambe.

DESCRIPTION

D'un Pluvier ou Pluvialis, minialis cruribus.

CEtte espece de Pluvier, est un peu plus grande, qu'un de nos Grives ; il a la tête parfaitement ronde, orné d'un petit œil fort rond & très-noir ; son bec long d'environ un pouce, est droit & pointu, la partie superieure est plus longue que l'inferieure, il est teint d'un noir clair. Tout son manteau est gris-roux & marbré de blanc ; son parement, & tout le dessous du ventre est roux-blanc : le bout des ailes excede un peu le bout de la queuë ; leurs plumes sont d'un beau blanc ; mais leurs pennes sont d'un noir clair, bordées d'une bande rousse dans toute leur partie inferieure : les plumes des cuisses sont de même couleur que celles du parement : mais les jambes & les pieds sont teint d'un minium fort clair & armés de petits ongles noirs & pointus.

Cet Oiseau est de la même nature & de même port que nos Pluviers d'Europe, il crie de tems en tems de même, & court extremement vite : on ne le voit ordinairement que sur les anses sablonneuses, où il ne vit ordinairement que de petits coquillages & de petites écrevisses.

DESCRIPTION

D'un Goilan ou Larus minor Mélanocephalos.

CEtte espece est la moitié plus petite que les Goilan ordinaires. Son bec est droit, roide, pointu & noir clair. Son œil bleu-noir : sa tête coëffée d'une calote noire marbrée en devant par quelques petites taches blanches tout, son corps mi-parti par deux differentes couleurs. Son parement & le dessous du ventre sont blancs comme du lait mais entremêlés d'un très-beau couleur de rose. Son manteau, son vol & ses cuisses sont cendrés, mêlés d'un peu de blanc, excepté deux grandes pennes, qui sont noires

es jambes & ses pieds sont rouges couleur de feu & armés
e petits ongles noirs.

DESCRIPTION

D'un Heron ou *Ardea cinerea rostro crassiori.*

CE Heron est aussi gros qu'une de nos Poules : son bec
est un peu plus court que celui des autres especes, il est
d'un très-beau noir luisant & renforcé vers sa racine, sa tête
est noire, excepté les côtés qui sont peints d'une bande blanche, depuis les yeux jusqu'à la naissance de son manteau. Son
couronnement est rehaussé d'une houpe, composé de plumes
d'un blanc de lait, très-délicates & allongées jusques près
du manteau, qui est cendré, entremêlé de quelques plumes
noires, un peu plus longues & plus étroites que les autres.
Ses pennes sont fort noires, ses jambes & ses pieds sont d'un
beau jaune, & les ongles qui terminent leurs serres sont
pointus & noir-clair.

DESCRIPTION

D'un Chou Caraibe ou *Arum esculentum majus.*

CEtte Plante est fort en usage dans nos Isles de l'Amerique, on l'y appelle *Chou Caraibe*, parce qu'on se sert de ses
feüilles pour la soupe, au lieu de Choux ordinaires, & que
ce sont les Caraïbes qui en ont enseigné l'usage à nos François ; c'est proprement une espece d'*Arum Pied-de-Veau.* Sa
racine est semblable à une grosse rave charnuë, blanche en
dedans, laquelle coupée en travers, rend un lait fort blanc,
& d'un goût tant soit peu acre, presque semblable à celui de
nos Féves. Sa partie exterieure est tannée & entourée de
plusieurs plis circulaires & grêlés de plusieurs petits tubercules
garnis de quelques petites fibres.

Cette racine pousse par le bas, plusieurs grosses fibres blanches, & par le haut sept ou huit grandes feüilles de même cons-

truction & de même port, que celles de nos Pieds-de-veau
ordinaires de l'Europe; toutes ces feüilles ont plus ou moin
de deux pieds d'étenduë, selon le terrain, où on cultive la
plante: elles ont la forme d'un grand cœur fort échancré
dont le dessous est soutenu par une nervûre & par plusieur
côtes relevées, qui ont l'entre-deux tout rainé par d'autre
côtes beaucoup plus menuës & ondées, qui terminent toute
à une autre petite côte, qui parcourt les feüilles tout à l'en
tour, & semble composer une double bordure: le dessus de ce
mêmes feüilles est tout silonné aux endroits, qui reponden
aux côtes de dessous, & il est un peu plus relevé en couleu
que le dessous. On voit de ces feüilles de deux differentes cou
leurs; les unes sont vert-blanchâtre par-dessous, & vert - ga
par-dessus; & les autres sont tout-à-fait violet-foncé; de mêm
que leurs pedicules qui, tant dans les unes, comme dans le
autres, ont environ deux pieds de longueur, & forment tou
ensemble à leur naissance une espece de tige, à cause qu'étan
creux, presque jusqu'au tiers, en façon d'une guaine, ils s'em
brassent tous alternativement, & naissent successivement le
uns du dedans des autres. Tous ces pedicules sont ensuit
ronds, épais comme le doigt, & comme spongieux dans leu
substance interieure.

Les fleurs naissent au bas & à côté de cette tige, que com
posent les pedicules: ce sont des enveloppes membraneuses
supportées par des pedicules épais, comme le petit doigt &
longs de sept à huit pouces: elles ont le commencement en
flé en façon d'une bourse, qui est étranglé tout d'un coup
par une maniere de col fort étroit, & qui se dilate ensuit
en façon d'une cuilliere pointuë: cette bourse est verte, &
la cuilliere blanche, tirant tant soit peu sur le jaune: l
dedans est occupé par un pilon, qui prend la naissance dan
le fonds de la bourse même.

Ce pilon est premierement composé d'une poignée jaune
& toute burinée en relief par de petits carreaux à côtes aron
dies, & il suporte une espece de cone vermeil, & tout com
parti par des carreaux hexagones, inégaux & irreguliers. Cett
espece de cone, s'allonge ensuite par un pilon presque ci
lindrique, couleur de souffre en quelqu'uns, & couleur d
rose en quelqu'autres, qui est long & épais comme le doig
index, & tout entaillé par des hexagones reguliers, joint

pa

ar une espece de suture, & tous creusés au milieu par une
etite enfonçûre : il est tout massif, mais fort tendre, & se
ourrit facilement, & le cone sur lequel il est porté, devient
nsuite un corps composé de plusieurs graines angulaires &
emblables aux graines d'une Grenade, mais d'une substance
harnuë & sans pepin au dedans.

Cette Plante fleurit dans les mois de Janvier & de Fevrier,
es fcüilles ont tant soit peu d'acrimonie, quelque tems aprés
u'on les a machées : on en trouve à plusieurs endroits, le
ong des ruisseaux, & dans les lieux ombrageux & humides :
ais on les cultive ordinairement dans les jardins pour l'u-
ge de la cuisine.

DESCRIPTION

D'un Oiseau appellé Eritachus sive Chloris Eritachoïdes.

CEt Oiseau n'est pas plus gros qu'une Fauvette de la petite espece, il en a presque toute la figure : son bec est
oir & pointu ; mais teint de tant soit peu de bleu sous la
acine inferieure ; son œil est d'un beau noir fort luisant &
ort poli, & son couronnement, jusqu'à son parement est de
cüille-morte, ou roux jaune ; tout son parement est jaune,
oucheté à la façon de nos grives de l'Europe par de peti-
s taches de même couleur que le couronnement ; tout son
os est verdâtre, mais son vol est noir, de même que son
anteau : les plumes qui les composent ont une bordure
erte. Ses jambes & le dessus de ses pieds sont gris : mais le
essous est tout-à-fait blanc, mêlé d'un peu de jaune, & ses
oigts sont armés de petits ongles noirs & fort pointus.

Cet Oiseau voltige incessamment, & il ne se repose que
orsqu'il mange ; son chant est fort petit, mais melodieux.

DESCRIPTION

D'une Carangue grasse ou *Trachurus maximus
squamis minutissimis.*

CE Poisson approche beaucoup de la figure du Thon ou du
Maquereau de l'Europe, quoiqu'il ait le corps applati par
es côtés, presque comme un Harang, ou comme une Sa-

dine : il a les yeux grands, noirs, & entourés d'un cercl
varié de jaune doré, mêlé d'un peu de bleu & d'un peu de
rouge. Son dos est bleu-foncé ; les côtés & le ventre ar
gentés ; mais si on les regarde par divers points de vûë, or
les voit entremêlés d'un pourpre fort vif, qui reluit parm
les écailles. Le dessus de la tête & le bout du museau son
noirs entremêlés de bleu dans l'endroit où sont situés le
narrines : la queuë est grisâtre, mêlée de fort peu de jaune
& marquée d'une bande noire dans la pointe inférieure, d
même que l'aîlleron qui court presque depuis la moitié du
dos, jusques proche le commencement de la queuë.

Ce Poisson est d'un goût excellent ; sa chair est ferme &
blanche ; sa longueur est environ de deux pieds, nos Créo
les l'appellent *Carangue grasse*.

DESCRIPTION

D'un Palmiste ou *Palma altissima nucifera, siliquis ventricosis*

CE Palmiste pousse son tronc jusqu'à la hauteur de 8o
pieds, & de 15. à 16. pouces de diametre vers la base
qui s'élargit beaucoup en talus, & s'attache fortement à l
terre par quantité de racines épaisses, comme le doigt, lon
gues de deux ou trois pieds, de couleur roux-tanné & pres
que d'une substance osseuse, elles sont toutes traversées e
long par une nervûre fort dure.

La matiere ou substance de ce tronc est la même que cell
des autres Palmistes ; c'est-à-dire, qu'elle n'est composée a
dedans, que de fibres partie très-dures & noires, & l'autr
partie molasses, blanchâtres & entremêlées d'une substanc
charnuë ; son exterieur est tout uni & sans aucune écorce
il est gris & tout ondé par les marques des branches, qui e
sont tombées.

Le haut de ce tronc est terminé par une maniere de cha
piteau, composé par les bases des branches, qui sont fort élar
gies à leur pied, & creusées comme de grandes cullieres
qui s'embrassent alternativement, comme par écailles, & for
ment ce chapiteau, beaucoup plus épais que le corps de la tige

Chaque branche s'allonge ensuite, environ jusqu'à la lon

1706.

ueur de 16. ou 18. pieds ; elles sont taillées en goutiere de la
ongueur de trois pieds ou environ ; mais le reste est plat par-
essus, arrondi par-dessous, & diminuë toujours de grosseur
squ'à ce qu'elles s'unissent en pointe. Leur côté est fort
quarré & garni dans toute sa longueur par des feüilles ran-
ées comme les dents d'un peigne, & très-semblables aux
füilles de nos roseaux, quoiqu'elles soient beaucoup plus
rmes, plus unies, & beaucoup plus longues; car elles ont bien
longueur de trois à 4. pieds sur environ 2. pouces & demi
large; elles sont toutes teintes d'un vert un peu foncé &
elevées en toute leur longueur par une seule côte jaunâtre
un peu dure.

C'est par toutes ces particularités precedentes, que cet ar-
re convient fort bien avec le grand Cacoïer ordinaire,
isqu'il a tout le même port & aspect; mais ce qui le rend
quelque façon different, ce sont les guaines ou étuis qui
rtent parmi les pieds de ces branches; car elles ressemblent
de grands outres bien remplis, plus épais que le corps
un homme, & tout plissés, à la façon d'un surplis de Prê-
e; elles sont aussi, terminées par une longue pointe, sem-
able à l'éperon d'une Galere, & leur cosse est composée
une substance dure beaucoup plus forte que du cuir, &
aisse d'environ demi pouce; elles sont gris-vertes par-dehors,
ais roussâtres & fort unies au-dedans; elles enferment
ns leur capacité une grosse gerbe, composée d'une infinité
branches ou épis, couvertes de fleurs de couleur d'or, &
une odeur fort agréable.

L'ame de chaque épi, est une maniere de rape très-sem-
able à celles, qui portent les grains de froment, elle est
entée de même, & porte sur chaque dent, ou un embrion
une fleur; sçavoir les embrions sur celles d'en-bas & les
eurs dans tout le reste. Le calice de chacune de ces fleurs
t composé de trois petites feüilles en triangle, qui sou-
ennent dans le milieu trois autres feüilles dorées, étroites,
ointues, & d'une substance dure, presque comme de la cor-
e. Dans le milieu de ces trois feüilles, on voit quelques
etites étamines fort courtes & toutes surmontées d'un som-
et blanc, farineux, tortu comme l'anneau d'une petite chaine.

Toutes ces fleurs tombent sans rien produire; elles ne
nt proprement que des fleurs steriles, mais les embrions

qui restent au bas de la même ame, ressemblent à de petites olives terminées par un pistile à 3. pointes, couvertes de quelques feüilles épaisses, membraneuses & teintes d'un fort beau jaune, qui lui servent comme de calice ; ils deviennent ensuite un peu plus gros que des œufs de pigeon, & couverts d'une écorce un peu épaisse, jaune comme de l'or, un peu charnuë & d'un goût assez agréable.

Cette écorce enferme une noix très-semblable à celle du grand Coco, la coque en est gris-noire, un peu plus épaisse qu'un écu blanc, & d'une substance fort dure, contenant en dedans une amande très-blanche, semblable à une noix muscade, d'un fort bon goût, & d'une très-bonne nourriture.

DESCRIPTION

D'une espece de Coucou ou Cuculus cinereus rostro longiori.

CEt Oiseau a le corps un peu plus petit que nos Pies communes de l'Europe, il en a le même port & sa queue est de même longueur, son bec est un peu plus grêle, un peu crochu au bout, bleuâtre par-dessous & noir pardessus. Ses yeux sont grands & bleus bordés d'une large membrane rouge, & rehaussez au milieu par une belle prunelle bleu-noire : son plumage est presque tout cendré, excepté son parement qui est blanc, le gosier, les cuisses, & le dessous du ventre, qui sont roux, & la moitié des pennes qui sont teintes de couleur feüille-morte-foncé. Les extremités des plumes de la queue sont aussi de differente couleur ; les plus longues plumes sont terminées en noir & les autres par une grande tache blanche.

Ses jambes sont un peu plus courtes, que celles de nos Pies leur couleur est bleuë, de même que les pieds, dont les doigts sont disposés, comme ceux de nos Coucous, ou des Perroquets, sçavoir deux en devant, & deux par derriere les deux plus courts sont toujours opposés & situés en dedans de la jambe.

Ces Oiseaux sont communs dans les Isles.

PREMIER *May.*

Les Vaisseaux que Sa Majesté avoit envoïé aux Isles pour

Expedition de l'Isle de Niéves sous le Commandement de
r. d'Iberville, vinrent moüiller après cette expedition, à la
artinique, avant que de retourner en Europe. J'attendois
puis long-tems une occasion pour revenir en France, il
pouvoit pas s'en presenter une plus favorable, je me dé-
rminai à en profiter.

Je communiquai mon dessein à Mr. de la Chapelle; cette
uvelle le surprit, il m'en témoigna du regret : j'ai dit ail-
urs que c'étoit un gentilhomme d'une politesse sans affec-
tion, qui se plaisoit extremement aux Mathematiques; ces
iences sont vastes, on y consumeroit non-seulement des
nées, mais des siécles entiers sans les épuiser. L'Astrono-
ie étoit le principal objet des études de Mr. de la Cha-
lle; il déroboit à son repos un tems considerable, & pas-
it fort tranquillement avec moi les nuits entieres, pour
tenir à l'horloge, & marquer le tems durant que j'observois.

III. May.

Je démontai mes instrumens, je les renfermai dans leurs
isses, & après avoir celebré la sainte Messe, nous montâ-
es à cheval Mr. de la Chapelle & moi, & allâmes au Cul-
-sac de la Trinité, où je pris congé de mes amis, & plus
rticulierement du Pere Cabasson, qui en étoit Curé; je
ssai avec lui jusqu'au cinquiéme au soir, que je revins à
abitation de Mr. de la Chapelle, où je préparai toutes
es hardes pour partir le lendemain.

VI. May.

Le matin je pris congé de la famille, je fis charger les
égres de mes hardes, & me rendis à l'heure de diner chez
r. de Gallon, dont l'habitation n'étoit qu'à une heure de
iemin de chez nous. J'allai de là chez Mr. de la Touche
olonel des Troupes de son Quartier, j'y passai jusqu'au
ndemain, il me dit qu'il se disposoit avec son fils aîné pour
asser en France, à dessein d'aller regler ses comptes avec ses
lociés; cette nouvelle me fit plaisir, j'avois déja fait avec le fils
 voiage de la nouvelle Espagne; je connoissois son humeur, &
 me promettois une heureuse traversée en France, étant
 compagnie de si honnestes gens.

VII. *May.*

A huit heures du matin, j'embarquai mes hardes dans un
Piroque, & deux heures après, j'arrivai au Fort Roïal; j
me rendis au magasin de Mr. la Touche, nous y dinâmes en
semble, & je passai le reste de la journée au Fort, avec Mr. d
Machault Lieutenant General des Isles & Terre-Ferme d
l'Amerique. Depuis mon arrivée aux Isles, j'étois en correspon
dance avec lui, sur les Sciences & sur la Religion; mon dé
part ne lui fut pas agréable, il auroit souhaité que j'euss
demeuré avec lui dans le Fort jusqu'à son retour en France
mais j'avois terminé mes Observations dans cette Isle, & je
l'aurois attendu inutilement, puisqu'il y mourut quelque tem
après. Le Soleil s'approchoit de son horison, je pris congé
de lui, & me rendis chez les Peres Capucins mes ancien
hôtes, où je passai jusqu'au lendemain à deux heures aprè
midi, que j'allai m'embarquer sur une Piroque qui partoi
pour Saint-Pierre.

VIII. *May.*

Le soir j'arrivai à Saint-Pierre; je fis débarquer mes har
des & les fit transporter à un magasin d'un de mes amis, es
perant de les rembarquer sur le Vaisseau de Sa Majesté,
l'*Apollon*, après que Mr. l'Intendant auroit donné ses or
dres au Capitaine de me repasser en France. Avant mon
départ de la Martinique pour le voïage de la nouvelle Es
pagne, j'avois eu la consolation de faire les Exercices de dix
jours chez les Jesuites sous le R. P. Vanel, homme d'un rare
merite & estimé dans toutes les Isles, il étoit âgé d'environ
soixante-dix ans; les honnestetés que je reçûs alors de ces
R R. P P. me persuaderent, qu'ils ne me refuseroient pas
l'hospitalité; je ne me trompai pas; ils me reçurent (sui
vant leur coûtume) avec tant de cordialité, que je me re
pentis en quelque sorte d'avoir pris à mon arrivée dans
l'Isle, d'autre logement que leur maison; cependant comme
ils ont leur habitation à la Basse-terre où l'air est beaucoup
moins sain, que la Cabesterre, ainsi que j'en avois fait la
cruelle experience, lorsque je fus attaqué de la maladie de
Siam; il étoit beaucoup plus sur pour moi, de demeurer à

a Cabesterre, où je passai presque tout le tems que je sé-
journai dans l'Isle.

IX. *May.*

Le matin après avoir celebré la sainte Messe : j'allai visiter Mr. de Vaucreson Intendant des Isles ; je le priai de
donner ses ordres à Mr. du Coudré Commandant l'Apollon de me passer en France, ils furent d'abord executés :
j'allai le même jour rendre mes devoirs à Mr. du Coudré,
il me reçut avec sa politesse ordinaire, & m'assura qu'il
mettroit à la voile le douze, qu'ainsi je n'avois qu'à me tenir prêt : je passai ce jour-là avec Mr. l'Intendant & je ne
me retirai que le soir chez les RR. PP. Jesuites.

X. *May.*

Estant à Cartagene, j'avois promis à Dom Jean de Herrera
de lui envoier mes instrumens, avant de repasser en France.
Mr. Linch Marchand à Saint-Pierre, se chargea avec plaisir
de cette commission, je les lui remis. Les guerres que nous
avions alors avec les Anglois & les Hollandois, me faisoient
craindre, qu'ils n'arrivassent pas jusqu'a Cartagene sans quelque mauvaise rencontre, le danger étoit évident. Je n'appris
qu'un an après, par une lettre de Dom Jean de Herrera,
qu'il les avoit reçûs : cette lettre me fit un double plaisir ;
car j'y reconnus que l'amour qu'il avoit pour les Mathematiques, & singulierement pour l'Astronomie, s'augmentoit
de plus en plus, il m'y témoignoit une extrême envie de
faire des Observations utiles, & une grande impatience de
me revoir pour faire ensemble le voiage de la nouvelle Espagne, & lever la Carte de tout le golfe de Mexique.

J'eus depuis la consolation d'apprendre qu'il avoit mis à profit
les instructions que je lui avois donné sur l'Astronomie, & qu'il
s'étoit servi fort utilement de mes instrumens. Un des Academiciens de l'Academie Roiale des Sciences, remit dans une des
Assemblées à Mr. Cassini, un Journal imprimé à Londres, dans
lequel on y raportoit une Observation d'une Immersion du
premier Satellite de Jupiter, faite à Cartagene par Dom Jean
de Herrera, qu'on avoit comparé avec la même Observation
faite en Angleterre par Messieurs de la Societé Roiale, pour

avoir la difference en longitude. Je comparai cette difference avec celle que j'avois déterminée par les Observations que j'avois faites à Cartagene dans la maison de Dom Jean de Herrera, & je trouvai qu'en ajoûtant à la difference de longitude entre Cartagene & Londres, celle qui a été déterminée entre Londres & Paris, qui est plus à l'Orient, on a la difference de longitude entre Cartagene & Paris à quelques secondes près de celle que j'avois trouvé ; ce qui marque l'exactitude des deux Observateurs.

X I I. *May.*

Le matin l'Apollon tira le coup de partance ; le Capitaine me fit avertir de me rendre à bord à midi, il n'attendoit pour appareiller que le vent de terre, qui ne soufle ordinairement qu'après le Soleil coucher, & continuë jusqu'à son lever, que les vents du large, c'est-à-dire, de l'Oüest viennent prendre sa place. A sept heures du soir nous fûmes sous voile; cinq Navires marchands que nous devions convoïer avoient déja pris le devant, ils lovoient au large pour nous attendre, n'osant s'éloigner de nous, dans la crainte de tomber sous le vent de deux Pataches Angloises, qui voltigeoient depuis plusieurs jours autour de l'Isle, à dessein de surprendre quelqu'un de ces Vaisseaux marchands. Elles avoient été averties de leur départ ; mais elles ignoroient qu'un Navire de guerre dût les convoïer.

X I I I. *May.*

Au Soleil levant nous nous trouvâmes au Sud de l'Isle Dominique : un grain fort pesant, accompagné d'un grand vent, nous fit mettre à sec ; nos Vaisseaux Marchands n'aïant pû resister à la tempête, se diviserent & ne pûrent se rallier qu'avec peine le quatorze. Nous étions alors par le travers de l'Isle Dominique.

X V. *May.*

Nous fûmes pris de calme : les Requiems qui durant le gros tems font leur demeure dans les antres profonds de la mer, montent pour lors sur la surface des eaux, pour y venir
engloutir

engloutir les débris des tempêtes : un de ces animaux parut, nos Matelots disposerent d'abord un ains pour le surprendre, qu'ils garnirent d'une piece de viande ; on ne l'eût
pas plûtôt jetté dans la mer, que ce Requiem avide, comme tous ceux de son espece, l'avala, & sa voracité lui couta
la vie ; d'abord qu'on l'eut dans le Vaisseau, nos Matelots qui
sçavoient que la force de ces animaux est ramassée dans leur
queuë, commencerent par la lui couper, pour s'en rendre
les maîtres, ensuite nous l'ouvrîmes, & nous lui trouvâmes
douze petits envelopés chacun dans une membrane fort de-
liée ; leur longueur étoit environ d'un pied & demi & gros
à proportion ; nous en jettâmes deux dans la mer, lesquels
après qu'ils eurent demeuré environ deux minutes sans mouvement sur les eaux, commencerent à s'enfoncer & à nager
comme les autres Poissons ; j'avois déja fait la même experience dans d'autres occasions.

XVI. *May.*

A dix heures du matin nous moüillâmes devant l'Isle Guadaloupe ; après le dîner je descendis à terre, en compagnie
de Mr. de Beaujeu premier Lieutenant du Vaisseau. Ce nom
illustre est assez connu en France, c'est une des plus anciennes familles d'Arles ; nous allâmes ensemble chez les RR.
P. Jesuites, le R. P. le Danois nous y reçut fort agréablement ; le lendemain 17ᵉ il pria à dîner, pour nous faire plus
d'honneur, tous les Religieux qui se trouverent dans le Bourg ;
le nombre fut de dix ; de sorte que nous nous trouvâmes à
table treize personnes ; après dîner le P. Bedarrides de l'Ordre de Saint Dominique Vicaire Apostolique, fit venir des
chevaux de sa Sucrerie, pour nous faire passer la riviere S.
Loüis, qui est entre le Bourg & l'habitation de ces RR.
P ; nous demeurâmes à cette habitation jusqu'au 19. matin,
que nous eûmes ordre de nous rendre à bord : nous ne tou-
châmes à la Guadaloupe, que pour y débarquer les Flibustiers
de cette Isle, qui avoient été à l'expedition de l'Isle Niéves,
d'où ils ne revinrent pas fort contents ; Mr. d'Iberville ne
leur aïant pas tenu les promesses qu'il leur avoit faites, lorsqu'ils s'offrirent pour le suivre.

H h h

XIX. *May.*

Un Vaisseau marchand moüillé à la Cap-esterre, aïant apris que nous devions appareiller, vint nous joindre, il fit voile le soir avec nous : l'Andromede, le meilleur voilier de nôtre Escadre, eut ordre du Commandant de faire fanal durant la nuit, & servir d'avant-garde : nous reglâmes notre voilure au sillage de notre Escadre, & au peu de chemin que font ordinairement les Vaisseaux marchands, beaucoup plus pesans que les Vaisseaux de guerre, qui ne sont chargés que de poudre & de bâles.

XX. *May.*

La nuit précedente nous eûmes du calme : le matin nous nous trouvâmes entre les Isles Niéves & Antique, à huit brasses d'eau. Le Commandant aprehendant de tomber sur quelque bas-fonds, ordonna aux Capitaines des deux meilleurs voiliers de notre Escadre de passer de l'avant pour sonder, jusqu'après le débouquement des Isles.

XXI. *May.*

Nous trouvâmes les vents à l'Est-Nord-Est, nous fîmes route au Nord : nos Chirurgiens dans leurs visites commencerent à s'apercevoir que la maladie de Siam, si à craindre dans les Isles, avoit attaqué quelqu'uns de nos Matelots comme on sçavoit que cette maladie (espece de contagion se communique aisément ; on tâcha de mettre separémen ceux qui en étoient atteints ; mais en peu de tems nous eûmes 300. malades. Notre Aumônier Prêtre seculier de Bretagne, soit qu'il aprehendât la maladie, ou qu'il en fût veritablement attaqué, se retira dans la Sainte-Barbe, d'où i ne sortit qu'aux approches des terres de France : je me trouvai donc obligé d'occuper sa place : je le fis fort volontiers & je tâchai de mon mieux à me rendre utile & pour l corps & pour l'ame à cette multitude d'infirmes.

X X X. *May.*

Depuis le 21. nous paſsâmes de mauvais jours ; il nous mourut pluſieurs Matelots. Le matin du 30ᵉ, j'en jettai après les ceremonies ordinaires, quatre dans la mer : ſur les trois heures du ſoir, on vint m'avertir qu'un cinquiéme que j'avois quitté depuis un moment venoit d'expirer, qu'on alloit le monter ; je me rendis auſſi-tôt à l'échelle pour y attendre le cadavre ; comme on tardoit, j'envoïai le Mouſſe, qui me ſervoit, pour en ſçavoir le ſujet. Qui auroit pû s'imaginer que cet homme que l'on croïoit effectivement mort, eut ceſſé de le paroître, au moment que l'on étoit prêt d'achever de l'enſevelir dans ſa couverture , & qu'il eut dit pour lors à ceux qui travailloient à le coudre , *aïez un peu de patience, je ne ſuis pas encore bien mort* : ces paroles ſurprirent d'autant plus tous les aſſiſtans, que depuis midi ce Matelot n'avoit plus donné aucun ſigne de vie : je fis part de cette avanture durant le ſouper à nos Officiers ; ils en rirent de tout leur cœur ; ils auroient bien ſouhaité que tous ceux que l'on jettoit à la mer , euſſent parlé auſſi à propos.

PREMIER *Juin.*

Ce jour-là venant de viſiter les malades , je reſſentis un petit friſſon , avant-coureur ordinaire de la maladie de Siam : j'avois appris par experience, quels en étoient les ſimptomes : je crus donc en être veritablement attaqué : toute ma confiance étoit en Mr. de Beaujeu, je lui declarai le mal que je reſſentois, il me remit d'abord ſa chambre, je me repoſai ſur ſon lit, & m'y endormis : ſur les trois heures du ſoir , on vint m'avertir qu'on avoit monté ſur le pont un cadavre, qu'il falloit aller jetter à la mer, j'allai pour le recevoir ; mais je ne fus pas au milieu du chemin , que ne pouvant me ſoutenir ſur mes jambes, je tombai au milieu du Pont, M. de Beaujeu qui ne me quittoit pas, me releva à l'inſtant , & me reporta ſur ſon lit : dans ce triſte état, plein de confiance au Seigneur , je lui demandai avec larmes , qu'il lui plût me donner des forces pour ſoulager nos malades ; je prévoiois qu'ils mourroient ſans Sacremens ; un quart d'heure après ,

je sentis mes forces revenir insensiblement ; je me levai &
j'allai avec mon petit Mousse faire les prieres & jetter le cadavre dans la mer. Je passai la nuit suivante fort tranquillement, & le lendemain je me sentis fort délivré de toutes les
douleurs, qui me menaçoient d'une maladie si dangereuse.

IX. *Juin.*

Le matin nous découvrimes deux Vaisseaux, nos avant-
gardes leur donnerent chasse, elles n'en pûrent joindre qu'un,
qui avoit arboré Pavillon blanc, d'abord qu'il s'apperçut
qu'on lui donnoit chasse. Lorsqu'un des Vaisseaux de notre
avant-garde fut à portée, il lui tira deux coups de canon (à
la mer on se défie de tout Pavillon) ce Vaisseau amena d'a-
bord, il mit son Canot à la mer, & le Capitaine y étant
descendu, vint à l'obéissance : on l'interrogea sur ce qui nous
interessoit le plus ; nous apprehendions, à l'approche des Côtes de France, de rencontrer quelque Escadre de Vaisseaux
de guerre ennemis, & qu'ils ne nous enlevassent le butin
qu'on avoit remporté à l'expedition de l'Isle Niéves : ce Capitaine nous dit que depuis son départ de la Rochelle d'où
il étoit sorti depuis trente jours, il n'avoit vû aucun navire
que sa Conserve, qu'il faisoit route pour Kebec, où il esperoit arriver dans peu de jours.

X. *Juin.*

Nous commençâmes à sentir le froid ; les habits d'Eté ne
furent plus de saison : depuis quelques jours nos malades se
trouvoient beaucoup soulagés ; ils reprirent leurs premieres
forces, à quoi ne contribua peu, le froid que nous ressentions.
Notre Escadre se divisa, chaque Vaisseau fit route vers sa
destinée ; les uns firent voile vers Bordeaux, les autres vers
la Rochelle, & il n'y eut que le seul Andromede, qui fut
destiné pour Brest.

XVIII. *Juin.*

On s'apperçût de quelque changement aux eaux : on ré-
solut sur les trois heures du soir, de sonder ; on mit côté en
travers, on jetta la sonde & on trouva fonds à 80. brasses: l'An-

dromede qui avoit demeuré de l'arriere, trouva même fonds,
nos deux Vaisseaux mirent Pavillon blanc; le reste de nos malades qui étoit alors en très-petit nombre, reprit ses forces,
esperant dans peu de jours de sortir de leurs miseres, & de
trouver chez eux & plus de secours & plus de tranquilité.

XIX. *Juin.*

A huit heures du matin nous découvrîmes un grand Vaisseau, nous le crûmes d'abord Vaisseau de guerre Anglois,
qui croisoit dans ce parage, dans l'intention d'y faire quelque prise; dès qu'il nous découvrit, il mit le cap sur nous;
notre Capitaine assembla son Conseil pour déliberer sur ce
qu'on avoit à faire dans cette rencontre; on conclut de continuer à petites voiles, la même route qu'on tenoit, & de
laisser aprocher le Navire jusques sous notre canon; on executa cette resolution; en attendant, on disposa tout ce qui
étoit necessaire pour le combat; on ouvrit les sabors de la
baterie d'en-bas, on sortit les canons, qui étoient tous de
fonte; lorsque tout fut en état, & qu'on fut à la portée du
canon, on revira sur le Corsaire; cette disposition le surprit,
la peur le saisit, il revira de bord; comme il étoit meilleur
volier que nous, on jugea qu'il seroit inutile de le chasser,
& qu'il valoit beaucoup mieux suivre notre route.

XX. *Juin.*

Le matin nous découvrîmes la terre: à cinq heures du soir,
nous en étions environ à quatre lieuës: deux gros Vaisseaux
qui croisoient vers l'entrée de la rade de Brest, nous empêcherent de donner dedans; après nous être bien assurés de
de cette entrée à l'aproche de la nuit, nous revirâmes au
large; mais nous fismes si petites voiles qu'à une heure du
matin du lendemain, nous n'avions pas avancé trois lieuës.

XXI. *Juin.*

A deux heures du matin nous revirâmes à terre, au jour
naissant il se leva une brume si épaisse, qu'on ne se voïoit
pas de la poupe à la proüe, ce qui nous faisoit craindre
d'échoüer sur la côte; au Soleil levant le vent de terre avoit

pouſſé la brume du côté de la mer , & avoit laiſſé la côte
fort à découvert, ce qui nous fut d'un grand ſecours ; car
nous n'étions alors qu'environ à demie lieuë de l'entrée de
la rade : la brume ſe diſſipoit ſenſiblement, & nous laiſſa
voir ſur notre arriere dix-huit grands Vaiſſeaux de guerre au
milieu deſquels nous avions paſſé ſans les voir, & des mains
deſquels nous n'aurions pû échaper ſi la brume ne nous eût
caché à leurs yeux. Nous moüillâmes dans la rade , ſur les dix
heures du matin , nous ne deſcendimes à terre qu'après diner ;
Mr. de Beaucoup ne voulut pas que je logeaſſe autre part que
chez lui ; j'y demeurai huit jours , attendant de trouver une
place dans le caroſſe de Paris ; car elles étoient toutes rete-
nuës juſqu'alors.

F I N.

TABLE

Des Matieres contenuës dans ce Volume.

DESCRIPTION *d'un Herisson* ou *Echinus scutiformis & perforatus,* page 6

D'un autre Herisson ou *Echinus nigerrimus, aculeis longissimis,* 7

D'une Ecrevisse ou *Cancer Testudinis in arenâ delitescens,* 8

D'un Goiland ou *Larus clamide leucophæa, alis brevioribus,* 12

D'un autre Goiland ou *Larus torquatus, clamide nigrâ & pedibus cinereis,* 14

D'un Corbeau ou *Corvus torquatus, rostro arcuato, pedibus cinereis,* ibid.

D'un petit Caméléon ou *Lacertus Cameleontides,* 16

D'un Perroquet ou *Psittacus flammeus, viridis & cinereus rostro serrato,* 20

Des Llamas ou *Carneros de la tierra, & leur culte superstitieux,* 21 & suiv.

REMARQUES *Sur la composition des Organes destinez à la digestion dans les Huaxacos,* 26

DESCRIPTION *des Viscachos,* 32

D'une Hirondelle ou *Hirundo minima Peruviana, caudâ bicorni,* 33

D'une autre Hirondelle ou *Hirundo maxima Peruviana, avis prædatoris calcaribus instructa,* ibid.

Du Mays, 40

D'un petit Lézard ou *Lacertus minimus variegatus,* 41

REMARQUES *sur l'équilibre des eaux d'une source,* ibid.

OBSERVATION *sur l'équilibre des eaux de la mer,* 46

DESCRIPTION *d'un Poisson appellé Cephalus fluviatilis aureus,* 56

D'un Heron ou *Ardea varia major Chiliensis,* 57

D'un Hibou ou *Bubo ocro-cinereus, pectore maculoso,* 59

OBSERVATION *de l'Etoile au bras oriental du Cruzero,* 63

DESCRIPTION *d'un Lumace* ou *Coclea turbinata terrestris,* 64

D'un Fol ou *Fiber marinus rostro acutissimo adunco serrato,* 98

D'une Fregatte ou *Vultur marinus leucocephalos,* 107

TABLE DES MATIERS

Remarques *sur l'origine du suc visqueux dont la peau d. Requiem est enduite,* 10

Description *d'un Paille-en-cul ou Larus leucomelanos, caud. longissimâ bipenni,* 11

Memoires *sur la Vipere de la Martinique,* 12

Description *d'un Merle ou Cornicula Americana nigra au fusca,* 12

Du cœur de la Tortuë de mer, 127

Remarques *sur quelques parties internes de la même Tortuë,* 128

Sur quelques particularités de l'œil de la même Tortuë, 131

Description *d'un Lézard ou Lacertus cristatus, caudâ longissimâ,* 134

OBSERVATIONS faites aux Isles Antilles & sur les Côtes de l. nouvelle Espagne, depuis 1703. jusqu'en 1706. 162

Pour la hauteur du Pole de Cartagene, 168

Description *de l'Anneau Astronomique,* 181

Observations *faites à la Martinique,* 187

De l'Eclipse de Lune arrivée le vingt-huitiéme Juin 1703. 194

Du premier Satellite de Jupiter, 200

Autre du premier Satellite de Jupiter, 20

Description *du Manicou,* 200

D'une espece de Sole ou Passer oculatus, 210

Observation *du second Satellite de Jupiter,* 211

Du premier Satellite de Jupiter, 217

Du second Satellite de Jupiter, 218

Sur les Refractions, 119

Des Hauteurs solstitiales faites à la Martinique, 224

REFLEXIONS *sur les Observations que firent à la Martinique Mrs Varrin, des Hayes & du Glos,* 227

Observation *de l'Eclipse de Lune arrivée le matin du vingt-troisiéme Decembre 1703,* 231

Du premier Satellite de Jupiter, 234

Autre du premier Satellite de Jupiter, 236

Description *d'un Crabe ou Cancer terrestris sanguineus,* 237

De l'Oiseau appellé le Musicien ou Erithacus è cineveo niger, 240

Observation *du premier Satellite de Jupiter,* 244

Sur la variation de l'aiguille aimantée, 247

Description *d'un petit Epervier ou Accipiter minor, Pulli-vorax,* 248

Observation *du second Satellite de Jupiter,* 249

Autr

TABLE DES MATIERES.

Autre de la variation de l'aiguille aimantée, 250
Reflexions sur la matiere dont on doit se servir pour la composi-
  tion des Boussoles, 251
Observation du premier Satellite de Jupiter, 254
Autre du premier Satellite de Jupiter, 255
Description d'un Onocrotalus pedibus cæruleis & brevioribus,
  rostro cochleato, 257
Observation du premier Satellite de Jupiter, 261
Description d'un Poisson appellé Turdus niger, maculis cæru-
  leis oculatus, 264
Experience sur la variation de l'Aiman, 266
Description d'une Hirondelle ou Hirundo cantu Alaudam refe-
  rens, 267
D'un Goiland ou Larus albo-niger Hirundinis caudâ, 268
D'un Heron ou Ardea varia, ibid.
D'une Plante nommée Draconticus triphyllus, laciniatus & per-
  foratus, caule serpentem referente, 269
Observations faites aux Côtes de la nouvelle Espagne, 274
Pour la Hauteur du Pole de Golfo-Triste, 283
Description d'une Poule sauvage ou Gallinula silvestris caudâ
  longiori, vulgò Katrakas-Katrakas, 285
D'un Heron ou Calidris leucophæa, 287
D'une Poule ou Gallinula palustris, 288
D'un Oiseau appellé, Hæmantopus marinus, 289
De l'Arbre appellé Tamarin, 303
Observations faites à Porto-Bello, 311
Du premier Satellite de Jupiter, 313
Autre du premier Satellite de Jupiter, 324
De la longueur des Pendules, 326
De la variation de l'aiguille aimantée, 327
Observations faites à Cartagene, 340
De l'Eclipse de Lune faite à Cartagene le 11e Decembre 1704, 341
Comparaison de cette observation de l'Eclipse de Lune, avec
  celle qu'on fit à l'Observatoire Roïal de Paris, 343
Observations faites dans le Fort de Boca-Chica, 345
Description d'un Lepas Americana, 350
Observation de la variation de l'aiguille aimantée, 351
Du premier Satellite de Jupiter, 352
Autre du premier Satellite de Jupiter, 354
Resultat des Observations faites à Cartagene, 355
Observation faite à la Caie S. Louis au Sud de l'Ile S. Domingue 365

TABLE DES MATIERES

Memoires *pour servir à l'Histoire du Crocodile,* 37[...]

Remarques *sur les offemens du Crocodile,* 375

Description *d'un Serpent* ou *Serpens squammis splendentibus &* *nigerrimis,* 38[...]

D'une *espece de Moineau* ou *Passer maculosus,* 38[...]

D'un *Champignon* ou *Boletus cancellatus, totus purpureus,* 387

Observation *faite à S. Thomas, Isle aux Danois,* 38[...]

Description *d'une espece de Plongeon* ou *Mergus major leuce-* *phæus,* 39[...]

D'une *espece de Poule d'eau,* ou *Fulica varia calyptrata,* 39[...]

D'un *Canard* ou *Anas varia cristata,* 39[...]

D'une *Poule d'eau* ou *Fulica Chloropos,* ibi[...]

Observations *faites à la Martinique,* 39[...]

D'une *Eclipse du Soleil,* ibi[...]

Des *hauteurs du bord superieur apparent du Soleil,* 39[...]

Table *du demi-diametre du Soleil,* 39[...]

Hauteurs *Meridiennes apparentes du bord superieur du Soleil,* 40[...]

Observations *de l'occultation de l'Etoile suivante du bras du Sa-* *gittaire de la cinquiéme grandeur, par la Lune, que Bayer mar-* *que X.* 4[...]

Des *Satellites de Jupiter,* ibi[...]

De *l'Eclipse du Soleil faite à la Martinique le 16 Nov. 1705* 40[...]

De *l'Eclipse de Lune du 27 Avril 1706.* 40[...]

Comparaison *de cette Observation avec la même faite à l'Obser-* *vatoire Roïal de Paris,* 40[...]

Observation *de la longueur des Pendules,* ibi[...]

De la *variation de l'Aiman,* 40[...]

Description *d'une Perdrix de la Martinique, ou Turtur ruber* *cruribus & oculis corallinis,* ibi[...]

D'une *Pie* ou *Pica Antillana,* 40[...]

D'un *Pluvier* ou *Pluvialis miniatis cruribus,* 4[...]

D'un *Goilan* ou *Larus minor Melanocephalos,* ibi[...]

D'un *Heron* ou *Ardea cinerea rostro crassiori,* 4[...]

D'un *Chou Caraïbe* ou *Arum esculentum majus,* ibi[...]

D'un *Oiseau appellé Eritachus, sive Chloris Eritachoïdes,* 4[...]

D'une *Carangue grasse* ou *Trachurus maximus, squammis mi-* *nutissimis,* ibi[...]

D'un *Palmier* ou *Palma altissima nucifera, siliquis ventricosis,* 4[...]

D'une *espece de Coucou* ou *Cuculus cinereus rostro longiori,* 4[...]

Fin de la Table des Matieres.

HISTOIRE
DES PLANTES
MEDECINALES

Qui font le plus en ufage aux Royaumes du Perou &
du Chily dans l'Amerique Meridionale.

*Compofée fur les lieux par ordre du Roy, dans les années
1709. 1710. & 1711.*

HISTOIRE
DES
PLANTES MEDECINALES.

PREFACE.

LA nature toûjours occupée à la conservation des semences, qui nous donnent dans leurs arrangémens
des composés si admirables, n'est pas moins féconde dans
le nouveau monde, qu'elle l'est dans celui que nous habi-
tons : ses principes dans la generation des êtres, y suivent
les mêmes loix qu'elle leur a prescrites, & on voit dans le
retour des saisons des merveilles, qui font l'admiration de
tous ceux que la curiosité transporte dans ces vastes regions.

Les dissolutions qui arrivent aux composez ne les anéan-
tissent pas; leurs principes sont inalterables, la providence
d'un Dieu sage & puissant, a pourvû à leur conservation;
aussi les voyons-nous renaître dans leurs saisons, après avoir
été les témoins de leur perte. C'est de ces admirables composés dont je vais décrire l'histoire; je suivrai dans ce volume les mêmes routes que j'ai suivi dans les precedens. On
y verra l'histoire de chaque plante en particulier, & l'usage que les Indiens en font dans leurs maladies.

Algue-Laguen Sideritidis folio magno, flore subcæruleo.
Planche 1.

LE mot *Algue* dans la langue Indienne, signifie le Diable; mais je n'ai pu découvrir, quoique je m'en sois exactement informé, pourquoi toutes ces nations ont donné ce nom à cette plante : comme le goût en est extremement piquant, j'infererois de-là qu'on lui auroit imposé ce nom par raport à cette qualité.

Cet arbrisseau s'eleve à la hauteur d'environ cinq pieds. Ses racines sont assez longues, un peu obliques, tortuës & branchuës, chargées de quelques menuës fibres, brunes par le dehors & blanches au-dedans. Sa tige est droite, ligneuse, épaisse de demi pouce à sa naissance, & couverte d'une écorce gris de fer; elle se divise en plusieurs branches opposées deux à deux, de même que leurs rameaux, qui naissont ordinairement des aisselles des feüilles. Les feüilles sont encore opposées deux à deux, & une paire n'est éloignée d'une autre paire, qu'environ de demi pouce, les plus grandes feüilles ont quinze lignes de longueur sur trois de largeur; elles sont sans pedicules, leur contour est dentelé, pointuës par les deux bouts, un peu rudes au toucher, & assez semblables à celles de *Sideritis hirsuta procumbens. C. B. pin.* De l'aisselle de chaque feüille, & singulierement de celles du haut, sort une fleur d'une seule piece, irreguliere, taillée à peu près en fleur de *Digitalis*, d'un bleu fort clair, longue environ de sept lignes sur trois lignes & demi de diamêtre; le devant est découpé en deux principales parties, qui forment comme deux levres : la superieure, qui est la plus courte, est échancrée, & l'inferieure arrondie : des angles de l'ouverture de cette fleur, partent deux autres découpures en forme de barbillons, une de chaque côté. Le calice d'où sort cette fleur a huit lignes de longueur & quatre de largeur; il est verd obscur, & est découpé jusques vers la moitié en cinq parties fort aiguës : son pedicule n'a gueres qu'une ligne de longueur, le pistile qui s'emboëte dans la fleur est composé de quatre semences A, qui dans leur maturité sont longues d'une ligne & demie sur trois

Alk. Rong Vicininarum frutu latis,
vidui Capai pag.
que Laquen, adoratidis folio magno flore subcaruleo pag. 4

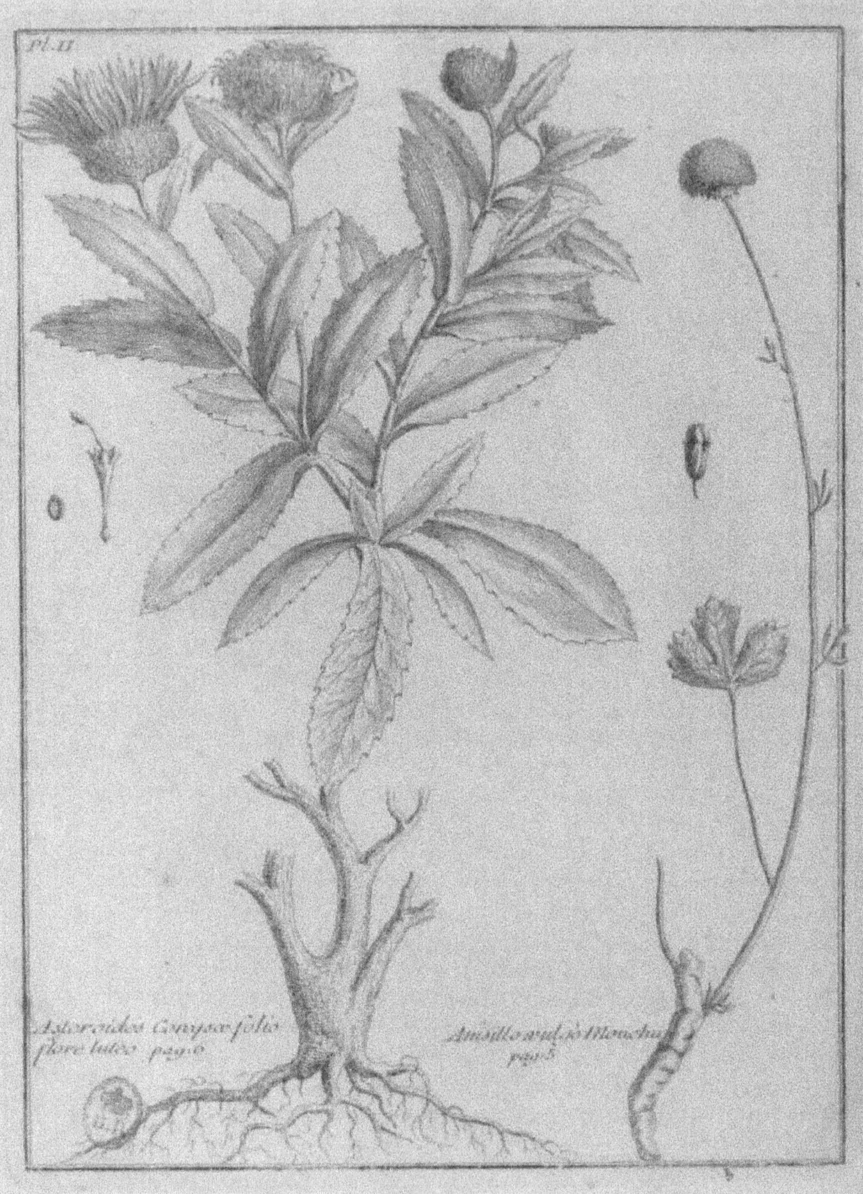

Pl. II
Asteroides Conyzæ folio
flore luteo. pag. 6
Anisillo arul. ò Moschu.
pag. 5

quarts de ligne d'épaisseur, leur couleur est noire.

Ces arbrisseaux naissent ordinairement le long des ruisseaux : je trouvai celui-cy dans les campagnes du Royaume de Chily, à 37. degrez de hauteur du Pole Austral.

Alkekengi Virginianum , fructu luteo , vulgò *Capuli.*
Planche I.

CEtte plante qu'on cultive, même avec soin, dans le Perou, où je la trouvai, est entierement semblable à l'*Alkekengi Virginianum , fructu luteo Inst. R. Herb.* ce qui me dispense d'en donner icy la description. Du fruit de l'*Alkekengi* , on fait une conserve, qui a un goût aigre & rafraîchissant, qu'on donne aux malades pour les ragouter.

Anissilla , vulgò *Monchu.*   Planche II.

LA racine de cette plante est tortuë, longue de sept à huit pouces, sur trois à quatre lignes d'épaisseur ; elle est d'un beau blanc au-dedans, & brune par le dehors : elle pousse plusieurs tiges longues de deux pieds, sur un peu plus d'une ligne d'épaisseur, rondes, vertes, & chargées seulement de trois à quatre feüilles disposées alternativement : la plus grande de ces feüilles est taillée en trefle ; chaque lobe lateral est découpé en maniere de crête, par six dents qui occupent le haut du lobe, le moyen n'est découpé qu'en cinq dents : les plus petites feüilles sont pareillement découpées en trois lobes étroits & non dentelés. Chaque tige est terminée par une espece d'umbelle, composée de petites fleurs A , qui, étant vûës avec un microscope, paroissent être cinq petales se recourbans en dedans ; leur couleur est jaune, le microscope les represente avoir assez de consistance : elles portent sur un calice de deux lignes de longueur, sur une ligne un quart d'épaisseur, ce calice est quarré & a quatre angles saillans fort aigus & quatre rentrants disposés alternativement ; il est soutenu par un pedicule long de deux lignes. La base de l'umbelle est environnée de six petites feüilles dentelées à leurs sommets, qui pendent en bas , &

repréſentent aſſez bien la gonille d'un Eſpagnol.

Cette plante étant mâchée, chaſſe les ventoſités & eſt d'un grand ſecours parmi les Indiens : je la trouvai dans le Royaume de Chily, à 36. deg. de hauteur du Pole Auſtral.

Argemone Mexicana, magno flore luteo. Inſt. R. Herb.

JE trouvai cette plante dans la valée de *Pachacama* ; les Indiens lui attribuent les mêmes qualitez que nous attribuons au *Chardon benit.*

Aſter Americanus Primulæ - veris folio, flore luteo amplo, calice craſſo.

JE trouvai cette plante ſur les bords de la riviere de la *Plata* dans le *Tocumam. Plumerii. Inſt. R. Herl.*

Aſteroides Conyſæ folio, flore luteo.　　　Planche II.

LA racine de cette plante ſe diviſe d'abord en cinq ou ſix bras, qui ſe ſubdiviſent en pluſieurs autres plus petits : ſon écorce eſt brune & renferme un corps ligneux blanc ſale tirant un peu ſur le jaune. La tige s'éleve juſques à trois pieds, & commence à ſe diviſer en branches un peu au-deſſus de la racine ; chaque branche ſe ſubdiviſe en pluſieurs autres, qui naiſſent toutes aux aiſſelles des feüilles. Les feüilles ſont alternativement rangées, elle ſont ſans pedicule & embraſſent par leur baſe la moitié du contour de la tige. La diſtance d'une feüille à l'autre eſt environ de quatre lignes, leur longueur n'eſt que de deux pouces ou deux pouces & demi, ſur un pouce environ de largeur ; elles ſont dentelées dans leur contour, & terminées en arcade Gotique ; leur ſuperficie eſt toute pointillée, elles ſont d'un aſſez beau verd de part & d'autre, & un peu rudes au toucher. Les branches & les tiges ſont terminées chacune par une fleur radiée, jaune, dont le diametre du diſque eſt environ de neuf lignes : ce diſque eſt compoſé de pluſieurs

Bermudiana bulbosa, flore reflexo
cæruleo, vulgo Illum. pag. 8.

Barba Jovis triphilla, flore ex albo
et cæruleo vario, vulgò Culen. pag. 7.

fleurons B. & environé d'une couronne de demi fleurons, qui furpaffent quelques fois le nombre de quarante : toutes ces pieces portent chacune fur des embrions de graine, qui deviennent une femence C. fans aigrette.

Cette plante eft un des remedes generaux des Indiens, elle eft maturative, émolliente & refolutive, dans l'ufage ils la pilent, & l'appliquent en maniere de cataplafme.

Je la trouvai dans la vallée d'*Ylo*, fur les côtes de la mer du Perou.

Barba-Jovis triphilla, flore ex albo & cæruleo vario, vulgò *Calen*. Planche III.

CEt arbriffeau s'éleve ordinairement à la hauteur d'une toife. Sa tige prés du colet, a environ deux pouces d'épaiffeur, elle fe divife dès le bas en plufieurs branches fubdivifées en plufieurs rameaux, le long defquels naiffent plufieurs côtes & feüilles alternes : ces côtes ont environ deux pouces de longueur, fur demi ligne d'épaiffeur, elles font chargées à leur extremité de trois feüilles, dont la plus longue eft celle du milieu, celle-cy a deux pouces deux tiers de longueur, fur trois quarts de pouce de largeur, elle eft traverfée d'un bout à l'autre d'une côte arrondie au-deffous, & fillonée au-deffus : cette côte diftribue des ner-vures de chaque côté, qui vont fe terminer fur fon con-tour : tout fon plan eft piqué de petits points, elle eft d'un beau verd & terminée en pointe fort aiguë. Les deux feüil-les laterales font compofées de la même maniere, & ne dif-ferent de la premiere, qu'en ce qu'elles ont moins de lon-gueur & moins de largeur, puifque les deux laterales que je viens de décrire, n'ont que deux pouces de longueur fur fept à huit lignes de largeur. Il naît très-fouvent aux aiffelles des côtes, d'autres moindres côtes terminées auffi par trois feüilles beaucoup plus petites ; mais de la même figure & compofition que les grandes. Les fleurs font en petits bouquets & terminent toûjours chaque rameau, elles fortent d'un calice, prefque fans pedicule, découpé en cinq parties ; elles font compofées de cinq petales inégales, la plus grande n'a que deux lignes de longueur fur une ligne un quart de largeur, elle est d'un beau bleu dans son milieu, & tout le reste est blanc. Lorsque la fleur est tombée, le calice pousse un pistile qui devient une gousse fort courte & presque ovale, dans laquelle on trouve une seule semence, ovale dans son contour, un peu applatie & gonflée vers son milieu.

Cet arbrisseau est vulneraire & purgatif: les naturels du pays pilent les feüilles & les appliquent en maniere de cataplasme sur leurs blessures: leur décoction arrête le flux de sang, & l'infusion des racines excite au vomissement: plusieurs se servent encore de l'infusion de ses cendres pour se purger.

Je trouvai cet arbrisseau dans un valon du royaume de Chily, à 53. degrez de hauteur du Pole Austral.

Bermudiana bulbosa, flore reflexo cæruleo, vulgò *Illmu*.
Planche III.

LA racine de cette plante est un tubercule épais environ de demi pouce, garni dans sa partie inferieure de quelques fibres, couvert d'une ecorce gris noir, qui renferme une substance blanchâtre. Sa tige s'éleve d'un pied & demi, n'a que deux lignes d'épaisseur, donne des branches distantes les unes des autres environ de deux pouces, & sa couleur est d'un verd guai. Les feüilles qui accompagnent cette tige, sont fort clair semées; les plus longues ont jusques à dix pouces sur deux lignes de large, pointuës, pliées en goutiere, d'un beau verd, & dont la base embrasse toute la tige, qui se divise vers son extremité en plusieurs petits rameaux, chargés les uns de deux fleurs & les autres d'une seule. Les fleurs sont violettes, découpées en six lanieres renversées sur le pedicule, elles ont huit lignes de long sur une ligne trois quarts de largeur, & sont terminées en pointes aiguës. L'embrion sur lequel portent les fleurs, est un petit bouton triangulaire à angles arrondis, surmonté d'un stile pointu entouré d'étamines jaunes.

Les naturels du pays mangent la racine ou tubercule de cette plante dans leurs soupes: son goût est agréable, ce que j'ai appris par l'experience que j'en ay fait,

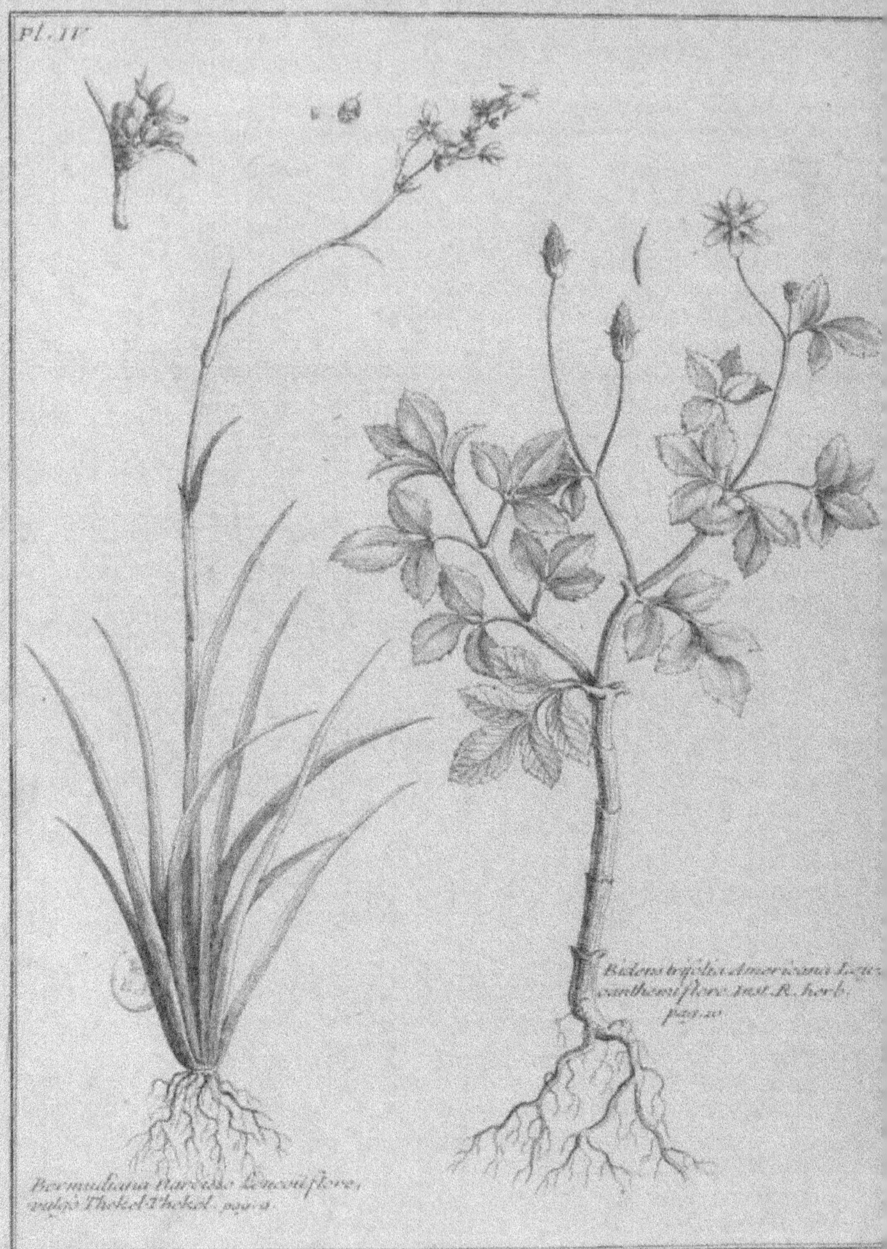
Bermudiana Narcisso Leucoiflore,
vulgo Thokel-Thokel. pag. 11.
Bidens trifolii, Americanus Leucanthemi flore. Inst. R. herb.
pag. 20.

Je trouvai cette plante dans le royaume de Chily, à cinq
lieuës au nord de la ville de la Conception, sur le penchant d'une montagne.

Bermudiana, Narcisso-Leucoïj flore, vulgò *Thekel-Thekel*.
Planche IV.

LA racine de cette espece est une touse de fibres chargées de chevelu, longues de demi pied, blanc sale, qui
ont environ une ligne & demi d'épaisseur à leur collet, elles poussent plusieurs feüilles qui ont jusques à deux pieds
de longueur, sur quatre à cinq lignes de largeur, lisses &
d'un beau verd. La tige qui sort de ces feüilles est longue
de quatre à cinq pieds, droite & qui ne se courbe que par
le poids des fleurs & des fruits qu'elle soûtient : elle est un
peu applatie vers sa naissance, & ronde dans tout le reste
de sa longueur, d'un beau verd, lisse & aqueuse : les feüilles qui l'accompagnent, l'embrassent en maniere de guaine,
leur nombre n'est ordinairement que de trois ou de quatre,
disposées alternativement. Les fleurs sont rangées en bouquet vers son extremité, elles sont portées chacune sur un
embrion de graine soutenu d'un pedicule : elles sont blanches, à trois grandes petales disposées en triangle, arrondies,
& entremêlées parmi trois autres petales infiniment plus petites, rouges vers leurs pointes, lesquelles n'ont que deux
lignes & demi de longueur sur trois quarts de ligne de
largeur, au-lieu que les petales blanches sont longues de six
lignes & larges de quatre, celles-cy sont comme creusées
en cüilleron. L'embrion devient un fruit A triangulaire à
angles émoussés, long de cinq lignes sur trois & demi d'é-
paisseur, divisé en trois loges remplies de semence B.

Cette plante est purgative, diuretique & aperitive. Les
Indiens la mettent en infusion avec de l'eau commune, durant une nuit, & la boivent ensuite sans autre preparatif.

Je la trouvai dans la vallée de *Pinco*, au royaume de
Chily.

Bidens trifolia Americana Leucanthemi flore. Inst. R. Herb. Planche IV.

JE trouvai cette plante dans le Royaume de Chily, à 37. degrez de hauteur Sud: elle transpire une huile gommeuse.

Blitum spicâ rubrâ, vulgò *Taïos.*   Planche V.

CEtte plante s'éleve à la hauteur de deux pieds & demi, son port & ses feüilles ressemblent assez au port & aux feüilles de *Amaranthus Indicus maximus,* C. B. La couleur de ses feüilles est d'un beau verd au-dessus, & clair au-dessous; la tige de cette plante est terminée par un gros épy cramoisi, cet epy est composé de plusieurs fleurs noüées, découpées en cinq lobes, garnies de cinq étamines jaunes; ces fleurs servent d'envelope à une graine noire & ronde,

Les naturels du pays se servent de cette plante dans le même usage que nous nous servons de nos épinards. On la seme ordinairement au commencement de chaque mois de l'année, & on l'arrache à la fin du même mois qu'on l'a semée. C'est un des meilleurs revenus des Jardins du Perou; elle est laxative & rafraîchissante.

Boigue Cinnamomifera, olivâ fructu. Planche VI.

CEt arbre est à plein vent, il s'éleve à la hauteur de six à sept toises; son tronc est droit & de la grosseur d'un homme, ses branches naissent ordinairement sur sa circonférence, comme opposées, quatre à quatre & en croix, elles s'étendent obliquement sur les côtez, & forment une tête arrondie & oblongue fort agreable à la vûë. L'écorce exterieure qui couvre le tronc & les branches, est d'un verd brun, la seconde écorce est d'un blanc sale, qui change étant séparée, en couleur de canelle, elle en a le veritable goût, quoiqu'un peu plus fort, ce qui lui a fait don-

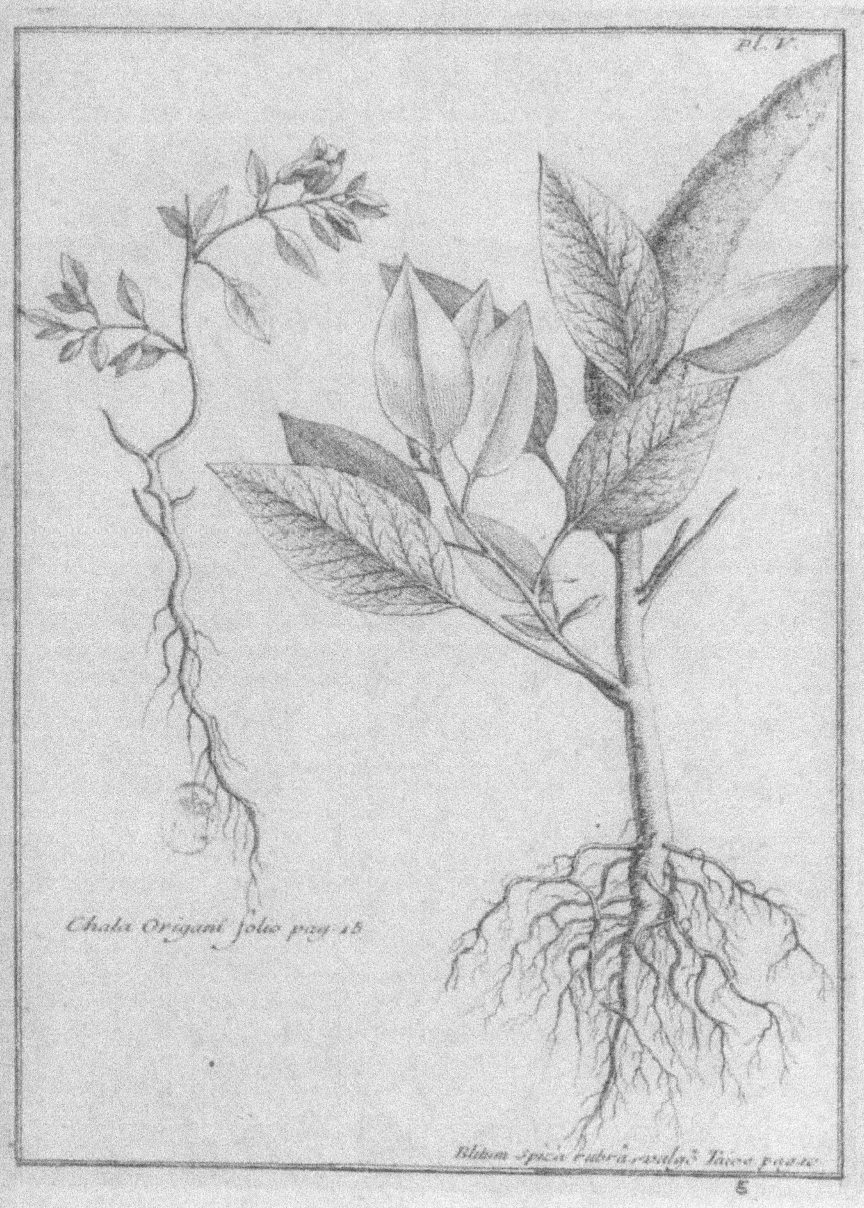

Pl. V.
Chala Origani folio pag. 15
Blitum spica rubra vulgo Taco paate
5

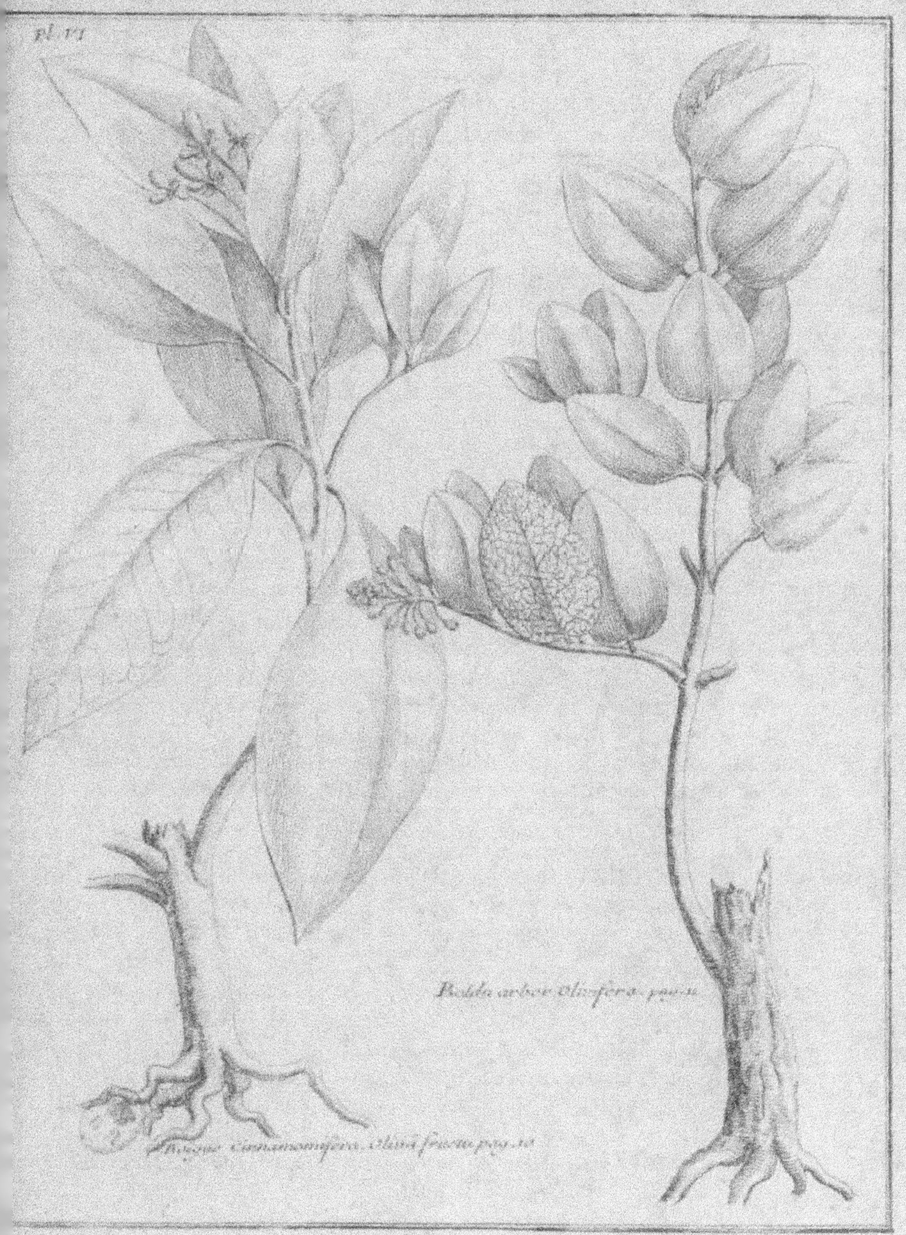

Bodda arbor Olivifera pag.
...que Cinnamomifera Oliva fructu pag.

& quatre toiſes de hauteur; ſon tronc eſt de la groſſeur
d'un homme, mais on en trouve encore de beaucoup plus
petits : ſes branches pouſſent pluſieurs petits rejetons, qui
naiſſent aux aiſſelles des feüilles oppoſées deux à deux, entierement ſemblables à celles du *Laurier-Tin*; les moïennes ont trois pouces de longueur ſur moitié moins de largeur, elles ſont rudes au toucher, d'un verd luiſant au-deſſus & parſemées des deux côtez d'un petit poil court &
rude : les fleurs naiſſent à l'extremité des branches, en maniere de bouquet, elles ſont blanches, à ſix petales, arrondies par le haut & diſpoſées en roſe, garnies de ſix étamines jaunes, & ſoutenues par un calice découpé en ſix parties arrondies, qui débordent le contour de la fleur : le
fruit eſt ovale, charnu, doux, glaireux, & a cinq lignes
d'épaiſſeur, entierement ſemblable à nos olives : il renferme un petit noyau oſſeux, noir & rond, la couleur du fruit
eſt verd-jaunâtre dans ſa parfaite maturité : les Indiens en
eſtiment tant le goût, qu'ils le mangent par delice.

Calceolaria foliis Scabioſæ vulgaris.   Planche VII.

LA racine de cette plante peut avoir demi pied, ou trois
quarts de pied de longueur : c'eſt une eſpece de pivot
qui ſe courbe & s'étend horiſontalement, elle eſt couverte
d'un bout à l'autre de chevelu. La tige qui a environ trois
lignes d'épaiſſeur, s'éleve à la hauteur de trois pieds, ſa couleur eſt violette, elle eſt entrecoupée de neuds diſtants l'un
de l'autre d'environ trois pouces : de ces neuds ſortent deux
feüilles oppoſées & découpées en cinq lobes, le lobe qui
les termine, eſt le plus grand, & les quatre autres ſont oppoſées par paires, & étendues en aiſles. Les feüilles ont
quelque raport avec celles de la *Scabieuſe* ordinaire, leurs
lobes ſont dentelés dans leur contour, & terminés en pointe, des aiſſelles de ces feüilles partent des branches chargées auſſi à leurs neuds de pareilles feüilles, & d'autres
plus petites branches, & le plus ſouvent de pedicules de
cinq quarts de pouce de longueur, ſur deux tiers de ligne
d'épaiſſeur, ils ſoûtiennent chacun une fleur jaune, taillée
& creuſée en ſabot, ſoutenue par un calice découpé en qua-

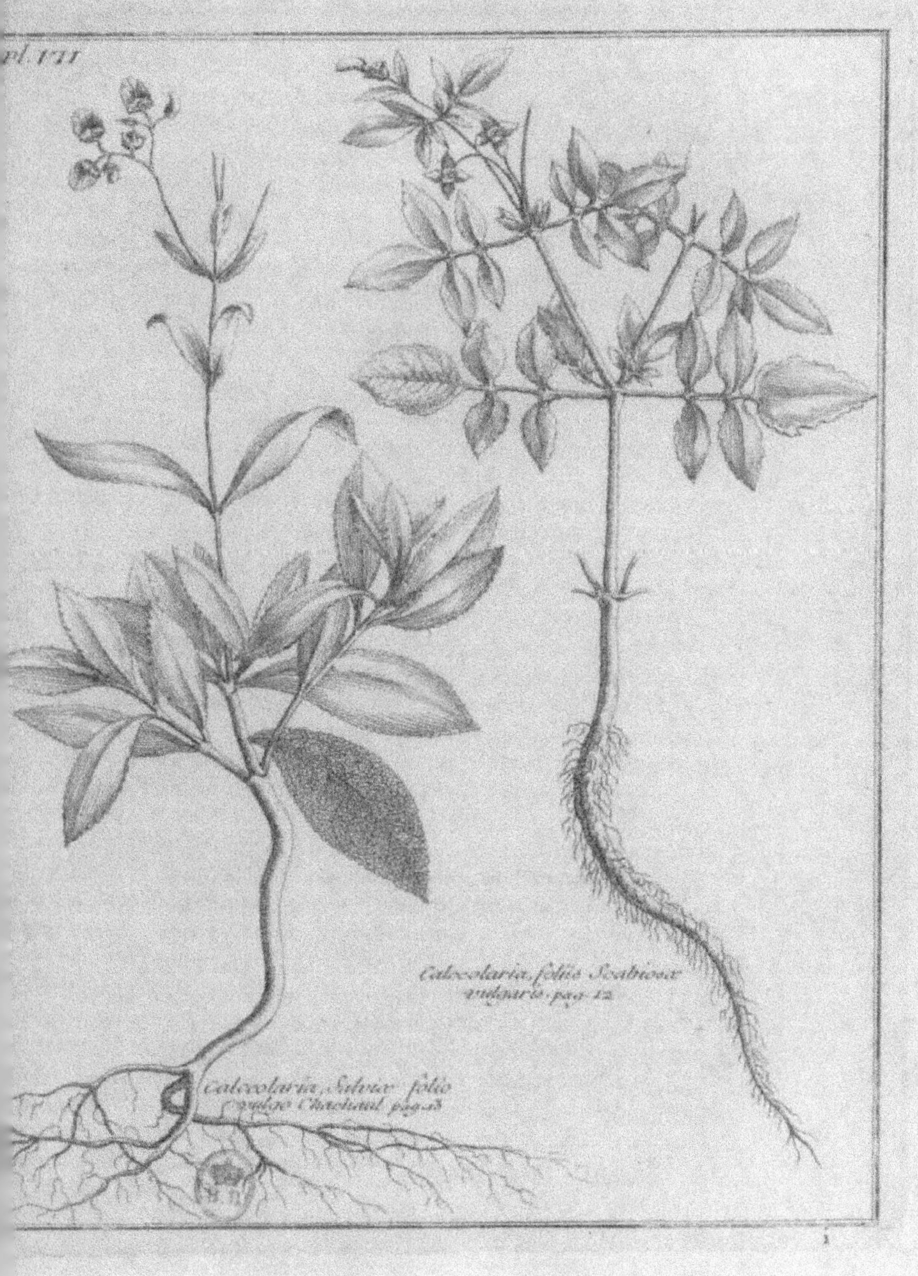

Calceolaria, foliis Scabiosæ
vulgaris. pag. 12
Calceolaria, Salviæ folio
vulgo Chachual pag. 5

tre parties égales, terminées en pointe, & opposées en croix;
leur pistile qui sort du calice est rond, & divisé en deux
parties comme celui de la *Garence* : il est surmonté d'un petit stile courbe, ce pistile devient un fruit, qui conserve la
même figure que celui de la plante dont je viens de parler:
ce fruit a environ trois lignes de diametre & renferme plusieurs menuës semences jaunes.

Cette plante naît ordinairement dans les lieux humides:
je trouvai celle-ci dans la vallée de *Lima*, elle est laxative.
Les naturels du pays la mettent en infusion dans de l'eau
commune durant une nuit, & prennent le matin à jeun cette
infusion, qui les purge fort doucement.

Calceolaria Salviæ folio, vulgò *Chachaul*. Planche vii.

LA racine de cette espece se divise dès son colet,
en plusieurs branches, qui se subdivisent en plusieurs rameaux; elles poussent une tige branchue, haute
de deux ou trois pieds, chargée de feüilles opposées par
paires, dont la base embrasse en partie la tige & les branches, les plus grandes ont deux pouces, ou deux pouces &
demi de longueur, sur près d'un pouce de largeur; elles sont
taillées à peu près comme celle de la *Sange*, & dentelées
dans leur contour, leurs nerveures forment un reseau dont
les mailles sont assez serrées, ce qui rend les feüilles un peu
rudes: elles sont d'un beau verd au-dessus, & d'un verd clair
au-dessous. Des aisselles des feüilles superieures s'élevent de
petites branches dénuées de feüilles, dont chaque rameau
soutient une fleur jaune, taillée en sabot, longue de cinq
lignes & demi; le corps de ce sabot a trois lignes & demi
de longueur sur quatre de largeur, ondé dans son contour,
ce qu'on peut appeller le quartier du sabot, a deux lignes de
hauteur sur presque quatre lignes de largeur, il occupe le
haut, & le corps du sabot occupe le bas: le calice est verd
découpé en quatre quartiers pointus: le pistile devient un
fruit de la grosseur & figure de celuy de la *Scrofulaire*.

Cette plante est vulneraire & détersive: les naturels du
pays dans l'usage qu'ils en font, la séchent au soleil ou au feu,
& la réduisent en poudre, qu'ils appliquent sur leurs blessures, & elles guerissent.

Je trouvai cette plante dans la vallée de *Pinco*, au royaume de Chily.

Cardamindum minus & vulgare. Planche VIII.

CE *Cardamindum* est une espece de *Liane* fort longue, d'un goût fort & piquant. *Inst. R. Herb.*

Je la trouvai dans la vallée de *Lima*, elle naît ordinairement dans les lieux humides.

Cardamindum ampliori folio, & majori flore. Inst. R. herb.
Planche VIII.

CEtte plante qu'on trouve dans le Perou & singulierement dans les lieux aquatiques, est un excellent vulneraire & anti-scorbutique. Les naturels du pays s'en servent ordinairement dans ce genre de maladie.

Cassia fistula Alexandrina. C. B. Pin.

Cassia foliis Pseudo-Acaciæ. Planche IX.

CEt arbrisseau s'eleve à la hauteur environ de vingt pieds, son tronc a jusques à quatre pouces de diametre il se divise dès le collet en plusieurs branches, son cœur est blanc & spongieux, entouré d'un corps ligneux, son écorce est d'un verd grisâtre. Ses feüilles naissent alternes, & sont composées de cinq, six, & sept paires de petites feüilles assez semblables, rangées sur une côte commune : le moindres sont les inferieures, les autres vont en augmentant, de maniere que les dernieres sont toûjours le plus grandes : celles-ci ont deux pouces de longueur, sur huit lignes de largeur, elles sont d'un verd foncé au-dessus, & d'un verd blanchâtre au-dessous. Les fleurs sont d'un jaune roussâtre à cinq petales ; les trois superieures ont neuf lignes de longueur ; mais elles n'ont que six lignes de lar

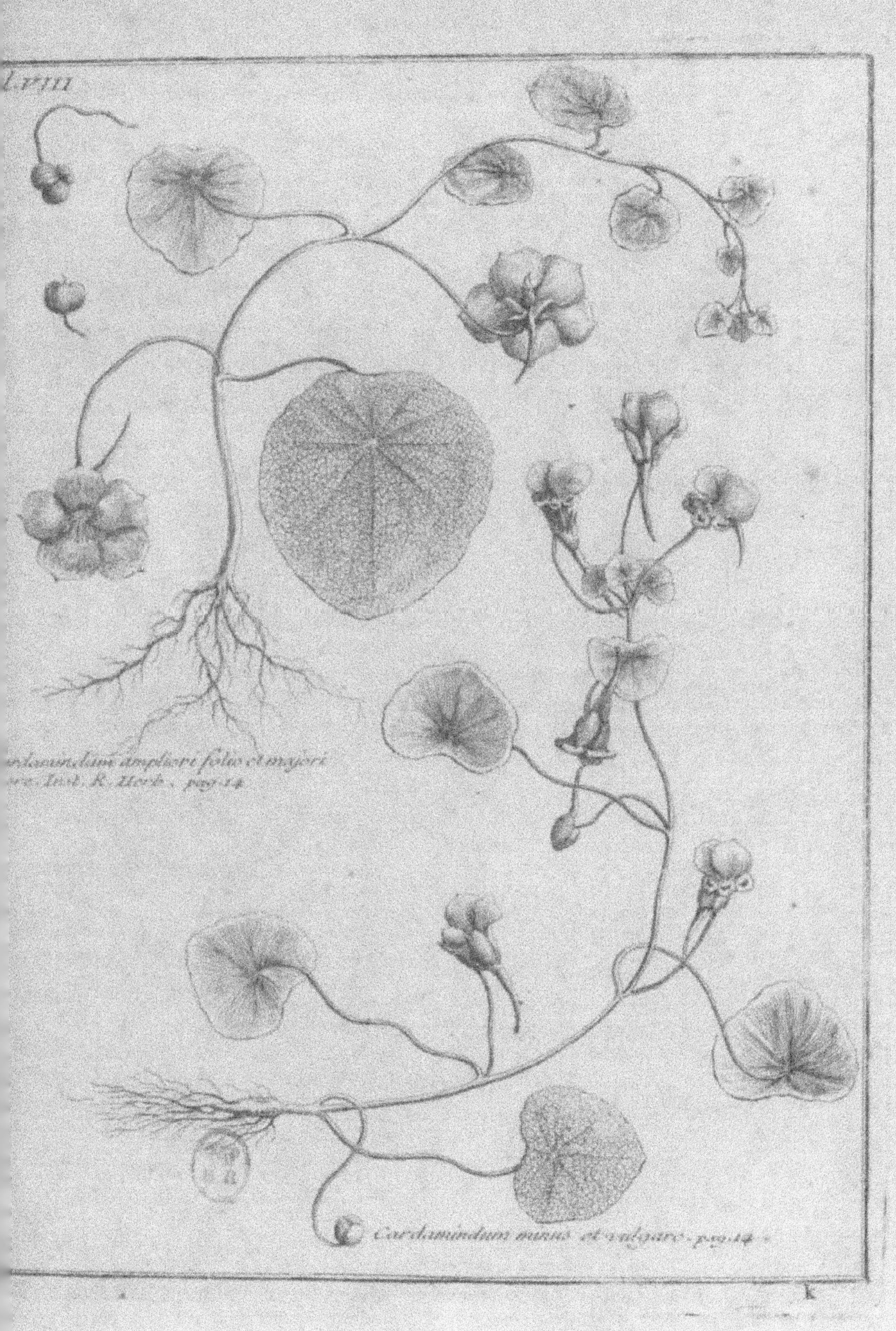

...taundum ampliore folio et majori
...tur. Inst. R. Herb., pag. 14.

Cardamindum minus et vulgare, pag. 14.

Cassia foliis Pseudo-acaciæ. pag. 14

géur ; dix étamines blanches chargées de sommets jaunes entourent le pistile , qui devient une silique longue de quatre à cinq pouces , terminée en pointe fort aiguë , remplie de semences un peu applaties , couleur de casse , pointuës d'un côté , arrondies de l'autre , longues de deux lignes , sur un peu moins de largeur.

Les naturels du Perou , où je trouvai cet arbrisseau , en cüeillent les boutons des fleurs avant qu'elles soient épaticües , ils les confisent au vinaigre , ainsi que nous faisons nos capres en Europe , & s'en servent au même usage.

Cereus fructiferens Peruvianus , flore luteo. Tabern. Icon.

Chala Origani folio.   Planche v.

C'Est une plante dont la racine est blanche , & garnie de chevelu de la même couleur. La tige qui s'éleve environ un pied , & qui n'a que deux lignes d'épaisseur , se divise en plusieurs branches garnies de feüilles , opposées deux à deux , de distance en distance ; ces feüilles sont du volume & de la figure de celle de l'*Origan* , les fleurs sont violettes , taillées en cloche , découpées en cinq parties pointuës , & soutenuës d'un calice long de demi pouce , qui part de l'aisselle des feüilles.

Les naturels du pays employent cette plante dans les cuisantes douleurs de dents , en se lavant la bouche de sa décoction.

Je cüeillis cette plante dans le royaume de Chily , à 36. degrez de hauteur du Pole Austral.

Chenopodium , folio sinuato saturè virente , vulgò Quinoa.
Planche x.

CEtte plante est annuelle , & s'éleve environ à deux pieds : elle a le port & les feüilles du *Chenopodium pes anserinus.* 1. *Taber. Icon.* La fleur est d'une seule piece comme aux autres especes , & sert de premiere envelope à une petite graine blanche , plate , ronde , d'une ligne de diametre; cette graine est excellente dans la soupe: on en fait au Perou & dans toute l'Amerique, le même usage que nous faisons du *Ris* en Europe; leurs qualités sont pourtant bien differentes. Le *Ris* est rafraichissant, & la graine du *Quinoa* fort chaude. Les Insulaires de l'Amerique en donnent à leurs Poules, pour avancer leurs pontes. On en cultive soigneusement la plante dans les jardins.

Congona. Planche x.

ON cultive cette plante dans les jardins, à cause de sa bonne odeur. Sa racine est composée de plusieurs fibres chevelues, elle pousse une tige qui s'éleve jusques à quatre pieds, épaisse à sa naissance, de quatre lignes, ronde, droite, charnuë & d'un verd clair; cette tige est chargée d'espace en espace de quatre à cinq feüilles disposées en rond, lisses, verd guai au-dessus, luisant & beaucoup plus clair au-dessous: elles sont assez épaisses, arrondies par par le haut & sans pedicule: les plus grandes ont presque deux pouces de longueur, sur demi pouce de largeur, & il ne paroît sur leur plan aucune autre nerveure, que celle qui les traverse par le milieu selon leur longueur: le sommet de la tige se termine par un épi chargé en tous sens, de fleurs blanches, presqu'imperceptibles, qui laissent chacune aprés elles, une semence fort menue, couverte d'une petite peau.

Je trouvai cette plante dans les royaumes du Perou & du Chily.

Convolvulus Indicus, vulgò *Patates* dictus *Raij. Hist.* 728. Planche xi.

LEs *Patates* sont des racines assez connues en Europe. On sçait que leur goût ne differe gueres de celui de nos Chataignes, & qu'elles sont assez communes & en usage dans toute l'Amerique.

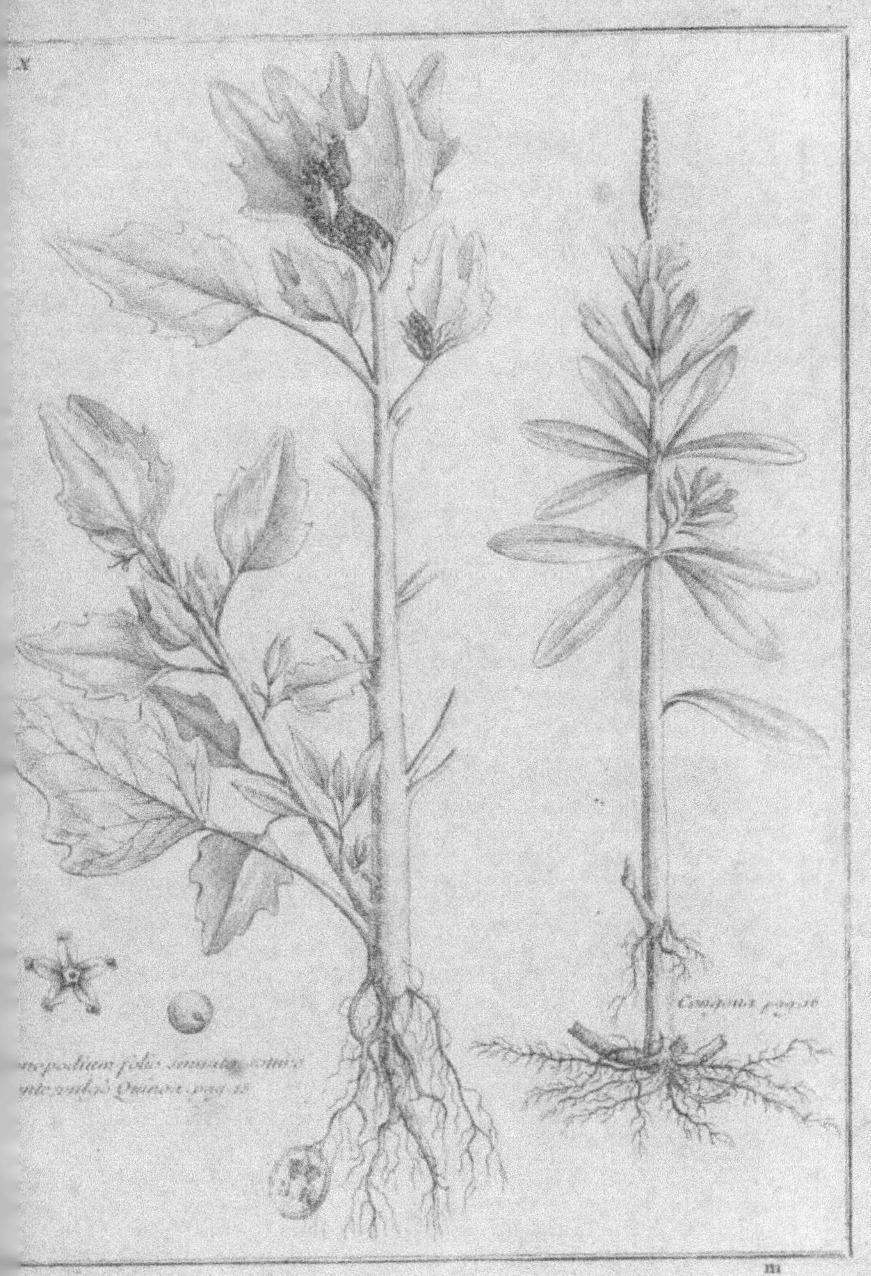

...nopodium folis sinuatis...
...ntibus radice Quinoa pag. 18
Corispermum pag. 16

Convolvulus Indicus vulgò Patatas dictus Raij hist. 728 pag. 16.

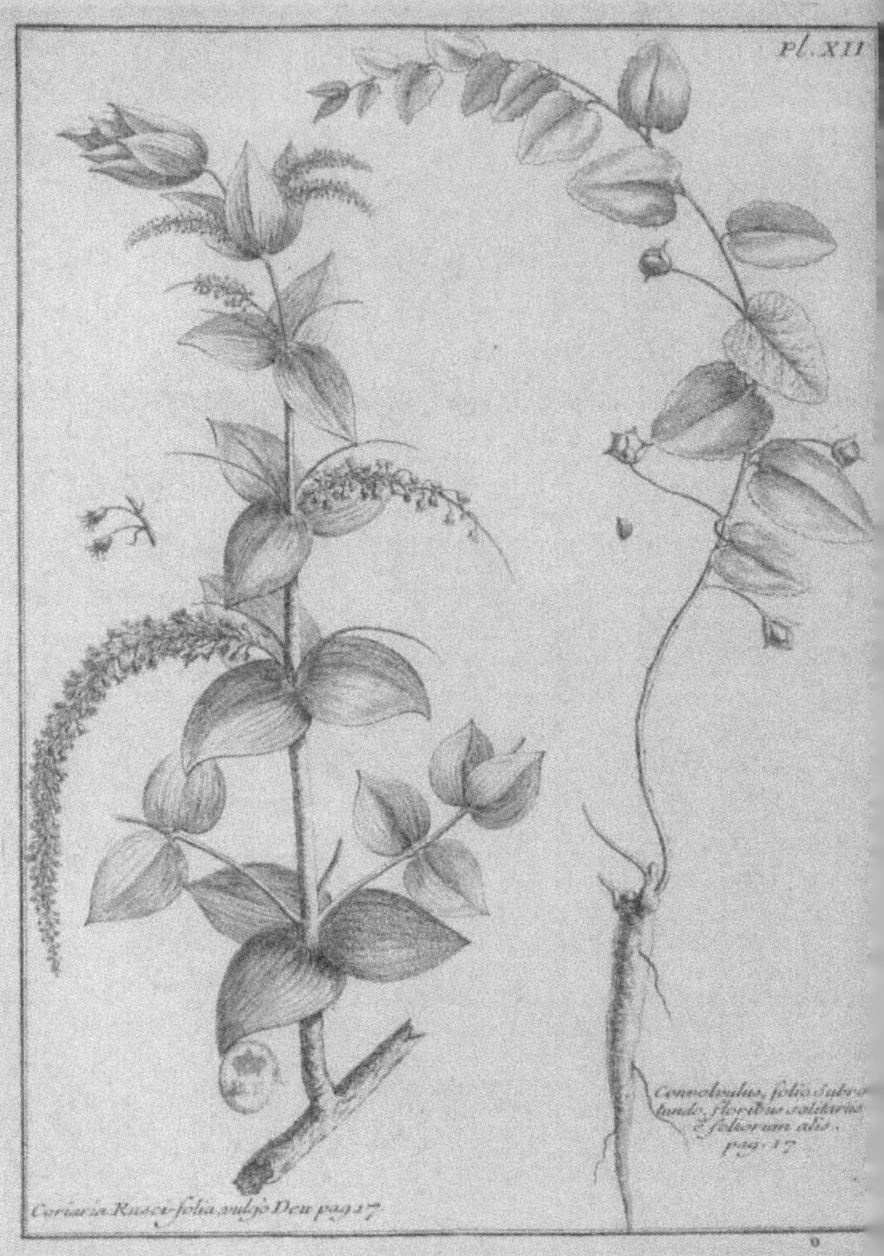

Pl. XII
Coriaria Rusci-folia, vulgò Deu. pag. 17.
Convolvulus, folio Subro-
tundo, floribus solitariis
& foliorum alis.
pag. 17.

Convolvulus, folio subrotundo, floribus solitariis è foliorum alis. Planche XII.

CE *Liseron* est vivace ; ses tiges s'étendent beaucoup sur la terre : elles sont chargées de feüilles, qui ont à peu près la figure & le volume de celles de *Convolvulus Siculus minor, flore parvo oriculato, Bocc.*

Cette plante est vulneraire : on l'applique ordinairement pilée, en cataplasme.

Je la trouvai dans la vallée de *Lima.*

Coriandrum majus. C. B. Pin.

ON cultive, & même avec soin, cette plante dans le Perou, l'on s'en sert dans la soupe & dans tous les ragoûts. Les peuples de ce pays en aiment tellement le goût, qu'ils croiroient faire un mechant repas, si leurs viandes n'en étoient pas assaisonnées, elle leur communique cependant une puanteur insupportable.

Coriaria Rusci-folia, vulgò *Deu.* Planche XII.

CEt arbre s'éleve à la hauteur de trois ou quatre toises : son tronc est de la grosseur d'un homme ; il se divise en branches dès le bas, & les branches se subdivisent en plusieurs rameaux, qui partent toûjours des aisselles des feüilles : ces feüilles naissent opposées deux à deux, sur les rameaux, & trois à trois, sur les branches : ces dernieres sont disposées en triangle, & embrassent la branche par leur base ; toutes ces feüilles ressemblent assez à celles du petit *Hou,* ou *Ruscus* ; mais elles sont beaucoup plus grandes, puisqu'elles ont un pouce & demi de longueur sur un pouce de largeur ; elles sont chargées de nervûres, qui s'étendent de la base à la pointe, donnant chacune d'autres petites nervûres étenduës sur leur plan en tout sens ; la couleur des feüilles est verd-gai d'un côté & d'autre. Des aisselles de chaque feüille qui accompagne les branches, sort quelquefois un rameau, & presque toûjours un épy de fleurs, singulierement aux extrêmités des branches: cet épy a jusques à cinq pouces de longueur, & est chargé de petites fleurs, qui ont quelque raport avec celles du *Rhus Myrti-folia Monspelicana.*

Les Chiléens se servent de cet arbrisseau pour teindre en noir.

Je trouvai celui-ci prs d'une riviere dans le Royaume de Chily, à 37 degrez de hauteur du Pole Austral.

Achrysum Americanum latifolium, vulgò *Vira-vira. Inst. R. Herb.* Planche XIII.

LEs Créoles du royaume de Chily, donnent le nom de *Herba della vida* à cette plante, à cause de ses admirables qualités : elle est sudorifique & febrifuge. On la prend ordinairement en maniere de Thé.

Eupatorioides, Salicis folio trinervi, flore luteo, vulgò *Contrahierba.* Planche XIV.

CEtte plante a sa racine droite, couverte d'une écorce obscure, qui envelope un corps charnu, blanc, & elle est épaisse de quatre lignes. Elle pousse une tige droite, d'un beau violet, qui s'éleve environ de deux pieds, épaisse prés du colet de trois lignes & demi : elle est divisée dans sa longueur par des neuds, d'où partent toûjours deux feüilles opposées, qui embrassent cette tige par leur base ; les moïennes ont environ trois pouces & demi de longueur, sur demi pouce de largeur, dentelées dans leur contour, traversées dans leur longueur par une côte au milieu de deux nervûres arcuées, qui prennent leur origine sur la base des feüilles, & vont se terminer vers leur sommité. Des aissélles de ces feüilles partent des branches chargées de nœuds & de feüilles semblables à celles de la tige : ces branches se terminent par des bouquets de fleurs à fleurons jaunes, chaque fleuron porte son embrion de graine nû & oblong.

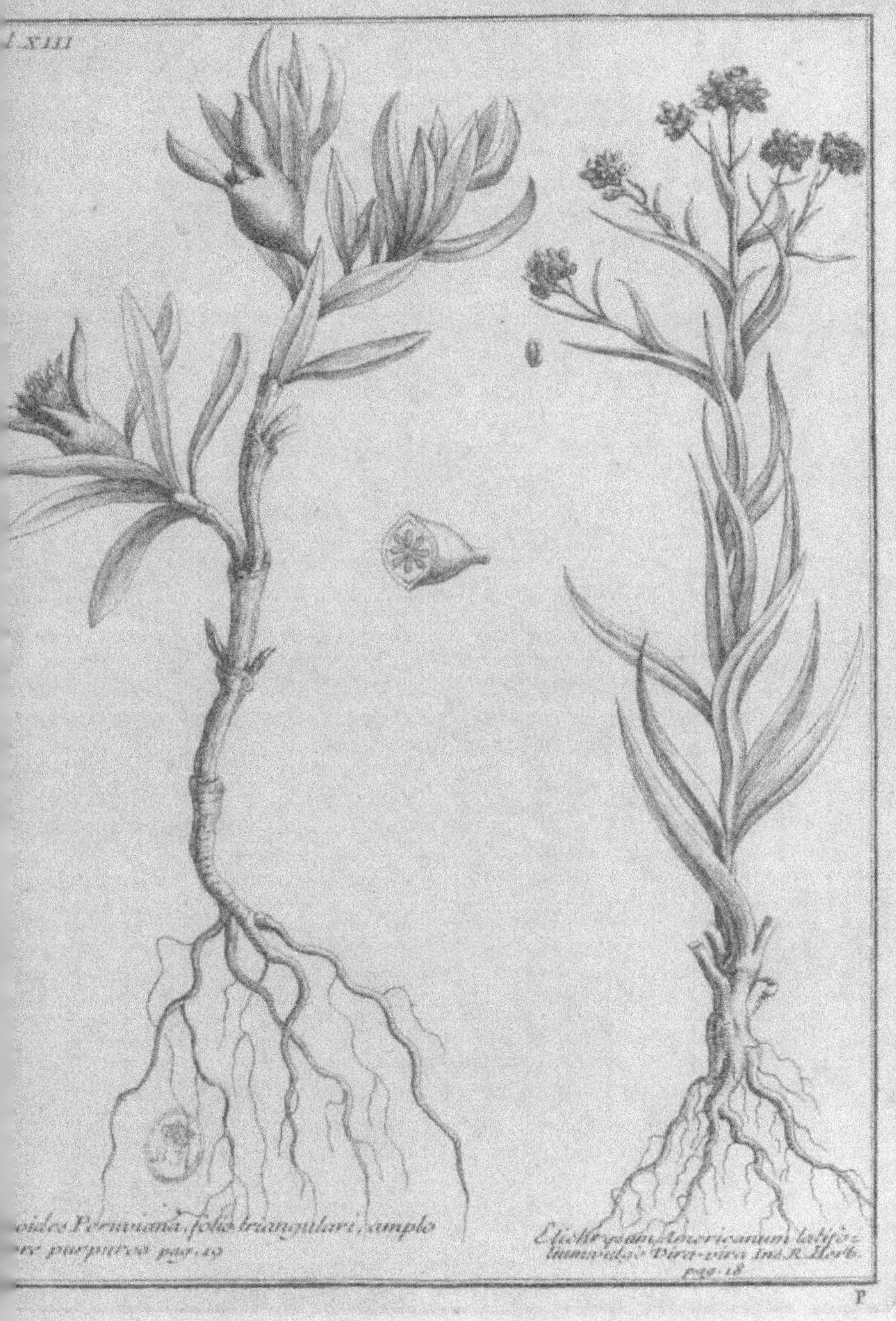

...oides Peruviana, folio triangulari, amplo
...re purpureo pag. 19
Eliehrysan Americanum latifo-
liumvulg. Vira-vira Ind R. Herb.
pag. 18

P

Je trouvai dans le centre de chaque fleur un petit ver rouge, je le découvris avec un bon microscope; onze anneaux cartilagineux l'entouroient entierement, sa tête paroissoit pointuë, & il y avoit un œil noir de chaque côté.

Les teinturiers tirent un beau jaune de cette plante, après l'avoir fait boüillir dans de l'eau commune. Je la trouvai dans le royaume de Chily, à trois lieuës au Nord-Est de la ville de la Conception.

Fœniculum annuum, umbellâ contractâ oblongâ. Inst. R. Herb.

Ficoides Peruviana, folio triangulari, amplo flore purpureo.
Planche XIII.

CEtte espece de *Ficoides* ressemble à celle que décrit Monsieur Herman, sous le nom de *Ficus Aizoides Affricana major procumbens, triangulari folio, fructu maximo.* La racine de celle-ci se divise dès son colet, en plusieurs fibres branchuës, épaisses d'une ligne un tiers, & de plus d'un pied de longueur : elles sont couvertes d'une écorce blanchâtre, qui renferme un corps fort blanc. La tige s'éleve à la hauteur environ de deux pieds, & son épaisseur est de deux lignes & demi; elle n'est pas entierement ronde, elle est d'un verd-gai clair, chargée dans sa longueur de quelques nœuds, sur lesquels naissent les feüilles deux à deux, opposées, qui embrassent toute la tige par leur base; ces feüilles sont d'un verd clair, charnuës, triangulaires, & longues de deux pouces sur trois lignes & demi d'épaisseur. Les fleurs sont d'un beau violet; le fruit est long d'un pouce & épais de huit lignes, verd brun & jaunâtre dans sa maturité; pour lors il renferme une substance aqueuse, fort douce, & très-agreable au goût : il est divisé dans sa longueur, en huit loges, par des cloisons composées de membranes fort déliées; ces cloisons renferment plusieurs petites graines un peu applaties & noires dans leur maturité.

Toute cette plante est un violent purgatif; lorsque les naturels du pays veulent s'en servir, ils ont égard à la dose, & mêlent sa décoction avec de l'eau chaude. Elle naît ordinairement dans les sables secs & arides, qui sont sur le bord de la mer. Je trouvai celle-ci dans le royaume de Chily, à 37 degrez de hauteur du Pole Austral.

Filix minor non ramosa, pinnulis dentatis. Planche xv.

CEtte *Fougere* ne s'éleve pas plus de cinq à six pouces, son port & la disposition de ses feüilles sont les mêmes que ceux de la *Fougere mâle* : ses pinnules sont un peu dentelées & les feüilles sont d'un même verd au-dessus & au-dessous.

Gentianoides flore luteo. Planche xiv.

LA racine de cette plante se divise en quelques fibres, elle a deux lignes d'épaisseur au colet, elle est blanche, ronde, & longue environ de trois pouces. Sa tige ne s'éleve gueres que de deux pouces ; elle donne des feüilles alternes à deux lignes de distance les unes des autres : elle a trois lignes d'épaisseur, ronde & chargée de poils blancs, qui la rendent rude au toucher : les feüilles s'étendent presque horisontalement, singulierement lorsqu'elles sont dans leur grandeur naturelle : les moyennes ont trois pouces & demi de longueur, sur deux pouces de largeur ; elles ressemblent à celles du *Plantain velu à larges feüilles*, embrassent la moitié de la tige par leur base, & sont chargées de cinq nervûres, qui n'atteignent pas jusques au bord de leur extrémité, si ce n'est celle du milieu, qui les traverse de leur base à leur pointe, & celle-ci est droite, au lieu que les laterales sont arcuées : ces feüilles sont charnuës, épaisses, un peu rudes à cause du petit poil presque imperceptible dont elles sont parsemées. Les branches de cette plante qui sont fort courtes, soûtiennent une ou deux fleurs jaunes ; leur calice est une piramide quarrée & renversée, dont les faces ont deux lignes de largeur sur quatre de hauteur : sur la base de chaque face s'éleve une petale, dont la base est de la même largeur, longue de trois lignes, terminée en pointe un peu émoussée, jaune au-dedans, verd clair par le de-

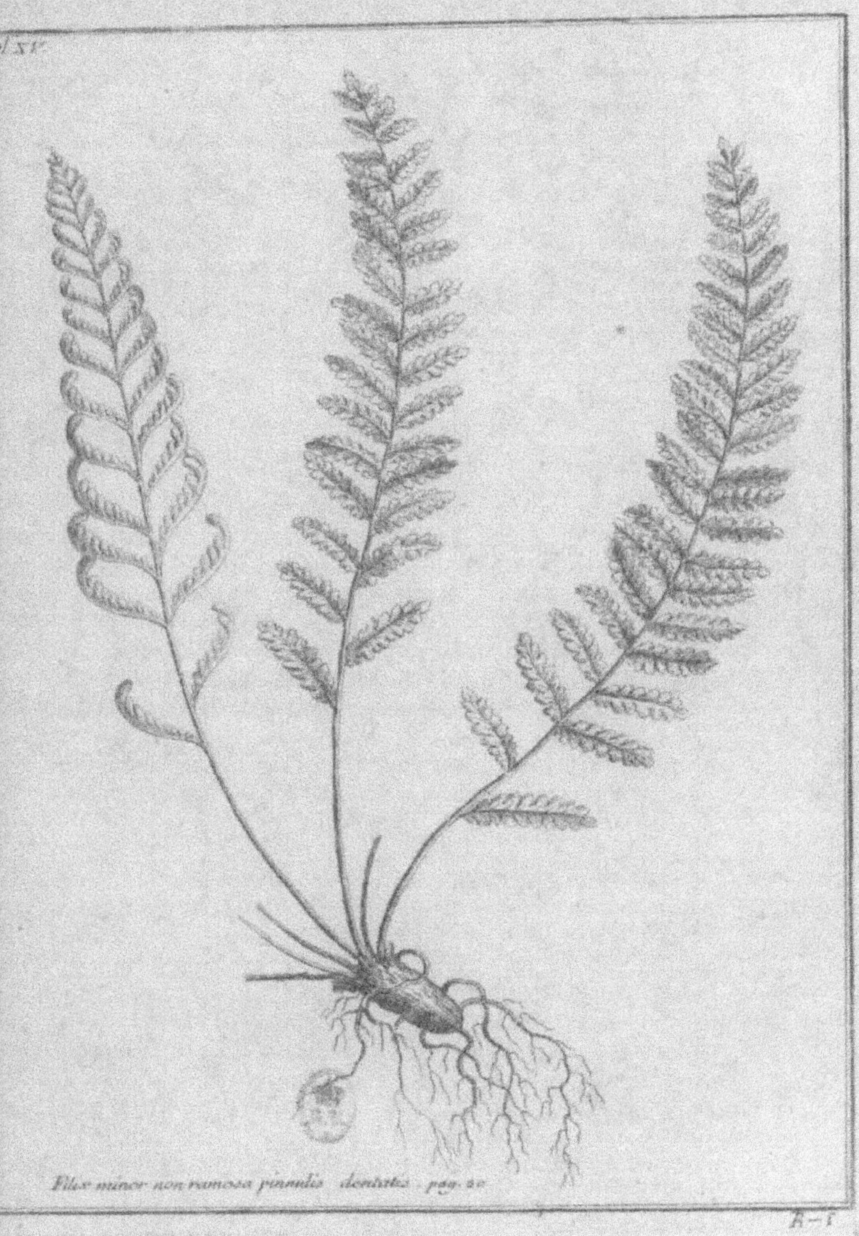

Filix minor non ramosa pinnulis dentatis. pag. 20.

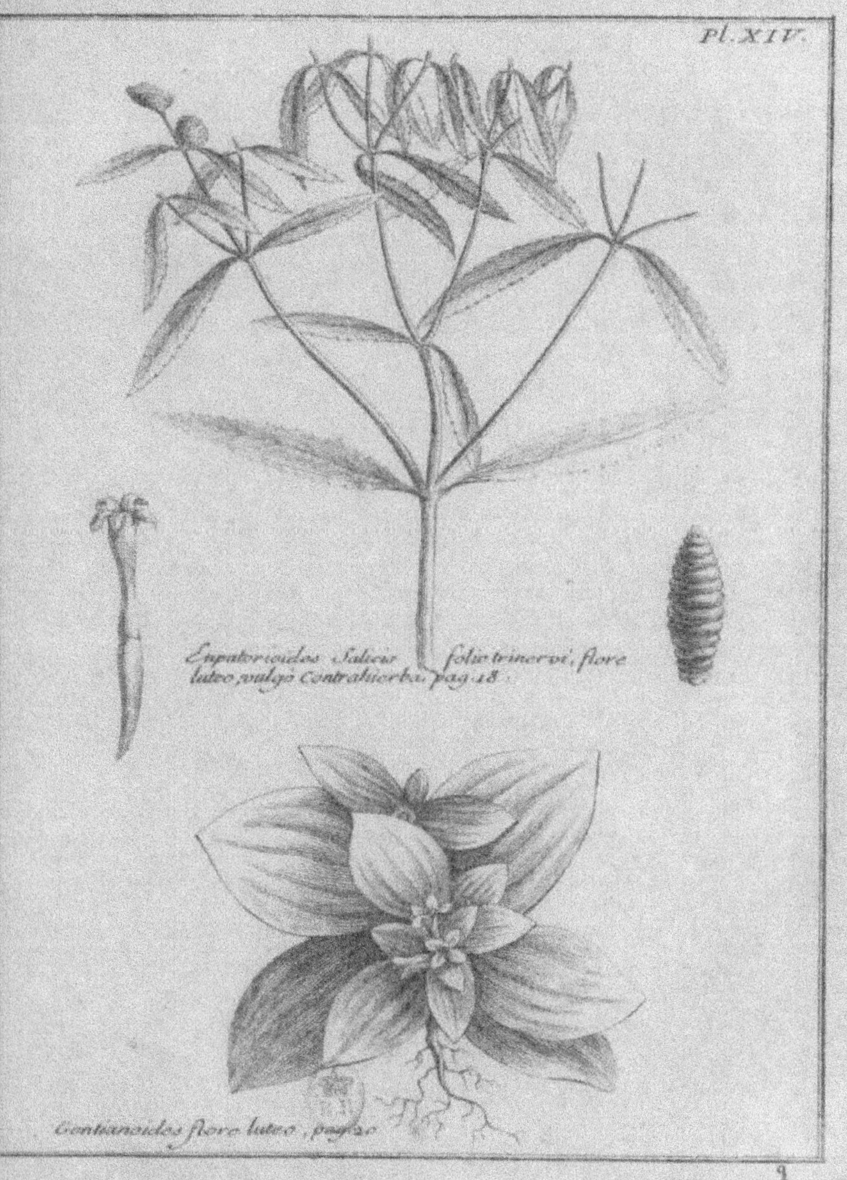
Pl. XIV.
Eupatorioides Salicis foliis trinervi, flore luteo, vulgo Contrahierba. pag. 18
Gentianoides flore luteo, pag. 20

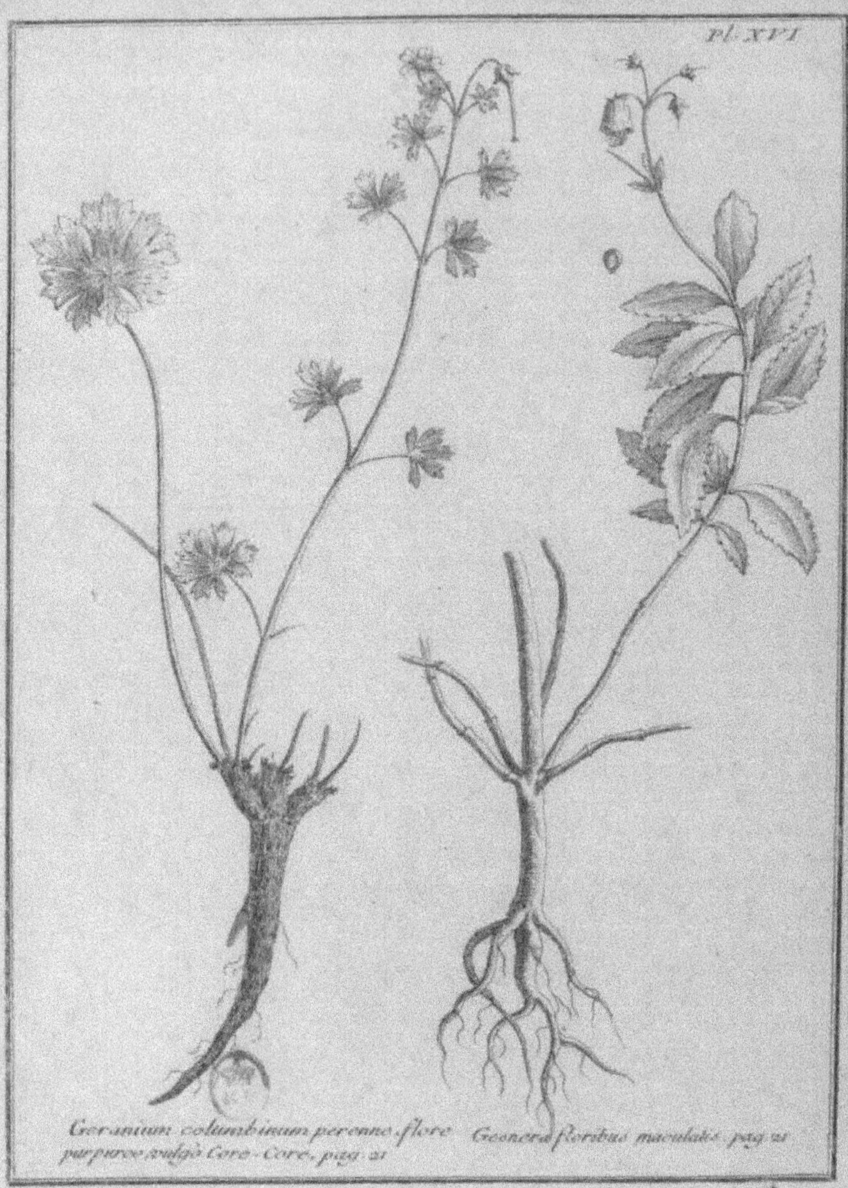

Geranium columbinum perenne, flore purpureo vulgò Core-Core, pag. 21

Gesnera floribus maculatis, pag. 21

hors, qui est chargé d'un petit velu blanc ; le centre de cette fleur est occupé par une touffe d'étamines jaunes : je ne vis pas les fruits, les fleurs commençant seulement d'épanoüir peu de jours avant nôtre départ.

Les naturels du pays se servent de cette plante dans leurs blessures, ils la pilent & l'appliquent ensuite en maniere de cataplasme.

Je la trouvai dans les prairies de *Buenos-Aires*, sur le bord de la riviere de la *Plata*.

Geranium columbinum perenne flore, purpureo, vulgò *Core-Core*. Planche XVI.

SA racine est longue de demi pied, épaisse à son collet de demi pouce, d'où partent plusieurs tiges longues quelquefois de deux pieds, sur une ligne d'épaisseur : les feüilles inferieures qui entourent cette tige, sont semblables (ainsi que celles qui l'accompagnent) aux feüilles du *Geranium columbinum montanum rotundifolium perenne. Barr. con.* La queuë des premieres a sept à huit pouces de longueur, sur une ligne d'épaisseur : elles sont d'un beau verd de même que les feüilles qu'elles soûtiennent : les fleurs n'ont rien de particulier que leur couleur, qui est d'un rouge tirant sur le violet.

Cette plante est admirable pour appaiser les douleurs des dents ; les Indiens en font boüillir la racine dans de l'eau commune, & durant la douleur ils s'en rincent la bouche & se sentent d'abord soulagez ; elle a encore la proprieté de raffermir les gencives, c'est pourquoi les gens avancez en âge en font un trés-grand usage.

Je trouvai cette plante à une lieüe du bord de la mer du Sud, à 37 degrez 45 min. de hauteur du Pole Austral.

Gesnera floribus maculatis. Planche XVI.

CEt arbrisseau n'a point de nom parmi les Indiens ; ses racines sont tortuës, peu cheveluës, rondes, ligneuses, noirâtres au-dehors, d'un blanc sale au-dedans. Sa tige s'éleve

à la hauteur de trois pieds, & commence à se diviser un peu
au-dessus du colet en plusieurs branches opposées par distances à peu prés égales; son épaisseur est d'un quart de pouce.
Les branches sont entrecoupées de petits nœuds, à la distance de demi pouce les uns des autres, chaque nœud soutient
deux feüilles opposées, des aisselles desquelles il en sort assez
souvent de plus petites: les plus grandes de ces feüilles,
ont jusques à quatorze & quinze lignes de longueur, sur
moitié moins de largeur, elles sont dentelées dans leur contour de deux sortes de dents, les unes plus grandes, les
autres plus petites, disposées alternativement; leur queuë est
fort courte, elles sont rudes, d'un beau verd, & terminées
en pointe par les deux bouts; la nervüre qui les traverse
en longueur, en donne d'autres plus petites de chaque côté, chacune de ces dernieres va s'aboutir à une des plus
grandes dents. L'extrêmité des branches se termine en bouquets clair-semez de fleurs irregulieres, presque semblable
à celle de *Digitalis maxima, flore ferrugineo. Inst. R. Herb*
elles ont cinq lignes de longueur, leur couleur est d'un
blanc tirant sur le bleu à l'exterieur, les deux levres son
jaunes au-dedans, & tâchées de rouge, & le tuyau a inte
rieurement des tâches bleues: le pistile devient un fruit sec
composé de deux coques, qui renferment des semences for
menuës, attachées sur un placenta qui occupe le centre de c
fruit.

Cet arbrisseau est un excellent purgatif, les Indiens
ont recours lorsqu'ils sont atteints de quelque maladie ve
nerienne; ils en mettent pour lors infuser le bois ou le
feüilles, durant la nuit, dans de l'eau commune, & le ler
demain matin, après avoir fait boüillir cette infusion ave
le bois ou les feüilles, & l'avoir passée par quelque linge
ils la prennent le plus chaudement qu'ils peuvent; ils e
ressentent bientôt les effets.

Je ne trouvai qu'un seul de ces arbrisseaux au pied d'ur
montagne dans le royaume de Chily, à 38 degrez de hau
teur du Pole Austral.

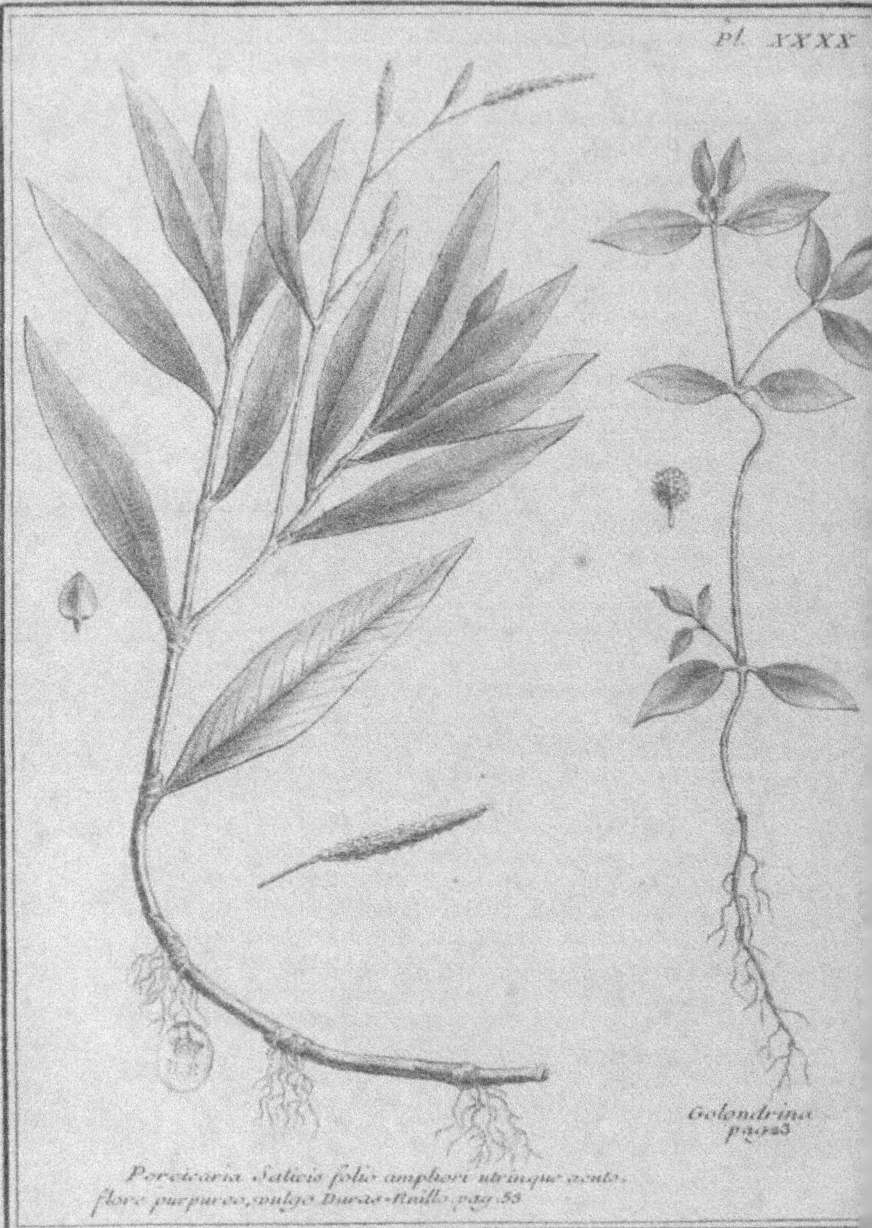

Persicaria Salicis folio ampliore utrinque acuto,
flore purpureo, vulgo Duraz-Rnillo. pag. 53

Golondrina. Planche XL.

SA racine est droite, longue de deux pouces, épaisse environ d'une ligne, brune, & garnie de plusieurs petites fibres : sa tige s'éleve à la hauteur de demi pied, elle est ronde, verd-brun, épaisse d'une ligne, chargée de quelques feüilles clair-semées, opposées deux à deux, dont la queuë n'a que deux lignes de longueur, la longueur des feüilles est environ d'un pouce un tiers, sur demi pouce de largeur ; elles sont terminées en pointe, d'un verd foncé au-dessus, & verd pâle au-dessous : la côte qui les traverse dans leur longueur, est accompagnée de deux nervûres, qui ne se terminent qu'à quelques lignes de la pointe des feüilles, elles sont en arc, & se divisent en plusieurs autres laterales, qui s'étendent sur le plan des feüilles. Des aisselles des feüilles partent des branches chargées de feüilles disposées de la même maniere que celles de la tige : cette tige est toûjours terminée par un bouquet de très-petites fleurs blanches, ausquelles succedent de petites semences noires.

Cette plante est febrifuge, & rafraîchissante : les Indiens en donnent la décoction mêlée avec du sucre, aux febricitans.

On trouve cette plante dans les campagnes de *Lima,* au royaume du Perou.

Gratiola latiore folio, flore albo, vulgò *Hulgue.* Planche XVII.

LA racine de cette plante est droite, épaisse environ de deux lignes, blanc-sale, & chargée de quelques petites fibres ; ses feüilles different de celles de la *Gratiole* ordinaire, en ce qu'elles sont un peu plus amples ; elles ont jusques à quinze lignes de longueur, sur six lignes de largeur, opposées vis-à-vis le long des tiges & des branches qu'elles embrassent par leur base, dentelées dans leur contour, d'un beau verd, & terminées en pointe. Ses fleurs qui naissent aux aisselles des feüilles, n'ont presque pas de pedicule, le tuyau dont elles sont composées, sort d'un calice à quatre pointes, ce tuyau a six lignes de longueur, se divise à son évasement en quatre parties, chacune desquelles a vers le milieu de sa partie superieure, un angle rentrant, qui forme la partie superieure d'un cœur; chacune de ces parties est traversée dans sa longueur de cinq lignes rouges, qui partent du fond du tuyau & se terminent vers le milieu, de la longueur de chaque partie: ces fleurs sont blanches, aprés qu'elles sont passées, le pistil qui vient du fond du calice, emboité dans le trou du fond du tuyau, devient un fruit qui est une coque divisée en deux loges, elle s'ouvre de la pointe à la base, & on trouve dans ses loges plusieurs petites semences.

Cette plante est d'un goût amer, elle est aperitive & purgative, elle est assez en usage parmi les Indiens, qui en boivent l'infusion lorsqu'ils croyent être incommodez de quelques vers.

Je la trouvai dans les montagnes de Chily, à 26 degrez de hauteur du Pole Austral.

Guajava, Clusi Hist. app. 1.

Guanabanus Persea folio, flore intùs albo, exteriùs virescente, fructu nigricante squamato, vulgò *Cherimolia.* Planche. XVII.

CEt arbre qui n'excede gueres la hauteur de douze pieds, donne des feüilles alternes tirant sur l'ovale, & terminées en pointe émoussée par les deux bouts; les moïennes ont cinq pouces & demi de longueur, sur trois pouces un quart de largeur; leur queüe est fort courte, & n'a que quatre à cinq lignes de longueur; la côte qui les traverse sur leur longueur, est assez élevée au dessus des feüilles, elle donne de chaque côté des nervûres qui s'étendent en arc sur le plan des feüilles, & vont se terminer prés de leurs bords; celles-ci sont subdivisées & forment une espece de reseau; le dessus des feüilles est d'un beau verd, & le dessous est d'un verd fort clair. Les fleurs de cet arbre, sont composées de trois feüilles, leur longueur est d'un pouce un quart, sur une ligne & demi d'épaisseur, elles sont triangulaires, blanches au-dedans, & verdâtre au dehors; elles sortent d'un calice à trois pointes portées sur un pedicule environ de quatre lignes de longeur sur une ligne d'épaisseur, qui nait ordinairement au-delà des feüilles, sur le

contour

Guanabanus Persicæ folio, flore intus
albo, exterius purescente, fructu muricante
squamato, vulgo cherimolia. pag. 24

...ratiola latiore folio, flore albo
...ud in Hispano. pag. 22

contour des branches. Le fruit est taillé comme en cœur,
chargé d'enfoncemens, qui rendent sa superficie comme écail-
leuse, il est ordinairement gris-brun au-dessus, & noirâtre dans sa parfaite maturité, sa chair est blanche, douceâtre, semblable à de la boüillie, mêlée avec plusieurs semences couleur de caffé, longues de huit lignes, sur quatre de
larges, & deux d'epaisseur : les Créoles estiment ce fruit le
meilleur du pays.

On cultive ces arbres dans le Perou avec beaucoup de
soin, & l'on en donne le fruit aux malades sans craindre
de les incommoder, mais quelque bonté que les Peruviens
y trouvent, il est certain qu'une de nos Poires ou de nos
Prunes valent mieux qne toutes les *Cherimollos* du Perou.

Hediunda Jasminiano flore. Planche xx.

C'Est un arbrisseau haut de deux toises, & dont le tronc
a cinq à six pouces de diametre, qui se divise dès le
bas en branches subdivisées en plusieurs autres plus petites
d'où partent des feüilles, qui ont jusques à six pouces de longueur sur deux & trois pouces de largeur, terminées en pointe fort aiguë, traversées dans leur longueur d'une côte arrondie au-dessus & au-dessous des feüilles, qui donnent des
nervûres étenduës sur tout le plan des feüilles jusques vers
leur bord, subdivisées en d'autres plus petites, qui forment
entr'elles une espece de reseau : ces feüilles ressemblent assez
à celles de la *Bella dona*, elles sont soutenuës par une queuë
longue de huit à dix lignes, à la base de laquelle naissent
deux petites feüilles en maniere d'oreilles, toutes ces feüilles, tant les grandes que les petites, ont leur dessus d'un
verd guai, lisse, & le dessous est verd blanchâtre. Des aisselles des feüilles superieures, partent des pedicules communs, divisés en plusieurs autres plus petits, qui soutiennent chacun un calice découpé sur les bords en cinq pointes, du fond duquel s'éleve une fleur blanche semblable à
celles du *Jasmin*. Le pistile devient un fruit charnu, ovale,
épais environ de deux lignes, rempli de graines pointuës par
un bout & arrondies par l'autre, un peu applaties, & couleur de caffé, elles n'ont qu'une ligne de longueur sur deux
tiers de lignes de largeur.

Cet arbrisseau jette durant la nuit une odeur musquée ; mais d'abord que le soleil monte sur l'horizon cette odeur se change en une odeur desagreable qui dure toute la journée. Il est d'un grand usage parmi les naturels du Perou, lorsqu'ils sont atteints de fievres, ils font bouillir de l'eau, dans laquelle ils mettent infuser quelques unes de ses feüilles, ils exposent ensuite cette infusion au serain durant toute une nuit, & le matin ils la donnent à boire au malade. La decoction de ces mêmes feüilles leur est encore un remede, ils s'en lavent pour résoudre les enflûres des jambes & des autres parties du corps.

Herba Purgationis, flore violaceo. Planche XVIII.

LEs racines de cette plante sont ligneuses, divisées en plusieurs rameaux, subdivisez en plusieurs autres plus petits. La tige s'éleve à la hauteur de trois pieds, son épaisseur vers son origine, est de quatre lignes ; les feüilles y sont opposées deux à deux de même que le long des branches, qui sortent de leurs aisselles ; elles sont distantes les unes des autres de deux pouces, ou deux pouces & demi, soutenües par une queuë environ de cinq lignes de longueur, sur une ligne d'épaisseur, creusée en goutiere au-dessus, & arrondie au-dessous ; elles sont taillées presqu'en cœur, leur longueur est environ de deux pouces, ainsi que leur largeur, leur contour est sans dentelûres, elles sont lisses au-dessus & d'un beau verd, & leur dessous est d'un verd plus clair ; la côte qui les traverse dans leur longueur donne deux ou trois nervûres branchuës, qui s'étendent sur leur plan. Les fleurs naissent en umbelle au nombre de cinq ou six ; le pedicule de cette umbelle prend naissance de l'aisselle des feüilles, il a environ deux pouces de longueur de sa base jusques au point de division, d'où partent autant d'autres petites pedicules, qu'il y a de fleurs à l'umbelle ; ces petites pedicules ont environ six lignes de longueur, & se terminent chacune par un nœud, qui porte un calice en entonnoir, dont le pavillon est découpé en cinq parties égales, du fond de ce calice s'éleve une fleur violette de la même figure, découpée en cinq pointes & débordée par cinq longues étamines à sommet bleu. Le nœud du calice devient

pl. XVIII
Ranunculus palustris echinatus
C.B. prodr. pag.58.
Herba purgationis flore violaceo pag. 26

Inga Siliquis longissimis, vulgò Pacaï. pag. 27

un fruit oblong chargé de petites tubercules, qui renferment plusieurs semences coniques fort menues.

Les naturels du Perou, qui ont quelques gonorrhées, font infuser cette plante dans de l'eau commune, quelque tems aprés ils font boüillir cette infusion sans en retirer la plante, & l'aïant laissée tiédir, ils en prennent un grand verre, ce leur est un remede pour cette maladie venerienne qu'ils appellent du nom de purgation : & parce que cette plante a des qualités propres pour la guerir, ils lui ont donné le nom de *Herba Purgationis.*

Ces plantes se trouvent ordinairement dans les lieux secs & arides ; je trouvai celle-ci dans les plaines de la ville de Lima, capitale du Perou.

Jalapa Officinarum, fructu rugoso. Inst. R. Herb.

Inga siliquis longissimis, vulgò *Pacai.* Planche xix.

L'Arbre qui porte ce nom, s'éleve à la hauteur de trois & quatre toises ; son tronc est de la grosseur d'un homme, & se divise en plusieurs branches, qui forment une tête arrondie, semblable à celle de nos Noyers. Les feüilles y naissent alternes ; leur côte est ailée, & chargée de quatre paires de petites feüilles pointuës par les deux bouts, les inférieures sont les moindres, & les superieures les plus grandes, celles-ci atteignent quelques fois huit pouces & demi de longueur, sur deux pouces trois quarts de largeur. Les unes & les autres sont traversées d'un bout à l'autre d'une nervûre arrondie des deux côtés, divisées en plusieurs rameaux, disposez en barbillon de plume, & subdivisez en plusieurs autres petits filets, qui forment une espece de reseau. De l'aisselle des feüilles, partent un ou deux pedicules terminés en épis chargez de fleurs. Ces pedicules ont trois ou quatre pouces de longueur sur deux lignes d'épaisseur, depuis leur origine, jusqu'à la naissance des premieres fleurs ; les boutons de ces fleurs ont huit lignes de longueur, sur deux lignes & demi d'épaisseur. Le calice est un gobelet dentelé de six pointes, du dedans duquel part une fleur qui le déborde, laquelle est aussi taillée en gobelet, & découpée pareillement sur ses bords, en cinq ou six parties, cette fleur pousse de son centre, une legion d'éta-

mines blanches chargées d'un sommet jaune. Les fruits qui
succedent à ces fleurs, sont des siliques, qui ont depuis un
pied jusques à deux de longueur, & qui ressemblent assez
au fruit de *Corrubier* : ces siliques renferment dans une moële
blanche, spongieuse, & sucrée, des semences lenticulaires,
ce qui fait differer cet arbre de celui du R. Pere Plumier,
qui donne des fruits cannelez dans leur longueur.

On trouve plusieurs de ces arbres dans le Perou, & il n'y
a pas de jardin dans Lima, où l'on n'en voye plusieurs. Cette substance blanche, renfermée dans ces siliques, a le même goût que celle des cannes de sucre, elles n'en differe qu'en
ce qu'elle est fort blanche.

Leiguera.

C'Est un arbrisseau qui s'éleve à la hauteur de quatre &
cinq pieds. Son tronc a jusques à seize & dix-sept
lignes de diametre; son ecorce est verd grisatre, & couvre
un corps assez dur: il se divise dès le bas, en branches.
Ses feüilles sont alternes, taillées à peu près comme celles du
Pirola, *folio mucronato serrato C. B. Pin.* 191. mais elles ne
sont point dentelées. Les plus grandes ont environ deux pouces de longueur sur un pouce de largeur; elles sont plus rudes
au-dessus qu'au-dessous, ont beaucoup de consistance, & la côte qui les traverse dans leur longueur, est arrondie au-dessous, & sillonée au dessus; cette côte donne sur ses cotez
plusieurs nervûres, qui parcourent les feüilles obliquement.
Les fleurs naissent à l'extremité des branches, en maniere
d'épy; elles étoient passées lorsque je trouvai cet arbrisseau,
je n'en vis aucune, mais seulement les fruits qui leur succedent, & qui se jettent tous d'un même côté; chaque
fruit ressemble en quelque façon à un grain de raisin un
peu applati en devant & en arriere, terminé par un stile
long environ de deux lignes; le calice qui le soutient, est
une étoile portée à l'extremité d'un pedicule long de trois ou
quatre lignes, tout l'épy a environ trois pouces de longueur;
la couleur de ces fruits est gris brun, tirant sur le violet, leur
chair qui est blanche d'abord, devient ensuite comme couleur de chair; elle contient plusieurs petites graines ovales.

Ces arbrisseaux naissent le long des fossez, & dans les

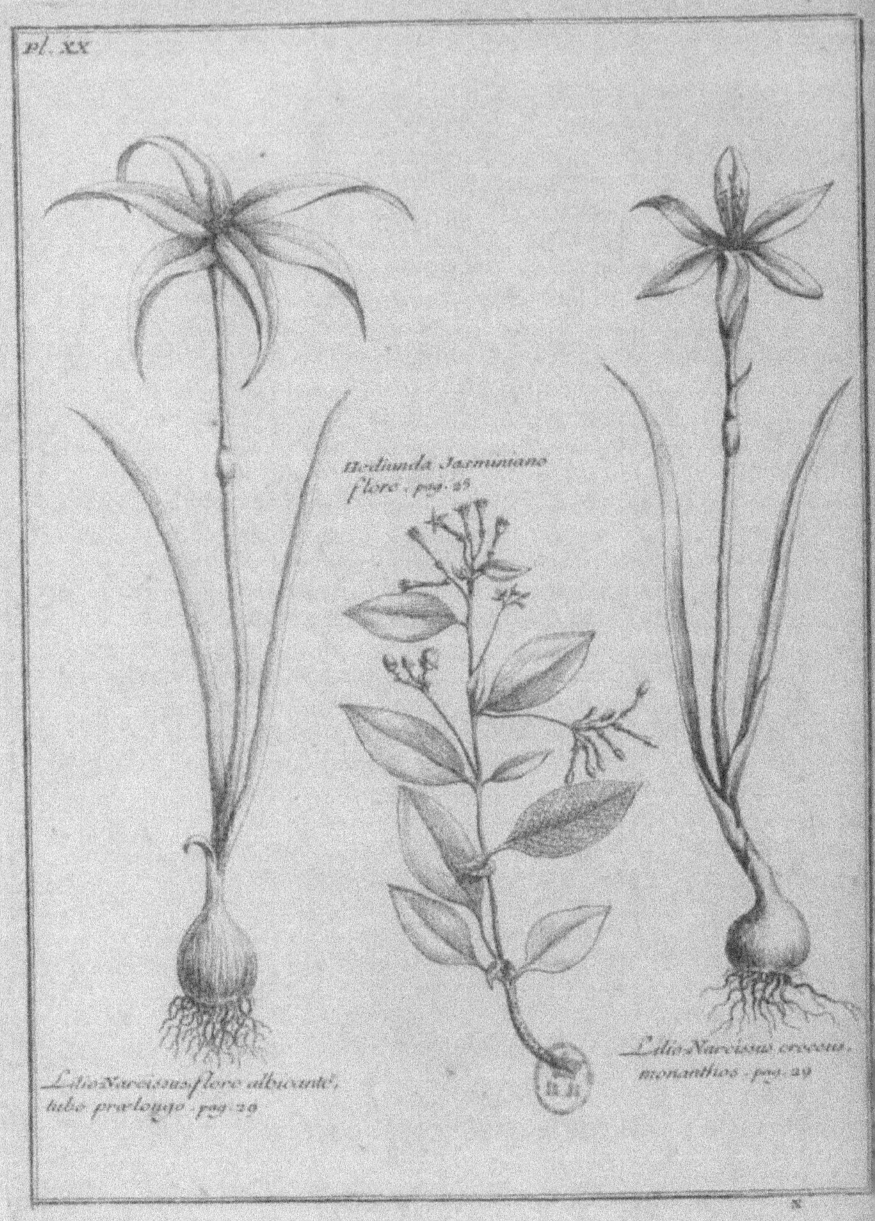

Bedianda Jasminiano
flore . pag. 28.
Lilio Narcissus flore albicante,
tubo prælongo . pag. 29
Lilio Narcissus croceus,
monanthos . pag. 29

lieux aquatiques. Je trouvai celui-ci dans le royaume de Chily, à 36. degrés de hauteur du Pole Auſtral.

Lilio - Narciſſus mananthos , cocineus. Planche XXI.

L'Oignon de cette plante, qui en produit pluſieurs autres
plus petits , eſt long de cinq quarts de pouce , ſur trois
quarts d'épaiſſeur , il pouſſe une tige , qui n'atteint pas à un
pied de hauteur : cette tige eſt verd guai , terminée par une
fleur d'un beau rouge, dont les découpures ont un pouce
trois quarts de longueur , ſur environ quatre lignes de largeur , terminées en pointes , ſix étamines d'un rouge plus
clair à ſommet jaune environnent un ſtile , qui les déborde. Je ne vis pas les feuilles de cette plante.

L'oignon de cette plante eſt vulneraire, déterſif & réſo-
lutif. Les Indiens le pilent & l'appliquent ſur la partie in-
firme , en forme de cataplaſme.

On trouve ces plantes ſur les montagnes. Je trouvai celle-ci dans le royaume de Chily , à 37. degrés de hauteur du
Pole Auſtral.

Lilio - Narciſſus croceus , mananthos. Planche XX.

LA bulbe de cette plante a douze ou quinze lignes d'é-
paiſſeur ſur environ autant de longueur ; elle eſt d'un
beau blanc , à la reſerve de ſa peau qui eſt griſâtre. De cet
oignon s'éleve une tige ſimple & nuë, haute d'un pied , terminée par une fleur d'une belle couleur d'aurore , qui s'évaſe de plus de trois pouces. La tige ſort d'entre deux feuilles qui ont neuf à dix pouces de longueur , ſur trois ou quatre lignes de largeur , d'un beau verd naiſſant.

Cette plante me parut aſſez ſinguliere. Je la trouvai dans
les campagnes de Lima , capitale du royaume du Perou.

Lilio - Narciſſus , flore albicante , tubo prælongo.
Planche XX.

LEs oignons de cette eſpece ſont de different groſſeur,
les moïens ont quinze a ſeize lignes de longueur , ſur
ſix à douze lignes d'épaiſſeur , ils renferment une ſubſtance
gommeuſe, fort blanche. La tige eſt ſimple , nuë , ronde ,
d'un beau verd , haute de ſept à huit pouces , ſur environ une

ligne & demi d'épaiſſeur, elle ſort d'entre trois ou quatre feüilles de ſept à huit pouces de longueur, ſur une ligne & demie de largeur, creuſées en goutiere, d'un beau verd, & terminées en pointe. La tige ſoutient une ſeule fleur blanc de lait, ſa partie poſterieure eſt un tuyau long de deux pouces, dont le pavillon s'évaſe environ quatre pouces, & ſe découpe en ſix parties, longues chacune de deux pouces, ſur cinq à ſix lignes de largeur, elles ſe terminent en pointe, & ſe courbent en deſſous de cette plante.

Je trouvai cette plante dans la valée d'*Ylo*, entre deux montagnes, dans un pays extrememement ſec.

Lilio - Narciſſus polyanthos, albus, Phalangii flore.
Planche XXI.

L'Oignon de cette plante a environ demi pouce d'épaiſſeur, ſur trois quarts de pouce de longueur. Il pouſſe une tige longue de huit à dix pouces, & trois ou quatre feüilles longues de ſept à huit pouces, ſur environ un quart de pouce de large, d'un beau verd luiſant & terminées en pointe: la tige eſt ronde, du même verd que les feüilles, elle ſoutient ordinairement trois fleurs de la forme & du volume de celles de *Phalangium*, elles ſont blanches & chargées chacune d'une étoile, verd jaunâtre, dont chaque raïon s'étend ſur une de leurs découpures, leurs étamines ſont à ſommet jaune.

Je trouvai cette plante ſur une montagne du Perou, éloignée de la mer de trois lieües, & à 17. degrez 39. minutes de hauteur du Pole Auſtral. Elle ne fleurit qu'en Juillet & Août, tems auquel les roſées ſont les plus abondantes ſur ces montagnes, il y tombe même alors quelques fois de la pluie; mais elle ne pénétre jamais juſqu'au pied du côté de la mer, de la vient que la terre y eſt ſi ſéche & ſi brûlée qu'elle n'y produit aucune plante.

Lilio - Narciſſus polyantos, flore exteriùs rubro, intùs luteo & rubro vario. Planche XXI.

L'Oignon de cette eſpece a juſques à deux pouces de longueur, ſur un peu moins d'épaiſſeur; ſa premiere pedicule eſt fort mince, & de couleur de chataigne, les au-

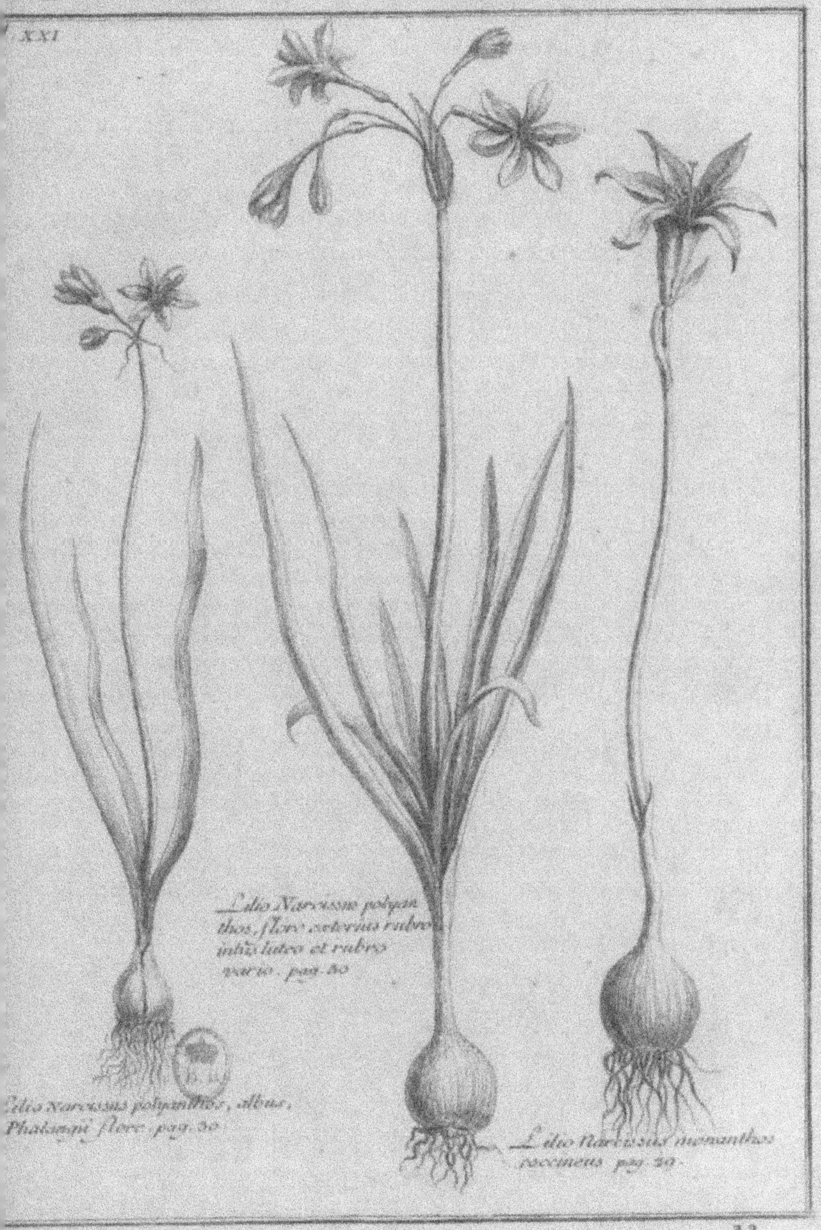

Lilio Narcisso polyan-
thos, flore exterius rubro,
intùs luteo et rubro
vario. pag. 30

Lilio Narcissus polyanthos, albus,
Phalangii flore. pag. 30.

Lilio Narcissus monanthos
coccineus pag. 30.

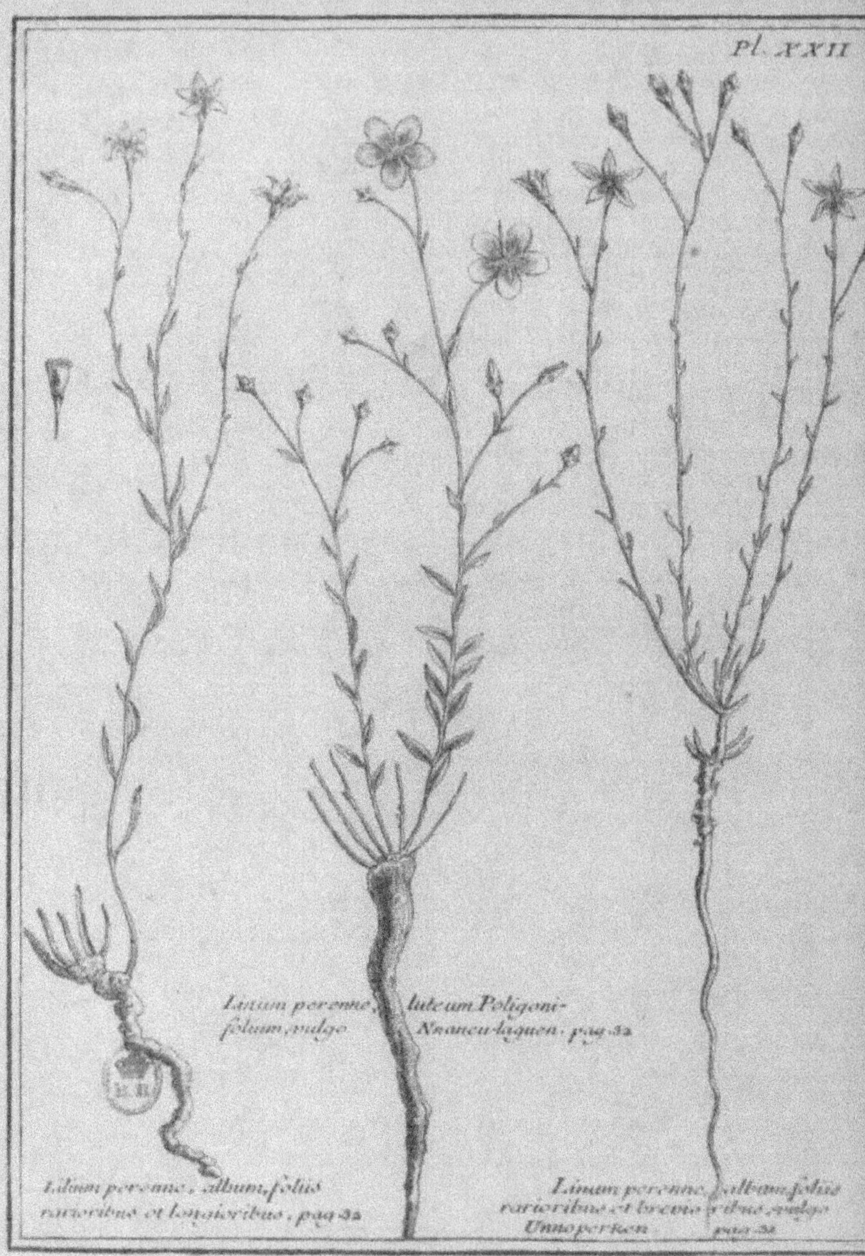

Linum perenne, luteum Poligoni-
folium, vulgo
Nranculaguen, pag. 32

Lilium perenne, album, foliis
rarioribus et longioribus, pag. 32

Linum perenne, album, foliis
rarioribus et brevioribus, vulgo
Unnoperken   pag. 32

tres couvertes par celle-ci, sont blanches, & on voit entre elles une substance gommeuse, qui file à mesure qu'on les veut détacher. Cet oignon pousse une tige qui s'éleve à la hauteur de deux pieds, elle n'est pas entierement ronde, mais un peu applatie & relevée de deux angles opposez. Elle soutient à son extremité quatre fleurs rouges en dehors, jaunes & rouges au-dedans. Chaque fleur commence par un tuyau long environ d'un pouce, sur une ligne d'épaisseur, qui venant à s'évaser de plus en plus, & se découpant en six parties, forme une fleur environ d'un pouce & demi de diametre, dont chaque lobe est arrondi par le bout. Les feüilles qui environnent la tige à sa naissance, sont au nombre de six ou sept; elles ont jusques à neuf pouces de longueur, sur demi pouce de largeur, d'un beau verd, & comme pliées en goutiere, lisses & à pointe émoussée.

Je trouvai ce *Lis-Narcisse* sur les montagnes du royaume de Chily, à 17 degrez 39 minutes de hauteur Sud.

Linum perenne, album, foliis rarioribus & brevioribus, vulgò *Unnoperken.* Planche XXII.

SA racine est blanche, droite, longue de huit à neuf pouces & épaisse à son colet environ de deux lignes; elle pousse plusieurs tiges hautes de huit à neuf pouces, sur environ une ligne d'épaisseur; elles sont garnies de huit à dix feüilles alternes, dont les plus grandes n'ont que quatre lignes de longueur, sur demi ligne de largeur, elles sont d'un beau verd. Les tiges se divisent vers leurs extremitez, en deux, trois, ou quatre petites branches, portant chacune à son sommet une fleur blanche de sept à huit lignes de diametre, composée de cinq petales pointues par les deux bouts; leur calice est un cœur renversé, qui a quatre lignes de hauteur, & se découpe en cinq pointes sur ses bords. Le pistile devient un fruit, qui contient une infinité de petites graines un peu longues verd clair.

L'infusion de cette plante büe à jeun, subtilise les humeurs grossieres & visqueuses, aide à la digestion, & purge fort doucement.

Je la trouvai dans les montagnes du royaume de Chily, à 33 degrez 40 minutes de hauteur du Pole Austral.

Linum perenne, album, foliis rarioribus & longioribus,
Planche xxii.

CEtte espece differe de la precedente, en ce que sa racine est plus grosse, tortue & noüeuse; elle differe encore en ses feüilles, celles-ci ayant trois quarts de ligne de
longueur, sur une ligne de largeur. Ses fleurs sont d'ailleurs
assez semblables.

Linum perenne, luteum, polygonifolium, vulgò, *Nuancu-
Laguen.* Planche xxii.

SA racine est droite, longue de huit à neuf pouces, sur
quatre lignes d'épaisseur, couverte d'une écorce jaune obscur, gercée, renfermant une matiere ligneuse. Cette racine
pousse plusieurs tiges de differentes longueurs, les plus longues n'excedent pas douze ou treize pouces, & les moindres
atteignent jusques à deux pouces: l'épaisseur des plus grandes n'est que de demi ligne. Toutes ces tiges sont garnies
de feüilles alternes, dont les plus grandes, qui sont les plus
proches du colet, ont six lignes deux tiers de longueur, sur
deux lignes de largeur, traversées d'un bout à l'autre par une
petite nervûre: leur contour est regulier, lisse, d'un verd
guai, & terminées en fer de pique. Ces tiges se divisent en
branches alternes, dont la naissance est toûjours aux aisiel-
les des feüilles; ces branches se subdivisent vers leurs extremités, en deux pedicules chargés chacun d'une fleur jaune,
composée de cinq petales ovales, dont la longueur est de
cinq lignes, sur trois de largeur vers le milieu; elles partent d'un calice découpé en cinq pointes. Lorsque la fleur est
passée, il s'éleve du milieu du calice, un pistile, qui devient
une capsule membraneuse divisée en cinq loges, dont chacune renferme deux petites graines: il porte sur son sommet un petit stile fort court, sa base est plate, son sommet
pointu, sa longueur est de deux lignes de même que son
epaisseur.

Cette plante est rafraichissante & febrifuge. Les naturels
du pays la font infuser durant une nuit, & le lendemain
ils la font boüillir dans la même infusion, & donnent cet-

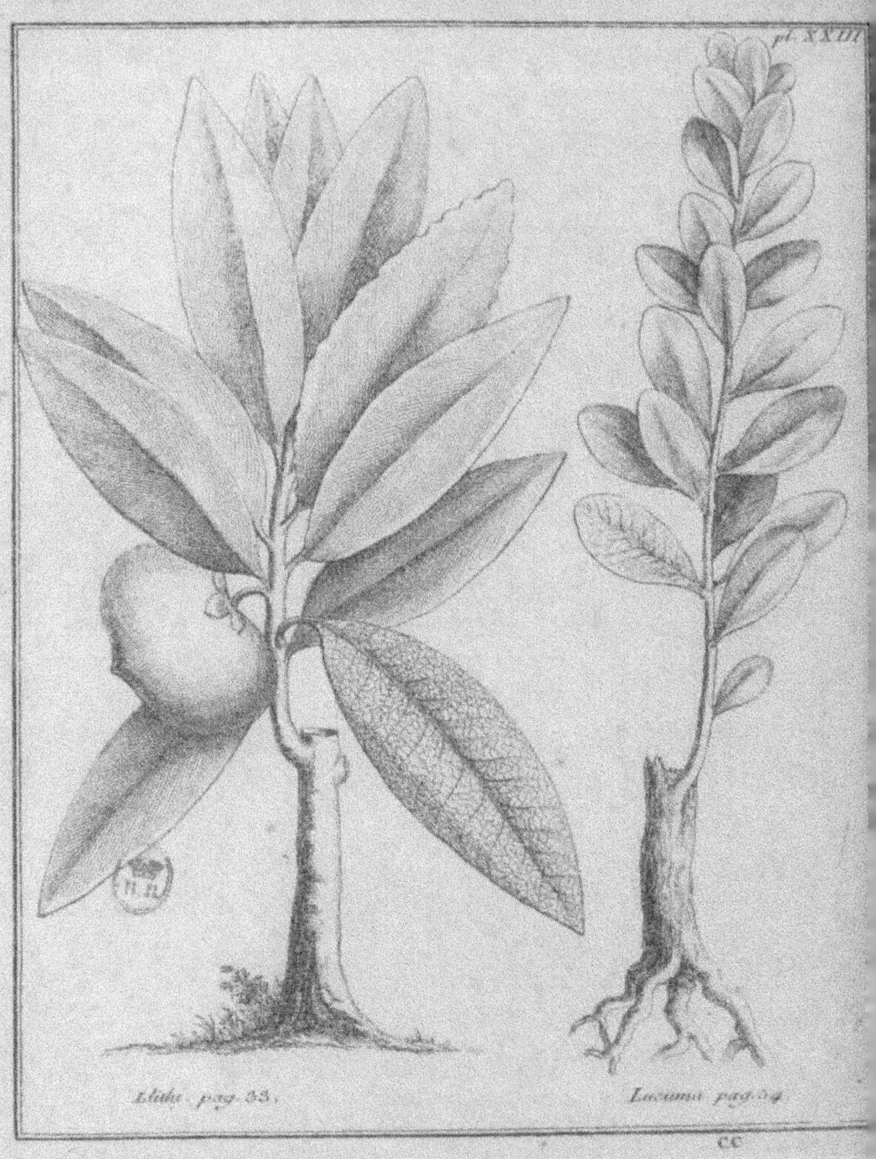

pl. XXIII
Llidi. pag. 33.
Lacuma pag. 34.
CC

re décoction à boire à leurs febricitans.

On trouve ce *Linum*, dans le royaume de Chily, à 37 degrez de hauteur du Pole Austral.

Llithi. Planche XXIII.

C'Est un arbre en plein vent. Son tronc est de la grosseur d'un homme, son bois est blanc, fort dur & devient rouge en se séchant; son écorce est verdâtre, & donne en la coupant, une eau de la même couleur. Ses branches sont chargées de feüilles alternes, distantes les unes des autres de quatre à cinq lignes, dont la longueur est de douze à quatorze lignes & la largeur de huit à neuf, lisses, verd guai, ovales & assez semblables à celles de la *Laureola.* Je ne vis ni fruits, ni fleurs à cet arbre, mais je fus témoins d'accidens extraordinaires, produits par ses mauvaises qualités. Son ombre est très-dangereuse, & l'eau qui découle de l'arbre en le coupant, a une vertu si maligne, que si on en met sur la chair, elle la fait enfler considerablement; nos matelots qui ignoroient le danger qu'il y avoit à couper de ces arbres, en rencontrerent malheureusement plusieurs, un jour qu'ils étoient allé faire du bois, ils en abbatirent quelques uns, & ne s'apercevant pas encore du mal qui les menaçoit, ils revinrent & souperent le soir fort tranquillement; ce ne fut que le lendemain matin qu'ils se trouverent dans un état si affreux, qu'ils en furent effrayez : l'enflure avoit fait un tel progrès, que leurs têtes étoient devenuës d'une grosseur extraordinaire; leurs visages n'avoient plus de forme, on n'y découvroit plus ni nez, ni yeux, ni aucune autre partie, tous leurs autres membres n'étoient pas moins enflés. Ceux qui n'auroient pas connu la cause de leur mal, les auroient plûtôt pris pour des monstres que pour des hommes.

Le *Llithi* est un arbre très propre pour construire des navires : on le coupe avec beaucoup de facilité, lorsqu'il est verd, & il devient à mesure qu'il seche, d'une dureté, qui le rend semblable à de l'acier, on le trempe alors dans l'eau, & il en devient encore plus dur. Les navires qui en seroient construits, seroient incorruptibles. Les naturels du pays se servent de son bois pour meubler leurs maisons; il est blanc, comme on l'a déja fait remarquer, lorſqu'on le coupe, mais il devient d'un beau rouge en ſéchant.

On trouve du *Llithi* dans le royaume de Chily, & en pluſieurs endroits de l'Amerique.

Lucuma. Planche XXIII.

L E *Lucuma* eſt encore un arbre en plein vent, il a de grandes racines, & ſon tronc eſt de la groſſeur d'un homme; l'écorce qui le couvre eſt gercée & d'un verd griſâtre, juſques à l'endroit où ſe fait la ſubdiviſion des branches, qui forment une belle tête. Ses feüilles ſont alternes, leur longueur & leur largeur ſont différentes: les moïennes ont de longueur juſques à environ cinq pouces, & deux pouces un ſixiéme de largeur; la côte qui les traverſe d'un bout à l'autre eſt arrondie au-deſſus & au-deſſous, & elle donne de chaque côté des nervûres qui vont ſe terminer en arc vers le contour des feüilles; ces nervûres ſont ſubdiviſées en de plus petites, qui s'étendent en tout ſens. Les queuës qui ſoutiennent les feüilles, n'ont gueres plus de huit lignes de longueur, ſur deux d'épaiſſeur; elles ſont rondes & d'un verd foncé de même que les feüilles. Le fruit du *Lucuma* a la figure d'un cœur applati par les deux bouts; il eſt rond, ſon diametre dans ſa largeur eſt de trois pouces, & celui de ſa longueur de deux pouces & un ſixiéme. La peau qui le couvre eſt fort mince, ſa chair eſt molaſſe, fade, douçâtre & d'un blanc ſale, elle renferme dans ſon centre deux ou trois noyaux, qui dans leur maturité ſont de la figure & de la couleur de nos *Châtaignes.* Nicolas Monard de Seville, qui a décrit le fruit du *Lucuma*, n'en avoit certainement vû que le noyau; trompé par ceux qui lui en apporterent en Eſpagne, & qui ne l'avertirent pas que ce n'étoit que les noyaux d'un fruit qui ne pouvoit être tranſporté, il crut que ces noyaux étoient en effet le fruit du *Lucuma*. *Cluſius*, qui a traduit l'ouvrage de Monard en latin, n'a pas relevé cette erreur.

J'ai vû pluſieurs de ces arbres dans le Perou. On en donne le fruit à manger aux malades, parce qu'il n'a rien de mauvais, ni de contraire à la ſanté.

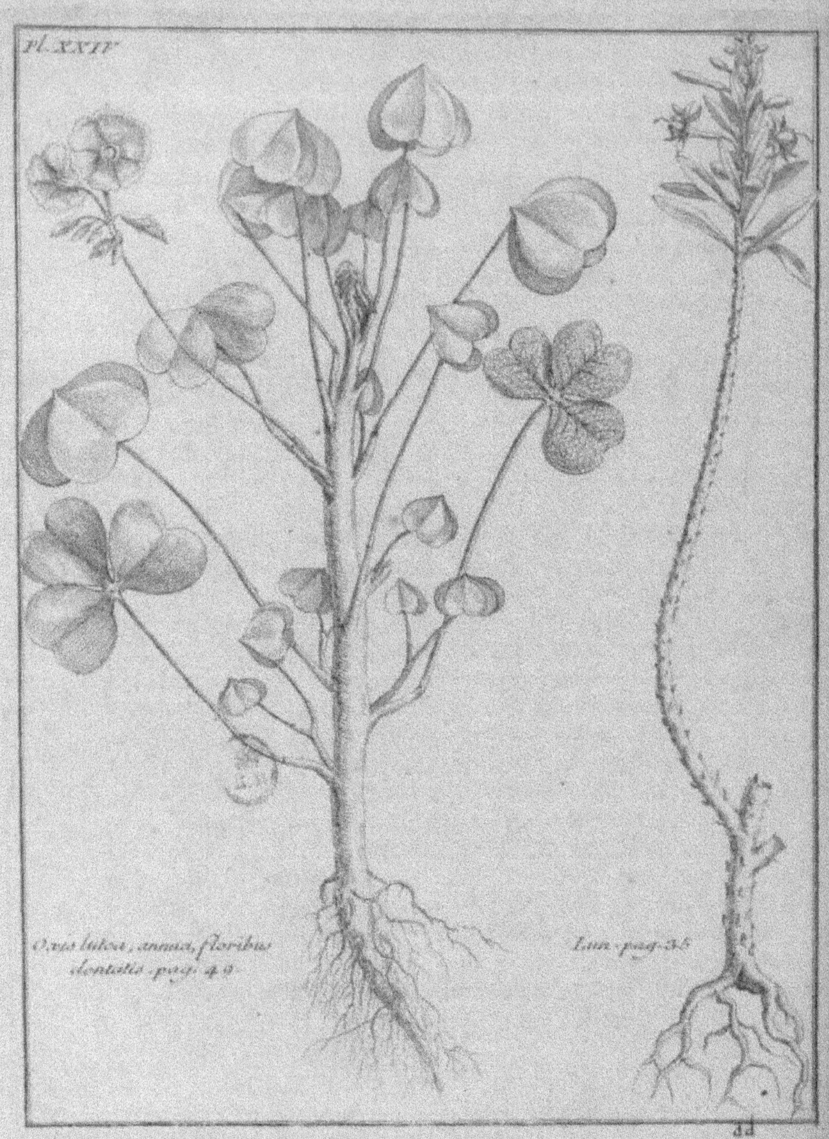

Oxis lutea, annua, floribus
dentatis pag. 49.

Linn. pag. 35.

dd

Lun. Planche xxiv.

CEt arbrisseau a un grand nombre de racines, grisâtres au-dehors & blanches au-dedans. Sa tige s'élève jusques à huit & dix pieds, elle est épaisse environ de trois pouces, se divise & subdivise en branches & en rameaux, & elle est herissée de piquants fort courts, assez épais, & qui ne sont pas fort pointus. Les seules extrémités des tiges & des branches sont garnies de feüilles, qui naissent assez près les unes des autres, elles ressemblent par leur figure à celle de l'*Olivier*, elles ont environ un pouce de longueur, sur un quart de pouce de largeur, lisses, & d'un beau verd, soutenuës d'une queuë d'environ une ligne & demi de longueur, & disposées alternativement le long des tiges. Chaque fleur naît de l'aisselle d'une feüille; elles sont portées sur un embrion de fruit, qui se termine par un calice d'un beau rouge, taillé comme en entonnoir, ou comme les fleurs du *Jasmin* ordinaire. La partie posterieure est un tuyau long environ de quatre lignes, sur une ligne d'épaisseur, lequel s'évase en pavillon decoupé en cinq lobes: ce calice renferme une fleur de la même couleur & de la même figure.

Je trouvai cet arbrisseau dans le royaume de Chily, à 33 degrez de hauteur du Pole Austral.

Lupinus peregrinus major, villosus, C. B. pin. vulgò *Chuchu.*

LEs Indiens ont donné le nom de *Chuchu* à cette plante, à cause que ses poids deviennent ridés lorsqu'on les fait cuire. Je la trouvai à *Lima* dans plusieurs jardins.

Lychnidea, Verbena tenuifoliæ folio. vulgò *Sandie-Laguen.* Planche xxv.

LA racine de cette plante se divise dès son colet en plusieurs bras tortus, subdivisez en d'autres plus petits, chargés de menuës fibres. La tige qui n'a qu'une ligne d'épaisseur, s'élève à la hauteur environ de demi pied; elle est ronde, d'un beau verd, & parsemée d'un petit velu, ainſi que les feüilles qu'elle ſoutient. Les branches qu'elle pouſſe, ſortent des aiſſelles des feüilles, & s'étendent obliquement ſur les côtés : on ne peut gueres mieux comparer ſes feüilles qu'à celles de la petite *Vervene.* Les fleurs naiſſent en maniere d'ombelle à l'extrêmité de la tige & des branches ; elles ſont incarnat, leur partie poſterieure eſt un tuiau long de ſix lignes, ſur deux tiers de lignes d'épaiſſeur ; il s'évaſe ſur le haut en maniere de ſoucoupe, qui a demi pouce de diametre, là il ſe découpe en cinq parties echancrées en cœur, ce qui lui donne la figure de la fleur de *Primula-veris.* Son calice eſt un autre tuiau long de quatre lignes, ſur trois quarts de lignes d'épaiſſeur, fendu en cinq parties ſur ſon bord.

La décoction de cette plante provoque aux femmes leurs ordinaires : elles s'en ſervent encore lorſqu'aprés leur accouchement, l'arriere-faix demeure dans la matrice.

Je trouvai cette plante dans les campagnes du royaume de Chily, à 38. degrez 28. minutes de hauteur du Pole Auſtral

---

Lychnidea, Veronica folio, flore coccineo.   Planche xxv.

L A racine de cette eſpece a environ deux pouces de longueur, ſur trois lignes de largeur, elle ſe diviſe dès le colet en deux bras chargés de quelques fibres. La tige s'éleve juſques à neuf pouces, elle eſt épaiſſe environ de deux lignes, droite, parſemée d'un petit velu blanchâtre, qui rend ſa couleur d'un verd blanchâtre. Les feüilles naiſſent deux à deux, oppoſées le long de la tige, elles ont quinze lignes de longueur, ſur cinq lignes de largeur, terminées en pointes, dentelées dans leur contour, traverſées dans leur longueur d'une côte arrondie au-deſſous & ſillonée au-deſſus ; cette côte donne de chaque côté des nervûres, qui s'étendent juſques à l'angle rentrant de la dentelure du contour des feüilles. Ces nervûres ſont ſubdiviſées en pluſieurs autres plus petites, qui s'étendent ſur le plan des feüilles, qui eſt parſemé d'un petit velu blanc, ce qui repreſente les feüilles d'un verd blanchâtre. Les fleurs qui forment un bouquet à l'extrêmité de la tige, ſont des roſettes d'un beau rouge de ſang, à quatre quartiers, chacun deſquels a un angle rentrant dans le milieu de ſa partie ſuperieure ; au centre de

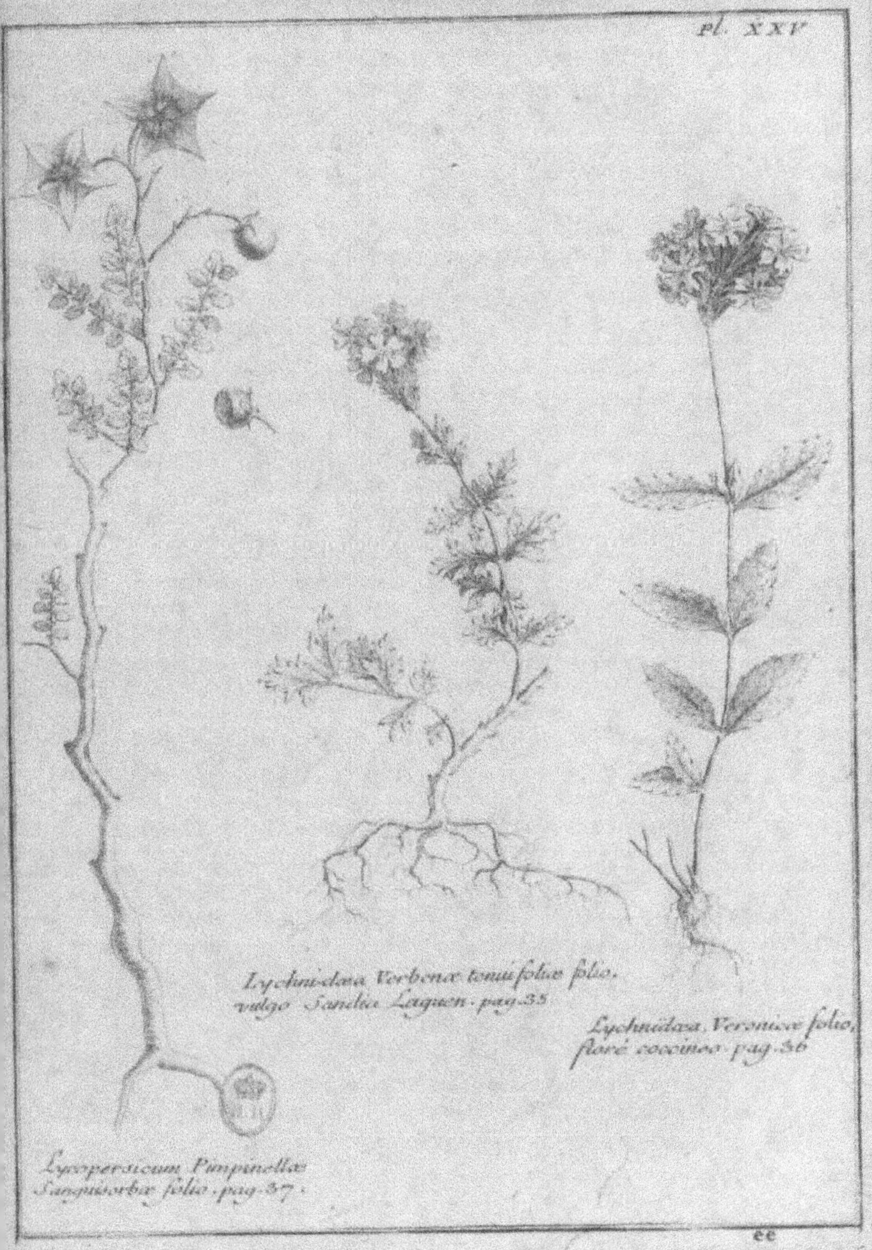

Lychnidæa Verbenæ tenuifoliæ folio.
vulgo Sandia Laguen. pag. 35.
Lychnidæa, Veronicæ folio,
flore coccineo. pag. 36.
Lycopersicum Pimpinellæ
Sanguisorbæ folio. pag. 37.

cette rosette, il y a un trou par où cette fleur reçoit le piſtile, qui s'eleve du milieu d'un calice long de ſix lignes, ſur une ligne d'épaiſſeur découpé en quatre parties, verd-blanchâtre, du centre duquel part quatre étamines blanches à ſommets jaunes ; lorſque la fleur eſt paſſée, ce piſtile devient un fruit un peu oblong, qui renferme pluſieurs petites graines.

Je trouvai cette plante dans les campagnes qui ſont ſur le bord ſeptentrional de la riviere de la *Plata*, dans le *Paraguay*.

Lycoperſicum, Pimpinellæ ſanguiſorbæ folio. Planche xxv.

CEtte plante naît ordinairement entre les fentes des rochers, ſur le bord de la mer : je ne pus en arracher la racine de celle-ci. Sa tige ne s'eleve qu'à la hauteur environ de deux pieds, & ſon épaiſſeur eſt de trois à quatre lignes, elle eſt verd blanchâtre, ligneuſe, & elle a à ſon centre, une petite moële jaunâtre ; elle ſe diviſe dès ſa racine, en pluſieurs branches ſubdiviſées en rameaux longs environ d'un pouce & demi, dont chacun eſt chargé de feüilles aſſez ſemblables à celles de la petite *Pimprenelle*, puiſqu'elles n'ont que trois lignes de longueur, ſur deux de largeur, ondées, dans leur contour, & d'un verd blanchâtre. La tige & les branches ſe terminent par un bouquet de fleurs jaunes, de ſa figure & du volume de celles de la *Pomme d'Amour*. Les fruits ſont ronds & n'ont que cinq à ſix lignes de diametre, remplis de pluſieurs ſemences, comme ceux des autres eſpeces.

Toute cette plante eſt couverte d'une huile graſſe, qui reſte colée à la main lorſqu'on la touche. Son goût eſt fort piquant.

Je la trouvai ſur le bord de la mer, dans le Royaume du Perou, à 17 degrez 38 minutes de hauteur du Pole Auſtral.

Lyſimachia Myrtifolia, flore albo, lineis incarnatis diſtincto. vulgò *Vila*. Planche xxvi.

CEtte plante a pour racine un petit pivot un peu tortu, garni de quelques fibres chevelues. La tige qu'il pouſſe s'eleve depuis demi pied juſques à un pied, ronde, verd gai, épaiſſe d'une ligne vers ſa naiſſance, chargée dans

toute sa longueur de feüilles alternes, assez prés les unes des
autres, sans pedicules, pointues par les deux bouts, qui
ont assez de consistance, & sur lesquelles il ne paroit d'autres nervûres que celle qui les traverse dans leur longueur,
encore est-elle peu sensible. Elles ont quelque ressemblance
à celles du petit *Myrte*, puisque leur longueur n'est qu'environ
de sept lignes, sur quatre lignes de largeur. Les fleurs partent
chacune de l'aisselle des feüilles ; elles sont soûtenuës par un
pedicule environ d'un pouce de longueur sur demie ligne d'é-
paisseur, elles sont blanches, taillées en étoile de six à sept lignes de diametre chargées de lignes rouges en forme de raions,
qui partent de la base des découpures, & s'étendent jusques
vers la moitié de leur longueur ; le calice est aussi découpé
en étoile, mais il a moins de volume que la fleur. Le pistil-
le devient un fruit cilindrique, long de deux à trois lignes,
terminé par un stile pointu & fort mince ; il contient de petites graines oblongues ; sa couleur avant sa maturité, est
verd gai, de même que celle des feüilles de la plante.

Les Indiennes prennent la decoction de cette plante dans
du boüillon, aprés leur accouchement, pour faciliter la sortie de l'arriere-faix. Cette plante a encore des qualités admirables pour les maladies des yeux ; on en prend de nouveaux
bourgeons qu'on plie dans des feüilles de vigne, & qu'on
couvre de cendres bien chaudes : ces bourgeons étant
cuits, on en exprime le suc qu'on mêle avec de l'eau fraîche
& bien claire, pour s'en bassiner les yeux ; cette eau dissipe
tous les nuages, & rend la vûë parfaitement nette.

Cette plante se trouve sur le penchant des montagnes du
royaume de Chily, à 37 degrez de hauteur du Pole Austral.

Lysimachia Buxifolia, flore albo, lineis incarnatis distincto.
Planche XXVI.

CEtte seconde espece differe de la premiere par ses feüilles qui ressemblent à celles du *Buis* ; elles sont longues
de sept à huit lignes & larges d'un quart de pouce. Son fruit
est un bouton arrondi contenant aussi plusieurs semences.

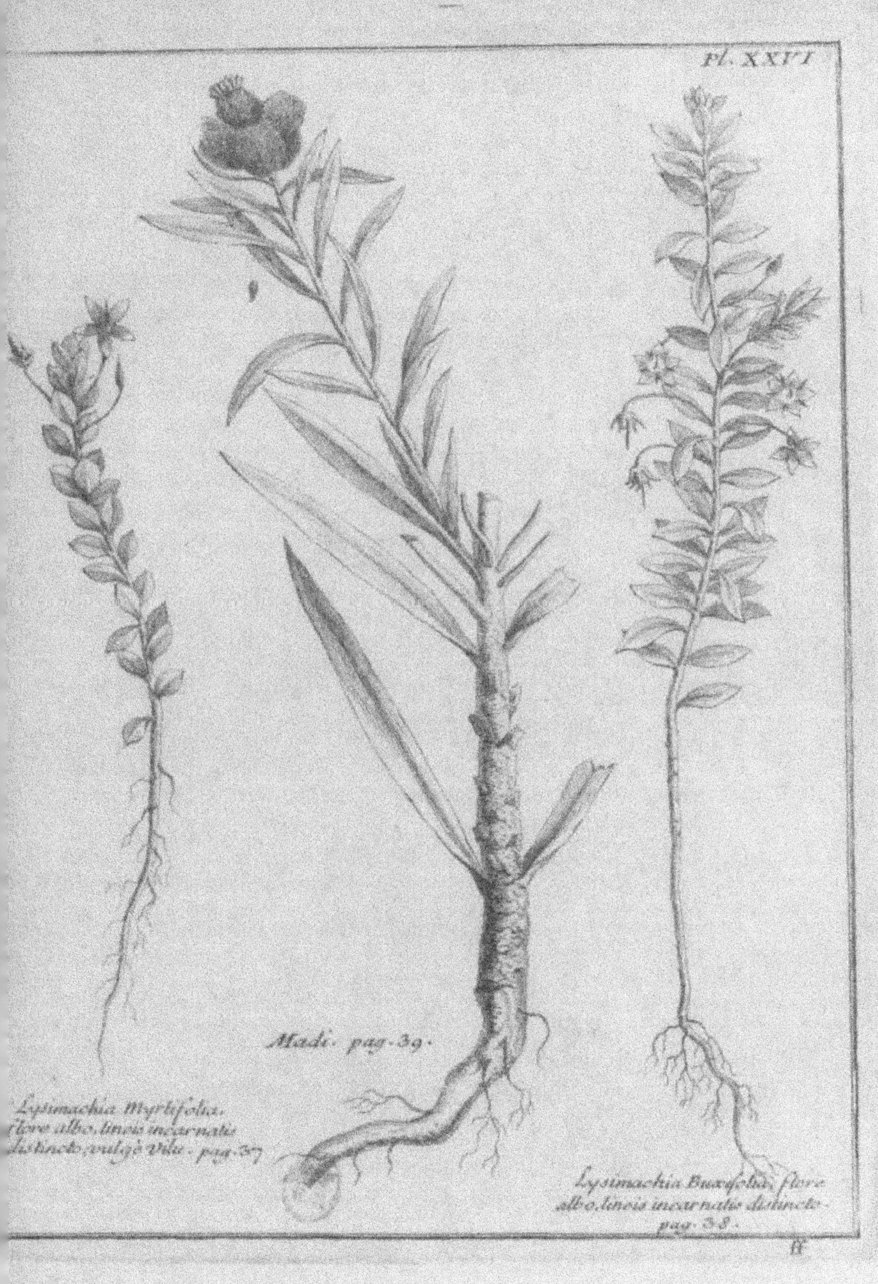

Madi. pag. 39.
Lysimachia Myrtifolia,
flore albo, lineis incarnatis
distincto, vulgè Vila. pag. 37
Lysimachia Buxifolia, flore
albo, lineis incarnatis distincto.
pag. 38.
ff

Madi. Planche XXVI.

LA racine de cette plante est une espece de pivot, qui est quelquefois tortu, long de cinq à six pouces, épais à son colet de quatre à cinq lignes, blanchâtre au dehors & d'un beau blanc au-dedans. Elle pousse une tige qui s'éleve à la hauteur de quatre pieds & demi, se divise en branches, elle est épaisse de cinq lignes vers son origine, & contient une moële blanche de deux lignes de diametre. Les feuilles naissent alternes & assez prés les unes des autres, elles ont beaucoup de ressemblance avec celles du *Laurier-Rose*; leur longueur est de quatre pouces ou quatre pouces & demi, & leur largeur de cinq à six lignes, elles sont verd clair, & chargées d'un petit velu blanc, ainsi que la tige & les branches. Les fleurs qui naissent à l'extremité des branches, & souvent aussi aux aisselles des feüilles, n'ont presque point de pedicule, elles sont jaunes, mais je n'observai pas si elles étoient radiées, ou seulement à demi fleurons. Leur bouton a jusques à huit lignes de hauteur, sur demi pouce d'épaisseur, il est composé d'un calice fendu jusques à sa base, en plusieurs lanieres, larges environ d'une ligne, couvertes d'un velu blanc. Les semences sont de couleur minime, leur longueur est environ de trois lignes, sur deux de largeur, arcuées d'un côté, & droites de l'autre.

On fait une huile admirable avec les semences de cette plante dans tout le royaume de Chily. Les naturels du pays s'en servent non-seulement pour appaiser les douleurs, en oignant avec elle les parties malades; mais encore pour assaisonner leurs viandes, & même pour brûler. Je la trouvai plus douce & d'un goût plus agreable que la plus part de nos huiles d'Olive, sa couleur est la même. Il n'y a point d'Oliviers dans le royaume de Chily, l'huile d'Olive que l'on y trouve, y est transporté du Perou où il s'en fait quantité.

Maiten. Planche XXVII.

CET arbre s'éleve de trois à quatre toises, ses branches se subdivisent en plusieurs rameaux d'un beau verd, chargés de feüilles tantôt alternes, tantôt opposées deux à deux,

poinrues par les deux bours, & qui n'ont presque point de
queuë; les plus grandes ont environ deux pouces de longueur, sur un pouce de largeur : leur côte est relevée au-dessus & au-dessous, & donne des deux côtés quelques nervûres arcuées, leur contour est denticulé, & leur couleur verd
obscur au-dessus, & verd gai au-dessous. Je n'ai vû ni les
fruits ni les fleurs de ces arbres.

Le *Masten* est le contrepoison du *Llithi*, dont la seule ombre, ainsi que je l'ai déja remarqué, cause des enflûres à rendre un homme difforme; dans ces accidens, on met en infusion des rameaux du *Masten*, on les fait bien boüillir, &
de leur decoction on s'en lave le corps qui revient dans son
premier état. C'est là le plus court chemin pour être guéri.

Malacoides, Betonicæ folio incano & prisco. Planche XXVII.

JE donne à cette plante le nom de *Malacoides Betonicæ
folio*, à cause de la ressemblance que son port a avec celle à laquelle feu Mr. Tournefort donne le même nom dans
son livre *Inst. R. Herb. p.* 98. Sa racine est droite, longue,
épaisse de cinq lignes, couverte d'une écorce blanchâtre, divisée en plusieurs bras chargés de quelques petites fibres. Sa
tige s'élève à la hauteur environ de deux pieds, elle se divisé en plusieurs branches, qui naissent ordinairement aux aisselles des feüilles : cette tige, ainsi que les branches, est chargée d'un petit velu blanchâtre, qui change leur couleur verte,
en verd clair. Les feüilles naissent alternes, leur longueur
est environ de deux pouces un tiers, elles sont traversées d'un
bout à l'autre d'une côte arrondie au-dessous, & sillonée au-
dessus, chargée de chaque côté de nervûres, qui s'étendent
jusques au contour des feüilles, subdivisées en d'autres plus
petites; ces feüilles sont portées sur des queues longues environ de deux pouces un quart, & épaisses à leur naissance,
d'une ligne, couvertes ainsi que les feüilles d'un velu blanchâtre. Chaque branche est ordinairement terminée par plusieurs pedicules longs environ de trois pouces, sur deux
tiers de ligne d'épaisseur, chargés chacun d'un calice découpé en cinq pointes, du dedans duquel part cinq petales disposées en rose, figurées en oreille, ou *Noix d'Acajou*, dont
la longueur est de onze lignes, sur six lignes de largeur vers
le

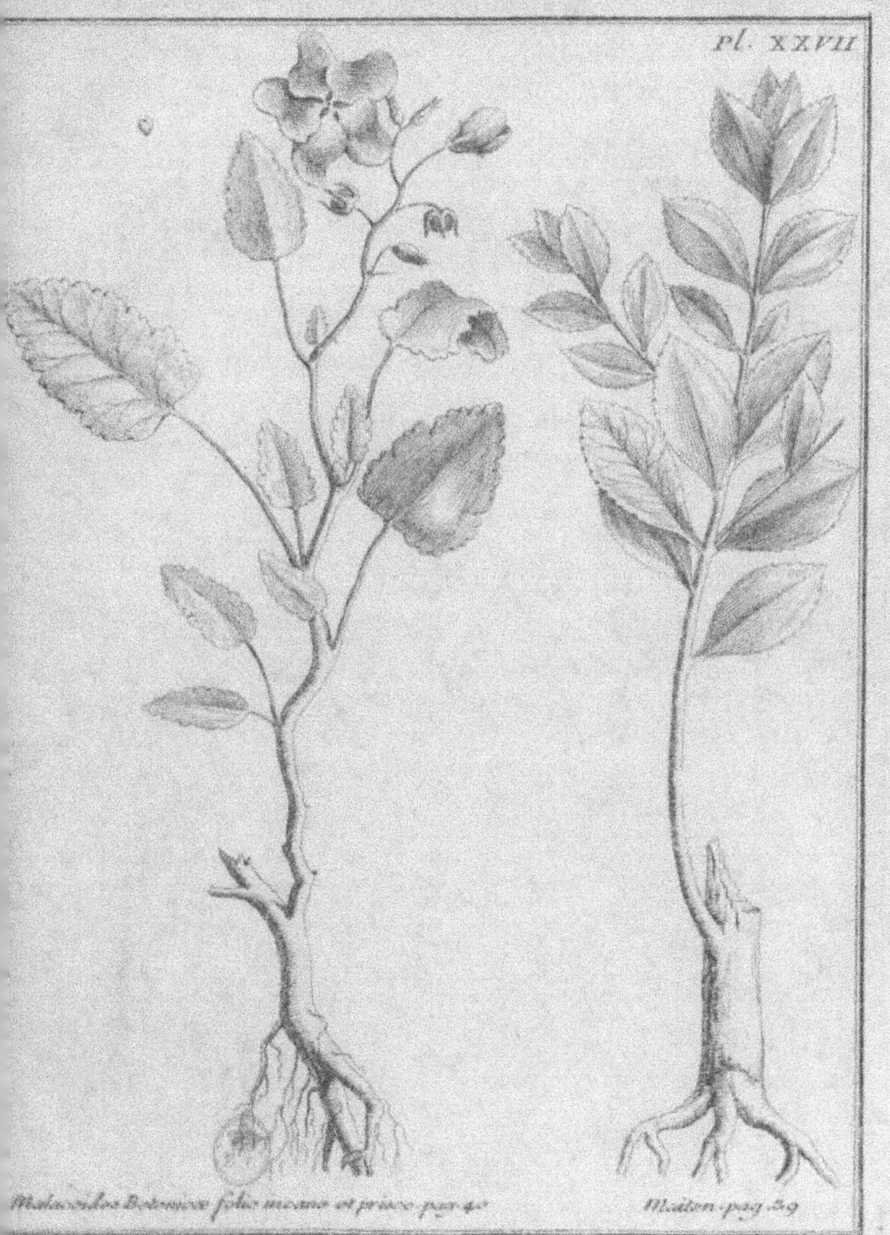
Malacoides Botanices folio incano et priore pag. 40.
Maton pag. 39

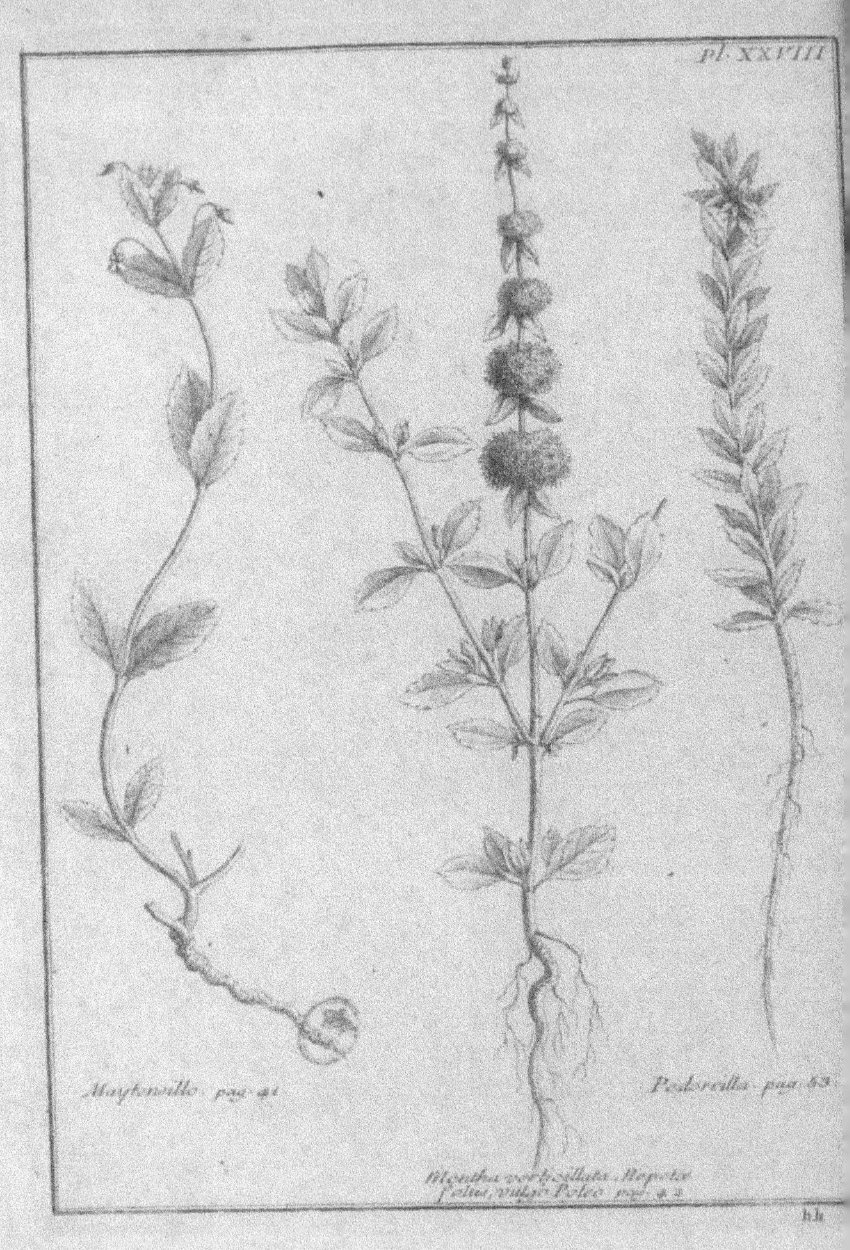

Maytensillo. pag. 41
Pedorrilla. pag. 53
Mentha verticillata Nepeta
folia, vulgo Poleo pag. 42

le milieu ; ces cinq feüilles compofent une fleur couleur de rofe pâle. Lorfque la fleur eft paffée, le piftile devient un fruit rempli de petites graines noires un peu applaties , furmontées de deux feüilles ou aigrettes arrondies.

Cette plante eft febrifuge & rafraîchiffante : les Indiens ufent de fa décoction lorfqu'ils font attaquez des fievres.

Je la trouvai dans le royaume de Chily , à 29. degrez 54. minutes de hauteur du Pole Auftral.

Maytenfillo. Planche XXVIII.

LA racine de cette plante eft de la figure de celle de l'*Hypecacuana* ; elle eft blanche, épaiffe environ d'une ligne , fur demi pied de longueur , & noüeufe. Sa tige s'éleve à la hauteur de fept à huit pouces ; elle eft ronde, d'un verd agréable , & fe divife tout prés du colet , en plufieurs branches d'une ligne d'épaiffeur ; les feüilles y font oppofées deux à deux, & reffemblent affez bien à celles de la *Veronique mâle*. Les moiennes ont dix lignes de longueur, fur quatre lignes de largeur, elles font traverfées d'un bout à l'autre, d'une côte arrondie, qui donne fur fes côtez des nervüres, qui s'étendent vers le contour des feüilles , qui eft dentelé ; elles n'ont point de qüeüés , font liffes, & d'un beau verd. Les feüilles fuperieures pouffent de leurs aiffelles , des pedicules longs environ de demi pouce, chacun d'eux foütient une fleur blanche d'une feule piece , dont la partie interieure fe divife en quatre parties : les deux fuperieures font fort petites , & les deux inferieures font deux fois plus grandes. Celles-ci pendent en maniere de rabat, & les autres font un peu retrouffées ; le calice d'où elles fortent eft fort petit , & découpé jufques vers fa bafe.

Cette plante tient lieu de *Sené* aux Chiléens ; c'eft un de leurs plus fouverains purgatifs. Lorfque je la deffinai , elle n'étoit encore qu'en fleur ; je n'en pû pas voir la graine , étant pour lors obligé de partir pour le Perou.

Je la trouvai dans les campagnes du Royaume de Chily , à 37. degrez de hauteur du Pole Auftral.

Melocactus Indiæ Occidentalis. C. B. pin.

E

Mentha verticillata Nepeta foliis. vulgò *Poleo.*
Planche XXVIII.

CEtte plante est aromatique. Sa racine est longue environ de trois pouces, brune, ligneuse, epaisse à son colet de deux à trois lignes, & chargée de quelques fibres dans sa longueur. Sa tige s'éleve à la hauteur environ d'un pied & demi, elle est ronde, grisâtre, chargée de feüilles opposées par paires, de l'aisselle desquelles en sortent d'autres plus petites : les plus grandes ont environ dix lignes de longueur, sur cinq de largeur. Elles ressemblent à celles du *Calamintha Pulegii odore, sivè Nepeta. C. B. pin.* 228. Les fleurs naissent en verticilles, elles ne different en rien de celles des autres especes de *Mentha.*

Cette plante est vulneraire & aromatique. On l'employe dans le pays pour la guerison des blessures, en l'appliquant en maniere de cataplasme.

Je la trouvai dans le royaume de Chily, à 36 degrez de hauteur du Pole Austral, assez prés de la mer.

Meru - Laguen. Planche XXIX.

LA racine de cette plante n'excede gueres la longueur de trois pouces, sur trois lignes d'epaisseur ; elle se divise en deux & trois bras, qui sont des pivots blancs, dont le centre est occupé par un nerf de la même couleur. Cette racine pousse plusieurs tiges branchuës, hautes de quatre à cinq pouces, qui forment toutes ensemble comme un petit buisson arrondi. Elles sont chargées fort prés à prés de feüilles, qui ne sont, pour ainsi dire, que des cheveux longs de deux lignes & demi, & d'un beau verd. Toutes ces tiges & ces branches sont terminées chacune par un fruit rond, épais d'une ligne & demie, verd-clair, divisé en quatre parties, porté dans un calice découpé en quatre pointes. Les fleurs étoient passées lorsque j'arrivai dans le royaume de Chily, je ne pû dessiner que la plante avec ses fruits.

Elle est merveilleuse pour les asmatiques, & tous ceux qui n'ont pas la respiration libre. Dans l'usage qu'en font les Indiens, ils la pilent avec le *Pillabileum,* & les ayant

Moeu-Laquoa. pag. 42.

Portulaca Sedi folio flore albo
pag. 54

Multi foliis non serratis pag. 43

fait bouillir ensemble, ils en donnent la décoction à boire au malade.

Elle croît dans le royaume de Chily, à 38 degrez de hauteur du Pole Austral.

Mulli, Clusii in Monard. 322.

GArcillaslo de la Vega, liv. 8. chap. 12. & François Ximenes, nous ont donné la description du *Mulli*, & l'usage que les Indiens font de ses fruits.

Mulli foliis non serratis. Planche XXX.

CEtte espece ne differe de la precedente, qu'en ce que ses feüilles ne sont point dentelées, elles sont du reste disposées de la même maniere.

Je la trouvai dans le Perou, à 17 degrez de hauteur du Pole Austral, dans un sable fort sec & dans un pays arride, où il ne pleut jamais.

Muscus squamosus, aquaticus elegantissimus. Planche XXXV.

CE *Muscus* a ses racines suspenduës dans l'eau, ce ne sont que de petites fibres assez longues & perpendiculaires à la surface de l'eau. Ses tiges ont plusieurs branches garnies de petites feüilles verd guai, en maniere d'écailles.

Cette plante est extrêmement chaude, on en donne aux Poules pour avancer leur ponte. Je n'y ai vû ni fleurs ni semences.

Je la trouvai dans le Perou, à 18 degrez de hauteur du Pole Austral.

Myrtus Parasslitica Mari folio. vulgò Hitigu.
Planche XXXI.

CEtte plante qui naît ordinairement comme le *Viscum*, sur les arbres, s'y éleve à la hauteur de deux ou trois pieds: sa tige a huit à neuf lignes d'épaisseur, son écorce est grise & son bois blanc, extrêmement dur; elle se divise en branches, & celles-ci en plusieurs rameaux, qui sortent toûjours des aisselles des feüilles. Les branches & les rameaux sont également chargez de petites feüilles opposées deux à deux, pointues par les deux bouts, taillées comme en fer de pique, & ressemblantes assez par leur figure à celles du *Marum Coriusi.* Elles ont environ quatre à cinq lignes de longueur, sur la moitié moins de largeur, leur queuë n'a gueres qu'une demie ligne de longueur, & leur couleur est d'un assez beau verd. Chaque fleur est portée sur un pedicule délié, long de quatre à cinq lignes, il part toûjours de l'aisselle d'une feüille. Cette fleur est blanche, à quatre petales blanches, opposées en croix, terminées en pointes, longues de trois lignes deux fois, & larges de deux lignes, accompagnées de quatre étamines de la même couleur. Le fruit est minime obscur dans sa maturité, couronné de quatre petites pointes, rempli d'un suc violet obscur, rond, fort doux, & du volume d'un petit grain de raisin; il renferme six petites semences plates, & taillées en rein.

Cet arbrisseau est febrifuge, detersif, & sudorifique. Les Indiens y ont recours lorsqu'ils sont atteints de quelque paralysie: ils en ramassent pour lors quelques bourgeons, dont ils font un petit fagot, qu'ils renferment entre deux toiles, qu'ils envelopent encore dans un manteau d'étofe, ils appuyent dessus leurs pieds nuds, & peu de temps aprés, ils suënt abondamment: mais ils se servent encore plus particulierement de cet arbrisseau dans les maladies veneriennes, ils lui attribuent même beaucoup plus de vertu qu'à la *Salsepareille.* L'on se sert de son fruit pour faire de la gluë.

Je trouvai ce *Myrte* dans les montagnes du royaume de Chily, à 36. degrés de hauteur du Pole Austral.

Myrtus Buxifolio, fructu rubro. vulgò *Mortilla.*
Planche XXXI.

CE *Myrte* s'éleve à la hauteur environ de trois pieds, son écorce est ronde, & le bois dur; les branches naissent opposées deux à deux, ainsi que les feüilles & les rameaux qui partent de leurs aisselles. Les feüilles ressemblent assez à celle du *Myrte de Tarente:* elles ont sept à huit lignes de longueur, sur deux ou trois lignes de largeur, leur dessus

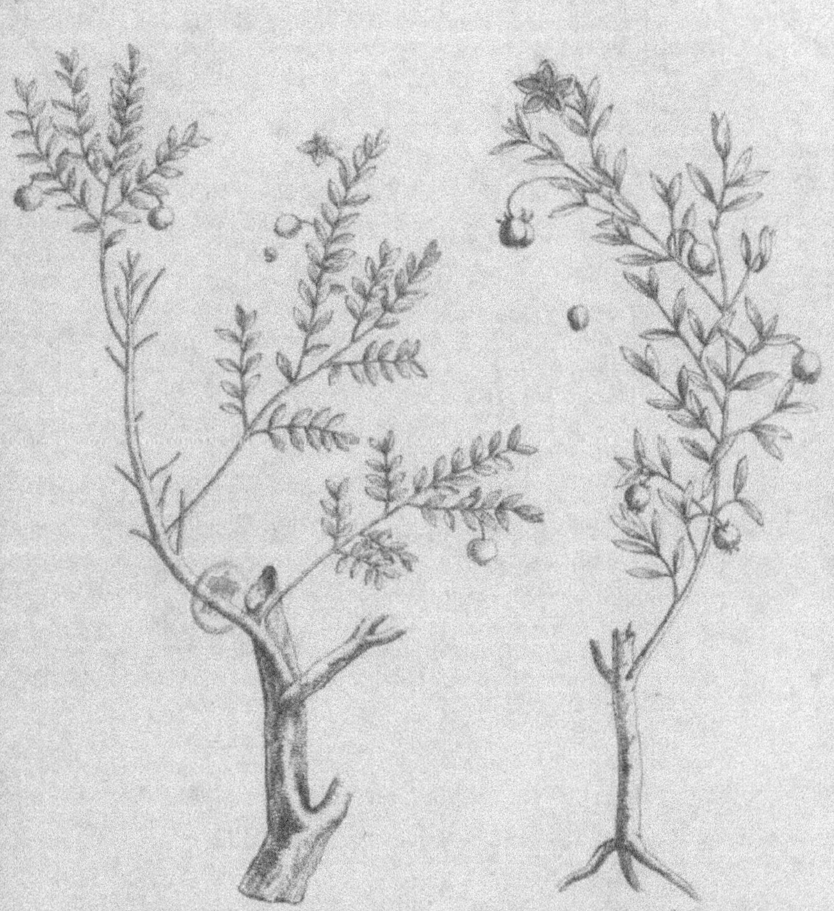

Myrtus parasylitica Mari folio, vulgo
Hitigu pag. 45
Myrtus Buxi folio, fructu rubro,
vulgo Mortilla pag. 44

est verd luisant & le dessous est plus clair, lisses, pointues des deux côtés, arrondies au-dessous, & sillonnées au-dessus. Chaque fleur est soûtenuë par un pedicule grêle & long environ d'un pouce, qui part toûjours de l'aisselle d'une feüille: elles sont blanches, composées de cinq petales, rondes & creusées en cuilleron; ces fleurs ont huit lignes de diametre; leur centre est occupé par une touffe d'étamines blanches, couvertes d'une poudre de la même couleur. Les calices qui soûtiennent ces fleurs, deviennent un fruit parfaitement rond, de la couleur de nos *Cerises*, il a quatre lignes d'épaisseur, & renferme huit petites graines, blancsâle, ovales & un peu plates.

Les naturels du païs pressent ce fruit pour en exprimer le jus; ils le mêlent avec de l'eau à laquelle il donne une belle couleur rouge, & boivent ensuite cette liqueur pour se rafraîchir: son goût est excellent, elle a une petite odeur de *Romarin* qui flate agreablement les sens.

Je trouvai plusieurs de ces arbrisseaux dans le royaume de Chily.

Myrtus, folio subrotundo, vulgò *Chcken.*

CEt arbrisseau s'éleve à la hauteur de quatre pieds, l'épaisseur de son tronc est environ de deux pouces, son écorce est rude & brune, & recouvre un bois blanc: la tige se divise en plusieurs branches, & les branches en une infinité de rameaux, chargés de feüilles opposées deux à deux, pointuës par les deux bouts, sans pedicule, traversées dans leur longueur par une nervûre, qui se divise sur les côtez en plusieurs autres plus petites, disposées en barbillon de plume, & courbées à leur extrêmité, de maniere que le bout des inferieures se termine sur la courbure des superieures. Les plus grandes de toutes ces feüilles n'ont guéres qu'un pouce de longueur sur huit lignes de largeur; elles sont lisses, d'un beau verd-guai au-dessus & d'un verd-clair au-dessous. Les branches se terminent en bouquets de fleurs assez clair semées, & composées chacune de quatre petales blanches, presque rondes, puisque leur diametre en tout sens est environ de trois lignes; le centre de ces fleurs est occupé par une legion d'étamines blanches, ainsi que leur sommet. Leur calice est à quatre pointes, lorsque la fleur est passée, ce calice devient un fruit rond, haut de cinq lignes & presque aussi large, noir en dehors & blanc en dedans, il renferme deux graines en maniere de cœur, un peu applaties, longues d'une ligne sur autant de largeur.

Cet arbrisseau est un remede souverain pour appaiser les inflammations & les autres maladies des yeux. On en ôte l'écorce, on racle ensuite le corps ligneux, & l'on presse cette raclure pour tirer le suc, qu'on mêle avec de l'eau commune bien claire, de laquelle on se bassine les yeux. Ce melange dissipe tous leurs nuages, consume le *Glaucoma*, & purifie entierement la vûë. La décoction de ce même arbrisseau prise dans des lavemens, arrête les dévoïemens, & si l'on en fait boüillir les bourgeons dans de l'eau commune, on a un bain merveilleux, qui soulage toutes les douleurs du corps & les appaise entierement.

On trouve de ces arbrisseaux dans le royaume de Chily.

Neba, subrotundo Fraxini folio. Planche XXXIII.

CEt arbre s'éleve à la hauteur de trois toises; il est fort touffu, son tronc est épais environ d'un tiers de pied. Ses feüilles ou côtes feüillees naissent alternativement, elles sont assez semblables à celles du *Frêne*, puisqu'elles sont composées de quatre à cinq paires de petites feüilles disposées sur une côte terminée par une seule feüille, quelques-unes de ces petites feüilles ont deux oreillettes à leurs bases. Les fleurs sont disposées en épi, qui part toûjours de l'aisselle des feüilles, elles sont très-petites, toûjours disposées par paires sur un très-petit pedicule : elles s'épanoüissent en quatre petites feüilles blanches, la plûpart de ces fleurs avortent, de maniere qu'on ne rencontre que peu de fruit sur chaque épi. Ce fruit est presque rond, ou tant soit peu ovale, de sept lignes de largeur sur neuf lignes de longueur, l'écorce qui le couvre a une ligne d'épaisseur, elle est jaunâtre & devient noire peu de tems après qu'on a cüeilli le fruit : la coquille qui est au-dessous de l'écorce, contient une noisette semblable aux nôtres, qui renferme une amande blanche, à deux lobes, recouverte d'une pellicule grisâtre : la peau de ce fruit est fort astringente, & lo

Nebu, Subrotondo Fraxini folio
pag. 46.

Pl. XXXIIII
Onagra Linariæ folio, magno flore purpureo. pag. 47
Onagra Hyssopi folio, flore amplo violaceo, vulgo Junil. pag. 47
Onagra Salicis angusto, dentatoque folio, vulgo Muhen. pag. 48

goût de son amande diffère peu de celui de nos noisettes ; elle est plus dure & plus douceâtre. Ces fruits se conservent & on les ramasse avec soin.

On trouve plusieurs de ces arbres dans les montagnes du roïaume de Chily.

Onagra Hyssopisfolia, flore ampli violaceo, vulgo *Tauil.*
Planche XXXIV.

LA racine de cette plante n'a qu'une ligne & demi d'é-paisseur à son colet, d'où elle se divise en deux ou trois bras, subdivisez encore en de plus petits : sa longueur n'est que de deux ou trois pouces. La tige qui sort de cette racine s'eleve à la hauteur environ d'un pied & demi, & quelquefois de deux pieds, l'épaisseur de sa base n'est que de deux lignes & demi; elle est couverte d'un bout à l'autre, d'un petit chevelu blanchâtre & garni d'espace en espace de feüilles alternes, longues environ de quinze lignes sur trois lignes de largeur, pointuës par les deux bouts, avec quelque petite dentelûre sur leur contour, & singulierement celles qui sont au bas de la tige : il sort ordinairement de leur base deux plus petites feüilles de la même structure, qui sont couvertes, ainsi que les grandes, d'un petit duvet blanchâtre. Je n'y remarquai qu'une seule fleur, située à l'extremité de la tige, son diametre est environ de cinq quarts de pouces, sa couleur est violette, & ses petales sont au nombre de quatre opposées en croix, arrondies & un peu ondées sur leurs bords; elles ont chacune huit lignes de longueur sur environ autant de largeur : huit étamines de la même couleur occupent le centre de cette fleur, qui est portée sur un embrion, lequel devient un fruit à huit loges remplies de graines fort menuës.

Je trouvai cette plante dans le royaume de Chily, à 37 degrez de hauteur du Pole Austral.

Onagra, Linariæ folio, magno flore purpureo.
Planche XXXIV.

CEtte espece ne s'eleve gueres plus qu'à la hauteur d'un pied; elle se distingue des autres par ses feüilles, qui n'ont pas deux lignes de largeur sur un pouce & demi de longueur : on n'y remarque point de dentelures, ni d'autres

nervûres , que celle qui les parcourt dans leur longueur.
Les fleurs ont un pouce & demi de diametre, elles naissent
aux aisselles & sont portées sur un embrion , qui devient un
fruit cilindrique d'un pouce de longueur, rempli de très-
petites semences.

Je trouvai cette plante sur les bords de la riviere de la
Plata , dans le Paraguay.

Onagra , Salicis angusto , dentatoque folio , vulgò Mithou.
Planche xxxiv.

LA racine de cette espece est brune , taillée en pivot , &
peu chargée de chevelu. Ce pivot pousse une tige qui
s'éleve à la hauteur d'environ trois pieds, d'un beau verd ,
ronde, lisse & épaisse environ d'une ligne à sa base : les feüilles qui l'accompagnent sont alternes , elles ont deux ou trois
pouces de longueur sur trois lignes de largeur , elles ont leur
contour dentelé , & leurs dentelures sont éloignées les unes
des autres environ de trois lignes ; ces feüilles sont d'un
beau verd , & lisses , la côte qui les traverse dans leur longueur donne sur les côtez des nervûres obliques , dont chacune se va terminer à une dentelure. Les fleurs naissent des
aisselles des feüilles superieures , je ne sçai dequel diametre
elles sont , n'en ayant pas vû d'épanoüies. Le fruit qui leur
succede , est un cilindre long de douze à quinze lignes épais
de trois , partagé en quatre loges remplies de semences oblongues & angulaires.

Cette plante est vulneraire & resolutive, on l'applique
pilée , & par forme de cataplasme sur les blessures, qui en
sont gueries en peu de tems.

Je la trouvai dans le royaume de Chily, à la hauteur de
38. degrez du Pole Austral.

Onagra , Salicis angusto dentatoque folio , flore luteo , calice
prælongo.

LA racine de cette espece est un long pivot oblique
chargé de longues fibres, épais à son colet de trois à
quatre lignes. Il pousse une tige branchüe dès le bas, laquelle s'éleve environ à la hauteur d'un pied & demi, les
feüilles

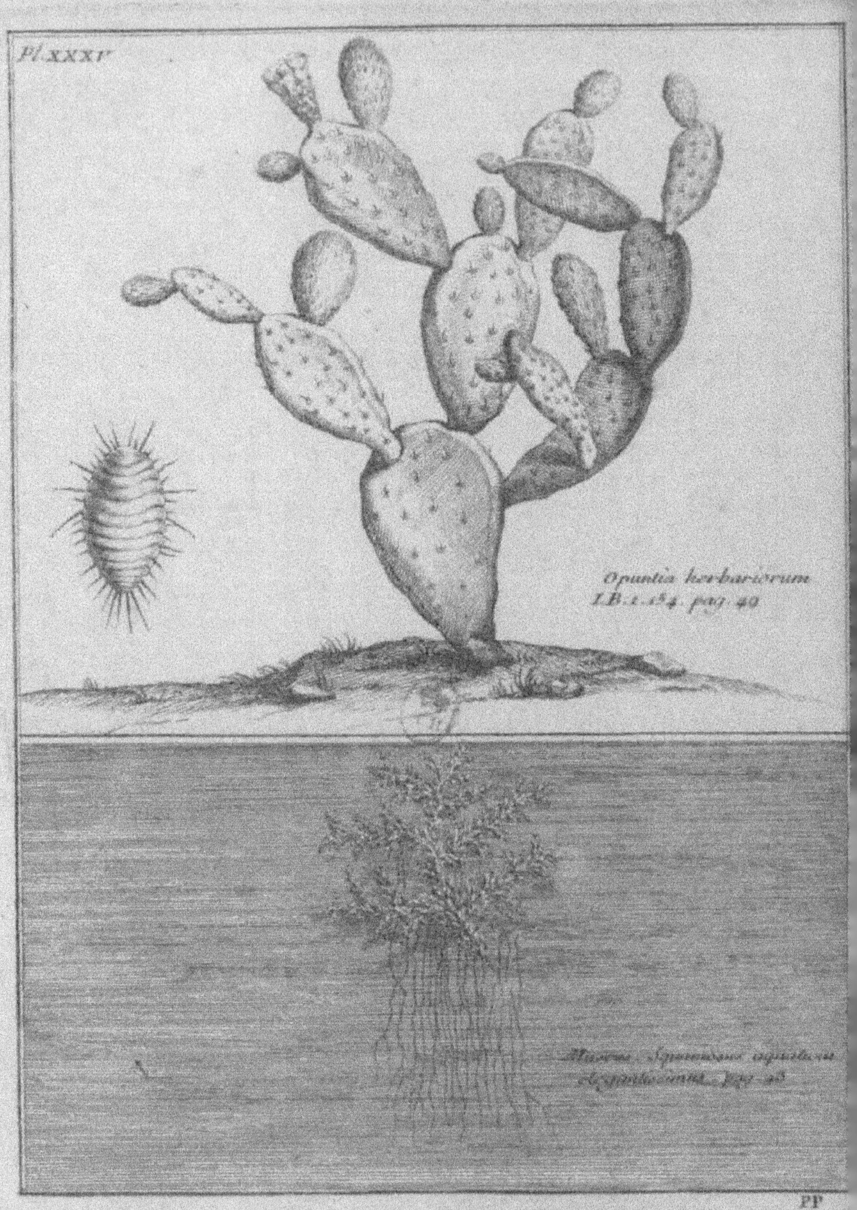

Pl. XXXV
Opuntia herbariorum
I.B.1.154. pag. 40

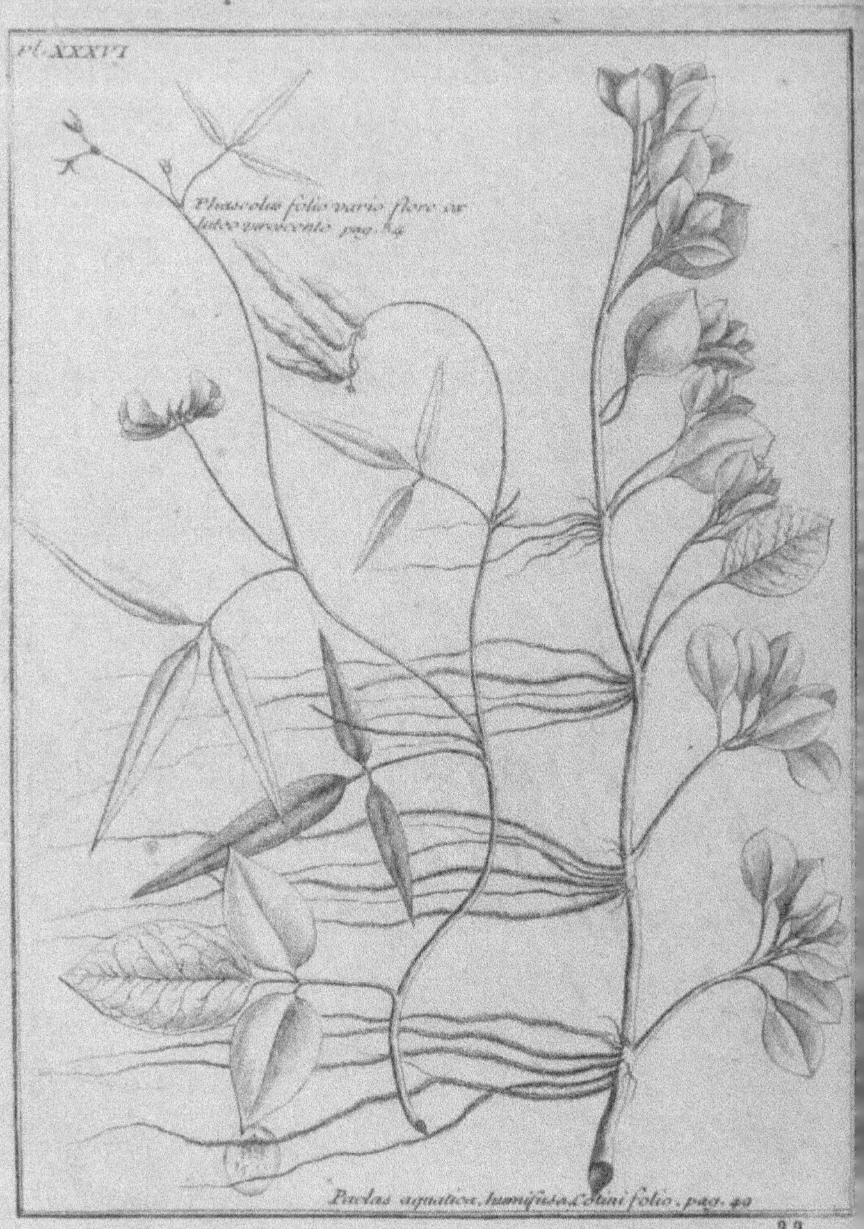
Phaseolus folio vario flore ex
luteo virescente. pag. 54
Paulus aquatica, humifusa, lotani folio. pag. 40

resemblent assez à celle dont on vient de parler : mais les dentelûres en sont plus pointuës. De leurs aisselles sortent les embrions de fruits, chargés chacun d'un tuiau long environ d'un pouce & demi, terminé en calice découpé en quatre lanieres, sur lequel sont posées quatre petales jaunes, opposées en croix, taillées en cœur, qui forment une fleur de trois quarts de pouce de diametre, garnië de huit étamines, & d'un stile qui en occupe le centre. Le fruit est un cilindre d'environ un pouce de longueur, épais d'une ligne & demie.

Je trouvai cette plante dans les campagnes de Buenos-Aires sur le bord de la riviere de la *Plata*.

Opuntia herbariorum. I. B. 1. 154. Planche xxxv.

Oxis lutea, annua, floribus dentatis. Planche xxiv.

SA racine est un pivot garni de plusieurs fibres, épais au colet de demi pouce, verd clair, & assez droit ; il pousse une tige qui s'éleve jusques à deux pieds, elle est ronde, verd-clair, & remplie d'un suc aigre ; elle a demi pouce d'épaisseur vers son origine. Son port est semblable à celui de l'*Oxis Americana lutea erectior. Inst. R. Herb.* mais elle est beaucoup plus grande en toutes ses parties. Sa fleur s'évase de dix lignes, elle est jaune & raiée de purpurin.

On cultive de ces plantes dans presque tous les jardins du Perou. Je cuëillis celle-ci dans le nôtre de *Lima* ; l'usage en est assez connu en Europe.

Paclas aquatica, humifusa, Cotini folio. Planche xxxvi..

CEtte herbe qui nait dans l'eau, s'étend sur sa surface jusques à la longueur de plus d'une toise, elle donne de distance en distance, de longues fibres, chargées d'un chevelu fort court. A la naissance de ces fibres sortent des branches longues de quatre à cinq pouces, chargées vers leur sommet de plusieurs feüilles ovales, dont quelques-unes se terminent en pointe par les deux bouts, elles sont d'un beau verd, lisses, longues environ d'un pouce & demi sur un pouce de large.

Cette herbe est rafraichissante : les naturels du pays en mettent dans leurs soupes.

Je la trouvai sur la surface de la riviere qui passe par le
milieu de la ville de la Conception, dans le royaume de
Chily.

Palillos. Planche XXXVII.

L'Arbre qui porte ce nom s'éleve à la hauteur de trois à
quatre toises ; son écorce est gris-brun , & assez déliée,
ses branches sont chargées de feuilles opposées deux à deux,
qui sont du volume & de la figure de celles du *Persea* ; mais
plus arrondies à leur base; leur dessus est verd-luisant &
leur dessous est de même, mais plus clair. Les fleurs partent
des intervalles qui sont entre les feuilles , elles sont à cinq
petales, blanches, disposées en rose, arrondies & creusées
en cuilleron, soûtenuës par un calice à cinq pointes arrondies, qui pousse une foule d'étamines : ces fleurs ont environ un pouce de diametre. Le fruit qui leur succede a la
figure d'un cœur, dont la longueur est d'un pouce, & la largeur de quatre lignes, la peau qui le couvre est déliée, verd-
clair, & renferme une substance douceâtre, un peu aigre,
mêlée avec plusieurs petites graines.

On trouve plusieurs de ces arbres dans le Perou : celui
que je dessinai etoit dans un des jardins que nous avons dans
la ville de *Lima.*

Palo-Negro. Planche XXXVIII.

LEs Espagnols ont donné le nom de *Palo-Negro* à cet
arbrisseau, parce que son écorce est noire. Il s'éleve ordinairement à la hauteur de six à sept pieds. Ses racines sont
longues & droites, divisées & subdivisées en plusieurs bras
ligneux, couverts d'une écorce brune-obscure. La tige a
un pouce d'epaisseur, elle se divise en branches, & celles-
ci en rameaux d'un verd fort obscur, & noirâtre ; chaque
rameau est chargé d'une infinité de feuilles, qui se colent,
pour ainsi dire, les unes sur les autres, elles ont environ
un pouce un tiers de longueur sur une ligne de largeur,
d'un verd obscur. Les tiges & les branches se terminent par
des bouquets de fleurs agreables, & d'une assez bonne odeur,
elles sont d'une seule piece, découpées en cinq parties éga-

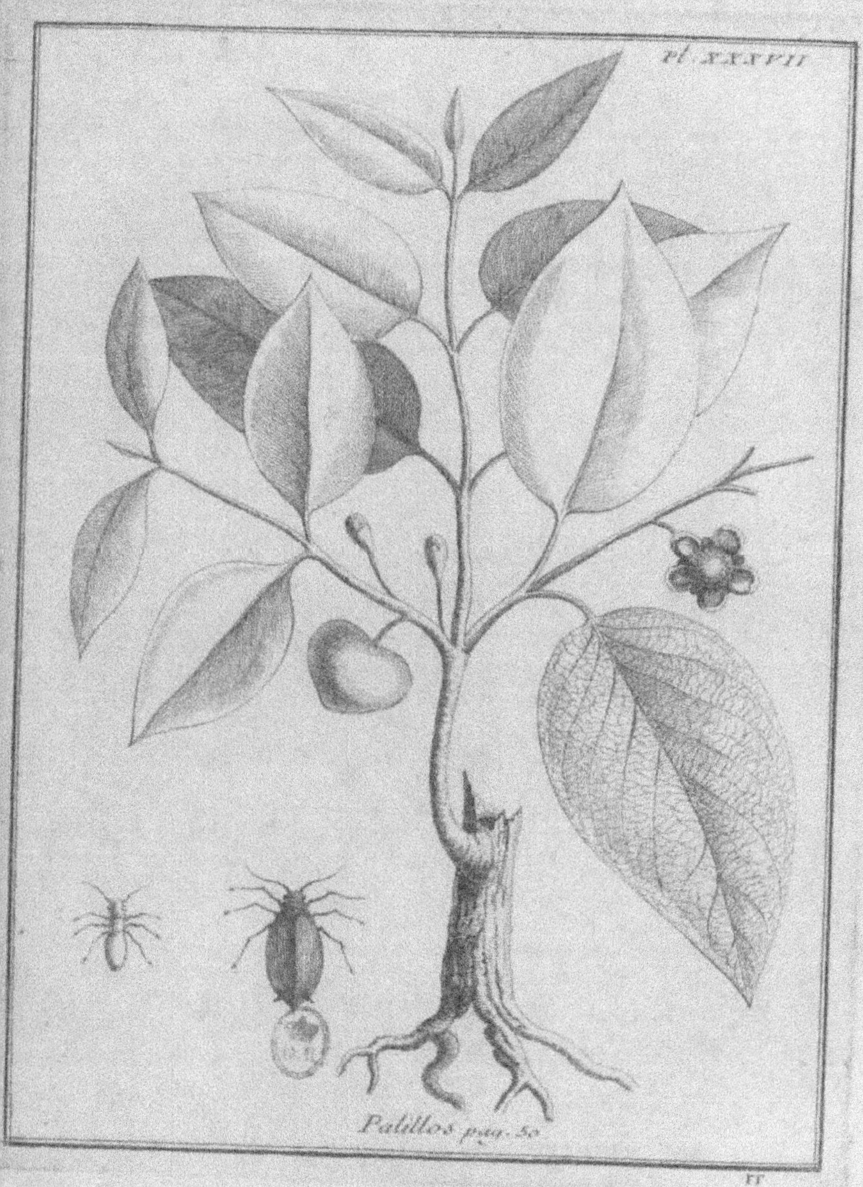

Pl. XXXVII
Palillos pag. 50

Pl. XXXVIII
Palo-Negro. pag.51.
Salgain pag.51.

les, arrondies, ondées fort proprement sur leur bord, & d'un beau blanc, le centre de ces fleurs, c'est-à-dire le contour de l'ouverture de leur tuïau est environné d'un cercle jaune ; le diametre de chacune est environ de quatre lignes, & la longueur de leur tuïau n'est que de demi ligne.

La decoction de cet arbrisseau est un dissolvant violent, les Indiens en usent dans leurs indigestions, mais avec beaucoup de précaution.

Ces arbrisseaux ne naissent que dans des lieux secs & sablonneux. Je trouvai celui-ci dans le Royaume de Chily, à 33 degrés de hauteur du Pole Austral, assez près de la mer & dans un lieu où il ne pleut presque jamais.

Palquin. Planche XXXVIII.

LA racine du *Palquin* est obscure, oblique & divisée en plusieurs bras, elle pousse une tige de la grosseur du bras, droite & branchuë, qui s'éleve à la hauteur de huit à neuf pieds; elle est chargée dès le bas, de feüilles opposées deux à deux, qui ont environ six pouces de longueur sur un pouce & demi de largeur, pointuës par les deux bouts, dentelées finement dans leur contour, & traversées dans leur longueur par une côte arrondie au-dessous & sillonée au-dessus; cette côte donne sur ses côtés plusieurs nervûres, qui se terminent en arc les unes sur les autres, & sont subdivisées en une infinité d'autres plus petites, qui forment un reseau à mailles fort serrées. Les feüilles embrassent les branches par leur base, elles sont lisses, d'un beau verd au-dessus, verd-blanchâtre & cottonées au-dessous. Les fleurs naissent aussi opposées deux à deux, elles sont jaunes, & forment des globes de huit lignes de diametre, elles étoient passées lorsque je trouvai cet arbrisseau : je ne pû en observer la structure.

Cet arbrisseau est vulneraire; les Indiens en réduisent les feüilles en poudre qu'ils mettent sur les playes, ou les y appliquent en forme de cataplasme.

On trouve de ces arbrisseaux au royaume de Chily, dans des lieux humides, à 37 degrez de hauteur du Pole Austral.

Papaya ramosa, fructu Pyriformi. Planche XXXIX.

CEtte espece de *Papayer* differe principalement des autres, en ce qu'elle est branchuë; elle s'éleve à la hauteur de trois toises; son tronc a jusques à huit pouces de
diametre, l'écorce en est grise & raboteuse. Les feüilles sont
en évantail ouvert, taillées à peu près comme celles des autres especes; elles se divisent en neuf parties qui ne se subdivisent que rarement, il n'y a que les trois superieures qui
se partagent sur les côtez, chacune en deux petits lobes. Les
fleurs sont couleur de rose, divisées en cinq parties. Les fruits
qui leur succedent ont assez la figure d'une poire, & sont de
differentes grosseurs, celui que je dessinai avoit huit pouces de
longueur sur trois pouces & demi d'épaisseur, sa peau étoit
jaune de même que sa chair, qui étoit d'un goût douceâtre,
son centre étoit occupé par plusieurs semences ovales, longues de deux lignes & épaisses d'une ligne un tiers.

Je trouvai ce *Papayer* dans un jardin de *Lima*, c'est l'u-
nique de cette espece que j'aie vû.

Parqui Planche XXXII.

LEs tiges de cet arbrisseau s'élevent à la hauteur de sept
à huit pieds, & se divisent & subdivisent en branches;
ses feüilles sont alternes de la grandeur & figure de celles
de l'*Adhatoda*, verd-gai, qui rendent une odeur desagreable lorsqu'on les presse avec la main. Les fleurs naissent en
espece de toupet à l'extrêmité des branches; leur calice est
un tuïau ou gobelet à cinq pointes, du fond duquel s'éleve une fleur blanc-sale, semblable à celle du *Jasmin*. Le pistile
devient un fruit ovale, qui noircit dans sa maturité, long
de six lignes, & qui renferme cinq à six semences coniques,
le suc de ce fruit est d'un beau violet, je m'en suis servi dans
tous mes desseins.

Je trouvai cet arbrisseau dans les montagues du royaume
de Chily, à 33 degrés de hauteur du Pole Austral.

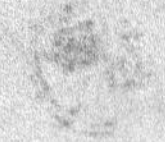

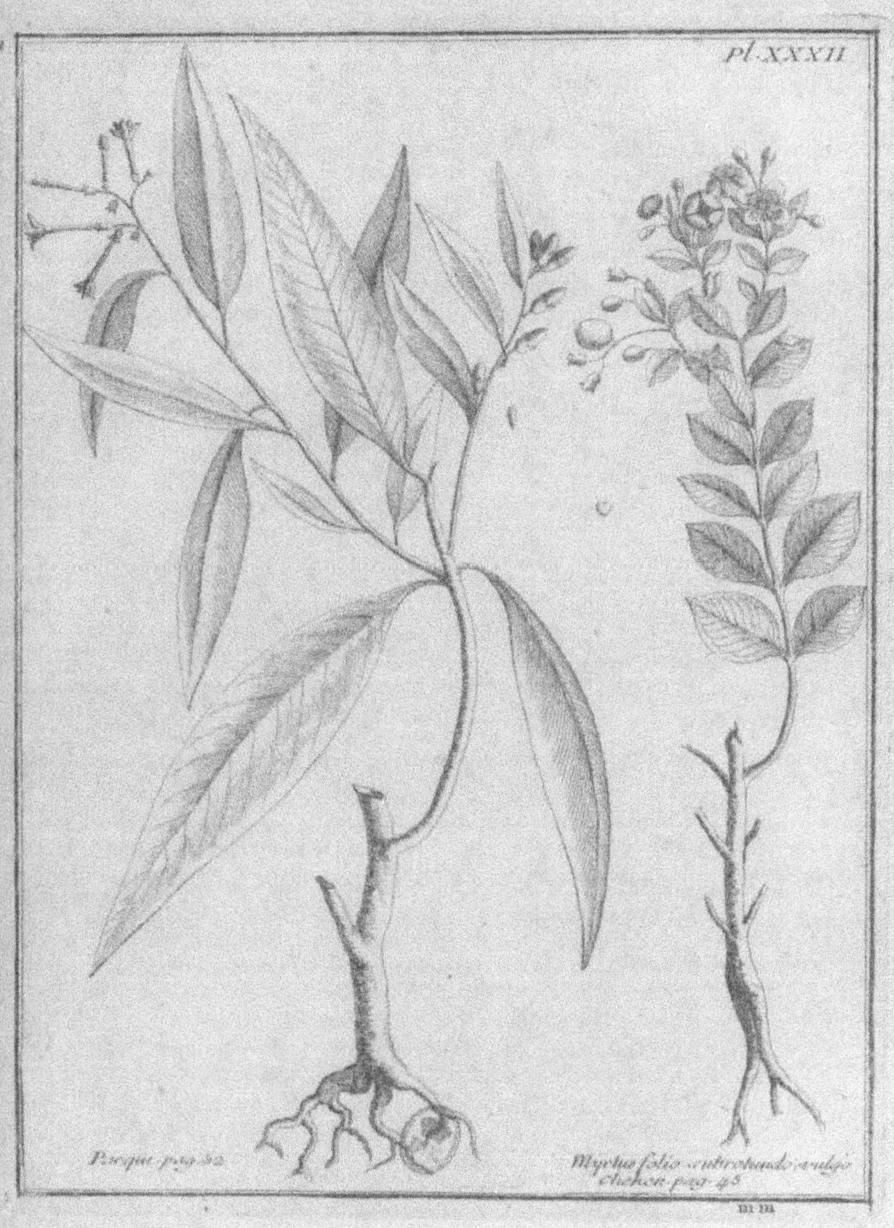
Pl. XXXII.
Poivre p.40-42.
Myrtus folio subrotundo vulgo
Chohon pag. 48.

Fedarrilla. Planche XXVIII.

C'Est une petite plante, dont la racine est en pivot, lon-gue environ de trois pouces sur une ligne d'épaisseur à son colet, grisâtre & chargée de quelque chevelu. Elle pousse une tige haute de trois à quatre pouces, épaisse d'une ligne, ronde, chargée de feüilles alternes, fort serrées les unes contre les autres, du volume & de la figure de celles de l'*Ageratum purpureum*, puisqu'elles n'ont que six à sept lignes de longueur sur deux lignes de largeur : elles sont traver-sées dans leur longueur par une côte, aux côtez de laquel-le il ne paroit aucune nervûre, d'un verd-clair & dente-lées dans leur contour. Il se rencontre quelques petites grai-nes rondes dans les aisselles des feüilles superieures. Je n'en ai pas vû la fleur.

Cette plante est vulneraire, aperitive & diuretique : les Indiens la font secher, & en prennent la poudre en ma-niere de *Tabac* pour se soulager, lorsqu'ils ressentent quel-que douleur au cerveau, & qu'ils ont la migraine.

On la trouve dans les montagnes du royaume de Chily. Je découvris celle-ci à 37 degrés de hauteur du Pole Austral.

Persea. Clusii Hist. 2.

LEs naturels du pays ont donné le nom de *Paltas* au fruit de cet Arbre. Clusius en a fait la description, & il en est encore parlé dans l'histoire des Incas de Garcillasso de la Vega, *liv.* 8. *chap.* 11.

Persicaria, Salicis folio ampliori, utrinque acuto, flore pur-pureo. vulgo *Duras-Nuillo.* Planche XL.

CEtte plante nait dans l'eau, la partie de la tige qui y tracé, donne à ses nœuds des toupets de menües fibres : celle qui s'éleve hors de l'eau, n'a que deux lignes d'épais-seur sur deux ou trois pieds de hauteur, elle est garnie, comme nos *Persicaires* ordinaires, de feüilles alternes, poin-tués par les deux bouts, qui embrassent la tige & les bran-ches par une espece de guaine membraneuse ; les plus gran-

des de ces feüilles ont environ quatre pouces de longueur
sur un pouce de largeur, elles sont d'un beau verd des deux
côtez. Les extrémités des tiges & des branches sont chargées
d'épis de fleurs purpurines, qui laissent chacune après qu'elles
sont passées, une graine noire, plate & taillée en fer de
pique.

Cette plante est aperitive & diurétique : sa décoction est en
usage parmi les naturels du pays, lorsqu'ils se sentent attaqués de la gravelle, ou de quelque difficulté d'uriner, ils
la prennent le matin à jeun.

Je la trouvai au bord d'un ruisseau dans la plaine de *Lima*.

Phaseolus, folio vario, flore ex luteo virescente.
Planche XXXVI.

LEs racines de ce *Phaseole* sont assez menuës, la principale est fort longue & chargée de chevelu. La tige s'é-
tend plus de deux toises, & n'a qu'une ligne d'épaisseur,
elle est ronde, d'un beau verd parsemée d'un petit velu blanc,
& chargée de distance en distance, comme les autres especes,
de queuës qui soûtiennent chacune trois feüilles, celles du
bas de la tige sont les plus grandes, elles ont un pouce &
demi de longueur sur un pouce de largeur ; les feüilles superieures sont beaucoup plus étroites & plus longues. Les
fleurs sont jaunes au-dedans & verdâtres au-dehors. Les siliques, qui leur succedent, ont environ deux pouces de longueur sur deux lignes & demie d'épaisseur, elles sont chargées d'un petit duvet blanc presque imperceptible, & remplies de semences assez semblables à nos *Aricots noirs*.

Cette plante ne se rencontre que dans les lieux humides.
Je trouvai celle-ci dans le Perou à 11 degrés 36 minutes de
hauteur du Pole Austral.

Portulaca, Sedi folio, flore albo. Planche XXIX.

LA racine de cette plante est ligneuse, brune, épaisse de
quatre lignes à son colet, d'où elle commence à se par-
tager en deux ou trois bras, ceux-cy en donnent encore
d'autres plus petits, qui se subdivisent en plusieurs petites
branches qui s'étendent obliquement dans la terre. Elle pous-

Praequa pag. 36
Tabaxa pag. 64

ſe une tige qui donne pluſieurs branches rampantes, dont
les plus longues n'ont que ſix pouces de longueur ſur une
ligne d'épaiſſeur, rondes & d'un beau verd : ces branches
ſont chargées de nœuds, diſtans les uns des autres de quatre
à cinq lignes, d'où prennent naiſſance de petits bouquets
de feüilles dont les plus longues n'ont que ſix lignes, &
ſont, pour ainſi dire, des vermiſſeaux épais de deux tiers de
ligne, terminées en pointes. Les extrémités de chaque branche & de chaque rameau ſont terminées par une fleur blanche à cinq petales diſpoſées en étoile, de ſept à huit lignes
de diametre ; ces petales ont quatre lignes & demie de longueur ſur une ligne deux tiers de largeur, terminées en pointe émouſſée ; du centre de la fleur partent dix étamines, diſpoſées par paires vis-à-vis de chaque petale : ſon calice eſt
une autre étoile verte, dont le diametre eſt preſqu'égal à celui
de la fleur, il eſt chargé d'un petit velu blanchâtre. Le piſtile
devient un fruit, que je n'ai pas vû en maturité, celui que
que j'ai trouvé ſur la plante, la fleur n'étant pas encore paſſée, avoit une ligne de diametre, rempli de menuës ſemences, entaſſées ſur un placenta, qui en occupoit le centre.

Je trouvai cette plante dans les montagnes du Perou, à
17 degrez 40 min. de hauteur du Pole Auſtral.

Proquin. Planche XLI.

CEtte plante a des racines qui s'étendent obliquement
dans la terre, elles ont plus d'un pied de longueur, &
huit à neuf lignes d'épaiſſeur à leur coler ; leur écorce eſt brune & l'interieur eſt blanc, elles ſont garnies de quelque
chevelu. La tige qu'elles pouſſent eſt chargée de côtes feüillées, alternes, aſſez ſemblables par leur ſtructure à celles de
Tagetes ; le deſſus des feüilles eſt d'un beau verd, & le deſſous d'un verd plus clair, parſemé de petits poils preſque imperceptibles. De leurs aiſſelles partent des branches vers le
bas de la tige, qui ſe diviſent en pluſieurs rameaux chargés
les uns & les autres de feüilles ſemblables aux précedentes ;
les tiges n'excedent guéres un pied de hauteur, ni trois lignes d'épaiſſeur, elles ſont chargées d'un petit velu blanchâtre & terminées par une tête ſpherique, compoſée de pluſieurs petits tuiaux quarrez, longs de quatre lignes, poin-

tus par le bas , & évasez d'une ligne & demie par le haut,
qui se termine par quatre pointes longues de quatre lignes,
taillées par leur extrêmité en fer de flèche, ce qui fait qu'elles s'attachent facilement aux habits.

Cette plante est un excellent vulneraire : les Indiens la
pilent & l'appliquent en maniere de cataplasme.

Je la trouvai dans le royaume de Chily, à 37 degrés 50
minutes de hauteur du Pole Austral.

Pseudo - Acacia , foliis mucronatis , flore luteo, vulgò *Maju.*
Planche XLII.

C'Est un arbrisseau haut environ de six pieds , dont la
tige a jusques à un pouce d'épaisseur, l'écorce en est
brune & couvre un corps ligneux, blanc, qui a à son centre une moële jaune-clair : cette tige est garnie de quelques
branches , & celles-ci de plusieurs petits rameaux longs de
cinq à six pouces, chargées de feüilles composées comme celles du *Pseudo - Acacia commun* , mais beaucoup plus pointuës,
au nombre de cinq à six paires & qui vont même quelquefois jusques à huit ; elles ont environ un pouce & demi de
longueur sur sept à huit lignes de largeur. De leurs aisel-
les partent des pedicules longs de quatre à cinq pouces chargés de fleurs jaunes. Les gousses se terminent par une pointe fort aiguë , elles ont un pouce un quart de longueur sur
demi pouce de largeur, & renferment cinq à six semences
noires, un peu applaties, longues de trois lignes, larges de
deux sur une ligne & demie d'épaisseur.

Les naturels du royaume de Chily où naît cette plante,
se servent de sa décoction pour faire mourir, en s'en lavant , les poux dont ils sont quelquefois si fort tourmen-
és, qu'ils regardent cette incommodité comme une maladie
des plus facheuses.

Quedqued. Planche XLIII

C'Et arbrisseau s'éleve à la hauteur de deux pieds : sa tige a deux lignes d'épaisseur, son écorce est grise & son
bois blanc ; elle se divise dès sa racine en plusieurs branches, qui se subdivisent en rameaux. Les feüilles y sont disposées

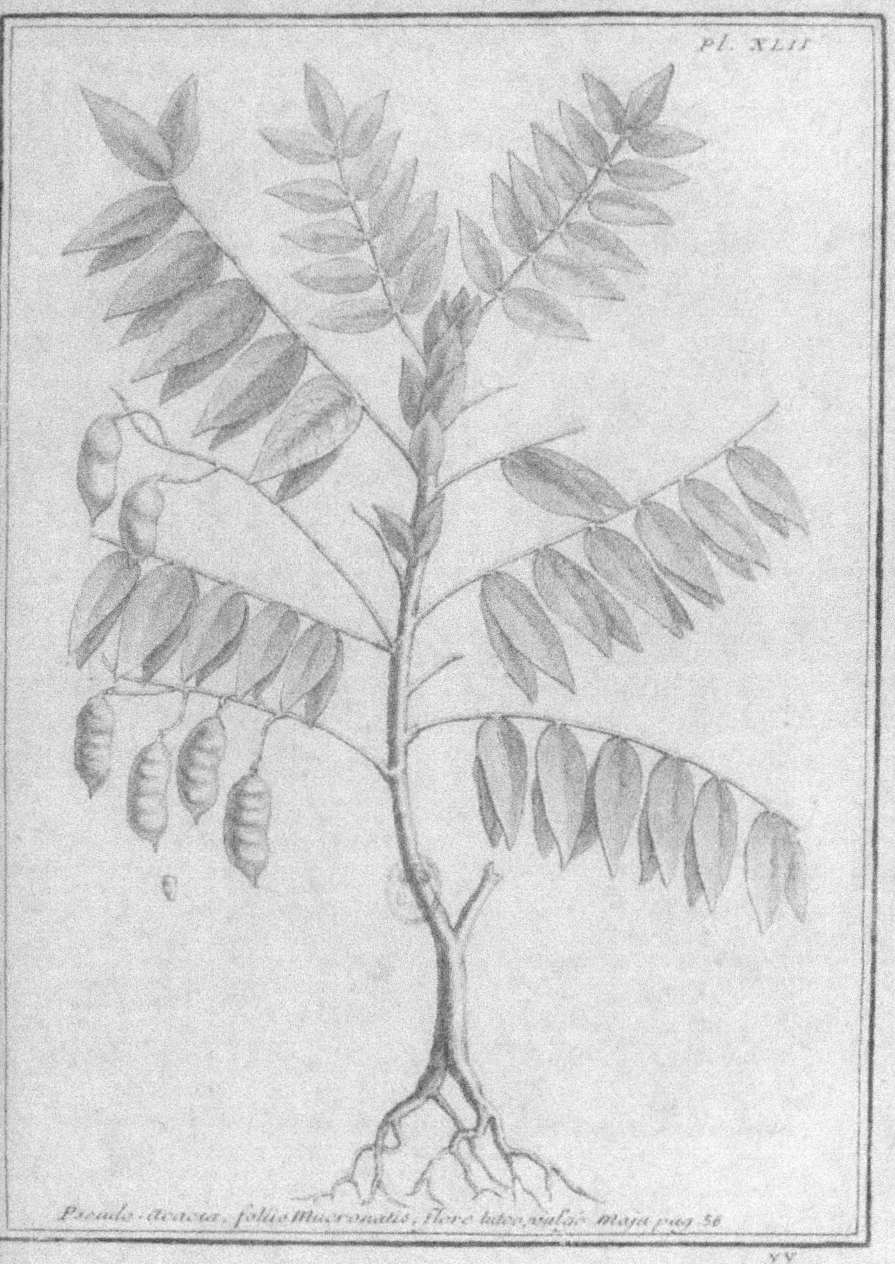

Pseudo-Acacia, foliis Mucronatis, flore luteo, siliquis Maja pag 56

Pl. XLIII

Periclaria foliis carnosis scandens.
pag. 63

Quid quid pag. 86

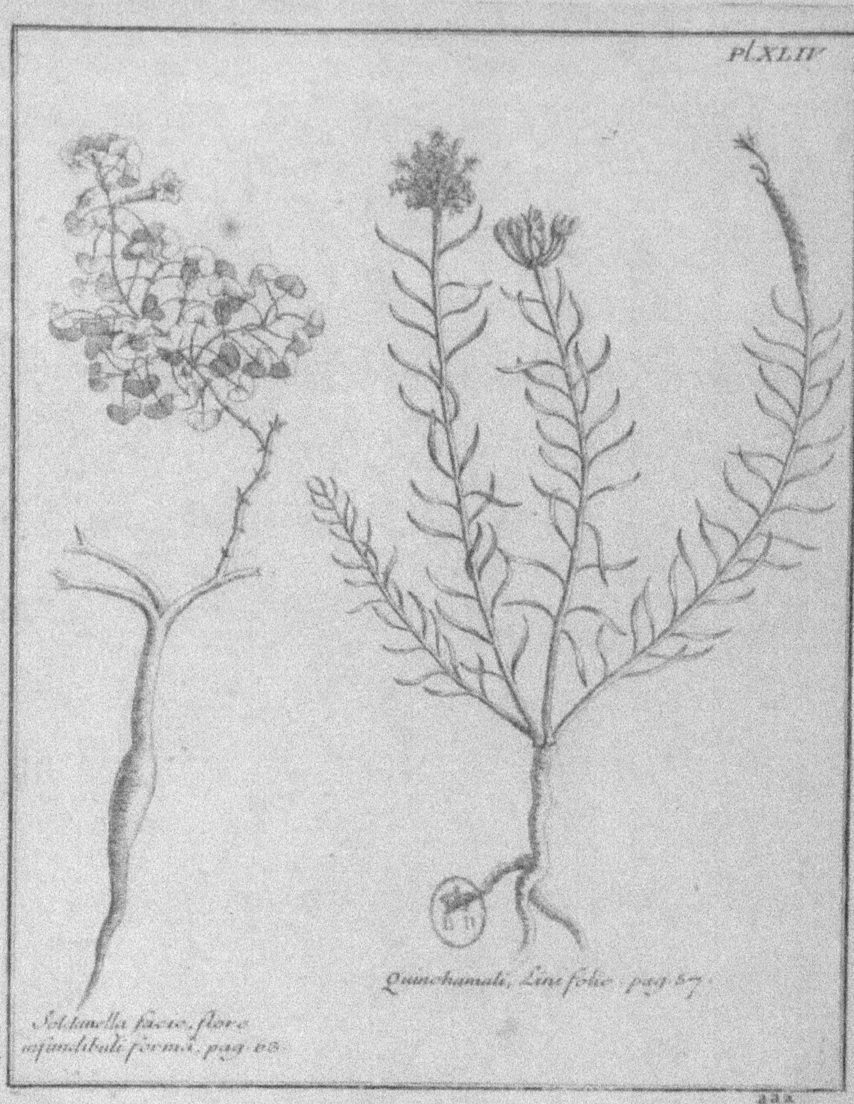

Quinchamali, Linifolio, pag. 57.

Soldanella facie, flore
infundibuli forma, pag. 03.

posées tantôt alternativement & tantôt opposées deux à deux; elles ont prés de deux pouces de longueur sur un pouce de largeur, traversées dans leur longueur par une côte qui donne de chaque côté des nervûres qui s'étendent jusques prés de leur contour, & ces nervûres sont subdivisées en d'autres plus petites, qui forment entre elles une espece de reseau; le contour de ces feüilles est denticulé, & leur extrémité se termine en pointe, elles sont d'un beau verd au-dessus & d'un verd-clair au-dessous. Je n'ai point vû les fleurs de cet arbrisseau, mais les fruits qui leur succedent naissent en maniere d'épi ou de grape, qui sort de l'aisselle d'une feüille; chaque fruit est soûtenu par un calice à cinq pointes, il est rond, un peu applati, & enfoncé en devant, garni en cet endroit d'un petit stile; la peau en est fort mince & d'un rouge brun; la chair est blanche & remplie de petites semences vertes. Ces fruits sont du volume d'un petit grain de raisin. Il est dangereux d'en manger, car ils causent le delire. C'est aussi pour cette raison que les Indiens ont donné à l'arbrisseau qui les porte, le nom de *Quedqued*, qui dans nôtre langue répond au mot de *folie*.

Ces arbrisseaux naissent ordinairement dans les lieux secs & arrides. Je trouvai celui-ci dans les montagnes du royauaume de Chily, à 37 degrez de hauteur du Pole Austral.

Quinchamali, *Lini folio*. Planche. XLIV.

L E *Quinchamali* est une plante dont la racine, qui se divise en quelques bras, est tortuë, couverte d'une écorce fort épaisse renfermant une matiere ligneuse, elle n'a pas de chevelu; son épaisseur au colet est de deux lignes & sa longueur de cinq à six pouces. A son colet naissent plusieurs tiges dont l'épaisseur est d'une ligne, & la longueur de huit à neuf pouces, rondes, vertes, accompagnées de feüilles alternes assez clair-semées, & semblables à celles de *Linaria aurea Tragi*, les plus longues ont environ neuf lignes sur deux tiers de lignes de largeur. Les tiges sont terminées en maniere d'épi, qui forme cependant comme une ombelle; elle est composée de beaucoup de fleurs taillées à peu près comme celles du *Jasmin*: leur tuïau a quatre lignes & demie de longueur, il se découpe ensuite en étoile, dont chaque raïon

h

a deux lignes deux tiers de longueur sur demie ligne de largeur : cette étoile est jaune & le tuïau verdâtre , il part d'un calice fort court , découpé en cinq pointes : je n'en vis pas le fruit.

Les Indiens prennent la décoction de cette plante dans les maladies internes , & singulierement lorsqu'ils croient être attaquez de quelques abscés qui ne paroissent pas au dehors : cette décoction prise chaudement les fait crever , & vuider par les conduits ordinaires.

Je la trouvai dans les montagnes du royaume de Chily , à 37. degrez 40. minutes de hauteur du Pole Austral.

Ranunculus palustris echinatus. C. B. prodr. 95. Planche XVIII.

UNe toufe de fibres longues environ de trois pouces , & épaisses au colet d'une ligne , servent de racine à cette plante : elles sont blanchâtres & garnies d'un chevelu de la même couleur. La tige qu'elles poussent a trois quarts de pied de hauteur sur deux lignes & demie d'épaisseur , droite , ferme , verd-clair , noueuse, garnie sur chaque nœud de feüilles alternes , dont le pedicule a ordinairement quatre pouces de longueur , chargé d'une feüille divisée en trois parties par deux angles rentrans , dont chacune a son contour dentelé ; la longueur des feüilles est d'environ deux pouces & leur largeur de trois , lisses , d'un beau verd au-dessous , & verd-pâle au-dessus. Des aisselles de ces feüilles qui naissent ordinairement sur les nœuds de la tige , partent les branches terminées par une fleur jaune , composée de cinq petales , disposées en rose , longues de deux lignes , larges d'une ligne & demie , portées sur un calice découpé en cinq parties , soûtenu par un pedicule dont la longueur n'est pas toûjours la même. Lorsque ces fleurs sont passées , le pistile devient un fruit en maniere de tête , composée de plusieurs graines pointuës de chaque côté , longues de trois lignes & demie sur deux lignes de large.

Je trouvai cette plante dans le *Tucuman* proche la riviere de la *Plata*.

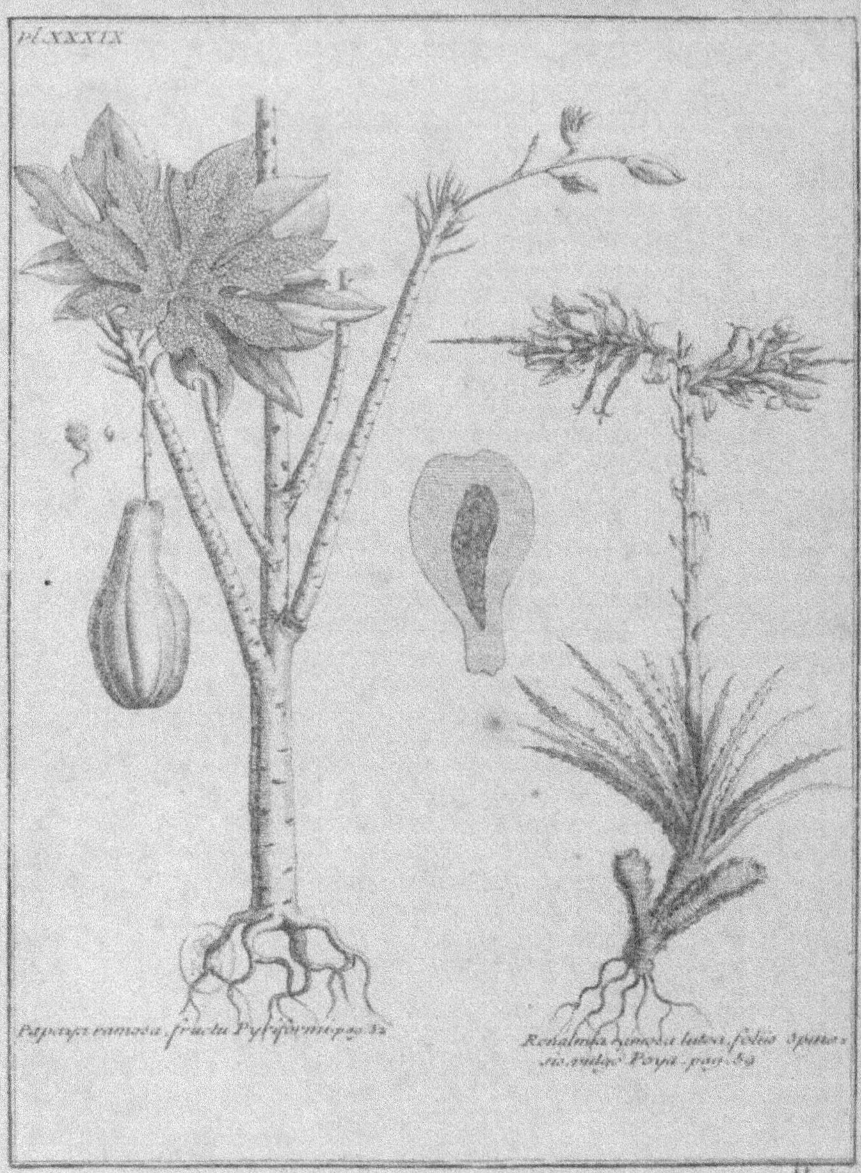

Papaya ramosa, fructu Pyriformi, pag. 52.

Renealmia ramosa lutea, foliis spino-
so-mucronatis, pag. 69.

Renalmia ramosa , lutea , foliis spinosis , vulgo Puya.
Planche xxxix.

LEs racines de cette plante n'ont environ que deux lignes d'épaisseur sur demi pied de longueur : elles poussent des souches monstrueuses, puisqu'elles sont assez souvent de la grosseur d'un homme. Ces souches ne sont proprement que le bas des tiges garnies des vestiges des anciennes feüilles ; ces vestiges forment des calotes qui s'emboitent l'une dans l'autre, & qui sont enfilées par ces mêmes tiges, qui s'élevent à la hauteur d'une toise & demie, épaisse environ de deux pouces ou deux pouces & demi, rondes, verd-bleuâtre au-dehors, mais blanches & aqueuses au-dedans : le bas de ces tiges est entouré d'un grand nombre de feüilles, lesquelles ont jusques à trois & quatre pieds de longueur sur environ deux pouces de largeur, & ressemblent à celles de l'*Anana* ; leurs bords sont chargez de piquans crochus & fort pointus, longs de cinq lignes, distans les uns des autres d'un pouce & demi ou environ : elles sont lisses, luisantes & d'un beau verd-clair. Les Indiens se servent de leurs piquans en guise d'hameçon. Les tiges sont garnies de petites feüilles fort courtes, alternes, qui les embrassent en partie. De leurs aisselles partent des branches en forme de grands épis, qui forment toutes ensemble une grande piramide ; les inférieures ont environ un pied de longueur, & sont chargées en tout sens jusques à deux tiers de leur longueur de feüilles & de fleurs, qui naissent de leurs aisselles. Chaque fleur est à six feüilles disposées comme à double rang trois grandes & trois petites ; ces dernieres ont trois pouces de longueur, & trois lignes & demie de largeur, couvertes d'un petit duvet blanc : les trois grandes sont jaune-verdâtre, elles sont longues de deux pouces & demi, larges de neuf lignes & terminées en arcade gothique : six étamines s'élevent du fond de cette fleur, & entourent un pistile triangulaire, qui les déborde & qui devient un fruit à trois loges rempli d'une infinité de semences : les fleurs en se flétrissant se roulent en tire-boure.

J'ai trouvé de ces plantes dans le roïaume de Chily.

Ricinoydes Phillyreæ folio , vulgò *Coligoy.*

LE *Coligoy* eſt un arbriſſeau de la groſſeur du bras & de
la hauteur d'un homme , branchu dès le bas : les feüilles
en ſont preſque toûjours diſpoſées deux à deux , pointuës par
les deux bouts , longues d'un pouce ou d'un pouce & demi ,
larges de ſept à huit lignes , dénticulées ſur leur contour ,
traverſées d'un bout à l'autre par une nervûre arrondie au-deſſous ; il ne paroît point d'autre nervûre ſur leur plan , parce
qu'elles ſont charnuës , liſſes & d'un beau verd , ſoûtenuës par
une queuë fort courte. Je n'ai pû obſerver de fleurs ſur cet
arbriſſeau , mais ſeulement une eſpece de châton placé aux
extrêmitez des branches , & quelquefois aux aiſſelles des feüilles. Ses fruits ſont des coques triangulaires , qui renferment
trois ſemences rondes , griſâtres , de deux lignes de diametre.

Cet arbriſſeau rend un lait gluant que les Indiens regardent
comme un poiſon : auſſi ont-ils grand ſoin que leurs beſtiaux
n'en approchent.

Je trouvai celui-ci dans les montagnes du roïaume de Chily,
à 36 degrez de hauteur du Pole Auſtral.

Rubiaſtrum , Cruciatæ folio & facie , vulgò *Relbun.*
Planche XLV.

LA racine de cette plante ſe diviſe en une infinité de bras,
qui s'étendent de côté & d'autre juſqu'à deux pieds de
diametre , entrelaſſez les uns dans les autres : elle eſt rouge
comme celle de la *Garance*. Son colet eſt épais d'un quart de
pouce , les tiges qui en ſortent ſont foibles & rampantes ,
n'aïant qu'une ligne d'épaiſſeur ſur environ deux pieds de
longueur : elles ſont chargées par intervalles de quatre feüilles oppoſées en croix , ſemblables par leur figure & leur grandeur à celles de la *Croiſette* : elles ſont blanchâtres & s'attachent aux habits ainſi que celles de la *Garance*. De l'aiſſelle
de quelques-unes de ces feüilles s'éleve un pedicule long de
de quatre lignes , fort menu , chargé d'un calice découpé en
croix , portant une fleur blanche de la même figure , large de
deux lignes. Le fruit qui ſuccede à la fleur eſt rouge , compoſé de deux ovales qui ſe touchent par leur milieu.

J'ai déja dit que la racine de cette plante eſt rouge , les In-

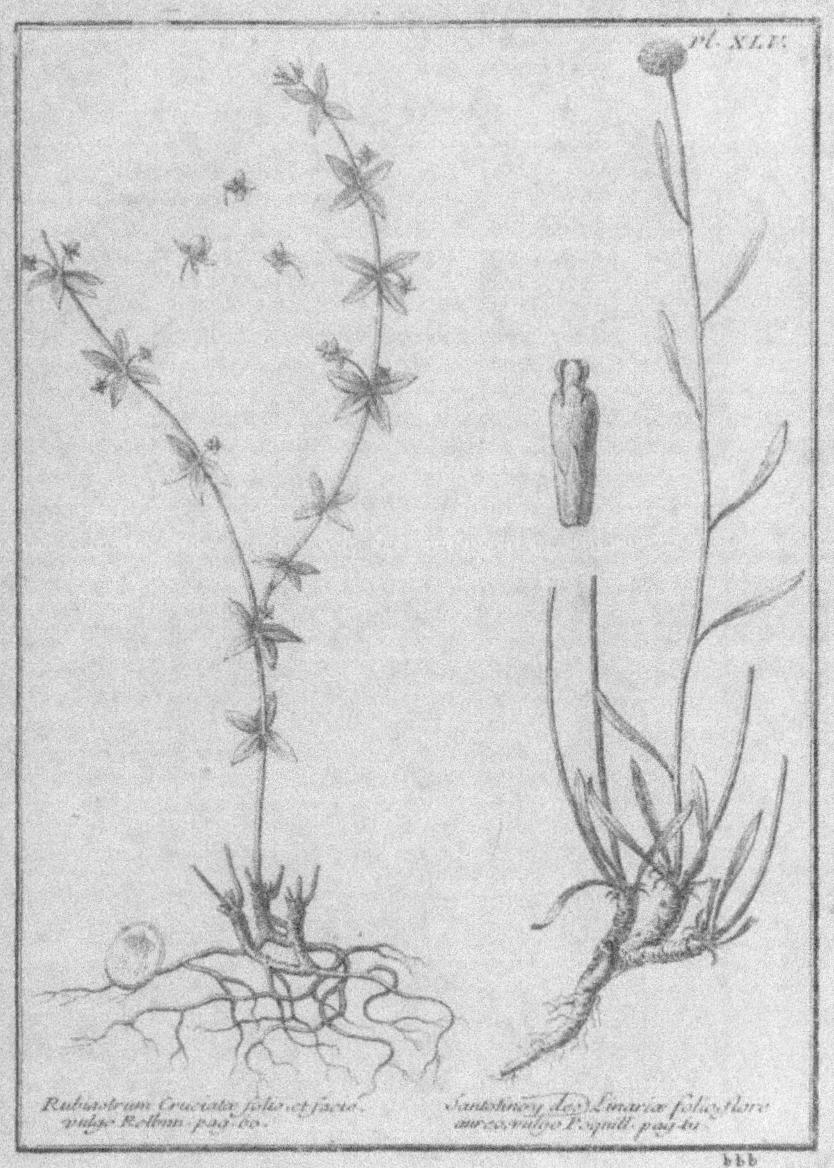

Pl. XLV.
Rubeastrum Cruciatæ folio et facie,
vulgo Rothin. pag. 60.
Santolinoides Linariæ folio flore
aureo vulgo Esquill. pag. 61.
bbb

diens s'en servent pour teindre leurs étofes en cette couleur.

Je trouvai cette plante dans les montagnes du roïaume de Chily, à 36 degrez 44 min. de hauteur du Pole Austral.

Salicornia geniculata, annua, Cor. Inst. R. Herb.

Santolinoydes, Linariæ folio, flore aureo, vulgò *Poquill.*
Planche XLV.

LA racine de cette plante est assez grosse & longue environ de quatre pouces, chargée de quelque chevelu ; elle se divise en plusieurs têtes qui poussent des tiges hautes environ d'un pied & demi sur une ligne d'épaisseur ; elles ne sont pas entierement rondes, mais elles ont de petits angles qui les rendent comme canelées ; leur couleur est verd-clair. Ces tiges ne sont chargées dans leur longueur que de cinq à six feüilles semblables a celles de la *Linaire*, elles ont environ un pouce & demi de longueur sur presque deux lignes de largeur, & sont d'un assez beau verd. Chaque tige est terminée par une fleur jaune à fleurons, qui a environ demi pouce de large sur cinq lignes de haut ; chaque fleuron porté sur un embrion couronné de cinq languettes pointuës. Celui qui est représenté ici, est vû avec le microscope.

Les Chiléens ramassent soigneusement à la fin du Printemps (qui arrive dans le mois de Decembre) les plantes de *Poquill* ; ils en forment de petits faisceaux qu'ils font secher suspendus en l'air, & ils s'en servent dans la suite pour teindre leurs étofes en jaune.

Cette plante se trouve dans les campagnes du roïaume de Chily, à 37 degrez de hauteur du Pole Austral.

Sapindus, foliis costæ alatæ innascentibus Inst. R. Herb.

Sclarea, folio triangulari, caule tomentoso. Inst. R. Herb.

Solanum, amplissimo, anguloso, hirsutoque folio, fructu aureo maximo. Planche XLVI.

CEtte *Morelle* s'éleve à la hauteur d'une toise ; ses feüilles sont taillées à peu près comme celles de la *Juschiame* à

fleurs blanches, mais elles ont plus d'un pied de longueur
fur autant de largeur : elles font drapées des deux côtez fans
être épineufes. Les fleurs s'évafent environ un pouce trois
quarts, le deffous en eft violet & le dedans blanc avec des
étamines jaunes. Le fruit eft une pomme parfaitement ronde,
jaune-doré, de deux pouces de diametre : on l'appelle *Orange
de Quito*, parce que c'eft de cet endroit que la plante a été
apportée, & que fon fruit a la figure & le goût des Oranges.

Je n'ai vû de ces plantes que dans deux jardins de la ville de *Lima* capitale du Perou.

Solanum tuberofum, efculentum. C. B. pin. vulgò *Papa.*

Solanum tuberofum minus, Atriplicis folio, vulgò *Papa montana.* Planche XLVI.

CEtte plante a pour racine un tubercule charnu, ovale,
épais environ d'un pouce, garni dans fa partie inférieure de quantité de longues fibres chevelues & blanches ; la peau
de ce tubercule eft grifâtre & fort mince, celle-ci en recouvre une autre blanchâtre, épaiffe d'une ligne & demie, au-
deffous de laquelle eft une fubftance auffi blanchâtre, affez
folide & d'un bon goût. La tige s'éleve environ trois pouces,
elle eft garnie de trois ou quatre feüilles alternes, aux aiffelles defquelles s'en élevent d'autres plus petites & même
quelquefois de petites branches : la queüe des plus grandes
feüilles a demi pouce de longueur fur une ligne d'épaiffeur,
ces feüilles n'ont gueres qu'un pouce de long fur cinq quarts
de pouce de large vers leur partie inferieure : elles font tail-
lees comme en triangle, dont les deux côtez qui forment
l'angle du fommet, font finués legerement ; la bafe eft droite, & les angles arrondis. La tige fe fourche & foûtient
fur chaque fourchon une fleur taillée comme en cloche, auffi
longue que large, c'eft-à-dire, qu'elles ont un pouce d'ouverture fur autant de hauteur ; elles font couleur de rofe &
garnies de cinq étamines pourprées : leur calice eft une autre
cloche verdâtre, découpée en cinq parties égales.

Les Indiens font un grand ufage des racines de cette plante ; ils en mangent dans leur foupe & dans tous leurs ragoûts,

Solanum amplissimo anguloso, hirsuto quo folio, fructu aureo maximo. pag. 60.

Solanum tuberosum minus, atriplicis folio vulgo Papa montana. pag. 62.

Je trouvai cette plante sur le penchant d'une montagne dans le roïaume du Perou à 17 degrez de hauteur du Pole Austral. Elle diffère par ses feüilles de celles qu'on cultive dans les campagnes.

Soldanella facie, flore infundibuli formâ. Planche XLIV.

CEtte plante est assez singuliere , elle a sa racine en pivot long de quatre pouces , sur quatre lignes d'épaisseur vers le colet ; elle est couverte de deux écorces, l'exterieure est fort mince blanc-sale , l'interieure a une ligne d'épaisseur, d'un beau blanc, spongieuse & qui rend en la pressant une huile salée & un peu âcre. Cette racine pousse une tige , qui se divise à demi pied au-dessus du colet en trois branches , subdivisées en plusieurs rameaux, qui naissent toûjours aux aisselles des feüilles ; les feüilles sont deux à deux opposées , elles ont la figure d'un cœur dont la pointe est à leur sommet , leur longueur est environ de trois lignes & un tiers , sur cinq lignes de largeur , elles sont d'un verd blanchâtre , chargées d'une liqueur huileuse qui a assez de consistance , soutenuës par une queuë d'un tiers de pouce de longueur , fort menuë & d'une couleur violette. Ses fleurs sont des tuïaux longs de demi pouce , au fond desquelles il y a un petit trou , évasez à l'autre bout & découpez en cinq parties dentelées sur leur bord , leur couleur est blanc-sale : ces tuïaux sortent d'un calice découpé en cinq pointes , porté sur un pedicule fort court , qui part toûjours des aisselles des feüilles : lorsque la fleur est tombée le calice envelope un pistile , qui renferme plusieurs petites semences noires en forme d'œufs. Toute cette plante est couverte (comme on l'a fait remarquer) d'une huile acre & salée.

Je n'en ai trouvé qu'une seule sur un rocher au bord de la mer dans le roïaume du Perou , à 17 degrez 38 minutes de hauteur du Pole Austral.

Stramonium fructu spinoso oblongo. Inst. R. Herb.

Tagetes Chiliensis exiguo flore.

Tagetes Chiliensis flore minimo.

CEs deux plantes n'ont rien de singulier qui puisse les faire distinguer des autres especes, que la petitesse de leurs
fleurs : celles que porte la premiere de ces plantes , sont longues environ de quatre lignes sur une ligne d'épaisseur , éva-
sées de deux à trois lignes , & couronnées de cinq demi fleurons. Les fleurs de la seconde ont à peu près la même longueur ; mais elles n'ont pas plus d'une ligne d'épaisseur , &
leur calice n'est débordé que de deux demi fleurons opposez.

Elles sont l'une & l'autre extrêmement chaudes. Les Indiens en mangent au retour de leur pêche pour se rechaufer.

Je les trouvai dans le roïaume du Chily , à 33 degrez de hauteur du Pole Austral.

Thilco. Planche XLVII.

C'Est un arbrisseau de six à sept pieds de hauteur : sa tige est droite , ronde , épaisse environ d'un pouce , couverte de trois écorces , dont l'exterieure est verd-gai , & ligneuse , la moïenne blanche , & la troisiéme qui n'est qu'une
membrane fort mince , est aussi blanche ; celle-ci couvre un
bois verd-luisant à l'exterieur , & blanc interieurement , il
renferme une moële blanc-sale. Les feüilles qui naissent comme par bouquets sur les branches , sont de differentes grandeurs ; les plus ordinaires ont douze ou quatorze lignes de
longueur sur six à sept lignes de largeur ; elles sont d'un beau
verd , parsemées d'un petit duvet , qui les rend comme ve-
loutées : elles se terminent en pointe par les deux bouts &
sont denticulées sur leurs bords ; leur queuë n'a que deux ou
trois lignes de longueur. De l'aisselle de quelques-unes des
feüilles sort un pedicule long d'un ou de deux pouces , recourbé par le poids de la fleur qu'il soûtient : cette fleur qui porte sur un embrion de fruit , est d'un violet admirable , composée de cinq petales dont chacune a cinq lignes de longueur
sur trois lignes & demie de largeur , & garnies de dix étamines rouges , qui la débordent d'enviiron un pouce. Le calice qui renferme cette fleur part de l'embrion du fruit : c'est
une espece d'entonnoir d'un beau rouge , dont le pavillon
qui

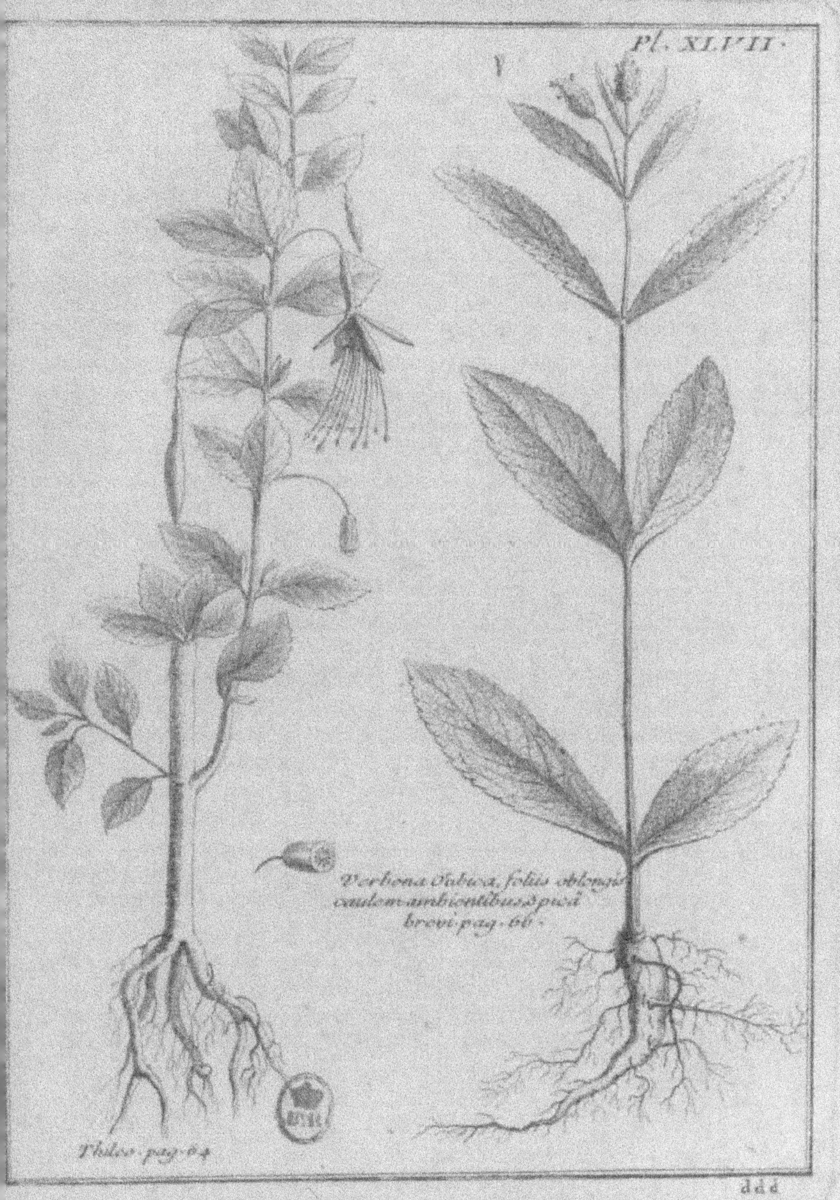
Y
Verbena Cubica, foliis oblongis
caulem ambientibus, spica
brevi. pag. 66.

qui s'évafe de plus d'un pouce, eft découpé jufqu'à fon tuïau
en cinq parties égales, terminées en pointe. Le fruit eft un
cilindre long de quatre à cinq lignes, lorfqu'on le coupe ho-
rifontalement on le voit rempli de femences fort menuës,
oblongues, difpofées autour d'un placenta qui regne d'un
bout à l'autre du fruit.

Les Indiens teignent leurs étofes en noir avec cet arbriffeau.

Je le trouvai fur le panchant d'une montagne dans le roïaume de Chily, à 36 degrez de hauteur du Pole Auftral.

Tutuca. Planche XLI.

LA racine de cette plante eft droite, longue environ de
cinq pouces, chargée de quelque chevelu, blanche &
épaiffe environ de deux lignes à fon colet. D'entre plufieurs
feüilles s'élevent des tiges hautes d'un pied, épaiffes d'une ligne & demie vers leur bafe, rondes & d'un beau verd; elles
font chargées de feüilles alternes, diftantes les unes des autres d'environ un pouce; ces feüilles embraffent la moitié de
la tige par leur bafe: elles font taillées comme en fpatule,
& fe terminent en pointe émouffée; la partie fuperieure,
qu'on peut appeller la palette, a quatre à cinq lignes de largeur, & les plus longues feüilles ont près de trois pouces
de longueur. Les fleurs qui terminent la tige & qui fortent
chacune de l'aiffelle d'une petite feüille, font d'un beau violet, elles ont environ demi pouce de diametre: ce font des
rofettes découpées en cinq parties arrondies, ou plûtôt compofées de cinq petales, dont le centre eft garni de dix étamines jaunes; leur calice eft découpé en deux parties, taillées comme en fer de pique à barbillon: il eft porté fur un
pedicule long de cinq à fix lignes, d'un beau verd: le piftile
eft une efpece de capuchon, qui couvre un amas de petites
graines ovoïdes, longues de deux tiers de ligne.

Je trouvai cette plante dans le roïaume de Chily, à 37 degrez de hauteur du Pole Auftral.

Verbena Orubica , foliis oblongis caulem ambientibus , spicâ brevi. Planche XLVII.

LA racine de cette plante est blanche, ligneuse , recouverte d'une écorce grisâtre, & chargée de quelques fibres obliques , longues & blanchâtres , rechargées d'autres moindres fibres de même couleur , la tige s'éleve à la hauteur d'environ trois pieds : elle est épaisse de trois lignes près du colet , quarrée dans sa longueur , chaque face sillonée dans son milieu. Cette tige est chargée de feüilles opposées deux à deux, des aisselles desquelles partent des branches de la même structure que la tige. Ces feüilles ont deux pouces deux tiers de longueur sur un pouce un sixiéme de largeur ; elles sont traversées d'un bout à l'autre d'une côte arrondie au-dessous,& sillonnée au-dessus, qui donne de chaque côté quelques nervûres, qui s'étendent en arc vers les bords des feüilles , subdivisées en plusieurs autres beaucoup plus petites , qui forment comme un reseau à mailles inégales : les deux feüilles opposées embrassent par leurs bases toute la tige ; elles sont terminées en pointes , ont leur contour dentelé , & sont d'un beau verd au-dessus, blanchâtres au-dessous , & veluës d'un côté & d'autre. Les fleurs sont portées sur un épi terminé en pointe, long d'un pouce,& épais environ de six lignes : ces fleurs sont de petits tuïaux bleus évasez à leur partie superieure , & découpez à leur évasement en cinq parties.

Je trouvai cette plante dans le royaume de Chily , à 33 degrez de hauteur du Pole Austral.

Viola lutea , foliis non auritis. Planche XLVIII.

LA racine de cette espece de *Violette* est droite , blanche, chevelue , longue de sept à huit pouces , & épaisse d'une ligne : elle pousse une tige d'environ deux pouces de hauteur , épaisse d'une ligne, qui se termine ordinairement par deux petites feüilles : celles qui naissent autour de la tige sont soûtenuës par des queuës d'un verd-clair , épaisses de demie ligne , sur trois pouces de longueur. Les feüilles ont un pouce & demi de longueur sur presque autant de largeur , terminées en pointes par les deux bouts , ce qui les rend differentes des au-

Viola lutea foliis non acutis. pag. 66
Virga aurea Lucoÿ folio incano vulgo
Dinca-Lagen. pag. 67

tres *Violettes jaunes* connuës, qui ont des oreillettes ; leur
deſſus eſt d'un beau verd, & le deſſous verd-clair, parſemées
de part & d'autre de petits poils preſque imperceptibles ; elles
ſont dentelées, & leurs dentelures ſont en ance de panier. Les
fleurs ſont portées chacune à l'extrêmité d'un pedicule long de
ſept à huit pouces, lequel n'a pas une ligne d'épaiſſeur, verd-
clair, rond, & garni vers ſa partie moïenne d'une feüille
fort petite, taillée en bequillon. Ces fleurs n'ont rien de particulier que leur grandeur, elles ſont jaunes : les quatre petales ſuperieures ont huit lignes de longueur ſur trois à quatre
de largeur, l'inferieure eſt preſque auſſi longue, mais elle a
dans ſon fond demi pouce de largeur, elle eſt chargée de pluſieurs lignes rouges qui s'étendent en forme de raïons depuis
ſa baſe juſques vers ſon milieu. Lorſque la fleur eſt paſſée le
piſtile devient une coque à trois angles émouſſez, qui s'ouvre
dans ſa maturité en trois quartiers, & laiſſe voir pluſieurs ſemences ovoïdes, attachées contre ſes parois : leur grand diametre eſt d'une ligne & le moindre de demie ligne.

Je trouvai cette plante dans un vallon au bord d'un ruiſſeau,
dans le roïaume de Chily à 36 degrez de hauteur du Pole Auſtral.

Virga aurea, Leucoiï folio incano, vulgò *Dinca-Laguen.*
Planche XLVIII.

LA racine de cette plante eſt épaiſſe d'environ trois lignes
à ſon colet ; elle ſe diviſe en pluſieurs bras, chargez de
menuës fibres, diviſées en quelques autres encore plus fines :
elle a environ ſept pouces de longueur, & s'étend obliquement.
Sa tige s'éleve à un pied & demi de hauteur, elle eſt ronde, droite, épaiſſe environ de deux lignes à ſa naiſſance, coton-
née legerement, & chargée de feüilles dont les plus grandes
ont deux à trois pouces de longueur ſur demi pouce de largeur,
ſe terminans en pointe émouſſée par le haut, & embraſſans de
leurs baſe une partie de la tige : leurs bords paroiſſent un peu
ondez, & leur ſuperficie eſt comme farinée & blanche, ſingulierement au-deſſous. Des aiſſelles des feüilles ſuperieures
naiſſent de petits bouquets de fleurs blanches, radiées, d'un
quart de pouce de diametre, qui n'ont point de pedicule ; les
ſemences ſont fort menuës, jaunes, & chargées d'une aigrette.

Cette plante est un des plus grands vulneraires dont usent les Indiens, particulierement dans les fractions des os; ils en appliquent les feüilles sur la partie offensée après les avoir chauffées sur le feu. L'infusion de ces mêmes feüilles avec laquelle ils se gargarisent, leur est aussi un remede specifique pour les maux de gosier.

Je la trouvai au bord de la mer dans un endroit fort escarpé au roiaume de Chily, à 36 degrez 37 minutes de hauteur du Pole Austral.

Vochi, Liliaceo amplissimoque flore cramesino. Planche XLIX.

C'Est une espece de *Liane* qui monte jusques au sommet des plus grands arbres, & sur-tout sur les noisetiers du roiaume de Chily : ses racines sont assez longues, garnies de plusieurs fibres. Sa tige est blanche au-dedans, couverte d'une écorce cendrée : elle est chargée de nœuds d'espace en espace, d'où partent des branches au sommet desquelles sont articulées trois queües d'un pouce ou deux de longueur, terminées par trois feüilles opposées, en trefle, ovales, longues de deux pouces sur un pouce & demi de largeur, fort lisses, verd d'olive luisant au-dessus, plus clair & moins luisant au-dessous, traversées dans leur longueur d'une côte blanchâtre, arrondie, de la base de laquelle partent deux nervûres ondées vers leurs extrémitez : ces nervûres en donnent de même que la côte beaucoup d'autres, qui forment comme un reseau dont les mailles sont irregulieres. Les fleurs de cette *Liane* ressemblent en quelque sorte à celles du *Lys*, elles naissent à la base des queües des feüilles : leur pedicule a environ un pouce de longueur. Elles sont d'un beau rouge cramoisi, parsemées en dedans de taches blanches un peu longues, elles ont trois pouces de longueur, & sont composées de six petales inégales, trois grandes & trois plus petites & plus étroites, les premieres ont un pouce de large, & les dernieres n'ont que demi pouce; elles forment toutes ensemble une espece de cornet qui s'evase peu à peu de bas en haut, & s'épanoüit en fleur de *Lys* : elles sont garnies de six étamines blanches & d'un stile à tête jaunâtre; le pistile devient un fruit long de deux pouces, cilindrique, un peu plus épais à la base, qui a un pouce de diametre vers le haut, qui se termine en toupie. Ce fruit

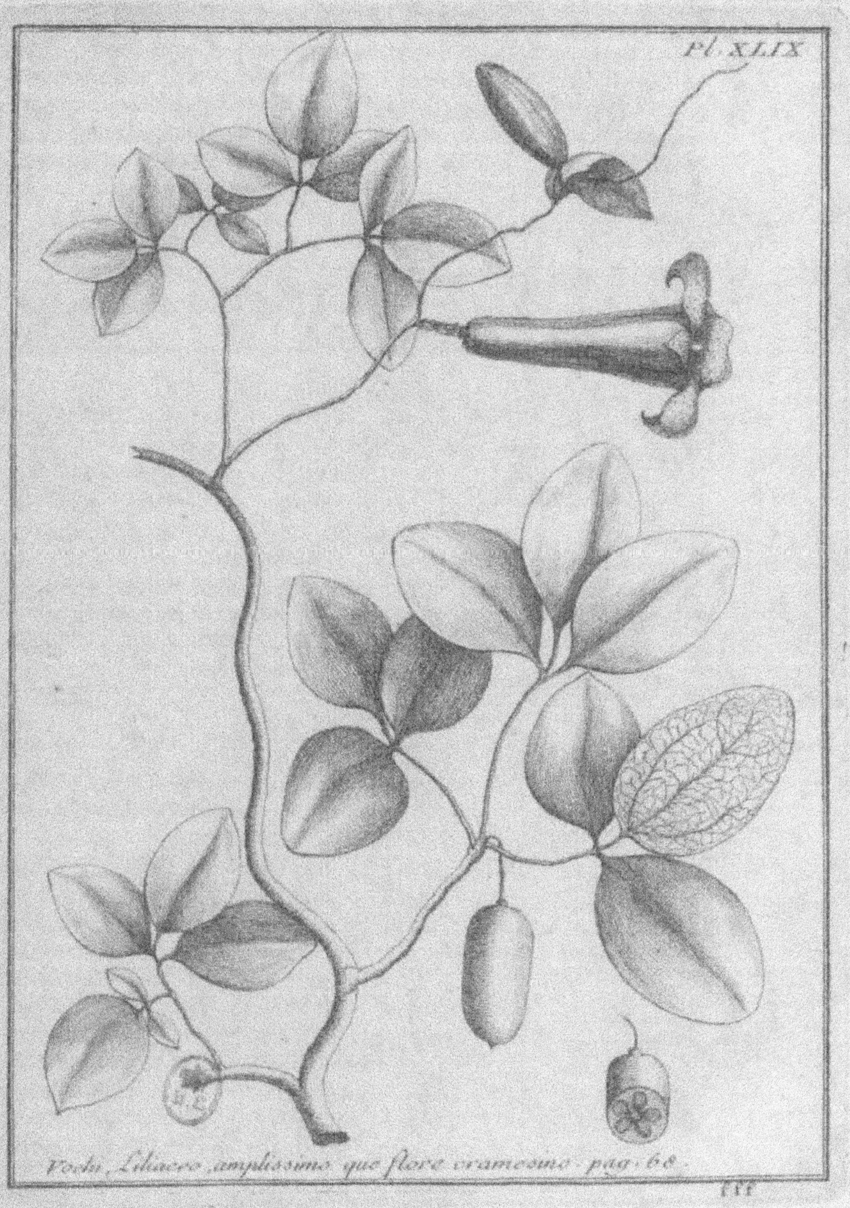

Vochi, Liliaceo, amplissimo que flore cramesino. pag. 68.

est charnu , verd couleur d'olive , ensuite jaunâtre dans sa maturité , & contient une substance blanche, spongieuse & sucrée , dans laquelle on voit cinq colomnes de semences ovales , longues de deux lignes & demie , & épaisse d'une demie
ligne , attachées à un poinçon qui regne d'un bout à l'autre
dans le centre du fruit.

Les Indiens mangent ce fruit par delices , il a un merveilleux goût sucré.

Je trouvai cette plante dans les bois du roiaume de Chily,
à 37 degrez de hauteur du Pole Austral.

Umbellifera quædam Asphodelli radice esculentâ.

JE n'observai pas la tige à cette plante. Ses feüilles ressemblent en quelque façon à celles de la *Berce* : elles sortent
d'un gros nœud sous lequel pendent plusieurs navets jaunes
dans leur maturité , longs de six pouces , & épais de trois ,
couverts d'une peau mince.

Les Créoles mêlent ces navets dans leurs soupes. Ils prétendent qu'ils sont excellens pour les coliques venteuses : leur
goût , lorsqu'ils sont cuits , est assez agréable.

Urceolaria foliis carnosis scandens. Planche XLIII.

CEtte *Liane* naît sur les arbres où elle s'attache par de petits bouquets de racines , tels qu'on en voit aux tiges du
Lierre ou à quelque espece de *Bignonia*. Sa tige a jusques à
deux lignes d'épaisseur ; elle se divise en plusieurs branches
ou sermens, qui embrassent l'arbre en tout sens : ces sermens
sont verds , ligneux & ronds , garnis de feüilles opposées deux
à deux à la distance d'environ un pouce : les feüilles sont
presque ovales , les plus grandes ont quinze lignes de longueur
sur onze de largeur & près de trois d'épaisseur : elles sont d'un
verd-clair , charnuës , aqueuses , portées sur des queües rondes
& longues de deux lignes : de l'extrêmité des branches part un
pedicule long d'un pouce & demi , épais d'un tiers de ligne ,
verdâtre , terminé par un calice évasé & découpé profondément en cinq parties pointuës ; le calice est long de quatre à

cinq lignes , & pousse une fleur d'un beau rouge , longue
d'un pouce , découpée sur ses bords en cinq lobes égaux , dont
l'ouverture a quatre à cinq lignes de diametre : elle est comme étranglée au-dessous de ses découpûres , & ce qui est depuis cet étranglement jusques aux pointes du calice , est ren-
flé en panse de pot à l'eau ; la partie renfermée dans le calice,
est un tuïau qui n'a gueres qu'une ligne & demie d'épaisseur.
Deux longues étamines rouges , ainsi que leurs sommets , débordent la fleur de quatre à cinq lignes ; le pistile qui s'em-
boite dans la partie posterieure , est long de trois lignes &
épais d'une ligne & demie : il est divisé en quatre loges remplies chacune d'une semence longue & rouge , un peu applatie d'un côté & arrondie de l'autre.

Je trouvai cette *Liane* dans les bois du roïaume de Chily,
à 37 degrez de hauteur du Pole Austral. C'est l'unique que
j'aie vû , quoique j'aie assez parcouru les bois & les montagnes de ce roïaume.

Xylon arboreum flore flavo. Inst. R. Herb. 101. Planche I.

CE *Cotonier* est un arbuste vivace , qui s'éleve à la hauteur
d'environ une toise & demie ; son tronc est gros comme
la jambe : il se divise d'abord en plusieurs branches , & chaque branche se divise en plusieurs rameaux , qui sortent des
aisselles des feüilles ; les feüilles sont alternes , leur queuë est
ronde , épaisse environ de deux lignes , & longue de cinq ; les
feüilles sont divisées en cinq parties , dont celle du milieu est
la plus grande , elle a quatre pouces & demi de longueur sur
deux pouces de largeur : les deux autres parties sont inégales,
puisque l'une a trois pouces de longueur , & l'autre deux pouces & demi seulement : l'une & l'autre se divisent des autres parties à un pouce & demi de distance de leur origine , où elles forment comme deux oreilles : toutes ces découpûres se terminent
en pointe & sont traversées chacune par une côte qui part de
l'éxtrêmité de la queuë de la feüille & va se terminer à leur sommet ; cette côte donne de chaque côté plusieurs nervûres , qui
s'étendent sur le plan des feüilles , & sont appuiées les unes
sur les autres par leurs extrêmitez arcuées : ces nervûres se subdivisent en une infinité d'autres plus petites , qui forment un

Xylon arboreum flore flavo Inst. Rei Herb. 161. pag. 70

reseau à petites mailles , le dessus de ces feüilles est lisse , &
d'un beau verd , le dessous est un peu rude , & chargé d'un
duvet blanchâtre : les fleurs naissent opposées aux feüilles :
leur pedicule a un pouce & demi de longueur sur une ligne
& demie d'epaisseur : il est terminé par un calice découpé en
cinq parties frangées , sa fleur est jaune & découpée jusques
vers la base en cinq parties , qui ont chacune trois pouces de
longueur sur presque autant de largeur , elles ont vers leur
naissance une tache rouge. Le centre de cette fleur est chargé d'un tuïau piramidal , couvert de beaucoup d'étamines jaunes. Le fruit est rempli d'un beau coton blanc , & contient
plusieurs semences noires , qui ont à peu près la figure d'un
petit rein.

Je trouvai plusieurs de ces arbres dans la vallée d'*Ylo* dans le
roïaume du Perou , à 17 degrez 36 minutes de hauteur du
Pole Austral.

TABLE

DE LA DESCRIPTION DES PLANTES.

Algue-Laguen , Sideritidis folio , magno flore subcæru-leo. Planche I.   page 4

Alkekengi Virginianum , fructu luteo , vulgò *Capuli.* Planche I.   5

Anisillo , vulgò *Mouchu.* Planche II.   là-même.

Argemone Mexicana , magno flore luteo , Inst. R. Herb.   6

Aster Americanus , Primulæ-veris folio , flore amplo , calice crasso.   la même.

Asteroides Conyse folio , flore luteo. Planche II.   là-même.

Barba-Jovis trifilla , flore ex albo & cæruleo vario , vulgò *Culen.* Planche III.   7

Bermudiana bulbosa , flore reflexo cæruleo , vulgò *Illmu,* Planche III.   8

Bermudiana Narcisso-Leucoii flore , vulgò *Thekel-Thekel.* Planche IV.   9

Bidens trifolia Americana , Leucanthemi flore. Inst. R. Herb. Planche IV.   10

Blitum spicâ rubrâ , vulgò *Taios ,* Planche V.   là-même.

Boigue Cinnamomifera , Olivâ fructu. Planche VI.   là-même.

Boldu arbor Olivifera. Planche VI.   11

Calceolaria , foliis Scabiose vulgaris. Planche VII.   12

Calceolaria , Salviæ folio , vulgò *Chachaul.* Planche VII.   13

Cardamindum minus & vulgare. Planche VIII.   14

Cardamindum ampliori folio , & majori flore. Inst. R. Herb. Planche VIII.   là-même.

Cassia fistula Alexandrina , C. B. pin.   là-même.

Cassia foliis Pseudo-Acaciæ. Planche IX.   là-même.

Cereus fructiferens Peruvianus , flore luteo , Tabern. Icon. 15

Chala Origani folio. Planche V.   là-même.

Chenopodium folio sinuato saturè virente , vulgò *Quinoa.* Planche X.   là-même.

Congona. Planche X.   16

Convolvulus Indicus , vulgò *Patates dictus , Raii Hist.* 728.   Planche

DES PLANTES.

Planche XI.   page 16

Convolvulus , folio subrotundo , floribus solitariis e foliorum alis. Planche XII.   17

Coriandrum majus , C. B. pin.   ibid.

Coriaria Rusci-folia , vulgò *Deu.* Planche XII.   ibid.

Elichrysum Americanum latifolium , vulgò *Vira-vira. Inst. R. Herb.* Planche XIII.   18

Eupatorioides , salicis folio , trinervi , flore luteo , vulgò *contrahierba.* Planche XIV.   ibid.

Fœniculum annuum, umbellâ contractâ oblongâ. Inst. R. Herb. 19

Ficoides Peruviana , folio triangulari , amplo flore purpureo. Planche XIII.   ibid.

Filix minor non ramosa , pinnulis dentatis. Planche XV.   20

Gentianoides flore luteo. Planche XIV.   ibid.

Geranium columbinum perenne flore purpureo , vulgò *Core-core.* Planche XVI.   21

Gesnera floribus maculatis. Planche XVI.   ibid.

Golondrina. Planche XL.   23

Gratiola, latiore folio , flore albo , vulgò *Hulgue.* Pl. XVII.   ibid.

Guaiava Clusii. Hist. App. I.   24

Guanabanus Persea folio , flore intùs albo , exterius virescente, fructu nigricante squamato , vulgò *Cherimolia.* Pl. XVII. ibid.

Hediunda Jasminiano flore. Planche XX.   25

Herba purgationis , flore violaceo. Planche XVIII.   26

Jalapa Officinarum fructu rugoso Inst. R. Herb.   27

Inga siliquis longissimis vulgò *Pacai.* Planche XIX.   ibid.

Leiguera.   28

Lilio-Narcissus monanthos coccineus. Planche XXI.   29

Lilio-Narcissus croceus monanthos. Planche XX.   ibid.

Lilio-Narcissus , flore albicante , tubo prælongo. Pl. XX.   ibid.

Lilio-Narcissus polyanthos albus , Phalangii flore. Pl. XXI.   30

Lilio-Narcissus polyanthos , flore exterius rubro , intùs luteo & rubro vario. Planche XXI.   ibid.

Linum perenne album , foliis rarioribus & brevioribus vulgò *Unnoperken.* Planche XXII.   31

Linum perenne album , foliis rarioribus & longioribus. Planche XXII.   32

Linum perenne luteum polygonifolium vulgò *Nnancu-Laguen.* Planche XXII.   ibid.

Llithi. Planche XXIII.   33

Lucuma. Planche XXIII.   34

Lun. Planche XXIV.   35
Lupinus peregrinus major, villosus. C.B. pin. vulgò *Chuchu.* ibid.
Lychnidæa , verbenæ tenui foliæ folio , vulgò *Sandia-Laguen.*
  Planche XXV.   ibid.
Lychnidæa , Veronicæ folio , flore coccineo. Planche XXV.   36
Lycopersicum , Pimpinella sanguisorbæ folio. Pl. XXV.   37
Lysimachia Myrtifolia , flore albo, lineis incarnatis distincto, vulgò
  Vilu. Planche XXVI.   ibid.
Lysimachia Buxifolia , flore albo, lineis incarnatis distincto.
  Planche XXVI.   38
Madi. Planche XXVI.   39
Maiten. Planche XXVII.   ibid.
Malacoïdes , Betonicæ folio incano & prisco. Pl. XXVII.   40
Maytensillo. Planche XXVIII.   41
Melocactus Indiæ Ocidentalis. C.B. Pin.   idem.
Mentha verticillata , Nepetæ foliis , vulgò *Poleo.* Pl. XXVIII. 42.
Meru-Laguen. Planche XXIX.   ibid.
Mulli Clusii in Monard. 322.   43
Mulli foliis non serratis. Planche XXX.   ibid.
Muscus squamosus aquaticus elegantissimus. Pl. XXXV.   ibid.
Myrthus Parasylitica Mari-folio vulgò *Hitigu.* Pl. XXXI. ibid.
Myrthus Buxifolie fructu rubro , vulgò *Mortilla.* Pl. XXXI. 44.
Myrthus folio subrotundo , vulgò *Cheken.* Pl. XXXII.   45
Nebu , subrotundo Fraxini folio. Pl. XXXIII.   46
Onagra Hyssopifolia , flore amplo violaceo , vulgò *Innil.* Planche
  XXXIV.   47
Onagra Linariæ folio , magno flore purpureo. Planche XXXIV. ibid.
Onagra. Salicis angusto , dentatoque folio , vulgò *Mithon.* Planch.
  XXXIV.   48
Onagra. Salicis angusto , dentatoque folio , flore luteo , calice præ-
  longo.   ibid.
Opuntia herbariorum. I.B. 1. 154. Planche XXXV.   49
Oxis Lutea , annua floribus dentatis. Planche XXIV.   ibid.
Paclas aquatica , humifusa , Cotini folio. Pl XXXVI.   ibid.
Palillos. Planche XXXVII.   50
Palo-Negro. Planche XXXVIII.   ibid.
Palquin. Planche XXXVIII.   51
Papaya ramosa , fructu Pyriformi. Pl. XXXIX   52
Parqui. Planche XXXII.   ibid.
Pedorrilla. Planche XXVIII.   53
Persea. Clusii Hist. 2.   ibid.

DES PLANTES

Persicaria , Salicis folio ampliori , utrinque acuto , flore purpureo,
    vulgò *Duras-Nnillo.* Planche XL. ibid.
Phaseolus , folio vario , flore ex luteo virescente. Pl. XXXVI. 54.
Portulaca , Sedi folio , flore albo. Pl. XXIX. ibid.
Proquin. Planche XLI. 55
Pseudo-Acacia , foliis mucronatis , flore luteo , vulgò *Maju.*
    Planche XLII. 56
Quedqued. Planche XLIII. ibid.
Quinchamali , Lini folio. Pl. XLIV. 57
Ranunculus palustris echinatus. C. B. *Prodr.* 95. Pl. XVIII. 58
Renalmia ramosa , lutea , foliis spinosis , vulgò *Puya.* Pl. XXXIX. 59
Ricinoydes Phillyreæ folio , vulgò *Coligoy.* 60
Rubiastrum, Cruciatæ folio & facie , vulgò *Relbun.* Pl. XLV. ibid.
Salicornia geniculata , annua , Cor. *Inst.* R. *Herb.* 61
Santolinoydes , Linariæ folio , flore aureo , vulgò *Poquill.*
    Planche XLV. ibid.
Sapindus , foliis costæ alatæ innascentibus. Inst. R. *Herb.* ibid.
Sclaræa , folio triangulari , caule tomentoso. Inst. R. *Herb.* ibid.
Solanum , amplissimo , anguloso , hirsutoque folio , fructu aureo
    maximo. Planche XLVI. ibid.
Solanum tuberosum esculentum. C. B. *pin.* vulgò *Papa.* 62
Solanum tuberosum minus , Atriplicis folio , vulgò *Papa mon-*
    tana. Planche XLVI. ibid.
Soldanella facie , flore infundibuli formâ. Pl. XLIV. 63
Stramonium fructu spinoso oblongo. Inst. R. *Herb.* ibid.
Tagetes Chiliensis exiguo flore. 64
Tagetes Chiliensis flore minimo. ibid.
Thilco. Planche XLVII. ibid.
Tutuca. Planche XLI. 65
Verbena Orubica , foliis oblongis caulem ambientibus , spicâ
    brevi. Planche XLVII. 66
Viola lutea , foliis non auritis. Planche XLVIII. ibid.
Virga aurea , Leucoii folio incano , vulgò *Diuca-Laguen.* Plan-
    che XLVIII. 67
Vochi , Liliaceo ampliss.moque flore cramesino. Pl. XLIX. 68
Umbellifera quædam Asphodelli radice esculentâ. 69
Urceolaria , foliis carnosis scandens. Planche XLIII. ibid.
Xylon arboreum flore flavo. Inst. R. *Herb.* 101. Planche L. 70

Fin de la Table de l'histoire des Plantes.

TABLES

DES

DECLINAISONS

DU SOLEIL

POUR TOUS LES DEGREZ ET MINUTES

DE L'ECLIPTIQUE.

TABLES
DES DECLINAISONS DU SOLEIL
POUR TOUS LES DEGREZ ET MINUTES DE L'ECLIPTIQUE.

DE LA DECLINAISON DU SOLEIL.

ON a cru absolument neceffaire pour l'utilité des Marins, de raporter dans ce Journal les Déclinaifons du Soleil pour tous les degrez & minutes de l'Ecliptique : ces Tables devoient naturellement fuivre les Tables des mouvemens du Soleil, mais on s'en apperçut trop tard, l'impreffion des deux premiers volumes étoit déja finie.

On a calculé ces Déclinaifons fur la détermination de la diftance des Solftices : nous avons trouvé par nos Obfervations faites aux Ifles de l'Amerique & à Marfeille, cette diftance conforme à peu de fecondes près, à celle que Monfieur Caffini a déterminée par un grand nombre d'obfervations, qui eft de 46ᵈ.58′. Nous nous fommes conformez à ce grand homme, qui eft plus au fait des matieres Aftronomiques, que plufieurs anciens & nouveaux Aftronomes, qui ne conviennent pas avec lui fur la diftance des Tropiques : cette difference peut provenir de plufieurs caufes aufquelles on n'a peut-être pas fait attention.

1°. Des lieux differens où l'on a obfervé.

2°. Des differentes difpofitions du tems.

3°. Des differens inftrumens dont differens Obfervateurs fe font fervis.

1°. L'air n'eft pas également condenfé ni rarefié dans tous les lieux ; cela confte par une infinité d'obfervations qu'on fait tous les jours de fes differens poids : dans un air plus condenfé, les raions du Soleil fouffrent en le traverfant, plus de réfraction que dans un air qui l'eft moins ; cela n'a pas befoin de preuve ; car les raions rencontrans plus d'obftacles dans leurs paffages, ils doivent fe rompre felon la proportion du nombre de ces obftacles.

2°. Les raions du Soleil paffans dans un air rarefié, s'approchent plus de la perpendiculaire, que lorfqu'ils paffent par un air plus condenfé ; donc ils doivent moins fouffrir de rarefraction : il confte que l'air eft plus condenfé ou rarefié dans un lieu que dans un autre ; il faut donc conclure que dans ces differens lieux les hauteurs y doivent paroître differentes.

3°. Les differentes difpofitions du tems peuvent être une autre caufe qui peut produire la differente distance qu'on a trouvé entre les Solstices : les vents de Nord, par exemple, poussent vers le midi la matiere fluide de l'air ; cette matiere ainsi poussée, peut faire plier le raion qui passe par son travers, & le representer dans un autre point, qu'un vent de Sud ne nous le representeroit : il n'arriveroit pas de même des vents d'Est ou de Oüest, lesquels toujours paralleles à l'Equinoxial de quelque côté qu'ils faïent plier ce raion, ne changent rien à sa direction.

Les tremblemens confus & fort rapides qu'on remarque sur les bords de l'image du Soleil, lorsqu'il est reçu sur une carte ou quelque autre corps, est une preuve de ce que je viens d'avancer ; car plus l'Atmosphere est ebranlée par le vent, plus les tremblemens des bords de cette image sont rapides, & alors on ne sçauroit s'assurer des termes de cette image.

Or pour déterminer physiquement la hauteur du Soleil, & par consequent la distance des Solstices, il faudroit observer la hauteur du Soleil sur les plus hautes montagnes & au-dessus des nües, où l'air doit être très-serain & très-calme. Ces Observations pourront se faire sur le Pic de Tenerif au mois de Juin, où j'espere me trouver ; je prendrai si-bien mon temps, que je ne m'y trouverai que le 21. Si la divine providence permettoit que je fusse encore dans les Isles au mois de Décembre, je me servirois utilement de ce temps pour aller faire une seconde observation sur le même Pic, & verifier de mon mieux un doute qui ne cessera que par des observations de cette nature.

4°. La troisiéme cause qui fait que les Observateurs ne conviennent pas de la distance des Solstices, est les differens instrumens dont ils se servent. Quelqu'habile que soit un ouvrier, il est très-difficile qu'il ne fasse, en divisant un instrument, des erreurs de dix secondes & même de plus : quand un instrument seroit divisé dans la derniere justesse, un Astronome en déterminant à la seconde de la hauteur observée, peut se tromper de dix secondes & même de plus.

Pour avoir la Déclinaison du Soleil, on s'est servi de l'analogie suivante.

Comme le sinus total

Au sinus de la distance du Soleil au plus proche Equinoxe

Ainsi le sinus de l'obliquité de l'Ecliptique   23ᵈ 29′ 0″

Au sinus de la Declinaison du Soleil.

Pour trouver l'Ascension droite du Soleil, on se servira de l'analogie suivante.

Comme le sinus total

Au sinus du complement de l'obliquité de l'Ecliptique   66ᵈ 31′

Ainsi la tangente de la distance du Soleil au plus proche Equinoxe

A la tangente de l'Ascension droite.

TABLES

Minutes	Minutes	♈ & ♎ 0 degré	Différence	♈ & ♎ 0 degré	Différence	♈ & ♎ 1 degré	Différence	♈ & ♎ 1 degré	Différence	Minutes	Minutes
30	0	0ᵈ 0′ 0″	24	0ᵈ 11′ 56″	24	0ᵈ 23′ 54″	25	0ᵈ 35′ 52″	24	60	30
31	1	0 0 24	25	0 12 21	23	0 24 19	24	0 36 16	24	59	29
32	2	0 0 49	25	0 12 44	24	0 24 43	24	0 36 40	24	58	28
33	3	0 1 14	25	0 13 8	24	0 25 7	24	0 37 4	23	57	27
34	4	0 1 39	24	0 13 32	24	0 25 30	23	0 37 27	24	56	26
35	5	0 2 3	24	0 13 56	24	0 25 54	24	0 37 51	24	55	25
36	6	0 2 26	23	0 14 20	23	0 26 18	24	0 38 15	24	54	24
37	7	0 2 49	23	0 14 43	25	0 26 42	24	0 38 39	24	53	23
38	8	0 3 12	23	0 15 8	23	0 27 6	24	0 39 3	24	52	22
39	9	0 3 35	24	0 15 31	23	0 27 30	24	0 39 27	24	51	21
40	10	0 3 59	24	0 15 54	24	0 27 54	24	0 39 51	24	50	20
41	11	0 4 23	24	0 16 18	25	0 28 18	24	0 40 15	24	49	19
42	12	0 4 47	25	0 16 43	24	0 28 42	24	0 40 39	23	48	18
43	13	0 5 12	24	0 17 7	23	0 29 6	24	0 41 2	24	47	17
44	14	0 5 36	23	0 17 30	25	0 29 30	24	0 41 26	24	46	16
45	15	0 5 59	24	0 17 55	24	0 29 54	24	0 41 50	24	45	15
46	16	0 6 23	24	0 18 19	24	0 30 18	24	0 42 14	24	44	14
47	17	0 6 47	23	0 18 43	24	0 30 42	23	0 42 38	24	43	13
48	18	0 7 10	24	0 19 7	24	0 31 5	24	0 43 2	24	42	12
49	19	0 7 34	24	0 19 31	23	0 31 29	24	0 43 26	24	41	11
50	20	0 7 58	24	0 19 54	24	0 31 53	24	0 43 50	24	40	10
51	21	0 8 22	24	0 20 18	24	0 32 17	24	0 44 14	24	39	9
52	22	0 8 46	24	0 20 42	24	0 32 41	24	0 44 38	24	38	8
53	23	0 9 10	24	0 21 6	24	0 33 5	24	0 45 2	23	37	7
54	24	0 9 34	24	0 21 30	24	0 33 29	24	0 45 25	24	36	6
55	25	0 9 58	24	0 21 54	24	0 33 53	24	0 45 49	24	35	5
56	26	0 10 22	24	0 22 18	24	0 34 17	23	0 46 13	24	34	4
57	27	0 10 46	23	0 22 42	24	0 34 40	24	0 46 37	24	33	3
58	28	0 11 9	25	0 23 6	24	0 35 4	24	0 47 1	24	32	2
59	29	0 11 34	22	0 23 30	24	0 35 28	24	0 47 25	24	31	1
60	30	0 11 56		0 23 54		0 35 52		0 47 49		30	0

19 degrez.	19 degrez.	18 degrez.	18 degrez.
♍ & ♓	♍ & ♓	♍ & ♓	♍ & ♓

TABLES
DES DECLINAISONS DU SOLEIL POUR TOUS LES
Degrez & Minutes de l'Ecliptique.

Minutes	Minutes	♈ & ♎ 2 degrez.	Différence	♈ & ♎ 2 degrez.	Différence	♈ & ♎ 3 degrez.	Différence	♈ & ♎ 3 degrez.	Différence	Minutes	Minutes
30	0	0 47 49	24	0 59 45	24	1 11 42	24	1 23 38	24	60	30
31	1	0 48 13	24	1 0 9	24	1 12 6	24	1 24 2	24	59	29
32	2	0 48 37	23	1 0 33	24	1 12 30	24	1 24 26	24	58	28
33	3	0 49 0	24	1 0 57	24	1 12 54	24	1 24 50	24	57	27
34	4	0 49 24	24	1 1 21	24	1 13 18	24	1 25 14	23	56	26
35	5	0 49 48	24	1 1 45	24	1 13 42	23	1 25 37	24	55	25
36	6	0 50 12	24	1 2 9	24	1 14 5	24	1 26 1	24	54	24
37	7	0 50 36	24	1 2 33	24	1 14 29	24	1 26 25	24	53	23
38	8	0 51 0	24	1 2 57	23	1 14 53	24	1 26 49	24	52	22
39	9	0 51 24	24	1 3 20	24	1 15 17	24	1 27 13	24	51	21
40	10	0 51 48	24	1 3 44	24	1 15 41	24	1 27 37	24	50	20
41	11	0 52 12	23	1 4 8	24	1 16 5	24	1 28 1	24	49	19
42	12	0 52 35	24	1 4 32	24	1 16 29	24	1 28 25	24	48	18
43	13	0 52 59	24	1 4 56	24	1 16 53	24	1 28 49	23	47	17
44	14	0 53 23	24	1 5 20	24	1 17 16	23	1 29 12	24	46	16
45	15	0 53 47	24	1 5 44	24	1 17 40	24	1 29 36	24	45	15
46	16	0 54 11	24	1 6 8	23	1 18 4	24	1 30 0	24	44	14
47	17	0 54 35	24	1 6 31	24	1 18 28	24	1 30 24	24	43	13
48	18	0 54 59	24	1 6 55	24	1 18 52	24	1 30 48	24	42	12
49	19	0 55 23	24	1 7 19	24	1 19 16	24	1 31 12	24	41	11
50	20	0 55 47	23	1 7 43	24	1 19 40	23	1 31 36	23	40	10
51	21	0 56 10	24	1 8 7	24	1 20 3	24	1 31 59	24	39	9
52	22	0 56 34	24	1 8 31	24	1 20 27	24	1 32 23	24	38	8
53	23	0 56 58	24	1 8 55	24	1 20 51	24	1 32 47	24	37	7
54	24	0 57 22	24	1 9 19	23	1 21 15	24	1 33 11	24	36	6
55	25	0 57 46	24	1 9 42	24	1 21 39	24	1 33 35	24	35	5
56	26	0 58 10	24	1 10 6	24	1 22 3	24	1 33 59	24	34	4
57	27	0 58 34	24	1 10 30	24	1 22 27	24	1 34 23	24	33	3
58	28	0 58 58	24	1 10 54	24	1 22 51	23	1 34 47	23	32	2
59	29	0 59 22	23	1 11 18	24	1 23 14	24	1 35 10	24	31	1
60	30	0 59 45		1 11 42		1 23 38		1 35 34		30	0
		27 degrez.		27 degrez.		26 degrez.		26 degrez			
		♍ & ♓		♍ & ♓		♍ & ♓		♍ & ♓			

TABLES
DES DECLINAISONS DU SOLEIL POUR TOUS LES
Degrez & Minutes de l'Ecliptique.

Minutes	Minutes	♈ & ♎ 4 degrez	Différence	♈ & ♎ 4 degrez	Différence	♈ & ♎ 5 degrez	Différence	♈ & ♎ 5 degrez	Différence	Minutes	Minutes
30	0	1ᵈ 35′ 34″		1ᵈ 47′ 30″		1ᵈ 59′ 25″		2ᵈ 11′ 20″		60	30
31	1	1 35 58	24	1 47 54	24	1 59 49	24	2 11 43	23	59	29
32	2	1 36 22	24	1 48 18	24	2 0 13	24	2 12 7	24	58	28
33	3	1 36 46	24	1 48 42	24	2 0 36	23	2 12 31	24	57	27
34	4	1 37 10	24	1 49 5	23	2 1 0	24	2 12 55	24	56	26
35	5	1 37 33	23	1 49 29	24	2 1 24	24	2 13 19	24	55	25
36	6	1 37 57	24	1 49 53	24	2 1 48	24	2 13 43	24	54	24
37	7	1 38 21	24	1 50 17	24	2 2 12	24	2 14 6	23	53	23
38	8	1 38 45	24	1 50 41	24	2 2 36	24	2 14 30	24	52	22
39	9	1 39 9	24	1 51 4	23	2 2 59	23	2 14 54	24	51	21
40	10	1 39 33	24	1 51 28	24	2 3 23	24	2 15 18	24	50	20
41	11	1 39 57	24	1 51 52	24	2 3 47	24	2 15 41	23	49	19
42	12	1 40 21	24	1 52 16	24	2 4 11	24	2 16 5	24	48	18
43	13	1 40 44	23	1 52 40	24	2 4 35	24	2 16 29	24	47	17
44	14	1 41 8	24	1 53 4	24	2 4 59	24	2 16 53	24	46	16
45	15	1 41 32	24	1 53 27	23	2 5 22	23	2 17 17	24	45	15
46	16	1 41 56	24	1 53 51	24	2 5 46	24	2 17 41	24	44	14
47	17	1 42 20	24	1 54 15	24	2 6 10	24	2 18 5	24	43	13
48	18	1 42 44	24	1 54 39	24	2 6 34	24	2 18 28	23	42	12
49	19	1 43 7	23	1 55 3	24	2 6 58	24	2 18 52	24	41	11
50	20	1 43 31	24	1 55 27	24	2 7 22	24	2 19 16	24	40	10
51	21	1 43 55	24	1 55 50	23	2 7 45	23	2 19 40	24	39	9
52	22	1 44 19	24	1 56 14	24	2 8 9	24	2 20 4	24	38	8
53	23	1 44 43	24	1 56 38	24	2 8 33	24	2 20 27	23	37	7
54	24	1 45 7	24	1 57 2	24	2 8 57	24	2 20 51	24	36	6
55	25	1 45 30	23	1 57 26	24	2 9 21	24	2 21 15	24	35	5
56	26	1 45 54	24	1 57 50	24	2 9 45	24	2 21 39	24	34	4
57	27	1 46 18	24	1 58 13	23	2 10 8	23	2 22 2	23	33	3
58	28	1 46 42	24	1 58 37	24	2 10 32	24	2 22 26	24	32	2
59	29	1 47 6	24	1 59 1	24	2 10 56	24	2 22 50	24	31	1
60	30	1 47 30	24	1 59 25	24	2 11 20	24	2 23 14	24	30	0
		25 degrez.		25 degrez.		24 degrez.		24 degrez.			
		♍ & ♓		♍ & ♓		♍ & ♓		♍ & ♓			

TABLES
DES DECLINAISONS DU SOLEIL POUR TOUS LES
Degrez & Minutes de l'Ecliptique.

Min.	Min.	♈ & ♎ 6 degrez.	Diff.	♈ & ♎ 6 degrez.	Diff.	♈ & ♎ 7 degrez.	Diff.	♈ & ♎ 7 degrez.	Diff.	Min.	Min.
30	0	2ᵈ 23′ 14″	24	2ᵈ 35′ 8″	23	2ᵈ 47′ 1″	23	2ᵈ 58′ 53″	24	60	30
31	1	2 23 38	24	2 35 31	24	2 47 24	24	2 59 17	24	59	29
32	2	2 24 2	23	2 35 55	24	2 47 48	24	2 59 41	23	58	28
33	3	2 24 25	24	2 36 19	24	2 48 12	24	3 0 4	24	57	27
34	4	2 24 49	24	2 36 43	23	2 48 36	23	3 0 28	23	56	26
35	5	2 25 13	24	2 37 6	24	2 48 59	24	3 0 51	24	55	25
36	6	2 25 37	23	2 37 30	24	2 49 23	24	3 1 15	24	54	24
37	7	2 26 0	24	2 37 54	24	2 49 47	24	3 1 39	24	53	23
38	8	2 26 24	24	2 38 18	23	2 50 11	23	3 2 3	24	52	22
39	9	2 26 48	24	2 38 41	24	2 50 34	24	3 2 27	24	51	21
40	10	2 27 12	23	2 39 5	24	2 50 58	24	3 2 51	24	50	20
41	11	2 27 35	24	2 39 29	24	2 51 22	24	3 3 15	23	49	19
42	12	2 27 59	24	2 39 53	24	2 51 46	23	3 3 38	24	48	18
43	13	2 28 23	24	2 40 17	24	2 52 9	24	3 4 2	23	47	17
44	14	2 28 47	24	2 40 41	23	2 52 33	24	3 4 25	23	46	16
45	15	2 29 11	24	2 41 4	24	2 52 57	24	3 4 48	24	45	15
46	16	2 29 35	24	2 41 28	24	2 53 21	23	3 5 12	24	44	14
47	17	2 29 59	23	2 41 52	24	2 53 44	24	3 5 36	24	43	13
48	18	2 30 22	24	2 42 16	23	2 54 8	24	3 6 0	24	42	12
49	19	2 30 46	24	2 42 39	24	2 54 32	24	3 6 24	24	41	11
50	20	2 31 10	23	2 43 3	24	2 54 56	23	3 6 48	23	40	10
51	21	2 31 33	24	2 43 27	24	2 55 19	24	3 7 11	24	39	9
52	22	2 31 57	24	2 43 51	23	2 55 43	24	3 7 35	24	38	8
53	23	2 32 21	24	2 44 14	24	2 56 7	24	3 7 59	24	37	7
54	24	2 32 45	24	2 44 38	24	2 56 31	23	3 8 23	23	36	6
55	25	2 33 9	24	2 45 2	24	2 56 54	24	3 8 46	24	35	5
56	26	2 33 33	23	2 45 26	23	2 57 18	23	3 9 10	23	34	4
57	27	2 33 56	24	2 45 49	24	2 57 41	24	3 9 33	24	33	3
58	28	2 34 20	24	2 46 13	24	2 58 5	24	3 9 57	24	32	2
59	29	2 34 44	24	2 46 37	24	2 58 29	24	3 10 21	24	31	1
60	30	2 35 8		2 47 1		2 58 53		3 10 45		30	0
		23 degrez.		23 degrez.		22 degrez.		22 degrez.			
		♍ & ♓		♍ & ♓		♍ & ♓		♍ & ♓			

TABLES
DES DECLINAISONS DU SOLEIL POUR TOUS LES
Degrez & Minutes de l'Ecliptique.

Minutes	Minutes	Υ & ♎ 8 degrez.	Différence	Υ & ♎ 8 degrez.	Différence	Υ & ♎ 9 degrez.	Différence	Υ & ♎ 9 degrez.	Différence	Minutes	Minutes
30	0	3ᵈ 10′ 44″		3ᵈ 22′ 36″		3ᵈ 34′ 26″		3ᵈ 46′ 16″		60	30
31	1	3 11 8	24	3 22 59	23	3 34 49	23	3 46 39	23	59	29
32	2	3 11 32	24	3 23 23	24	3 35 13	24	3 47 3	24	58	28
33	3	3 11 56	24	3 23 47	24	3 35 37	24	3 47 26	23	57	27
34	4	3 12 20	24	3 24 11	24	3 36 1	24	3 47 50	24	56	26
35	5	3 12 43	23	3 24 34	23	3 36 24	23	3 48 13	23	55	25
36	6	3 13 7	24	3 24 58	24	3 36 48	24	3 48 37	24	54	24
37	7	3 13 31	24	3 25 21	23	3 37 11	23	3 49 1	24	53	23
38	8	3 13 55	24	3 25 45	24	3 37 35	24	3 49 25	24	52	22
39	9	3 14 18	23	3 26 9	24	3 37 59	24	3 49 48	23	51	21
40	10	3 14 42	24	3 26 33	24	3 38 23	24	3 50 12	24	50	20
41	11	3 15 5	23	3 26 56	23	3 38 46	23	3 50 35	23	49	19
42	12	3 15 29	24	3 27 20	24	3 39 10	24	3 50 59	24	48	18
43	13	3 15 53	24	3 27 43	23	3 39 33	23	3 51 22	23	47	17
44	14	3 16 17	24	3 28 7	24	3 39 57	24	3 51 46	24	46	16
45	15	3 16 40	23	3 28 31	24	3 40 21	24	3 52 10	24	45	15
46	16	3 17 4	24	3 28 55	24	3 40 45	24	3 52 34	24	44	14
47	17	3 17 27	23	3 29 18	23	3 41 8	23	3 52 57	23	43	13
48	18	3 17 51	24	3 29 42	24	3 41 32	24	3 53 21	24	42	12
49	19	3 18 15	24	3 30 6	24	3 41 55	23	3 53 44	23	41	11
50	20	3 18 39	24	3 30 30	24	3 42 19	24	3 54 8	24	40	10
51	21	3 19 2	23	3 30 53	23	3 42 42	23	3 54 31	23	39	9
52	22	3 19 26	24	3 31 17	24	3 43 6	24	3 54 55	24	38	8
53	23	3 19 50	24	3 31 40	23	3 43 30	24	3 55 18	23	37	7
54	24	3 20 14	24	3 32 4	24	3 43 54	24	3 55 42	24	36	6
55	25	3 20 37	23	3 32 28	24	3 44 17	23	3 56 6	24	35	5
56	26	3 21 1	24	3 32 52	24	3 44 41	24	3 56 30	24	34	4
57	27	3 21 25	24	3 33 15	23	3 45 4	23	3 56 53	23	33	3
58	28	3 21 49	24	3 33 39	24	3 45 28	24	3 57 17	24	32	2
59	29	3 22 12	23	3 34 2	23	3 45 52	24	3 57 40	23	31	1
60	30	3 22 36	24	3 34 26	24	3 46 16	24	3 58 4	24	30	0
		21 degrez.		21 degrez.		20 degrez.		20 degrez.			
		♍ & ♓		♍ & ♓		♍ & ♓		♍ & ♓			

TABLES

DES DECLINAISONS DU SOLEIL POUR TOUS LES
Degrez & Minutes de l'Ecliptique.

Minutes	Minutes	♈ & ♎ 10 degrez.	Différence	♈ & ♎ 10 degrez.	Différence	♈ & ♎ 11 degrez.	Différence	♈ & ♎ 11 degrez.	Différence	Minutes	Minutes
30	0	3ᵈ 58′ 4″	23	4ᵈ 9′ 52″	23	4ᵈ 21′ 38″	23	4ᵈ 33′ 24″	23	60	30
31	1	3 58 27	24	4 10 15	24	4 22 1	24	4 33 47	24	59	29
32	2	3 58 51	23	4 10 39	23	4 22 25	23	4 34 11	23	58	28
33	3	3 59 14	24	4 11 2	24	4 22 48	24	4 34 34	24	57	27
34	4	3 59 38	24	4 11 26	23	4 23 12	23	4 34 58	23	56	26
35	5	4 0 2	24	4 11 49	24	4 23 35	24	4 35 21	24	55	25
36	6	4 0 26	23	4 12 13	23	4 23 59	23	4 35 45	23	54	24
37	7	4 0 49	24	4 12 36	24	4 24 22	24	4 36 8	24	53	23
38	8	4 1 13	23	4 13 0	23	4 24 46	24	4 36 32	23	52	22
39	9	4 1 36	24	4 13 23	24	4 25 10	23	4 36 55	24	51	21
40	10	4 2 0	23	4 13 47	23	4 25 33	23	4 37 19	23	50	20
41	11	4 2 23	24	4 14 10	24	4 25 56	24	4 37 42	24	49	19
42	12	4 2 47	23	4 14 34	24	4 26 20	23	4 38 6	23	48	18
43	13	4 3 10	24	4 14 58	24	4 26 43	24	4 38 29	24	47	17
44	14	4 3 34	24	4 15 22	23	4 27 7	24	4 38 53	23	46	16
45	15	4 3 58	24	4 15 45	24	4 27 31	24	4 39 16	24	45	15
46	16	4 4 22	23	4 16 9	23	4 27 55	23	4 39 40	23	44	14
47	17	4 4 45	24	4 16 32	24	4 28 18	24	4 40 3	24	43	13
48	18	4 5 9	23	4 16 56	23	4 28 42	23	4 40 27	23	42	12
49	19	4 5 32	24	4 17 19	24	4 29 5	24	4 40 50	24	41	11
50	20	4 5 56	23	4 17 43	23	4 29 29	23	4 41 14	23	40	10
51	21	4 6 19	24	4 18 6	24	4 29 52	24	4 41 37	24	39	9
52	22	4 6 43	23	4 18 30	23	4 30 16	23	4 42 1	23	38	8
53	23	4 7 6	24	4 18 53	24	4 30 39	24	4 42 24	24	37	7
54	24	4 7 30	23	4 19 17	23	4 31 3	23	4 42 48	23	36	6
55	25	4 7 53	24	4 19 40	24	4 31 26	24	4 43 11	24	35	5
56	26	4 8 17	24	4 20 4	23	4 31 50	23	4 43 35	23	34	4
57	27	4 8 41	24	4 20 27	24	4 32 13	24	4 43 58	24	33	3
58	28	4 9 5	23	4 20 51	23	4 32 37	23	4 44 22	23	32	2
59	29	4 9 28	24	4 21 14	24	4 33 0	24	4 44 45	24	31	1
60	30	4 9 52		4 21 38		4 33 24		4 45 9		30	0
		19 degrez.		19 degrez.		18 degrez.		18 degrez.			
		♍ & ♓		♍ & ♓		♍ & ♓		♍ & ♓			

TABLES
DES DECLINAISONS DU SOLEIL POUR TOUS LES
Degrez & Minutes de l'Ecliptique.

Minutes	Minutes	♈ & ♎ 12 degrez	Différence	♈ & ♎ 12 degrez	Différence	♈ & ♎ 13 degrez	Différence	♈ & ♎ 13 degrez	Différence	Minutes	Minutes
30	0	4° 45′ 9″	23	4° 56′ 52″	23	5° 8′ 34″	23	5° 20′ 15″	23	60	30
31	1	4 45 32	23	4 57 15	22	5 8 57	24	5 20 38	24	59	29
32	2	4 45 55	23	4 57 40	23	5 9 21	23	5 21 2	23	58	28
33	3	4 46 18	24	4 58 3	23	5 9 44	24	5 21 25	24	57	27
34	4	4 46 42	23	4 58 26	23	5 10 8	23	5 21 49	23	56	26
35	5	4 47 5	24	4 58 49	24	5 10 31	24	5 22 12	23	55	25
36	6	4 47 29	23	4 59 13	23	5 10 55	23	5 22 35	23	54	24
37	7	4 47 52	24	4 59 36	24	5 11 18	23	5 22 58	24	53	23
38	8	4 48 16	23	5 0 0	23	5 11 41	23	5 23 22	23	52	22
39	9	4 48 39	24	5 0 23	24	5 12 4	24	5 23 45	24	51	21
40	10	4 49 3	23	5 0 46	23	5 12 48	23	5 24 9	23	50	20
41	11	4 49 26	24	5 1 9	24	5 12 51	24	5 24 32	23	49	19
42	12	4 49 50	23	5 1 33	23	5 13 15	23	5 24 55	23	48	18
43	13	4 50 13	24	5 1 56	23	5 13 38	24	5 25 18	24	47	17
44	14	4 50 37	23	5 2 19	24	5 14 2	23	5 25 42	23	46	16
45	15	4 51 0	24	5 2 43	24	5 14 25	23	5 26 5	24	45	15
46	16	4 51 24	23	5 3 7	23	5 14 48	23	5 26 29	23	44	14
47	17	4 51 47	24	5 3 30	23	5 15 11	24	5 26 52	23	43	13
48	18	4 52 11	23	5 3 53	23	5 15 35	23	5 27 15	23	42	12
49	19	4 52 34	24	5 4 16	24	5 15 58	24	5 27 38	24	41	11
50	20	4 52 58	23	5 4 40	23	5 16 22	23	5 28 2	23	40	10
51	21	4 53 21	23	5 5 3	24	5 16 45	23	5 28 25	23	39	9
52	22	4 53 44	23	5 5 27	23	5 17 8	23	5 28 48	23	38	8
53	23	4 54 7	24	5 5 50	24	5 17 31	24	5 29 11	24	37	7
54	24	4 54 31	23	5 6 14	23	5 17 55	23	5 29 35	23	36	6
55	25	4 54 54	24	5 6 37	24	5 18 18	24	5 29 58	24	35	5
56	26	4 55 18	23	5 7 1	23	5 18 42	23	5 30 22	23	34	4
57	27	4 55 41	24	5 7 24	23	5 19 5	24	5 30 45	24	33	3
58	28	4 56 5	23	5 7 47	23	5 19 29	23	5 31 9	23	32	2
59	29	4 56 28	24	5 8 10	24	5 19 52	23	5 31 32	23	31	1
60	30	4 56 52		5 8 34		5 20 15		5 31 55		30	0
		17 degrez		17 degrez		16 degrez		16 degrez			
		♍ & ♓		♍ & ♓		♍ & ♓		♍ & ♓			

TABLES
DES DECLINAISONS DU SOLEIL POUR TOUS LES
Degrez & Minutes de l'Ecliptique.

Minutes	Minutes	♈ & ♎ 14 degrez	Différence	♈ & ♎ 14 degrez	Différence	♈ & ♎ 15 degrez	Distance	♈ & ♎ 15 degrez	Différence	Minutes	Minutes
30	0	5d 31' 55"		5d 43' 34"		5d 55' 11"		6d 6' 47"		60	30
31	1	5 32 18	23	5 43 57	23	5 55 34	23	6 7 10	23	59	29
32	2	5 32 42	24	5 44 20	23	5 55 57	23	6 7 33	23	58	28
33	3	5 33 5	23	5 44 43	23	5 56 20	23	6 7 56	23	57	27
34	4	5 33 28	23	5 45 7	24	5 56 44	24	6 8 19	23	56	26
35	5	5 33 51	23	5 45 30	23	5 57 7	23	6 8 42	23	55	25
			24		23		23		24		
36	6	5 34 15	23	5 45 53	24	5 57 30	23	6 9 6	23	54	24
37	7	5 34 38	24	5 46 17	24	5 57 53	24	6 9 29	23	53	23
38	8	5 35 2	23	5 46 41	23	5 58 17	23	6 9 52	23	52	22
39	9	5 35 25	23	5 47 4	23	5 58 40	23	6 10 15	23	51	21
40	10	5 35 48	23	5 47 27	23	5 59 3	23	6 10 38	23	50	20
			23		23		23		23		
41	11	5 36 11	24	5 47 50	23	5 59 26	23	6 11 1	24	49	19
42	12	5 36 35	23	5 48 13	23	5 59 49	23	6 11 25	23	48	18
43	13	5 36 58	23	5 48 36	23	6 0 12	24	6 11 48	23	47	17
44	14	5 37 21	23	5 48 59	23	6 0 36	23	6 12 11	23	46	16
45	15	5 37 44	23	5 49 22	23	6 0 59	23	6 12 34	23	45	15
			24		24		23		23		
46	16	5 38 8	23	5 49 46	23	6 1 22	23	6 12 57	23	44	14
47	17	5 38 31	23	5 50 9	23	6 1 45	24	6 13 20	24	43	13
48	18	5 38 54	23	5 50 32	23	6 2 9	23	6 13 44	23	42	12
49	19	5 39 17	23	5 50 55	24	6 2 32	23	6 14 7	23	41	11
50	20	5 39 41	24	5 51 19	23	6 2 55	23	6 14 30	23	40	10
			23		23		23		23		
51	21	5 40 4	24	5 51 42	24	6 3 18	23	6 14 53	23	39	9
52	22	5 40 28	23	5 52 5	23	6 3 41	23	6 15 16	23	38	8
53	23	5 40 51	23	5 52 28	24	6 4 4	24	6 15 39	23	37	7
54	24	5 41 14	23	5 52 52	23	6 4 28	23	6 16 2	23	36	6
55	25	5 41 37	23	5 53 15	23	6 4 51	23	6 16 25	24	35	5
			24		23		23		24		
56	26	5 42 1	23	5 53 38	23	6 5 14	23	6 16 49	23	34	4
57	27	5 42 24	23	5 54 1	24	6 5 37	23	6 17 12	23	33	3
58	28	5 42 47	23	5 54 25	23	6 6 0	23	6 17 35	23	32	2
59	29	5 43 10	24	5 54 48	23	6 6 23	23	6 17 58	23	31	1
60	30	5 43 34		5 55 11	24	6 6 47	24	6 18 21		30	0
		15 degrez.		15 degrez.		14 degrez.		14 degrez.			
		♍ & ♓		♍ & ♓		♍ & ♓		♍ & ♓			

TABLES
DES DECLINAISONS DU SOLEIL POUR TOUS LES
Degrez & Minutes de l'Ecliptique.

Minutes	Minutes	♈ & ♎ 16 degrez	Différence	♈ & ♎ 16 degrez	Différence	♈ & ♎ 17 degrez	Différence	♈ & ♎ 17 degrez	Différence	Minutes	Minutes
30	0	6ᵈ 18′ 21″	23	6ᵈ 29′ 54″	23	6ᵈ 41′ 26″	23	6ᵈ 52′ 55″	23	60	30
31	1	6 18 44	23	6 30 17	23	6 41 49	23	6 53 18	23	59	29
32	2	6 19 7	23	6 30 40	23	6 42 12	23	6 53 41	23	58	28
33	3	6 19 30	24	6 31 3	23	6 42 35	23	6 54 4	23	57	27
34	4	6 19 54	23	6 31 26	23	6 42 58	23	6 54 27	23	56	26
35	5	6 20 17	23	6 31 49	24	6 43 21	23	6 54 50	23	55	25
36	6	6 20 40	23	6 32 13	23	6 43 44	23	6 55 13	23	54	24
37	7	6 21 3	23	6 32 36	23	6 44 7	23	6 55 36	23	53	23
38	8	6 21 26	23	6 32 59	23	6 44 30	23	6 55 59	23	52	22
39	9	6 21 49	23	6 33 22	23	6 44 53	23	6 56 22	22	51	21
40	10	6 22 12	23	6 33 45	23	6 45 16	23	6 56 45	23	50	20
41	11	6 22 35	24	6 34 8	23	6 45 39	23	6 57 8	23	49	19
42	12	6 22 59	23	6 34 31	23	6 46 2	23	6 57 31	23	48	18
43	13	6 23 22	23	6 34 54	23	6 46 25	23	6 57 54	23	47	17
44	14	6 23 45	23	6 35 17	23	6 46 48	23	6 58 17	23	46	16
45	15	6 24 8	23	6 35 40	23	6 47 11	23	6 58 40	23	45	15
46	16	6 24 31	23	6 36 3	23	6 47 34	23	6 59 3	23	44	14
47	17	6 24 54	23	6 36 26	23	6 47 57	23	6 59 26	23	43	13
48	18	6 25 17	23	6 36 49	23	6 48 20	23	6 59 49	23	42	12
49	19	6 25 40	23	6 37 12	23	6 48 43	23	7 0 12	23	41	11
50	20	6 26 3	23	6 37 35	23	6 49 6	23	7 0 35	22	40	10
51	21	6 26 26	24	6 37 58	23	6 49 29	23	7 0 57	23	39	9
52	22	9 26 50	23	6 38 21	23	6 49 52	23	7 1 20	23	38	8
53	23	6 27 13	23	6 38 44	23	6 50 15	23	7 1 43	23	37	7
54	24	6 27 36	23	6 39 7	23	6 50 38	23	7 2 6	23	36	6
55	25	6 27 59	23	6 39 30	23	6 51 1	23	7 2 29	23	35	5
56	26	6 28 22	23	6 39 53	23	6 51 24	23	7 2 52	23	34	4
57	27	6 28 45	23	6 40 16	23	6 51 47	22	7 3 15	23	33	3
58	28	6 29 8	23	6 40 39	23	6 52 9	23	7 3 38	23	32	2
59	29	6 29 31	23	6 41 2	24	6 52 32	23	7 4 1	23	31	1
60	30	6 29 54		6 41 26		6 52 55		7 4 24		30	0
		13 degrez.		13 degrez.		12 degrez.		12 degrez.			
		♍ & ♓		♍ & ♓		♍ & ♓		♍ & ♓			

TABLES
DES DECLINAISONS DU SOLEIL POUR TOUS LES
Degrez & Minutes de l'Ecliptique.

Min.	Min.	♈ & ♎ 18 degrez	Diff.	♈ & ♎ 18 degrez	Diff.	♈ & ♎ 19 degrez	Diff.	♈ & ♎ 19 degrez	Diff.	Min.	Min.
30	0	7d 4′ 24″		7d 15′ 50″		7d 27′ 15″		7d 38′ 38″		60	30
31	1	7 4 46	22	7 16 13	23	7 27 38	23	7 39 1	23	59	29
32	2	7 5 9	23	7 16 36	23	7 28 1	23	7 39 24	23	58	28
33	3	7 5 32	23	7 16 59	23	7 28 23	22	7 39 46	22	57	27
34	4	7 5 55	23	7 17 22	23	7 28 45	22	7 40 9	23	56	26
35	5	7 6 18	23	7 17 44	22	7 29 8	23	7 40 32	23	55	25
36	6	7 6 41	23	7 18 7	23	7 29 32	24	7 40 55	23	54	24
37	7	7 7 4	23	7 18 30	23	7 29 55	23	7 41 17	22	53	23
38	8	7 7 27	23	7 18 53	23	7 30 17	22	7 41 40	23	52	22
39	9	7 7 50	23	7 19 16	23	7 30 40	23	7 42 2	22	51	21
40	10	7 8 13	23	7 19 39	23	7 31 3	23	7 42 25	23	50	20
41	11	7 8 36	23	7 20 1	22	7 31 25	22	7 42 48	23	49	19
42	12	7 8 58	22	7 20 24	23	7 31 48	23	7 43 11	23	48	18
43	13	7 9 21	23	7 20 47	23	7 32 11	23	7 43 33	22	47	17
44	14	7 9 44	23	7 21 10	23	7 32 34	23	7 43 56	23	46	16
45	15	7 10 7	23	7 21 33	23	7 32 57	23	7 44 19	23	45	15
46	16	7 10 30	23	7 21 56	23	7 33 20	23	7 44 42	23	44	14
47	17	7 10 53	23	7 22 18	22	7 33 42	22	7 45 4	22	43	13
48	18	7 11 16	23	7 22 41	23	7 34 5	23	7 45 27	23	42	12
49	19	7 11 39	23	7 23 4	23	7 34 28	23	7 45 49	22	41	11
50	20	7 12 2	23	7 23 27	23	7 34 51	23	7 46 12	23	40	10
51	21	7 12 24	22	7 23 50	23	7 35 13	22	7 46 35	23	39	9
52	22	7 12 47	23	7 24 13	23	7 35 36	23	7 46 58	23	38	8
53	23	7 13 10	23	7 24 35	22	7 35 59	23	7 47 20	22	37	7
54	24	7 13 33	23	7 24 58	23	7 36 22	23	7 47 43	23	36	6
55	25	7 13 56	23	7 25 21	23	7 36 44	22	7 48 6	23	35	5
56	26	7 14 19	23	7 25 44	23	7 37 7	23	7 48 29	23	34	4
57	27	7 14 41	22	7 26 6	22	7 37 30	23	7 48 52	23	33	3
58	28	7 15 4	23	7 26 29	23	7 37 53	23	7 49 14	22	32	2
59	29	7 15 27	23	7 26 52	23	7 38 15	22	7 49 36	22	31	1
60	30	7 15 50	23	7 27 15	23	7 38 38	23	7 49 59	23	30	0
		11 degrez		11 degrez		10 degrez		10 degrez			
		♍ & ♓		♍ & ♓		♍ & ♓		♍ & ♓			

TABLES
DES DECLINAISONS DU SOLEIL POUR TOUS LES
Degrez & Minutes de l'Ecliptique.

Minutes	Minutes	♈ & ♎ 10 degrez	Différence	♈ & ♎ 10 degrez	Différence	♈ & ♎ 11 degrez	Différence	♈ & ♎ 11 degrez	Différence	Minutes	Minutes
30	0	7ᵈ 49′ 59″	23	8ᵈ 1′ 19″	22	8ᵈ 12′ 36″	22	8ᵈ 23′ 52″	22	60	30
31	1	7 50 22	23	8 1 41	23	8 12 58	23	8 24 14	23	59	29
32	2	7 50 45	22	8 2 4	22	8 13 21	23	8 24 37	22	58	28
33	3	7 51 7	23	8 2 26	23	8 13 44	23	8 24 59	23	57	27
34	4	7 51 30	22	8 2 49	22	8 14 7	22	8 25 22	22	56	26
35	5	7 51 52	23	8 3 11	23	8 14 29	23	8 25 44	23	55	25
36	6	7 52 15	23	8 3 34	23	8 14 52	22	8 26 7	22	54	24
37	7	7 52 38	23	8 3 57	23	8 15 14	23	8 26 29	23	53	23
38	8	7 53 1	22	8 4 20	22	8 15 37	22	8 26 52	22	52	22
39	9	7 53 23	23	8 4 42	23	8 15 59	23	8 27 14	23	51	21
40	10	7 53 46	22	8 5 5	22	8 16 22	22	8 27 37	22	50	20
41	11	7 54 8	23	8 5 27	23	8 16 44	23	8 27 59	23	49	19
42	12	7 54 31	23	8 5 50	22	8 17 7	22	8 28 22	22	48	18
43	13	7 54 54	23	8 6 12	23	8 17 29	23	8 28 44	23	47	17
44	14	7 55 17	22	8 6 35	22	8 17 52	22	8 29 7	22	46	16
45	15	7 55 39	23	8 6 57	23	8 18 14	23	8 29 29	23	45	15
46	16	7 56 2	22	8 7 20	23	8 18 37	22	8 29 52	21	44	14
47	17	7 56 24	23	8 7 43	23	8 18 59	23	8 30 13	23	43	13
48	18	7 56 47	23	8 8 6	22	8 19 22	22	8 30 36	22	42	12
49	19	7 57 10	23	8 8 28	23	8 19 44	23	8 30 58	23	41	11
50	20	7 57 33	22	8 8 51	22	8 20 7	22	8 31 21	22	40	10
51	21	7 57 55	23	8 9 13	23	8 20 29	23	8 31 43	23	39	9
52	22	7 58 18	22	8 9 36	22	8 20 52	23	8 32 6	22	38	8
53	23	7 58 40	23	8 9 58	23	8 21 14	23	8 32 28	23	37	7
54	24	7 59 3	22	8 10 21	22	8 21 37	22	8 32 51	22	36	6
55	25	7 59 25	23	8 10 43	23	8 21 59	23	8 33 13	23	35	5
56	26	7 59 48	23	8 11 6	22	8 22 22	22	8 33 36	22	34	4
57	27	8 0 11	23	8 11 28	23	8 22 44	23	8 33 58	23	33	3
58	28	8 0 34	22	8 11 51	22	8 23 7	22	8 34 21	22	32	2
59	29	8 0 56	23	8 12 13	23	8 23 29	23	8 34 43	23	31	1
60	30	8 1 19		8 12 36		8 23 52		8 35 6		30	0
		9 degrez		9 degrez		8 degrez		8 degrez			
		♍ & ♓		♍ & ♓		♍ & ♓		♍ & ♓			

TABLES
DES DECLINAISONS DU SOLEIL POUR TOUS LES Degrez & Minutes de l'Ecliptique.

Minutes	degrés	♈ & ♎ 22 degrez	Différence	♈ & ♎ 22 degrez	Différence	♈ & ♎ 23 degrez	Différence	♈ & ♎ 23 degrez	Différence	Minutes	Minutes
30	0	8d 35′ 6″	22	8 46 17	22	8 57 27	22	9d 8′ 34″	22	60	30
31	1	8 35 28	22	8 46 39	23	8 57 49	22	9 8 56	22	59	29
32	2	8 35 50	22	8 47 2	22	8 58 11	22	9 9 18	22	58	28
33	3	8 36 12	23	8 47 24	22	8 58 33	23	9 9 40	23	57	27
34	4	8 36 35	22	8 47 46	22	8 58 56	22	9 10 3	22	56	26
35	5	8 36 57	23	8 48 8	23	8 59 18	22	9 10 25	22	55	25
36	6	8 37 20	22	8 48 31	23	8 59 40	22	9 10 47	22	54	24
37	7	8 37 42	23	8 48 54	22	9 0 2	23	9 11 9	22	53	23
38	8	8 38 5	22	8 49 16	22	9 0 25	22	9 11 31	22	52	22
39	9	8 38 27	23	8 49 38	22	9 0 47	22	9 11 53	23	51	21
40	10	8 38 50	22	8 50 0	22	9 1 9	22	9 12 16	22	50	20
41	11	8 39 12	22	8 50 22	23	9 1 31	23	9 12 38	22	49	19
42	12	8 39 34	22	8 50 45	22	9 1 54	22	9 13 0	22	48	18
43	13	8 39 56	23	8 51 7	23	9 2 16	22	9 13 22	23	47	17
44	14	8 40 19	22	8 51 30	22	9 2 38	22	9 13 45	22	46	16
45	15	8 40 41	23	8 51 52	22	9 3 0	23	9 14 7	22	45	15
46	16	8 41 4	22	8 52 14	22	9 3 23	23	9 14 29	22	44	14
47	17	8 41 26	23	8 52 36	23	9 3 46	22	9 14 51	22	43	13
48	18	8 41 49	23	8 52 59	22	9 4 8	22	9 15 13	22	42	12
49	19	8 42 12	22	8 53 21	23	9 4 30	22	9 15 35	22	41	11
50	20	8 42 34	22	8 53 44	22	9 4 52	22	9 15 57	22	40	10
51	21	8 42 56	22	8 54 6	22	9 5 14	22	9 16 19	23	39	9
52	22	8 43 18	22	8 54 28	22	9 5 36	22	9 16 42	22	38	8
53	23	8 43 40	23	8 54 50	23	9 5 58	23	9 17 4	22	37	7
54	24	8 44 3	22	8 55 13	22	9 6 21	22	9 17 26	22	36	6
55	25	8 44 25	23	8 55 35	22	9 6 43	22	9 17 48	22	35	5
56	26	8 44 48	22	8 55 57	22	9 7 5	22	9 18 10	22	34	4
57	27	8 45 10	22	8 56 19	23	9 7 27	22	9 18 32	23	33	3
58	28	8 45 32	22	8 56 42	22	9 7 49	22	9 18 55	22	32	2
59	29	8 45 54	23	8 57 4	23	9 8 11	23	9 19 17	22	31	1
60	30	8 46 17		8 57 27		9 8 34		9 19 39		30	0
		7 degrez		7 degrez		6 degrez		6 degrez			
		♍ & ♓		♍ & ♓		♍ & ♓		♍ & ♓			

TABLES
DES DECLINAISONS DU SOLEIL POUR TOUS LES
Degrez & Minutes de l'Ecliptique.

Minutes	Minutes	♈ & ♋ 14 degrez.	Différence	♈ & ♎ 14 degrez.	Différence	♈ & ♎ 15 degrez.	Différence	♈ & ♎ 16 degrez.	Différence	Minutes	Minutes
30	0	9ᵈ 19′ 39″	22	9ᵈ 30′ 42″	22	9ᵈ 41′ 43″	21	9ᵈ 52′ 41″	22	60	30
31	1	9 20 1	22	9 31 4	22	9 42 4	22	9 53 3	22	59	29
32	2	9 20 23	22	9 31 26	22	9 42 26	22	9 53 25	22	58	28
33	3	9 20 45	22	9 31 48	22	9 42 48	22	9 53 47	21	57	27
34	4	9 21 7	22	9 32 10	22	9 43 10	22	9 54 8	22	56	26
35	5	9 21 29	23	9 32 32	22	9 43 32	22	9 54 30	22	55	25
36	6	9 21 52	22	9 32 54	22	9 43 54	22	9 54 52	22	54	24
37	7	9 22 14	22	9 33 16	22	9 44 16	22	9 55 14	22	53	23
38	8	9 22 36	22	9 33 38	22	9 44 38	22	9 55 36	22	52	22
39	9	9 22 58	22	9 34 0	22	9 45 0	22	9 55 58	21	51	21
40	10	9 23 20	22	9 34 22	22	9 45 22	22	9 56 19	22	50	20
41	11	9 23 42	22	9 34 44	22	9 45 44	22	9 56 41	22	49	19
42	12	9 24 4	22	9 35 6	22	9 46 6	22	9 57 3	22	48	18
43	13	9 24 26	23	9 35 28	22	9 46 28	22	9 57 25	22	47	17
44	14	9 24 49	22	9 35 50	22	9 46 50	22	9 57 47	22	46	16
45	15	9 25 11	22	9 36 12	23	9 47 12	22	9 58 9	22	45	15
46	16	9 25 33	22	9 36 35	22	9 47 34	22	9 58 31	22	44	14
47	17	9 25 55	22	9 36 57	22	9 47 56	22	9 58 53	22	43	13
48	18	9 26 17	22	9 37 19	22	9 48 18	22	9 59 15	22	42	12
49	19	9 26 39	22	9 37 41	22	9 48 40	22	9 59 37	21	41	11
50	20	9 27 1	22	9 38 3	22	9 49 2	22	9 59 58	22	40	10
51	21	9 27 23	22	9 38 25	22	9 49 24	22	10 0 20	22	39	9
52	22	9 27 45	22	9 38 47	22	9 49 46	21	10 0 42	22	38	8
53	23	9 28 7	22	9 39 9	22	9 50 7	22	10 1 4	22	37	7
54	24	9 28 29	22	9 39 31	22	9 50 29	22	10 1 26	22	36	6
55	25	9 28 51	23	9 39 53	22	9 50 51	22	10 1 48	22	35	5
56	26	9 29 14	22	9 40 15	22	9 51 13	22	10 2 9	22	34	4
57	27	9 29 36	22	9 40 37	22	9 51 35	22	10 2 31	22	33	3
58	28	9 29 58	22	9 40 59	22	9 51 57	22	10 2 53	22	32	2
59	29	9 30 20	22	9 41 21	22	9 52 19	22	10 3 15	22	31	1
60	30	9 30 42		9 41 43		9 52 41		10 3 37		30	0
		5 degrez.		5 degrez.		4 degrez.		4 degrez.			
		♍ & ♓		♍ & ♓		♍ & ♓		♍ & ♈			

TABLES
DES DECLINAISONS DU SOLEIL POUR TOUS LES
Degrez & Minutes de l'Ecliptique.

Minutes	Chiffres	♈ & ♎ 26 degrez.	Différence	♈ & ♎ 26 degrez.	Différence	♈ & ♎ 27 degrez.	Différence	♈ & ♎ 27 degrez.	Différence	Minutes	Minutes
30	0	10ᵈ 3′ 37″		10ᵈ 14′ 30″		10ᵈ 25′ 21″		10ᵈ 36′ 10″		60	30
31	1	10 3 58	21	10 14 52	22	10 25 43	22	10 36 31	21	59	29
32	2	10 4 20	22	10 15 14	22	10 26 5	22	10 36 53	22	58	28
33	3	10 4 42	22	10 15 35	21	10 26 26	21	10 37 14	21	57	27
34	4	10 5 4	22	10 15 57	22	10 26 48	22	10 37 36	22	56	26
35	5	10 5 26	22	10 16 19	22	10 27 9	21	10 37 58	22	55	25
36	6	10 5 48	22	10 16 41	22	10 27 31	22	10 38 19	21	54	24
37	7	10 6 9	21	10 17 2	21	10 27 53	22	10 38 40	21	53	23
38	8	10 6 31	22	10 17 24	22	10 28 15	22	10 39 2	22	52	22
39	9	10 6 53	22	10 17 46	22	10 28 36	21	10 39 24	22	51	21
40	10	10 7 15	22	10 18 8	22	10 28 58	22	10 39 46	22	50	20
41	11	10 7 36	21	10 18 29	21	10 29 20	22	10 40 8	22	49	19
42	12	10 7 58	22	10 18 51	22	10 29 41	21	10 40 29	21	48	18
43	13	10 8 20	22	10 19 13	22	10 30 3	22	10 40 50	21	47	17
44	14	10 8 42	22	10 19 35	22	10 30 24	21	10 41 12	22	46	16
45	15	10 9 3	21	10 19 57	22	10 30 46	22	10 41 34	22	45	15
46	16	10 9 25	22	10 20 18	21	10 31 8	22	10 41 55	21	44	14
47	17	10 9 47	22	10 20 39	21	10 31 30	22	10 42 16	21	43	13
48	18	10 10 9	22	10 21 1	22	10 31 51	21	10 42 38	22	42	12
49	19	10 10 31	22	10 21 23	22	10 32 12	21	10 43 0	22	41	11
50	20	10 10 53	22	10 21 45	22	10 32 34	22	10 43 21	21	40	10
51	21	10 11 14	21	10 22 6	21	10 32 55	21	10 43 42	21	39	9
52	22	10 11 36	22	10 22 28	22	10 33 17	22	10 44 4	22	38	8
53	23	10 11 58	22	10 22 49	21	10 33 38	21	10 44 25	21	37	7
54	24	10 12 20	22	10 23 11	22	10 34 0	22	10 44 47	22	36	6
55	25	10 12 41	21	10 23 33	22	10 34 22	22	10 45 8	21	35	5
56	26	10 13 3	22	10 23 55	22	10 34 44	22	10 45 30	22	34	4
57	27	10 13 25	22	10 24 16	21	10 35 5	21	10 45 52	22	33	3
58	28	10 13 47	22	10 24 38	22	10 35 27	22	10 46 13	21	32	2
59	29	10 14 8	21	10 24 59	21	10 35 48	21	10 46 34	21	31	1
60	30	10 14 30	22	10 25 21	22	10 36 10	22	10 46 56	22	30	0
		3 degrez.		3 degrez.		2 degrez.		2 degrez.			
		♍ & ♓		♍ & ♓		♍ & ♓		♍ & ♓			

TABLES
DES DECLINAISONS DU SOLEIL POUR TOUS LES
Degrez & Minutes de l'Ecliptique.

Minutes	Minutes	♈ & ♎ 18 degrez	Différence	♈ & ♎ 18 degrez	Différence	♈ & ♎ 19 degrez	Différence	♈ & ♎ 19 degrez	Différence	Minutes	Minutes
30	0	10ᵈ 46′ 56″	21	10ᵈ 57′ 39″	21	11ᵈ 8′ 20″	21	11ᵈ 18′ 58″	21	60	30
31	1	10 47 17	21	10 58 0	22	11 8 41	22	11 19 19	21	59	29
32	2	10 47 38	22	10 58 22	21	11 9 3	21	11 19 40	21	58	28
33	3	10 48 0	22	10 58 43	22	11 9 24	21	11 20 1	22	57	27
34	4	10 48 22	21	10 59 5	21	11 9 45	21	11 20 23	21	56	26
35	5	10 48 43	22	10 59 26	22	11 10 6	22	11 20 44	21	55	25
36	6	10 49 5	21	10 59 48	21	11 10 28	21	11 21 5	21	54	24
37	7	10 49 26	22	11 0 9	21	11 10 49	21	11 21 26	22	53	23
38	8	10 49 48	21	11 0 30	21	11 11 10	21	11 21 48	21	52	22
39	9	10 50 9	22	11 0 51	22	11 11 31	22	11 22 9	21	51	21
40	10	10 50 31	21	11 1 13	21	11 11 53	21	11 22 30	21	50	20
41	11	10 50 52	22	11 1 34	22	11 12 14	22	11 22 51	21	49	19
42	12	10 51 14	21	11 1 56	21	11 12 36	21	11 23 12	21	48	18
43	13	10 51 35	22	11 2 17	22	11 12 57	21	11 23 33	22	47	17
44	14	10 51 57	21	11 2 39	21	11 13 18	21	11 23 55	21	46	16
45	15	10 52 18	21	11 3 0	21	11 13 39	22	11 24 16	21	45	15
46	16	10 52 39	21	11 3 21	21	11 14 1	21	11 24 37	21	44	14
47	17	10 53 0	22	11 3 42	22	11 14 22	21	11 24 58	22	43	13
48	18	10 53 22	21	11 4 4	21	11 14 43	21	11 25 20	21	42	12
49	19	10 53 43	22	11 4 25	22	11 15 4	22	11 25 41	21	41	11
50	20	10 54 5	21	11 4 47	21	11 15 26	21	11 26 2	21	40	10
51	21	10 54 26	22	11 5 8	21	11 15 47	21	11 26 23	21	39	9
52	22	10 54 48	21	11 5 29	21	11 16 8	21	11 26 44	21	38	8
53	23	10 55 9	22	11 5 50	22	11 16 29	22	11 27 5	21	37	7
54	24	10 55 31	21	11 6 12	21	11 16 51	21	11 27 26	21	36	6
55	25	10 55 52	22	11 6 33	22	11 17 12	21	11 27 47	22	35	5
56	26	10 56 14	21	11 6 55	21	11 17 33	21	11 28 9	21	34	4
57	27	10 56 35	21	11 7 16	21	11 17 54	22	11 28 30	21	33	3
58	28	10 56 56	21	11 7 37	21	11 18 16	21	11 28 51	21	32	2
59	29	10 57 17	22	11 7 58	22	11 18 37	21	11 29 12	21	31	1
60	30	10 57 39		11 8 20		11 18 58		11 29 33		30	0
		1 degré.		1 degré.		0 degré.		0 degré.			
		♍ & ♓		♍ & ♓		♍ & ♓		♍ & ♓			

TABLES
DES DECLINAISONS DU SOLEIL POUR TOUS LES
Degrez & Minutes de l'Ecliptique.

Minutes	Minutes	♉ & ♏ 10 degrez.	Différence	♉ & ♏ 10 degrez.	Différence	♉ & ♏ 1 degré.	Différence	♉ & ♏ 2 degré.	Différence	Minutes	Minutes
30	0	11ᵈ 29′ 33″	21	11ᵈ 40′ 6″	21	11ᵈ 50′ 35″	21	12ᵈ 1′ 2″	21	60	30
31	1	11 29 54	22	11 40 27	21	11 50 56	21	12 1 23	21	59	29
32	2	11 30 16	21	11 40 48	21	11 51 17	21	12 1 44	21	58	28
33	3	11 30 37	21	11 41 9	21	11 51 38	21	12 2 5	21	57	27
34	4	11 30 58	21	11 41 30	21	11 51 59	21	12 2 26	20	56	26
35	5	11 31 19	21	11 41 51	21	11 52 20	21	12 2 46	21	55	25
36	6	11 31 40	21	11 42 12	20	11 52 41	21	12 3 7	21	54	24
37	7	11 32 1	21	11 42 32	22	11 53 2	21	12 3 28	21	53	23
38	8	11 32 22	21	11 42 54	21	11 53 23	21	12 3 49	21	52	22
39	9	11 32 43	21	11 43 15	21	11 53 44	21	12 4 10	20	51	21
40	10	11 33 4	21	11 43 36	21	11 54 5	21	12 4 30	21	50	20
41	11	11 33 25	22	11 43 57	21	11 54 26	20	12 4 51	21	49	19
42	12	11 33 47	21	11 44 18	21	11 54 46	21	12 5 12	21	48	18
43	13	11 34 8	21	11 44 39	21	11 55 7	21	12 5 33	21	47	17
44	14	11 34 29	21	11 45 0	21	11 55 28	21	12 5 54	21	46	16
45	15	11 34 50	21	11 45 21	21	11 55 49	21	12 6 15	20	45	15
46	16	11 35 11	21	11 45 42	21	11 56 10	21	12 6 35	21	44	14
47	17	11 35 32	21	11 46 3	21	11 56 31	21	12 6 56	21	43	13
48	18	11 35 53	21	11 46 24	21	11 56 52	21	12 7 17	20	42	12
49	19	11 36 14	21	11 46 45	21	11 57 13	21	12 7 37	21	41	11
50	20	11 36 35	21	11 47 6	21	11 57 34	21	12 7 53	21	40	10
51	21	11 36 56	21	11 47 27	21	11 57 55	20	12 8 19	21	39	9
52	22	11 37 17	21	11 47 48	21	11 58 15	21	12 8 40	20	38	8
53	23	11 37 38	22	11 48 9	21	11 58 36	21	12 9 0	21	37	7
54	24	11 38 0	21	11 48 30	21	11 58 57	21	12 9 21	21	36	6
55	25	11 38 21	21	11 48 51	21	11 59 18	21	12 9 42	21	35	5
56	26	11 38 42	21	11 49 12	21	11 59 39	21	12 10 3	20	34	4
57	27	11 39 3	21	11 49 33	21	12 0 0	20	12 10 23	21	33	3
58	28	11 39 24	21	11 49 54	21	12 0 20	21	12 10 44	21	32	2
59	29	11 39 45	21	11 50 15	21	12 0 41	21	12 11 5	21	31	1
60	30	11 40 6		11 50 35	20	12 1 2		12 11 26		30	0
		29 degrez.		29 degrez.		18 d. grez.		18 degrez.			
		♌ & ♒		♌ & ♒		♌ & ♒		♌ & ♒			

TABLES
DES DECLINAISONS DU SOLEIL POUR TOUS LES
Degrez & Minutes de l'Ecliptique.

Minutes	Minutes	♉ & ♏ 3 degrez.	Diff.	♉ & ♏ 3 degrez.	Diff.	♉ & ♏ 4 degrez.	Diff.	♉ & ♏ 4 degrez.	Diff.	Minutes	Minutes
30	0	12ᵈ 11′ 26		12 21 47		12ᵈ 32′ 5		12ᵈ 42′ 19		60	30
31	1	12 11 46	20	12 22 7	20	12 32 25	20	12 42 39	20	59	29
32	2	12 12 7	21	12 22 28	21	12 32 46	21	12 43 0	21	58	28
33	3	12 12 28	21	12 22 48	20	12 33 6	20	12 43 20	20	57	27
34	4	12 12 49	21	12 23 9	21	12 33 27	21	12 43 41	21	56	26
35	5	12 13 9	20	12 23 30	21	12 33 47	20	12 44 1	20	55	25
36	6	12 13 30	21	12 23 51	21	12 34 8	21	12 44 22	21	54	24
37	7	12 13 51	21	12 24 11	20	12 34 28	20	12 44 42	20	53	23
38	8	12 14 12	21	12 24 32	21	12 34 49	21	12 45 3	21	52	22
39	9	12 14 32	20	12 24 52	20	12 35 9	20	12 45 23	20	51	21
40	10	12 14 53	21	12 25 13	21	12 35 30	21	12 45 43	20	50	20
41	11	12 15 14	21	12 25 33	20	12 35 51	21	12 46 3	20	49	19
42	12	12 15 35	21	12 25 54	21	12 36 11	20	12 46 24	21	48	18
43	13	12 15 55	20	12 26 14	20	12 36 31	20	12 46 44	20	47	17
44	14	12 16 16	21	12 26 35	21	12 36 52	21	12 47 5	21	46	16
45	15	12 16 36	20	12 26 56	21	12 37 12	20	12 47 25	20	45	15
46	16	12 16 57	21	12 27 17	21	12 37 33	21	12 47 46	21	44	14
47	17	12 17 18	21	12 27 37	20	12 37 53	20	12 48 6	20	43	13
48	18	12 17 39	21	12 27 58	21	12 38 14	21	12 48 27	21	42	12
49	19	12 17 59	20	12 28 18	20	12 38 34	20	12 48 47	20	41	11
50	20	12 18 20	21	12 28 39	21	12 38 55	21	12 49 7	20	40	10
51	21	12 18 41	21	12 28 59	20	12 39 15	20	12 49 27	20	39	9
52	22	12 19 2	21	12 29 20	21	12 39 36	21	12 49 48	21	38	8
53	23	12 19 22	20	12 29 40	20	12 39 56	20	12 50 8	20	37	7
54	24	12 19 43	21	12 30 1	21	12 40 17	21	12 50 29	21	36	6
55	25	12 20 3	20	12 30 21	20	12 40 37	20	12 50 49	20	35	5
56	26	12 20 24	21	12 30 42	21	12 40 57	20	12 51 9	20	34	4
57	27	12 20 44	20	12 31 2	20	12 41 17	20	12 51 29	20	33	3
58	28	12 21 5	21	12 31 23	21	12 41 38	21	12 51 50	21	32	2
59	29	12 21 26	21	12 31 44	21	12 41 58	20	12 52 10	20	31	1
60	30	12 21 47	21	12 32 5	21	12 42 19	21	12 52 31	21	30	0
		27 degrez.		27 degrez.		26 degrez.		26 degrez.			
		♌ & ♒		♌ & ♒		♌ & ♒		♌ & ♒			

TABLES
DES DECLINAISONS DU SOLEIL POUR TOUS LES
Degrez & Minutes de l'Ecliptique.

Minutes	Minutes	♉ & ♏ / ♏ & ♉ 4 degrez	Différence	♉ & ♏ / ♏ & ♉ 4 degrez	Différence	♉ & ♏ / ♏ & ♉ 5 degrez	Différence	♉ & ♏ / ♏ & ♉ 5 degrez	Différence	Minutes	Minutes
30	0	12d 52′ 31	20	13d 2′ 39	20	13d 12′ 44	20	13d 22′ 46	20	60	30
31	1	12 52 51	20	13 2 59	21	13 13 4	21	13 23 6	20	59	29
32	2	12 53 11	20	13 3 20	20	13 13 25	20	13 23 26	20	58	28
33	3	12 53 31	21	13 3 40	20	13 13 45	20	13 23 46	20	57	27
34	4	12 53 52	20	13 4 0	20	13 14 5	20	13 24 6	20	56	26
35	5	12 54 12	21	13 4 20	20	13 14 25	20	13 24 26	20	55	25
36	6	12 54 33	20	13 4 40	20	13 14 45	20	13 24 46	20	54	24
37	7	12 54 53	20	13 5 0	21	13 15 5	20	13 25 6	20	53	23
38	8	12 55 13	20	13 5 21	20	13 15 25	20	13 25 26	20	52	22
39	9	12 55 33	21	13 5 41	20	13 15 45	20	13 25 46	20	51	21
40	10	12 55 54	20	13 6 1	20	13 16 5	20	13 26 6	20	50	20
41	11	12 56 14	21	13 6 21	21	13 16 25	20	13 26 26	20	49	19
42	12	12 56 35	20	13 6 42	20	13 16 45	20	13 26 46	20	48	18
43	13	12 56 55	20	13 7 2	20	13 17 5	21	13 27 6	20	47	17
44	14	12 57 15	20	13 7 22	20	13 17 26	20	13 27 26	20	46	16
45	15	12 57 35	21	13 7 42	21	13 17 46	20	13 27 46	20	45	15
46	16	12 57 56	20	13 8 3	20	13 18 6	20	13 28 6	20	44	14
47	17	12 58 16	20	13 8 23	20	13 18 26	20	13 28 26	20	43	13
48	18	12 58 36	20	13 8 43	20	13 18 46	20	13 28 46	20	42	12
49	19	12 58 56	21	13 9 3	20	13 19 6	20	13 29 6	20	41	11
50	20	12 59 17	20	13 9 23	20	13 19 26	20	13 29 26	20	40	10
51	21	12 59 37	20	13 9 43	20	13 19 46	20	13 29 46	19	39	9
52	22	12 59 57	20	13 10 3	20	13 20 6	20	13 30 5	20	38	8
53	23	13 0 17	21	13 10 23	21	13 20 26	20	13 30 25	20	37	7
54	24	13 0 38	20	13 10 44	20	13 20 46	20	13 30 45	20	36	6
55	25	13 0 58	20	13 11 4	20	13 21 6	20	13 31 5	20	35	5
56	26	13 1 18	20	13 11 24	20	13 21 26	20	13 31 25	20	34	4
57	27	13 1 38	21	13 11 44	20	13 21 46	20	13 31 45	20	33	3
58	28	13 1 59	20	13 12 4	20	13 22 6	20	13 32 5	20	32	2
59	29	13 2 19	20	13 12 24	20	13 22 26	20	13 32 25	20	31	1
60	30	13 2 39		13 12 44		13 22 46		13 32 45		30	0
		25 degrez.		25 degrez.		24 degrez.		24 degrez.			
		♌ & ♒		♌ & ♒		♌ & ♒		♌ & ♒			

TABLES
DES DECLINAISONS DU SOLEIL POUR TOUS LES
Degrez & Minutes de l'Ecliptique.

Minutes	Minutes	♉ & ♏ 6 degrez.	Différence	♉ & ♏ 6 degrez.	Différence	♉ & ♏ 7 degrez.	Différence	♉ & ♏ 7 degrez.	Différence	Minutes	Minutes
30	0	13ᵈ 32′ 45″	20	13ᵈ 42′ 40″	20	13ᵈ 52′ 32″	19	14ᵈ 2′ 20″	19	60	30
31	1	13 33 5	20	13 43 0	20	13 52 51	20	14 2 39	20	59	29
32	2	13 33 25	19	13 43 20	19	13 53 11	19	14 2 59	19	58	28
33	3	13 33 44	20	13 43 39	20	13 53 30	20	14 3 18	20	57	27
34	4	13 34 4	20	13 43 59	20	13 53 50	20	14 3 38	19	56	26
35	5	13 34 24	20	13 44 19	20	13 54 10	20	14 3 57	20	55	25
36	6	13 34 44	20	13 44 39	20	13 54 30	19	14 4 17	19	54	24
37	7	13 35 4	19	13 44 59	19	13 54 49	20	14 4 36	20	53	23
38	8	13 35 23	20	13 45 18	20	13 55 9	19	14 4 56	19	52	22
39	9	13 35 43	20	13 45 38	20	13 55 28	19	14 5 15	20	51	21
40	10	13 36 3	19	13 45 58	20	13 55 48	20	14 5 35	19	50	20
41	11	13 36 22	21	13 46 18	19	13 56 7	20	14 5 54	20	49	19
42	12	13 36 43	20	13 46 37	20	13 56 27	20	14 6 14	19	48	18
43	13	13 37 3	20	13 46 57	20	13 56 47	20	14 6 33	20	47	17
44	14	13 37 23	20	13 47 17	19	13 57 7	19	14 6 53	19	46	16
45	15	13 37 43	20	13 47 36	20	13 57 26	20	14 7 12	20	45	15
46	16	13 38 3	20	13 47 56	20	13 57 46	19	14 7 32	19	44	14
47	17	13 38 23	19	13 48 16	19	13 58 5	20	14 7 51	20	43	13
48	18	13 38 42	20	13 48 36	20	13 58 25	19	14 8 11	19	42	12
49	19	13 39 2	20	13 48 55	20	13 58 44	20	14 8 30	20	41	11
50	20	13 39 22	20	13 49 15	19	13 59 4	20	14 8 50	19	40	10
51	21	13 39 42	20	13 49 34	20	13 59 24	20	14 9 9	20	39	9
52	22	13 40 2	20	13 49 54	20	13 59 44	19	14 9 29	19	38	8
53	23	13 40 22	19	13 50 14	20	14 0 3	20	14 9 48	20	37	7
54	24	13 40 41	20	13 50 34	19	14 0 23	19	14 10 8	20	36	6
55	25	13 41 1	20	13 50 53	20	14 0 42	20	14 10 28	20	35	5
56	16	13 41 21	20	13 51 13	20	14 1 2	19	14 10 47	19	34	4
57	27	13 41 41	19	13 51 33	19	14 1 21	20	14 11 6	19	33	3
58	28	13 42 0	20	13 51 52	20	14 1 41	19	14 11 26	20	32	2
59	29	13 42 20	20	13 52 12	20	14 2 0	20	14 11 45	19	31	1
60	30	13 42 40	20	13 52 32	20	14 2 20	20	14 12 5	20	30	0
		23 degrez.		23 degrez.		22 degré.		22 degré.			
		♌ & ♒		♌ & ♒		♌ & ♒		♌ & ♒			

TABLES
DES DECLINAISONS DU SOLEIL POUR TOUS LES
Degrez & Minutes de l'Ecliptique.

Minutes	Minutes	♉ & ♏ 8 degrez.	Différence	♉ & ♏ 8 degrez.	Différence	♉ & ♏ 9 degrez.	Différence	♉ & ♏ 9 degrez.	Différence	Minutes	Minutes
30	0	14ᵈ 12′ 5″	19	14ᵈ 21′ 46″	19	14ᵈ 31′ 24″	19	14ᵈ 40′ 58″	19	60	30
31	1	14 12 24	20	14 22 5	19	14 31 43	19	14 41 17	19	59	29
32	2	14 12 44	19	14 22 24	19	14 32 2	19	14 41 36	19	58	28
33	3	14 13 3	20	14 22 43	20	14 32 21	19	14 41 55	19	57	27
34	4	14 13 23	19	14 23 3	19	14 32 40	19	14 42 14	19	56	26
35	5	14 13 42	19	14 23 22	20	14 32 59	19	14 42 33	19	55	25
36	6	14 14 1	19	14 23 42	19	14 33 19	20	14 42 52	19	54	24
37	7	14 14 20	20	14 24 1	19	14 33 38	19	14 43 11	19	53	23
38	8	14 14 40	20	14 24 20	19	14 33 57	19	14 43 30	19	52	22
39	9	14 15 0	19	14 24 39	20	14 34 16	19	14 43 49	19	51	21
40	10	14 15 19	19	14 24 59	19	14 34 35	19	14 44 8	19	50	20
41	11	14 15 38	20	14 25 18	20	14 34 54	20	14 44 27	19	49	19
42	12	14 15 58	19	14 25 38	19	14 35 14	19	14 44 46	19	48	18
43	13	14 16 17	19	14 25 57	19	14 35 33	19	14 45 5	19	47	17
44	14	14 16 36	19	14 26 16	19	14 35 52	19	14 45 24	19	46	16
45	15	14 16 55	20	14 26 35	20	14 36 11	19	14 45 43	19	45	15
46	16	14 17 15	19	14 26 55	19	14 36 30	19	14 46 2	19	44	14
47	17	14 17 34	20	14 27 14	19	14 36 49	20	14 46 21	19	43	13
48	18	14 17 54	19	14 27 33	19	14 37 9	19	14 46 40	19	42	12
49	19	14 18 13	20	14 27 52	20	14 37 28	19	14 46 59	19	41	11
50	20	14 18 33	19	14 28 12	19	14 37 47	19	14 47 18	19	40	10
51	21	14 18 52	19	14 28 31	19	14 38 6	19	14 47 37	19	39	9
52	22	14 19 11	19	14 28 50	19	14 38 25	19	14 47 56	19	38	8
53	23	14 19 30	20	14 29 9	19	14 38 44	19	14 48 15	19	37	7
54	24	14 19 50	19	14 29 28	19	14 39 3	19	14 48 34	19	36	6
55	25	14 20 9	20	14 29 47	20	14 39 22	19	14 48 53	19	35	5
56	26	14 20 29	19	14 30 7	19	14 39 41	19	14 49 12	19	34	4
57	27	14 20 48	19	14 30 26	19	14 40 0	20	14 49 31	19	33	3
58	28	14 21 7	19	14 30 45	19	14 40 20	19	14 49 50	19	32	2
59	29	14 21 26	20	14 31 4	20	14 40 39	19	14 50 9	19	31	1
60	30	14 21 46		14 31 24		14 40 58		14 50 28		30	0
		11 degrez		11 degrez.		20 d.grez.		20 degrez.			
		♌ & ♒		♌ & ♒		♌ & ♒		♌ & ♒			

TABLES
DES DECLINAISONS DU SOLEIL POUR TOUS LES
Degrez & Minutes de l'Ecliptique.

Minutes	Minutes	♉ & ♏ 10 degrez.	Difference	♉ & ♏ 10 degrez.	Difference	♉ & ♏ 11 degrez.	Difference	♉ & ♏ 11 degrez.	Difference	Minutes	Minutes
30	0	14d 50' 28"		14d 59' 55"		15d 9' 17"		15d 18' 36"		60	30
31	1	14 50 47	19	15 0 14	19	15 9 36	19	15 18 54	18	59	29
32	2	14 51 6	19	15 0 32	18	15 9 55	19	15 19 13	19	58	28
33	3	14 51 25	19	15 0 51	19	15 10 13	18	15 19 31	18	57	27
34	4	14 51 44	19	15 1 10	19	15 10 32	19	15 19 50	19	56	26
35	5	14 52 3	19	15 1 28	18	15 10 51	19	15 20 9	19	55	25
36	6	14 52 22	19	15 1 47	19	15 11 9	18	15 20 28	19	54	24
37	7	14 52 41	19	15 2 6	19	15 11 28	19	15 20 46	19	53	23
38	8	14 52 59	18	15 2 25	19	15 11 47	19	15 21 5	18	52	22
39	9	14 53 18	19	15 2 44	19	15 12 5	18	15 21 23	19	51	21
40	10	14 53 37	19	15 3 3	19	15 12 24	19	15 21 42	18	50	20
41	11	14 53 56	19	15 3 21	18	15 12 42	18	15 22 0	19	49	19
42	12	14 54 15	19	15 3 40	19	15 13 1	19	15 22 19	18	48	18
43	13	14 54 34	19	15 3 59	19	15 13 20	19	15 22 37	19	47	17
44	14	14 54 53	19	15 4 18	19	15 13 39	19	15 22 56	18	46	16
45	15	14 55 12	19	15 4 36	18	15 13 57	18	15 23 14	19	45	15
46	16	14 55 31	19	15 4 55	19	15 14 16	19	15 23 33	18	44	14
47	17	14 55 50	19	15 5 14	19	15 14 34	18	15 23 51	19	43	13
48	18	14 56 8	18	15 5 33	19	15 14 53	19	15 24 10	18	42	12
49	19	14 56 27	19	15 5 51	18	15 15 11	18	15 24 28	19	41	11
50	20	14 56 46	19	15 6 10	19	15 15 30	19	15 24 47	18	40	10
51	21	14 57 5	19	15 6 29	19	15 15 49	19	15 25 5	19	39	9
52	22	14 57 24	19	15 6 48	19	15 16 8	19	15 25 24	18	38	8
53	23	14 57 43	19	15 7 6	18	15 16 26	18	15 25 42	19	37	7
54	24	14 58 2	19	15 7 25	19	15 16 45	19	15 26 1	18	36	6
55	25	14 58 21	19	15 7 43	18	15 17 3	18	15 26 19	18	35	5
56	26	14 58 39	18	15 8 2	19	15 17 22	19	15 26 37	18	34	4
57	27	14 58 58	19	15 8 21	19	15 17 40	18	15 26 55	18	33	3
58	28	14 59 17	19	15 8 40	19	15 17 59	19	15 27 14	19	32	2
59	29	14 59 36	19	15 8 58	18	15 18 17	18	15 27 32	18	31	1
60	30	14 59 55	19	15 9 17	19	15 18 36	19	15 27 51	19	30	0
		19 degrez.		19 degrez.		18 degrez.		18 degrez.			
		♌ & ♒		♌ & ♒		♌ & ♒		♌ & ♒			

TABLES

DES DECLINAISONS DU SOLEIL POUR TOUS LES
Degrez & Minutes de l'Ecliptique.

Minutes.	Heures.	♉ & ♏ 11 degrez.	Difference.	♉ & ♏ 12 degrez.	Difference.	♉ & ♏ 13 degrez.	Difference.	♉ & ♏ 13 degrez.	Difference.	Minutes.	Minutes.
30	0	15ᵈ 27′ 51″		15ᵈ 37′ 2″		15ᵈ 46′ 9″		15ᵈ 55′ 12″		60	30
31	1	15 28 9	18	15 37 20	18	15 46 27	18	15 55 30	18	59	29
32	2	15 28 28	19	15 37 39	19	15 46 45	18	15 55 49	19	58	28
33	3	15 28 46	18	15 37 57	18	15 47 3	18	15 56 7	18	57	27
34	4	15 29 5	19	15 38 15	18	15 47 22	19	15 56 25	18	56	26
35	5	15 29 23	18	15 38 33	18	15 47 40	18	15 56 42	17	55	25
36	6	15 29 42	19	15 38 52	19	15 47 58	18	15 57 1	19	54	24
37	7	15 30 0	18	15 39 10	18	15 48 16	18	15 57 19	18	53	23
38	8	15 30 19	19	15 39 29	19	15 48 35	19	15 57 37	18	52	22
39	9	15 30 37	18	15 39 47	18	15 48 53	18	15 57 55	18	51	21
40	10	15 30 55	18	15 40 5	18	15 49 11	18	15 58 13	18	50	20
41	11	15 31 13	18	15 40 23	18	15 49 29	18	15 58 31	18	49	19
42	12	15 31 32	19	15 40 42	19	15 49 47	18	15 58 49	18	48	18
43	13	15 31 51	19	15 41 0	18	15 50 5	18	15 59 7	18	47	17
44	14	15 32 9	18	15 41 18	18	15 50 23	18	15 59 25	18	46	16
45	15	15 32 27	18	15 41 36	18	15 50 41	18	15 59 43	18	45	15
46	16	15 32 46	19	15 41 55	19	15 51 0	19	16 0 0	17	44	14
47	17	15 33 4	18	15 42 13	18	15 51 18	18	16 0 18	18	43	13
48	18	15 33 23	19	15 42 31	18	15 51 37	19	16 0 36	18	42	12
49	19	15 33 41	18	15 42 49	18	15 51 55	18	16 0 54	18	41	11
50	20	15 33 59	18	15 43 7	18	15 52 13	18	16 1 12	18	40	10
51	21	15 34 17	18	15 43 25	18	15 52 31	18	16 1 30	18	39	9
52	22	15 34 36	19	15 43 44	19	15 52 48	17	16 1 48	18	38	8
53	23	15 34 54	18	15 44 2	18	15 53 6	18	16 2 6	18	37	7
54	24	15 35 12	18	15 44 20	18	15 53 24	18	16 2 24	18	36	6
55	25	15 35 30	18	15 44 38	18	15 53 42	18	16 2 42	18	35	5
56	26	15 35 49	19	15 44 57	19	15 54 0	18	16 3 0	18	34	4
57	27	15 36 7	18	15 45 15	18	15 54 18	18	16 3 18	18	33	3
58	28	15 36 26	19	15 45 33	18	15 54 36	18	16 3 36	18	32	2
59	29	15 36 44	18	15 45 51	18	15 54 54	18	16 3 54	18	31	1
60	30	15 37 2	18	15 46 9	18	15 55 12	18	16 4 11	17	30	0

| | | 17 degrez. | | 17 degrez. | | 16 degrez. | | 16 degrez. | | | |
| | | ♌ & ♒ | | ♌ & ♒ | | ♌ & ♒ | | ♌ & ♒ | | | |

TABLES
DES DECLINAISONS DU SOLEIL POUR TOUS LES
Degrez & Minutes de l'Ecliptique.

Minutes	Minutes	♉ & ♍ 14 degrez	Différence	♉ & ♍ 14 degrez	Différence	♉ & ♍ 15 degrez	Différence	♉ & ♍ 15 degrez	Différence	Minutes	Minutes
30	0	16ᵈ 4′ 11″		16ᵈ 13′ 6″		16ᵈ 21′ 57″		16ᵈ 30′ 44″		60	30
31	1	16 4 29	18	16 13 24	18	16 22 15	18	16 31 1	17	59	29
32	2	16 4 47	18	16 13 42	18	16 22 32	17	16 31 18	17	58	28
33	3	16 5 5	18	16 14 0	18	16 22 50	18	16 31 36	18	57	27
34	4	16 5 23	18	16 14 17	17	16 23 7	17	16 31 53	17	56	26
35	5	16 5 41	18	16 14 35	18	16 23 25	18	16 32 11	18	55	25
36	6	16 5 59	18	16 14 53	18	16 23 43	18	16 32 28	17	54	24
37	7	16 6 16	17	16 15 11	18	16 24 1	18	16 32 46	18	53	23
38	8	16 6 34	18	16 15 28	18	16 24 19	18	16 33 3	17	52	22
39	9	16 6 52	18	16 15 46	17	16 24 36	18	16 33 21	18	51	21
40	10	16 7 10	18	16 16 4	18	16 24 53	17	16 33 38	17	50	20
41	11	16 7 28	18	16 16 22	18	16 25 11	17	16 33 55	17	49	19
42	12	16 7 46	18	16 16 39	18	16 25 28	18	16 34 13	18	48	18
43	13	16 8 4	18	16 16 57	17	16 25 45	17	16 34 31	18	47	17
44	14	16 8 22	18	16 17 15	18	16 26 3	17	16 34 48	17	46	16
45	15	16 8 40	18	16 17 33	18	16 26 21	18	16 35 5	17	45	15
46	16	16 8 57	17	16 17 50	18	16 26 38	18	16 35 23	18	44	14
47	17	16 9 15	18	16 18 8	17	16 26 56	17	16 35 40	17	43	13
48	18	16 9 33	18	16 18 25	18	16 27 13	18	16 35 57	17	42	12
49	19	16 9 51	18	16 18 43	17	16 27 31	17	16 36 15	18	41	11
50	20	16 10 9	18	16 19 1	18	16 27 48	18	16 36 32	17	40	10
51	21	16 10 27	18	16 19 19	18	16 28 6	17	16 36 50	18	39	9
52	22	16 10 44	17	16 19 36	18	16 28 24	18	16 37 7	17	38	8
53	23	16 11 2	18	16 19 54	17	16 28 42	18	16 37 24	17	37	7
54	24	16 11 20	18	16 20 11	18	16 28 59	18	16 37 42	18	36	6
55	25	16 11 38	18	16 20 29	17	16 29 16	17	16 37 59	17	35	5
56	26	16 11 55	17	16 20 47	18	16 29 34	17	16 38 16	17	34	4
57	27	16 12 13	18	16 21 5	18	16 29 52	18	16 38 33	17	33	3
58	28	16 12 31	18	16 21 22	18	16 30 9	18	16 38 51	18	32	2
59	29	16 12 49	18	16 21 40	17	16 30 27	17	16 39 8	17	31	1
60	30	16 13 6	17	16 21 57	17	16 30 44	17	16 39 26	18	30	0
		15 degrez		15 degrez		14 degrez		14 degrez			
		♎ & ♒		♎ & ♒		♎ & ♒		♎ & ♒			

TABLES

DES DECLINAISONS DU SOLEIL POUR TOUS LES
Degrez & Minutes de l'Ecliptique.

Min.	Min.	♉ & ♏ 16 degrez.	Différence	♉ & ♏ 16 degrez.	Différence	♉ & ♏ 17 degrez.	Différence	♉ & ♏ 17 degrez.	Différence	Min.	Min.
30	0	16ᵈ 39′ 26″	17	16ᵈ 48′ 4″	17	16ᵈ 56′ 37″	17	17ᵈ 5′ 6″	17	60	30
31	1	16 39 43	17	16 48 21	17	16 56 54	17	17 5 23	17	59	29
32	2	16 40 0	18	16 48 38	17	16 57 11	17	17 5 40	17	58	28
33	3	16 40 18	17	16 48 55	17	16 57 28	17	17 5 57	17	57	27
34	4	16 40 35	18	16 49 12	18	16 57 45	17	17 6 14	17	56	26
35	5	16 40 53	17	16 49 30	17	16 58 2	17	17 6 31	17	55	25
36	6	16 41 10	17	16 49 47	17	16 58 19	17	17 6 48	17	54	24
37	7	16 41 27	17	16 50 4	17	16 58 36	17	17 7 5	16	53	23
38	8	16 41 44	18	16 50 21	17	16 58 53	17	17 7 21	17	52	22
39	9	16 42 2	17	16 50 38	17	16 59 10	17	17 7 38	17	51	21
40	10	16 42 19	17	16 50 55	18	16 59 27	17	17 7 55	17	50	20
41	11	16 42 36	17	16 51 13	17	16 59 44	17	17 8 12	17	49	19
42	12	16 42 53	18	16 51 30	17	17 0 1	17	17 8 29	17	48	18
43	13	16 43 11	18	16 51 47	17	17 0 18	17	17 8 46	16	47	17
44	14	16 43 29	16	16 52 4	17	17 0 35	17	17 9 2	17	46	16
45	15	16 43 45	18	16 52 21	17	17 0 52	17	17 9 19	17	45	15
46	16	16 44 3	17	16 52 38	17	17 1 9	17	17 9 36	17	44	14
47	17	16 44 20	17	16 52 55	17	17 1 26	17	17 9 53	17	43	13
48	18	16 44 37	17	16 53 12	18	17 1 43	17	17 10 10	17	42	12
49	19	16 44 54	17	16 53 30	17	17 2 0	17	17 10 27	16	41	11
50	20	16 45 11	17	16 53 47	17	17 2 17	17	17 10 43	17	40	10
51	21	16 45 28	18	16 54 4	17	17 2 34	17	17 11 0	17	39	9
52	22	16 45 46	17	16 54 21	17	17 2 51	17	17 11 17	17	38	8
53	23	16 46 3	17	16 54 38	17	17 3 8	17	17 11 34	17	37	7
54	24	16 46 20	17	16 54 55	17	17 3 25	17	17 11 51	17	36	6
55	25	16 46 37	18	16 55 12	17	17 3 42	17	17 12 8	16	35	5
56	26	16 46 55	17	16 55 29	17	17 3 59	17	17 12 24	17	34	4
57	27	16 47 12	17	16 55 46	17	17 4 16	17	17 12 41	17	33	3
58	28	16 47 29	17	16 56 3	17	17 4 33	17	17 12 58	17	32	2
59	29	16 47 46	18	16 56 20	17	17 4 50	16	17 13 15	16	31	1
60	30	16 48 4		16 56 37		17 5 6		17 13 31		30	0
		13 degrez		13 degrez		12 d grez		12 degrez			
		♌ & ♒		♌ & ♒		♌ & ♒		♌ & ♒			

TABLES

DES DECLINAISONS DU SOLEIL POUR TOUS LES
Degrez & Minutes de l'Ecliptique.

Minutes	Signes	♉ & ♏ 18 degrez	Diff.	♉ & ♏ 18 degrez	Diff.	♉ & ♏ 19 degrez	Diff.	♉ & ♏ 19 degrez	Diff.	Minutes	Minutes
30	0	17 13 31		17 21 51		17 30 7		17 38 18		60	30
31	1	17 13 48	17	17 22 8	17	17 30 24	17	17 38 34	16	59	29
32	2	17 14 4	16	17 22 25	17	17 30 40	16	17 38 51	17	58	28
33	3	17 14 21	17	17 22 42	17	17 30 56	16	17 39 7	16	57	27
34	4	17 14 38	17	17 22 58	16	17 31 13	17	17 39 23	16	56	26
35	5	17 14 55	17	17 23 15	17	17 31 29	16	17 39 39	16	55	25
36	6	17 15 12	17	17 23 31	16	17 31 46	17	17 39 56	17	54	24
37	7	17 15 29	17	17 23 48	17	17 32 2	16	17 40 12	16	53	23
38	8	17 15 45	16	17 24 4	16	17 32 18	16	17 40 28	16	52	22
39	9	17 16 2	17	17 24 21	17	17 32 34	16	17 40 44	16	51	21
40	10	17 16 18	16	17 24 37	16	17 32 51	17	17 41 1	17	50	20
41	11	17 16 35	17	17 24 54	17	17 33 7	16	17 41 18	17	49	19
42	12	17 16 52	17	17 25 10	16	17 33 24	17	17 41 34	16	48	18
43	13	17 17 9	17	17 25 27	17	17 33 40	16	17 41 50	16	47	17
44	14	17 17 25	16	17 25 43	16	17 33 57	17	17 42 6	16	46	16
45	15	17 17 42	17	17 26 0	17	17 34 14	17	17 42 22	16	45	15
46	16	17 17 58	16	17 26 16	16	17 34 30	16	17 42 38	16	44	14
47	17	17 18 15	17	17 26 33	17	17 34 46	16	17 42 54	16	43	13
48	18	17 18 32	17	17 26 49	16	17 35 2	16	17 43 11	17	42	12
49	19	17 18 49	17	17 27 6	17	17 35 18	16	17 43 27	16	41	11
50	20	17 19 5	16	17 27 22	16	17 35 35	17	17 43 43	16	40	10
51	21	17 19 22	17	17 27 39	17	17 35 51	16	17 43 59	16	39	9
52	22	17 19 38	16	17 27 55	16	17 36 8	17	17 44 15	16	38	8
53	23	17 19 55	17	17 28 12	17	17 36 24	16	17 44 31	16	37	7
54	24	17 20 12	17	17 28 28	16	17 36 40	16	17 44 48	17	36	6
55	25	17 20 29	17	17 28 45	17	17 36 56	16	17 45 4	16	35	5
56	26	17 20 45	16	17 29 2	17	17 37 13	17	17 45 20	16	34	4
57	27	17 21 2	17	17 29 18	16	17 37 29	16	17 45 36	16	33	3
58	28	17 21 18	16	17 29 34	16	17 37 46	17	17 45 52	16	32	2
59	29	17 21 35	17	17 29 51	17	17 38 2	16	17 46 8	16	31	1
60	30	17 21 51	16	17 30 7	16	17 38 18	16	17 46 25	17	30	0
		11 degrez.		11 degrez.		10 degrez.		10 degrez.			
		♌ & ♒		♌ & ♒		♌ & ♒		♌ & ♒			

TABLES

DES DECLINAISONS DU SOLEIL POUR TOUS LES
Degrez & Minutes de l'Ecliptique.

Minutes	Minutes	♉ & ♏ 10 degrez.	Difference	♉ & ♏ 10 degrez.	Difference	♉ & ♏ 11 degrez.	Difference	♉ & ♏ 11 degrez.	Difference	Minutes	Minutes
30	0	17d 46′ 25″		17d 54′ 26″		18d 2′ 24″		18d 10′ 16″		60	30
31	1	17 46 41	16	17 54 42	16	18 2 40	16	18 10 32	16	59	29
32	2	17 46 57	16	17 54 58	16	18 2 55	15	18 10 47	15	58	28
33	3	17 47 13	16	17 55 14	16	18 3 11	16	18 11 3	16	57	27
34	4	17 47 29	16	17 55 30	16	18 3 27	16	18 11 19	16	56	26
35	5	17 47 45	16	17 55 46	16	18 3 42	15	18 11 35	16	55	25
36	6	17 48 1	16	17 56 2	16	18 3 58	16	18 11 50	15	54	24
37	7	17 48 17	17	17 56 18	16	18 4 14	16	18 12 6	16	53	23
38	8	17 48 34	16	17 56 34	16	18 4 30	16	18 12 21	15	52	22
39	9	17 48 50	16	17 56 50	16	18 4 46	16	18 12 37	16	51	21
40	10	17 49 6	16	17 57 6	16	18 5 2	16	18 12 52	15	50	20
41	11	17 49 22	16	17 57 22	16	18 5 18	15	18 13 7	16	49	19
42	12	17 49 38	16	17 57 38	16	18 5 33	16	18 13 23	16	48	18
43	13	17 49 54	16	17 57 54	16	18 5 49	16	18 13 39	16	47	17
44	14	17 50 10	16	17 58 10	16	18 6 5	16	18 13 55	16	46	16
45	15	17 50 26	16	17 58 26	16	18 6 21	15	18 14 11	15	45	15
46	16	17 50 42	16	17 58 42	16	18 6 36	16	18 14 26	16	44	14
47	17	17 50 58	16	17 58 58	15	18 6 52	16	18 14 42	15	43	13
48	18	17 51 14	16	17 59 13	16	18 7 8	16	18 14 57	16	42	12
49	19	17 51 30	16	17 59 29	16	18 7 24	15	18 15 13	15	41	11
50	20	17 51 46	16	17 59 45	16	18 7 39	16	18 15 28	16	40	10
51	21	17 52 2	16	18 0 1	16	18 7 55	15	18 15 44	15	39	9
52	22	17 52 18	16	18 0 17	16	18 8 10	16	18 15 59	16	38	8
53	23	17 52 34	16	18 0 33	16	18 8 26	16	18 16 15	15	37	7
54	24	17 52 50	16	18 0 49	16	18 8 42	16	18 16 30	16	36	6
55	25	17 53 6	16	18 1 5	15	18 8 58	15	18 16 46	15	35	5
56	26	17 53 22	16	18 1 20	16	18 9 13	16	18 17 1	16	34	4
57	27	17 53 38	16	18 1 36	16	18 9 29	16	18 17 17	15	33	3
58	28	17 53 54	16	18 1 52	16	18 9 45	15	18 17 32	16	32	2
59	29	17 54 10	16	18 2 8	16	18 10 0	16	18 17 48	15	31	1
60	30	17 54 26		18 2 24		18 10 16		18 18 3		30	0
		9 degrez.		9 degrez.		8 degrez.		8 degrez.			
		♌ & ♒		♌ & ♒		♌ & ♒		♌ & ♒			

TABLES
DES DECLINAISONS DU SOLEIL POUR TOUS LES
Degrez & Minutes de l'Ecliptique.

Minutes	Minutes	♉ & ♏ 11 degrez	Différence	♉ & ♏ 11 degrez	Différence	♉ & ♏ 25 degrez	Différence	♉ & ♏ 25 degrez	Différence	Minutes	Minutes
30	0	18d 18' 3"	15	18d 25' 46"	15	18d 33' 24"	15	18d 40' 57"	15	60	30
31	1	18 18 18	16	18 26 1	16	18 33 39	15	18 41 12	15	59	29
32	2	18 18 34	15	18 26 17	15	18 33 54	15	18 41 27	15	58	28
33	3	18 18 49	16	18 26 32	15	18 34 9	15	18 41 42	15	57	27
34	4	18 19 5	15	18 26 47	15	18 34 24	16	18 41 57	15	56	26
35	5	18 19 20	16	18 27 2	16	18 34 40	15	18 42 12	15	55	25
36	6	18 19 36	15	18 27 18	15	18 34 55	15	18 42 27	15	54	24
37	7	18 19 51	16	18 27 33	16	18 35 10	15	18 42 42	15	53	23
38	8	18 20 7	15	18 27 49	15	18 35 25	15	18 42 57	15	52	22
39	9	18 20 22	16	18 28 4	15	18 35 40	15	18 43 12	15	51	21
40	10	18 20 38	15	18 28 19	15	18 35 55	15	18 43 27	15	50	20
41	11	18 20 53	16	18 28 34	16	18 36 10	15	18 43 42	15	49	19
42	12	18 21 9	15	18 28 50	15	18 36 25	15	18 43 57	15	48	18
43	13	18 21 24	16	18 29 5	15	18 36 40	15	18 44 12	14	47	17
44	14	18 21 40	15	18 29 20	15	18 36 55	15	18 44 26	15	46	16
45	15	18 21 55	16	18 29 35	16	18 37 10	15	18 44 41	15	45	15
46	16	18 22 11	15	18 29 51	14	18 37 25	15	18 44 56	15	44	14
47	17	18 22 26	16	18 30 5	16	18 37 40	15	18 45 11	15	43	13
48	18	18 22 42	15	18 30 21	15	18 37 55	15	18 45 26	15	42	12
49	19	18 22 57	15	18 30 36	16	18 38 10	15	18 45 41	15	41	11
50	20	18 23 12	15	18 30 52	15	18 38 25	16	18 45 56	15	40	10
51	21	18 23 27	15	18 31 7	15	18 38 41	16	18 46 11	15	39	9
52	22	18 23 42	16	18 31 22	15	18 38 57	15	18 46 26	15	38	8
53	23	18 23 58	16	18 31 37	16	18 39 12	15	18 46 41	15	37	7
54	24	18 24 14	15	18 31 53	15	18 39 27	15	18 46 56	15	36	6
55	25	18 24 29	16	18 32 8	15	18 39 42	15	18 47 11	14	35	5
56	26	18 24 45	15	18 32 23	15	18 39 57	15	18 47 25	15	34	4
57	27	18 25 0	15	18 32 38	16	18 40 12	15	18 47 40	15	33	3
58	28	18 25 15	16	18 32 54	15	18 40 27	15	18 47 55	15	32	2
59	29	18 25 31	15	18 33 9	15	18 40 42	15	18 48 10	15	31	1
60	30	18 25 46		18 33 24		18 40 57		18 48 25		30	0
		7 degrez		**7 degrez**		**6 degrez**		**6 degrez**			
		♌ & ♒		♌ & ♒		♌ & ♒		♌ & ♒			

TABLES
DES DECLINAISONS DU SOLEIL POUR TOUS LES
Degrez & Minutes de l'Ecliptique.

Minutes	Minutes	♉ & ♍ / ♈ 24 degrez.	Différence	♉ & ♍ / ♈ 24 degrez.	Différence	♉ & ♍ / ♈ 25 degrez.	Différence	♉ & ♍ / ♈ 25 degrez.	Différence	Minutes	Minutes
30	0	18ᵈ 48′ 25″	15	18ᵈ 55′ 48″	14	19ᵈ 3′ 5″	15	19ᵈ 10′ 18″	14	60	30
31	1	18 48 40	14	18 56 2	14	19 3 20	14	19 10 32	15	59	29
32	2	18 48 54	15	18 56 16	15	19 3 34	15	19 10 47	14	58	28
33	3	18 49 9	15	18 56 31	15	19 3 49	14	19 11 1	14	57	27
34	4	18 49 24	15	18 56 46	15	19 4 3	15	19 11 15	15	56	26
35	5	18 49 39	15	18 57 1	14	19 4 18	14	19 11 30	14	55	25
36	6	18 49 54	15	18 57 15	14	19 4 32	15	19 11 44	15	54	24
37	7	18 50 9	14	18 57 29	15	19 4 47	14	19 11 59	15	53	23
38	8	18 50 23	15	18 57 44	15	19 5 1	15	19 12 14	14	52	22
39	9	18 50 38	15	18 57 59	15	19 5 16	14	19 12 28	14	51	21
40	10	18 50 53	15	18 58 14	15	19 5 30	15	19 12 42	14	50	20
41	11	18 51 8	14	18 58 29	14	19 5 45	14	19 12 56	14	49	19
42	12	18 51 22	15	18 58 43	15	19 5 59	15	19 13 10	14	48	18
43	13	18 51 37	15	18 58 58	14	19 6 14	14	19 13 24	14	47	17
44	14	18 51 52	15	18 59 12	15	19 6 28	15	19 13 38	15	46	16
45	15	18 52 7	14	18 59 27	15	19 6 43	14	19 13 53	14	45	15
46	16	18 52 21	15	18 59 42	15	19 6 57	15	19 14 7	14	44	14
47	17	18 52 36	15	18 59 57	14	19 7 12	14	19 14 21	14	43	13
48	18	18 52 51	15	19 0 11	15	19 7 26	14	19 14 35	15	42	12
49	19	18 53 6	14	19 0 26	14	19 7 40	14	19 14 50	14	41	11
50	20	18 53 20	15	19 0 40	15	19 7 54	15	19 15 4	14	40	10
51	21	18 53 35	15	19 0 55	14	19 8 9	14	19 15 18	14	39	9
52	22	18 53 50	15	19 1 9	15	19 8 23	15	19 15 32	14	38	8
53	23	18 54 5	14	19 1 24	14	19 8 38	14	19 15 46	14	37	7
54	24	18 54 19	15	19 1 38	14	19 8 52	14	19 16 0	15	36	6
55	25	18 54 34	15	19 1 52	15	19 9 6	14	19 16 15	14	35	5
56	26	18 54 49	15	19 2 7	15	19 9 20	14	19 16 29	14	34	4
57	27	18 55 4	14	19 2 22	14	19 9 34	15	19 16 43	14	33	3
58	28	18 55 18	15	19 2 36	15	19 9 49	14	19 16 57	15	32	2
59	29	18 55 33	15	19 2 51	14	19 10 3	15	19 17 12	14	31	1
60	30	18 55 48		19 3 5		19 10 18		19 17 26		30	0
		5 degrez		5 degrez.		4 degrez.		4 degrez.			
		♌ & ♒		♌ & ♒		♌ & ♒		♌ & ♒			

TABLES

TABLES

DES DECLINAISONS DU SOLEIL POUR TOUS LES
Degrez & Minutes de l'Ecliptique.

Minutes	Minutes	♉ & ♏ 26 degrez	Différence	♉ & ♏ 26 degrez	Différence	♉ & ♏ 27 degrez	Différence	♉ & ♏ 27 degrez	Différence	Minutes	Minutes
30	0	19ᵈ 17′ 26″	14	19ᵈ 24′ 28″	14	19ᵈ 31′ 25″	14	19ᵈ 38′ 17″	14	60	30
31	1	19 17 40	14	19 24 42	14	19 31 39	14	19 38 31	13	59	29
32	2	19 17 54	14	19 24 56	14	19 31 53	13	19 38 44	14	58	28
33	3	19 18 8	14	19 25 10	14	19 32 6	14	19 38 58	13	57	27
34	4	19 18 22	14	19 25 24	14	19 32 20	14	19 39 11	14	56	26
35	5	19 18 36	14	19 25 38	14	19 32 34	14	19 39 25	14	55	25
36	6	19 18 50	15	19 25 52	14	19 32 48	14	19 39 39	14	54	24
37	7	19 19 5	14	19 26 6	14	19 33 2	13	19 39 53	13	53	23
38	8	19 19 19	14	19 26 20	14	19 33 15	14	19 40 6	14	52	22
39	9	19 19 33	14	19 26 34	14	19 33 29	14	19 40 20	13	51	21
40	10	19 19 47	14	19 26 48	14	19 33 43	14	19 40 33	14	50	20
41	11	19 20 1	14	19 27 2	13	19 33 57	13	19 40 47	13	49	19
42	12	19 20 15	14	19 27 15	14	19 34 10	14	19 41 0	14	48	18
43	13	19 20 29	14	19 27 29	14	19 34 24	14	19 41 14	13	47	17
44	14	19 20 43	14	19 27 43	14	19 34 38	14	19 41 27	14	46	16
45	15	19 20 57	14	19 27 57	14	19 34 52	13	19 41 41	12	45	15
46	16	19 21 11	14	19 28 11	14	19 35 5	14	19 41 53	14	44	14
47	17	19 21 25	15	19 28 25	14	19 35 19	14	19 42 7	14	43	13
48	18	19 21 40	14	19 28 39	14	19 35 33	14	19 42 21	14	42	12
49	19	19 21 54	14	19 28 53	14	19 35 47	13	19 42 35	13	41	11
50	20	19 22 8	14	19 29 7	14	19 36 0	14	19 42 48	14	40	10
51	21	19 22 22	14	19 29 21	13	19 36 14	14	19 43 2	13	39	9
52	22	19 22 36	14	19 29 34	14	19 36 28	14	19 43 15	14	38	8
53	23	19 22 50	14	19 29 48	14	19 36 42	13	19 43 29	13	37	7
54	24	19 23 4	14	19 30 2	14	19 36 55	14	19 43 42	14	36	6
55	25	19 23 18	14	19 30 16	14	19 37 9	13	19 43 56	13	35	5
56	26	19 23 32	14	19 30 30	14	19 37 22	14	19 44 9	14	34	4
57	27	19 23 46	14	19 30 44	13	19 37 36	14	19 44 23	13	33	3
58	28	19 24 0	14	19 30 57	14	19 37 50	14	19 44 36	14	32	2
59	29	19 24 14	14	19 31 11	14	19 38 4	13	19 44 50	13	31	1
60	30	19 24 28		19 31 25		19 38 17		19 45 3		30	0
		3 degrez		3 degrez		2 degrez		2 degrez			
		♌ & ♒		♌ & ♒		♌ & ♒		♌ & ♒			

TABLES
DES DECLINAISONS DU SOLEIL POUR TOUS LES
Degrez & Minutes de l'Ecliptique.

Minutes	Secondes	♉ & ♏ 28 degrez	Différence	♉ & ♏ 28 degrez	Différence	♉ & ♏ 29 degrez	Différence	♉ & ♏ 29 degrez	Différence	Minutes	Minutes
30	0	19d 45' 3"		19d 51' 45"		19d 58' 20"		20d 4' 51"		60	30
31	1	19 45 17	14	19 51 58	13	19 58 34	14	20 5 4	13	59	29
32	2	19 45 30	13	19 52 11	13	19 58 47	13	20 5 16	12	58	28
33	3	19 45 44	14	19 52 24	13	19 59 0	13	20 5 29	13	57	27
34	4	19 45 57	13	19 52 38	14	19 59 13	13	20 5 42	13	56	26
35	5	19 46 11	14	19 52 51	13	19 59 26	13	20 5 55	13	55	25
36	6	19 46 24	13	19 53 4	13	19 59 39	13	20 6 8	13	54	24
37	7	19 46 38	14	19 53 17	13	19 59 52	13	20 6 21	13	53	23
38	8	19 46 51	13	19 53 31	14	20 0 5	13	20 6 34	13	52	22
39	9	19 47 5	14	19 53 44	13	20 0 18	13	20 6 47	13	51	21
40	10	19 47 18	13	19 53 57	13	20 0 31	13	20 7 0	13	50	20
41	11	19 47 31	13	19 54 10	13	20 0 44	13	20 7 13	13	49	19
42	12	19 47 44	14	19 54 23	13	20 0 57	13	20 7 25	12	48	18
43	13	19 47 58	13	19 54 37	14	20 1 10	13	20 7 38	13	47	17
44	14	19 48 11	14	19 54 50	13	20 1 23	13	20 7 51	13	46	16
45	15	19 48 25	13	19 55 3	13	20 1 36	13	20 8 4	13	45	15
46	16	19 48 38	14	19 55 16	13	20 1 49	13	20 8 16	12	44	14
47	17	19 48 52	13	19 55 29	13	20 2 2	13	20 8 29	13	43	13
48	18	19 49 5	14	19 55 43	14	20 2 15	13	20 8 42	13	42	12
49	19	19 49 18	13	19 55 56	13	20 2 28	13	20 8 55	13	41	11
50	20	19 49 31	13	19 56 9	13	20 2 41	13	20 9 8	13	40	10
51	21	19 49 44	13	19 56 22	13	20 2 54	13	20 9 21	13	39	9
52	22	19 49 58	14	19 56 35	13	20 3 7	13	20 9 33	12	38	8
53	23	19 50 12	14	19 56 49	14	20 3 20	13	20 9 46	13	37	7
54	24	19 50 25	13	19 57 2	13	20 3 33	13	20 9 59	13	36	6
55	25	19 50 38	13	19 57 15	13	20 3 46	13	20 10 12	13	35	5
56	26	19 50 51	13	19 57 28	13	20 3 59	13	20 10 25	13	34	4
57	27	19 51 4	13	19 57 41	13	20 4 12	13	20 10 38	13	33	3
58	28	19 51 18	14	19 57 54	13	20 4 25	13	20 10 50	12	32	2
59	29	19 51 32	14	19 58 7	13	20 4 38	13	20 11 3	13	31	1
60	30	19 51 45	13	19 58 20	13	20 4 51	13	20 11 16	13	30	0
		1 degré.		1 degré.		30 degrez.		30 degrez			
		♌ & ♒		♌ & ♒		♌ & ♒		♌ & ♒			

TABLES
DES DECLINAISONS DU SOLEIL POUR TOUS LES Degrez & Minutes de l'Ecliptique.

Minutes.	Minutes.	♊ & ♐ 30 degrez.	Difference.	♊ & ♐ 30 degrez.	Difference.	♊ & ♐ 1 degré.	Difference.	♊ & ♐ 1 degré.	Difference.	Minutes.	Minutes.
30	0	20d 11' 16"		20d 17' 35"		20d 23' 49"		20d 29' 57"		60	30
31	1	20 11 28	12	20 17 48	13	20 24 1	12	20 30 9	12	59	29
32	2	20 11 41	13	20 18 0	12	20 24 13	12	20 30 21	12	58	28
33	3	20 11 54	13	20 18 13	13	20 24 25	12	20 30 33	12	57	27
34	4	20 12 6	12	20 18 25	12	20 24 38	13	20 30 46	13	56	26
35	5	20 12 19	13	20 18 38	13	20 24 50	13	20 30 58	12	55	25
36	6	20 12 32	13	20 18 50	12	20 25 3	13	20 31 10	12	54	24
37	7	20 12 45	13	20 19 3	13	20 25 15	12	20 31 22	12	53	23
38	8	20 12 57	12	20 19 15	12	20 25 27	12	20 31 34	12	52	22
39	9	20 13 10	13	20 19 28	13	20 25 40	13	20 31 46	12	51	21
40	10	20 13 23	13	20 19 40	12	20 25 52	12	20 31 58	12	50	20
41	11	20 13 36	13	20 19 53	13	20 26 4	12	20 32 10	12	49	19
42	12	20 13 48	12	20 20 5	12	20 26 17	13	20 32 23	13	48	18
43	13	20 14 0	12	20 20 18	13	20 26 29	12	20 32 35	12	47	17
44	14	20 14 13	13	20 20 30	12	20 26 41	12	20 32 47	12	46	16
45	15	20 14 26	13	20 20 43	13	20 26 53	12	20 32 59	12	45	15
46	16	20 14 39	13	20 20 55	12	20 27 6	13	20 33 11	12	44	14
47	17	20 14 52	13	20 21 8	13	20 27 18	12	20 33 23	12	43	13
48	18	20 15 4	12	20 21 20	12	20 27 30	12	20 33 35	12	42	12
49	19	20 15 17	13	20 21 33	13	20 27 43	13	20 33 47	12	41	11
50	20	20 15 29	12	20 21 45	12	20 27 55	12	20 33 59	12	40	10
51	21	20 15 42	13	20 21 57	12	20 28 7	12	20 34 11	12	39	9
52	22	20 15 54	12	20 22 9	12	20 28 19	12	20 34 23	12	38	8
53	23	20 16 7	13	20 22 22	13	20 28 32	13	20 34 35	12	37	7
54	24	20 16 19	12	20 22 34	13	20 28 44	12	20 34 47	12	36	6
55	25	20 16 32	13	20 22 47	13	20 28 56	12	20 34 59	12	35	5
56	26	20 16 45	13	20 22 59	12	20 29 8	12	20 35 11	12	34	4
57	27	20 16 58	13	20 23 12	13	20 29 20	12	20 35 23	12	33	3
58	28	20 17 10	12	20 23 25	13	20 29 32	12	20 35 35	12	32	2
59	29	20 17 23	13	20 23 37	12	20 29 45	13	20 35 47	12	31	1
60	30	20 17 35	12	20 23 49	12	20 29 57	12	20 35 59	12	30	0
		29 degrez.		29 degrez.		28 degrez.		28 degrez.			
		♋ & ♑		♋ & ♑		♋ & ♑		♋ & ♑			

TABLES
DES DECLINAISONS DU SOLEIL POUR TOUS LES
Degrez & Minutes de l'Ecliptique.

Minutes	Minutes	♊ & ♐ 2 degrez	Diff.	♊ & ♐ 2 degrez	Diff.	♊ & ♐ 3 degrez	Diff.	♊ & ♐ 3 degrez	Diff.	Minutes	Minutes
30	0	20° 35′ 59″	12	20° 41′ 56″	12	20° 47′ 48″	12	20° 53′ 33″	12	60	30
31	1	20 36 11	12	20 42 8	12	20 48 0	11	20 53 45	11	59	29
32	2	20 36 23	12	20 42 20	12	20 48 11	12	20 53 56	12	58	28
33	3	20 36 35	12	20 42 32	11	20 48 23	11	20 54 8	11	57	27
34	4	20 36 47	12	20 42 43	12	20 48 34	12	20 54 19	11	56	26
35	5	20 36 59	12	20 42 55	12	20 48 46	11	20 54 30	11	55	25
36	6	20 37 11	12	20 43 7	12	20 48 57	12	20 54 41	12	54	24
37	7	20 37 23	12	20 43 19	12	20 49 9	11	20 54 53	11	53	23
38	8	20 37 35	12	20 43 31	12	20 49 20	12	20 55 4	12	52	22
39	9	20 37 47	12	20 43 43	11	20 49 32	11	20 55 16	11	51	21
40	10	20 37 59	12	20 43 54	12	20 49 43	12	20 55 27	12	50	20
41	11	20 38 11	12	20 44 6	11	20 49 55	11	20 55 39	11	49	19
42	12	20 38 23	12	20 44 17	12	20 50 6	12	20 55 50	11	48	18
43	13	20 38 35	12	20 44 29	12	20 50 18	11	20 56 1	11	47	17
44	14	20 38 47	12	20 44 41	12	20 50 29	12	20 56 12	12	46	16
45	15	20 38 59	11	20 44 53	12	20 50 41	11	20 56 24	11	45	15
46	16	20 39 10	12	20 45 5	12	20 50 52	12	20 56 35	11	44	14
47	17	20 39 22	12	20 45 17	11	20 51 4	11	20 56 46	11	43	13
48	18	20 39 34	12	20 45 28	12	20 51 15	12	20 56 57	12	42	12
49	19	20 39 46	12	20 45 40	11	20 51 27	11	20 57 9	11	41	11
50	20	20 39 58	12	20 45 51	12	20 51 38	12	20 57 20	12	40	10
51	21	20 40 10	12	20 46 3	11	20 51 50	11	20 57 32	11	39	9
52	22	20 40 22	12	20 46 14	12	20 52 1	12	20 57 43	11	38	8
53	23	20 40 34	11	20 46 26	12	20 52 13	11	20 57 54	11	37	7
54	24	20 40 45	12	20 46 38	12	20 52 24	12	20 58 5	12	36	6
55	25	20 40 57	12	20 46 50	11	20 52 36	11	20 58 17	11	35	5
56	26	20 41 9	12	20 47 1	12	20 52 47	12	20 58 28	11	34	4
57	27	20 41 21	12	20 47 13	11	20 52 59	11	20 58 39	11	33	3
58	28	20 41 33	12	20 47 24	12	20 53 10	12	20 58 50	12	32	2
59	29	20 41 45	11	20 47 36	12	20 53 22	11	20 59 2	11	31	1
60	30	20 41 56		20 47 48		20 53 33		20 59 13		30	0
		27 degrez		27 degrez		26 degrez		26 degrez			
		♋ & ♑		♋ & ♑		♋ & ♑		♋ & ♑			

TABLES

DES DECLINAISONS DU SOLEIL POUR TOUS LES
Degrez & Minutes de l'Ecliptique.

Minutes	Minutes	♊ & ♓ 4 degrez.	Différence	♊ & ♓ 4 degrez.	Différence	♊ & ♓ 5 degrez.	Différence	♊ & ♓ 5 degrez.	Différence	Minutes	Minutes
30	0	20ᵈ 59′ 13″	11	21ᵈ 4′ 47″	11	21ᵈ 10′ 14″	11	21ᵈ 15′ 37″	10	60	30
31	1	20 59 24	11	21 4 58	11	21 10 25	11	21 15 47	11	59	29
32	2	20 59 35	11	21 5 9	11	21 10 36	11	21 15 58	10	58	28
33	3	20 59 46	11	21 5 20	11	21 10 47	11	21 16 8	11	57	27
34	4	20 59 57	11	21 5 31	11	21 10 58	11	21 16 19	11	56	26
35	5	21 0 8	12	21 5 42	11	21 11 9	10	21 16 30	10	55	25
36	6	21 0 20	12	21 5 53	11	21 11 19	11	21 16 40	11	54	24
37	7	21 0 31	11	21 6 4	11	21 11 30	11	21 16 51	11	53	23
38	8	21 0 42	12	21 6 15	10	21 11 41	11	21 17 2	10	52	22
39	9	21 0 54	11	21 6 25	11	21 11 52	11	21 17 12	11	51	21
40	10	21 1 5	11	21 6 36	11	21 12 3	11	21 17 23	10	50	20
41	11	21 1 16	11	21 6 47	11	21 12 14	10	21 17 33	11	49	19
42	12	21 1 27	11	21 6 58	11	21 12 24	11	21 17 44	11	48	18
43	13	21 1 38	11	21 7 9	11	21 12 35	11	21 17 55	10	47	17
44	14	21 1 49	11	21 7 20	11	21 12 46	10	21 18 5	11	46	16
45	15	21 2 0	11	21 7 31	11	21 12 56	11	21 18 16	10	45	15
46	16	21 2 11	11	21 7 42	11	21 13 7	10	21 18 26	11	44	14
47	17	21 2 22	12	21 7 53	11	21 13 17	11	21 18 37	10	43	13
48	18	21 2 34	11	21 8 4	11	21 13 28	11	21 18 47	11	42	12
49	19	21 2 45	11	21 8 15	11	21 13 39	11	21 18 58	10	41	11
50	20	21 2 56	11	21 8 26	11	21 13 50	10	21 19 8	11	40	10
51	21	21 3 7	11	21 8 37	11	21 14 0	11	21 19 19	10	39	9
52	22	21 3 18	11	21 8 48	10	21 14 11	11	21 19 29	11	38	8
53	23	21 3 29	11	21 8 58	11	21 14 22	11	21 19 40	10	37	7
54	24	21 3 40	11	21 9 9	11	21 14 33	10	21 19 50	11	36	6
55	25	21 3 51	11	21 9 20	11	21 14 43	11	21 20 1	10	35	5
56	26	21 4 2	11	21 9 31	10	21 14 54	11	21 20 11	11	34	4
57	27	21 4 13	11	21 9 41	11	21 15 5	11	21 20 22	10	33	3
58	28	21 4 24	12	21 9 52	11	21 15 16	10	21 20 32	11	32	2
59	29	21 4 36	11	21 10 3	11	21 15 26	11	21 20 43	10	31	1
60	30	21 4 47		21 10 14		21 15 37		21 20 53		30	0
		25 degrez.		25 degrez.		24 degrez.		24 degrez.			
		♋ & ♑		♋ & ♑		♋ & ♑		♋ & ♑			

TABLES

DES DECLINAISONS DU SOLEIL POUR TOUS LES
Degrez & Minutes de l'Ecliptique.

Minutes	Minutes	♊ & ♐ 6 degrez.	Différence.	♊ & ♐ 6 degrez.	Différence.	♊ & ♐ 7 degrez.	Différence.	♊ & ♐ 7 degrez.	Différence.	Minutes	Minutes
30	0	21ᵈ 20′ 53″	11	21ᵈ 26′ 3″	11	21ᵈ 31′ 7″	10	21ᵈ 36′ 6″	9	60	30
31	1	21 21 4	10	21 26 14	10	21 31 17	10	21 36 15	10	59	29
32	2	21 21 14	11	21 26 24	11	21 31 27	10	21 36 25	10	58	28
33	3	21 21 25	10	21 26 34	10	21 31 37	10	21 36 35	10	57	27
34	4	21 21 35	10	21 26 44	10	21 31 47	10	21 36 45	10	56	26
35	5	21 21 45	10	21 26 54	10	21 31 57	10	21 36 55	9	55	25
36	6	21 21 55	11	21 27 4	10	21 32 7	10	21 37 4	10	54	24
37	7	21 22 6	10	21 27 14	11	21 32 17	10	21 37 14	10	53	23
38	8	21 22 16	10	21 27 25	10	21 32 27	10	21 37 24	10	52	22
39	9	21 22 26	10	21 27 35	10	21 32 37	10	21 37 34	10	51	21
40	10	21 22 36	10	21 27 45	10	21 32 47	10	21 37 44	10	50	20
41	11	21 22 46	11	21 27 55	10	21 32 57	10	21 37 54	9	49	19
42	12	21 22 57	11	21 28 5	11	21 33 7	10	21 38 3	10	48	18
43	13	21 23 8	10	21 28 16	10	21 33 17	10	21 38 13	10	47	17
44	14	21 23 18	11	21 28 26	10	21 33 27	10	21 38 23	10	46	16
45	15	21 23 29	10	21 28 36	10	21 33 37	10	21 38 33	9	45	15
46	16	21 23 39	11	21 28 46	10	21 33 47	10	21 38 42	10	44	14
47	17	21 23 49	10	21 28 56	10	21 33 57	10	21 38 52	10	43	13
48	18	21 24 0	10	21 29 6	11	21 34 7	10	21 39 2	10	42	12
49	19	21 24 10	10	21 29 17	10	21 34 17	10	21 39 12	9	41	11
50	20	21 24 20	11	21 29 27	10	21 34 27	10	21 39 21	10	40	10
51	21	21 24 31	10	21 29 37	10	21 34 37	10	21 39 31	9	39	9
52	22	21 24 41	10	21 29 47	10	21 34 47	10	21 39 40	10	38	8
53	23	21 24 51	10	21 29 57	10	21 34 57	9	21 39 50	10	37	7
54	24	21 25 1	10	21 30 7	10	21 35 6	10	21 40 0	9	36	6
55	25	21 25 11	11	21 30 17	10	21 35 16	10	21 40 10	10	35	5
56	26	21 25 22	11	21 30 27	10	21 35 26	10	21 40 19	9	34	4
57	27	21 25 33	10	21 30 37	10	21 35 36	10	21 40 29	10	33	3
58	28	21 25 43	10	21 30 47	10	21 35 46	10	21 40 38	10	32	2
59	29	21 25 53	10	21 30 57	10	21 35 56	10	21 40 48	10	31	1
60	30	21 26 3		21 31 7		21 36 6		21 40 58		30	0
		23 degré.		23 degré.		22 degrez.		22 degrez.			
		♋ & ♑		♋ & ♑		♋ & ♑		♋ & ♑			

TABLES

DES DECLINAISONS DU SOLEIL POUR TOUS LES
Degrez & Minutes de l'Ecliptique.

Minutes	Minutes	♊ & ♐ 8 degrez	Différence	♊ & ♐ 8 degrez	Différence	♊ & ♐ 9 degrez	Différence	♊ & ♐ 9 degrez	Différence	Minutes	Minutes
30	0	21ᵈ 40′ 58″	9	21ᵈ 45′ 44″	9	21ᵈ 50′ 24″	9	21ᵈ 54′ 58″	9	60	30
31	1	21 41 7	10	21 45 53	10	21 50 33	9	21 55 7	9	59	29
32	2	21 41 17	9	21 46 3	9	21 50 42	9	21 55 16	9	58	28
33	3	21 41 26	10	21 46 12	10	21 50 51	9	21 55 25	9	57	27
34	4	21 41 36	10	21 46 22	9	21 51 0	9	21 55 34	9	56	26
35	5	21 41 46	9	21 46 31	9	21 51 9	10	21 55 43	9	55	25
36	6	21 41 55	10	21 46 40	10	21 51 19	9	21 55 52	9	54	24
37	7	21 42 5	10	21 46 50	9	21 51 28	9	21 56 1	9	53	23
38	8	21 42 15	9	21 46 59	9	21 51 37	9	21 56 10	9	52	22
39	9	21 42 24	10	21 47 8	10	21 51 46	10	21 56 19	9	51	21
40	10	21 42 34	9	21 47 18	9	21 51 56	9	21 56 28	9	50	20
41	11	21 42 43	10	21 47 27	10	21 52 5	9	21 56 37	9	49	19
42	12	21 42 53	9	21 47 37	9	21 52 14	9	21 56 46	9	48	18
43	13	21 43 2	10	21 47 46	9	21 52 23	9	21 56 55	9	47	17
44	14	21 43 12	9	21 47 55	9	21 52 32	9	21 57 4	8	46	16
45	15	21 43 21	10	21 48 4	10	21 52 41	10	21 57 12	9	45	15
46	16	21 43 31	9	21 48 14	9	21 52 51	9	21 57 21	9	44	14
47	17	21 43 40	10	21 48 23	10	21 53 0	9	21 57 30	9	43	13
48	18	21 43 50	10	21 48 33	9	21 53 9	9	21 57 39	9	42	12
49	19	21 44 0	9	21 48 42	9	21 53 18	9	21 57 48	9	41	11
50	20	21 44 9	9	21 48 51	9	21 53 27	9	21 57 57	9	40	10
51	21	21 44 18	10	21 49 0	10	21 53 36	9	21 58 6	9	39	9
52	22	21 44 28	9	21 49 10	9	21 53 45	9	21 58 15	9	38	8
53	23	21 44 37	10	21 49 19	9	21 53 54	9	21 58 24	9	37	7
54	24	21 44 47	9	21 49 28	10	21 54 3	9	21 58 33	9	36	6
55	25	21 44 56	10	21 49 38	9	21 54 12	10	21 58 42	8	35	5
56	26	21 45 6	9	21 49 47	9	21 54 22	9	21 58 50	9	34	4
57	27	21 45 15	10	21 49 56	9	21 54 31	9	21 58 59	9	33	3
58	28	21 45 25	9	21 50 5	9	21 54 40	9	21 59 8	9	32	2
59	29	21 45 34	10	21 50 14	9	21 54 49	9	21 59 17	8	31	1
60	30	21 45 44		21 50 24	10	21 54 58	9	21 59 25		30	0
		21 degrez.		**21 degrez.**		**20 degrez.**		**20 degrez.**			
		♋ & ♑		♋ & ♑		♋ & ♑		♋ & ♑			

TABLES
DES DECLINAISONS DU SOLEIL POUR TOUS LES
Degrez & Minutes de l'Ecliptique.

Minutes	Minutes	♊ & ♐ — 10 degrez	Différence	♊ & ♐ — 10 degrez	Différence	♊ & ♐ — 11 degrez	Différence	♊ & ♐ — 11 degrez	Différence	Minutes	Minutes
30	0	21d 59′ 25″	9	22d 3′ 47″	9	22d 8′ 2″	9	22d 12′ 11″	8	60	30
31	1	21 59 34	9	22 3 56	8	22 8 11	8	22 12 19	8	59	29
32	2	21 59 43	9	22 4 4	8	22 8 19	8	22 12 27	9	58	28
33	3	21 59 52	9	22 4 12	9	22 8 27	9	22 12 36	8	57	27
34	4	22 0 1	9	22 4 21	8	22 8 36	8	22 12 44	8	56	26
35	5	22 0 10	9	22 4 29	9	22 8 44	9	22 12 52	8	55	25
36	6	22 0 18	9	22 4 38	9	22 8 53	8	22 13 0	8	54	24
37	7	22 0 27	9	22 4 47	8	22 9 1	8	22 13 8	8	53	23
38	8	22 0 36	9	22 4 55	9	22 9 9	8	22 13 16	9	52	22
39	9	22 0 45	8	22 5 4	9	22 9 17	9	22 13 25	8	51	21
40	10	22 0 53	9	22 5 13	9	22 9 26	8	22 13 33	8	50	20
41	11	22 1 2	9	22 5 22	8	22 9 34	8	22 13 41	8	49	19
42	12	22 1 11	8	22 5 30	8	22 9 42	9	22 13 49	8	48	18
43	13	22 1 19	9	22 5 38	9	22 9 51	8	22 13 57	8	47	17
44	14	22 1 28	9	22 5 47	8	22 9 59	9	22 14 5	8	46	16
45	15	22 1 37	9	22 5 55	9	22 10 8	8	22 14 13	8	45	15
46	16	22 1 46	8	22 6 4	8	22 10 16	8	22 14 21	8	44	14
47	17	22 1 54	9	22 6 12	9	22 10 24	8	22 14 29	8	43	13
48	18	22 2 3	9	22 6 21	9	22 10 32	8	22 14 37	8	42	12
49	19	22 2 12	8	22 6 30	8	22 10 40	8	22 14 45	8	41	11
50	20	22 2 20	9	22 6 38	9	22 10 48	8	22 14 53	9	40	10
51	21	22 2 29	9	22 6 47	8	22 10 56	9	22 15 2	8	39	9
52	22	22 2 38	9	22 6 55	8	22 11 5	8	22 15 10	8	38	8
53	23	22 2 47	8	22 7 3	8	22 11 13	9	22 15 18	8	37	7
54	24	22 2 55	9	22 7 11	9	22 11 22	8	22 15 26	8	36	6
55	25	22 3 4	8	22 7 20	8	22 11 30	8	22 15 34	8	35	5
56	26	22 3 12	9	22 7 28	9	22 11 38	8	22 15 42	8	34	4
57	27	22 3 21	9	22 7 37	8	22 11 46	9	22 15 50	8	33	3
58	28	22 3 30	8	22 7 45	8	22 11 55	8	22 15 58	8	32	2
59	29	22 3 38	9	22 7 53	9	22 12 3	8	22 16 6	8	31	1
60	30	22 3 47		22 8 2		22 12 11		22 16 14		30	0
		19 degrez		19 degrez		18 degrez		18 degrez			
		♋ & ♑		♋ & ♑		♋ & ♑		♋ & ♑			

TABLES
DES DECLINAISONS DU SOLEIL POUR TOUS LES DEGREZ
& Minutes de l'Ecliptique.

Minutes	Minutes	♊ & ♐ 11. degrez	Différence	♊ & ♐ 12. degrez	Différence	♊ & ♐ 13 degré	Différence	♊ & ♐ 14. degrez	Différence	Minutes	Minutes
30	0	22ᵈ 16′ 14″	8	22ᵈ 20′ 10″	8	22ᵈ 24′ 0″	8	22ᵈ 27′ 44″	7	60	30
31	1	22 16 22	8	22 20 18	8	22 24 8	7	22 27 51	7	59	29
32	2	22 16 30	8	22 20 26	8	22 24 15	8	22 27 58	8	58	28
33	3	22 16 38	8	22 20 34	8	22 24 23	7	22 28 6	7	57	27
34	4	22 16 46	8	22 20 41	7	22 24 30	8	22 28 13	8	56	26
35	5	22 16 54	8	22 20 49	8	22 24 38	7	22 28 21	7	55	25
36	6	22 17 2	8	22 20 57	8	22 24 45	8	22 28 28	7	54	24
37	7	22 17 10	7	22 21 5	8	22 24 53	7	22 28 35	7	53	23
38	8	22 17 17	8	22 21 12	7	22 25 0	8	22 28 42	7	52	22
39	9	22 17 25	8	22 21 20	8	22 25 8	7	22 28 50	8	51	21
40	10	22 17 33	8	22 21 27	7	22 25 15	8	22 28 57	7	50	20
41	11	22 17 41	8	22 21 35	8	22 25 23	7	22 29 4	7	49	19
42	12	22 17 49	8	22 21 43	8	22 25 30	8	22 29 11	7	48	18
43	13	22 17 57	8	22 21 51	8	22 25 38	7	22 29 19	8	47	17
44	14	22 18 5	8	22 21 58	7	22 25 45	8	22 29 26	7	46	16
45	15	22 18 13	8	22 22 5	7	22 25 53	7	22 29 33	7	45	15
46	16	22 18 21	8	22 22 13	8	22 26 0	8	22 29 40	7	44	14
47	17	22 18 29	7	22 22 21	8	22 26 8	7	22 29 48	8	43	13
48	18	22 18 36	8	22 22 29	8	22 26 15	8	22 29 55	7	42	12
49	19	22 18 44	8	22 22 37	8	22 26 23	7	22 30 2	7	41	11
50	20	22 18 52	8	22 22 44	7	22 26 30	8	22 30 9	7	40	10
51	21	22 19 0	8	22 22 52	8	22 26 38	7	22 30 17	8	39	9
52	21	22 19 8	8	22 22 59	7	22 26 45	7	22 30 24	7	38	8
53	23	22 19 16	7	22 23 7	8	22 26 52	7	22 30 31	7	37	7
54	24	22 19 23	8	22 23 15	8	22 26 59	8	22 30 38	7	36	6
55	25	22 19 31	8	22 23 23	8	22 27 7	7	22 30 45	7	35	5
56	26	22 19 39	8	22 23 30	7	22 27 14	8	22 30 52	8	34	4
57	27	22 19 47	7	22 23 38	8	22 27 22	7	22 31 0	7	33	3
58	28	22 19 54	8	22 23 45	7	22 27 29	8	22 31 7	7	32	2
59	29	22 20 2	8	22 23 53	8	22 27 37	7	22 31 14	7	31	1
60	30	22 20 10		22 24 0		22 27 44	7	22 31 21	7	30	0
		17. degrez		17. degrez		16. degrez		16. degrez			
		♋ & ♑		♋ & ♑		♋ & ♑		♋ & ♑			

TABLES

DES DECLINAISONS DU SOLEIL POUR TOUS LES DEGREZ
& Minutes de l'Ecliptique.

Minutes	Minutes	♊ & ♐ 14 degrez	Difference	♊ & ♐ 14 degrez	Difference	♊ & ♐ 15 degrez	Difference	♊ & ♐ 15 degrez	Difference	Minutes	Minutes
30	0	22d 31' 21"	7	22d 34' 52"	7	22d 38' 16"	7	22d 41' 34"	7	60	30
31	1	22 31 28	7	22 34 59	7	22 38 23	6	22 41 41	6	59	29
32	2	22 31 35	7	22 35 6	7	22 38 29	7	22 41 47	7	58	28
33	3	22 31 42	7	22 35 13	6	22 38 36	7	22 41 54	6	57	27
34	4	22 31 49	8	22 35 19	7	22 38 43	7	22 42 0	6	56	26
35	5	22 31 57	7	22 35 26	7	22 38 50	6	22 42 6	6	55	25
36	6	22 32 4	7	22 35 33	7	22 38 56	7	22 42 12	7	54	24
37	7	22 32 11	7	22 35 40	7	22 39 3	6	22 42 19	7	53	23
38	8	22 32 18	7	22 35 47	7	22 39 9	7	22 42 26	7	52	22
39	9	22 32 25	7	22 35 54	7	22 39 16	7	22 42 33	6	51	21
40	10	22 32 32	7	22 36 1	6	22 39 23	7	22 42 39	6	50	20
41	11	22 32 39	7	22 36 7	7	22 39 30	6	22 42 45	6	49	19
42	12	22 32 46	7	22 36 14	7	22 39 36	7	22 42 51	7	48	18
43	13	22 32 53	7	22 36 21	7	22 39 43	6	22 42 58	6	47	17
44	14	22 33 0	7	22 36 28	7	22 39 49	7	22 43 4	7	46	16
45	15	22 33 7	7	22 36 35	7	22 39 56	6	22 43 11	6	45	15
46	16	22 33 14	7	22 36 42	7	22 40 2	7	22 43 17	7	44	14
47	17	22 33 21	7	22 36 49	6	22 40 9	7	22 43 24	6	43	13
48	18	22 33 28	7	22 36 55	7	22 40 16	7	22 43 30	6	42	12
49	19	22 33 35	7	22 37 2	7	22 40 23	6	22 43 36	6	41	11
50	20	22 33 42	7	22 37 9	7	22 40 29	7	22 43 42	7	40	10
51	21	22 33 49	7	22 37 16	6	22 40 36	6	22 43 49	6	39	9
52	22	22 33 56	7	22 37 22	7	22 40 42	7	22 43 55	7	38	8
53	23	22 34 3	7	22 37 29	7	22 40 49	6	22 44 2	6	37	7
54	24	22 34 10	7	22 37 36	7	22 40 55	7	22 44 8	6	36	6
55	25	22 34 17	7	22 37 43	6	22 41 2	6	22 44 14	6	35	5
56	26	22 34 24	7	22 37 49	7	22 41 8	7	22 44 20	7	34	4
57	27	22 34 31	7	22 37 56	7	22 41 15	6	22 44 27	6	33	3
58	28	22 34 38	7	22 38 3	6	22 41 21	7	22 44 33	6	32	2
59	29	22 34 45	7	22 38 9	7	22 41 28	6	22 44 39	6	31	1
60	30	22 34 52		22 38 16		22 41 34		22 44 45		30	0
		15 degrez		15 degrez		14 degrez		14 degrez			
		♋ & ♑		♋ & ♑		♋ & ♑		♋ & ♑			

TABLES

DES DECLINAISONS DU SOLEIL POUR TOUS LES DEGREZ
& Minutes de l'Ecliptique.

Min.	Min.	♊ & ♐ 16 degrez.	Diff.	♊ & ♐ 16 degrez.	Diff.	♊ & ♐ 17 degrez.	Diff.	♊ & ♐ 17 degrez.	Diff.	Min.	Min.
30	0	22ᵈ 44′ 45″	7	22ᵈ 47′ 50″	6	22ᵈ 50′ 49″	6	22ᵈ 53′ 41″	6	60	30
31	1	22 44 52	6	22 47 56	6	22 50 55	5	22 53 47	5	59	29
32	2	22 44 58	6	22 48 2	6	22 51 0	6	22 53 52	6	58	28
33	3	22 45 4	6	22 48 8	6	22 51 6	6	22 53 58	5	57	27
34	4	22 45 10	6	22 48 14	6	22 51 12	6	22 54 3	6	56	26
35	5	22 45 16	7	22 48 20	6	22 51 18	6	22 54 9	5	55	25
36	6	22 45 23	6	22 48 26	6	22 51 24	6	22 54 14	6	54	24
37	7	22 45 29	6	22 48 32	6	22 51 30	5	22 54 20	5	53	23
38	8	22 45 35	6	22 48 38	6	22 51 35	6	22 54 25	6	52	22
39	9	22 45 41	7	22 48 44	6	22 51 41	6	22 54 31	5	51	21
40	10	22 45 48	6	22 48 50	5	22 51 47	5	22 54 36	6	50	20
41	11	22 45 54	6	22 48 56	6	22 51 52	6	22 54 42	5	49	19
42	12	22 46 0	7	22 49 2	6	22 51 58	6	22 54 47	6	48	18
43	13	22 46 7	6	22 49 8	6	22 52 4	6	22 54 53	5	47	17
44	14	22 46 13	6	22 49 14	6	22 52 10	6	22 54 58	6	46	16
45	15	22 46 19	6	22 49 20	6	22 52 16	5	22 55 4	5	45	15
46	16	22 46 25	6	22 49 26	6	22 52 21	6	22 55 9	6	44	14
47	17	22 46 31	6	22 49 32	6	22 52 27	6	22 55 15	5	43	13
48	18	22 46 37	6	22 49 38	6	22 52 33	5	22 55 20	6	42	12
49	19	22 46 43	6	22 49 44	6	22 52 38	6	22 55 26	5	41	11
50	20	22 46 49	7	22 49 50	6	22 52 44	6	22 55 31	5	40	10
51	21	22 46 56	6	22 49 56	6	22 52 50	5	22 55 36	5	39	9
52	22	22 47 2	6	22 50 2	6	22 52 55	6	22 55 41	6	38	8
53	23	22 47 8	6	22 50 8	6	22 53 1	6	22 55 47	6	37	7
54	24	22 47 14	6	22 50 14	6	22 53 7	6	22 55 53	5	36	6
55	25	22 47 20	6	22 50 20	6	22 53 13	5	22 55 58	6	35	5
56	26	22 47 26	6	22 50 26	6	22 53 18	6	22 56 4	6	34	4
57	27	22 47 32	6	22 50 32	6	22 53 24	5	22 56 10	5	33	3
58	28	22 47 38	6	22 50 38	6	22 53 29	6	22 56 15	6	32	2
59	29	22 47 44	6	22 50 44	6	22 53 35	6	22 56 21	5	31	1
60	30	22 47 50		22 50 49	5	22 53 41		22 56 26		30	0
		13 degrez.		13 degrez.		12 degrez.		12 degrez.			
		♋ & ♑		♋ & ♑		♋ & ♑		♋ & ♑			

TABLES
DES DECLINAISONS DU SOLEIL POUR TOUS LES
Degrez & Minutes de l'Ecliptique.

Minutes	Minutes	♊ & ♓ 18 degrez	Différence	♊ & ♓ 18 degrez	Différence	♊ & ♓ 19 degrez	Différence	♊ & ♓ 19 degrez	Différence	Minutes	Minutes
30	0	22ᵈ 56′ 26″	5	22ᵈ 59′ 4″	5	23ᵈ 1′ 36″	5	23ᵈ 4′ 2″	5	60	30
31	1	22 56 31	5	22 59 9	6	23 1 41	5	23 4 7	5	59	29
32	2	22 56 36	6	22 59 15	5	23 1 46	5	23 4 11	5	58	28
33	3	22 56 42	5	22 59 20	5	23 1 51	5	23 4 16	5	57	27
34	4	22 56 47	6	22 59 25	5	23 1 56	5	23 4 21	5	56	26
35	5	22 56 53	5	22 59 30	5	23 2 1	5	23 4 26	4	55	25
36	6	22 56 58	6	22 59 35	5	23 2 6	5	23 4 30	4	54	24
37	7	22 57 4	5	22 59 40	5	23 2 11	5	23 4 34	5	53	23
38	8	22 57 9	5	22 59 45	6	23 2 16	5	23 4 39	5	52	22
39	9	22 57 14	5	22 59 51	5	23 2 21	5	23 4 44	5	51	21
40	10	22 57 19	6	22 59 56	5	23 2 26	5	23 4 49	5	50	20
41	11	22 57 25	5	23 0 1	5	23 2 31	4	23 4 54	4	49	19
42	12	22 57 30	6	23 0 6	5	23 2 35	5	23 4 58	4	48	18
43	13	22 57 36	5	23 0 11	5	23 2 40	5	23 5 2	5	47	17
44	14	22 57 41	5	23 0 16	5	23 2 45	5	23 5 7	5	46	16
45	15	22 57 46	5	23 0 21	5	23 2 50	5	23 5 12	5	45	15
46	16	22 57 51	6	23 0 26	5	23 2 55	5	23 5 17	5	44	14
47	17	22 57 57	6	23 0 31	5	23 3 0	4	23 5 22	4	43	13
48	18	22 58 2	5	23 0 36	5	23 3 4	5	23 5 26	5	42	12
49	19	22 58 7	5	23 0 41	5	23 3 9	5	23 5 31	4	41	11
50	20	22 58 12	6	23 0 46	5	23 3 14	5	23 5 35	5	40	10
51	21	22 58 18	5	23 0 51	5	23 3 19	5	23 5 40	4	39	9
52	22	22 58 23	5	23 0 56	5	23 3 24	5	23 5 44	5	38	8
53	23	22 58 28	5	23 1 1	5	23 3 29	4	23 5 49	4	37	7
54	24	22 58 33	5	23 1 6	5	23 3 33	5	23 5 53	5	36	6
55	25	22 58 38	6	23 1 11	5	23 3 38	5	23 5 58	4	35	5
56	26	22 58 44	5	23 1 16	5	23 3 43	5	23 6 2	5	34	4
57	27	22 58 49	5	23 1 21	5	23 3 48	4	23 6 7	4	33	3
58	28	22 58 54	5	23 1 26	5	23 3 52	5	23 6 11	5	32	2
59	29	22 58 59	5	23 1 31	5	23 3 57	5	23 6 16	4	31	1
60	30	22 59 4		23 1 36		23 4 2		23 6 20		30	0
		11 degrez.		11 degrez.		10 degrez.		10 degrez.			
		♋ & ♑		♋ & ♑		♋ & ♑		♋ & ♑			

TABLES

DES DECLINAISONS DU SOLEIL POUR TOUS LES
Degrez & Minutes de l'Ecliptique.

Minutes	Minutes	♊ & ♐ 20 degrez	Diff.	♊ & ♐ 20 degrez	Diff.	♊ & ♐ 21 degrez	Diff.	♊ & ♐ 21 degrez	Diff.	Minutes	Minutes
30	0	23d 6′ 20		23d 8′ 33		23d 10′ 38		23d 12′ 37		60	30
31	1	23 6 24	4	23 8 37	4	23 10 42	4	23 12 40	3	59	29
32	2	23 6 29	5	23 8 41	4	23 10 46	4	23 12 44	4	58	28
33	3	23 6 33	4	23 8 46	5	23 10 50	4	23 12 48	4	57	27
34	4	23 6 38	5	23 8 50	4	23 10 54	4	23 12 52	4	56	26
35	5	23 6 42	4	23 8 54	4	23 10 58	4	23 12 56	4	55	25
36	6	23 6 47	5	23 8 58	4	23 11 2	4	23 13 0	4	54	24
37	7	23 6 51	4	23 9 2	4	23 11 6	4	23 13 4	4	53	23
38	8	23 6 56	5	23 9 7	5	23 11 10	4	23 13 7	3	52	22
39	9	23 7 0	4	23 9 11	4	23 11 14	4	23 13 11	4	51	21
40	10	23 7 5	5	23 9 15	4	23 11 18	4	23 13 15	4	50	20
41	11	23 7 9	4	23 9 19	4	23 11 22	4	23 13 18	3	49	19
42	12	23 7 14	5	23 9 24	5	23 11 26	4	23 13 22	4	48	18
43	13	23 7 18	4	23 9 28	4	23 11 30	4	23 13 26	4	47	17
44	14	23 7 23	5	23 9 32	4	23 11 34	4	23 13 30	4	46	16
45	15	23 7 27	4	23 9 36	4	23 11 38	4	23 13 34	4	45	15
46	16	23 7 32	5	23 9 40	4	23 11 42	4	23 13 37	3	44	14
47	17	23 7 36	4	23 9 44	4	23 11 46	4	23 13 41	4	43	13
48	18	23 7 41	5	23 9 49	5	23 11 50	4	23 13 44	3	42	12
49	19	23 7 45	4	23 9 53	4	23 11 54	4	23 13 48	4	41	11
50	20	23 7 49	4	23 9 57	4	23 11 58	4	23 13 52	4	40	10
51	21	23 7 53	4	23 10 1	4	23 12 2	4	23 13 56	4	39	9
52	22	23 7 58	5	23 10 5	4	23 12 6	4	23 13 59	3	38	8
53	23	23 8 2	4	23 10 9	4	23 12 10	4	23 14 2	3	37	7
54	24	23 8 7	5	23 10 13	4	23 12 13	3	23 14 6	4	36	6
55	25	23 8 11	4	23 10 18	5	23 12 17	4	23 14 10	4	35	5
56	26	23 8 15	4	23 10 23	5	23 12 21	4	23 14 14	4	34	4
57	27	23 8 19	4	23 10 26	3	23 12 25	4	23 14 18	4	33	3
58	28	23 8 24	5	23 10 30	4	23 12 29	4	23 14 21	3	32	2
59	29	23 8 29	5	23 10 34	4	23 12 33	4	23 14 25	4	31	1
60	30	23 8 33	4	23 10 38	4	23 12 37	4	23 14 28	3	30	0
		9 degrez.		9 degrez.		8 degrez.		8 degrez.			
		♋ & ♑		♋ & ♑		♋ & ♑		♋ & ♑			

TABLES
DES DECLINAISONS DU SOLEIL POUR TOUS LES
Degrez & Minutes de l'Ecliptique.

Minutes	Minutes	♊ & ♓ 22 degrez	Différence	♊ & ♓ 22 degrez	Différence	♊ & ♓ 23 degrez	Différence	♊ & ♓ 23 degrez	Différence	Minutes	Minutes
30	0	23d 14' 28"		23d 16' 14"		23d 17' 52"		23d 19' 24"		60	30
31	1	23 14 32	4	23 16 18	4	23 17 55	3	23 19 27	3	59	29
32	2	23 14 36	4	23 16 21	3	23 17 58	3	23 19 30	3	58	28
33	3	23 14 40	4	23 16 24	3	23 18 2	4	23 19 33	3	57	27
34	4	23 14 43	3	23 16 27	3	23 18 5	3	23 19 36	3	56	26
35	5	23 14 47	4	23 16 31	4	23 18 8	3	23 19 39	3	55	25
36	6	23 14 51	4	23 16 34	3	23 18 11	3	23 19 41	2	54	24
37	7	23 14 54	3	23 16 37	3	23 18 14	3	23 19 44	3	53	23
38	8	23 14 57	3	23 16 41	4	23 18 17	3	23 19 47	3	52	22
39	9	23 15 0	3	23 16 45	4	23 18 20	3	23 19 50	3	51	21
40	10	23 15 4	4	23 16 48	3	23 18 23	3	23 19 53	3	50	20
41	11	23 15 8	4	23 16 51	3	23 18 27	4	23 19 56	3	49	19
42	12	23 15 12	4	23 16 54	3	23 18 30	3	23 19 59	3	48	18
43	13	23 15 16	4	23 16 58	4	23 18 33	3	23 20 2	3	47	17
44	14	23 15 19	3	23 17 1	3	23 18 36	3	23 20 5	3	46	16
45	15	23 15 23	4	23 17 4	3	23 18 39	3	23 20 7	2	45	15
46	16	23 15 26	3	23 17 7	3	23 18 42	3	23 20 10	3	44	14
47	17	23 15 30	4	23 17 10	3	23 18 45	3	23 20 13	3	43	13
48	18	23 15 33	3	23 17 14	4	23 18 48	3	23 20 16	3	42	12
49	19	23 15 37	4	23 17 17	3	23 18 51	3	23 20 19	3	41	11
50	20	23 15 40	3	23 17 20	3	23 18 54	3	23 20 22	3	40	10
51	21	23 15 44	4	23 17 24	4	23 18 57	3	23 20 25	3	39	9
52	22	23 15 47	3	23 17 27	3	23 19 0	3	23 20 27	2	38	8
53	23	23 15 50	3	23 17 30	3	23 19 3	3	23 20 30	3	37	7
54	24	23 15 53	3	23 17 33	3	23 19 6	3	23 20 33	3	36	6
55	25	23 15 57	4	23 17 37	4	23 19 9	3	23 20 36	3	35	5
56	26	23 16 0	3	23 17 40	3	23 19 12	3	23 20 38	2	34	4
57	27	23 16 4	4	23 17 43	3	23 19 15	3	23 20 41	3	33	3
58	28	23 16 7	3	23 17 46	3	23 19 18	3	23 20 44	3	32	2
59	29	23 16 11	4	23 17 49	3	23 19 21	3	23 20 47	3	31	1
60	30	23 16 14	3	23 17 52	3	23 19 24	3	23 20 49	2	30	0
		7 degré.		7 degré.		6 degrez.		6 degrez.			
		♋ & ♑		♋ & ♑		♋ & ♑		♋ & ♑			

TABLES
DES DECLINAISONS DU SOLEIL POUR TOUS LES
Degrez & Minutes de l'Ecliptique.

Minutes	Minutes	♒ & ♓ 14 degrez.	Différence	♒ & ♓ 14 degrez.	Différence	♒ & ♓ 15 degrez.	Différence	♒ & ♓ 15 degrez.	Différence	Minutes	Minutes
30	0	23ᵈ 20′ 49″		23ᵈ 22′ 8″		23ᵈ 23′ 19″		23ᵈ 24′ 24″		60	30
31	1	23 20 52	3	23 22 10	2	23 23 21	2	23 24 26	2	59	29
32	2	23 20 55	3	23 22 13	3	23 23 24	3	23 24 28	2	58	28
33	3	23 20 58	3	23 22 15	2	23 23 26	2	23 24 30	2	57	27
34	4	23 21 0	2	23 22 18	3	23 23 28	2	23 24 32	2	56	26
35	5	23 21 3	3	23 22 20	2	23 23 30	2	23 24 34	2	55	25
36	6	23 21 6	3	23 22 22	2	23 23 33	3	23 24 36	2	54	24
37	7	23 21 9	3	23 22 25	3	23 23 35	2	23 24 38	2	53	23
38	8	23 21 11	2	23 22 27	2	23 23 37	2	23 24 40	2	52	22
39	9	23 21 14	3	23 22 30	3	23 23 40	3	23 24 42	2	51	21
40	10	23 21 16	2	23 22 32	2	23 23 42	2	23 24 44	2	50	20
41	11	23 21 19	3	23 22 35	3	23 23 44	2	23 24 46	2	49	19
42	12	23 21 21	2	23 22 37	2	23 23 46	2	23 24 48	2	48	18
43	13	23 21 24	3	23 22 40	3	23 23 48	2	23 24 50	2	47	17
44	14	23 21 27	3	23 22 42	2	23 23 50	2	23 24 52	2	46	16
45	15	23 21 30	3	23 22 45	3	23 23 52	2	23 24 54	2	45	15
46	16	23 21 32	2	23 22 47	2	23 23 54	3	23 24 56	2	44	14
47	17	23 21 35	3	23 22 49	2	23 23 57	2	23 24 58	1	43	13
48	18	23 21 37	2	23 22 51	2	23 23 59	2	23 24 59	2	42	12
49	19	23 21 40	3	23 22 54	3	23 24 1	2	23 25 1	2	41	11
50	20	23 21 42	2	23 22 56	2	23 24 3	2	23 25 3	2	40	10
51	21	23 21 45	3	23 22 59	3	23 24 5	2	23 25 5	2	39	9
52	22	23 21 47	2	23 23 1	2	23 24 7	2	23 25 7	2	38	8
53	23	23 21 50	3	23 23 3	2	23 24 9	2	23 25 9	2	37	7
54	24	23 21 52	2	23 23 5	2	23 24 11	2	23 25 11	2	36	6
55	25	23 21 55	3	23 23 8	3	23 24 14	3	23 25 13	2	35	5
56	26	23 21 58	3	23 23 10	2	23 24 16	2	23 25 15	2	34	4
57	27	23 22 0	2	23 23 12	2	23 24 18	2	23 25 17	1	33	3
58	28	23 22 3	3	23 23 15	3	23 24 20	2	23 25 18	2	32	2
59	29	23 22 6	3	23 23 17	2	23 24 22	2	23 25 20	2	31	1
60	30	23 22 8	2	23 23 19	2	23 24 24	2	23 25 22	2	30	0
		5 degrez.		5 degrez.		4 degrez.		4 degrez.			
		♋ & ♑		♋ & ♑		♋ & ♑		♋ & ♑			

TABLES

DES DECLINAISONS DU SOLEIL POUR TOUS LES
Degrez & Minutes de l'Ecliptique.

Min.	Min.	♊ & ♐ 26 degrez.	Diff.	♊ & ♐ 26 degrez.	Diff.	♊ & ♐ 27 degrez.	Diff.	♊ & ♐ 27 degrez.	Diff.	Min.	Min.
30	0	23ᵈ 25′ 22″	2	23ᵈ 26′ 13″	2	23ᵈ 26′ 57″	2	23ᵈ 27′ 35″	1	60	30
31	1	23 25 24	1	23 26 15	1	23 26 59	1	23 27 36	1	59	29
32	2	23 25 25	2	23 26 16	1	23 27 0	2	23 27 37	1	58	28
33	3	23 25 27	2	23 26 17	2	23 27 2	1	23 27 38	1	57	27
34	4	23 25 29	2	23 26 19	1	23 27 3	1	23 27 39	1	56	26
35	5	23 25 31	2	23 26 20	2	23 27 4	1	23 27 40	1	55	25
36	6	23 25 33	2	23 26 22	1	23 27 5	2	23 27 41	2	54	24
37	7	23 25 35	1	23 26 23	2	23 27 7	1	23 27 43	1	53	23
38	8	23 25 36	2	23 26 25	2	23 27 8	1	23 27 44	1	52	22
39	9	23 25 38	2	23 26 27	1	23 27 9	1	23 27 45	1	51	21
40	10	23 25 40	2	23 26 28	2	23 27 10	2	23 27 46	1	50	20
41	11	23 25 42	1	23 26 30	1	23 27 12	1	23 27 47	1	49	19
42	12	23 25 43	1	23 26 31	2	23 27 13	2	23 27 48	1	48	18
43	13	23 25 44	2	23 26 33	1	23 27 15	1	23 27 49	1	47	17
44	14	23 25 46	2	23 26 34	2	23 27 16	1	23 27 50	1	46	16
45	15	23 25 48	2	23 26 36	1	23 27 17	1	23 27 51	1	45	15
46	16	23 25 50	1	23 26 37	2	23 27 18	2	23 27 52	1	44	14
47	17	23 25 51	2	23 26 39	1	23 27 20	1	23 27 53	1	43	13
48	18	23 25 53	2	23 26 40	2	23 27 21	1	23 27 54	1	42	12
49	19	23 25 55	2	23 26 42	1	23 27 22	1	23 27 55	1	41	11
50	20	23 25 57	2	23 26 43	2	23 27 23	1	23 27 56	1	40	10
51	21	23 25 59	1	23 26 45	1	23 27 24	1	23 27 57	1	39	9
52	22	23 26 0	1	23 26 46	2	23 27 25	2	23 27 58	1	38	8
53	23	23 26 1	2	23 26 48	1	23 27 27	1	23 27 59	1	37	7
54	24	23 26 3	2	23 26 49	1	23 27 28	1	23 28 0	1	36	6
55	25	23 26 5	1	23 26 50	2	23 27 29	1	23 28 1	1	35	5
56	26	23 26 6	2	23 26 52	1	23 27 30	1	23 28 2	1	34	4
57	27	23 26 8	2	23 26 53	1	23 27 31	1	23 28 3	1	33	3
58	28	23 26 10	1	23 26 54	2	23 27 32	2	23 28 4	0	32	2
59	29	23 26 11	2	23 26 56	1	23 27 34	1	23 28 4	1	31	1
60	30	23 26 13		23 26 57		23 27 35		23 28 5		30	0
		3 degrez.		3 degrez.		2 degrez.		2 degrez.			
		♋ & ♑		♋ & ♑		♋ & ♑		♋ & ♑			

TABLES
DES DECLINAISONS DU SOLEIL POUR TOUS LES
Degrez & Minutes de l'Ecliptique.

Minutes	Minutes	♊ & ♐ — 28 degrez.	Différence.	♊ & ♐ — 28 degrez.	Différence.	♊ & ♐ — 19 degrez.	Différence.	♊ & ♐ — 19 degrez.	Différence.	Minutes	Minutes
30	0	23ᵈ 28′ 5″	1	23ᵈ 28′ 29″	1	23ᵈ 28′ 46″	0	23ᵈ 28′ 57″	0	60	30
31	1	23 28 6	1	23 28 30	1	23 28 46	1	23 28 57	0	59	29
32	2	23 28 7	1	23 28 31	0	23 28 47	0	23 28 57	0	58	28
33	3	23 28 8	1	23 28 31	1	23 28 47	1	23 28 57	0	57	27
34	4	23 28 9	1	23 28 32	0	23 28 48	0	23 28 57	1	56	26
35	5	23 28 10	1	23 28 32	1	23 28 48	1	23 28 58	0	55	25
36	6	23 28 11	0	23 28 33	1	23 28 49	0	23 28 58	0	54	24
37	7	23 28 11	1	23 28 34	1	23 28 49	1	23 28 58	0	53	23
38	8	23 28 12	1	23 28 35	0	23 28 50	0	23 28 58	0	52	22
39	9	23 28 13	1	23 28 35	1	23 28 50	1	23 28 58	0	51	21
40	10	23 28 14	1	23 28 36	0	23 28 51	0	23 28 58	0	50	20
41	11	23 28 15	1	23 28 36	0	23 28 51	0	23 28 58	0	49	19
42	12	23 28 16	0	23 28 37	1	23 28 51	0	23 28 58	1	48	18
43	13	23 28 16	1	23 28 37	0	23 28 52	0	23 28 58	1	47	17
44	14	23 28 17	1	23 28 38	1	23 28 52	1	23 28 59	0	46	16
45	15	23 28 18	1	23 28 38	0	23 28 53	0	23 28 59	0	45	15
46	16	23 28 19	1	23 28 39	1	23 28 53	0	23 28 59	0	44	14
47	17	23 28 20	1	23 28 39	0	23 28 53	1	23 28 59	0	43	13
48	18	23 28 21	0	23 28 40	1	23 28 54	0	23 28 59	0	42	12
49	19	23 28 21	1	23 28 40	0	23 28 54	0	23 28 59	0	41	11
50	20	23 28 22	1	23 28 41	1	23 28 54	1	23 28 59	0	40	10
51	21	23 28 23	1	23 28 41	0	23 28 55	0	23 28 59	0	39	9
52	22	23 28 24	0	23 28 42	1	23 28 55	0	23 28 59	0	38	8
53	23	23 28 24	1	23 28 42	0	23 28 55	0	23 28 59	0	37	7
54	24	23 28 25	1	23 28 43	1	23 28 55	1	23 28 59	0	36	6
55	25	23 28 26	1	23 28 43	0	23 28 56	0	23 28 59	0	35	5
56	26	23 28 27	0	23 28 44	1	23 28 56	0	23 28 59	0	34	4
57	27	23 28 27	1	23 28 44	0	23 28 56	0	23 28 59	0	33	3
58	28	23 28 28	0	23 28 45	1	23 28 56	1	23 28 59	0	32	2
59	29	23 28 28	1	23 28 45	0	23 28 57	0	23 28 59	0	31	1
60	30	23 28 29	1	23 28 46	1	23 28 57	0	23 29 0	0	30	0
		1 degré.		1 degré.		o degré.		o degré.			
		♋ & ♑		♋ & ♑		♋ & ♑		♋ & ♑			

9 782329 244105